工业机器人一体化系列教材

工业机器人的组成一体化教程

主　编　韩鸿鸾　相洪英

副主编　沈建峰　朱晓华　程宝鑫

西安电子科技大学出版社

内 容 简 介

本书是基于创新创业模式，依据高等职业院校工业机器人技术专业的相关标准，并结合了工业机器人技能鉴定标准编写而成的。在编写过程中，也考虑了工业机器人操作与应用初学者的实际应用要求。

本书包括认识机器人、工业机器人的执行机构、工业机器人的传感系统、工业机器人的传动系统、工业机器人的驱动系统、工业机器人的控制系统、机器人人工智能等7个模块。

本书适合于高等职业学校、高等专科学校、成人教育高校及本科院校的二级职业技术学院、技术(技师)学院、高级技工学校、继续教育学院和民办高校的机电类专业、机器人技术专业的师生使用，也可作为工厂中工业机器人装调与维修初学者的自学用书。

图书在版编目(CIP)数据

工业机器人的组成一体化教程 / 韩鸿鸾，相洪英主编. —西安：西安电子科技大学出版社，2020.12
ISBN 978-7-5606-5883-4

Ⅰ. ①工…　Ⅱ. ①韩…　②相…　Ⅲ. ①工业机器人—高等职业教育—教材
Ⅳ. ①TP242.2

中国版本图书馆 CIP 数据核字(2020)第 190396 号

策划编辑　毛红兵　刘小莉
责任编辑　蔡雅梅　雷鸿俊
出版发行　西安电子科技大学出版社(西安市太白南路 2 号)
电　　话　(029)88242885　88201467　　邮　　编　710071
网　　址　www.xduph.com　　电子邮箱　xdupfxb001@163.com
经　　销　新华书店
印刷单位　陕西精工印务有限公司
版　　次　2020 年 12 月第 1 版　2020 年 12 月第 1 次印刷
开　　本　787 毫米×1092 毫米　1/16　印 张 26
字　　数　621 千字
印　　数　1～1000 册
定　　价　66.00 元
ISBN 978 - 7 - 5606 - 5883 - 4 / TP
XDUP 6185001 -1

工业机器人一体化系列教材编写委员会名单

前言

为了提高职业院校人才培养质量、满足产业转型升级对高素质复合型、创新型技术技能人才的需求,《国家职业教育改革实施方案》和教育部关于双高计划的文件中提出了“教师、教材、教法”三教改革的系统性要求。其中，对新型活页式、工作手册式教材作为职业教育教材改革的主流方向提出了具体要求。

国务院印发的《国家职业教育改革实施方案》提出，从2019年开始，在职业院校、应用型本科高校启动“学历证书+若干职业技能等级证书”制度试点(以下称“1+X证书制度试点”)工作。

该套教材开发的是基于“1+X”的“课证融通”教材，具体地说就是高等职业学校工业机器人专业技术专业教学标准和工业机器人应用编程职业技能等级标准、工业机器人操作与运维职业技能等级标准的不同级别(初级、中级、高级)对接，并与专业课程学习考核对接的教材。

职业技能等级标准与各个层次职业教育的专业教学标准相互对接。不同等级的职业技能标准应与不同教育阶段学历职业教育的培养目标和专业核心课程的学习目标相对应，保持培养目标和教学要求的一致性。具体来说，初级对应中职，中级对应高职，高级对应本科和应用大学。

为认真贯彻党的十九大精神，进一步把贯彻落实全国高校思想政治工作会议和《中共中央国务院关于加强和改进新形势下高校思想政治工作的意见》精神引向深入，大力提升高校思想政治工作质量，中共教育部党组特制定《高校思想政治工作质量提升工程实施纲要》。为此，实施课程思政也成了眼下职业教育教材建设的首要任务。

为此，我们按照“信息化＋课证融通＋自学报告+企业文化+课程思政+工匠精神+工作单”等多位一体的表现模式，策划、编写了专业理论与实践一体化的课程系列教材。

本套教材按照“以学生为中心、学习成果为导向、促进自主学习”的思路进行教材开发设计，将“企业岗位(群)任职要求、职业标准、工作过程或产品”作为教材主体内容，将“以德树人、课程思政”有机融合到教材中，提供丰富、适用和引领创新作用的多种类型立体化、信息化课程资源，实现教材多功能作用并构建深度学习的管理体系。

我们通过校企合作和广泛的企业调研，对工业机器人专业的教材进行了统筹设计。最终确定了8种工业机器人专业教材，包括《工业机器人工作站的集成一体化教程》《工业机器人现场编程与调试一体化教程》《工业机器人的组成一体化教程》《工业机器人操作与应用一体化教程》《工业机器人离线编程与仿真一体化教程》《工业机器人机电装调与维修一体化教程》《工业机器人的三维造型与设计一体化教程》《工业机器人视觉系统一体化教程》等。

在编写过程中，我们对课程教材进行了系统性改革和模式创新，将课程内容进行了系统化、规范化和体系化设计，按照多位一体模式进行策划设计。

本套教材以多个学习性任务为载体，通过项目导向、任务驱动等多种“情境化”的表现形式，突出过程性知识，引导学生学习相关知识，获得经验、诀窍、实用技术、操作规范等与岗位能力形成直接相关的知识和技能，使其知道在实际岗位工作中“如何做”以及“如何做会做得更好”。

本套教材通过理念和模式创新形成了以下特点和创新点：

(1) 基于岗位知识需求，系统化、规范化地构建课程体系和教材内容。

(2) 通过教材的多位一体表现模式和教、学、做之间的引导和转换，强化学生学中做、做中学训练，潜移默化地提升岗位管理能力。

(3) 采用任务驱动式的教学设计，强调互动式学习、训练，激发学生的学习兴趣和动手能力，快速有效地完成将知识内化为技能和能力。

(4) 针对学生的群体特征，以可视化内容为主，通过图示、图片、电路图、逻辑图等形式表现学习内容，降低学生的学习难度，培养学生的兴趣和信心，提高学生自主学习的效率和效果。

本套教材注重职业素养、职业道德的培养，通过操作规范、安全操作、职业标准、环保、人文关爱等知识的有机融合，提高学生的职业素养和道德水平。

本书由韩鸿鸾、相洪英任主编，由沈建峰、朱晓华、程宝鑫任副主编。本书在编写过程中得到了柳道机械、天润泰达、西安乐博士、上海 ABB、上海 KUKA、山东立人科技有限公司等工业机器人生产企业与北汽(黑豹)汽车有限公司、山东新北洋信息技术股份有限公司、豪顿华(英国)、联桥仲精机械(日本)有限公司等工业机器人应用企业的大力支持，同时得到了众多职业院校的帮助，有的职业院校还安排了编审人员，在此一并表示衷心的感谢！

由于时间仓促，编者水平有限，书中不足之处在所难免，恳请广大读者批评指正。

编　者

2020 年 6 月

目　录

笔记

模块一

认识机器人

现代意义上工业机器人的研究工作是20世纪50年代初从美国开始的。日本、俄罗斯及其他一些欧洲国家的研制工作比美国大约晚10年，但日本的发展速度比美国快。欧洲特别是西欧各国比较注重工业机器人的研制和应用，其中英国、德国、瑞典、挪威等国家的技术水平较高，产量也较大。

图1-1是工业机器人在冲压方面的应用。习近平主席在2014年两院院士大会上强调："'机器人革命'有望成为'第三次工业革命'的一个切入点和重要增长点，将影响全球制造业格局，而且我国将成为全球最大的机器人市场。"

图1-1　工业机器人在冲压方面的应用

模块目标

知识目标	能力目标
1. 掌握工业机器人的定义	1. 能根据机器人运动空间规划标定空间
2. 掌握机器人的分类	2. 能识读进口机器人标牌及产品简要说明
3. 了解工业机器人的工作原理	3. 能识别工业机器人的符号

笔记

任务一　机器人的产生与发展

工作任务

工业机器人作为高端制造装备的重要组成部分，技术附加值高，应用范围广，是我国先进制造业的重要支撑技术和信息化社会的重要生产装备，对未来生产、社会发展以及增强军事国防实力都具有十分重要的意义。图 1-2～图 1-5 所示为不同的工业机器人。

课程思政

四不做

不做政治麻木、办事糊涂的昏官；不做饱食终日、无所用心的懒官；不做推诿扯皮、不思进取的庸官；不做以权谋私、蜕化变质的贪官。

图 1-2　直角坐标系工业机器人

图 1-3　圆柱坐标系工业机器人

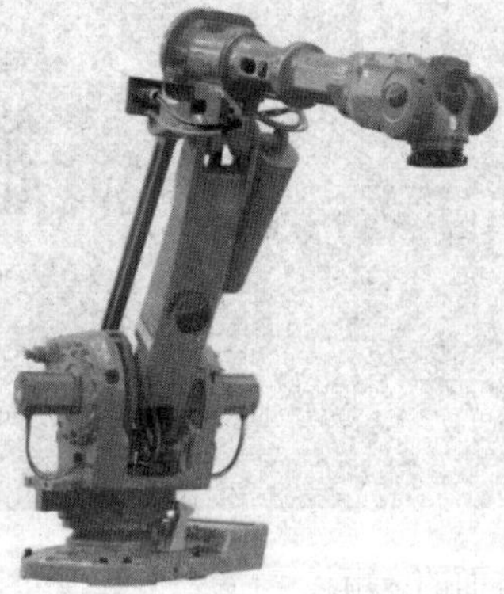

图 1-4　关节坐标系工业机器人

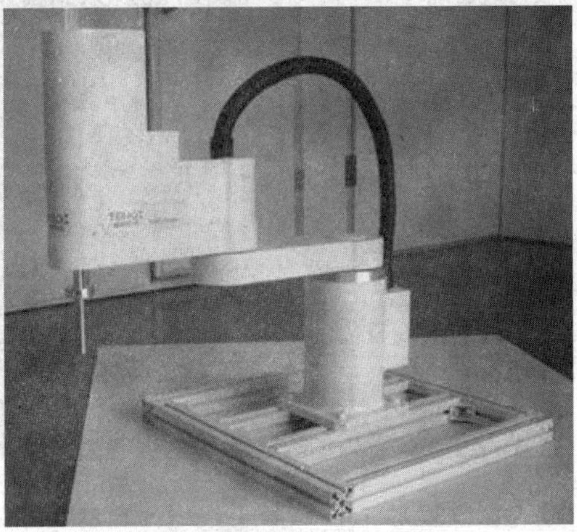

图 1-5　平面关节型工业机器人

任务目标

知 识 目 标	能 力 目 标
1. 了解工业机器人的产生	1. 能对工业机器人进行分类
2. 掌握工业机器人的发展	2. 能确定工业机器人的工作空间

笔记

教师讲解

任务准备

工业机器人的产生

一、机器人的定义

1950 年，美国科幻小说家艾萨克·阿西莫夫(Isaac Asimov)在他的小说《我，机器人》中，提出了著名的“机器人三守则”，即

(1) 机器人不能危害人类，不能眼看人类受害而袖手旁观。

(2) 机器人必须服从于人类，除非这种服从有害于人类。

(3) 机器人应该能够保护自身不受伤害，除非为了保护人类或者人类命令它作出牺牲。

这三条守则给机器人赋以伦理观。至今，机器人研究者都以这三个原则作为开发机器人的准则。

目前，虽然机器人已被广泛应用，但世界上对机器人还没有一个统一、严格、准确的定义，不同国家、不同研究领域给出的定义不尽相同。尽管定义的基本原则大体一致，但仍然有较大区别。

1. 美国机器人协会(RIA)的定义

RIA 对机器人的定义是“一种用于移动各种材料、零件、工具或专用装置的，通过可编程的动作来执行各种任务的具有编程能力的多功能机械手”。这个定义叙述具体，更适用于对工业机器人的定义。

2. 美国国家标准局(NBS)的定义

NBS 对机器人的定义是“一种能够进行编程并在自动控制下执行某些操作和移动作业任务的机械装置”。这是一种比较广义的工业机器人的定义。

3. 日本工业机器人协会(JIRA)的定义

JIRA 将机器人的定义分成两类：工业机器人是“一种能够执行与人体上肢(手和臂)类似动作的多功能机器”；智能机器人是“一种具有感觉和识别能力，并能控制自身行为的机器”。

4. 英国简明牛津字典的定义

英国简明牛津字典对机器人的定义是“貌似人的自动机，具有智力的和顺从于人但不具有人格的机器”。这是一种对理想机器人的描述，到目前为止，尚未有与人类在智能上相似的机器人。

5. 国际标准化组织(ISO)的定义

ISO 对机器人的定义较为全面和准确，其定义涵盖如下内容：

(1) 机器人的动作机构具有类似于人或其他生物体某些器官(肢体、感官等)的功能。

笔记

(2) 机器人具有通用性，工作种类多样，动作程序灵活易变。

(3) 机器人具有不同程度的智能性，如记忆、感知、推理、决策、学习等。

(4) 机器人具有独立性，完整的机器人系统在工作中可以不依赖于人。

6. 我国科学家对机器人的定义

我国科学家对机器人的定义是“一种自动化的机器，所不同的是这种机器具备一些与人或生物相似的智能能力，如感知能力、规划能力、动作能力和协同能力，是一种具有高度灵活性的自动化机器”。

总之，随着机器人的发展和机器人智能的发展，机器人的定义将会进一步修改，进一步明确和统一。

多媒体教学

教师通过上网查询或自己制作多媒体。

二、机器人的产生与发展

机器人的概念早在几千年前的人类想象中就已诞生。我国西周时期，能工巧匠偃师就研制出了能歌善舞的伶人，这是我国最早记载的具有机器人概念的文字。据《墨经》记载，春秋时期，我国著名的木匠鲁班曾制造过一只木鸟，能在空中飞行“三日而不下”。东汉时期的著名科学家张衡发明了地动仪、指南车(见图 1-6)以及记里鼓车。这些都是具有机器人构想的装置，可算是世界上最早的机器人雏形。

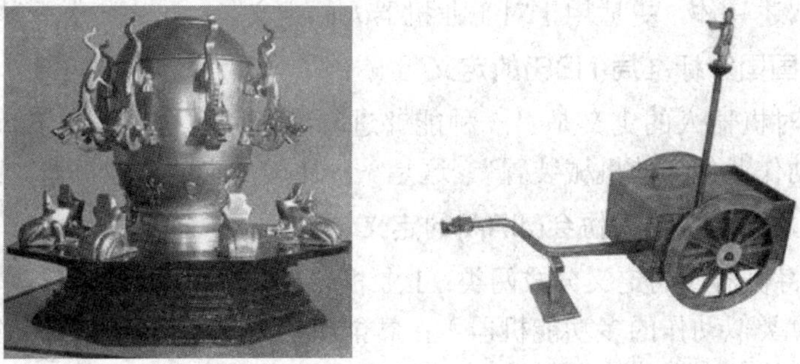

(a) 地动仪　　(b) 指南车

图 1-6　张衡发明的地动仪和指南车

除中国之外，世界上许多国家的历史上都曾出现过有关机器人的发明。17 世纪 60 年代，日本的竹田近江利用钟表技术发明了自动机器玩偶，并在大阪道顿堀演出。1738 年，法国天才技师杰克·戴·瓦克逊发明了一只机器鸭。1768 年至 1774 年，瑞士钟表匠德罗斯父子三人合作制造出 3 个真人大小的机器人，分别为写字偶人(见图 1-7)、绘图偶人和弹风琴偶人。1893 年，加拿大莫尔设计出能行走的机器人安德罗丁。

笔记

图 1-7　写字偶人

“机器人”一词最早出现于 1920 年原捷克斯洛伐克剧作家卡雷尔·凯培克(Karel Capek)的一部幻想剧《罗萨姆的万能机器人》(《Rossum’s Universal Robots》)中，“Robot”是由斯洛伐克语“Robota”衍生而来的。

第二次世界大战期间，由于核工业和军事工业的发展，美国原子能委员会的阿尔贡研究所研制了“遥控机械手”，用于代替人生产和处理放射性材料。1948 年，这种较简单的机械装置被改进为机械式的主从机械手(见图 1-8)。它由两个结构相似的机械手组成，主机械手位于控制室，从机械手位于有辐射的作业现场，两者之间由透明的防辐射墙相隔。操作者用手操纵主机械手，控制系统会自动检测主机械手的运动状态，并控制从机械手跟随主机械手运动，从而解决对放射性材料的远距离操作问题。这种被称为主从控制的机器人控制方式，至今仍在很多场合中应用。

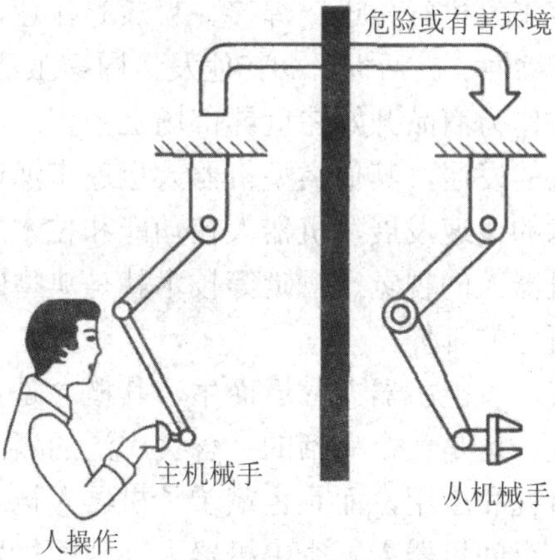

图 1-8　主从机械手

由于航空工业的需求，1952 年美国麻省理工学院(MIT)成功开发了第一代数控机床(CNC)，并进行了与 CNC 机床相关的控制技术及机械零部件的研究，为机器人的开发奠定了技术基础。

1954 年，美国人乔治·德沃尔(George Devol)提出了一个关于工业机器人

笔记

的技术方案，设计并研制了世界上第一台可编程的工业机器人样机，将之命名为“Universal Automation”，并申请了该项机器人专利。这种机器人是一种可编程的零部件操作装置，其工作方式为：首先移动机械手的末端执行器，并记录下整个动作过程；然后，机器人反复再现整个动作过程。随后，在此基础上，Devol 与 Engerlberge 合作创建了美国万能自动化公司(Unimation)，于 1962 年生产了第一台机器人，取名“Unimate”(见图 1-9)。这种机器人采用极坐标式结构，外形酷似坦克炮塔，可以实现回转、伸缩、俯仰等动作。

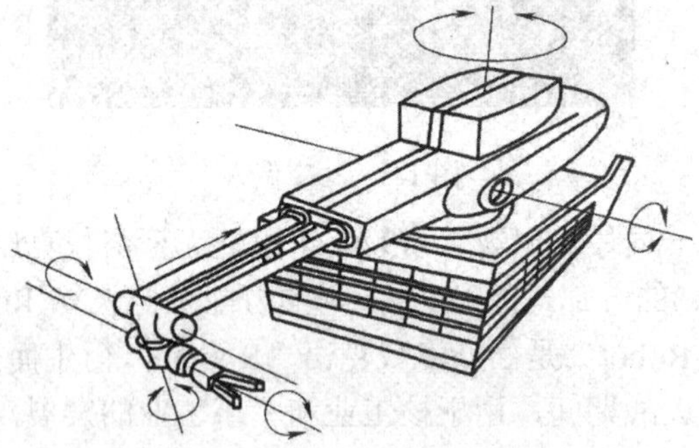

图 1-9　Unimate 机器人

从 Devol 申请专利到真正实现设想的这 8 年时间里，美国机床与铸造公司(AMF)也在从事机器人的研究工作，并于 1960 年生产了一台被命名为“Versation”的圆柱坐标型的数控自动机械，并以“Industrial Robot”(工业机器人)的名称进行宣传。通常认为这是世界上最早的工业机器人。

Unimate 和 Versation 这两种型号的机器人以“示教再现”的方式在汽车生产线上成功地代替工人进行传送、焊接、喷漆等作业，它们在工作中反映出来的经济效益、可靠性、灵活性，令其他发达国家工业界为之倾倒。于是，Unimate 和 Versation 作为商品开始在世界市场上销售。

随着工业机器人的发展，其他类型机器人也逐步涌现出来。由于计算机技术和人工智能技术的飞速发展，机器人在功能和技术层次上有了很大的提高，移动机器人和机器人的视觉、触觉等技术就是典型的代表。这些技术的发展推动了机器人概念的延伸。

20 世纪 80 年代，智能机器人应运而生，其概念是具有感觉、思考、决策和动作能力的系统。这是一个概括的、含义广泛的概念，这一概念不但指导了机器人技术的研究和应用，而且也赋予了机器人技术向深广发展的巨大空间，水下机器人、空间机器人、空中机器人、地面机器人、微小型机器人等各种用途的机器人相继问世，许多梦想成为了现实。将机器人技术(如传感技术、智能技术、控制技术等)扩散和渗透到各个领域，就形成了各式各样的新机器——“机器人化机器”。当前与信息技术的交互和融合又产生了“软件机器人”“网络机器人”，这也说明了机器人所具有的创新活力。现代拟人机器人 ASIMO 如图 1-10 所示。

笔记

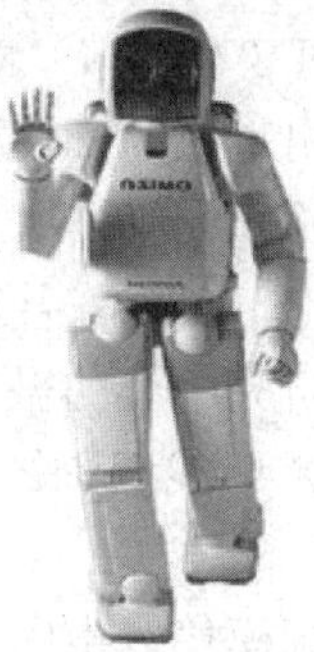

图 1-10　现代拟人机器人 ASIMO

三、机器人的发展方向

现如今机器人发展的特点可概括为如下几个方面：

(1) 横向上，应用面越来越宽，由工业应用扩展到更多领域的非工业应用，例如做手术、采摘水果、剪枝、巷道掘进、侦察、排雷等，只要能想到的领域，就可以利用机器人去创造实现。

(2) 纵向上，机器人的种类越来越多，像进入人体的微型机器人，已成为一个新方向，可以小到像一个米粒般大小。

(3) 机器人智能化将得到加强，机器人会更加聪明。

1. 智能化

人工智能是一门利用计算机模拟人类智能行为科学的统称，它涵盖了训练计算机使其能够完成自主学习、判断、决策等人类行为的范畴。人工智能的长期目标是发明出可以像人类一样或能更好地完成以上行为的机器。

2. 微型化

微型机器人又称为“明天的机器人”。它是机器人研究领域的一颗新星，同智能机器人一起成为科学追求的目标。

在微电子机械领域，尺寸为 1～100 mm 的为小型机械，10 μm～1 mm 的为微型机械，10 nm～10 μm 的为超微型机械。而微型机器人的体积可以缩小到微米级甚至亚微米级，重量轻至纳克，加工精度为微米级或纳米级。

发展微型和超微型机器人的指导思想非常简单：某些工作若由一台结构庞大、价格昂贵的大型机器人完成，不如由成千上万个低廉、微小、简单的机器人代替。这正如用一大群蝗虫去“收割”一片庄稼，要比使用一台大型联合收割机快。如图 1-11 所示是小得能放到手上的微型机器人。

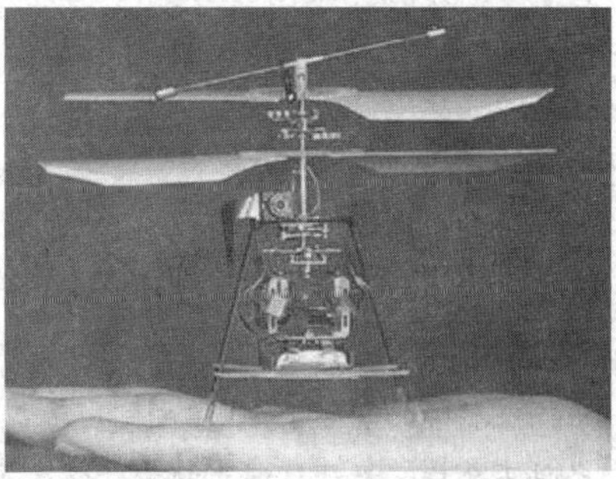

图 1-11　微型机器人

笔记

微型机器人的发展依赖于微加工工艺、微传感器、微驱动器和微结构 4 个支柱。这 4 个方面的基础研究有 3 个阶段：器件开发阶段、部件开发阶段、装置和系统开发阶段。现已研制出直径为 20 μm、长为 150 μm 的铰链连杆，200 μm × 200 μm 的滑块结构以及微型的齿轮、曲柄、弹簧等。贝尔实验室已开发出一种直径为 400 μm 的齿轮，在一张普通邮票上可放 6 万个齿轮和其他微型器件。德国卡尔斯鲁厄核研究中心的微型机器人研究所也研究出了一种新型微加工方法，这种方法是 X 射线深刻蚀、电铸和塑料模铸的组合。深刻蚀厚度为 10～1000 μm。

微型机械的发展是建立在大规模集成电路制作设备与技术的基础上的。微驱动器、微传感器都是在集成电路技术基础上用标准的光刻和化学腐蚀技术制成的。不同的是，集成电路大部分是二维刻蚀制成的，而微型机械则完全是三维刻蚀制成的。微型机械和微型机器人已逐步形成一个牵动众多领域向纵深发展的新兴学科方向。

3. 仿生化

工具型机器人保持了机器人应有的基本元素，如装备了爪形机械、抓具和轮子，但不管怎么看，它都像是台机器。相比之下，类人形机器人则最大限度地与创造它们的人类相似，它们的运动臂上有自己的双手，下肢有真正的脚，有人类一样的脸，如图 1-10 所示。介于这两种极端情况之间的是少数具备动物特征的机器人，它们通常被做成宠物的模样(如图 1-12 所示的索尼机器狗 AIBO)，但事实上，它们只不过是供娱乐的玩具。

具有动物特征的机器人一直以来都在迅猛发展。现在，工程师们的仿生对象不仅有狗，还包括长有胡须的鼩鼱、会游泳的七鳃鳗、爪力十足的章鱼、善于攀爬的蜥蜴和穴居蛤。他们甚至在努力模仿昆虫，研发可以振翅高飞的蚊虫机器人，如图 1-13 所示。这使得工具型机器人和类人形机器人的研究逐渐受到冷落，而动物形态仿生机器人的研究则不断取得进展。

图 1-12　索尼机器狗 AIBO

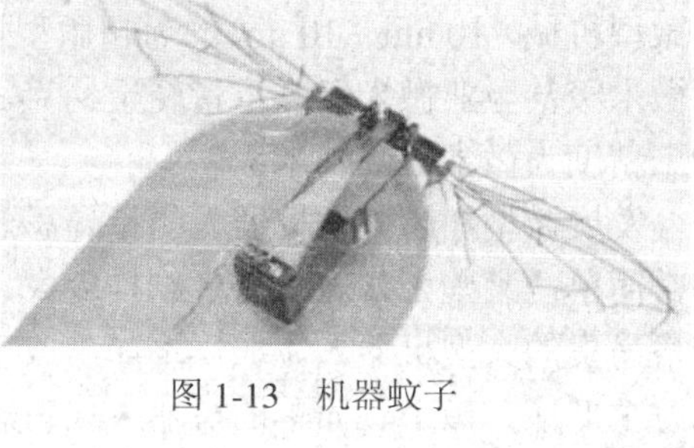

图 1-13　机器蚊子

工厂参观

在教师的带领下，让学生到当地工厂中去参观，并对工厂中的工业机器人进行分类(若条件不允许，教师可通过视频让学生了解工业机器人)。到工厂参观时，要注意安全。

笔记

四、机器人的分类

机器人的分类方式很多，目前市场上已有众多类型的机器人。关于机器人的分类，国际上没有制定统一的标准，从不同的角度可以有不同的分类。

按照日本工业机器人学会(JIRA)的标准，可将机器人进行如下分类：

第一类：人工操作机器人。此类机器人由操作员操作，具有多自由度。

第二类：固定顺序机器人。此类机器人可以按预定的方法有步骤地执行任务，其执行顺序难以修改。

第三类：可变顺序机器人。同第二类，但其顺序易于修改。

第四类：示教再现(Playback)机器人。操作员引导机器人手动执行任务，记录下这些动作并由机器人以后再现执行，即机器人按照记录下的信息重复执行同样的动作。

第五类：数控机器人。操作员为机器人提供运动程序，并非手动示教执行任务。

第六类：智能机器人。机器人具有感知外部环境的能力，即使其工作环境发生变化，也能够成功地完成任务。

美国机器人学会(RIA)只将以上第三类至第六类视作机器人。

法国机器人学会(AFR)将机器人进行如下分类：

类型 A：手动控制远程机器人的操作装置。

类型 B：具有预定周期的自动操作装置。

类型 C：具有连续性轨迹或点轨迹的可编程伺服控制机器人。

类型 D：同类型 C，但能够获取环境信息。

同时，也可按照以下 12 个方面对机器人进行分类。

1. 按照机器人的发展阶段分类

1) 第一代机器人——示教再现型机器人

1947 年，为了搬运和处理核燃料，美国橡树岭国家实验室研发了世界上第一台遥控的机器人。1962 年，美国又研制成功 PUMA 通用示教再现型机器人，这种机器人由一台计算机来控制一个多自由度的机械，通过示教存储程序和信息，在工作时把信息读取出来，然后发出指令，这样机器人可以重复地根据人的示教结果，再现出这种动作。例如，对于汽车的点焊机器人，只要将点焊过程示教完成，它总是会重复这种工作。

2) 第二代机器人——感觉型机器人

示教再现型机器人对于外界的环境没有感知，它并不知道操作力的大小是否合适，工件是否存在，焊接是否合格，因此，在 20 世纪 70 年代后期，人们开始研究第二代机器人，称为感觉型机器人，这种机器人拥有类似人的某种功能的感觉，如力觉、触觉、滑觉、视觉、听觉等，它能够通过感觉来感受和识别工件的形状、大小、颜色。

笔记

3) 第三代机器人——智能型机器人

智能型机器人是20世纪90年代以来发明的机器人。这种机器人带有多种传感器，可以进行复杂的逻辑推理、判断及决策，在变化的内部状态与外部环境中，可自主决定自身的行为。

2. 按照控制方式分类

1) 操作型机器人

操作型机器人能自动控制，可重复编程，具有多种功能及自由度，可固定或运动，用于相关自动化系统中。

2) 程控型机器人

程控型机器人可按预先要求的顺序及条件，依次控制机器人的机械动作。

3) 示教再现型机器人

示教再现型机器人的工作方式是通过引导或其他方式，先教会机器人动作，输入工作程序，机器人则自动重复进行作业。

4) 数控型机器人

数控型机器人的工作方式是通过数值、语言等对机器人进行示教，机器人根据示教后的信息进行作业，而不必使机器人动作。

5) 感觉控制型机器人

感觉控制型机器人的工作方式是利用传感器获取的信息控制机器人的动作。

6) 适应控制型机器人

适应控制型机器人能适应环境的变化，控制其自身的行动。

7) 学习控制型机器人

学习控制型机器人能“体会”工作的经验，具有一定的学习功能，并将所“学”的经验用于工作中。

8) 智能机器人

智能型机器人是一种以人工智能决定其行动的机器人。

3. 按照机器人的应用环境分类

目前，国际上的机器人学者从应用环境出发，将机器人分为3类：制造环境下的工业机器人、非制造环境下的服务与仿人型机器人及网络机器人。

网络机器人有两大类。一类是把标准通信协议和标准人—机接口作为基本设施，再将它们与有实际观测操作技术的机器人融合在一起，即可实现无论何时何地，无论是谁都能使用的远程环境观测操作系统，这就是网络机器人。这种网络机器人是基于Web服务器的网络机器人技术，并以Internet为构架，将机器人与Internet连接起来，采用客户端/服务器(C/S)模式，允许用户在远程终端上访问服务器，把高层控制命令通过服务器传送给机器人控制器，同时机器人的图像采集设备把机器人运动的实时图像再通过网络服务器反馈给远端用户，从而达到间接控制机器人的目的，实现对机器人的远程监视和控制。另一类网络机器人是一种特殊的机器人(见图 1-14)，其“特殊”在于网络机器人没有固定的“身体”，其本质是网络自动程序，它存在于网络程序中，目前主要用来自动查找和检索互联网上的网站和网页内容。

图 1-14　网络机器人

4. 按照机器人的运动形式分类

1) 直角坐标型机器人

直角坐标型机器人的外形轮廓与数控镗铣床或三坐标测量机相似，如图 1-15 所示。该机器人的 3 个关节都是移动关节，关节轴线相互垂直，相当于笛卡儿坐标系的 x、y 和 z 轴。它主要用于生产设备的上下料，也可用于高精度的装卸和检测作业。

2) 圆柱坐标型机器人

圆柱坐标型机器人以 θ、z 和 r 为参数构成坐标系，如图 1-16 所示。手腕参考点的位置可表示为 $p=(\theta, z, r)$。其中，r 是手臂的径向长度，θ 是手臂绕水平轴的角位移，z 是在垂直轴上的高度。如果 r 不变，操作臂的运动将形成一个圆柱表面，空间定位比较直观。操作臂收回后，其后端可能与工作空间内的其他物体相碰，移动关节不易防护。

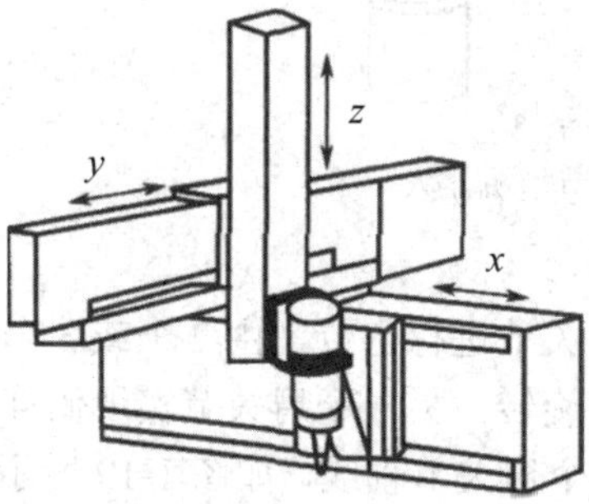

图 1-15　直角坐标型机器人

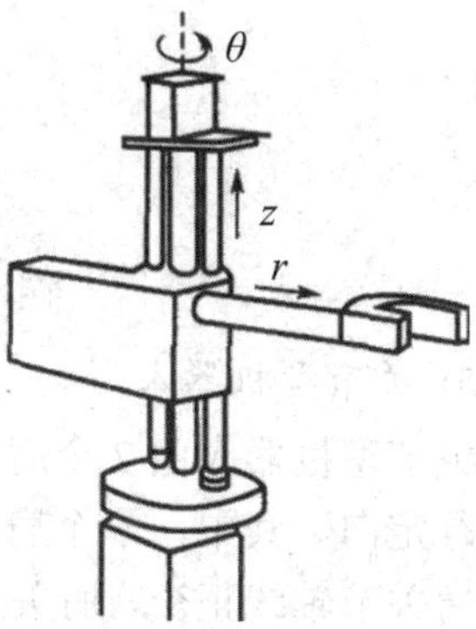

图 1-16　圆柱坐标型机器人

3) 球(极)坐标型机器人

球(极)坐标型机器人腕部参考点运动所形成的最大轨迹表面是半径为 r 的球面的一部分，以 θ、ϕ、r 为坐标，任意点可表示为 $P=(\theta, \phi, r)$，如

笔记

工匠精神

凡做一件事，便忠于一件事，将全副精力集中到这事上头，一点不旁骛，便是敬。

——梁启超

笔记

图 1-17 所示。这类机器人占地面积小，工作空间较大，移动关节不易防护。

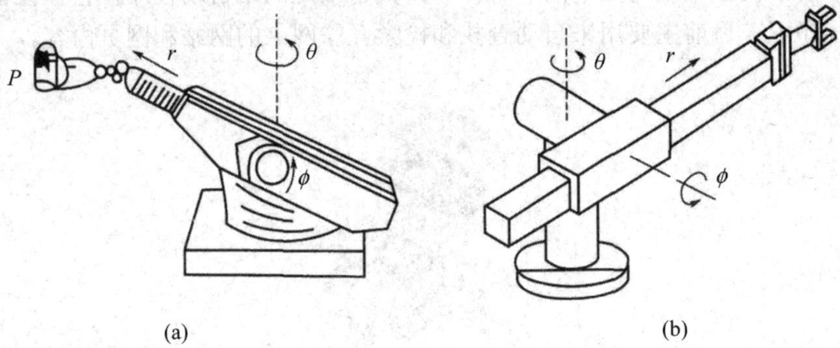

图 1-17　球(极)坐标型机器人

4) 平面双关节型机器人

平面双关节型机器人(Selective Compliance Assembly Robot Arm，SCARA)有 3 个旋转关节，其轴线相互平行，在平面内进行定位和定向；另一个关节是移动关节，用于完成末端件垂直于平面的运动。手腕参考点的位置是由两旋转关节的角位移 ϕ_1、ϕ_2 和移动关节的位移 z 决定的，即 $P=(\phi_1，\phi_2，z)$，如图 1-18 所示。这类机器人结构轻便、响应快。例如 Adept Ⅰ型 SCARA 机器人的运动速度可达 10 m/s，比一般关节型机器人快数倍。它最适用于平面定位，而在垂直方向进行装配的作业。

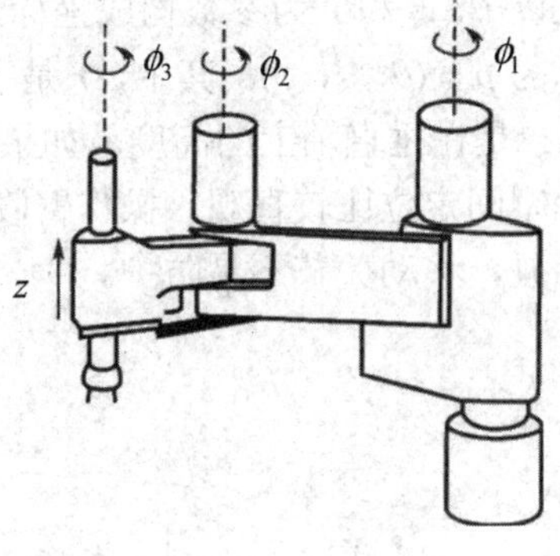

图 1-18　平面双关节型机器人

5) 关节型机器人

关节型机器人由 2 个肩关节和 1 个肘关节进行定位，由 2 个或 3 个腕关节进行定向。其中，一个肩关节绕铅直轴旋转，另一个肩关节实现俯仰，这两个肩关节轴线正交，肘关节平行于第二个肩关节轴线，如图 1-19 所示。这种构形动作灵活，工作空间大，在作业空间内手臂的干涉最小，结构紧凑，占地面积小，关节上相对运动部位容易密封防尘。这类机器人在进行作业时运动较复杂、反解困难，确定末端件执行器的位姿不直观，进行控制时，计算量比较大。

笔记

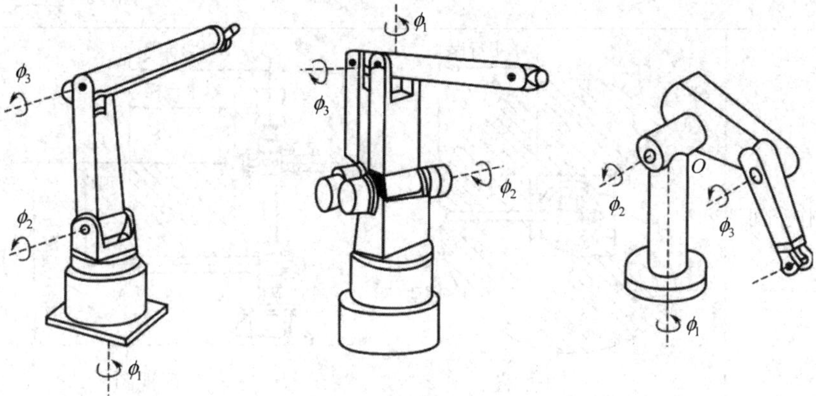

(a) 直接驱动式　　(b) 平行连杆式　　(c) 关节偏置式

图 1-19　关节型机器人

对于不同坐标类型的机器人，其特点及工作范围也不同，如表 1-1 所示。

表 1-1　不同坐标类型机器人的特点及工作空间比较

直角坐标型	
特点	在直线方向上移动，运动容易想象； 通过计算机控制实现，容易达到高精度； 占地面积大，运动速度低； 直线驱动部分难以密封、防尘，容易被污染
工作空间	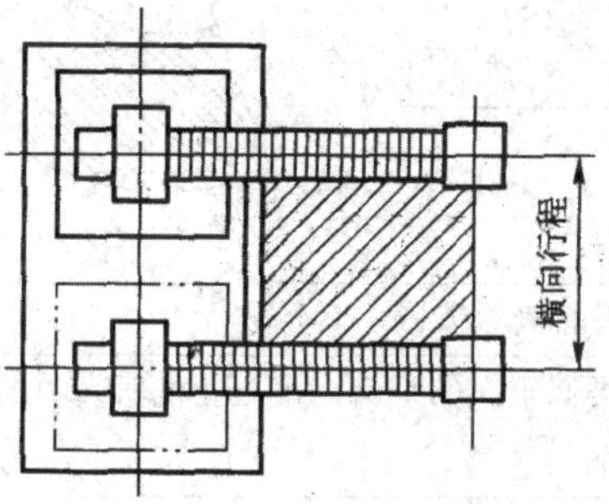 平面图 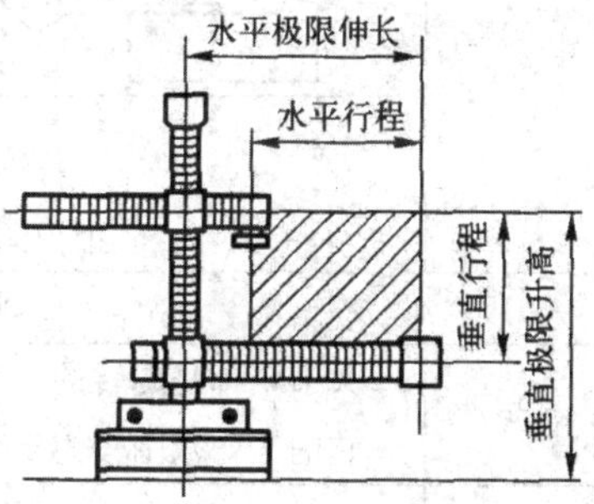 正视图
圆柱坐标型	
特点	容易想象和计算，直线部分可采用液压驱动，可输出较大的动力； 能够伸入型腔式机器内部，其手臂可到达的空间受到限制，不能到达近立柱或近地面的空间； 直线驱动部分难以密封、防尘； 后臂工作时，手臂后端会碰到工作范围内的其他物体

笔记

续表一

<table>
<tr><td>工作空间</td><td>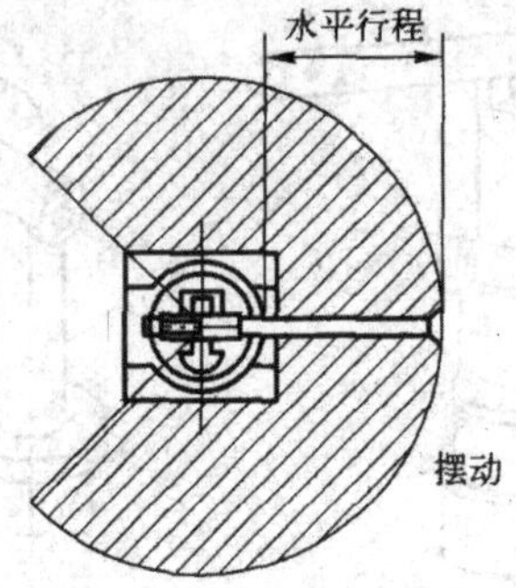平面图
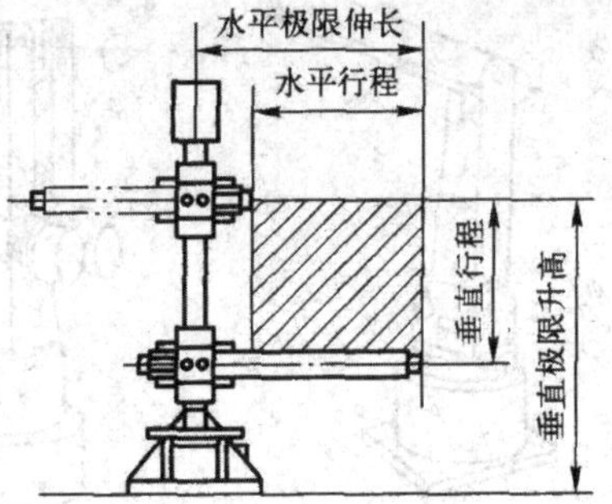正视图</td></tr>
<tr><td colspan="2">球(极)坐标型</td></tr>
<tr><td>特点</td><td>中心支架附近的工作范围大，两个转动驱动装置容易密封，覆盖工作空间较大；
坐标复杂，难于控制；
直线驱动装置仍存在密封及工作死区的问题</td></tr>
<tr><td>工作空间</td><td>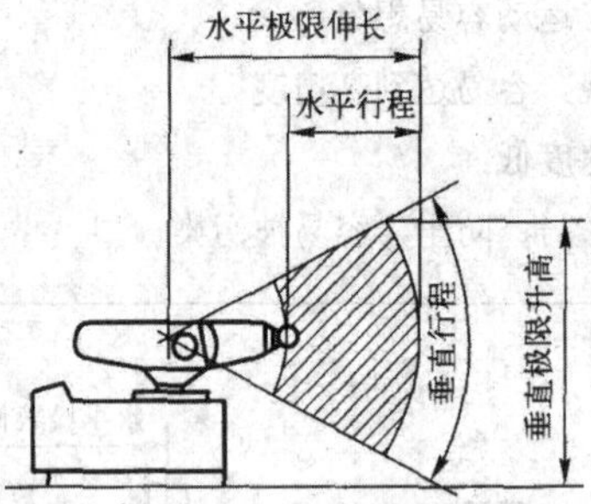正视图
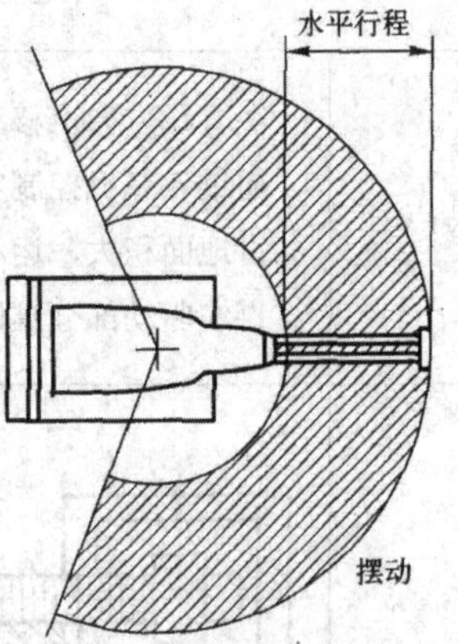平面图</td></tr>
<tr><td colspan="2">平面双关节型</td></tr>
<tr><td>特点</td><td>关节全都是旋转的，类似于人的手臂，是工业机器人中最常见的结构；它的工作范围较为复杂</td></tr>
<tr><td>工作空间</td><td>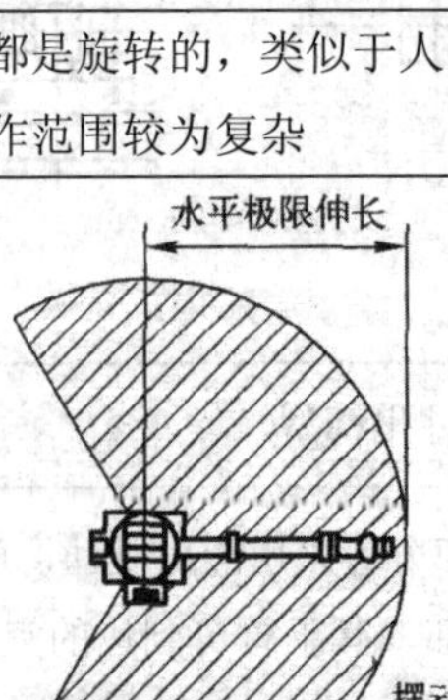平面图
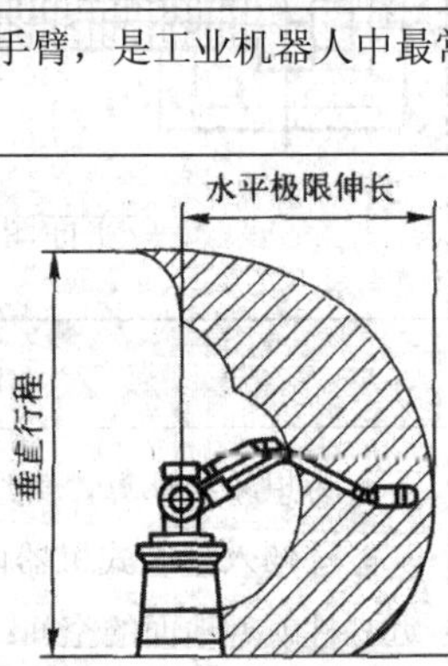正视图</td></tr>
</table>

续表二

笔记

关节型	
特点	前两个关节(肩关节和肘关节)全都是平面旋转的，最后一个关节(腕关节)是工业机器人中最常见的结构； 它的工作范围较为复杂
工作空间	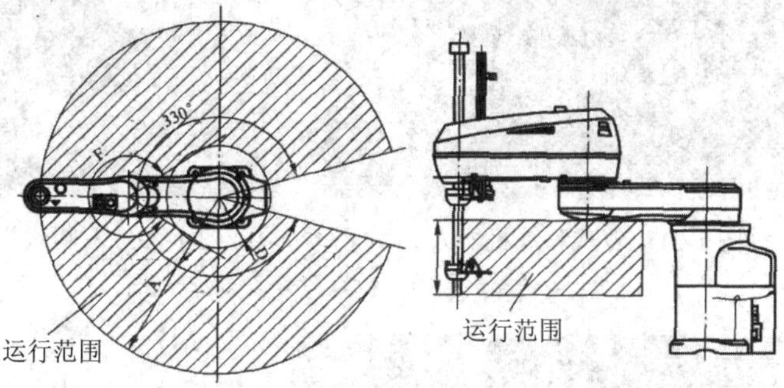 平面图　　正视图

5. 按照机器人的移动性分类

按照机器人的移动性，机器人可分为半移动式机器人(机器人整体固定在某个位置，只有部分可以运动，例如机械手)和移动机器人。如图 1-20 所示就是山东立人智能科技有限公司生产的机械手。

图 1-20　机械手

6. 按照机器人的移动方式分类

按照机器人的移动方式，机器人可分为轮式移动机器人(见图 1-21)、步行移动机器人[单腿式、双腿式(见图 1-22)和多腿式(见图 1-23)]、履带式移动机器人(见图 1-24)、爬行机器人(见图 1-25)、蠕动式机器人(见图 1-26)和游动式机器人(见图 1-27)等类型。

笔记

图 1-21 轮式移动机器人

图 1-22 双腿式步行移动机器人

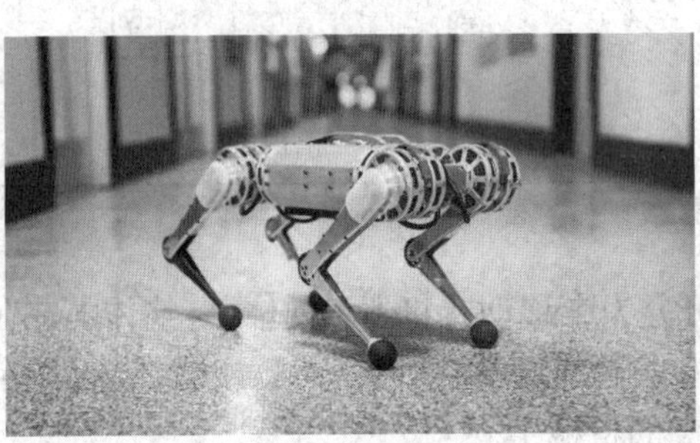

图 1-23 四腿式步行移动机器人

图 1-24 履带式移动机器人

图 1-25 爬行机器人

图 1-26 蠕动式机器人

笔记

图 1-27　游动式机器人

7. 按照机器人的功能和用途分类

按照机器人的功能和用途，机器人可分为医疗机器人(见图 1-28)、军用机器人(见图 1-29)、海洋机器人(见图 1-27)、助残机器人(见图 1-30)、清洁机器人(见图 1-31)和管道机器人(见图 1-32)等类型。

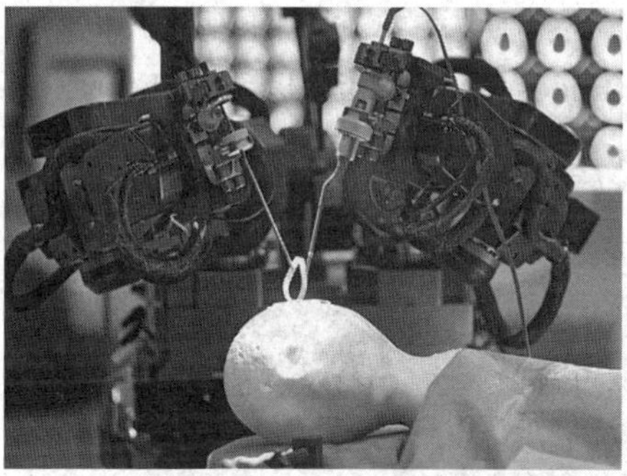

图 1-28　医疗机器人

图 1-29　军用机器人

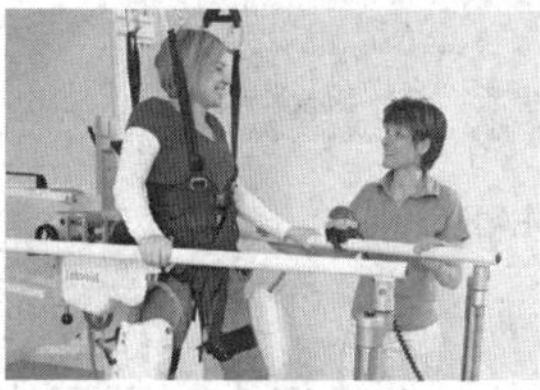

图 1-30　助残机器人

图 1-31　清洁机器人

图 1-32　管道机器人

8. 按照机器人的作业空间分类

按照机器人的作业空间，机器人可分为陆地室内移动机器人(见图 1-31)、陆地室外移动机器人(见图 1-29)、水下机器人(见图 1-27)、无人飞机(见图 1-33)和空间机器人(见图 1-34)等类型。

笔记

图 1-33　无人飞机

图 1-34　空间机器人

(美国的火星空间探测器)

9. 按照机器人的驱动方式分类

1) 气动式机器人

气动式机器人以压缩空气来驱动其执行机构。这种驱动方式的优点是空气来源方便，动作迅速，结构简单，造价低；缺点是空气具有可压缩性，致使工作速度的稳定性较差。因气源压力一般只有 60 MPa 左右，故此类机器人适用于抓举力要求较小的场合。

图1-35是2015年日本RIVERFIELD公司研发的一种气压驱动式机器人，即内窥镜手术辅助机器人——EMARO(Endoscope MAnipulator RObot)。

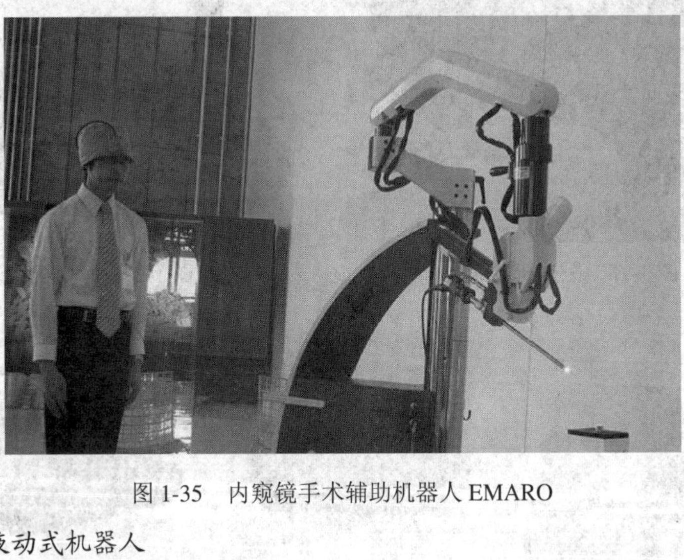

图 1-35　内窥镜手术辅助机器人 EMARO

2) 液动式机器人

相对于气力驱动，液力驱动的机器人具有大得多的抓举能力，可高达上百千克。液动式机器人结构紧凑，传动平稳且动作灵敏，但对密封的要求较高，且不宜在高温或低温的场合工作，要求的制造精度较高，成本较高。

3) 电动式机器人

目前越来越多的机器人采用电力驱动式，这不仅是因为可供选择的电动机品种众多，更因为可以运用多种灵活的控制方法。

笔记

电力驱动是利用各种电动机产生的力或力矩，直接或经过减速机构驱动机器人，以获得所需的位置、速度、加速度。电力驱动具有无污染，易于控制，运动精度高，成本低，驱动效率高等优点，其应用最为广泛。

电力驱动又可分为步进电动机驱动、直流伺服电动机驱动、无刷伺服电动机驱动等。

4) 新型驱动方式机器人

伴随着机器人技术的发展，出现了利用新的工作原理制造的新型驱动器，例如静电驱动器、压电驱动器、形状记忆合金驱动器、人工肌肉及光驱动器等。

10. 按照机器人的控制方式分类

按照机器人的控制方式，机器人可分为如下几类。

1) 非伺服机器人

非伺服机器人可按照预先编好的程序顺序进行工作，由限位开关、制动器、插销板和定序器来控制机器人的运动。插销板用来预先规定机器人的工作顺序，而且往往是可调的。定序器是一种按照预定的正确顺序接通驱动装置的能源。驱动装置接通能源后，会带动机器人的手臂、腕部和手部等装置运动。

当机器人移动到由限位开关所规定的位置时，限位开关切换工作状态，给定序器送去一个工作任务已经完成的信号，并使终端制动器动作，切断驱动能源，使机器人停止运动。非伺服机器人工作能力比较有限。

2) 伺服控制机器人

伺服控制机器人将通过传感器取得的反馈信号与来自给定装置的综合信号比较后，得到误差信号，经过放大后用以激发机器人的驱动装置，进而带动手部执行装置以一定规律运动，到达规定的位置或速度等，伺服驱动系统属于反馈控制系统。伺服系统的被控量可为机器人手部执行装置的位置、速度、加速度和力等。伺服控制机器人比非伺服机器人有更强的工作能力。

按照控制的空间位置不同，伺服控制机器人又可以分为点位伺服控制机器人和连续轨迹伺服控制机器人。

(1) 点位伺服控制机器人。

点位伺服控制机器人的受控运动方式为从一个点位目标移向另一个点位目标，只在目标点上完成操作。机器人可以以最快和最直接的路径从一个端点移到另一个端点。

按点位方式进行控制的机器人，其运动为空间点到点之间的直线运动，在作业过程中只控制几个特定工作点的位置，不对点与点之间的运动过程进行控制。在点位伺服控制机器人中，所能控制点数的多少取决于控制系统的复杂程度。

通常，点位伺服控制机器人适用于只需要确定终端位置，而对编程点之间的路径和速度不做主要考虑的场合。点位控制主要用于点焊、搬运机器人。

笔记

(2) 连续轨迹伺服控制机器人。

连续轨迹伺服控制机器人能够平滑地跟随某个规定的路径，其轨迹往往是某条不在预编程端点停留的曲线路径。

按连续轨迹方式进行控制的机器人，其运动轨迹可以是空间的任意连续曲线。机器人在空间的整个运动过程都处于控制之中，能同时控制两个以上的运动轴，使得手部位置可沿任意形状的空间曲线运动，而手部的姿态也可以通过腕关节的运动得以控制，这对于焊接和喷涂作业是十分有利的。

连续轨迹伺服控制机器人具有良好的控制和运行特性，由于数据是依时间采样的，而不是依预先规定的空间采样，因此机器人的运行速度较快、功率较小、负载能力也较小。连续轨迹伺服控制机器人主要用于弧焊、喷涂、打飞边毛刺和检测等场合。

11. 按照机器人的关节连接布置形式分类

按照机器人关节连接布置形式，机器人可分为串联机器人和并联机器人两类。从运动形式来看，并联机构可分为平面机构和空间机构，细分可分为平面移动机构、平面移动转动机构、空间纯移动机构、空间纯转动机构和空间混合运动机构。

1) 串联机器人

串联机器人是一种开式运动链机器人，由一系列连杆通过转动关节或移动关节串联形成，采用驱动器驱动各个关节的运动从而带动连杆的相对运动，使末端执行器到达合适的位姿，一个轴的运动会改变另一个轴的坐标原点。图 1-36 是一种常见的关节串联机器人。它的特点是：工作空间大；运动分析较容易；可避免驱动轴之间的耦合效应；机构各轴必须独立控制，并且需搭配编码器与传感器来提高机构运动时的精准度。串联机器人的研究相对较成熟，已成功应用在工业上的各个领域，例如装配、焊接加工(见图 1-37)、喷涂、码垛等。

图 1-36　串联装配机器人

笔记

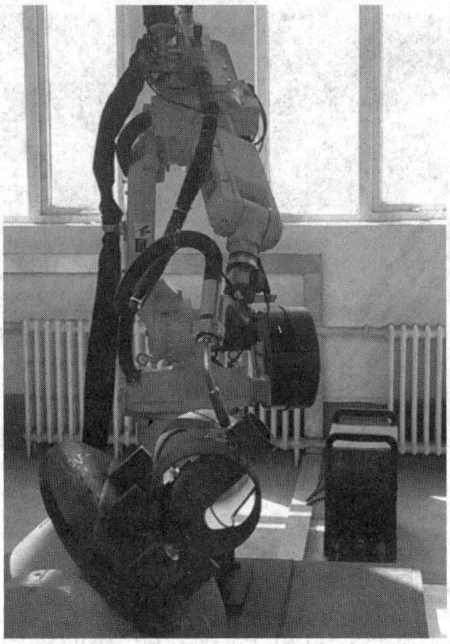

图 1-37　工业机器人在复杂零件焊接方面的应用

2) 并联机器人(Parallel Mechanism)

并联机器人是在动平台和定平台通过至少两个独立的运动链相连接，具有两个或两个以上自由度，且以并联方式驱动的一种闭环机构，如图 1-38 所示。其中末端执行器为动平台，与基座即定平台之间由若干个包含有许多运动副(例如球副、移动副、转动副、虎克铰)的运动链相连接，每一个运动链都可以独立控制其运动状态，以实现多自由度的并联，即一个轴运动不影响另一个轴的坐标原点。图 1-39 所示为一种蜘蛛手并联机器人，这种类型机器人特点是：工作空间较小；无累积误差，精度较高；驱动装置可置于定平台上或接近定平台的位置，运动部分质量轻，速度快，动态响应好；结构紧凑，刚度高，承载能力强；完全对称的并联机构具有较好的各向同性。并联机器人在需要高刚度、高精度或者大载荷而无需很大工作空间的领域获得了广泛应用，在食品、医药、电子等轻工业中应用最为广泛，在物料的搬运、包装、分拣等方面有着无可比拟的优势。

(a) 2 自由度并联机构　(b) 3 自由度并联机构　(c) 6 自由度并联机构

图 1-38 并联机器人

笔记

图 1-39　蜘蛛手并联机器人

12. 按照程序输入方式分类

1) 编程输入型机器人

编程输入型机器人是将计算机上已编好的作业程序文件，通过 RS232 串口或者以太网等通信方式传送到机器人控制柜，计算机解读程序后发出相应控制信号，命令各伺服系统控制机器人来完成相应的工作任务。图 1-40 是该类型工业机器人编程界面的示意图。

企业文化

携手社会，通过响应国家号召，投身公益，弘扬主流价值，促进社会和谐发展。

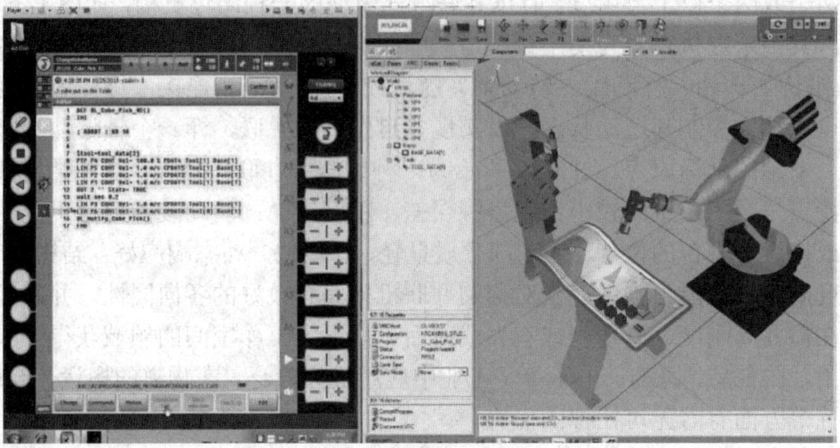

图 1-40　编程界面示意图

2) 示教输入型机器人

示教输入型机器人的示教方法有两种，一种是由操作者用手动控制器(示教操纵盒等人机交互设备)，将指令信号传给驱动系统，由执行机构按要求的动作顺序和运动轨迹操演一遍，如图 1-41 所示即为通过示教器来控制机器人运动的工业机器人。另一种是由操作者直接控制执行机构，按要求的动作顺序和运动轨迹操演一遍。在示教过程的同时，工作程序的信息自动存入程序存储器中，在机器人自动工作时，控制系统从程序存储器中调出相应信息，将指令信号传给驱动机构，使执行机构再现示教的各种动作。

笔记

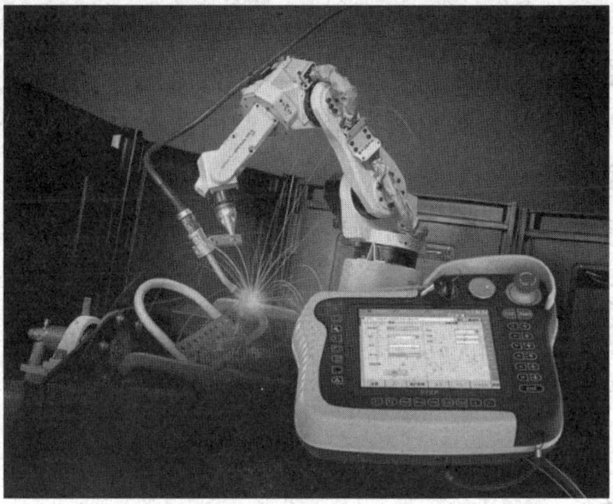

图 1-41 示教输入型工业机器人

看一看：你们学校的机器人属于哪一种？

任务扩展

工业机器人常用的十大品牌标牌如图 1-42 所示。

FANUC	KUKA	NACHi	Simple & friendly Kawasaki Robot	ABB
发那科(FANUC)	库卡(KUKA)	那智不二越 (NACHI)	川崎 (Kawasaki)	ABB
STÄUBLI	COMAU ROBOTICS	EPSON EXCEED YOUR VISION 爱普生工业机器人	YASKAWA	SIASUN 新松
史陶比尔 (Stäubli)	柯马 (COMAU)	爱普生 (EPSON)	日本安川 (YASKAWA)	新松 (SIASUN)

图 1-42 工业机器人十大品牌标牌

任务巩固

一、简答题

1. 简述机器人的定义。
2. 简述机器人的发展方向。
3. 按照机器人的运动形式分类，机器人可分为哪几种？
4. 按机器人的驱动方式分类，机器人可分为哪几种？
5. 按机器人关节连接布置形式分类，机器人可分为哪几种？

笔记

6. 按程序输入方式分类，机器人可分为哪几种？

二、应用题

根据本单位的情况，画出所在单位工业机器人的工作空间。

三、查询题

上网查询常用工业机器人的种类及其不同的外观结构。

任务二　认识机器人的组成与工作原理

工作任务

工业机器人通常由执行机构、驱动系统、控制系统和传感系统 4 部分组成，如图 1-43 所示。工业机器人各组成部分之间的相互作用关系如图 1-44 所示。

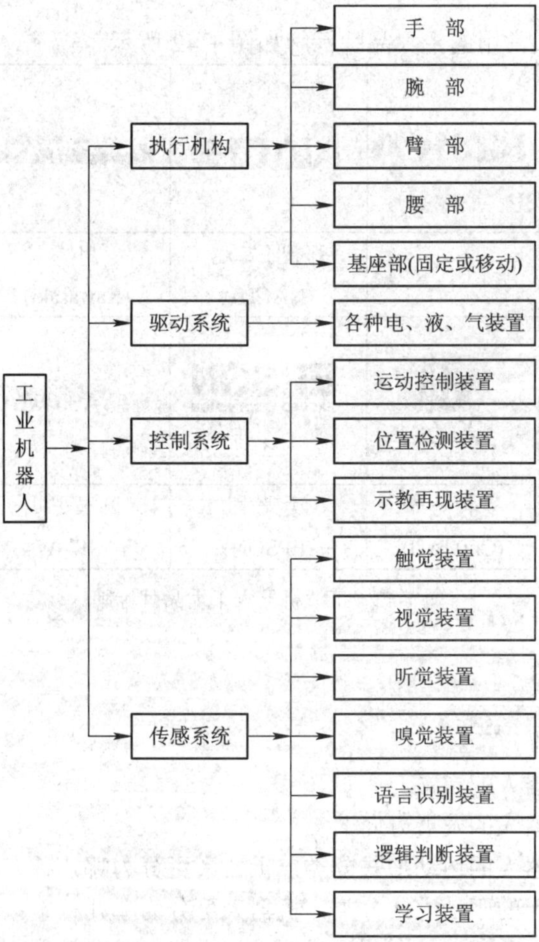

图 1-43　工业机器人的组成

笔记

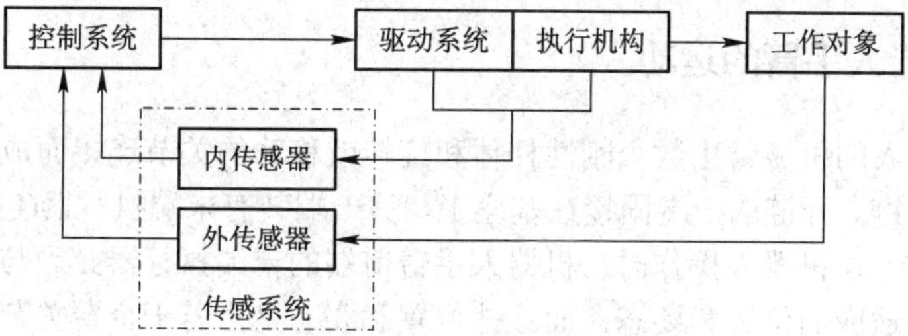

图 1-44　工业机器人各组成部分之间的关系

任务目标

知 识 目 标	能 力 目 标
1. 掌握工业机器人的组成 2. 了解工业机器人的工作原理	1. 能标识工业机器人各部位的名称 2. 能根据不同的工业机器人说明其工作原理

任务准备

机器人的基本工作原理

多媒体教学

目前广泛应用的工业机器人都属于第一代机器人，其基本工作原理是示教再现，如图 1-45 所示。

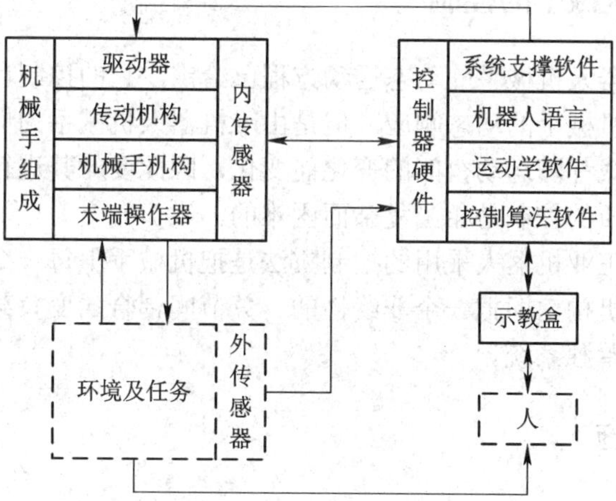

图 1-45　机器人工作原理

示教也称为导引，即由用户引导机器人，一步步将实际任务操作一遍，机器人在引导过程中自动记忆示教的每个动作的位置、姿态、运动参数、工艺参数等，并自动生成一个连续执行全部操作的程序。完成示教后，只需给机器人一个启动命令，机器人将精确地按示教动作，一步步完成全部操作，这就是示教与再现。

笔记

一、机器人手臂的运动

机器人的机械臂由数个刚性杆体和旋转或移动的关节连接而成，是一个开环关节链。开链的一端固接在基座上，另一端装有末端执行器(例如焊枪)，并不固定。在机器人操作时，机器人手臂前端的末端执行器必须与被加工工件处于相适应的位置和姿态，而这些位置和姿态是由若干个臂关节的运动所合成的。

因此，在机器人运动控制中，必须要了解机械臂各关节变量空间和末端执行器的位置和姿态之间的关系，这就是机器人运动学模型。一台机器人机械臂的几何结构确定后，其运动学模型即可确定，这是机器人运动控制的基础。

二、机器人轨迹规划

机器人机械手端部从起点的位置和姿态到终点的位置和姿态的运动轨迹空间曲线叫作路径。

轨迹规划的任务是用一种函数来“内插”或“逼近”给定的路径，并沿时间轴产生一系列“控制设定点”，用于控制机械手运动。目前常用的轨迹规划方法有空间关节插值法和笛卡尔空间规划两种方法。

三、机器人机械手的控制

当一台机器人机械手的动态运动方程已给定，它的控制目的就是按预定性能要求保持机械手的动态响应。但是由于机器人机械手的惯性力、耦合反应力和重力负载都随运动空间的变化而变化，因此要对其进行高精度、高速度、高动态品质的控制是相当复杂而困难的。

目前针对工业机器人采用的控制方法是把机械手上每一个关节都当作一个单独的伺服机构，即把一个非线性的、关节间耦合的变负载系统，简化为线性的非耦合单独系统。

任务实施

工业机器人的组成

现场教学

把学生带到工业机器人边，进行现场教学，但要注意安全。

一、执行机构

执行机构是机器人赖以完成工作任务的实体，通常由一系列连杆、关节

笔记

或其他形式的运动副所组成。从功能的角度，执行机构可分为手部、腕部、臂部、腰部和机座，如图 1-46 所示。

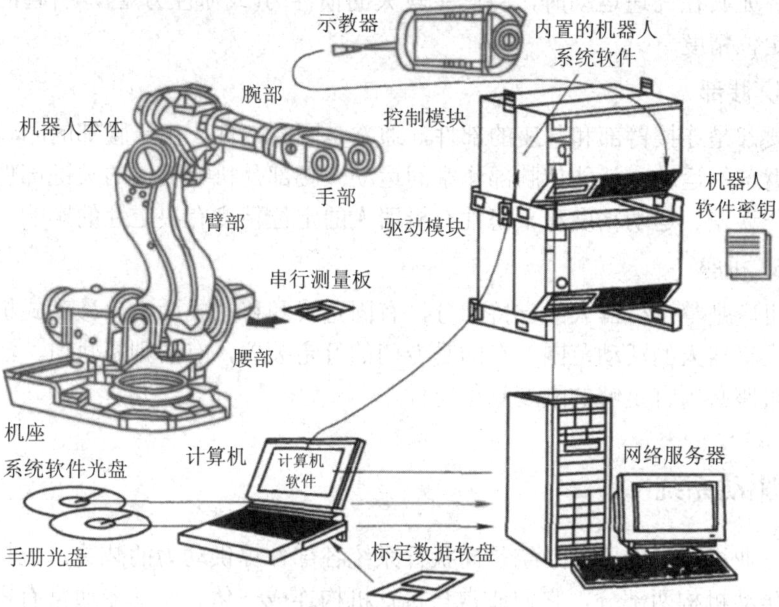

图 1-46　工业机器人

1. 手部

工业机器人的手部也叫作末端执行器，是装在机器人手腕上直接抓握工件或执行作业的部件。手部对于机器人来说是完成作业好坏、作业柔性好坏的关键部件之一。

手部可以像人手那样具有手指，也可以不具备手指；可以是类似人手的手爪，也可以是进行某种作业的专用工具，例如机器人手腕上的焊枪、油漆喷头等。各种手部的工作原理不同，结构形式各异，常用的手部按其夹持原理的不同，可分为机械式、磁力式和真空式 3 种。

2. 腕部

工业机器人的腕部是连接手部和臂部的部件，起支撑手部的作用。机器人一般具有 6 个自由度才能使手部达到目标位置并处于期望的姿态，腕部的自由度主要用于实现所期望的姿态，并扩大臂部的运动范围。手腕按自由度个数可分为单自由度手腕、二自由度手腕和三自由度手腕。腕部实际所需要的自由度数目应根据机器人的工作性能要求来确定。在有些情况下，腕部具有翻转和俯仰或翻转和偏转两个自由度。有些专用机器人没有手腕部件，而是直接将手部安装在腕部的前端；有的腕部为了特殊要求还具有横向移动自由度。

3. 臂部

工业机器人的臂部是连接腰部和腕部的部件，用来支撑腕部和手部，以

笔记

实现较大的运动范围。臂部一般由大臂、小臂(或多臂)所组成。臂部总质量较大，受力一般比较复杂，在运动时，直接承受腕部、手部和工件的静、动载荷，尤其在高速运动时，将产生较大的惯性力(或惯性力矩)，引起冲击，影响定位精度。

4. 腰部

腰部是连接臂部和基座的部件，通常是回转部件。由于腰部的回转，再加上臂部的运动，就能使腕部作空间运动。腰部是执行机构的关键部件，它的制作误差、运动精度和平稳性对机器人的定位精度有决定性的影响。

5. 机座

机座是整个机器人的支持部分，有固定式和移动式两类。移动式机座用来扩大机器人的活动范围，有的是专门的行走装置，有的则是轨道、滚轮机构。机座必须有足够的刚度和稳定性。

二、驱动系统

工业机器人的驱动系统是向执行系统各部件提供动力的装置，包括驱动器和传动机构两部分，它们通常与执行机构连成一体。驱动器通常有电动、液压、气动装置以及把它们结合起来应用的综合系统。常用的传动机构有谐波传动、螺旋传动、链传动、带传动以及各种齿轮传动等机构。工业机器人驱动系统的组成如图 1-47 所示。

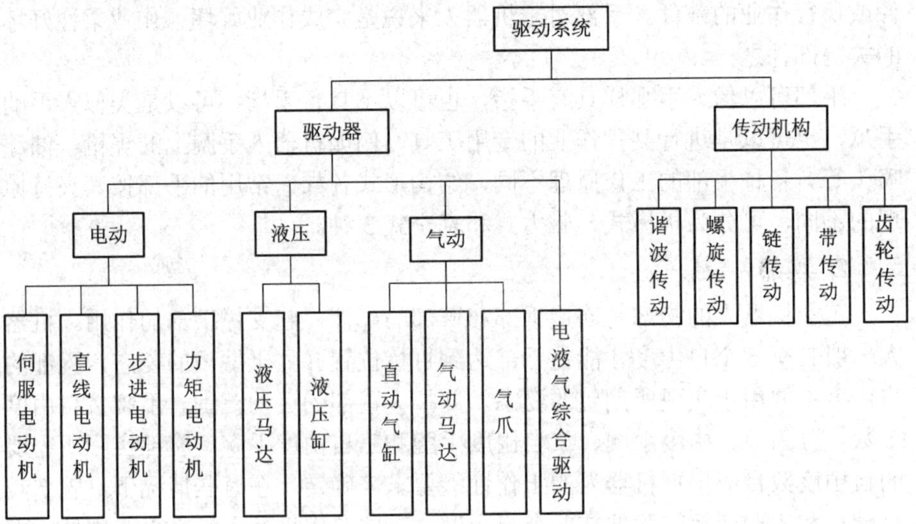

图 1-47　工业机器人驱动系统的组成

1. 气力驱动

气力驱动系统通常由气缸、气阀、气罐和空压机(或由气压站直接供给)等组成，以压缩空气来驱动执行机构进行工作。其优点是空气来源方便、动作迅速、结构简单、造价低、维修方便、防火防爆、漏气对环境无影响；缺

笔记

点是操作力小、体积大，且由于空气的压缩性大，使气动系统的速度不易控制、响应慢、动作不平稳、有冲击。因起源压力一般只有 60 MPa 左右，故此类机器人适宜抓举力要求较小的场合。

2. 液压驱动

液压驱动系统通常由液动机(各种油缸、油马达)、伺服阀、油泵、油箱等组成，以压缩机油来驱动执行机构进行工作。其特点是操作力大、体积小、传动平稳且动作灵敏、耐冲击、耐振动、防爆性好。相对于气力驱动，液压驱动的机器人具有更大的抓举能力，可高达上百千克。但液压驱动系统对密封的要求较高，且不宜在高温或低温的场合工作，要求的制造精度较高，成本也较高。

3. 电力驱动

电力驱动是利用电动机产生的力或力矩，直接或经过减速机构驱动机器人，以获得所需的位置、速度和加速度。电力驱动具有电源易取得，无环境污染，响应快，驱动力较大，信号检测、传输、处理方便，可采用多种灵活的控制方案，运动精度高，成本低，驱动效率高等优点，是目前机器人使用最多的一种驱动方式。驱动电动机一般采用步进电动机、直流伺服电动机以及交流伺服电动机。由于电动机转速高，通常还需采用减速机构。目前有些机构已开始采用无须减速机构的特制电动机直接驱动，这样既可简化机构，又可提高控制精度。

4. 其他驱动方式

有些机器人的驱动系统还可采用混合驱动，即液、气或电、气混合驱动。

三、控制系统

控制系统的任务是根据机器人的作业指令程序以及从传感器反馈回来的信号，支配机器人的执行机构完成固定的运动和功能。若工业机器人不具备信息反馈特征，则为开环控制系统；若具备信息反馈特征，则为闭环控制系统。

工业机器人的控制系统主要由主控计算机和关节伺服控制器组成，如图 1-48 所示。上位主控计算机主要根据作业要求完成编程，并发出指令控制各伺服驱动装置使各杆件协调工作，同时还要完成环境状况、周边设备之间的信息传递和协调工作。关节伺服控制器用于实现驱动单元的伺服控制、轨迹插补计算以及系统状态监测。机器人的测量单元一般安装在执行部件中的位置检测元件(例如光电编码器)和速度检测元件(例如测速发电电机)，这些检测量反馈到控制器中或者用于闭环控制、监测以及进行示教操作等。人机接口除了包括一般的计算机键盘、鼠标外，通常还包括手持控制器(示教器，见图 1-49)，通过手持控制器可以对机器人进行控制和示教操作。

笔记

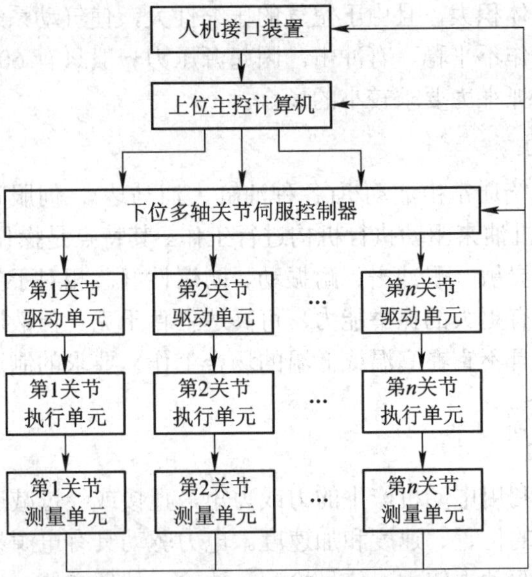

图 1-48　工业机器人控制系统一般构成

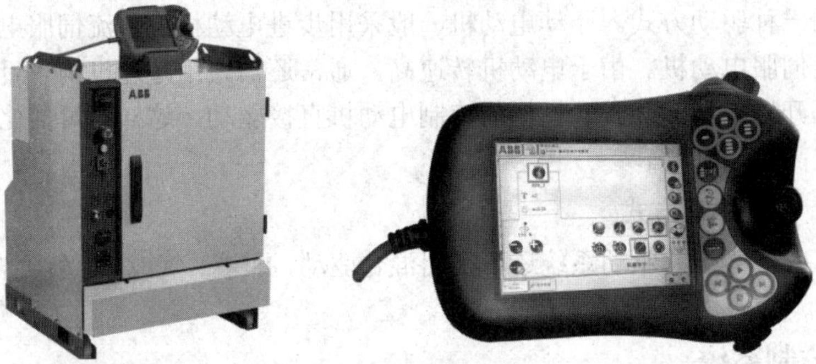

(a) 控制柜 IRC 5　　(b) 示教器

图 1-49　IRB 2600 工业机器人

工业机器人通常具有示教再现和位置控制两种方式。示教再现控制就是操作人员通过示教装置把作业程序内容编制成程序，输入到记忆装置中，在外部给出启动命令后，机器人从记忆装置中读出信息并送到控制装置，发出控制信号，由驱动机构控制机械手的运动，在一定精度范围内按照记忆装置中的内容完成给定的动作。实质上，工业机器人与一般自动化机械的最大区别就是它具有“示教,再现”功能，因而表现出通用、灵活的“柔性”特点。

工业机器人的位置控制方式有点位控制和连续路径控制两种。其中，点位控制方式只关心机器人末端执行器的起点和终点位置，而不关心这两点之间的运动轨迹，这种控制方式可完成无障碍条件下的点焊、上下料、搬运等操作。连续路径控制方式不仅要求机器人以一定的精度达到目标点，而且对移动轨迹也有一定的精度要求，例如机器人喷涂、弧焊等操作。实质上这种控制方式是以点位控制方式为基础，在每两点之间用满足精度要求的位置轨迹插补算法实现轨迹连续化的。

笔记

四、传感系统

传感系统是机器人的重要组成部分，按其采集信息的位置，一般可分为内部和外部两类传感器。内部传感器是完成机器人运动控制所必需的传感器，例如位置、速度传感器等，用于采集机器人内部信息，是构成机器人不可缺少的基本元件。外部传感器用于检测机器人所处环境、外部物体状态或机器人与外部物体的关系。常用的外部传感器有力觉传感器、触觉传感器、接近觉传感器、视觉传感器等。一些特殊领域应用的机器人还可能需要具有温度、湿度、压力、滑动量、化学性质等感觉能力方面的传感器。

传统的工业机器人仅采用内部传感器，用于对机器人运动、位置及姿态进行精确控制。外部传感器的使用使得机器人对外部环境具有一定程度的适应能力，从而表现出一定程度的智能。

任务扩展

机器人应用与外部的关系

机器人技术是集机械工程学、计算机科学、控制工程、电子技术、传感器技术、人工智能、仿生学等学科为一体的综合技术，它是多学科科技革命的必然结果。每一台机器人都是一个知识密集和技术密集的高科技机电一体化产品。机器人与外部的关系如图 1-50 所示，机器人技术涉及的研究领域包括以下 6 方面。

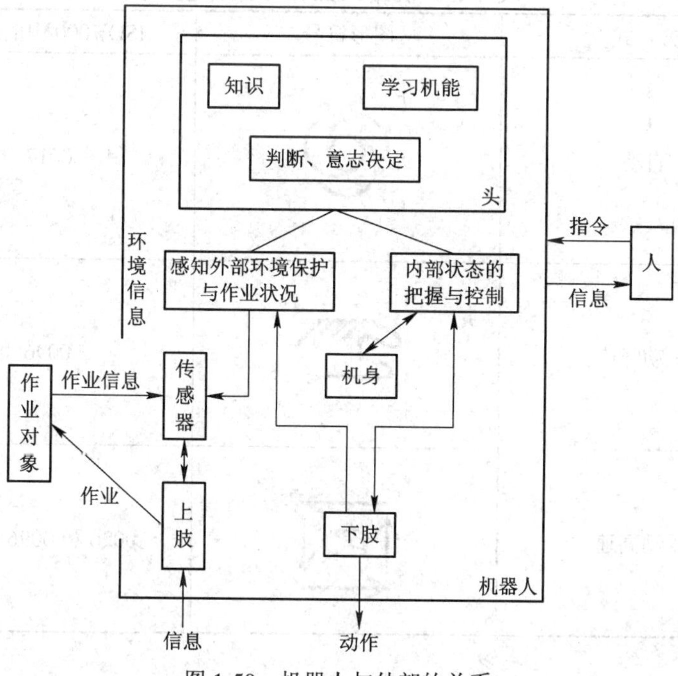

图 1-50　机器人与外部的关系

笔记

(1) 传感器技术：使机器人得到与人类感觉机能相似的传感器技术。

(2) 人工智能计算机科学：使机器人得到与人类智能或控制机能相似能力的人工智能或计算机科学。

(3) 假肢技术。

(4) 工业机器人技术：把人类作业技能具体化的工业机器人技术。

(5) 移动机械技术：实现动物行走机能的行走技术。

(6) 生物功能：以实现生物机能为目的的生物学技术。

任务巩固

1. 上网查询具体工业机器人的组成。
2. 简述工业机器人的工作理。

任务三　认识机器人的基本术语与图形符号

课程思政

三个人
政治上的明白人、党建工作的内行人、干部职工的贴心人。

工作任务

表 1-2 提供了图形符号示例，可用来标识常规的操作方式。图形符号可包含附加的描述性文字，以便尽可能清楚地提供关于方式选择与期望性能的信息。但不同的工业机器人的标牌也是有区别的。

表 1-2　机器人操作方式标签

方　式	图形符号	ISO 7000 中的图形
自动		0017
手动降速		0096
手动高速	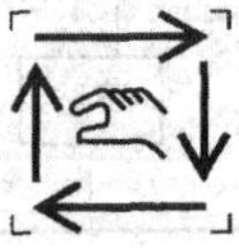	0026 和 0096 结合

笔记

任务目标

知识目标	能力目标
1. 了解机器人的基本术语 2. 掌握机器人的图形符号体系	1. 能应用图形符号来表示不同的工业机器人 2. 能识别不同工业机器人上的符号 3. 能识读不同工业机器人的标牌

任务准备

教师讲解

一、机器人的基本术语

1. 关节

关节(Joint)即运动副，是允许机器人手臂各零件之间发生相对运动的机构，是两构件直接接触并能产生相对运动的活动联结，如图 1-51 所示。图 1-51 中的 A、B 两部件可以做互动联结。

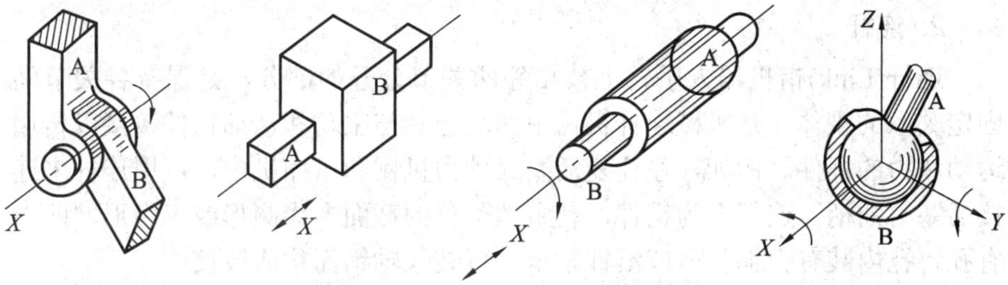

(a) 回转副　(b) 移动副　(c) 回转移动副　(d) 球面副

图 1-51　机器人的关节

高副机构(Higher Pair)简称高副，指运动机构的两构件通过点或线的接触而构成的运动副，例如齿轮副和凸轮副就属于高副机构。平面高副机构拥有两个自由度，即相对接触面切线方向的移动和相对接触点的转动。相对而言，通过面的接触而构成的运动副叫作低副机构。

关节是各杆件间的结合部分，是实现机器人各种运动的运动副，由于机器人的种类很多，其功能要求不同，关节的配置和传动系统的形式也不同。机器人常用的关节有移动、旋转运动副。一个关节系统包括驱动器、传动器和控制器，属于机器人的基础部件，是整个机器人伺服系统中的一个重要环节，其结构、重量、尺寸对机器人性能有直接影响。

1) 回转关节

回转关节，又叫作回转副、旋转关节，是使连接两杆件组件中的一件相对于另一件绕固定轴线转动的关节，两个构件之间只作相对转动。例如手臂与机座、手臂与手腕。回转关节可实现相对回转或摆动，由驱动器、回转轴和轴承组成。多数电动机能直接产生旋转运动，但常需各种齿轮、链、带传动或其他减速装置，以获取较大的转矩。

笔记

2) 移动关节

移动关节，又叫作移动副、滑动关节、棱柱关节，是使两杆件组件中的一件相对于另一件做直线运动的关节，两个构件之间只作相对移动。移动关节采用直线驱动方式传递运动，包括直角坐标结构的驱动、圆柱坐标结构的径向驱动和垂直升降驱动以及极坐标结构的径向伸缩驱动。直线运动可以直接由气缸或液压缸与活塞运动产生，也可以采用齿轮齿条、丝杠、螺母等传动元件把旋转运动转换成直线运动。

3) 圆柱关节

圆柱关节，又叫作回转移动副、分布关节，是使两杆件组件中的一件相对于另一件移动或绕一个移动轴线转动的关节，两个构件之间除了做相对转动之外，还可以同时做相对移动。

4) 球关节

球关节，又叫作球面副，是使两杆件组件中的一件相对于另一件在 3 个自由度上绕一固定点转动的关节，即组成运动副的两构件能绕一个球心做 3 个独立的相对转动的运动副。

2. 连杆

连杆(Link)指机器人手臂上被相邻两关节分开的部分，是保持各关节间固定关系的刚体，是机械连杆机构中两端分别与主动和从动构件铰接以传递运动和力的杆件。例如，在往复活塞式动力机械和压缩机中，可用连杆来连接活塞与曲柄。连杆多为钢件，其主体部分的截面多为圆形或工字形，两端有孔，孔内装有青铜衬套或滚针轴承，可装入轴销而构成铰接。

连杆是机器人的重要部件，与关节相连，其作用是将一种运动形式转变为另一种运动形式，并把作用在主动构件上的力传给从动构件，以输出功率。

3. 刚度

刚度(Stiffness)是机器人机身或臂部在外力作用下抵抗变形的能力，可用外力和在外力作用方向上的变形量(位移)之比来度量。在弹性范围内，刚度是零件载荷与位移成正比的比例系数，即引起单位位移所需的力。它的倒数称为柔度，即单位力引起的位移。刚度可分为静刚度和动刚度。

在任何力的作用下，体积和形状都不发生改变的物体叫作刚体(Rigid Body)。在物理学上，理想的刚体是一个固体的、尺寸值有限的、形变情况可以被忽略的物体。不论是否受力，在刚体内任意两点的距离都不会改变。在运动中，刚体上的任意一条直线在各个时刻的位置都保持平行。

二、机器人的图形符号体系

1. 运动副的图形符号

机器人所用的零件和材料以及装配方法等与现有的各种机械完全相同。机器人常用的关节有移动、旋转运动副，常用的运动副图形符号如表 1-3 所示。

笔记

表 1-3　常用的运动副图形符号

运动副名称		运动副符号	
	转动副	两运动构件构成的运动副	两构件之一固定时的运动副
平面运动副	转动副	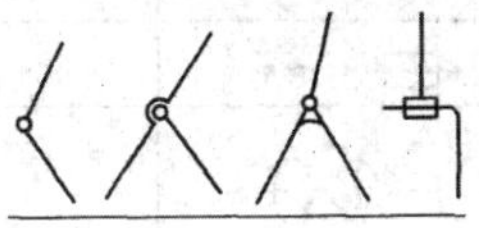	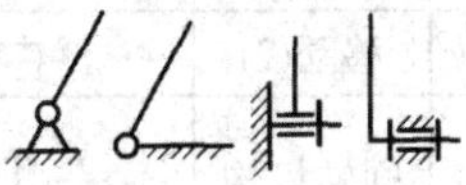
	移动副	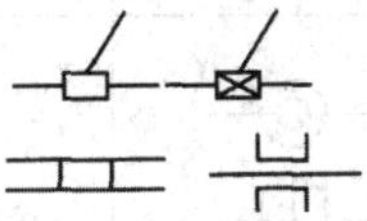	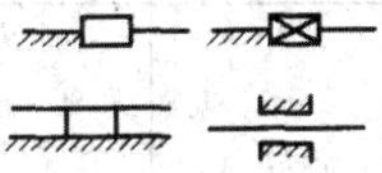
	平面高副		
空间运动副	螺旋副	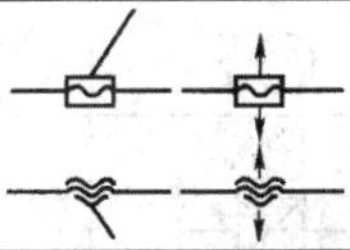	
	球面副及球销副	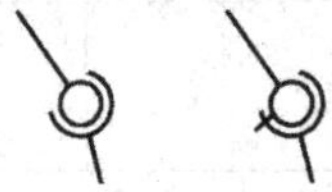	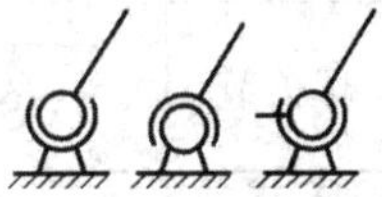

2. 基本运动的图形符号

机器人的基本运动与现有的各种机械表示也完全相同。常用的基本运动图形符号如表 1-4 所示。

表 1-4　常用的基本运动图形符号

序　号	名　称	符　号
1	直线运动方向	 单向　双向
2	旋转运动方向	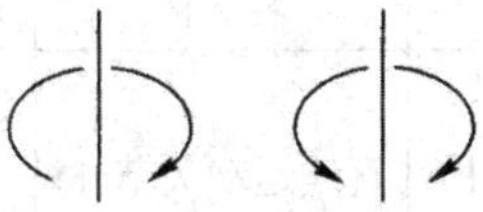 单向　双向
3	连杆、轴关节的轴	
4	刚性连接	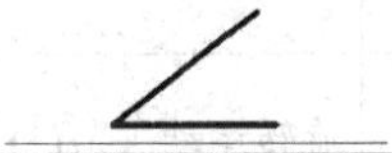
5	固定基础	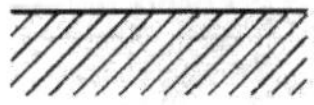
6	机械联锁	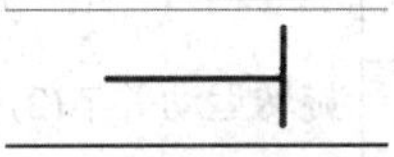

3. 运动机能的图形符号

机器人运动机能常用的图形符号如表 1-5 所示。

笔记

表 1-5　机器人运动机能常用的图形符号

编号	名　称	图形符号	参考运动方向	备　注
1	移动(1)		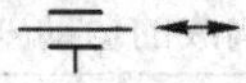	
2	移动(2)		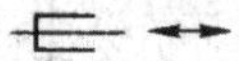	
3	回转机构	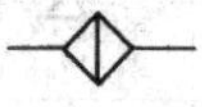	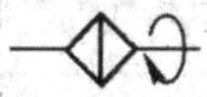	
4	旋转(1)	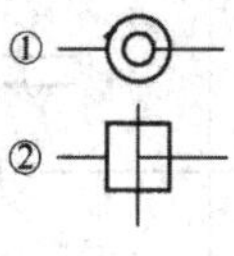	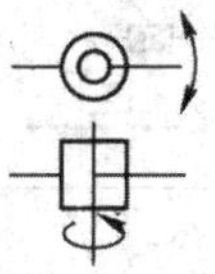	① 一般常用的图形符号 ② 表示①的侧向的图形符号
5	旋转(2)	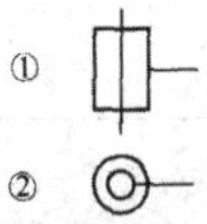	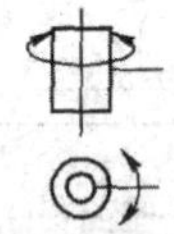	① 一般常用的图形符号 ② 表示①的侧向的图形符号
6	差动齿轮	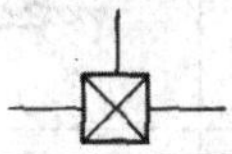		
7	球关节			
8	握持	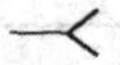	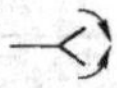	
9	保持	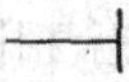		包括已成为工具的装置。工业机器人的工具此处未作规定
10	机座			

4. 运动机构的图形符号

机器人运动机构常用的图形符号如表 1-6 所示。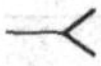

表 1-6　机器人运动机构常用的图形符号

序号	名　称	自由度	符　号	参考运动方向	备　注
1	直线运动关节(1)	1		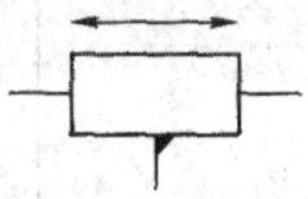	
2	直线运动关节(2)	1		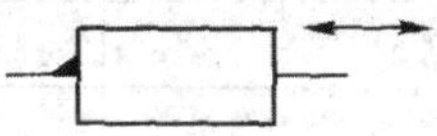	
3	旋转运动关节(1)	1	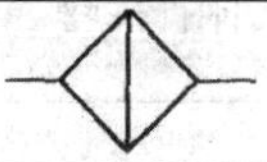	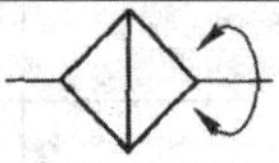	
4	旋转运动关节(2)	1		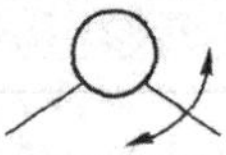	平面
5		1	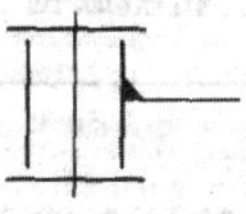	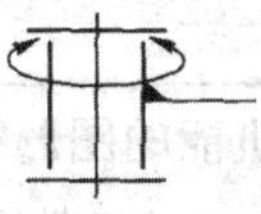	立体

笔记

续表

序号	名　称	自由度	符　号	参考运动方向	备　注
6	轴套式关节	2	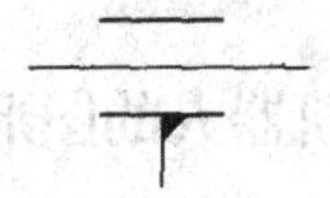	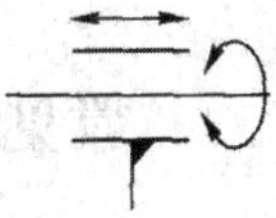	
7	球关节	3			
8	末端操作器		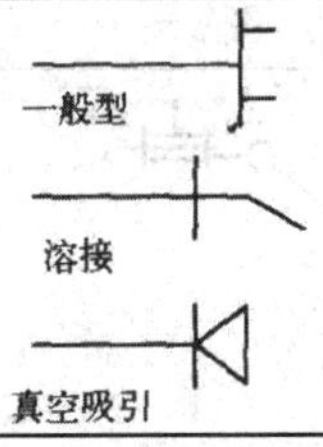		用途示例

任务实施

技能训练

根据实际情况，让学生在教师的指导下进行技能训练。

机器人的描述方法可分为机器人机构简图、机器人运动原理图、机器人传动原理图、机器人速度描述方程、机器人位姿运动学方程、机器人静力学描述方程等。现在介绍机器人的图形符号表示方法。

机器人的机构简图是描述机器人组成机构的直观图形表达形式，可将机器人的各个运动部件用简便的符号和图形表达出来，可用上述图形符号体系中的文字与代号表示。典型工业机器人的机构简图如图 1-52 所示。

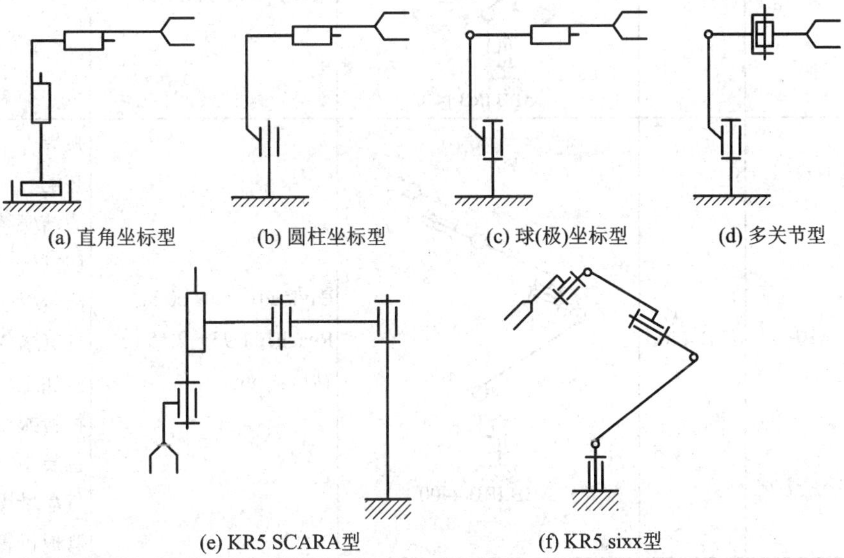

图 1-52　典型工业机器人机构简图

笔记

任务扩展

多媒体教学

常见工业机器人的图形符号表示

常见工业机器人的机构简图如表 1-7 所示。

表 1-7　常见工业机器人的机构简图

厂家	型号	简　图	规　格	主要应用
ABB	IRB 2400	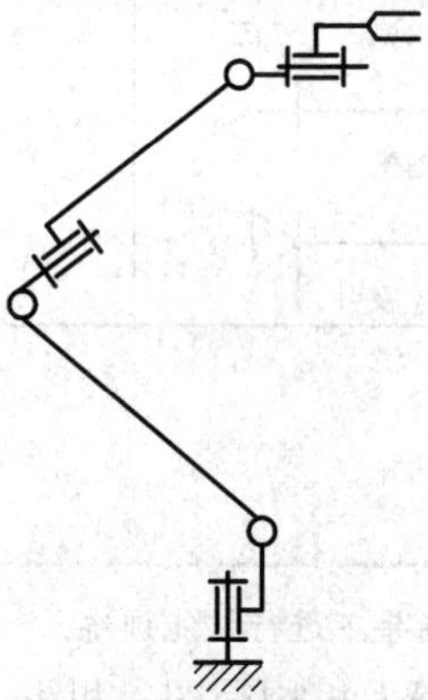 ABB IRB 2400	Payload：5～16 kg Reach：1.5～1.8 m 精度：0.06 mm 已安装 14000 套	弧焊 装配 清洁/喷雾 切割/修边 涂胶/密封 打磨/抛光 机加工 物料搬运 包装 弯板机管理
ABB	IRB 1410	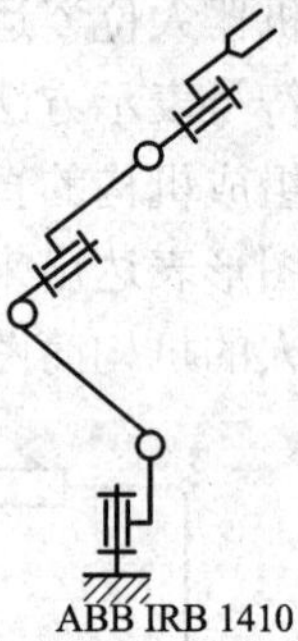 ABB IRB 1410	Payload：5 kg Reach：1.44 m 精度：0.05 mm	弧焊
ABB	IRB 4400	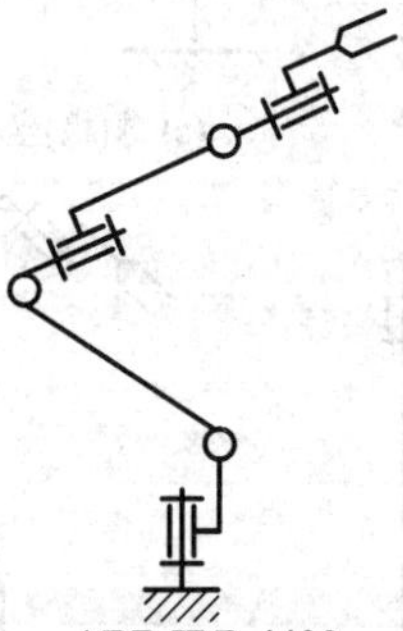 ABB IRB 4400	Payload：10～60 kg Reach：1.95～2.55 m 精度：mm	弧焊 装配 清洁/喷雾 切割/修边 涂胶/密封 打磨/抛光 机加工 物料搬运 包装 货盘堆垛 弯板机管理

续表一

笔记

厂家	型号	简　图	规　格	主要应用
ABB	IRB 6600	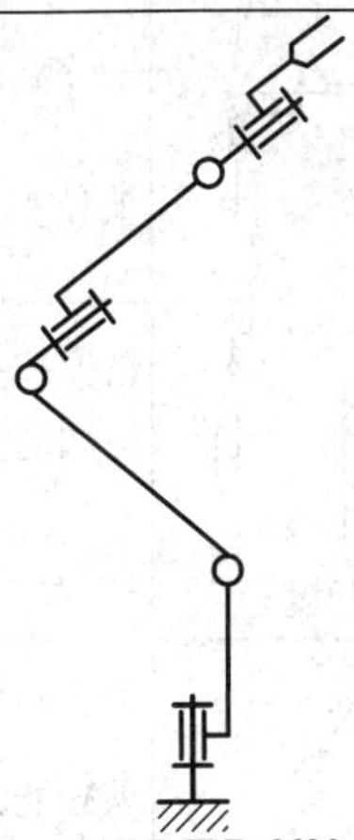 ABB IRB 6600	Payload：125～225 kg Reach：2.55～3.2 m 精度：mm	机加工 物料搬运 点焊
KUKA	KR 5 SCARA	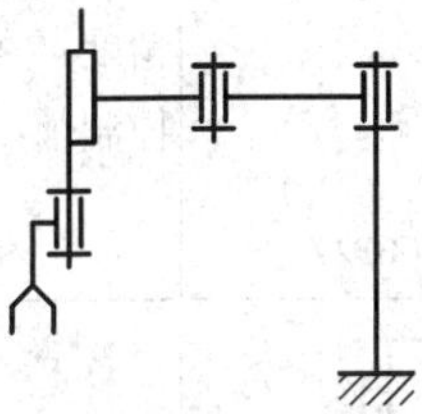 KUKA KR 5 SCARA	Payload：5 kg Reach：350 mm 精度：0.015 mm	
KUKA	KR 5 sixx	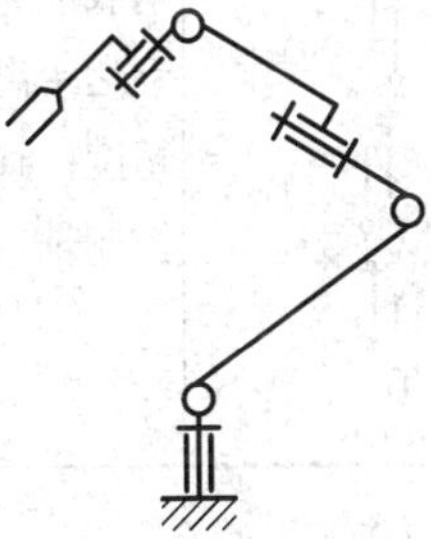 KUKA KR 5 sixx	Payload：5 kg Reach：650 mm 精度：0.02 mm	
KUKA	KR 1000 Titan	略	Payload：1000 kg Reach：mm 精度：mm	
FUNAC	R-2000iB	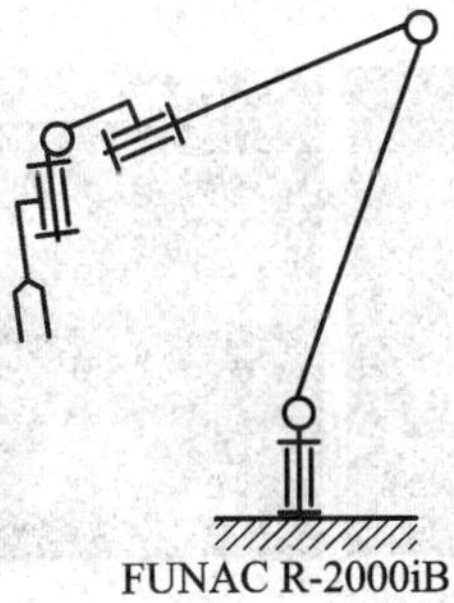 FUNAC R-2000iB	Payload：kg Reach：mm 精度：mm	

笔记

续表二

厂家	型号	简　图	规　格	主要应用
MOTOMAN	DIA10	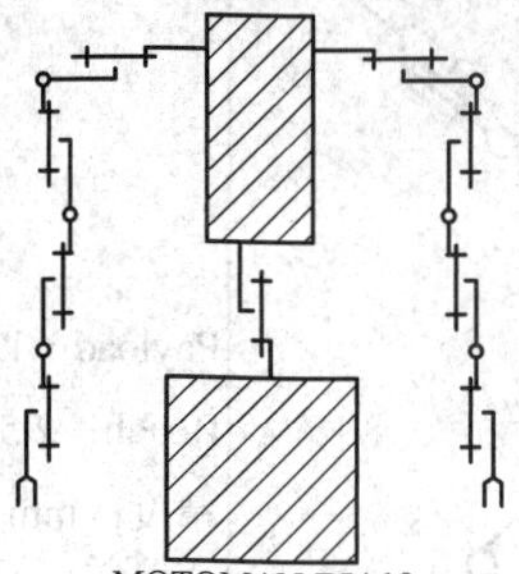 MOTOMAN-DIA10	承载能力：10 kg/arm 到达距离：2.5 m 精度：+0.1 mm 控制轴：15 活动度	
MOTOMAN	HP20	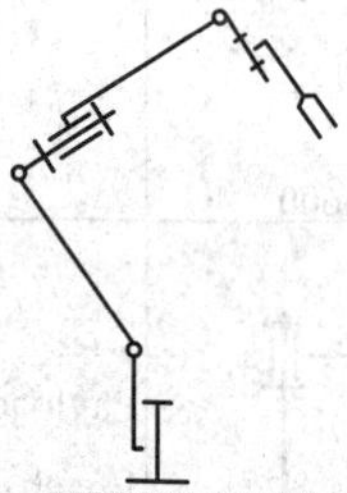 MOTOMAN-HP20	承载能力：20 kg 到达距离：2.1 m 精度：+0.06 mm 控制轴：6 活动度	
MOTOMAN	IA20	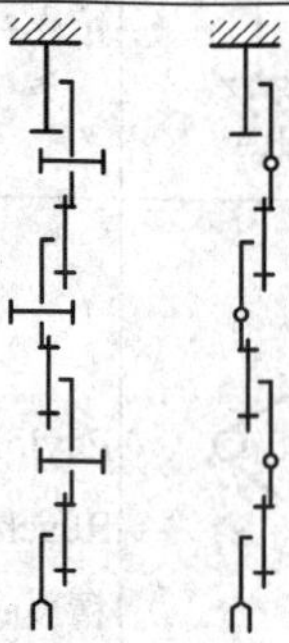 MOTOMAN-IA20	承载能力：20 kg 到达距离：1.59 m 精度：+0.1 mm 控制轴：7 活动度	

查一查：上网查询表 1-7 所示工业机器的外观结构。

任务巩固

1．标出图 1-53 中英文字母代表的部件名称。

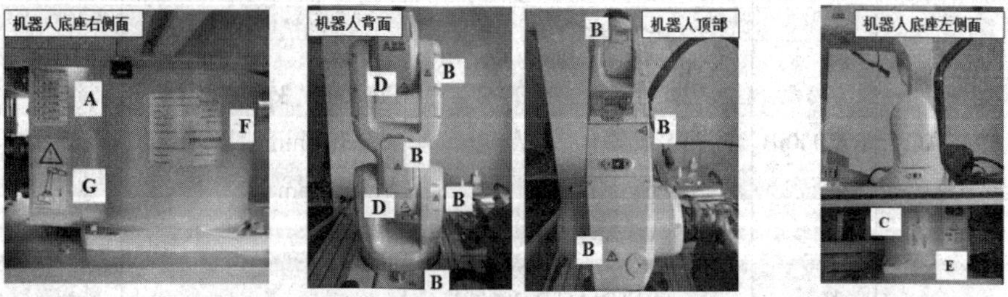

图 1-53　ABB 工业机器人

2．根据本单位的实际情况，用图形符号表示本单位的工业机器人。

笔记

任务四　认识机器人的技术参数

工作任务

在选择工业机器人时首先要考虑其轴数能否胜任该项工作，图 1-54 为工业机器人在搬运中的应用。

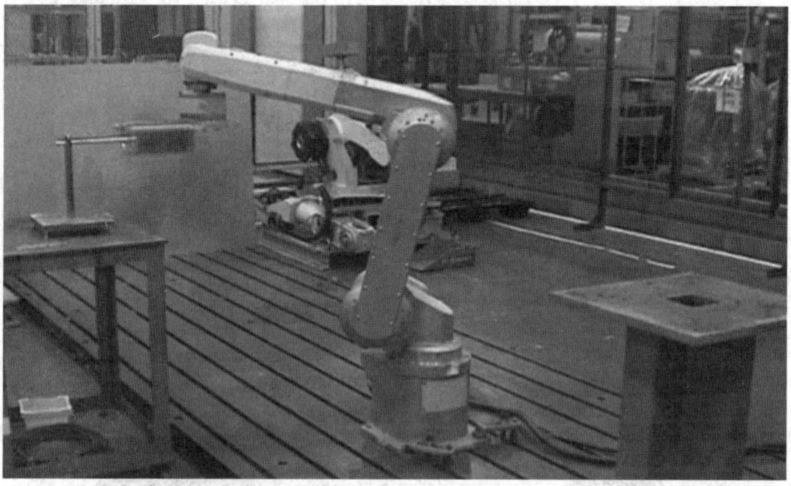

图 1-54　工业机器人在搬运中的应用

工业机器人轴是指操作本体的轴，属于机器人本身构件，目前商用的工业机器人大多以 8 轴为主。基座轴是使机器人移动的轴的总称，主要指行走轴(移动滑台或导轨)。工装轴是除机器人轴、基座轴以外轴的总称，指使工件、工装夹具翻转和回转的轴，例如回转台、翻转台等。实际生产中常用的是 6 关节工业机器人，6 轴关节机器人操作机有 6 个可活动的关节(轴)。表 1-8 为常见工业机器人本体运动轴的定义，图 1-55 为典型机器人各运动轴的示意图。不同的工业机器人本体运动轴的定义是不同的，KUKA 机器人 6 轴分别定义为 A1、A2、A3、A4、A5 和 A6；ABB 工业机器人则定义为轴 1、轴 2、轴 3、轴 4、轴 5 和轴 6。其中 A1、A2 和 A3 轴(轴 1、轴 2 和轴 3)称为基本轴或主轴，用于保证末端执行器达到工作空间的任意位置；A4、A5 和 A6 轴(轴 4、轴 5 和轴 6)称为腕部轴或次轴，用于实现末端执行器的任意空间姿态。图 1-56 是 YASKAWA 工业机器人各运动轴的关系。除此之外，在选择工业机器人时，也要考虑其参数。

工匠精神

质量之魂，存于匠心。中国青年有匠心，能始终不渝追求卓越，中国品牌走向世界就有大希望。

——李克强

笔记

表 1-8 常见工业机器人本体运动轴的定义

轴类型	轴名称				动作说明
	ABB	FANUC	YASKAWA	KUKA	
主轴(基本轴)	轴 1	J1	S 轴	A1	本体回旋
	轴 2	J2	L 轴	A2	大臂运动
	轴 3	J3	U 轴	A3	小臂运动
次轴(腕部运动)	轴 4	J4	R 轴	A4	手腕旋转运动
	轴 5	J5	B 轴	A5	手腕上下摆运动
	轴 6	J6	T 轴	A6	手腕圆周运动

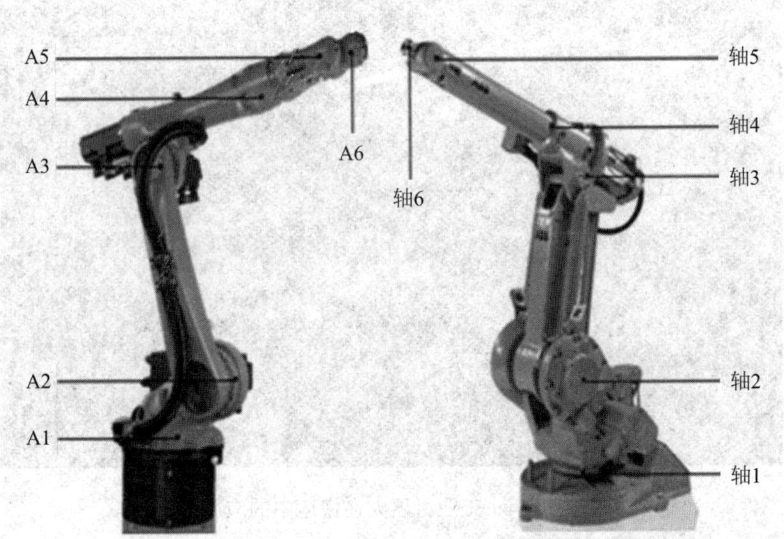

(a) KUKA机器人　　(b) ABB机器人

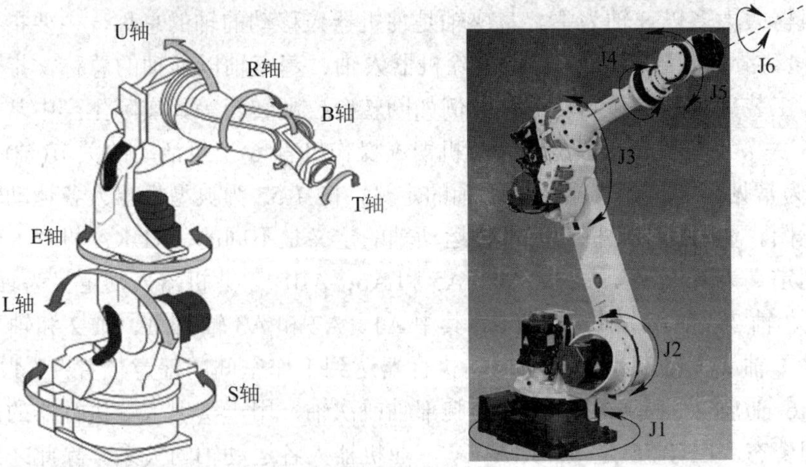

(c) YASKAWA工业机器人　　(d) FANUC工业机器人

图 1-55　典型机器人各运动轴

笔记

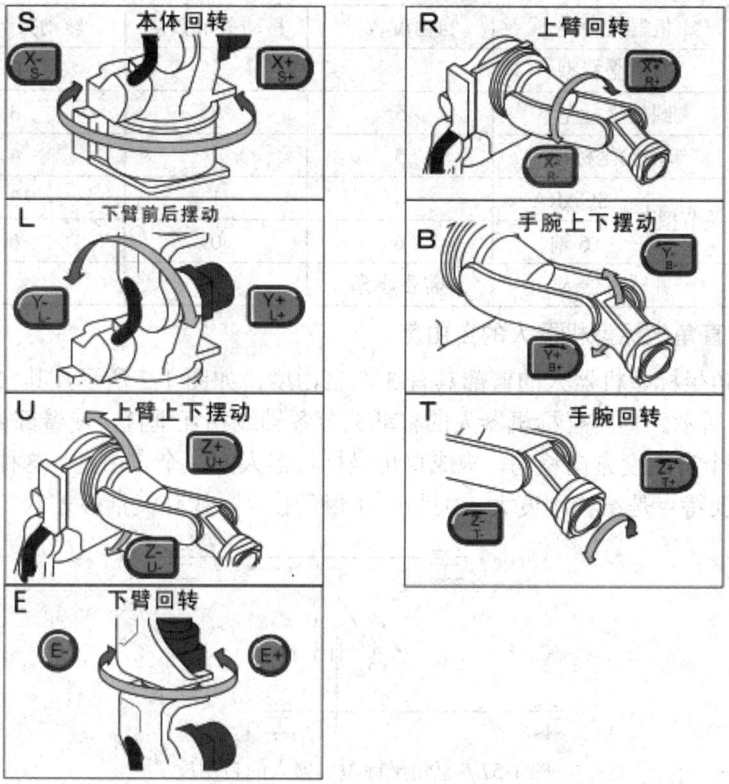

图 1-56　YASKAWA 工业机器人各运动轴的关系

任务目标

知 识 目 标	能 力 目 标
1. 掌握工业机器人自由度的定义	1. 能确定工业机器人的工作范围
2. 掌握工业机器人分辨率的定义	2. 能确定工业机器人的自由度
3. 掌握工业机器人精度的定义	3. 能根据实际情况选择工业机器人的各项参数

任务准备

现场教学

一、工业机器人的自由度

机器人具有的独立单位动作组合数称为自由度(末端执行器的动作不包括在内)。自由度通常作为机器人的技术指标，反映机器人动作的灵活性，可用轴的直线移动、摆动或旋转动作的数量来表示。表 1-9 为常见机器人自由度的数量。

笔记

表 1-9　常见机器人自由度的数量

序号	机器人种类		自由度数量	移动关节数量	转动关节数量
1	直角坐标型		3	3	0
2	圆柱坐标型		5	2	3
3	球(极)坐标型		5	1	4
4	关节型	SCARA	4	1	3
		6 轴	6	0	6
5	并联机器人		需要计算		

1. 直角坐标型机器人的自由度

直角坐标型机器人的臂部具有 3 个自由度，如图 1-2 所示，其自由度如图 1-57 所示。直角坐标机器人的移动关节各轴线相互垂直，使臂部可沿 X、Y、Z 三个自由度方向移动，构成直角坐标机器人的 3 个自由度。这种形式机器人主要特点是结构刚度大，关节运动相互独立，操作灵活性差。

企业文化

携手环境，通过严守环保法规，节能减排，发展循环经济，建设绿色生态文明。

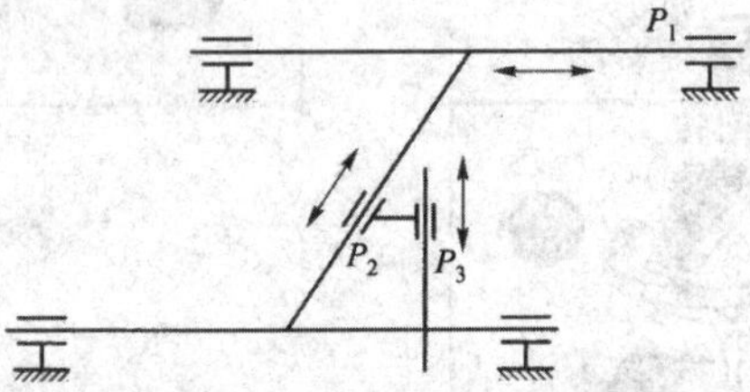

图 1-57　直角坐标型机器人的自由度

2. 圆柱坐标型机器人的自由度

5 轴圆柱坐标机器人有 5 个自由度，如图 1-58 所示。其臂部可沿自身轴线伸缩移动，可绕机身垂直轴线回转，并可沿机身轴线上下移动，构成 3 个自由度；另外，其臂部、腕部和末端执行器三者间采用 2 个转动关节连接，构成 2 个自由度。

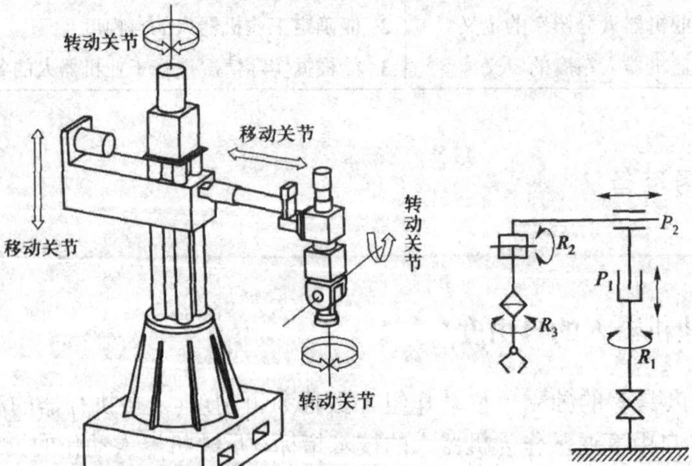

图 1-58　圆柱坐标型机器人的自由度

笔记

3. 球(极)坐标型机器人的自由度

球(极)坐标机器人具有 5 个自由度，如图 1-59 所示。其臂部可沿自身轴线伸缩移动，可绕机身垂直轴线回转，并可在垂直平面内上下摆动，构成 3 个自由度；另外，其臂部、腕部和末端执行器三者间采用 2 个转动关节连接，构成 2 个自由度。这类机器人的灵活性好、工作空间大。

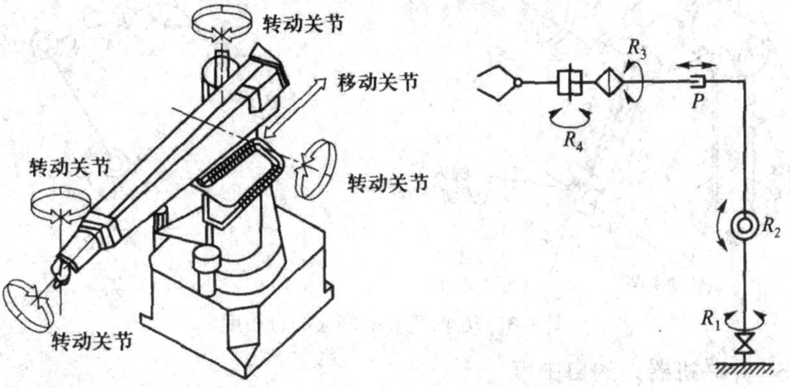

图 1-59　球(极)坐标机器人的自由度

4. 关节型机器人的自由度

关节机器人的自由度与关节机器人的轴数和关节形式有关，现以常见的 SCARA 平面关节机器人和 6 轴关节机器人为例进行说明。

1) SCARA 平面关节机器人

SCARA 平面关节机器人(见图 1-5)有 4 个自由度，如图 1-60 所示。SCARA 平面关节机器人的大臂与机身的关节、大小臂间的关节都为转动关节，具有 2 个自由度；小臂与腕部的关节为移动关节，具有 1 个自由度；腕部和末端执行器的关节为转动关节，具有 1 个自由度，可实现末端执行器绕垂直轴线的旋转。这种机器人适用于平面定位，在垂直方向进行装配作业。

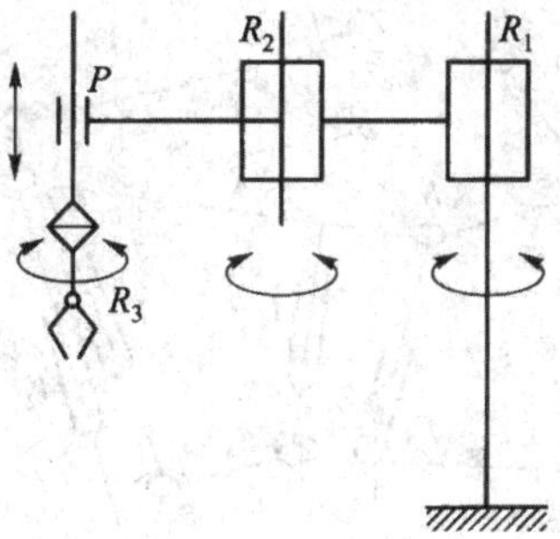

图 1-60　SCARA 平面关节机器人的自由度

2) 6 轴关节机器人

6 轴关节机器人有 6 个自由度，如图 1-61 所示。6 轴关节机器人的机身与底座处的腰关节、大臂与机身处的肩关节、大小臂间的肘关节以及小臂、

笔记

腕部和手部三者间的三个腕关节，都是转动关节，因此该机器人具有 6 个自由度。这种机器人动作灵活、结构紧凑。

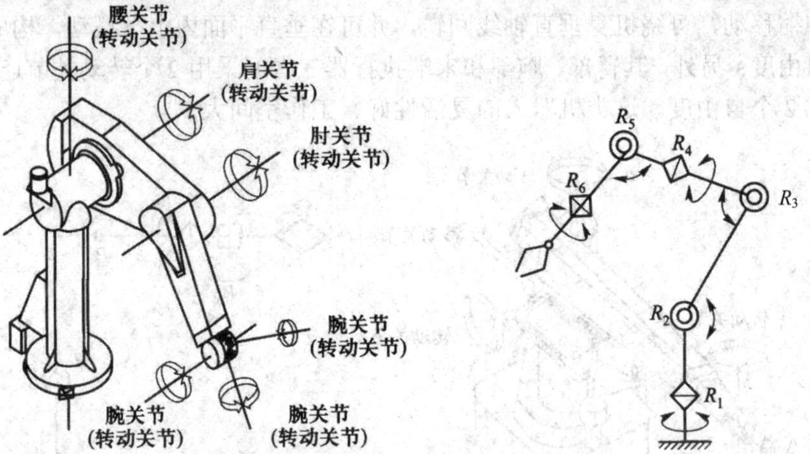

图 1-61　6 轴关节机器人的自由度

5. 并联机器人的自由度

并联机器人是由并联方式驱动的闭环机构组成的机器人。Gough-Stewart 并联机构和由此机构构成的机器人也是典型的并联机器人，如图 1-62 所示。与串联式开链结构不同，并联机器人闭环机构不能通过结构关节自由度的个数明显判断，需要经过计算得出。计算自由度的方式多样，但大多都有适用条件限制或者若干“注意事项”(例如需要甄别公共约束、虚约束、环数、链数、局部自由度等)。其中，用 Kutzbach-Grubler 公式计算自由度的方式如下：

$$F = 6(l - n + 1) + \sum_{i=1}^{n} f_i$$

式中：F 为机器人的自由度；l 为机构连杆数；n 为结构的关节总数；f_i 为第 i 个关节的自由度。

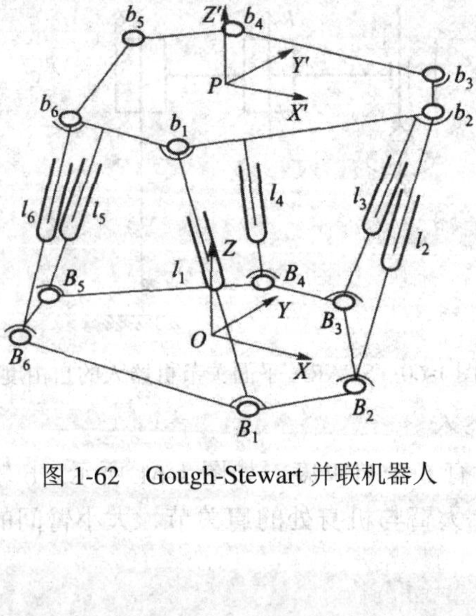

图 1-62　Gough-Stewart 并联机器人

笔记

二、工作范围

工作范围是指机器人手臂末端或手腕中心所能到达的所有点的集合，也叫作工作区域。因为末端操作器的形状和尺寸是多种多样的，为了真实反映机器人的特征参数，故工作区域是指不安装末端操作器时的工作区域。工作范围的形状和大小是十分重要的，机器人在执行某作业时可能会因为存在手部不能到达的作业死区(Dead Zone)而不能完成任务。图 1-63 和图 1-64 分别为 PUMA 机器人和 A4020 装配机器人的工作范围，图 1-65 是并联多关节机器人的工作范围。

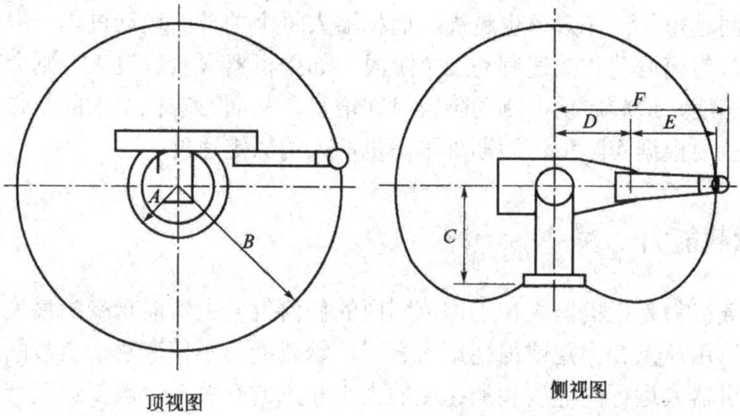

图 1-63　PUMA 机器人工作范围

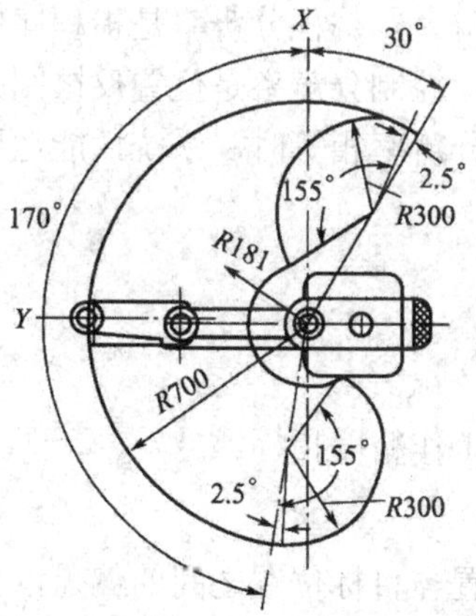

图 1-64　A4020 装配机器人工作范围

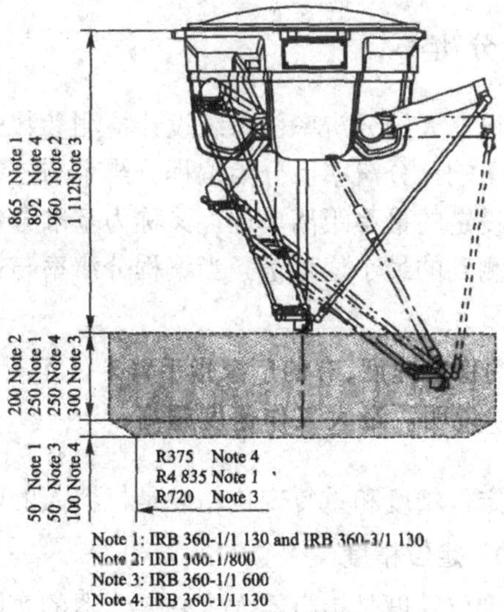

图 1-65　并联多关节机器人工作范围

笔记

三、最大工作速度

机器人在保持运动平稳性和位置精度的前提下所能达到的最大速度称为额定速度。其某一关节运动的速度称为单轴速度，由各轴速度分量合成的速度称为合成速度。

机器人在额定速度和规定性能范围内，末端执行器所能承受负载的允许值称为额定负载。在限制作业条件下，为了保证机械结构不损坏，末端执行器所能承受负载的最大值称为极限负载。

对于结构固定的机器人，其最大行程为定值，因此额定速度越大，运动循环时间越短，工作效率也越高。而机器人每个关节的运动过程一般包括启动加速、匀速运动和减速制动三个阶段。如果机器人负载过大，则会产生较大的加速度，造成启动、制动阶段时间增长，从而影响机器人的工作效率。因此，就要根据实际工作周期来平衡机器人的额定速度。

四、承载能力

承载能力是指机器人在工作范围内的任何位姿上所能承受的最大重量，通常可以用质量、力矩或惯性矩来表示。承载能力不仅取决于负载的质量，而且与机器人运行的速度和加速度的大小和方向有关。一般低速运行时，承载能力强。为安全考虑，将承载能力这个指标确定为高速运行时的承载能力。通常，承载能力不仅指负载质量，还包括机器人末端操作器的质量。

五、分辨率

机器人的分辨率由系统设计检测参数决定，并受到位置反馈检测单元性能的影响。分辨率可分为编程分辨率与控制分辨率。编程分辨率是指程序中可以设定的最小距离单位，又称为基准分辨率。控制分辨率是位置反馈回路能检测到的最小位移量。当编程分辨率与控制分辨率相等时，系统性能达到最高。

六、工作精度

定位精度和重复定位精度是机器人的两个工作精度指标。

1. 定位精度

定位精度是指机器人末端操作器的实际位置与目标位置之间的偏差，由机械误差、控制算法误差与系统分辨率等部分组成。

2. 重复定位精度

重复定位精度是指在相同环境、相同条件、相同目标动作、相同命令的

笔记

条件下，机器人连续重复运动若干次时，其位置会在一个平均值附近变化，变化的幅度代表重复定位精度，是关于精度的一个统计数据。因重复定位精度不受工作载荷变化的影响，所以通常用重复定位精度这个指标作为衡量示教再现型工业机器人性能的重要指标。

重复定位精度的典型情况如图 1-66 所示，图(a)为重复定位精度的测定；图(b)为合理的定位精度，良好的重复定位精度；图(c)为良好的定位精度，很差的重复定位精度；图(d)为很差的定位精度，良好的重复定位精度。

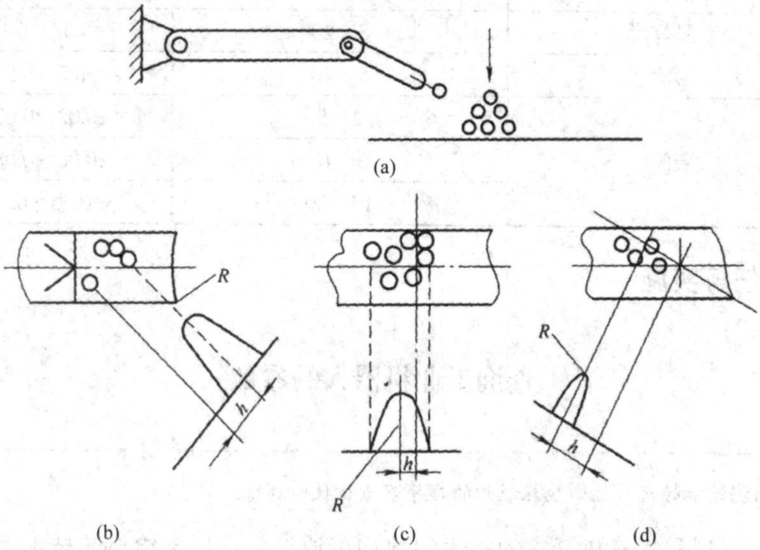

图 1-66　重复定位精度的典型情况

定位精度与重复定位精度的关系如图 1-67 所示。

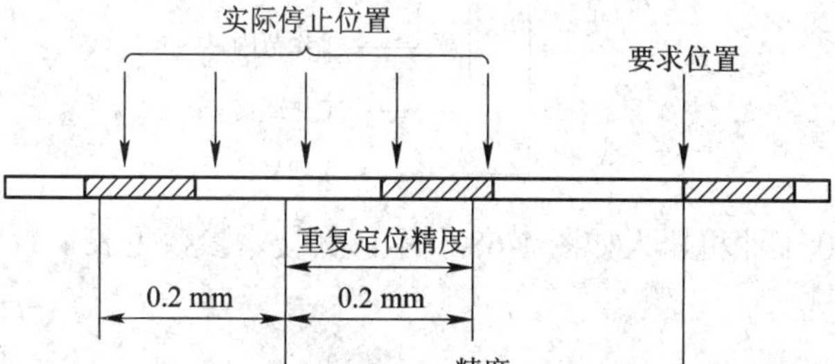

图 1-67　定位精度与重复定位精度的关系

工业机器人具有绝对精度低、重复定位精度高的特点。一般而言，工业机器人的绝对精度要比重复定位精度低一到两个数量级，造成这种情况的主要原因是：机器人控制系统根据机器人的运动学模型来确定其末端执行器的位置，然而这个理论上的模型和实际机器人的物理模型存在一定的误差，产生误差的主要因素包括机器人本身的制造误差、工件加工误差以及机器人与工件的定位误差等。因重复定位精度不受工作载荷变化的影响，故通常用重复定位精度这一指标作为衡量示教再现工业机器人水平的重要指标。目前，

笔记

工业机器人的重复定位精度可达±0.01～±0.5 mm。依据不同的作业任务和不同的末端持重，机器人重复定位精度亦有所不同，具体如表 1-10 所示。

表 1-10　工业机器人典型行业应用的重复定位精度

工作任务	额定负载/kg	重复定位精度/mm
搬运	5～200	±0.2～0.5
码垛	50～800	±0.5
点焊	50～350	土 0.2～0.3
弧焊	3～20	±0.08～0.1
喷涂	5～20	±0.2～0.5
装配	2～5	±0.02～0.03
	6～10	±0.06～0.08
	10～20	±0.06～0.1

任务实施

查询工业机器人的参数

技能训练

根据实际情况，让学生在教师的指导下进行技能训练。

不同型号规格机器人的技术参数均可通过生产厂商给出的技术手册查询。ABB 机器人常用型号表示方法如下：

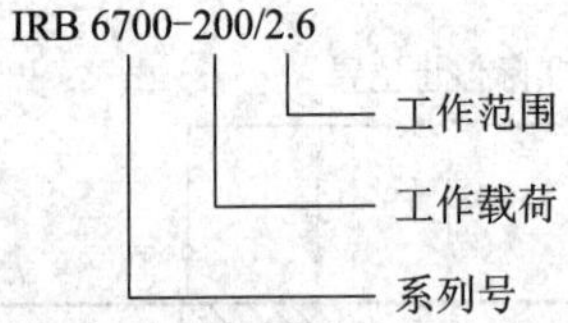

IRB 2600 工业机器人如图 1-68 所示，其技术参数见表 1-11～表 1-13。

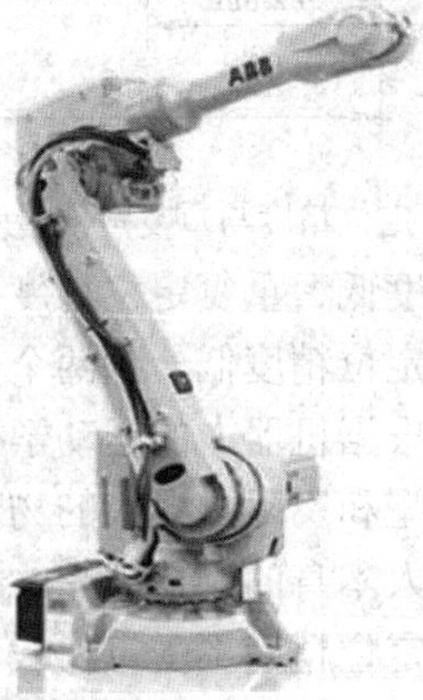

图 1-68　IRB 2600 工业机器人

表 1-11　机器人技术参数

笔记

序号	项　目		规　格
1	控制轴数		6
2	负载		12 kg
3	最大到达距离		1850 mm
4	重复定位精度		±0.04 mm
5	重量		284 kg
6	防护等级		IP67
7	最大动作速度(运动范围)	1 轴	175°/s (±180°)
		2 轴	175°/s (−95°～155°)
		3 轴	175°/s (−180°～75°)
		4 轴	360°/s (±400°)
		5 轴	360°/s (−120°～120°)
		6 轴	360°/s (±400°)
8	可达范围	IRB 2600-12/1.85 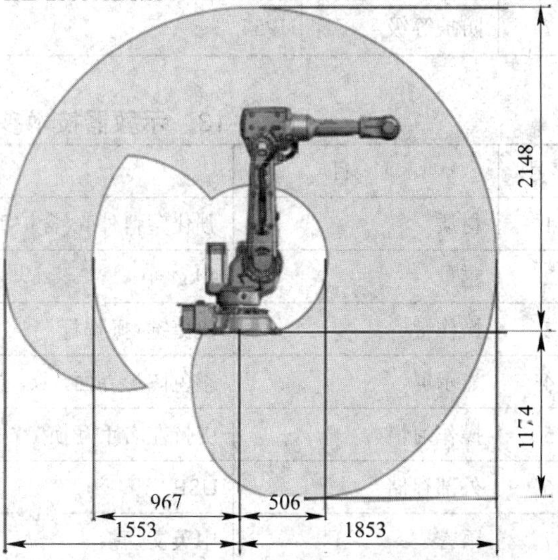	

笔记

表 1-12　控制柜 IRC 5 技术参数

序号	项　目	规 格 描 述
1	控制硬件	多处理器系统 PCI 总线 Pentium ® CPU 大容量存储用闪存或硬盘 备用电源，以防电源故障 USB 存储接口
2	控制软件	对象主导型设计 高级 RAPID 机器人编程语言 可移植、开放式、可扩展 PC-DOS 文件格式 ROBOTWare 软件产品 预装软件，另提供光盘
3	安全性	安全紧急停机 带监测功能的双通道安全回路 3 位启动装置 电子限位开关：5 路安全输出(监测第 1～7 轴)
4	辐射	EMC/EMI 屏蔽
5	功率	4KVA
6	输入电压	AC200V-600V 50～60 Hz
7	防护等级	IP54

表 1-13　示教器技术参数

序号	项　目	规　格
1	材质	强化塑料外壳(含护手带)
2	重量	1 kg
3	操作键	快捷键+操作杆
4	显示屏	彩色图形界面，6.7 英寸触摸屏
5	操作习惯	支持左右手互换
6	外部存储	USB
7	语言	中英文切换

查一查：上网查询常见工业机器人的参数。

笔记

任务扩展

工业机器人的其他参数

1. 控制方式

控制方式是指机器人用于控制轴的方式，属于伺服或是非伺服，伺服控制方式属于实现连续轨迹或是点到点的运动。

2. 驱动方式

驱动方式是指关节执行器的动力源形式，通常有气动、液压、电动等形式。

3. 安装方式

安装方式是指机器人本体安装的工作场合的形式，通常有地面安装、架装、吊装等形式。

4. 动力源容量

动力源容量是指机器人动力源的规格和消耗功率的大小，例如，气压的大小、耗气量、液压高低、电压形式与大小、消耗功率等。

5. 本体质量

本体质量是指机器人在不加任何负载时本体的重量，用于估算运输、安装等。

6. 环境参数

环境参数是指机器人在运输、存储和工作时需要提供的环境条件，例如，温度、湿度、振动、防护等级和防爆等级等。

任务巩固

1. 上网查询 FANUC R-2000iB 的技术参数。
2. 上网查询 KUKA KR1000Titan 的技术参数。
3. 上网查询 KUKA KR5 SCARA 的技术参数。
4. 上网查询 ABB 4400 的技术参数。
5. 上网查询 ABB 1410 的技术参数。
6. 上网查询 MOTOMAN IA20 的技术参数。

模块一资源

笔记

操作与应用

工 作 单

<table>
<tr><td>姓名</td><td colspan="2"></td><td>工作名称</td><td colspan="2">认识机器人</td></tr>
<tr><td>班级</td><td colspan="2"></td><td>小组成员</td><td colspan="2"></td></tr>
<tr><td>指导教师</td><td colspan="2"></td><td>分工内容</td><td colspan="2"></td></tr>
<tr><td>计划用时</td><td colspan="2"></td><td>实施地点</td><td colspan="2"></td></tr>
<tr><td>完成日期</td><td colspan="3"></td><td>备注</td><td></td></tr>
<tr><td colspan="6">工作准备</td></tr>
<tr><td colspan="4">资　料</td><td>工具</td><td>设　备</td></tr>
<tr><td colspan="4"></td><td></td><td rowspan="4"></td></tr>
<tr><td colspan="4"></td><td></td></tr>
<tr><td colspan="4"></td><td></td></tr>
<tr><td colspan="4"></td><td></td></tr>
<tr><td colspan="6">工作内容与实施</td></tr>
<tr><td colspan="2">工作内容</td><td colspan="4">实　施</td></tr>
<tr><td colspan="2">1. 简述工业机器人的分类</td><td colspan="4"></td></tr>
<tr><td colspan="2">2. 简述工业机器人常用的技术参数</td><td colspan="4"></td></tr>
<tr><td colspan="2">3. 简述工业机器人的工业原理</td><td colspan="4"></td></tr>
<tr><td colspan="2">4. 用图形符号表示图 1 所示的打磨工业机器人</td><td colspan="4">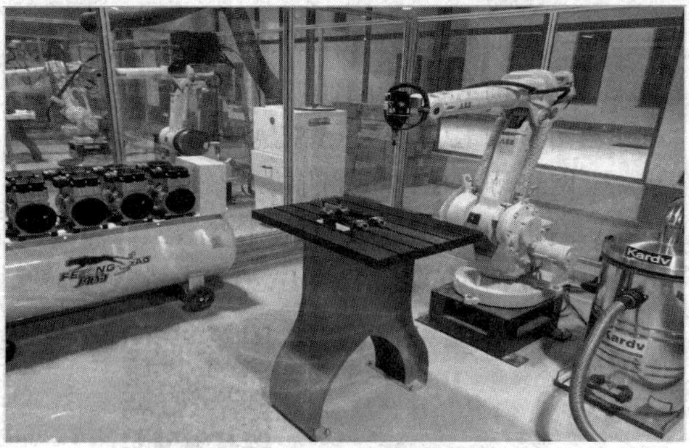

图 1　打磨工业站</td></tr>
<tr><td colspan="2">5. 上网查询常和打磨工业机器的型号</td><td colspan="4"></td></tr>
</table>

笔记

工 作 评 价

	评 价 内 容				
	完成的质量 (60 分)	技能提升能力 (20 分)	知识掌握能力 (10 分)	团队合作 (10 分)	备注
自我评价					
小组评价					
教师评价					

1．自我评价

班级　　　　　　　　　　姓名　　　　　　　工作名称　认识机器人

自我评价表

序号	评价项目			是	否
1	是否明确人员的职责				
2	能否按时完成工作任务的准备部分				
3	工作着装是否规范				
4	是否主动参与工作现场的清洁和整理工作				
5	是否主动帮助同学				
6	是否能识别工业机器人的符号				
7	是否能用图形符号画出工业机器人				
8	是否能查询工业机器人的型号				
9	是否完成了清洁工具和维护工具的摆放				
10	是否执行 6S 规定				
评价人		分数		时间	年　　月　　日

2．小组评价

小组评价表

序号	评价项目	评价情况
1	与其他同学的沟通是否顺畅	
2	是否尊重他人	
3	工作态度是否积极主动	
4	是否服从教师的安排	
5	着装是否符合标准	
6	能否正确地理解他人提出的问题	
7	能否按照安全和规范的规程操作	
8	能否保持工作环境的干净整洁	

笔记

续表

序号	评价项目	评价情况
9	是否遵守工作场所的规章制度	
10	是否有工作岗位的责任心	
11	是否全勤	
12	是否能正确对待肯定和否定的意见	
13	团队工作中的表现如何	
14	是否达到任务目标	
15	存在的问题和建议	

3. 教师评价

课程	工业机器人操作与应用	工作名称	认识机器人	完成地点	
姓名		小组成员			
序号	项目		分值	得分	
1	简答题		40		
2	工业机器人图形符号的应用		30		
3	根据不同需要上网查询工业机器的型号		30		

自 学 报 告

自学任务	工业机器人安全符号识别
自学内容	
收　获	
存在问题	
改进措施	
总　　结	

笔记

模块二

工业机器人的执行机构

机器人的机械结构系统由手部、腕部、臂部、机身和行走机构组成。机器人必须有一个便于安装的基础件机座。机座往往与机身制成一体，机身与臂部相连，机身支承臂部，臂部又支承腕部和手部。

为了进行作业，机器人必须配置操作机构，这个操作机构叫作手部，有时也称为手爪或末端操作器。而连接手部和手臂的部分叫作腕部，其主要作用是改变手部的空间方向，并将作业载荷传递到臂部。臂部连接机身和腕部，主要作用是改变手部的空间位置，满足机器人的作业空间，并将各种载荷传递到机身。机身是机器人的基础部分，起支承作用；固定式机器人直接连接在地面基础上；移动式机器人则安装在行走机构上。

机身是直接连接、支承和传动手臂及行走机构的部件，由臂部运动(升降、平移、回转和俯仰)机构及有关的导向装置、支承件等组成。由于机器人的运动形式、使用条件、负载能力各不相同，所采用的驱动装置、传动机构、导向装置也不同，致使机身结构有很大的差异。

机身结构一般由机器人总体设计确定。例如，直角坐标型机器人有时把升降(Z 轴)或水平移动(X 轴)自由度归属于机身；圆柱坐标型机器人把回转与升降这两个自由度归属于机身；球(极)坐标型机器人把回转与俯仰这两个自由度归属于机身；关节型机器人把回转自由度归属于机身。

一般情况下，实现臂部的升降、回转或俯仰等运动的驱动装置或传动件都安装在机身上。臂部的运动越多，机身的结构和受力越复杂。机身既可以是固定式的，也可以是行走式的，即在它的下部装有能行走的机构，可沿地面或架空轨道运行。

机器人一般采用 6 轴式节臂运动系统设计，如图 2-1 所示，其结构部件一般采用铸铁结构。

1. 机器人腕部

机器人配有一个 3 轴式腕部。腕部包括轴 4、轴 5 和轴 6，由安装在小臂背部的 3 个电机通过连接轴驱动。机器人腕部有一个连接法兰用于加装工具。腕部的齿轮箱由 3 个相互隔开的油室供油。

笔记

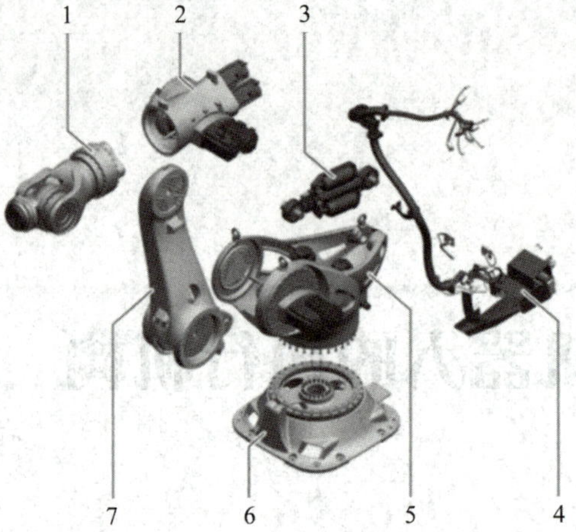

图 2-1 KR 1000 Titan 的主要组件

2. 小臂

小臂是机器人腕部和大臂之间的连杆，用于固定轴 4、轴 5 和轴 6 的手轴电机以及轴 3 电动机。小臂通过轴 3 的两个电动机驱动，这两个电动机通过减速后驱动小臂和大臂。允许的最大摆角采用机械方式分别由一个正向和负向的挡块加以限制。所属的缓冲器安装在小臂上。

若要运行铸造型机器人，则应使用相应型号的小臂。该小臂由压力调节器加载，由压缩空气管路供应压缩空气。

3. 大臂

大臂是位于转盘和小臂之间的组件。它位于转盘两侧的两个齿轮箱中，由 2 个电动机驱动。这两个电动机与一个前置齿轮箱啮合，然后通过一个轴驱动两个齿轮箱。

4. 转盘

转盘固定轴 1 和 2 的电动机。轴 1 由转盘转动。转盘通过轴 1 的齿轮箱与底座拧紧固定。在转盘内部装有用于驱动轴 1 的电动机。背侧有平衡配重的轴承座。

5. 底座

底座是机器人的基座，用螺栓与地基固定。在底座中装有电气设备和拖链系统(附件)的接口。底座中有两个叉孔可用于叉车运输。

6. 平衡配重

平衡配重属于一套装于转盘与大臂之间的组件，在机器人停止和运动时可尽量减小加在轴 2 周围的扭矩。因此采用封闭的液压气动系统来实现此目的。该系统包括了 2 个隔膜蓄能器和 1 个配有所属管路、1 个压力表和 1 个安全阀的液压缸。

大臂处于垂直位置时，平衡配重不起作用。沿正向或负向的摆角增大时，液压油被压入两个隔膜蓄能器，从而产生用于平衡力矩的所需反作用力。隔

笔记

膜蓄能器内装有氮气。

7. 电气设备

电气设备包含了用于轴 1 至轴 6 电动机的所有电动机电缆和控制电缆。所有接口均采用插头结构，可以用于快速、安全地更换电动机。电气设备还包括 RDC 接线盒和 3 个多功能接线盒 MFG，配有电动机电缆插头的 RDC 接线盒和 MFG 安装在机器人底座的支架上，可通过插头连接来自机器人控制系统的连接电缆。电气设备也包含接地保护系统。

8. 选项

机器人可以装配并运行诸如轴 1 至轴 3 的拖链系统、轴 3 至轴 6 的拖链系统或轴范围限制装置等不同的选项。

模块目标

知 识 目 标	能 力 目 标
1. 掌握机器人的末端执行装置 2. 掌握机器人的腕部机构 3. 掌握机器人手臂的结构 4. 了解机器人的行走机构 5. 掌握机器人的辅助机构	1. 能根据需要选择工业机器人的末端执行装置 2. 能根据需要选择工业机器人的辅助装置 3. 能识别工业机器的腕部及手臂

任务一　认识机器人的末端执行装置

工作任务

人类的手是最灵活的肢体部分，能完成各种各样的动作和任务。同样，机器人的手部是完成抓握工件(图 2-2)或执行特定作业的重要部件，也需要有多种结构。

图 2-2　工业机器人上下料

笔记

机器人的手部也叫作末端执行器，它是装在机器人腕部，直接抓握工件或执行作业的部件。人的手有两种定义：一种是医学上的定义，即把包括上臂、腕部在内的整体叫作手；另一种是把手掌和手指的部分叫作手。机器人的手部接近于后一种定义。

机器人的手部是最重要的执行机构，从功能和形态上看，它可分为工业机器人的手部和仿人机器人的手部。目前，前者应用较多，也比较成熟。工业机器人的手部是用来握持工件或工具的部件。由于被握持工件的形状、尺寸、重量、材质及表面状态有所不同，手部结构也是多种多样的。大部分的手部结构都是根据特定的工件要求而专门设计的。

任务目标

知识目标	能力目标
1. 了解机器人手部的特点与性质 2. 掌握机器人手部传动机构 3. 掌握机器人手部结构 4. 掌握工业机器人手部的分类方法 5. 掌握常用的专用末端操作器及换接器的特点 6. 掌握各种工业机器人手部的工作原理	1. 能对工业机器人手部进行分类 2. 能根据实际情况选择工业机器人的手部 3. 能选择常用的工业机器人专用末端操作器及换接器

课程思政

五位一体

经济建设、政治建设、文化建设、社会建设、生态文明建设。

任务准备

教师讲解

一、机器人手部的特点与性质

1. 机器人手部的特点

(1) 手部与腕部相连处可拆卸。机器人的手部与腕部有机械接口，也可能存在电、气、液接头。作业对象不同时，工业机器人可以方便地拆卸和更换手部。

(2) 手部是机器人末端执行器。机器人的手部可以像人手那样具有手指，也可以不具备手指；可以是类人的手爪，也可以是进行专业操作的工具，例如装在机器人腕部上的喷漆枪、焊接工具等。

(3) 手部的通用性比较差。机器人手部通常是专用的装置，例如，一种手爪往往只能抓握一种或几种在形状、尺寸、重量等方面相近似的工件；或是一种工具只能执行一种作业任务。

2. 机器人手部的性质

机器人手部是一个独立的部件。假如把腕部归属于手臂，那么机器人机械系统的 3 大部件就是机身、手臂和手部。

笔记

手部对于整个工业机器人来说是完成作业好坏以及作业柔性好坏的关键部件之一，具有复杂感知能力的智能化手爪的出现，增加了工业机器人作业的灵活性和可靠性。目前已出现了一种弹钢琴的表演机器人，其手部已经与人手十分相近，具有多个多关节手指，一个手部有二十余个自由度，每个自由度独立驱动。目前工业机器人手部的自由度还比较少，把具备足够驱动力量的多个驱动源和关节安装在紧凑的手部内部是十分困难的。

一体化教学：带领学生到工业机器人旁进行介绍，但应注意安全，若条件不足可采用多媒体教学。

二、传动机构

传动机构是向手指传递运动和动力，以实现夹紧和松开动作的机构。根据手指开合的动作特点，传动机构可分为回转型和平移型，回转型又分为单支点回转和多支点回转。根据手爪夹紧后的运动形式，回转型还可分为摆动回转型和平动回转型。

1. 回转型传动机构

机器人夹钳式手部中使用较多的是回转型手部，其手指就是一对杠杆，一般再与斜楔、滑槽、连杆、齿轮、蜗轮蜗杆或螺杆等机构组成复合式杠杆传动机构，用以改变传动比和运动方向等。

图 2-3(a)所示为单作用斜楔式回转型手部结构简图。当斜楔向下运动时，克服弹簧拉力，使杠杆手指装着滚子的一端向外撑开，从而夹紧工件；当斜楔向上运动时，则在弹簧拉力作用下使手指松开。手指与斜楔通过滚子接触，可以减少摩擦力，提高机械效率。有时为了简化，也可让手指与斜楔直接接触，如图 2-3(b)所示。

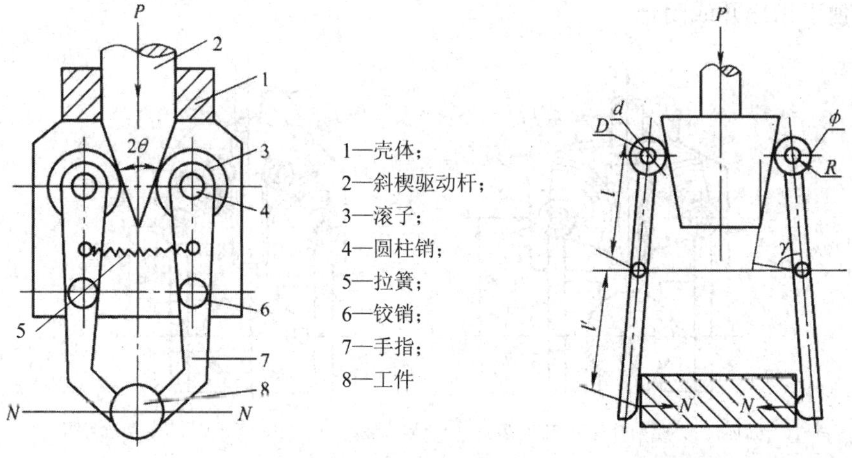

(a) 单作用斜楔式回转型手部　　(b) 简化型斜楔式回转型手部

图 2-3　斜楔杠杆式手部

图 2-4 所示为滑槽式杠杆回转型手部结构简图。杠杆形手指 4 的一端装

笔记

有V形指5，另一端则开有长滑槽。驱动杆1上的圆柱销2套在滑槽内，当驱动连杆同圆柱销一起做往复运动时，即可拨动两个手指各绕其支点(铰销3)作相对回转运动，从而实现手指的夹紧与松开动作。

图2-5所示为双支点连杆式手部结构简图。驱动杆2末端与连杆4由铰销3铰接，当驱动杆2做直线往复运动时，通过连杆推动两杆手指各绕支点做回转运动，从而使得手指松开或闭合。

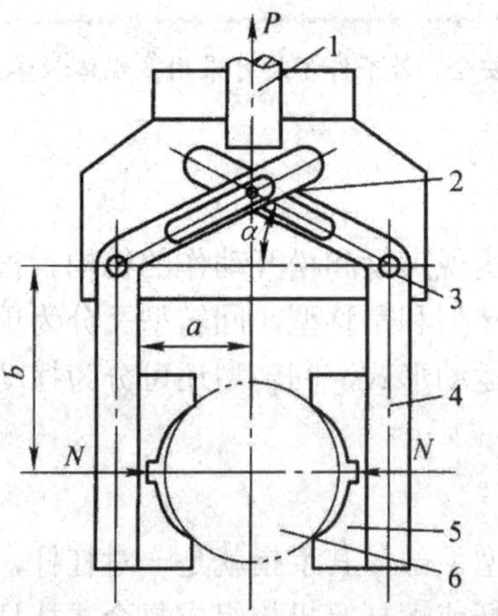

1—驱动杆；2—圆柱销；3—铰销；4—手指；
5—V形指；6—工件

图2-4 滑槽式杠杆回转型手部

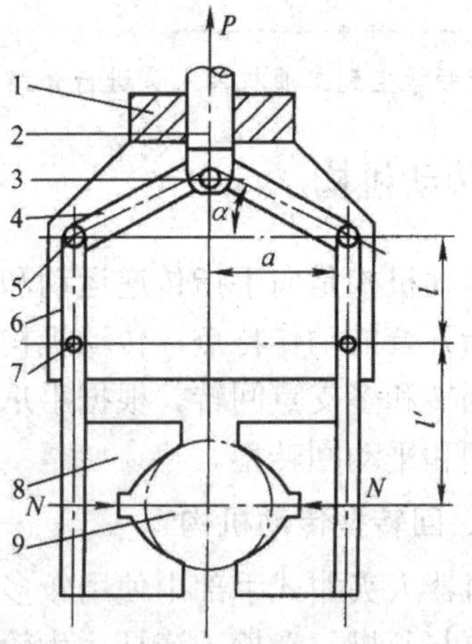

1—壳体；2—驱动杆；3—铰销；4—连杆；
5、7—圆柱销；6—手指；8—V形指；9—工件

图2-5 双支点连杆式手部

图2-6所示为齿轮齿条直接传动的齿轮杠杆式手部结构简图。驱动杆2末端制成双面齿条，与扇齿轮4相啮合，而扇齿轮4与手指5固连在一起，可绕支点回转。驱动力推动齿条做直线往复运动，即可带动扇齿轮回转，从而使手指松开或闭合。

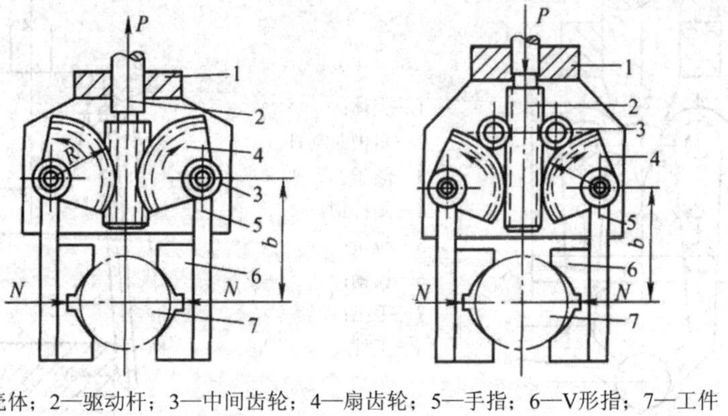

1—壳体；2—驱动杆；3—中间齿轮；4—扇齿轮；5—手指；6—V形指；7—工件

(a) 齿条直接驱动扇齿轮结构　　(b) 带有换向齿轮的驱动结构

图2-6 齿轮齿条直接传动的齿轮杠杆式手部

笔记

2. 平移型传动机构

平移型传动机构是指平移型夹钳式手部，可通过手指的指面做直线往复运动或平面移动来实现张开或闭合动作，常用于夹持具有平行平面的工件，例如冰箱等。其结构较复杂，不如回转型手部应用广泛。根据结构平移型传动机构，大致可分为平面平行移动机构和直线往复移动机构两种。

1) 直线往复移动机构

实现直线往复移动的机构很多，常用的斜楔传动、齿条传动、螺旋传动等均可应用于手部结构，如图 2-7 所示。(a)为斜楔平移机构，(b)为连杆杠杆平移机构，(c)为螺旋斜楔平移机构。它们既可是双指型，也可是三指(或多指)型；既可自动定心，也可非自动定心。

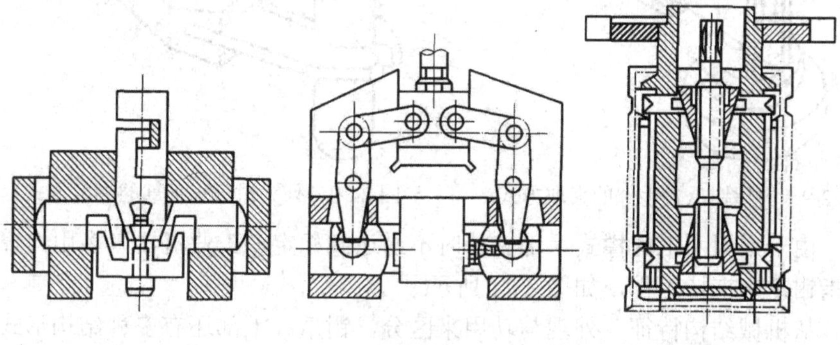

(a)　　　　(b)　　　　(c)

图 2-7　直线平移型手部

2) 平面平行移动机构

如图 2-8 所示为平面平行平移型夹钳式手部结构简图，(a)为采用齿条齿轮传动的手部，(b)为采用蜗杆传动的手部，(c)为采用连杆斜滑槽传动的手部。它们的共同点是，都采用平行四边形的铰链机构，即双曲柄铰链四连杆机构，以实现手指平移。其差别在于，各手部分别采用齿条齿轮、蜗杆蜗轮、连杆斜滑槽的传动方法。

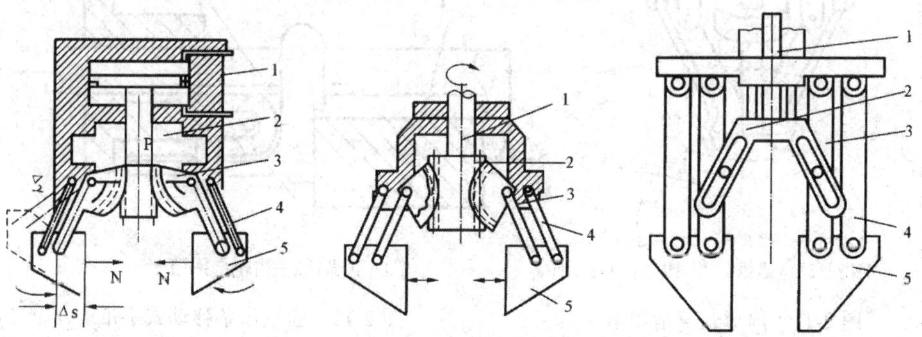

(a)　　　　(b)　　　　(c)

1—驱动器；2—驱动元件；3—驱动摇杆；4—从动摇杆；5—手指

图 2-8　四连杆机构平移型手部

笔记

三、手部结构

1. 机械钳爪式手部结构

按夹取的方式，机械钳爪式手部可分为内撑式和外夹式两种，分别如图2-9与图2-10所示。两者的区别在于夹持工件的部位不同，手爪动作的方向相反。

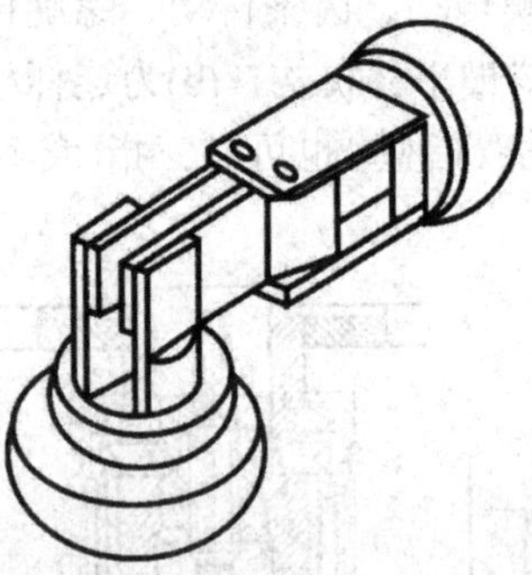

图 2-9　内撑钳爪式手部的夹取方式

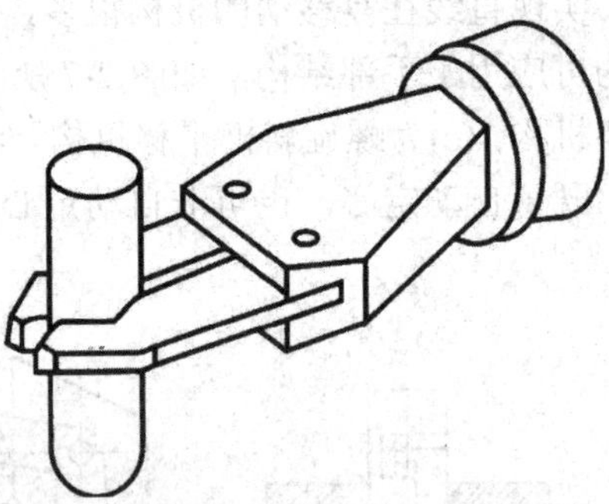

图 2-10　外夹钳爪式手部的夹取方式

由于采用两爪内撑式手部夹持时不易达到稳定，工业机器人多用内撑式三指钳爪来夹持工件，如图2-11所示。

从机械结构特征、外观与功用来区分，钳爪式手部还有多种结构形式，下面介绍几种不同形式的手部机构。

1) 齿轮齿条移动式手爪

齿轮齿条移动式手爪的结构简图如图2-12所示。

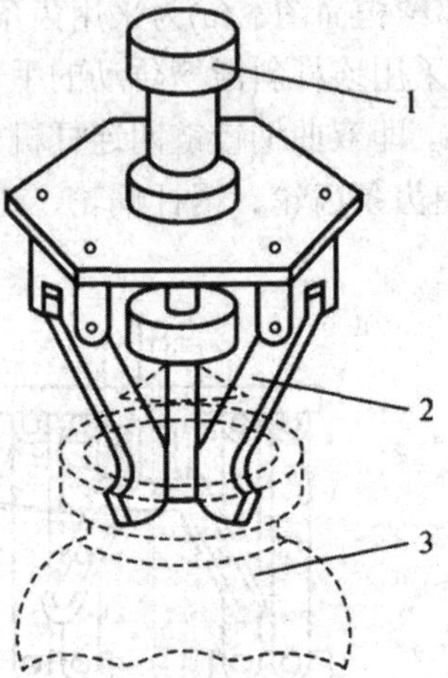

1—手指驱动电磁铁；2—钳爪；3—工件

图 2-11　内撑式三指钳爪

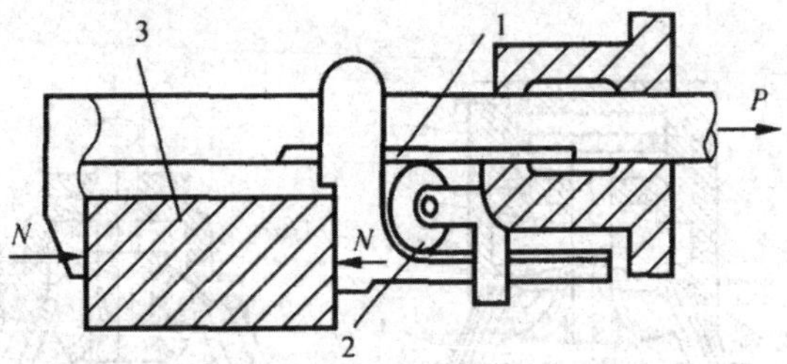

1—齿条；2—齿轮；3—工件

图 2-12　齿轮齿条移动式手爪

2) 重力式钳爪

重力式钳爪的结构简图如图2-13所示。

笔记

3) 平行连杆式钳爪

平行连杆式钳爪的结构简图如图 2-14 所示。

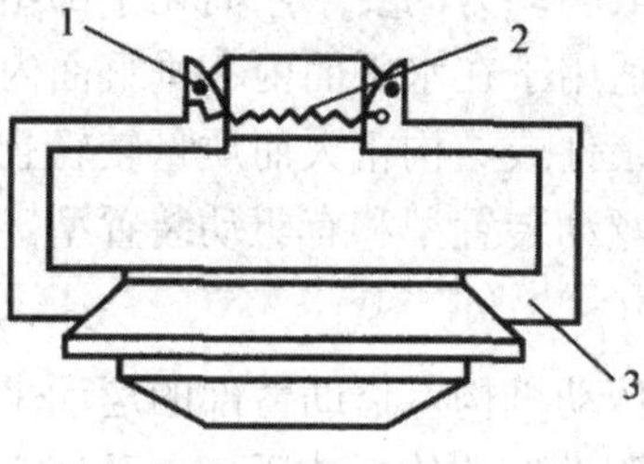

1—销；2—弹簧；3—钳爪

图 2-13　重力式钳爪

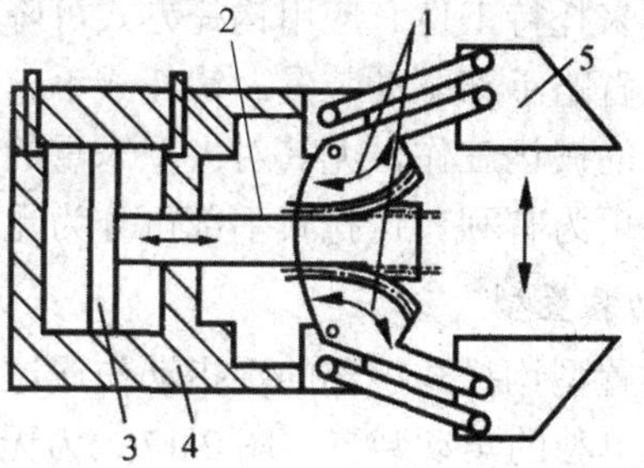

1—扇形齿轮；
2—齿条；
3—活塞；
4—气(油)缸；
5—钳爪

图 2-14　平行连杆式钳爪

4) 拨杆杠杆式钳爪

拨杆杠杆式钳爪的结构简图如图 2-15 所示。

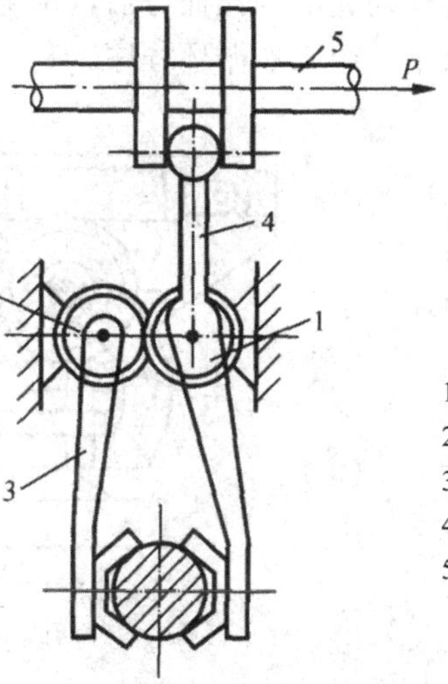

1—齿轮1；
2—齿轮2；
3—钳爪；
4—拨杆；
5—驱动杆

图 2-15　拨杆杠杆式钳爪

5) 自动调整式钳爪

自动调整式钳爪的结构简图如图 2-16 所示。其调整范围为 0～10 mm，适用于抓取多种规格的工件，当更换产品时可更换 V 型钳口。

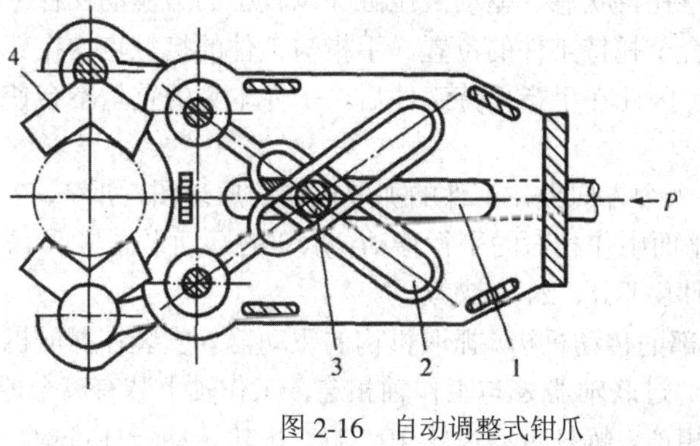

1—推杆；
2—滑槽；
3—轴销；
4—V型钳爪

图 2-16　自动调整式钳爪

笔记

2. 钩托式手部

钩托式手部主要特征是不靠夹紧力来夹持工件，而是利用手指对工件钩、托、捧等动作来托持工件。应用钩托方式可降低驱动力的要求，简化手部结构，甚至可以省略手部驱动装置。钩托式手部适用于在水平面内和垂直面内进行低速移动的搬运工作，尤其对大型笨重的工件或结构粗大而质量较轻且易变形的工件更为有利。钩托式手部可分为无驱动装置型和有驱动装置型。

1) 无驱动装置型

无驱动装置型钩托式手部的手指动作通过传动机构，借助臂部的运动来实现，手部无单独的驱动装置。图 2-17(a)为无驱动装置钩托式手部，手部在臂的带动下向下移动，当手部下降到一定位置时，齿条 1 下端碰到撞块，臂部继续下移，齿条便带动齿轮 2 旋转，手指 3 即进入工件钩托部位。手指托持工件时，销 4 在弹簧力作用下插入齿条缺口，保持手指的钩托状态并可使手臂携带工件离开原始位置。在完成钩托任务后，由电磁铁将销向外拔出，手指又呈自由状态，可继续下一个工作循环程序。

工匠精神

在传统文明向现代文明演变的过程中，任何行业都应与时俱进，以变应变才能求发展。近年来，传统行业因不思进取而屡受冲击，陷入困境。所以，与其高声疾呼传承传统，不如坚守匠心，顺应时代，求变求发展。

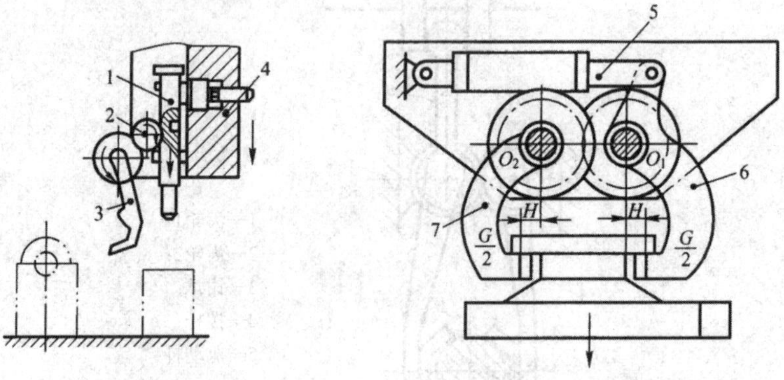

(a) 无驱动装置　　(b) 有驱动装置

1—齿条；2—齿轮；3—手指；4—销；5—液压缸；6，7—杠杆手指

图 2-17　钩托式手部

2) 有驱动装置型

图 2-17(b)为有驱动装置型的钩托式手部。其工作原理是依靠机构内力来平衡工件重力而保持托持状态。驱动液压缸 5 以较小的力驱动杠杆手指 6 和 7 回转，使手指闭合至托持工件的位置。手指与工件的接触点均在其回转支点 O_1、O_2 的外侧，因此在手指托持工件后，工件本身的重量不会使手指自行松脱。

图 2-18(a)为从 3 个方向夹住工件的抓取机构的原理图，爪 1、2 由连杆机构带动，在同一平面中作相对的平行移动；爪 3 的运动平面与爪 1、2 的运动平面相垂直；工件由爪 1、2、3 夹紧。

图 2-18(b)为爪部的传动机构。抓取机构的驱动器 6 安装在抓取机构机架的上部，输出轴 7 通过联轴器 8 与工作轴相连，工作轴上装有离合器 4，通过离合器与蜗杆 9 相连。蜗杆带动齿轮 10、11，齿轮带动连杆机构，使爪1、

笔记

2 做启闭动作。输出轴 7 又通过齿轮 5 带动与爪 3 相连的离合器，使爪 3 做启闭动作。当爪与工件接触后，离合器进入“OFF”状态，三爪均停止运动，由于蜗杆蜗轮传动具有反行程自锁的特性，故抓取机构不会自行松开被夹住的工件。

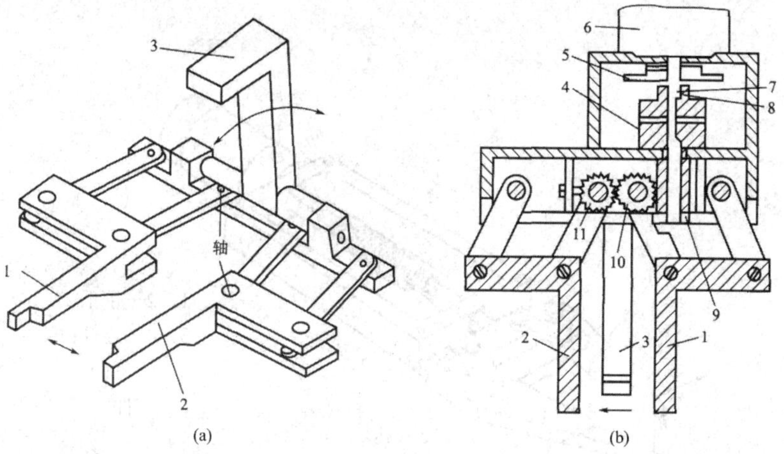

1，2，3—爪；4—离合器；5，10，11—齿轮；6—驱动器；7—输出轴；8—联轴器；9—蜗杆

图 2-18　从 3 个方向夹住工件的抓取机构

3. 弹簧式手部

弹簧式手部靠弹簧力的作用将工件夹紧，手部不需要专用的驱动装置，结构简单。它的使用特点是工件进入手指和从手指中取下工件都是强制进行的。由于弹簧力有限，故只适用于夹持轻小工件。

如图 2-19 所示为一种结构简单的簧片手指弹性手爪。手臂带动夹钳向坯料推进时，弹簧片 3 由于受到压力而自动张开，于是工件进入钳内，受弹簧作用而自动夹紧。当机器人将工件传送到指定位置后，手指不会将工件松开，必须先将工件固定后，手部后退，强迫手指撑开后留下工件。这种手部只适用于定心精度要求不高的场合。

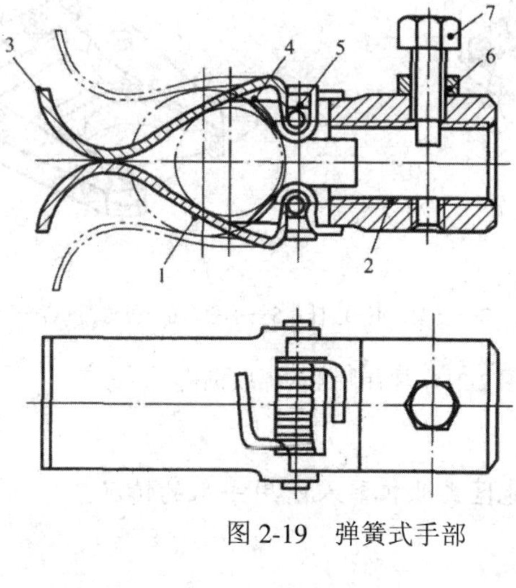

1—工件；
2—套筒；
3—弹簧片；
4—扭簧；
5—销钉；
6—螺母；
7—螺钉

图 2-19　弹簧式手部

笔记

如图 2-20 所示为利用弹簧螺旋的弹性抓物机构，两个手爪 1、2 用连杆 3、4 连接在滑块上，气缸活塞杆通过弹簧 5 使滑块运动。手爪夹持工件 6 的夹紧力取决于弹簧的张力，因此可根据工作情况，选取不同张力的弹簧。此外还要注意，当手爪松开时，不要让弹簧脱落。

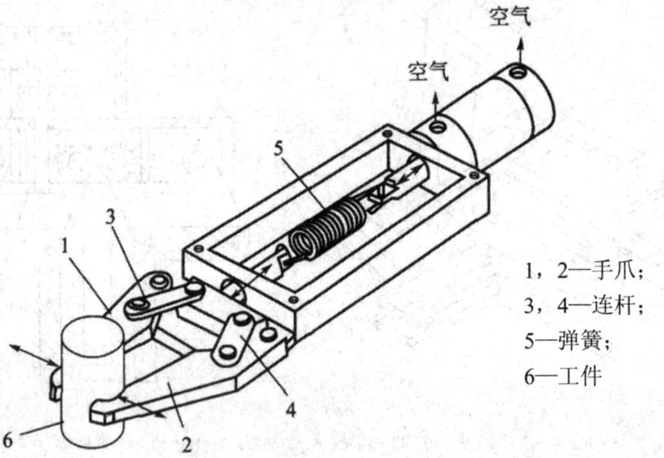

图 2-20　利用弹簧螺旋的弹性抓物机构

如图 2-21(a)所示的抓取机构中，在手爪 5 的内侧设有槽口，用螺钉将弹性材料装在槽口中以形成具有弹性的抓取机构；弹性材料的一端用螺钉紧固，另一端可自由运动。当手爪夹紧工件 7 时，弹性材料便发生变形并与工件的外轮廓紧密接触；也可以只在一侧手爪上安装弹性材料，这时工件被抓取时定位精度较好。图 2-21(b)是另一种形式的弹性抓取机构。

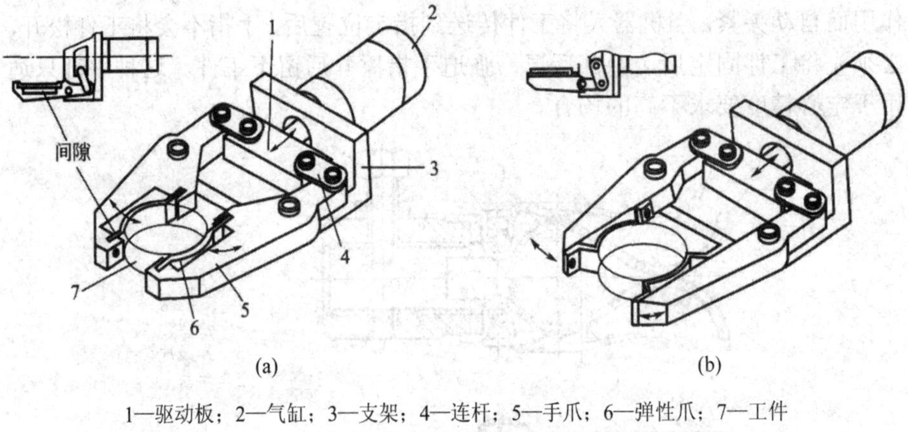

(a)　(b)

1—驱动板；2—气缸；3—支架；4—连杆；5—手爪；6—弹性爪；7—工件

图 2-21　具有弹性的抓取机构

看一看：您所在地区工业机器人所用手爪的情况。

笔记

任务实施

机器人手部的分类

技能训练

对工业机器人的手进行分类，若实际条件有限，可采用多媒体教学与技能训练相结合的方式。

手部要完成的作业任务繁多，手部的类型也多种多样，主要分类方式如下。

一、按手部的用途分类

按用途划分，工业机器人的手部可以分为手爪和工具两类。

1. 手爪

手爪具有一定的通用性，它的主要功能是抓住工件、握持工件、释放工件。

抓住：在给定的目标位置和期望姿态下抓住工件，工件在手爪内必须具有可靠的定位，保持工件与手爪之间准确的相对位姿，并保证机器人后续作业的准确性。

握持：确保工件在搬运过程中或零件在装配过程中定义了的位置和姿态的准确性。

释放：在指定点上除去手爪和工件之间的约束关系。

手爪在夹持圆柱工件时，尽管夹紧力足够大，在工件和手爪接触面上有足够的摩擦力来支承工件重量，但是从运动学观点来看，其约束条件不够，不能保证工件在手爪上的准确定位，如图 2-22 所示。

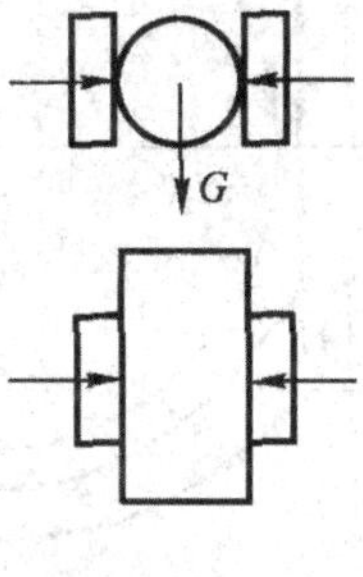

图 2-22　平面钳爪夹持圆柱工件

2. 工具

工具是进行某种作业的专用工具，例如喷漆枪、焊具等，如图 2-23 所示。

笔记

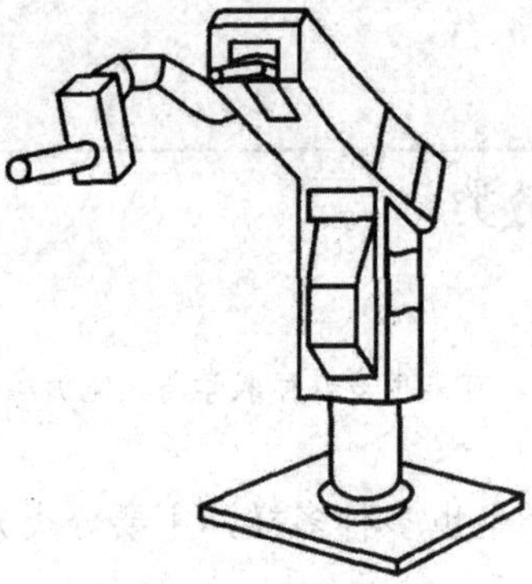

(a) 喷漆枪

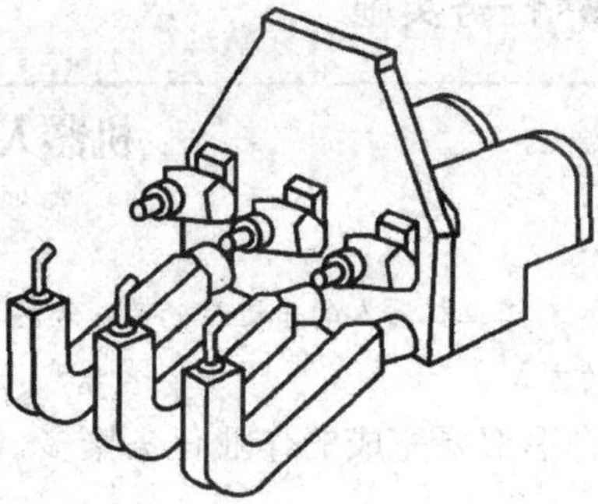

(b) 焊具

图 2-23　专用工具

二、按手部的抓握原理分类

按抓握原理，工业机器人的手部可分为夹持式手部和吸附式手部两类。

1. 夹持式手部

夹持式手部通常又叫作机械手爪，包括靠摩擦力夹持和吊钩承重两种，前者是有指手爪，后者是无指手爪。产生夹紧力的驱动源分为气动、液动、电动和电磁 4 种。

夹持式手部除常用的夹钳式外，还有钩托式和弹簧式。此类手部按其手指夹持工件时的运动方式不同，又可分为手指回转型和指面平移型。

1) 夹钳式手部

夹钳式手部是工业机器人最常用的一种手部形式。夹钳式手部一般由手指、驱动装置、传动机构、支架等组成，如图 2-24 所示。

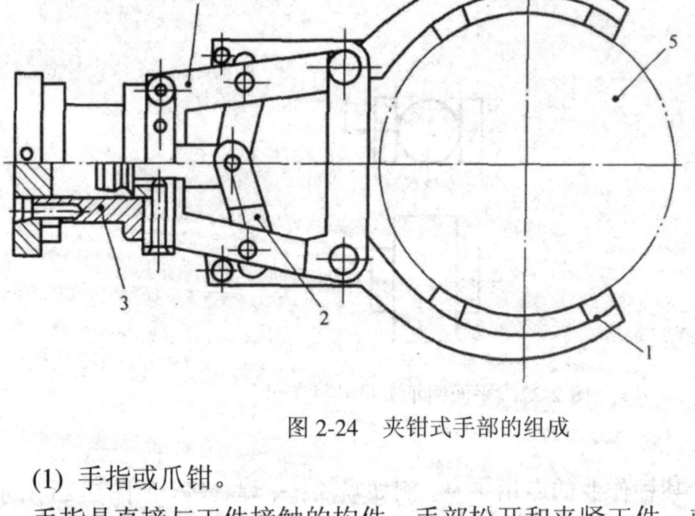

图 2-24　夹钳式手部的组成

(1) 手指或爪钳。

手指是直接与工件接触的构件。手部松开和夹紧工件，就是通过手指的

笔记

张开和闭合来实现的。一般情况下，机器人的手部只有两个手指，少数有三个或多个手指。它们的结构形式常取决于被夹持工件的形状和特性。指端的形状分为 V 形指、平面指、尖指和特形指，如图 2-25 所示。

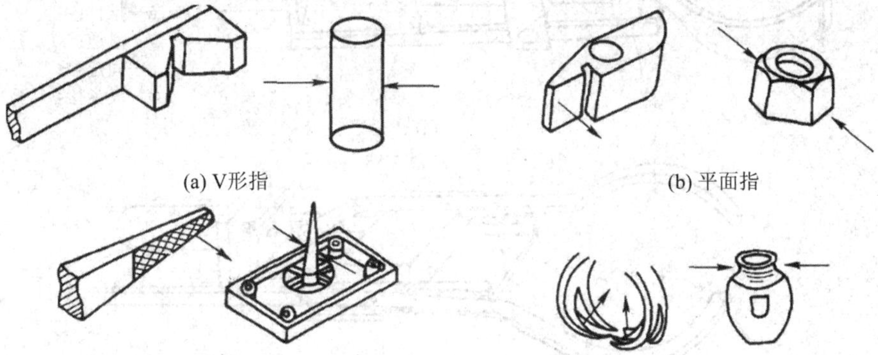

(a) V形指　(b) 平面指　(c) 尖指　(d) 特形指

图 2-25　夹钳式手部的手指

根据工件形状、大小及被夹持部位材质的软硬、表面性质等的不同，手指的指面有光滑指面、齿型指面和柔性指面 3 种形式。对于夹钳式手部，其手指材料可选用一般碳素钢和合金结构钢。为使手指经久耐用，指面可镶嵌硬质合金；高温作业的手指，可选用耐热钢；在腐蚀性气体环境下工作的手指，可镀铬或进行搪瓷处理，也可选用耐腐蚀的玻璃钢或聚四氟乙烯。

(2) 驱动。

夹钳式手部通常采用气动、液动、电动和电磁驱动方式来操作手指的开合。

由于气动手爪具有结构简单、成本低、容易维修且开合迅速、重量轻等许多突出优点，得到了广泛的应用；其缺点是空气介质的可压缩性使爪钳位置控制比较复杂，液压驱动手爪成本稍高一些。电动手爪的优点是手指开合电动机的控制与机器人控制可以共用一个系统，但是夹紧力比气动手爪、液压手爪小，开合时间比它们长。电磁手爪控制信号简单，但是电磁夹紧力与爪钳行程有关，因此，只用在开合距离小的场合。

2) 柔软手爪

柔软抓取机构由挠性带和开关组成，如图 2-26 所示。挠性带绕在被抓取的物件上，把物件抓住，可以分散物件单位面积上的压力且不易损坏。

如图 2-26(a)所示挠性带 2 的一端有接头 1，另一端是夹紧接头 9，它通过固定台 8 的沟槽固定在驱动接头 4 上。当活塞杆 5 向右将挠性带拉紧的同时，又通过缩放连杆 3 推动夹紧接头 9 向左收紧挠性带，从而把物件夹紧。这是一种用挠性带包在被抓取物表面的柔软手爪。活塞杆向左时，将挠性带松开。图 2-26(b)是用有柔性的杠杆做手爪，当活塞杆向右时，将手爪放开；反之则夹紧。

笔记

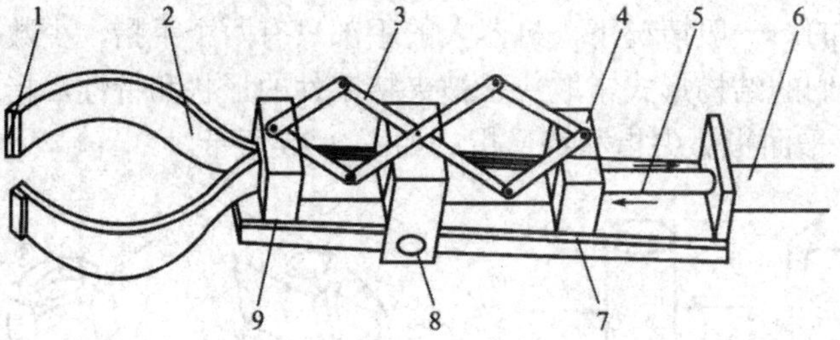

1—接头；
2—挠性带；
3—缩放连杆；
4—驱动接头；
5—活塞杆；
6—推杆；
7—滑道；
8—固定台；
9—夹紧接头

(a)

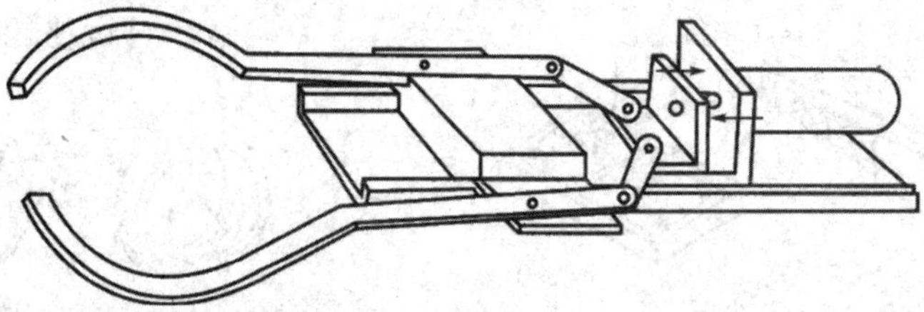

(b)

图 2-26　柔软手爪

2. 吸附式手部

吸附式手部靠吸附力取料。根据吸附力的不同，吸附式手部可分为气吸附和磁吸附两种。吸附式手部适用于大平面(单面接触无法抓取)、易碎(玻璃、磁盘)、微小(不易抓取)的物体，因此适用面也较大。

1) 气吸式手部

气吸式手部是工业机器人常用的一种吸持工件的装置。它由吸盘(一个或几个)、吸盘架及进排气系统组成。

气吸式手部具有结构简单、重量轻、使用方便可靠等优点，主要用于搬运体积大，重量轻的零件，例如冰箱壳体、汽车壳体等。气吸式手部也广泛用于需要小心搬运的物件(例如显像管、平板玻璃等)非金属材料(例如板材、纸张等)或材料的吸附搬运。

气吸式手部的另一个特点是对工件表面没有损伤，且对被吸持工件预定的位置精度要求不高；但要求工件与吸盘接触部位光滑平整、清洁，被吸工件材质致密，没有透气空隙。

气吸式手部利用吸盘内的压力与大气压之间的压力差进行工作。按形成压力差的方法，气吸式手部可分为真空气吸、气流负压、挤压排气 3 种。

(1) 真空气吸吸附手部。

真空气吸吸附手部利用真空发生器产生真空，其基本的原理如图 2-27 所示。当吸盘压到被吸物后，吸盘内的空气被真空发生器或者真空泵从吸盘上的管路中抽走，使吸盘内形成真空；而吸盘外的大气压力把吸盘紧紧地压在被吸物上，使之几乎形成一个整体，可以共同运动。真空发生器利用压缩空气产生真空(负压)，其原理是从喷嘴中放出(喷射)压缩空气产生真空。真空发生部分是没有活动部的单纯结构，所以使用寿命较长。

笔记

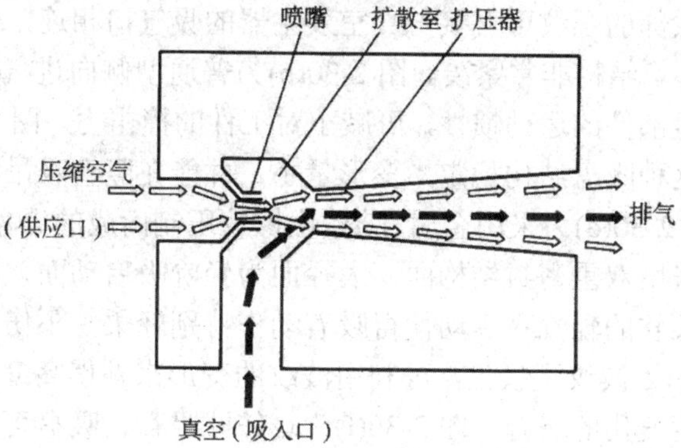

图 2-27　真空发生器基本的原理图

产生负压的真空吸盘控制系统如图 2-28 所示。吸盘吸力在理论上决定于吸盘与工件表面的接触面积和吸盘内、外压差，但实际上其与工件表面状态有十分密切的关系，工件表面状态影响负压的泄漏。采用真空泵能保证吸盘内持续产生负压，所以这种吸盘比其他形式吸盘的吸力大。

真空气吸吸附手部结构如图 2-29 所示。真空的产生是利用真空系统实现的，真空度较高。橡胶吸盘 1 通过固定环 2 安装在支承杆 4 上；支承杆由螺母 6 固定在基板 5 上。取料时，橡胶吸盘与物体表面接触，橡胶吸盘的边缘起密封和缓冲作用，然后真空抽气，吸盘内腔形成真空，进行吸附取料。放料时，管路接通大气，失去真空，物体放下。为了避免在取放料时产生撞击，有的真空气吸吸附手部还在支承杆上配有弹簧缓冲；为了更好地适应物体吸附面的倾斜状况，有的则在橡胶吸盘背面设计球铰链。真空吸盘按结构可分为普通型、特殊型、自适应及异形。

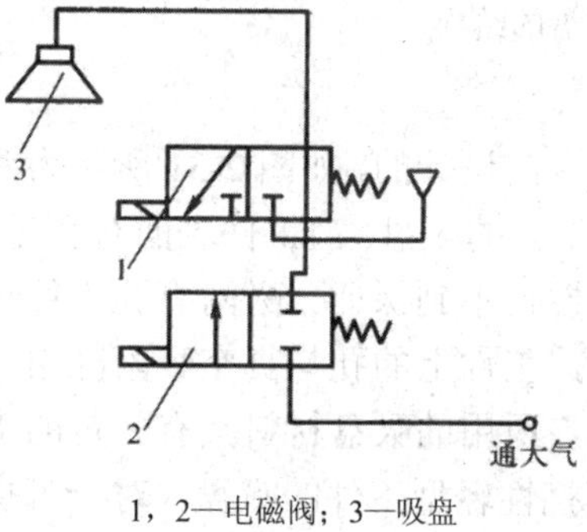

1，2—电磁阀；3—吸盘

图 2-28　真空吸盘控制系统

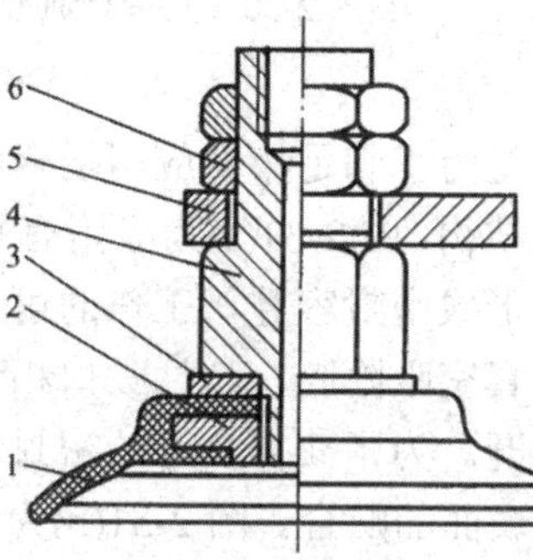

1—橡胶吸盘；
2—固定环；
3—垫片；
4—支承杆；
5—基板；
6—螺母

图 2-29　真空气吸吸附手部

① 普通型。

普通型吸盘一般用来吸附表面光滑平整的工件，例如玻璃、瓷砖、钢板等。吸盘的材料有丁腈橡胶、硅橡胶、聚氨酯、氟橡胶等。要根据工作环境对吸盘耐油、耐水、耐腐、耐热、耐寒等性能的要求，选择合适的材料。普通吸盘橡胶部分的形状一般为碗状，但异形的也可使用，这要视工件的形状而定。吸盘的形状可为长方形、圆形和圆弧形等。

常用的几种普通型吸盘的结构如图 2-30 所示。图 2-30(a)为普通型直进

笔记

气吸盘，靠头部的螺纹可直接与真空发生器的吸气口相连，使吸盘与真空发生器成为一体，结构非常紧凑。图 2-30(b)为普通型侧向进气吸盘，其中弹簧用来缓冲吸盘部件的运动惯性，可减小对工件的撞击力。图 2-30(c)为带支撑楔的吸盘，这种吸盘结构稳定，变形量小，并能在竖直吸吊物体时产生更大的摩擦力。图 2-30(d)为采用金属骨架，由橡胶压制而成的碟盘形大直径吸盘，吸盘作用面采用双重密封结构面，大径面为轻吮吸启动面，小径面为吸牢有效作用面。柔软的轻吮吸启动使得吸着动作特别轻柔，不伤工件，且易于吸附。图 2-30(e)为波纹型吸盘，可利用波纹的变形来补偿高度的变化，常用于吸附工件高度变化的场合。图 2-30(f)为球铰式吸盘，吸盘可自由转动，以适应工件吸附表面的倾斜，转动范围可达 30°～50°，吸盘体上的抽吸孔通过贯穿球节的孔，与安装在球节端部的吸盘相通。

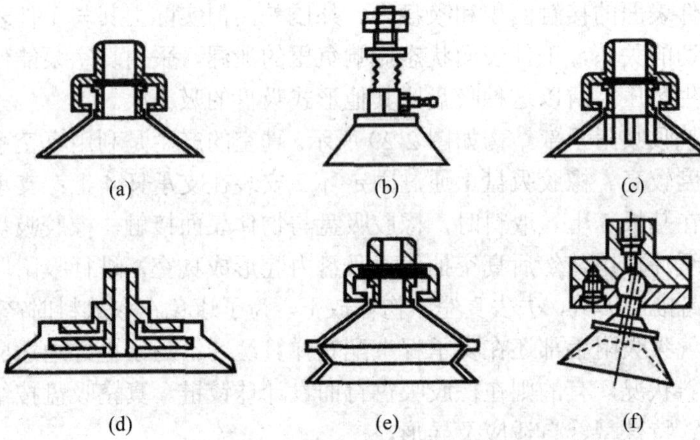

图 2-30　几种普通型吸盘的结构

② 特殊型。

特殊型吸盘是为了满足特殊应用场合而专门设计的，如图 2-31 所示为两种特殊型吸盘的结构。图 2-31(a)为吸附有孔工件的吸盘。当工件表面有孔时，普遍型吸盘不能形成密封容腔，工作的可靠性得不到保证。吸附有孔工件吸盘的环形腔室为真空吸附腔，与抽吸口相通，工件上的孔与真空吸附区由吸盘中的环形区隔开。为了获得良好的密封性，所用的吸盘材料具有一定的柔性，以利于吸附表面的贴合。图 2-31(b)为可挠性轻型工件的吸盘。对于可挠性轻型工件(例如纸、聚乙烯薄膜等)，采用普通吸盘时，由于吸盘接触面积

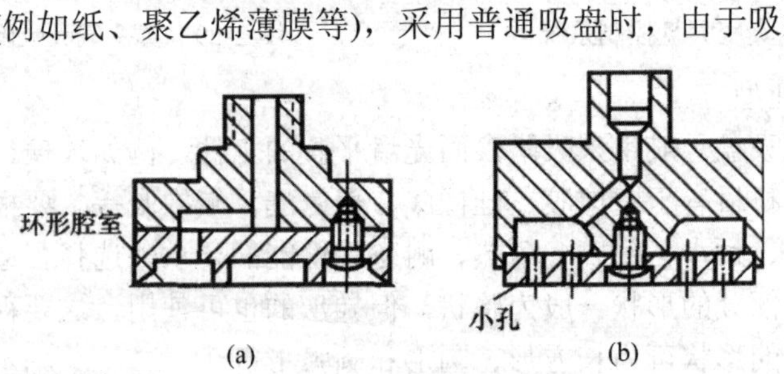

图 2-31　两种特殊型吸盘的结构

笔记

大，易使这类轻、软、薄的工件沿吸盘边缘皱折，出现许多狭小缝隙，降低真空腔的密封性。而采用该结构形式的吸盘，可很好地解决工件起皱问题。其材料可选用铜或铝。

③ 自适应吸盘。

自适应吸盘具有一个球关节，使吸盘能倾斜自如，适应工件表面倾角的变化，这种自适应吸盘在实际应用中获得了良好的效果，如图 2-32 所示。

④ 异形吸盘。

图 2-33 为异形吸盘中的一种。通常吸盘只能吸附一般的平整工件，而该异形吸盘可用来吸附鸡蛋、锥颈瓶等物件，扩大了真空吸盘在工业机器人上的应用。

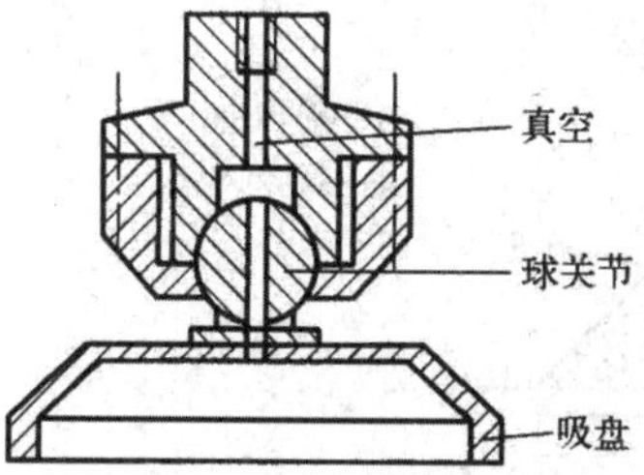

图 2-32　自适应吸盘

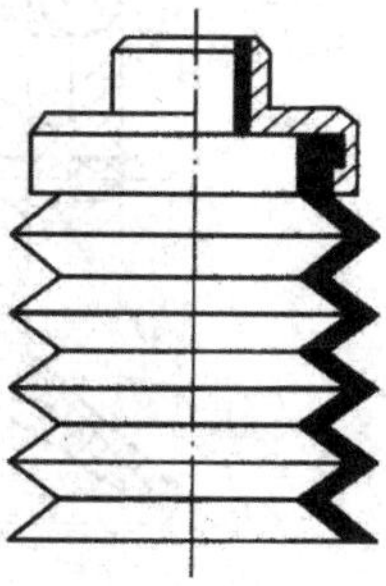

图 2-33　异形吸盘

(2) 气流负压吸附手部。

气流负压吸附手部如图 2-34 所示，压缩空气进入喷嘴后，利用伯努利效应使橡胶皮腕内产生负压。当需要取物时，压缩空气高速流经喷嘴 5 时，其出口处的气压低于吸盘腔内的气压，于是，腔内的气体被高速气流带走而形成负压，完成取物动作。当需要释放时，切断压缩空气即可。气流负压吸附手部需要的压缩空气一般都由工厂内的空压站或空压机提供，比较容易获得空压气源，不需要专为机器人配置真空泵，所以气流负压吸盘在工厂内使用方便、成本较低。

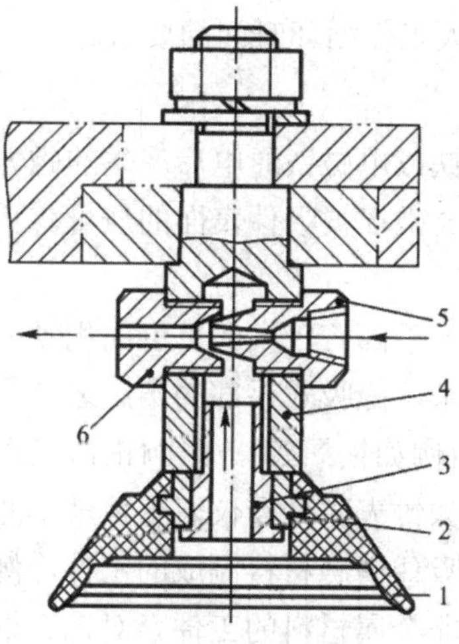

1—橡胶吸盘；
2—心套；
3—通气螺钉；
4—支承杆；
5—喷嘴；
6—喷嘴套

图 2-34　气流负压吸附手部

笔记

(3) 挤压排气式手部。

挤压排气式手部结构如图 2-35 所示。其工作原理为：取料时手部先向下，吸盘压向工件 5，橡胶吸盘 4 形变，将吸盘内的空气挤出；之后，手部向上提升，压力去除，橡胶吸盘恢复弹性形变使吸盘内腔形成负压，将工件牢牢吸住，机械手即可进行工件搬运。到达目标位置要释放工件时，用碰撞力或电磁力使压盖 2 动作，使吸盘腔与大气连通而失去负压，破坏吸盘腔内的负压，释放工件。

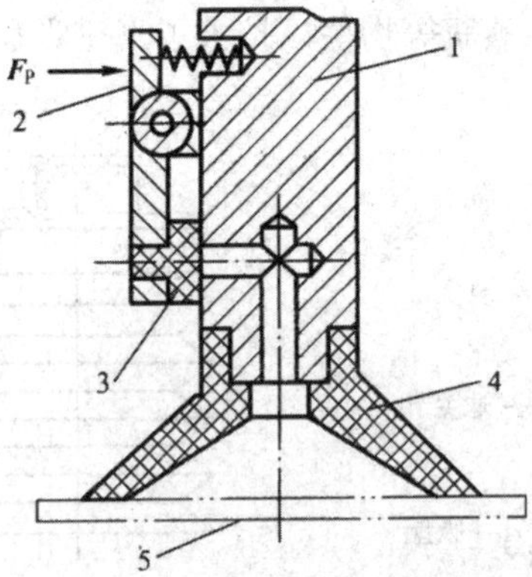

1—吸盘架；
2—压盖；
3—密封垫；
4—橡胶吸盘；
5—工件

图 2-35　挤压排气式手部

挤压排气式手部结构简单，既不需要真空泵系统也不需要压缩空气气源，比较经济方便。但要防止漏气，不宜长期停顿，可靠性比真空吸盘和气流负压吸盘差。挤气负压吸盘的吸力计算是在假设吸盘与工件表面气密性良好的情况下进行的，利用热力学定律和静力平衡公式计算内腔最大负压和最大极限吸力。对市场供应的 3 种型号耐油橡胶吸盘进行吸力理论计算及实测的结果表明，理论计算误差主要由假定工件表面为理想状况所造成。实验表明，在工件表面清洁度、平滑度较好的情况下，挤气负压吸盘牢固吸附时间可达到 30 s，能满足一般工业机器人工作循环时间的要求。

2) 磁吸式手部

磁吸式手部是利用永久磁铁或电磁铁通电后产生的磁力来吸附材料工件的，应用较广。磁吸式手部不会破坏被吸件表面的质量。

(1) 磁吸式手部的特点。

相较于气吸式手部，磁吸式手部有较大的单位面积吸力，对工件表面粗糙度及通孔、沟槽等无特殊要求。磁吸式手部的不足之处是：被吸工件存在剩磁，吸附头上常吸附磁性屑(例如铁屑等)，影响正常工作。因此对不允许有剩磁的零件要禁止使用，例如钟表零件及仪表零件就不能选用磁力吸盘，可用真空吸盘。电磁吸盘只能吸住铁磁材料制成的工件，例如钢铁等黑色金属工件，无法吸附有色金属和非金属材料的工件。对钢、铁等材料制品，温度超过 723℃就会失去磁性，故在高温下无法使用磁吸式手部。磁力吸盘要求工件表面清洁、平整、干燥，以保证可靠吸附。

(2) 磁吸式手部的原理。

按磁力来源，磁吸式手部可分为永久磁铁手部和电磁铁手部。由于供电不同，电磁铁手部又可分为交流电磁铁手部和直流电磁铁手部。

磁吸附式取料手是利用电磁铁通电后产生的电磁吸力取料，因此只能对铁磁物体起作用，但是对不允许有剩磁的零件禁止使用，所以磁吸附式取料手的使用有一定的局限性。盘状磁吸附式取料手的结构如图 2-36 所示。铁芯 1 和磁盘 3 之间用黄铜焊料焊接并构成隔磁环 2，既焊为一体又将铁芯和磁盘分隔，这样使铁芯 1 成为内磁极，磁盘 3 成为外磁极。其磁路由壳体 6 的外圈，经磁盘 3、工件和铁芯，再到壳体内圈形成闭合回路，以此吸附工件。铁芯、磁盘和壳体均采用 8～10 号低碳钢制成，可减少剩磁，并在断电时不吸或少吸铁屑。盖 5 为用黄铜或铝板制成的隔磁材料，用以压住线圈 11，以防止工作过程中线圈的活动。挡圈 7、8 用以调整铁芯和壳体的轴向间隙，即磁路气隙 δ。在保证铁芯正常转动的情况下，气隙越大，电磁吸力就会显著地减小，因此，一般取 $\delta = 0.1 \sim 0.3$ mm。

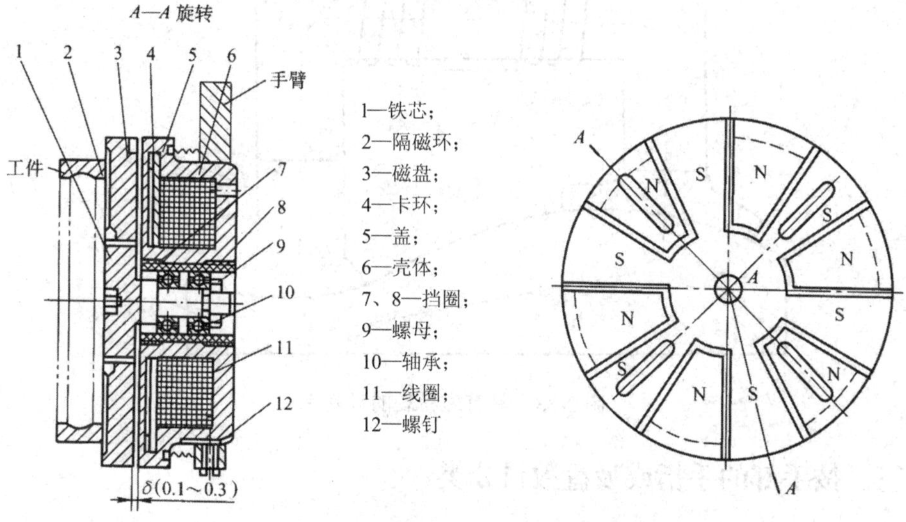

图 2-36　盘状磁吸附式取料手的结构

在机器人手臂的孔内，可作轴向微量的移动，但不能转动。铁芯 1 和磁盘 3 共同装在轴承上，用以实现在不停车的情况下自动上、下料。

几种电磁式吸盘吸料的示意图如图 2-37 所示。其中，图 2-37(a)为吸附滚动轴承座圈的电磁式吸盘，(b)为吸取钢板用的电磁式吸盘，(c)为吸取齿轮用的电磁式吸盘，(d)为吸附多孔钢板用的电磁式吸盘。

图 2-38 为一种具有磁粉袋的吸附手，可用于吸附具有光滑曲面的工件。

笔记

企业文化

诚实守信，业绩导向，以人为本，创新发展。

笔记

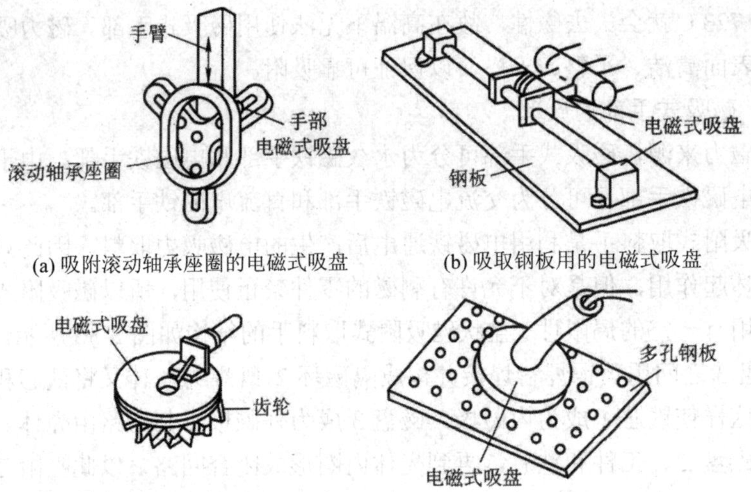

(a) 吸附滚动轴承座圈的电磁式吸盘　(b) 吸取钢板用的电磁式吸盘

(c) 吸取齿轮用的电磁式吸盘　(d) 吸附多孔钢板用的电磁式吸盘

图 2-37　电磁式吸盘吸料的示意图

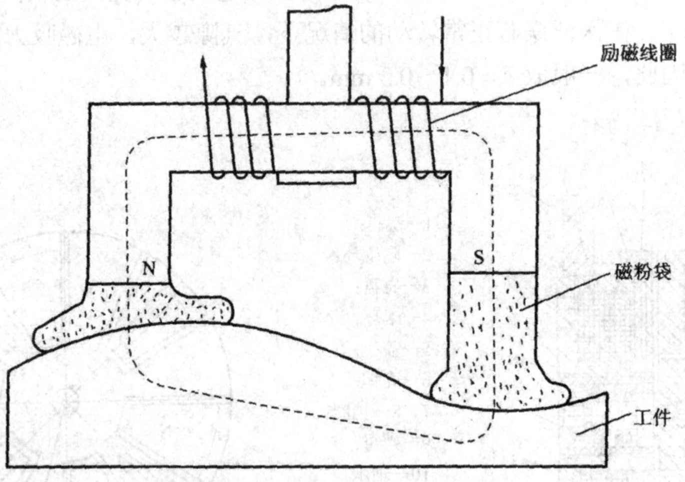

图 2-38　具有磁粉袋的吸附手

三、按手部的手指或吸盘数目分类

按手指数目，工业机器人的手部可分为二指手爪及多指手爪。按手指关节可分为单关节手指手爪及多关节手指手爪。按吸盘数目，吸盘式手爪可分为单吸盘式手爪及多吸盘式手爪。

三指手爪的外形图如图 2-39 所示，每个手指是独立驱动的。这种三指手爪与二指手爪相比可以抓取类似立方体、圆柱体及球体等形状的物体。如图 2-40 所示为一种多关节柔性手指手爪，它的每个手指具有若干个被动式关节，每个关节不是独立驱动的。在拉紧夹紧钢丝绳后柔性手指环抱住物体，因此这种柔性手指手爪对物体形状有一定的适应性。但是，这种柔性手指并不同于各个关节独立驱动的多关节手指。

笔记

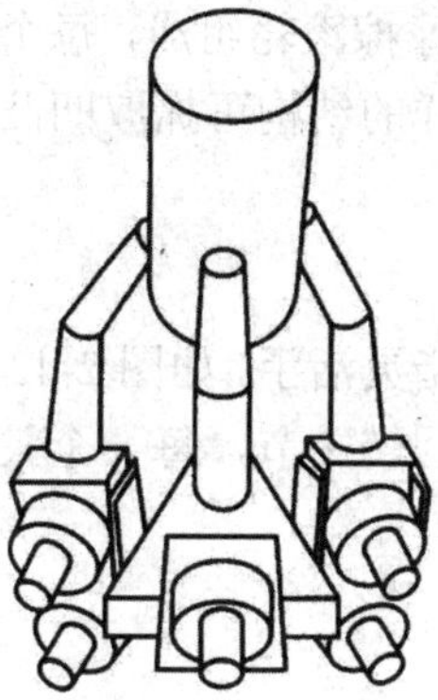

图 2-39　三指手爪

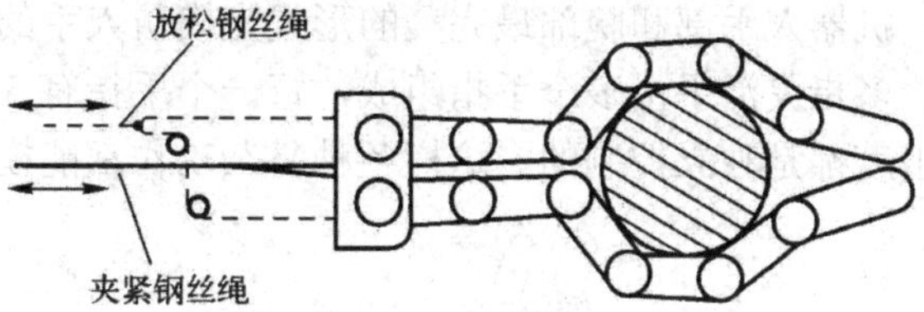

图 2-40　多关节柔性手指手爪

四、按手部的智能化分类

按手部的智能化划分，工业机器人的手部可以分为普通式手爪和智能化手爪两类。普通式手爪不具备传感器。智能化手爪具备一种或多种传感器，例如力传感器、触觉传感器及滑觉传感器等，手爪与传感器集成成为智能化手爪。

五、仿人手机器人手部

目前，大部分工业机器人的手部只有两个手指，而且手指上一般没有关节。因此取料不能适应物体外形的变化，不能使物体表面承受比较均匀的夹持力，因此无法满足对复杂形状、不同材质的物体实施夹持和操作。

为了提高机器人手部和腕部的操作能力、灵活性和快速反应能力，使机器人能像人手一样进行各种复杂的作业，例如装配作业、维修作业、设备操作等，就必须有一个运动灵活、动作多样的灵巧手部，即仿人手机器人手部。

1. 柔性手

柔性手可对不同外形物体实施抓取，并使物体表面受力比较均匀。如图 2-41 所示为多关节柔性手，(a)为其外观结构，每个手指由多个关节串接而成；

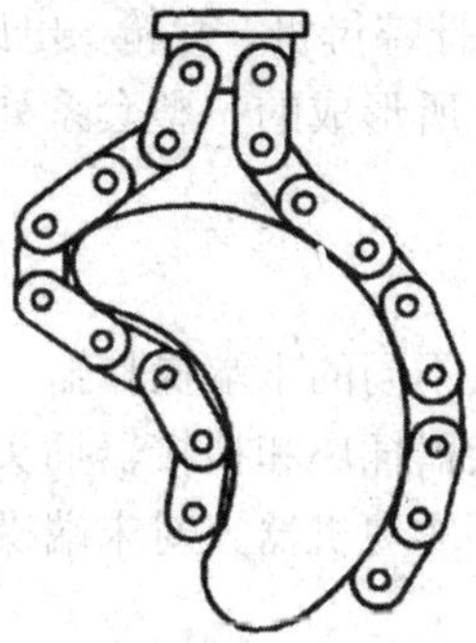

(a) 柔性手外观结构

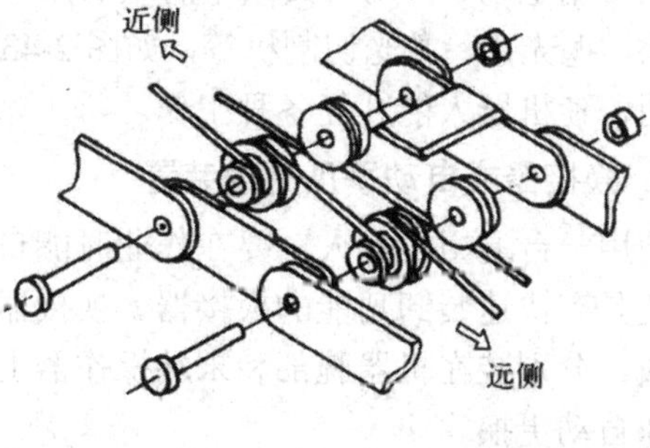

(b) 手指传动原理

图 2-41　多关节柔性手

笔记

(b)为其手指传动原理，手指传动部分由牵引钢丝绳及摩擦滚轮组成，每个手指由两根钢丝绳牵引，一侧为握紧，一侧为放松。这样的结构可抓取凹凸外形并使物体受力较为均匀。

2. 多指灵活手

机器人手部和腕部最完美的形式是模仿人手的多指灵活手，如图 2-42 所示。多指灵活手由多个手指组成，每一个手指有 3 个回转关节，每一个关节自由度都是独立控制的，这样各种复杂动作都能模仿。

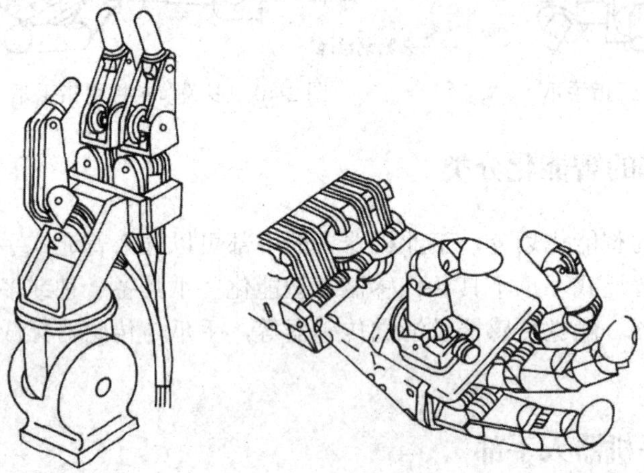

(a) 三指灵巧手　　(b) 四指灵巧手

图 2-42　仿人手

看一看：您所在地区工业机器人常用的手爪有哪几种？

六、其他配件

1. 专用末端操作器

机器人是一种通用性很强的自动化设备，可根据作业要求，配上各种专用的末端操作器，就能完成各种动作。例如，通用机器人上安装焊枪，就可成为一台焊接机器人；安装拧螺母机，则可成为一台装配机器人。目前，有许多由专用电动、气动工具改型而成的操作器，有拧螺母机、焊枪、电磨头、电铣头、抛光头、激光切割机等，如图 2-43 所示。所形成的一整套系列供用户选用，使机器人能胜任各种工作。

2. 换接器或自动手爪更换装置

使用一台通用机器人，要在作业时能自动更换不同的末端操作器，就需要配置具有快速装卸功能的换接器。换接器由换接器插座和换接器插头两部分组成，分别装在机器腕部和末端操作器上，能够实现机器人对末端操作器的快速自动更换。

笔记

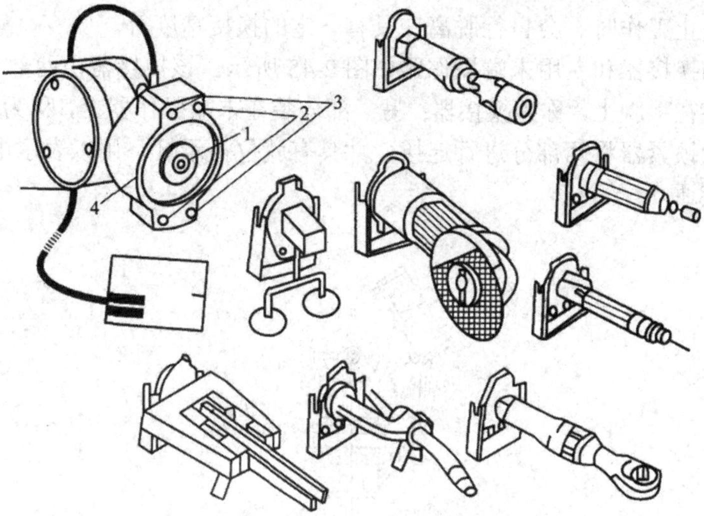

1—气路接口；2—定位销；3—电接头；4—电磁吸盘

图 2-43　各种专用的末端操作器

具体实施时，各种末端操作器存放在工具架上，组成一个专用末端操作器库，如图 2-44 所示。机器人可根据作业要求，自行从工具架上连接相应的专用末端操作器。

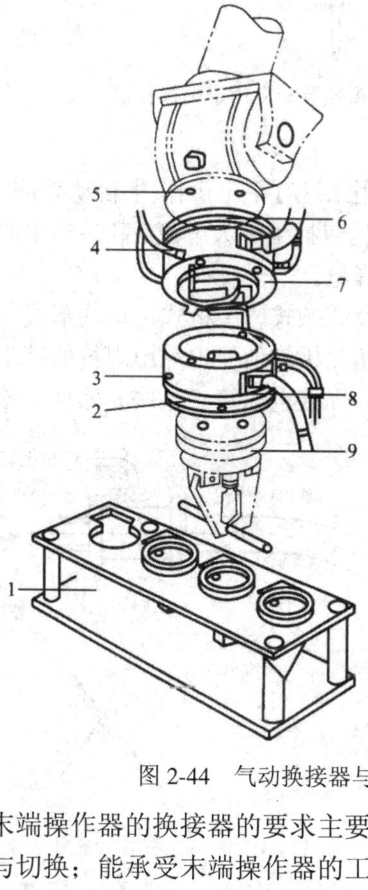

1—末端操作器库；
2—操作器过渡法兰；
3—位置指示器；
4—换接器气路；
5—连接法兰；
6—过渡法兰；
7—换接器；
8—换接器配合端；
9—末端操作器

图 2-44　气动换接器与操作器库

对专用末端操作器的换接器的要求主要有：同时具备气源、电源及信号的快速连接与切换；能承受末端操作器的工作载荷；在失电、失气情况下，

笔记

机器人停止工作时不会自行脱离；具有一定的换接精度等。

气动换接器和专用末端操作器如图 2-45 所示。该换接器由两部分组成：一部分装在手腕上，称为换接器；另一部分装在末端操作器上，称为配合器。利用气动锁紧器将两部分进行连接，并具有就位指示灯，用以表示电路、气路是否接通。

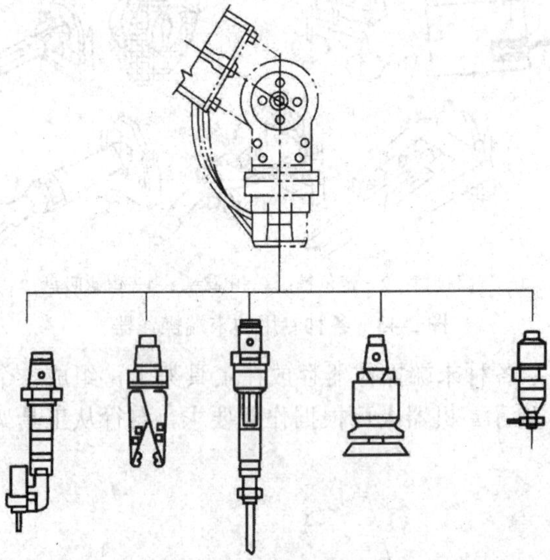

图 2-45 气动换接器和专用末端操作器

3. 焊枪

熔化极气体保护焊的焊枪可用来进行手工操作(半自动焊)和自动焊(安装在机器人等自动装置上)。这些焊枪包括用于大电流、高生产率的重型焊枪和适用于小电流、全位置焊的轻型焊枪。

焊枪还可以分为水冷、气冷及鹅颈式、手枪式，这些形式既可以制成重型焊枪，也可以制成轻型焊枪。熔化极气体保护焊用焊枪的基本组成包括导电嘴、气体保护喷嘴、送丝导管和焊接电缆等，这些元器件如图 2-46 所示。

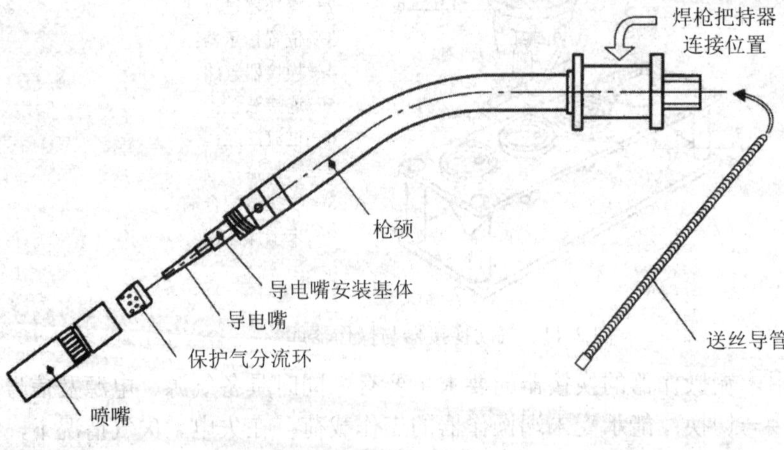

笔记

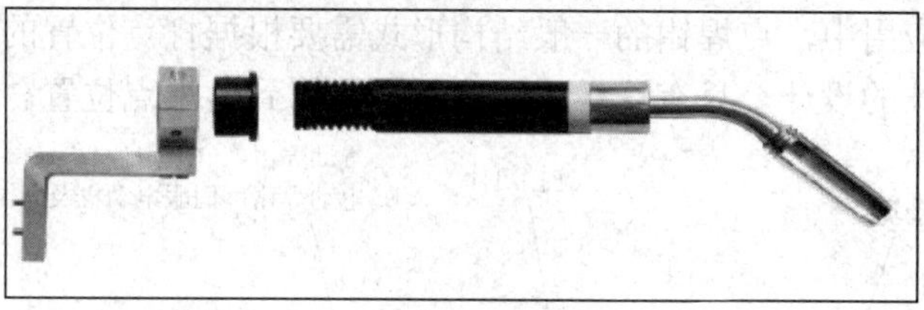

图 2-46　焊枪示意图

点焊电极是保证点焊质量的重要零件，其主要功能有：向工件传导电流；向工件传递压力；迅速导散焊接区的热量。常用的点焊电极形式如图 2-47 所示。

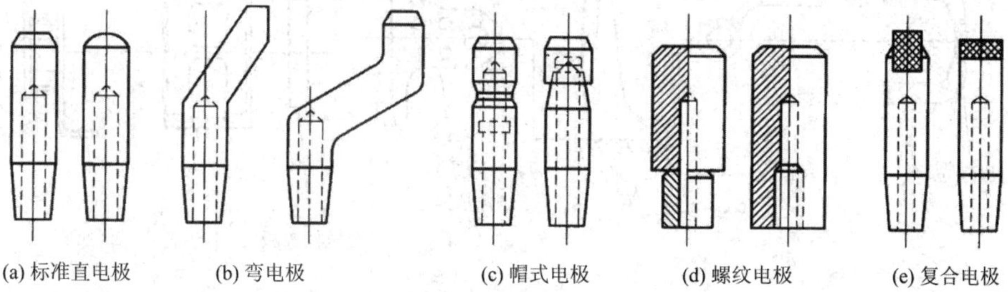

图 2-47　常用的点焊电极形式

4. 点焊钳

根据焊接工位的不同点焊钳可分为 C 型焊钳和 X 型焊钳。

1) C 型焊钳

C 型焊钳主要用于点焊垂直及近似于垂直倾斜位置的焊缝，C 型焊钳的结构及部件名称如图 2-48 所示。

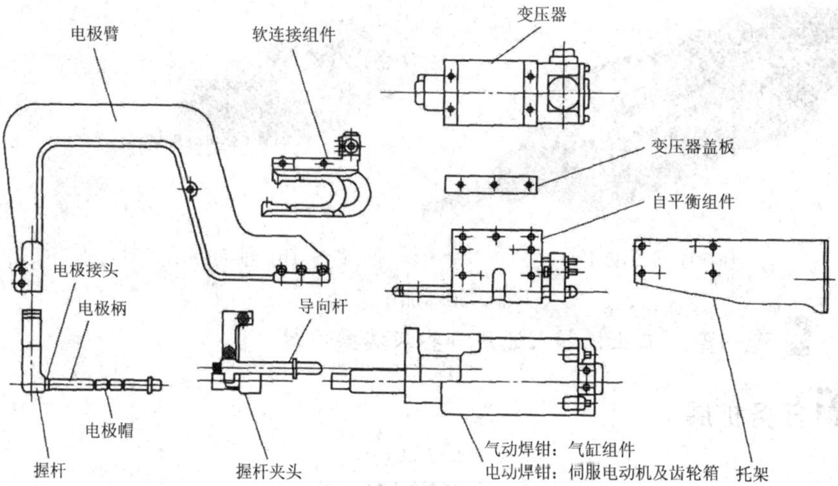

图 2-48　C 型焊钳的结构及部件名称

2) X 型焊钳

X 型焊钳主要用于点焊水平及近似于水平倾斜位置的点焊，X 型焊钳的结构及部件名称如图 2-49 所示。

笔记

在实际应用中，点焊钳的一般结构形式需要根据打点位置的特殊性，对钳体进行特殊的设计，只有这样才能确保点焊钳到达焊点位置。

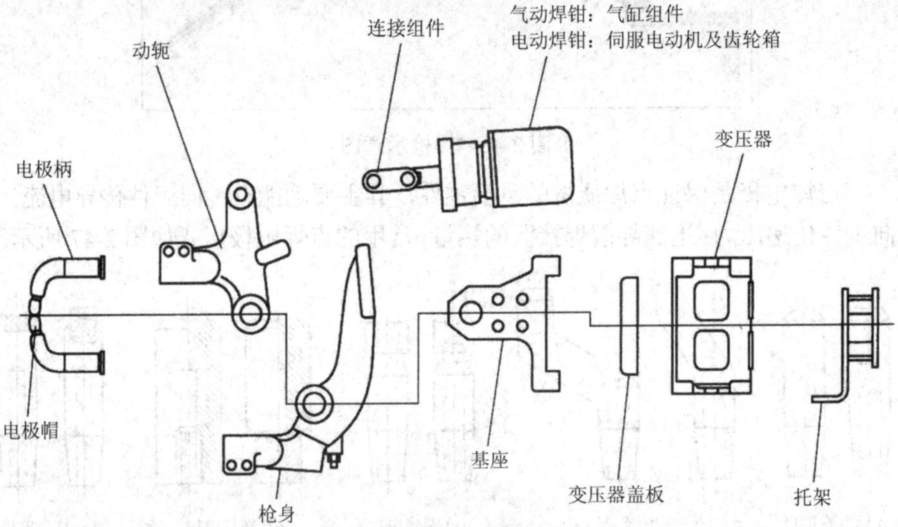

图 2-49　X 型焊钳的结构及部件名称

5. 加工工具

加工工具是工业机器人实现去毛刺加工的末端执行器，包括径向浮动工具与轴向浮动工具两种。其主轴高速旋转运动由压缩空气提供动力，具有浮动功能，径向工具浮动量为±8 mm，转速最高可达 40 000 r/min，质量 1.2 kg，正常工作气压 6.2 bar；轴向浮动工具浮动量为±7.5 mm，转速最高可达 5600 r/min，质量 3.3 kg，正常工作气压 6.2 bar，如图 2-50 所示。

课程思政

四个全面

全面建成小康社会、全面深化改革、全面依法治国、全面从严治党。

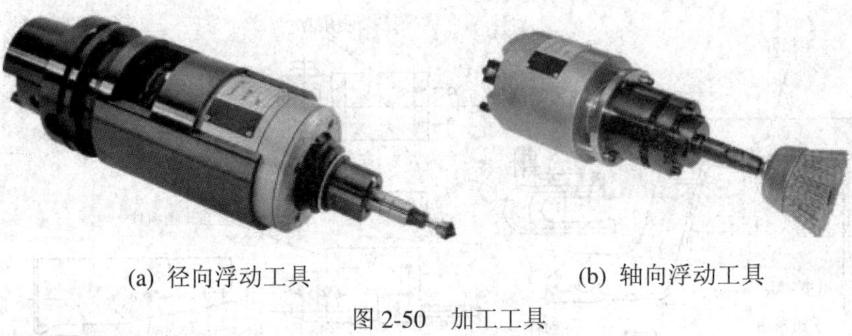

(a) 径向浮动工具　　(b) 轴向浮动工具

图 2-50　加工工具

查一查：工业机器人还用哪些末端操作器。

任务扩展

气动管道爬行器

爬行器由三段柔性微致动体组成，如图 2-51 所示即为仿效爬行动物运动而设计的管道爬行器，1 是腿，2 是连杆，3 是铝片，4 是铰链。每段柔性微致动体的结构如图 2-51(a)所示。柔性微致动体两端是两个圆形薄铝片，中间

笔记

用橡胶管连接成为一个气囊。两铝片外缘用4个四连杆机构连接，每个四连杆机构的连杆中部有一条径向外伸的支撑腿。将爬行器植入管道中，如图2-51(b)所示，这时将第一、三节气囊充气，第二节气囊排气，这样一、三节的八条腿就支撑在管道中。然后将第二节气囊充气的同时，对第一节气囊排气，于是爬行器头部开始向前移。此后将第一节气囊充气，让第三节气囊排气，爬行器尾部开始向前移。随着三节气囊交替地充、排气，使爬行器身体的三部分交替地伸缩、更换支撑腿，爬行器就像小虫一样在管道中爬行。实验中，一个长85 mm、直径为25 mm的爬行器的爬行速度可达2.2 mm/s。

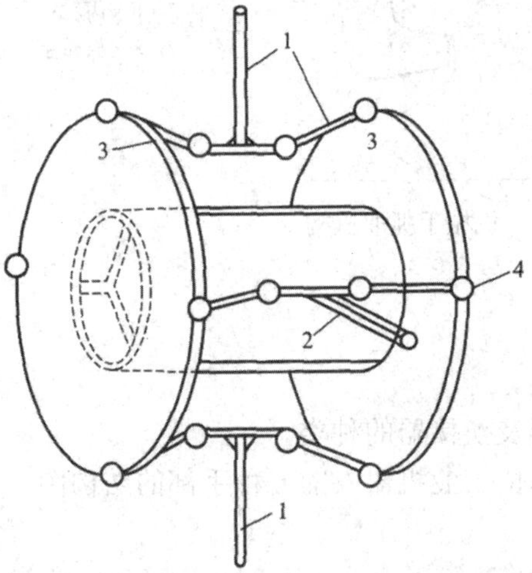

1—腿；2—连杆；3—铝片；4—铰链

(a) 爬行原理

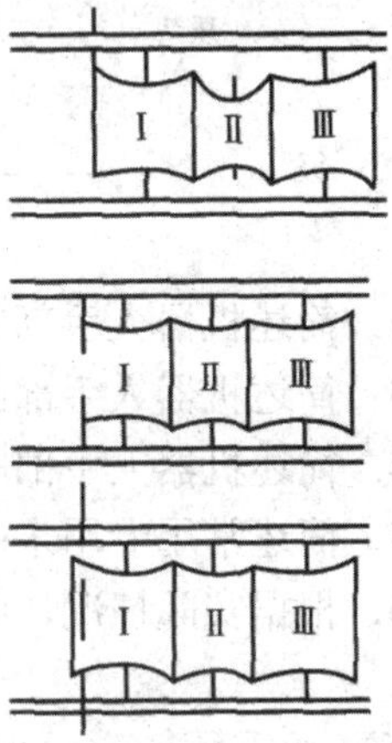

(b) 柔性微致动体

图2-51　气动管道爬行器

任务巩固

1．根据图2-52、图2-53说明工业机器人用手爪的工作原理。

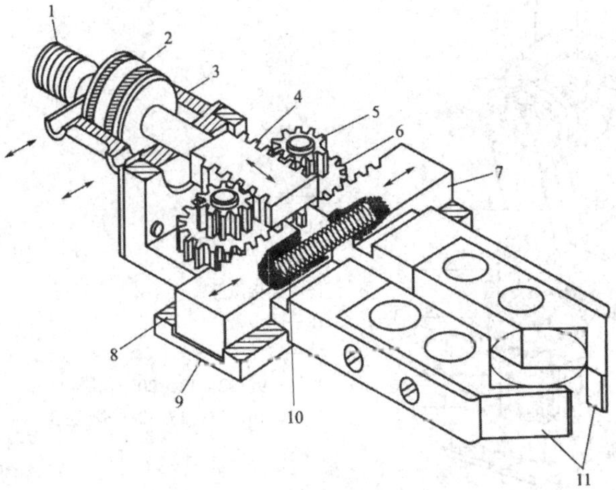

1—螺杆，用于与机器人手臂相连接；
2—活塞；
3—气缸；
4—双面齿条；
5—小齿轮A；
6—小齿轮B；
7—滑动齿条A；
8—滑动齿条B；
9—手爪体；
10—压缩弹簧；
11—可换夹爪

图2-52　手爪平行开闭的机械手

笔记

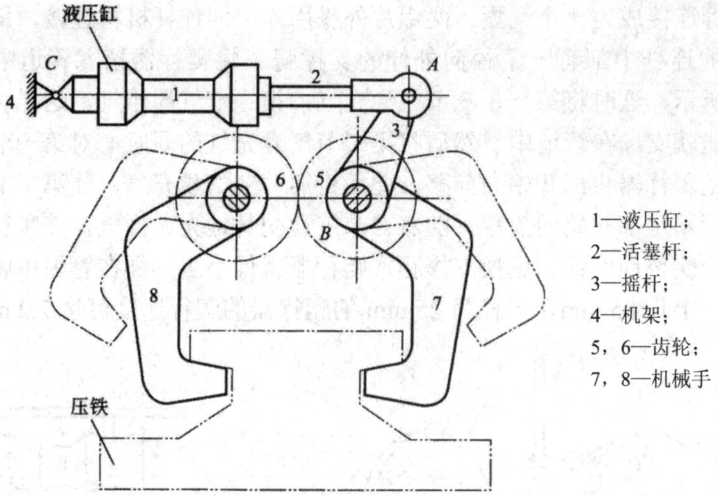

图 2-53　机械手抓取机构

2．简述机器人手部的特点。
3．简述机器人手部的性质。
4．简述机器人手部的分类。
5．简述常用专用末端操作器及换接器的种类。
6．根据实际情况，画出本单位工业机器人的一种手部的结构图。

任务二　认识机器人的腕部机构

工作任务

工业机器人的结构如图 2-54 所示，腕部是连接机器人的小臂与末端执行

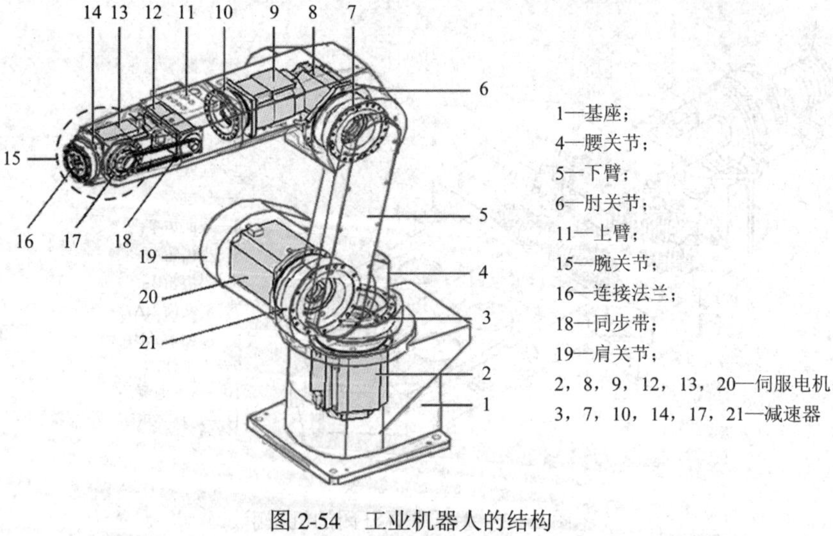

图 2-54　工业机器人的结构

器(臂部和手部)之间的结构部件，其作用是利用自身的活动度来确定手部的空间姿态，从而确定手部的作业方向。对于一般的机器人，与手部相连接的腕部都具有独立驱动自转的功能，若腕部能在空间取任意方位，与之相连的手部就可在空间取任意姿态，即达到完全灵活，如图 2-55、图 2-56 所示。

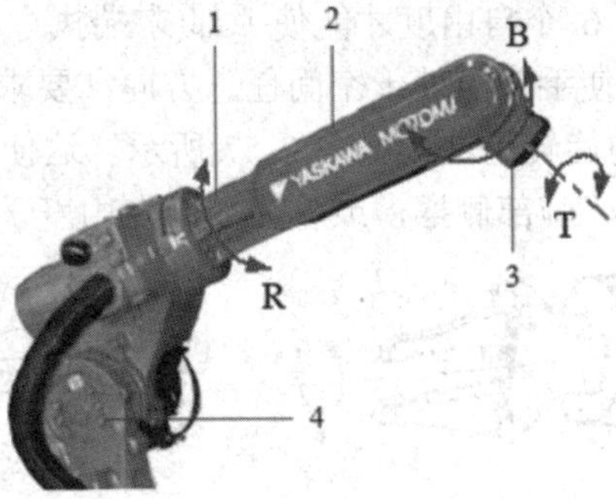

1—上臂；2—B/T轴电机安装位置；3—摆动体；4—下臂

图 2-55　前驱手腕

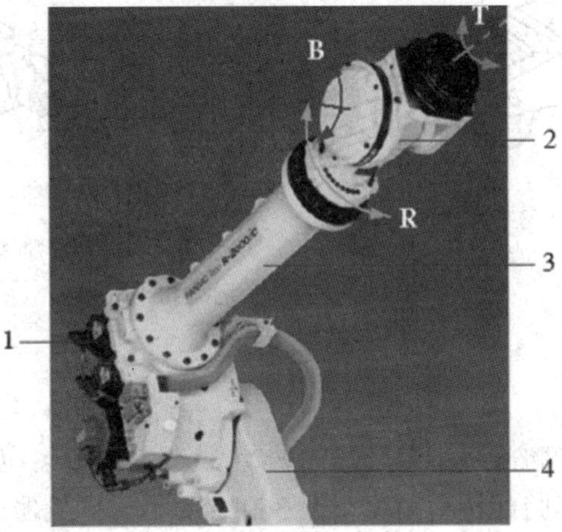

1—R/B/T电机；2—手腕单元；3—上臂；4—下臂

图 2-56　后驱手腕

实际使用时，多将腕部结构的驱动部分安装在小臂上。腕部是臂部与手部的连接部件，起支承手部和改变手部姿态的作用。目前，RRR 型三自由度腕部应用较为普遍。

任务目标

知识目标	能力目标
1. 掌握腕部的运动方式 2. 掌握手腕的分类方法 3. 了解手腕的典型结构	1. 能对手腕进行分类 2. 能看懂工业机器人手腕的装配图

笔记

工匠精神

工匠精神不只是一个概念、一个口号，它是具体的、可触的、可见的，它就存在于每一项工作任务中，是人们工作时所应秉持的态度，是一干数十年、精益求精、把传说中的“完美”变成现实的“初心”。

笔记

任务准备

一体化教学

带领学生到工业机器人旁进行介绍，但应注意安全。

机器人一般具有 6 个自由度才能使手部(末端执行器)达到目标位置并处于期望的姿态。为了使手部能处于空间任意方向，要求腕部能实现对空间 3 个坐标轴 *X*、*Y*、*Z* 的旋转运动，如图 2-57 所示。这便是腕部的 3 个运动：腕部旋转、腕部弯曲、腕部侧摆，或称为 3 个自由度。

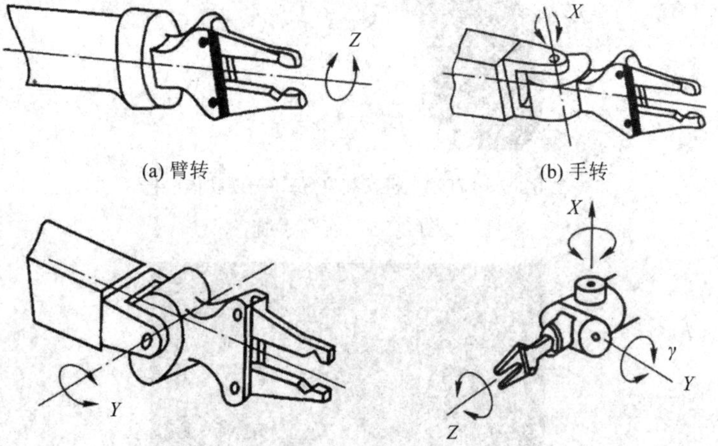

(a) 臂转　(b) 手转　(c) 腕摆　(d) 腕部坐标系

图 2-57　腕部的三个运动和坐标系

一、腕部旋转

腕部旋转是指腕部绕小臂轴线的转动，又叫作臂转，如图 2-57(a)所示。有些机器人限制其腕部转动角度小于 360°；而另一些机器人则仅仅受到控制电缆缠绕圈数的限制，腕部可以转几圈。

二、腕部弯曲

腕部弯曲是指腕部的上下摆动，这种运动也称为俯仰，又叫作手转，如图 2-57(b)所示。

三、腕部侧摆

腕部侧摆指机器人腕部的水平摆动，又叫作腕摆，如图 2-57(c)所示。腕部的旋转和俯仰两种运动结合起来可以看成是侧摆运动，通常机器人的侧摆运动由一个单独的关节提供。

腕部结构多为上述 3 个回转方式的组合，组合的方式可以有多种形式，常用的腕部组合的方式有：臂转—腕摆—手转结构，臂转—双腕摆—手转结

笔记

构等，如图 2-58 所示。

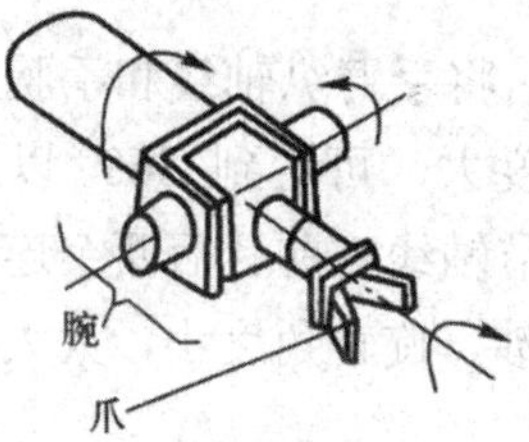

(a) 臂转—腕摆—手转结构

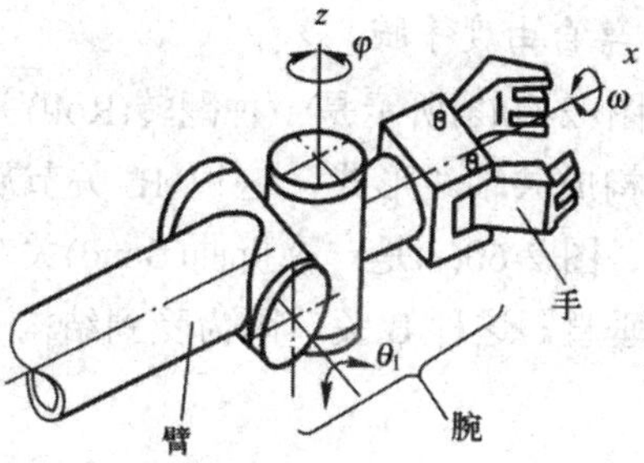

(b) 臂转—双腕摆—手转结构

图 2-58 腕部的组合方式

看一看：观察所在单位的机器人手腕形式。

四、腕部的转动

按腕部转动特点的不同，用于腕部关节的转动可细分为滚转和弯转两种。

滚转是指组成关节的两个零件自身的几何回转中心和相对运动的回转轴线重合，因而能实现 360° 无障碍旋转的关节运动，通常用 R 来标记，如图 2-59(a)所示。

弯转是指两个零件的几何回转中心和其相对转动轴线垂直的关节运动。由于受到结构的限制，其相对转动角度一般小于 360°，通常用 B 来标记，如图 2-59(b)所示。

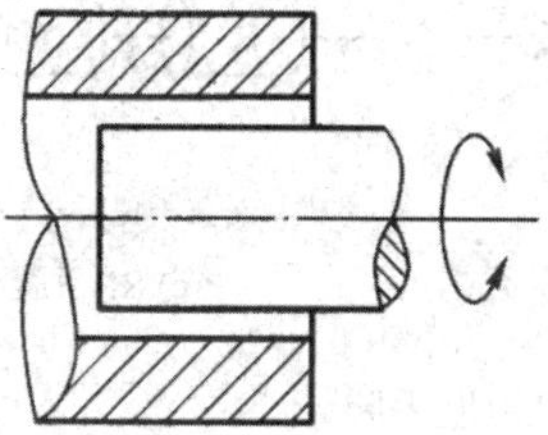

(a) 滚转

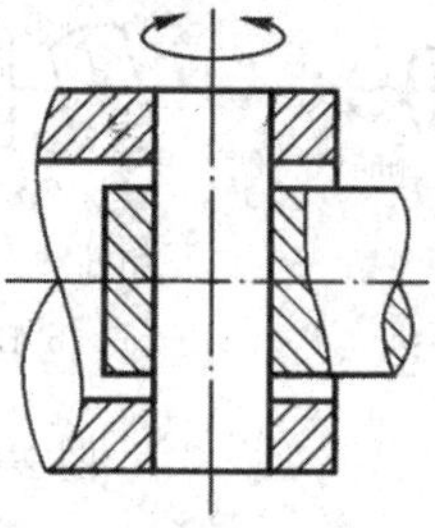

(b) 弯转

图 2-59 腕部关节的滚转和弯转

滚转可以实现腕部的旋转，弯转可以实现腕部的弯曲，滚转和弯转的结合就实现了腕部的侧摆。

任务实施

多媒体教学

一、手腕的分类

1. 按自由度数目分类

按自由度数目来分，手腕可分为单自由度手腕、二自由度手腕和三自由

笔记 度手腕。

1) 单自由度手腕

如图 2-60(a)所示是一种翻转(Roll)关节，它将手臂纵轴线和手腕关节轴线共同构成共轴线形式，这种 R 关节旋转角度大，可达到 360° 以上。图 2-60(b)、图 2-60(c)是一种折曲(Bend)关节，关节轴线与前、后两个连接件的轴线相垂直。这种 B 关节因为受到结构上的干涉，旋转角度小，大大限制了方向角。

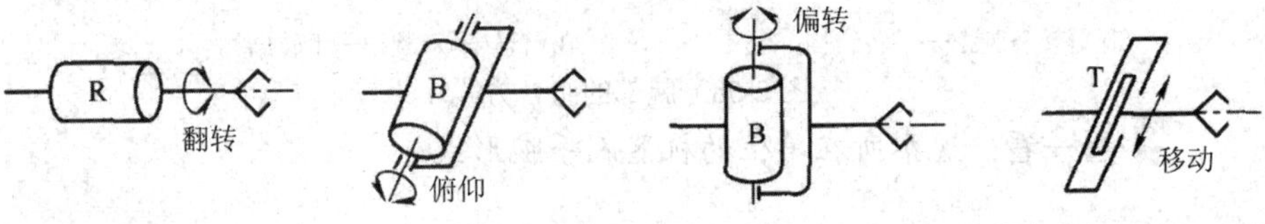

(a) R手腕　(b) B手腕　(c) B手腕　(d) T手腕

图 2-60　单自由度手腕

2) 二自由度手腕

二自由度手腕可以由一个 R 关节和一个 B 关节组成 BR 手腕，见图 2-61(a)，也可以由两个 B 关节组成 BB 手腕，见图 2-61(b)。但是，不能由两个 R 关节组成 RR 手腕，因为两个 R 关节共轴线，所以退化了一个自由度，实际只构成了单自由度手腕，见图 2-61(c)。

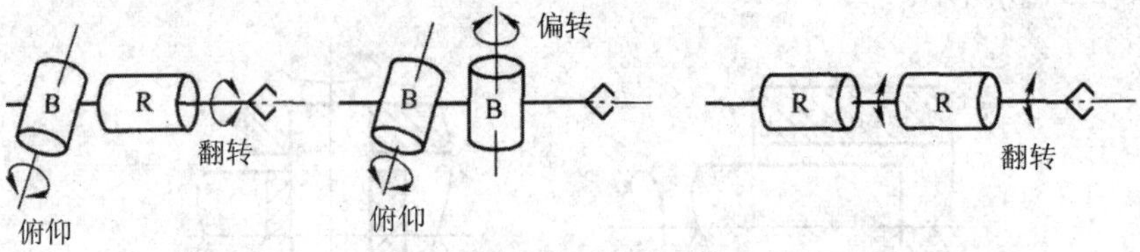

(a) BR手腕　(b) BB手腕　(c) RR手腕

图 2-61　二自由度手腕

3) 三自由度手腕

三自由度手腕可以由 B 关节和 R 关节组成多种形式。图 2-62(a)所示为通常见到的 BBR 手腕，使手部具有俯仰、偏转和翻转运动，即 RPY 运动。图 2-62(b)所示为一个 B 关节和两个 R 关节组成的 BRR 手腕，为了不使自由度退化，使手部获得 RPY 运动，第一个 R 关节必须如图偏置。图 2-62(c)所示为三个 R 关节组成的 RRR 手腕，它也可以实现手部 RPY 运动。图 2-62(d)所示为 BBB 手腕，很明显，它已经退化为二自由度手腕，只有 PY 运动，实际上工程中不采用。此外，B 关节和 R 关节排列的次序不同，会产生不同的效果，进而产生了其他形式的三自由度手腕。为了使手腕结构紧凑，通常把两个 B 关节安装在一个十字接头上，可大大减小 BBR 手腕的纵向尺寸。

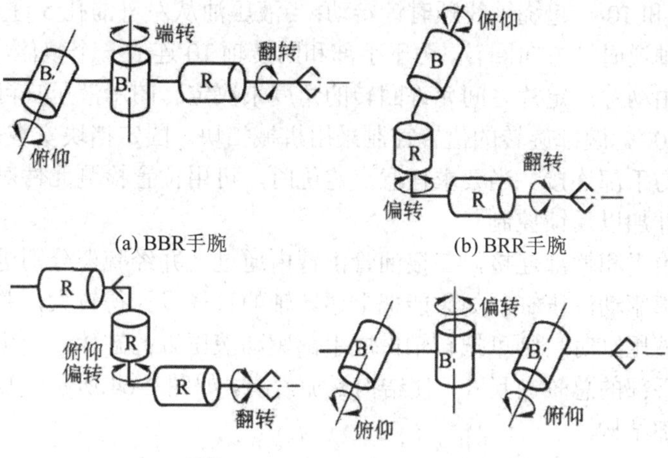

(a) BBR手腕　(b) BRR手腕

(c) RRR手腕　(d) BBB手腕

图 2-62　三自由度手腕

看一看：单位所用工业机器腕部的自由度。

2. 按驱动方式分类

1) 按驱动源分类

(1) 液压(气)缸驱动的腕部结构。

直接用回转液压(气)缸驱动实现腕部的回转运动，具有结构紧凑、灵巧等优点。如图 2-63 所示的腕部结构，即为采用回转液压缸实现腕部的旋转运动。从 *A—A* 剖面图可以看出，回转叶片 11 用螺钉、销钉和回转轴 10 连在一起；固定叶片 8 和缸体 9 连接。当压力油从右进油孔 7 进入液压缸右腔时，

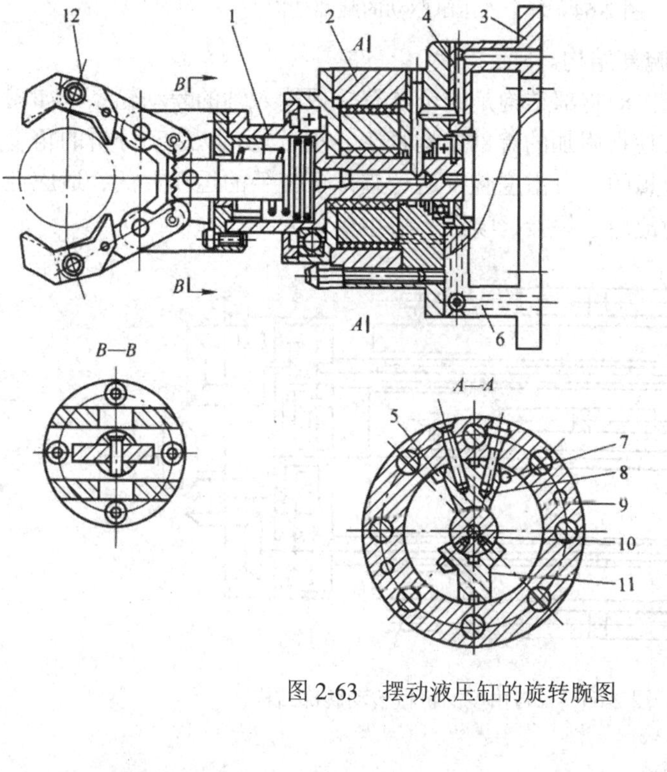

1—手部驱动位；
2—回转液压缸；
3—腕架；
4—通向手部的油管；
5—左进油孔；
6—通向摆动液压缸油管；
7—右进油孔；
8—固定叶片；
9　缸体；
10—回转轴；
11—回转叶片；
12—手部

图 2-63　摆动液压缸的旋转腕图

笔记

企业文化

忠诚爱国，崇尚公平正义，敬畏法纪、尊重制度，坚守法律和道德底线。

笔记

便推动 11 和 10 一起绕轴线顺时针转动；当液压油从左进油孔 5 进入左腔时，便推动转轴逆时针方向回转。由于手部和回转轴 10 连成一个整体，故回转角度极限值由动片、定片之间允许回转的角度来决定。图示液压缸可以回转 +90° 或−90°。腕部旋转的位置控制采用机械挡块。固定挡块安装在刚体上，可调挡块与手部连接。当要求任意点定位时，可用位置检测元件对所需位置进行检测并加以反馈控制。

腕部用于和臂部连接，三根油管由臂内通过，并经腕架分别进入回转液压缸和手部驱动液压缸。如果能把上述转轴的直径设计得较大，并足以容纳手部驱动液压缸时，则可把转轴做成手部驱动液压缸的缸体，即可进一步缩小腕部与手部的总轴向尺寸，使结构更加紧凑。如图 2-64 所示为复合液压缸驱动的腕部结构。

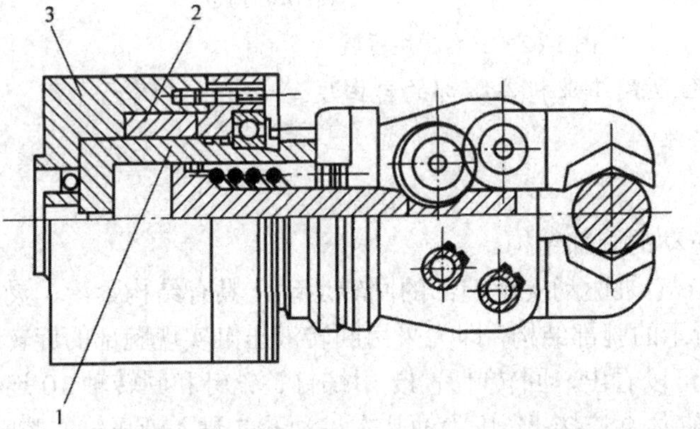

1—手部驱动液压缸；
2—转子；
3—腕部驱动液压缸

图 2-64　复合液压缸驱动的腕部结构

(2) 机械传动的腕部结构。

三自由度的机械传动腕部结构是一个具有 3 根输入轴的差动轮系，如图 2-65 所示。腕部旋转使得附加的腕部结构紧凑、重量轻。从运动分析的角度看，这是一种比较理想的三自由度腕，这种腕部可使手的运动灵活、适应性广。目前，它已成功地用于焊接、喷漆等通用机器人上。

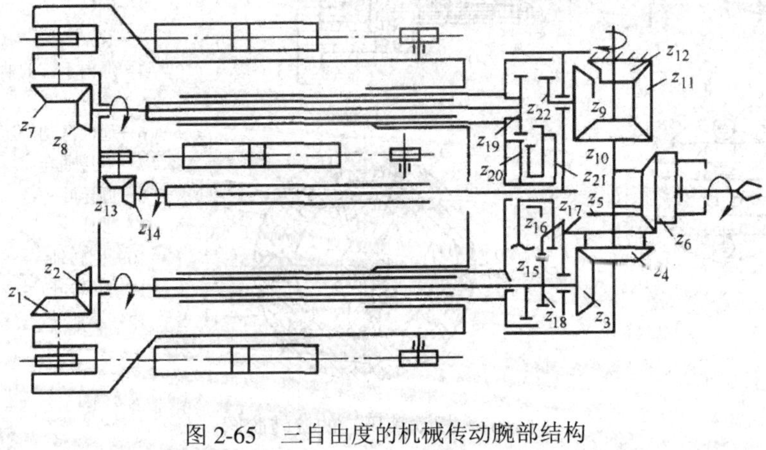

图 2-65　三自由度的机械传动腕部结构

笔记

2) 按驱动距离分类

从驱动方式看，腕部驱动一般有两种形式，即直接驱动和远程驱动。

(1) 直接驱动。

直接驱动是指驱动器安装在腕部运动关节的附近直接驱动关节运动，如图 2-66 所示。其传动路线短，传动刚度好，但腕部的尺寸和质量大、惯量大。

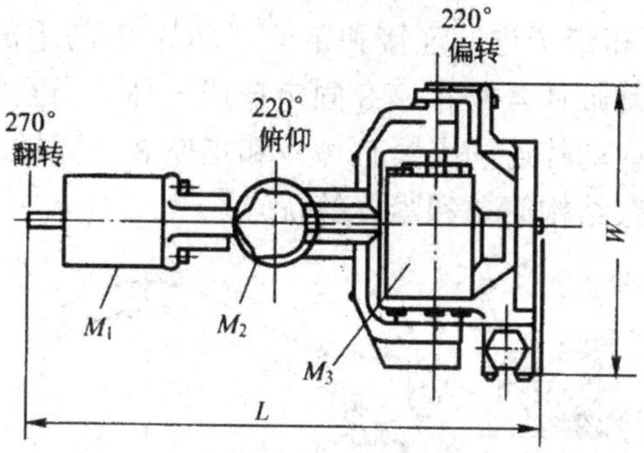

图 2-66 液压直接驱动 BBR 腕部

驱动源直接装在腕部上，这种直接驱动腕部的关键是能否设计和加工出尺寸小、重量轻而驱动转矩大、驱动性能好的驱动电动机或液压马达。

(2) 远程驱动。

远程驱动方式的驱动器安装在机器人的大臂、基座或小臂远端，通过连杆、链条或其他传动机构间接驱动腕部关节运动，因而腕部的结构紧凑，尺寸和质量小，对改善机器人的整体动态性能有好处，但传动设计复杂，传动刚度也有所降低。如图 2-67 所示，轴 I 做回转运动，轴 II 做俯仰运动，轴 III 做偏转运动。

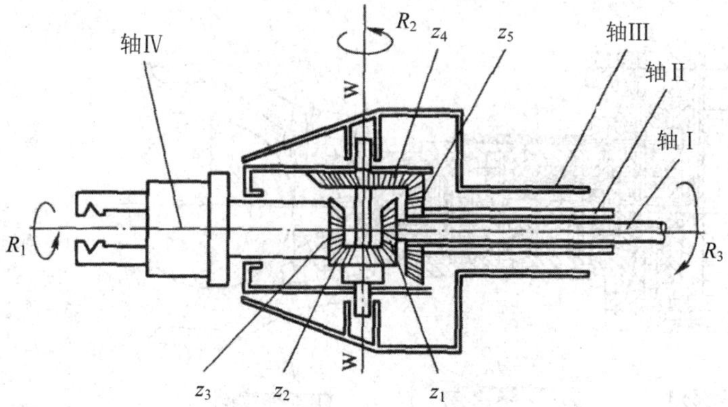

图 2-67 远程传动腕部

二、手腕的典型结构

手腕除应满足启动和传送过程中所需的输出力矩外，还要求其结构简单、

笔记

紧凑轻巧、避免干涉、传动灵活。多数情况下，要求将腕部结构的驱动部分安装在小臂上，使外形整齐，也可以设法使几个电动机的运动传递到同轴旋转的心轴和多层套筒上，运动传入手腕部后再分别实现各个动作。下面介绍几个常见的机器人手腕结构。

1. 单自由度手腕

采用回转油缸的手腕结构如图 2-68 所示。定片 1 与后盖 3、回转缸体 6 和前盖 7 均用螺钉和销子进行连接和定位，动片 2 与手部的夹紧缸体(或转轴)4 用键连接。夹紧缸体 4 与指座 8 固定连成一体。当回转油缸的两腔分别通入压力油时，驱动动片连同夹紧缸体 4 和指座 8 一同转动，即为手腕的回转运动。该手腕具有结构简单和紧凑等优点。

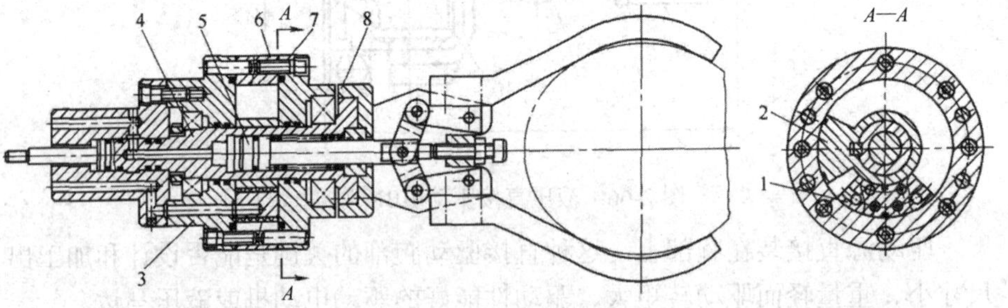

1—定片；2—动片；3—后盖；4—夹紧缸体；5—活塞杆；6—回转缸体；7—前盖；8—指座

图 2-68　采用回转油缸的手腕结构

2. 二自由度手腕

双手悬挂式机器人实现手腕回转和左右摆动如图 2-69 所示。*V*—*V* 剖面表示油缸外壳转动而中心轴不动，以实现手腕的左右摆动；*L*—*L* 剖面表示油缸外壳不动而中心轴回转，以实现手腕的回转运动。其油路的分布如图 2-69 所示。

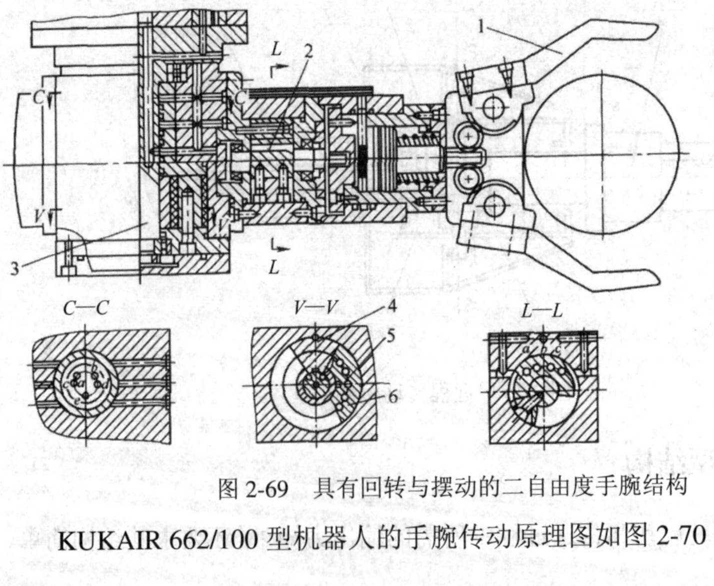

1—手腕；
2—中心轴；
3—固定中心轴；
4—定片；
5—摆动回转油缸体；
6—动片

图 2-69　具有回转与摆动的二自由度手腕结构

KUKAIR 662/100 型机器人的手腕传动原理图如图 2-70 所示。这是一个

笔记

具有 3 个自由度的手腕结构，关节配置形式为臂转、腕摆、手转结构。其传动链分成两部分：一部分在机器人小臂壳内，3 个电动机的输出通过带传动分别传递到同轴传动的心轴、中间套、外套筒上；另一部分传动链安排在手腕部，手腕部分的装配图如图 2-71 所示。其手臂传动路线如下。

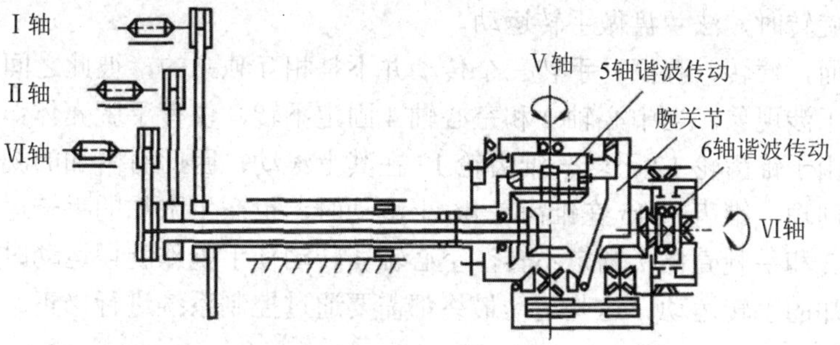

图 2-70　KUKAIR 662/100 型机器人的手腕传动原理图

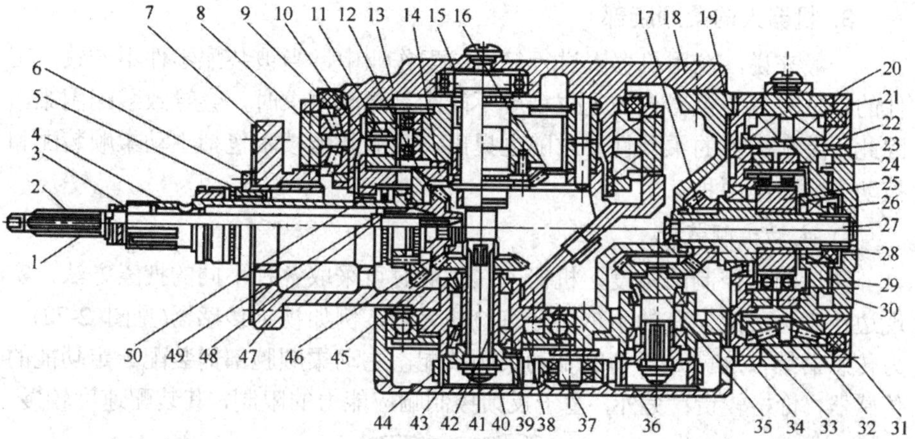

1—轴承；2—中心轴；3，5，42，49—轴套；4，28—空心轴；6，8，20，32，47—端盖；7—手腕壳体；9，15，21，22，26，50—压盖；10，31—定轮；11，24—动轮；12，13，45，46—锥齿轮；14，29—柔轮；16，25—波发生器；17，33—锥齿轮传动；18，40—盖；19—腕摆壳体；23—安装架；27，37，48—轴；30—法兰盘；34—底座；35，41—花键轴；36，44—同步齿形带传动；38，43—轴承套；39—固定架

图 2-71　KUKAIR 662/100 型机器人手腕装配图

1) 臂转运动

臂部外套筒与手腕壳体 7 通过端面法兰连接，外套筒直接带动整个手腕旋转完成臂转运动。

2) 腕摆运动

臂部中间套通过花键与空心轴 4 连接，空心轴另一端通过一对锥齿轮 12、13 带动腕摆谐波减速器的波发生器 16，波发生器上套有轴承和柔轮 14，谐波减速器的定轮 10 与手腕壳体相连，动轮 11 通过盖 18 和腕摆壳体 19 相固接，当中间套带动空心轴旋转时，腕摆壳体作腕摆运动。

3) 手转运动

臂部心轴通过花键与腕部中心轴 2 连接，中心轴的另一端通过一对锥齿

笔记

轮 45、46 带动花键轴 41，花键轴的一端通过同步齿形带传动 36、44 带动花键轴 35，再通过一对锥齿轮传动 33 带动谐波减速器的波发生器 25，波发生器上套有轴承和柔轮 29，谐波减速器的定轮 31 通过底座 34 与腕摆壳体相连，动轮 24 通过安装架 23 与连接手部的法兰盘 30 相固定，当臂部心轴带动腕部中心轴旋转时，法兰盘做手转运动。

然而，臂转、腕摆、手转三个传动并不是相互独立的，彼此之间存在较复杂的干涉现象。当中心轴 2 和空心轴 4 固定不转，仅有手腕壳体作臂转运动时，由于锥齿轮 12 不转，锥齿轮 13 在其上滚动，因此有附加的腕转运动输出；同理，锥齿轮 45 在锥齿轮 46 上滚动时，也产生附加的手转运动。当中心轴 2 和手腕壳体 7 固定不转，空心轴 4 转动使手腕作腕摆运动时，也会产生附加的手转运动。这些运动最终都需要通过控制系统进行修正。

查一查： 工业机器人的手腕还有什么形式？

3. 机器人的柔顺腕部

一般来说，在用机器人进行精密装配作业中，当被装配零件不一致，工件的定位夹具、机器人的定位精度不能满足装配要求时，会导致装配困难。因此，装配动作的柔顺性要求随之提出。柔顺装配技术包括主动柔顺装配和被动柔顺装配两种。

1) 主动柔顺装配

从检测、控制的角度，机器人在作业时可采取各种不同的搜索方法，实现边校正边装配，有的手爪还配有检测元件，例如视觉传感器(见图 2-72)、力传感器等，这就是所谓的主动柔顺装配。主动柔顺腕部需装配一定功能的传感器，价格较贵；另外，由于反馈控制响应能力的限制，其装配速度较慢。

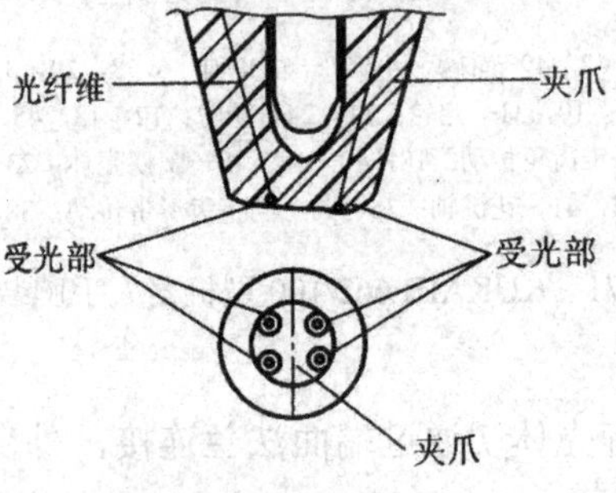

图 2-72　带检测元件的手爪

2) 被动柔顺装配

从机械结构的角度，可在机器人腕部配置一个柔顺环节，以满足柔顺装配的需要，这种柔顺装配技术称为被动柔顺装配(RCC)。被动柔顺腕部结构比较简单，价格比较便宜，装配速度较快。相比主动柔顺装配技术，被动柔顺装配要求所装配件要有倾角，允许的校正补偿量受到倾角的限制，轴孔间隙不能太小。采用被动柔顺装配技术的机器人腕部称为机器人的柔顺腕部，如图 2-73 所示。

笔记

(1) 柔顺腕部的构成。

在柔顺腕部中，图 2-73(a)是一个具有水平和摆动浮动机构的柔顺腕部。水平浮动机构由平面、钢球和弹簧构成，可在两个方向上进行浮动；摆动浮动机构由上、下浮动件和弹簧构成，实现两个方向的摆动。

(2) 柔顺腕部的原理。

在装配作业中，如遇夹具定位不准或机器人手爪定位不准时，可自行校正。其动作过程如图 2-73(b)所示，在插入装配中，工件局部被卡住时，将会受到阻力，促使柔顺腕部动作，使手爪有一个微小的修正量，工件便能顺利地插入。

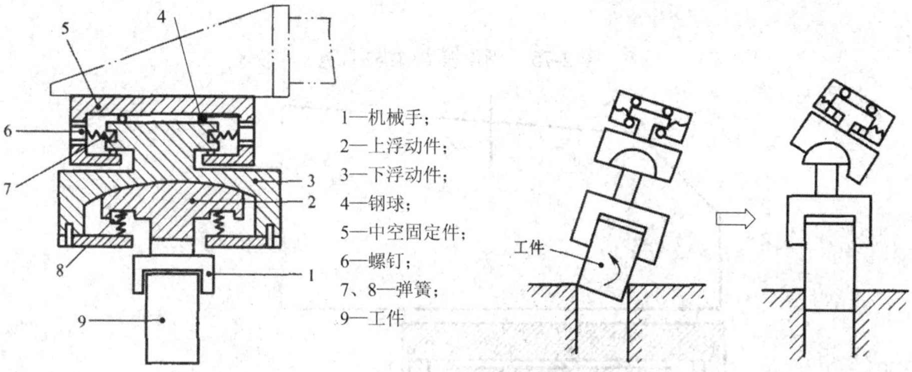

(a) 结构　　(b) 动作过程

图 2-73　柔顺腕部

采用板弹簧作为柔性元件组成的柔顺手腕如图 2-74 所示，在基座上通过板弹簧 1、2 连接框架，框架另两个侧面上通过板弹簧 3、4 连接平板和轴。装配时通过 4 块板弹簧的变形实现柔顺性装配。图 2-75 是采用数根钢丝弹簧并联组成的柔顺手腕。图 2-76 是另一种结构形式的柔顺手腕。

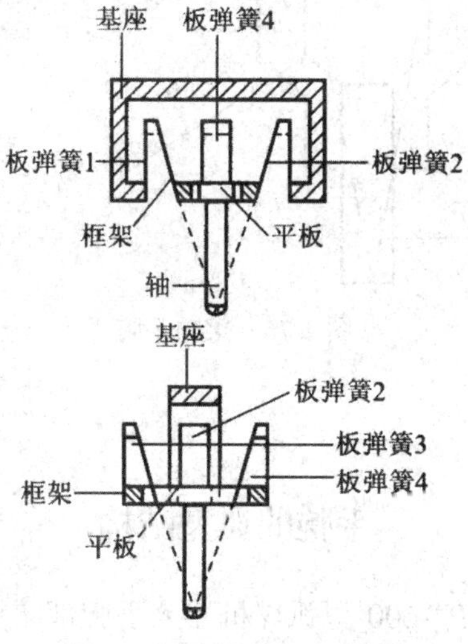

图 2-74　板弹簧柔顺手腕

笔记

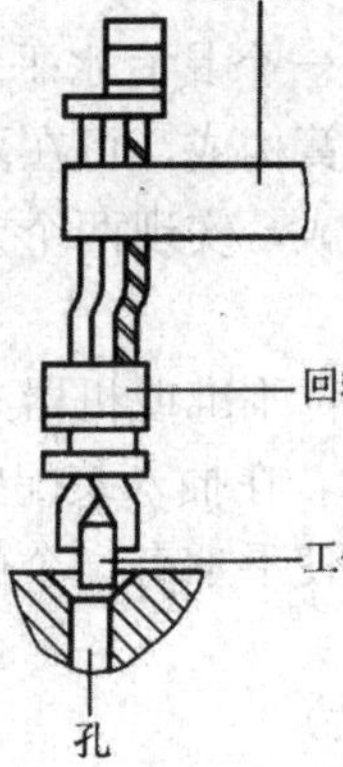

图 2-75 钢丝弹簧柔顺手腕

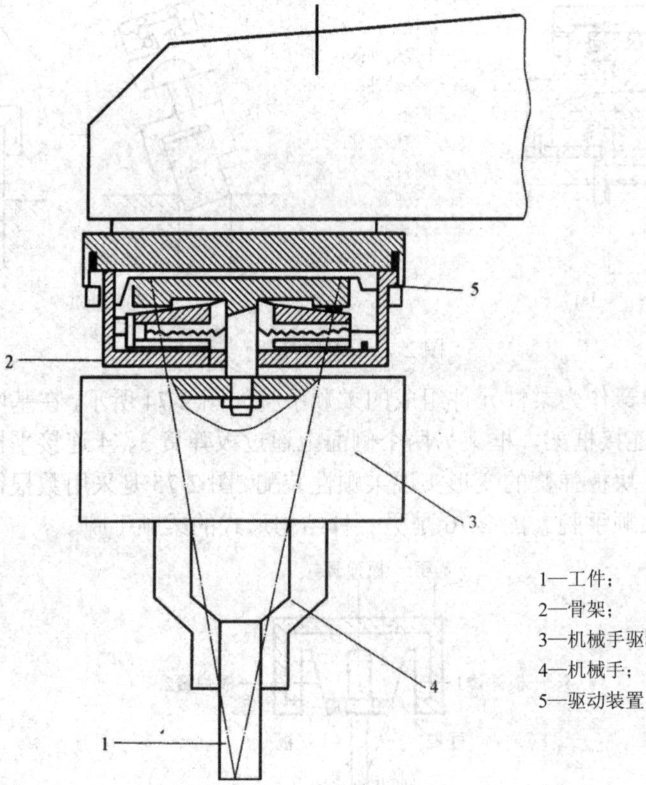

图 2-76 柔顺手腕

任务扩展

手腕的典型结构

如图 2-77 所示为 PT-600 型弧焊机器人手腕部结构图。可以看出，这是一个腕摆—手转两自由度的手腕结构，其传动路线为：腕摆电动机通过同步齿形带传动带动腕摆谐波减速器 7，减速器的输出轴带动腕摆框 1 实现腕摆

笔记

运动；手转电动机通过同步齿形带传动带动手转谐波减速器 10，减速器的输出通过一对锥齿轮 9 实现手转运动。需要注意的是，当腕摆框摆动而手转电动机不转时，连接末端执行器的锥齿轮在另一锥齿轮上滚动，产生附加的手转运动，在控制上要进行修正。

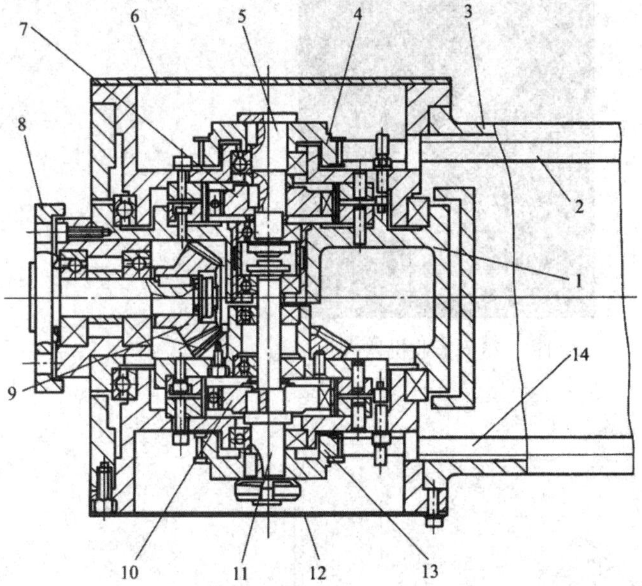

1—腕摆框；
2—腕摆齿形带；
3—小臂；
4—腕摆带轮；
5—腕摆轴；
6—端盖；
7—腕摆谐波减速器；
8—连接法兰；
9—锥齿轮；
10—手转谐波减速器；
11—手转轴；
12—端盖；
13—手转带轮；
14—手转齿形带

图 2-77　PT-600 型弧焊机器人手腕部结构图

课程思政

四个意识

政治意识、大局意识、核心意识、看齐意识。

任务巩固

1．腕部的运动方式有哪几种？
2．工业机器人腕部按自由度数目来分可分为哪几种？
3．工业机器人腕部按驱动方式分为哪几种？
4．工业机器人腕部按驱动距离分为哪几种？
5．根据您所在地区的实际情况，画出机器人的腕部结构。

任务三　认识机器人手臂

工作任务

常见工业机器人如图 2-78 所示，图 2-79 与图 2-80 为其手臂结构图，手臂的各种运动通常由驱动机构和各种传动机构来实现。因此，它不仅仅承受被抓取工件的重量，而且要承受末端执行器、手腕和手臂自身的重量。手臂的结构、工作范围、灵活性、抓重大小(即臂力)和定位精度都直接影响机器人的工作性能，所以臂部的结构形式必须根据机器人的运动形式、抓取重量、动作自由度、运动精度等因素来确定。

笔记

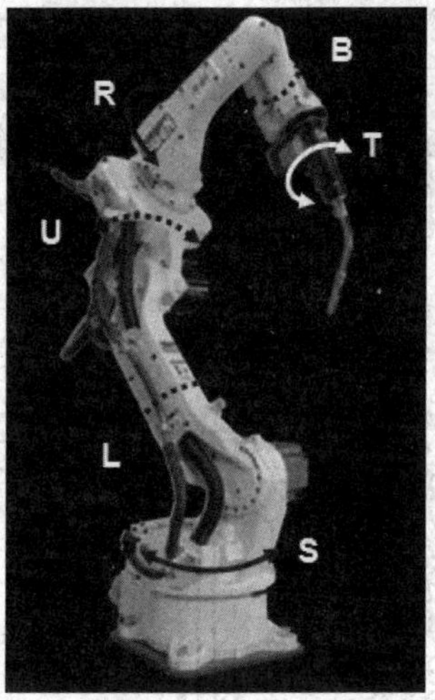

图 2-78　工业机器人

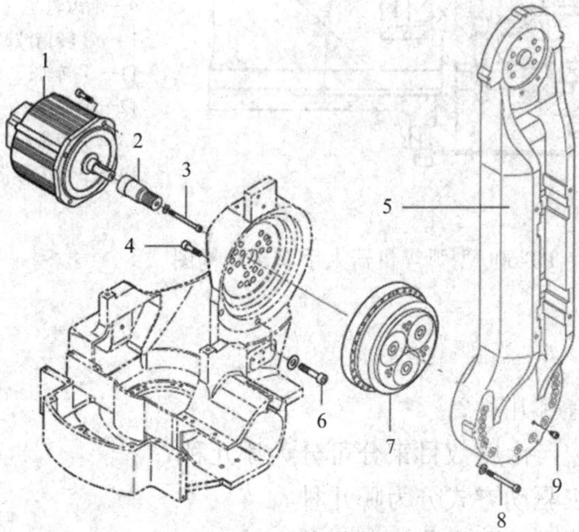

1—驱动电机；
2—减速器输入轴；
5—下臂体；
7—RV减速器；
3，4，6，8，9—螺钉

图 2-79　下臂

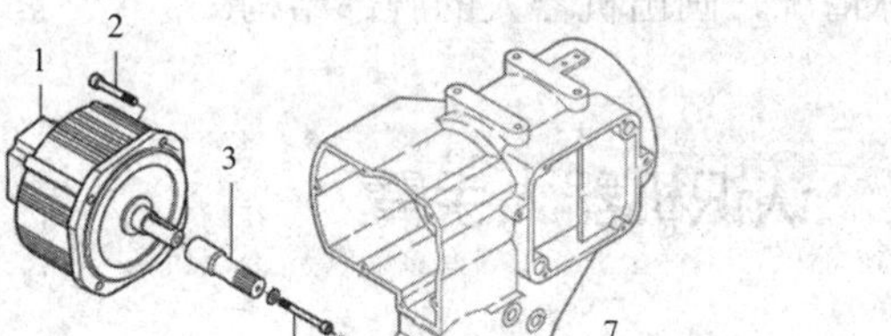

1—驱动电机；
3—减速器输入轴；
6—上臂；
7—RV减速器；
9—上臂体；
2，4，5，8，10，11，12—螺钉

图 2-80　上臂

任务目标

知识目标	能力目标
1. 掌握机器人手臂的特性	
2. 掌握机器人臂部的运动形式与组成	1. 能对手臂进行分类
3. 掌握机器人手臂的分类方式	2. 能看懂工业机器人手臂的装配图
4. 掌握机器人臂部的配置方式	3. 能看懂工业机器人臂部的配置
5. 掌握机器人手臂机构	

任务准备

一、手臂特性

1. 刚度要求高

为防止臂部在运动过程中产生过大的变形，要合理选择手臂的断面形状。工字形断面弯曲刚度一般比圆断面大；空心管的弯曲刚度和扭转刚度都比实心轴大得多，所以常用钢管做臂杆及导向杆，用工字钢和槽钢做支承板。

2. 导向性要好

为防止手臂在直线运动中沿运动轴线发生相对转动，需设置导向装置或设计方形、花键等形式的臂杆。

3. 重量要轻

为提高机器人的运动速度，要尽量减小臂部运动部分的重量，以减小整个手臂对回转轴的转动惯量。

4. 定位精度要高

运动要平稳、定位精度要高。由于臂部运动速度越高，惯性力引起的定位前的冲击也就越大，运动既不平稳，定位精度也不高。因此，除了臂部设计上要力求结构紧凑、重量轻外，同时要采用一定形式的缓冲措施。

二、机器人臂部的运动与组成

1. 手臂的运动

一般来讲，为了让机器人的手爪或末端操作器可以达到任务目标，手臂至少能够完成3个运动，即：垂直移动、径向移动、回转运动。

1) 垂直移动

垂直移动是指机器人手臂的上下运动。这种运动通常采用液压缸机构或其他垂直升降机构来完成，也可以通过调整整个机器人机身在垂直方向上的安装位置来实现。

2) 径向移动

径向移动是指手臂的伸缩运动。机器人手臂的伸缩使其手臂的工作长度

笔记

教师讲解

工匠精神

匠人精神不是舶来品，从古至今，中国从不缺少匠人精神。传承匠人精神固然要借鉴他人的经验，但既不能妄自菲薄，更不能盲目崇拜。我们应该从中华民族的文化中寻找根和魂，坚守民族情怀，传承中华匠心！

笔记

发生变化。在圆柱坐标式结构中，手臂的最大工作长度决定其末端所能达到的圆柱表面直径。

3) 回转运动

回转运动是指机器人绕铅垂轴的转动。这种运动决定了机器人的手臂所能到达的角度位置。

2. 手臂的组成

机器人的手臂主要包括臂杆以及与其伸缩、屈伸或自转等运动有关的构件，例如传动机构、驱动装置、导向定位装置、支承联结和位置检测元件等。此外，还有与腕部或手臂的运动和联结支承等有关的构件、配管配线等。

根据臂部的运动和布局、驱动方式、传动和导向装置的不同，机器人臂部可分为伸缩型臂部结构、转动伸缩型臂部结构、屈伸型臂部结构、其他专用的机械传动臂部结构。伸缩型臂部结构可由液(气)压缸驱动或直线电动机驱动；转动伸缩型臂部结构除了臂部作伸缩运动，还绕自身轴线运动，以便使手部旋转。

三、机器人手臂的分类

手臂是机器人执行机构中重要的部件，它的作用是支承腕部和手部，并将被抓取的工件运送到给定的位置上。机器人的手臂主要包括臂杆以及与其运动有关的构件，包括传动机构、驱动装置、导向定位装置、支承连接和位置检测元件等。此外，还有与腕部或手臂的运动和连接支承等有关的构件，其结构形式如图 2-81 所示。

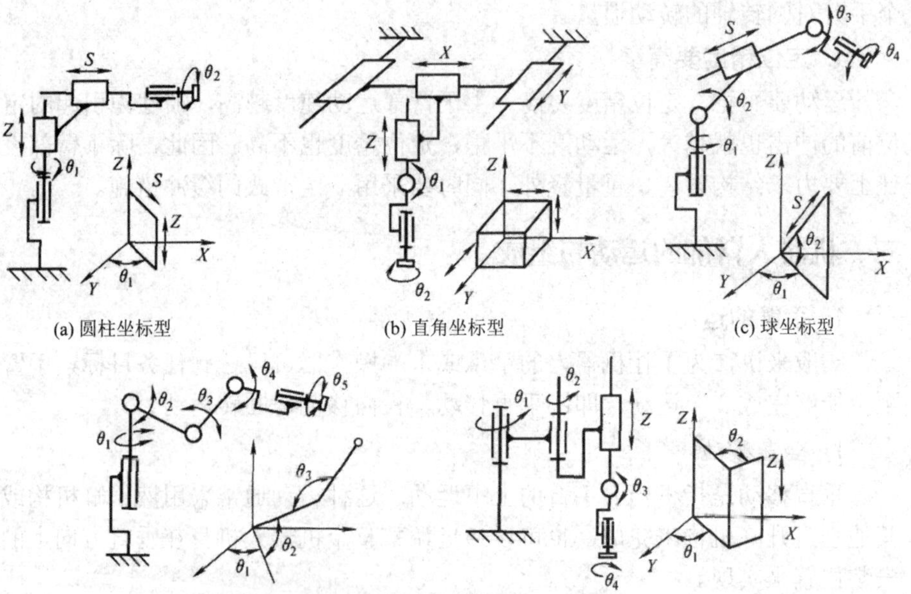

(a) 圆柱坐标型　(b) 直角坐标型　(c) 球坐标型

(d) 关节型　(e) 平面关节型

图 2-81　机器人手臂机械结构形式

笔记

一般机器人手臂有 3 个自由度，即手臂的伸缩、左右回转和升降(或俯仰)运动。手臂回转和升降运动是通过机座的立柱实现的，立柱的横向移动即为手臂的横移。手臂的各种运动通常由驱动机构和各种传动机构来实现。手臂的 3 个自由度可以包括不同的运动(自由度)组合，通常可以将其设计成如图 2-81 所示的 5 种形式。

1. 圆柱坐标型

圆柱坐标型的运动形式是通过一个转动、两个移动，共 3 个自由度组成运动系统，工作空间图形为圆柱形，如图 2-81 (a)所示。与直角坐标型比较，在相同的工作空间条件下，圆柱坐标型机体所占体积小，而运动范围大。

2. 直角坐标型

直角坐标型工业机器人的运动部分由 3 个相互垂直的直线移动组成，其工作空间图形为长方体，如图 2-81(b)所示，其在各个轴向的移动距离，可从各坐标轴上直接读出，直观性强，易于对位置和姿态进行编程计算，定位精度高、结构简单，但机体所占空间体积大、灵活性较差。

3. 球坐标型

球坐标型又称极坐标型，如图 2-81(c)所示。由两个转动和一个直线移动所组成，即由一个回转、一个俯仰和一个伸缩运动组成，其工作空间图形为球体，可以作上下俯仰动作并能够抓取地面上或较低位置的工件，具有结构紧凑、工作空间范围大的特点，但结构较复杂。

4. 关节型

关节型又称回转坐标型，如图 2-81 (d)所示，这种机器人的手臂与人体上肢类似，其前 3 个关节都是回转关节，一般由立柱和大小臂组成，立柱与大臂间形成肩关节，大臂与小臂间形成肘关节，可使大臂作回转运动 θ_1 和俯仰摆动 θ_2，使小臂作俯仰摆动 θ_3。其特点是工作空间范围大，动作灵活，通用性强，能抓取靠近机座的物体。

5. 平面关节型

平面关节型采用两个回转关节和一个移动关节，如图 2-81(e)所示。两个回转关节控制前后、左右运动，而移动关节则实现上下运动，其工作空间的轨迹图形的纵截面为矩形的回转体，纵截面高为移动关节的行程长，两回转关节转角的大小决定回转体横截面的大小、形状。这种形式又称 SCARA 型装配机器人，是 Selective Compliance Assembly Robot Arm 的缩写，意思是具有选择柔顺性的装配机器人手臂，在水平方向有柔顺性，在垂直方向则有较大的刚性。它结构简单，动作灵活，多用于装配作业中，特别适合小规格零件的插接装配，例如在电子工业零件的接插、装配中应用广泛。

查一查： 您单位机器人手臂属于哪种形式？

笔记

任务实施

现场教学

让学生到机器人旁边，对其进行认识性介绍。

一、机器人臂部的配置

机身和臂部的配置形式基本上反映了机器人的总体布局。由于机器人的运动要求、工作对象、作业环境和场地等因素的不同，出现了各种不同的配置形式。目前常用的有横梁式、立柱式、机座式、屈伸式4种。

1. 横梁式配置

机器人的机身设计成横梁式，可用于悬挂手臂部件，通常分为单臂悬挂式和双臂悬挂式两种，如图2-82所示。这类机器人的运动形式大多为移动式。它具有占地面积小、能有效利用空间、动作简单直观等优点。

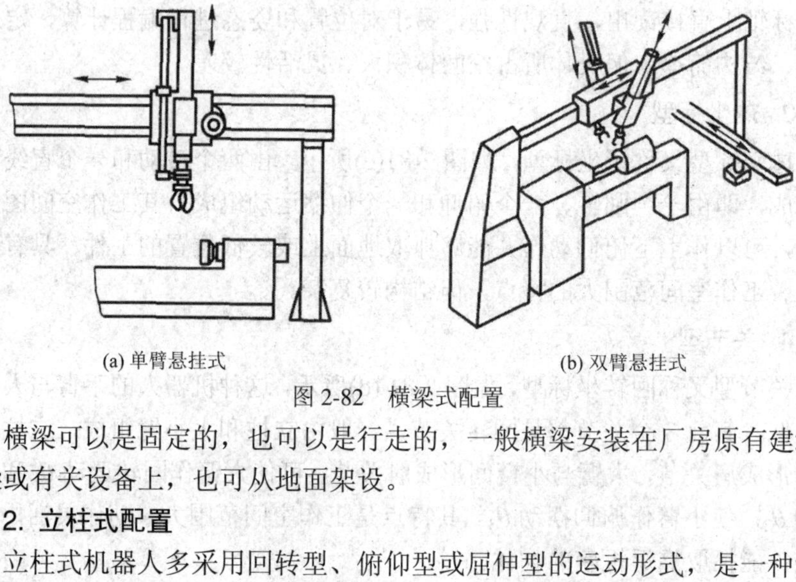

(a) 单臂悬挂式　　(b) 双臂悬挂式

图2-82　横梁式配置

横梁可以是固定的，也可以是行走的，一般横梁安装在厂房原有建筑的柱梁或有关设备上，也可从地面架设。

2. 立柱式配置

立柱式机器人多采用回转型、俯仰型或屈伸型的运动形式，是一种常见的配置形式。通常分为单臂式和双臂式两种，如图2-83所示。一般臂部都可在水平面内回转，具有占地面积小而工作范围大的特点。

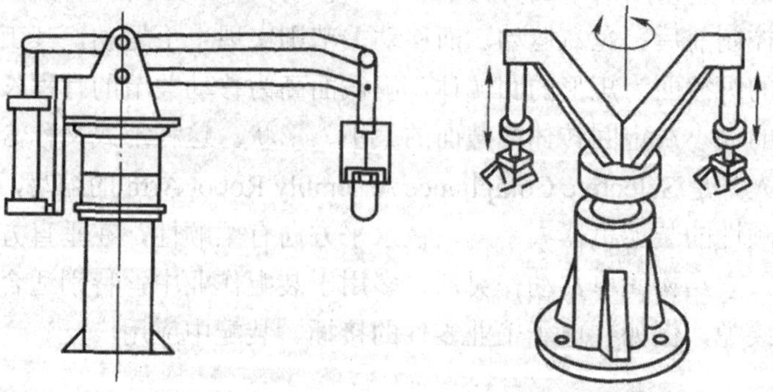

(a) 单臂配置　　(b) 双臂配置

图2-83　立柱式配置

笔记

立柱可固定安装在空地上，也可以固定在床身上。立柱式结构简单，服务于某种主机，承担上、下料或转运等作业。

3. 机座式配置

机座式配置机器人可以是独立的、自成系统的完整装置，可以随意安放和搬动，也可以具有行走机构，例如沿地面上的专用轨道移动，以扩大其活动范围。各种运动形式均可设计成机座式，如图 2-84 所示。

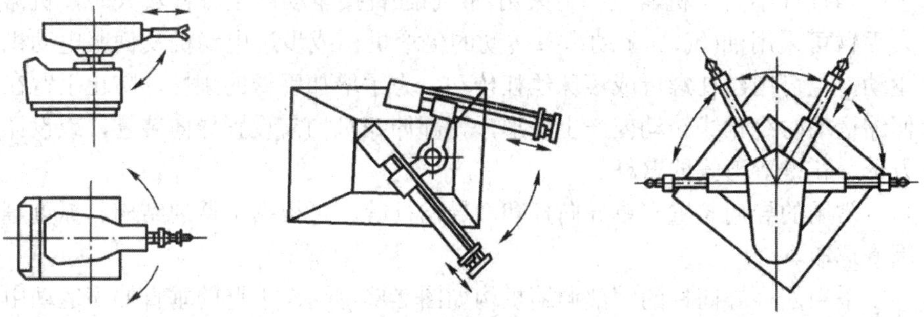

(a) 单臂回转式　　(b) 双臂回转式　　(c) 多臂回转式

图 2-84　机座式配置

4. 屈伸式配置

屈伸式机器人的臂部由大小臂组成，大小臂间有相对运动，称为屈伸臂。屈伸臂与机身间的配置形式关系到机器人的运动轨迹，可以实现平面运动，也可以作空间运动，如图 2-85 所示。

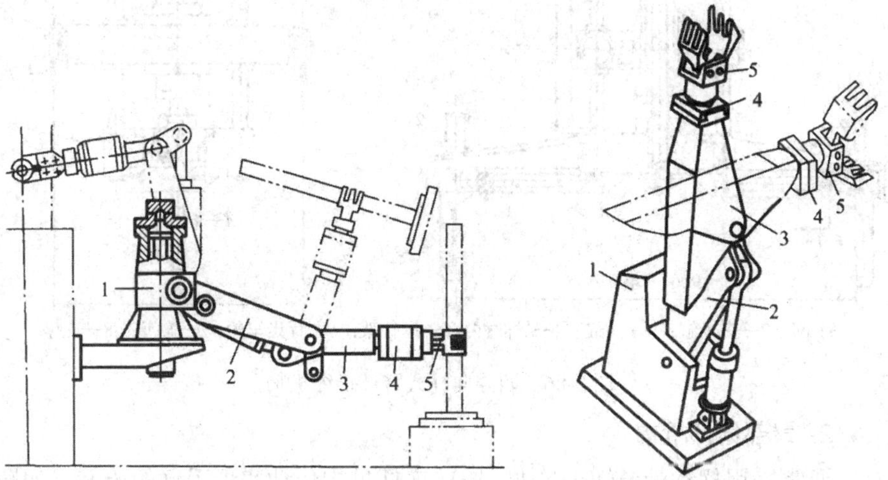

(a) 平面屈伸式　　(b) 立体屈伸式

1—机座；2—大臂；3—小臂；4—腕；5—手爪

图 2-85　屈伸式配置

笔记

多媒体教学

二、机器人手臂机构

机器人的手臂由大臂、小臂或多臂组成。手臂的驱动方式主要有液压驱动、气动驱动和电动驱动几种形式，其中电动驱动形式最为通用。

1. 臂部伸缩机构

当行程小时，机器人手臂采用油(气)缸直接驱动；当行程较大时，机器人手臂可采用油(气)缸驱动齿条传动的倍增机构或步进电动机及伺服电动机驱动，也可用丝杠螺母或滚珠丝杠传动。为了增加手臂的刚性，防止手臂在伸缩运动时绕轴线转动或产生变形，臂部伸缩机构需设置导向装置，或设计方形、花键等形式的臂杆。

常用的导向装置有单导向杆和双导向杆等，可根据手臂的结构、抓重等因素选取。

采用四根导向柱的臂部伸缩机构如图 2-86 所示。手臂的垂直伸缩运动由油缸 3 驱动，其特点是行程长，抓重大。工件形状不规则时，为了防止产生较大的偏重力矩，可用 4 根导向柱，这种结构多用于箱体加工线。

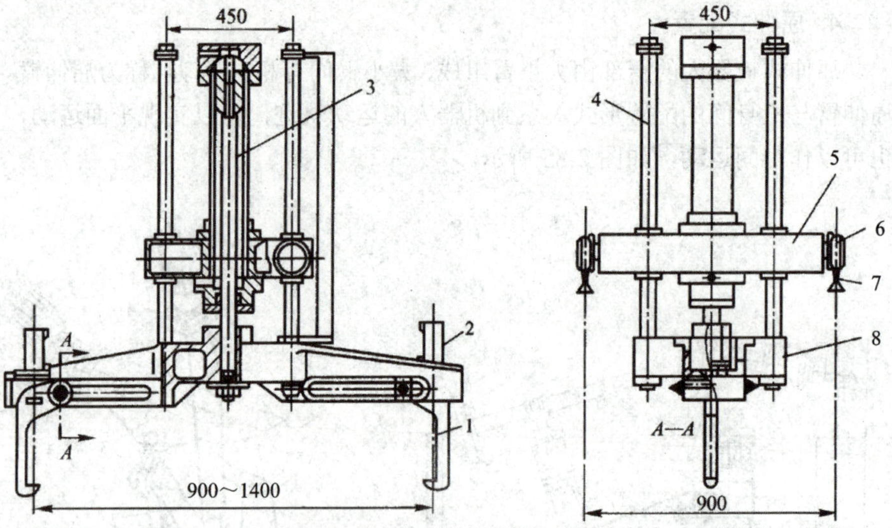

1—手部；2—夹紧缸；3—油缸；4—导向柱；5—运行架；6—行走车轮；7—轨道；8—支座

图 2-86　四导向柱式臂部伸缩机构

2. 臂部俯仰机构

通常采用摆动油(气)缸驱动、铰链连杆机构传动实现手臂的俯仰，如图 2-87 所示。图 2-88 所示为实现手臂俯仰、回转和升降的手臂结构图。其手臂 4 的俯仰由铰连活塞缸 6 和连杆机构来实现，手臂回转由回转油缸的动片 14 带动手臂回转缸体 11，经端盖支承架 3，使手臂 4 回转。定片 12 与手臂回转缸体 11 固连，支承架 3 通过键与活塞杆 1 连接，如图中 *A*—*A* 所示。手臂升

笔记

降由活塞油缸驱动活塞杆 1 而带动手臂 4 和齿轮轴套 7 做上下移动。图中 9 为手臂回转、俯仰的位置反馈装置。该手臂的特点是，用齿轮轴套 7 做导向套，刚度大，导向性能好，传动平稳，传动结构简单、紧凑，而且外形美观整齐。

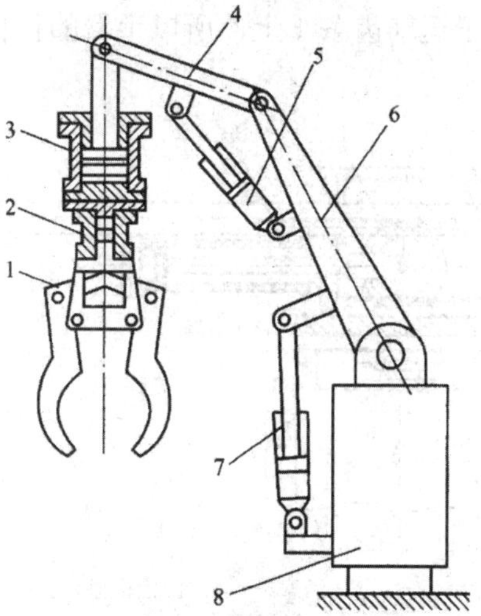

1—手部；
2—夹紧缸；
3—升降缸；
4—小臂；
5、7—摆动气缸；
6—大臂；
8—立柱

图 2-87　摆动气缸驱动连杆俯仰臂部机构

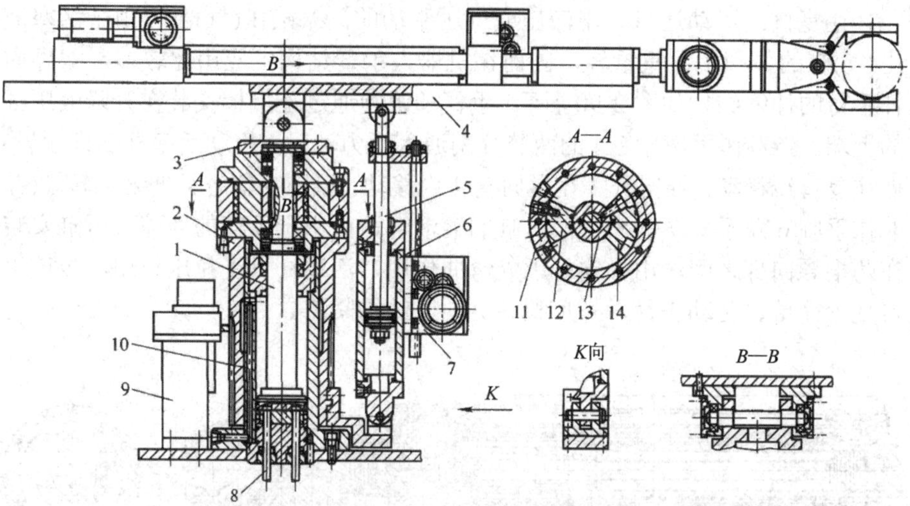

1—活塞杆；2—齿轮套；3—支承架；4—手臂；5—活塞杆；6—铰连活塞缸；7—齿轮轴套；8—导向杆；9—手臂回转、俯仰的位置反馈装置；10—升降缸；11—手臂回转缸体；12—定片；13—轴套；14—动片

图 2-88　球坐标式俯仰机械手结构图

3. 手臂直线运动机构

机器人手臂的伸缩、横向移动均属于直线运动。实现手臂往复直线运动的机构形式比较多，常用的有液压(气压)缸、齿轮齿条机构、丝杠螺母机构及连杆机构等。由于液压(气压)缸的体积小、重量轻，因而在机器人的手臂结构中应用比较多。

在手臂的伸缩运动中，为了使手臂移动的距离和速度定量增加，可以采

笔记

用齿轮齿条传动的增倍机构。图 2-89 为采用气压传动的齿轮齿条式增倍机构的手臂结构。活塞杆 3 左移时，与其连接的齿轮 2 也左移，并使运动齿条 1 一起左移；由于齿轮 2 与固定齿条 4 相啮合，因而齿轮 2 在移动的同时，又会在固定齿条上滚动，并将此运动传给运动齿条 1，从而使运动齿条 1 又向左移动一段距离。因手臂固连于运动齿条 1 上，所以手臂的行程和速度均为活塞杆 3 的两倍。

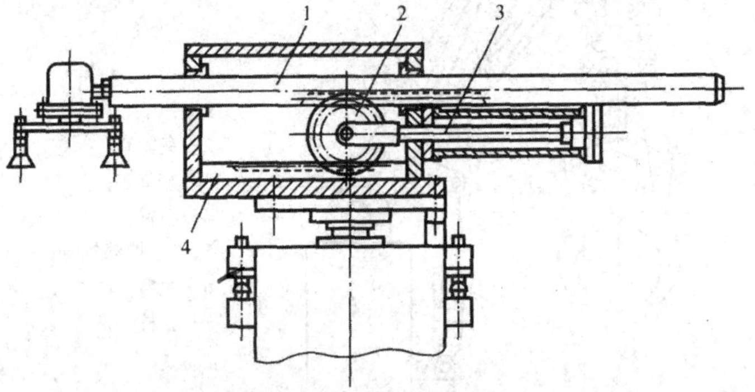

1—运动齿条；2—齿轮；3—活塞杆；4—固定齿条

图 2-89 齿轮齿条式增倍机构的手臂结构

往复直线运动还可采用液压或气压驱动的活塞液压(气)缸。由于活塞液压(气)缸的体积小、重量轻，因而在机器人手臂结构中应用比较多。双导向杆手臂的伸缩结构如图 2-90 所示。手臂和手腕通过连接板安装在升降液压缸的上端。当双作用液压缸 1 的两腔分别通入压力油时，推动活塞杆 2(即手臂)做往复直线移动；导向杆 3 在导向套 4 内移动，以防手臂进行伸缩式转动(并兼作手腕 6 及手部 7 的夹紧液压缸的输油管道)。由于手臂的伸缩液压缸安装在两根导向杆之间，由导向杆承受弯曲作用，活塞杆只受拉压作用，故该手臂受力简单、传动平稳、外形整齐美观、结构紧凑。

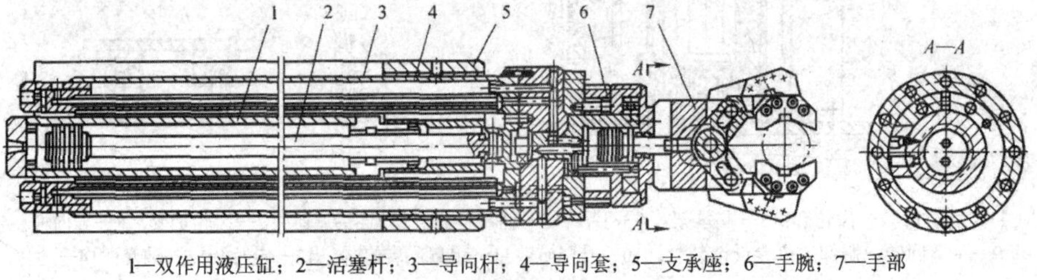

1—双作用液压缸；2—活塞杆；3—导向杆；4—导向套；5—支承座；6—手腕；7—手部

图 2-90 双导向杆手臂的伸缩结构

4. 手臂回转运动机构

实现机器人手臂回转运动的机构形式多种多样，常用的有叶片式回转缸、齿轮传动机构、链轮传动机构、活塞缸和连杆机构等。

图 2-91 为采用活塞缸和连杆机构的一种双臂机器人手臂的结构。手臂的上下摆动由铰接活塞油缸和连杆机构来实现。当活塞油缸 1 的两腔通入压力油时，通过连杆 2 带动曲柄 3(即手臂)绕轴心做 90° 的上下摆动(如双点画线

笔记

所示位置)。手臂下摆运动到水平位置时，其水平和侧向的定位由支承架4上的定位螺钉6和5来调节。该手臂具有传动结构简单、紧凑和轻巧等特点。

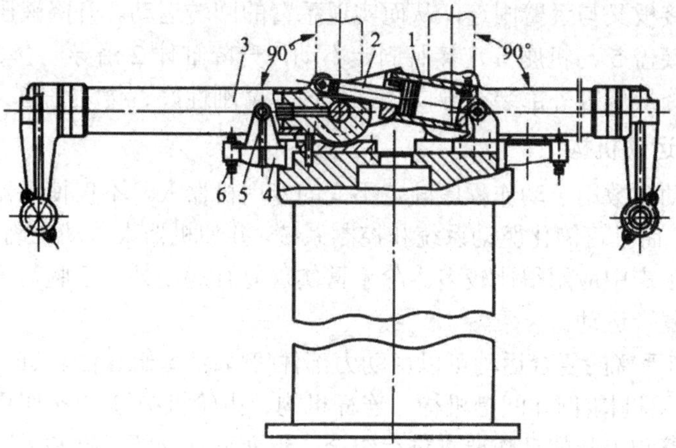

1—铰接活塞油缸；
2—连杆(即活塞杆)；
3—手臂(即曲柄)；
4—支承架；
5，6—定位螺钉

图 2-91　双臂机器人的手臂结构

下面以齿轮传动机构中活塞缸和齿轮齿条机构为例来说明手臂的回转。齿轮齿条机构是通过齿条的往复移动，带动与手臂连接的齿轮做往复回转运动，即实现手臂的回转运动。带动齿条往复移动的活塞缸可以由压力油或压缩气体驱动。手臂升降和回转运动的结构如图 2-92 所示。活塞液压缸两腔分

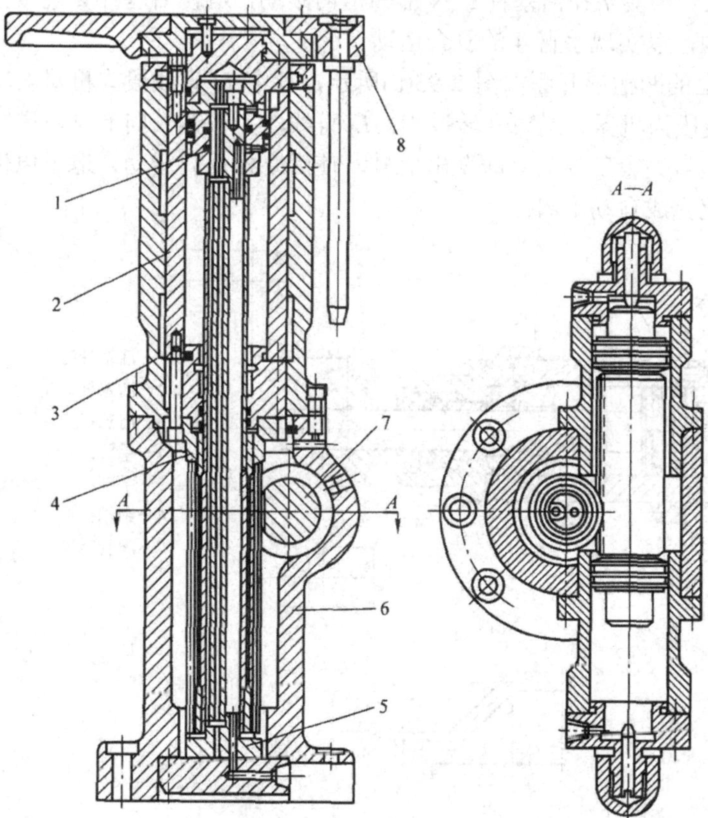

1—活塞杆；
2—升降缸体；
3—导向套；
4—齿轮；
5—连接盖；
6—机座；
7—齿条；
8 -连接板

图 2-92　手臂升降和回转运动的结构

笔记

别通入压力油，推动齿条 7 做往复移动(见图 2-92 *A*—*A* 剖面)，与齿条 7 啮合的齿轮 4 即做往复回转运动。由于齿轮 4、手臂升降缸体 2、连接板 8 均用螺钉连接成一体，连接板又与手臂固连，从而实现手臂的回转运动。升降液压缸的活塞杆通过连接盖 5 与机座 6 连接且固定不动，升降缸体 2 沿导向套 3 做上下移动，因升降液压缸外部装有导向套，故该手臂刚性好、传动平稳。

5. 手臂的复合运动机构

企业文化

遵守商业伦理与契约精神，维护利益相关方合法权益，信守承诺，知行合一。

手臂的复合运动多数用于动作程序固定不变的专用机器人，不仅使机器人的传动结构简单，而且可简化驱动系统和控制系统，并使机器人传动准确、工作可靠，因而在生产中应用得比较多。除手臂实现复合运动外，手腕与手臂的运动亦能组成复合运动。

手臂(或手腕)和手臂的复合运动可以由动力部件(例如活塞缸、回转缸、齿条活塞缸等)与常用机构(例如凹槽机构、连杆机构、齿轮机构等)，按照手臂的运动轨迹或手臂和手腕的动作要求进行组合。下面分别介绍手臂和手腕的复合运动及其结构。

1) 用凹槽机构实现手臂复合运动

用曲线凹槽机构实现手臂复合运动的结构，如图 2-93(a)所示。当活塞油缸 1 通入压力油时，推动铣有 N 形凹槽的活塞杆 2 右移，由于销轴 6 固定在前盖 3 上，因此，滚套 7 在活塞杆的 N 形凹槽内滚动，迫使活塞杆 2 既做移动又做回转运动，以实现手臂 4 的复合运动。

活塞杆 2 上的凹槽展开图如图 2-93(b)所示，其中 L_1 直线段为机器人取料过程；L 曲线段为机器人送料回转过程；L_2 直线段为机器人向卡盘内送料过程。当机床扣盘夹紧工件后立即发出信号，使活塞杆反向运动，退至原位等待上料，以此完成自动上料。

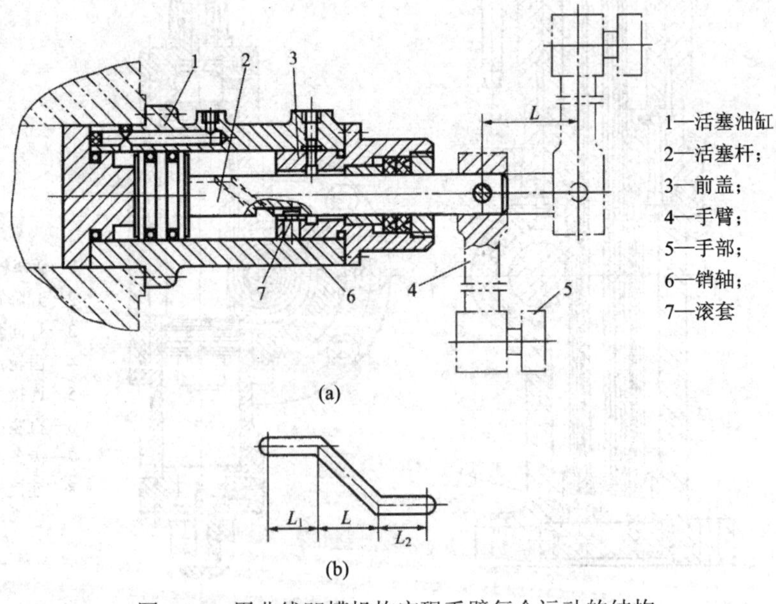

图 2-93　用曲线凹槽机构实现手臂复合运动的结构

笔记

2) 用行星机构实现手臂复合运动

行星带传动旋转机械手传动原理，如图 2-94 所示，由圆锥齿轮机构、两套行星齿形带传动机构(Ⅰ、Ⅱ)和凸轮机构串联组合而成。平动是由行星齿形带传动机构实现的，而提升平台 16 在水平面内的摆动则是由凸轮机构来实现的。

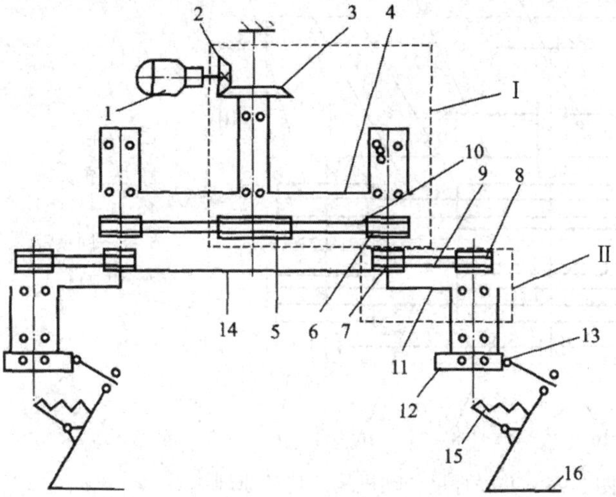

1—电动机；
2，3—锥齿轮；
4，11—转臂；
5～8—同步带轮；
9，10—带；
12—齿轮；
13—辊子；
14—圆盘；
15—拉伸弹簧；
16—提升平台

图 2-94　行星带传动旋转机械手传动原理

以右半部分行星机构为例进行说明。右半部分是由行星机构Ⅰ和行星机构Ⅱ(如图 2-94 中虚线所示)串联组合而成的。在行星机构Ⅰ中，同步带轮 5 是中心轮，同步带轮 6 是行星轮，转臂 4 是系杆。在行星机构Ⅱ中，由于同步带轮 7 与圆盘 14 是固定连接，故同步带轮 7 相对圆盘 14 不能转动，同步带轮 8 是行星轮，转臂 11 是系杆。

由上述分析可知，在整个系统回转过程中，同步带轮 8 相对本系统而言的合成转速为 0，这就满足了提升平台 16 的平动工作要求。

由于该旋转二爪机械手工作时，要求两个提升平台在铅垂面内做平动，以防圆盘倾倒，所以支承两个提升平台的轴相对于本系统不能转动。将旋转二爪机械手水平放置，以回珠中心为原点 O，建立直角坐标系，得到同步带轮 8 的椭圆曲线轨迹方程，如图 2-95 所示。

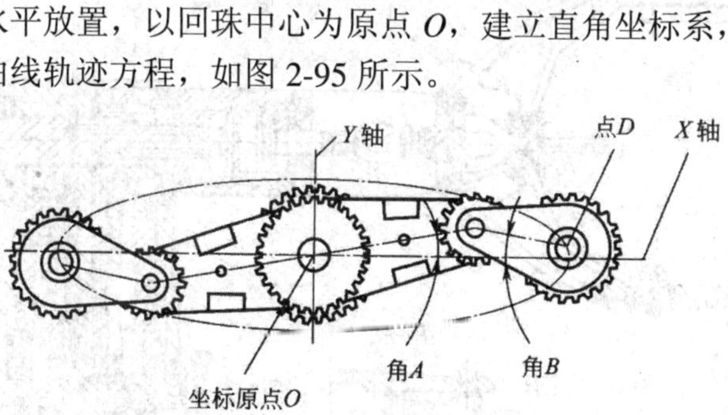

图 2-95　同步带轮 8 轨迹图

将图 2-94 所示的行星齿形带传动机构Ⅰ和Ⅱ(如图 2-94 中虚线所示)由串

笔记

联组合改为并联组合，也就是将图 2-94 所示的同步带轮 8 的中心与同步带轮 5 的中心同轴线，同步带轮 8 的轴线位置保持不变，但与圆盘 14 的固定连接改为可动连接，从而衍生出一种新的结构上仍然左右对称的行星传动机构。图 2-96 为并联行星传动机构的传动原理图。

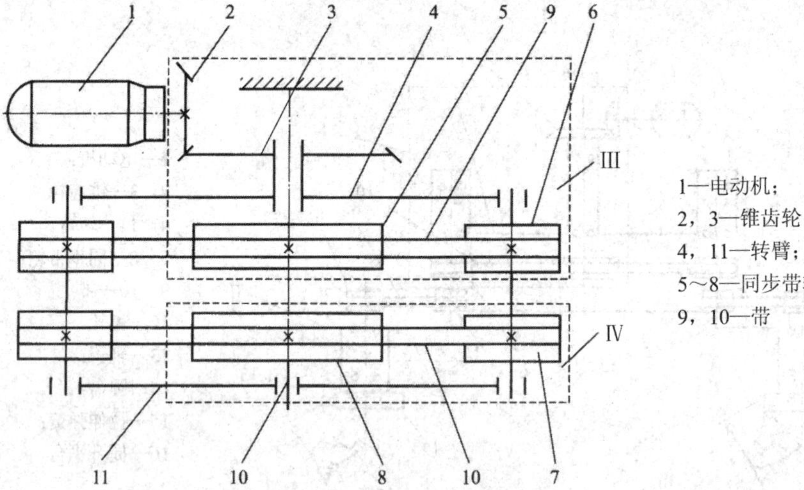

图 2-96　并联行星传动机构的传动原理

为用行星齿轮实现手臂和手腕同时回转运动的结构图和运动简图如图 2-97 所示。其中，如图 2-97(a)所示，齿条活塞油缸驱动圆柱齿轮 10 回转，经键 5 带动主轴体 9(即行星架或系杆)回转，装在主轴体 9 上的手部 1 和锥齿轮 4 均绕主轴体的轴线回转，其中锥齿轮 4 和锥齿轮 12 相啮合，而锥齿轮 12 相对手臂升降油缸 13 的活塞套 8 是固定的，因此，锥齿轮 12 是“固定”中心轮。锥齿轮 4 随同主轴体 9 绕主轴体的轴线公转时，主轴体会迫使它又绕自身轴线自转，即锥齿轮 4 做行星运动，故称为行星轮。锥齿轮 4 的自转，经键 5 带动手部 1 的夹紧油缸 2 回转，即为手腕回转运动。由于手臂的回转，通过锥齿轮的行星机构会使手腕回转。

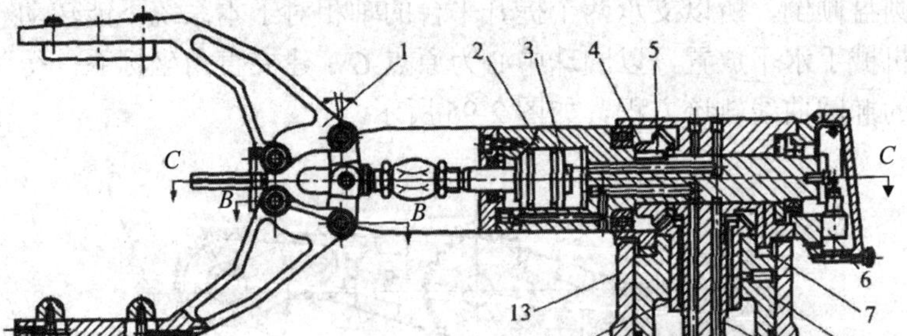

(a) 手臂和手腕的结构图

笔记

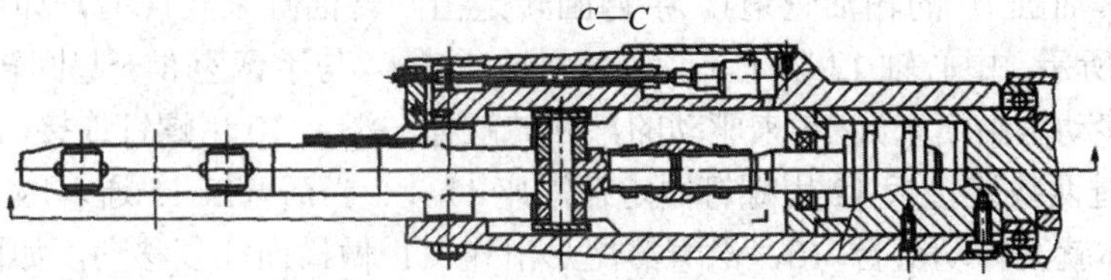

(b) 手臂的结构图

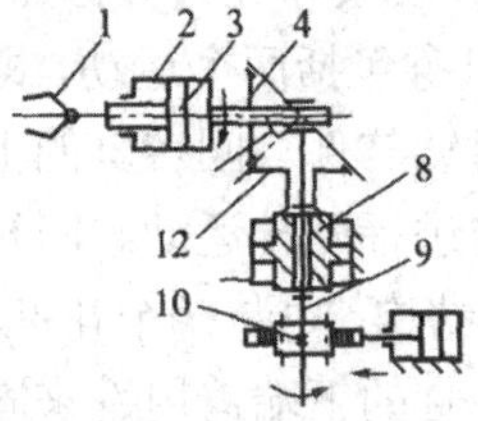

(c) 手臂运动简图

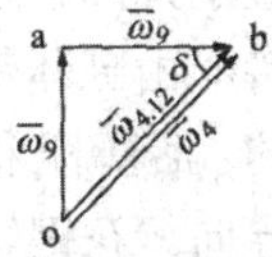

(d) 手臂向量图

1—手部；2—夹紧油缸；3—活塞杆；4—锥齿轮；5—键；6—行程开关；7—止推轴承垫；8—活塞套；9—主轴体；10—圆柱齿轮；11—键；12—锥齿轮；13—升降油缸

图 2-97　用行星机构实现手臂和手腕同时回转运动的结构图和运动简图

3) 用液压缸实现手臂复合运动

机器人手臂的伸缩、横向移动均属于直线运动。实现手臂往复直线运动的机构形式比较多，常用的有活塞油(汽)缸、齿轮齿条机构、丝杠螺母机构以及连杆机构等。因为活塞油(汽)缸的体积小、重量轻，在机器人的手臂结构中得到的应用比较多。

图 2-98 为手臂直线和回转运动的结构。该手臂的直线运动采用双导向杆的伸缩结构。手臂和手腕通过连接板安装在升降油缸的上端，当双作用油缸 1 的两腔分别通入压力油时，可推动活塞杆 2(即手臂)做往复直线移动。导向杆 3 在导向套 4 内移动，以防手臂伸缩时进行转动(并兼作手腕回转缸 6 及手

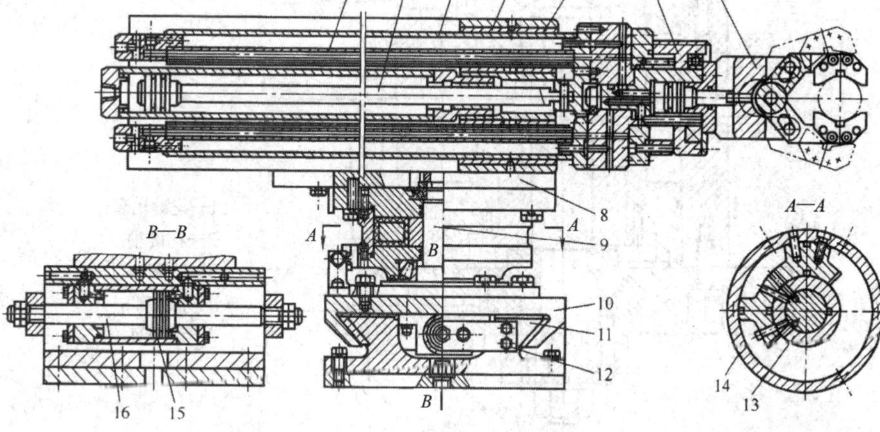

1—双作用油缸；2—活塞杆；3—导向杆；4—导向套；5—支承座；6—手腕回转缸；7—手部夹紧油缸；8—手臂座；9—手臂回转油缸；10—滑台；11—滑座；12—连接板；13—中心轴；14—回转油缸；15—活塞缸；16—活塞杆

图 2-98　手臂直线和回转运动的结构

笔记

部夹紧油缸 7 的输油管道)。手臂回转是由回转油缸来实现的，如图 2-98 *A—A* 所示。中心轴 13 固定不动，而回转油缸 14 与手臂座 8 一起回转。手臂横向移动是由活塞缸 15 来驱动的，回转缸体与滑台 10 用螺钉连接，活塞杆 16 通过两块连接板 12 用螺钉固定在滑座 11 上。当活塞缸 15 通入压力油时，其缸体就会带动滑台 10，沿着燕尾形滑座 11 做横向往复移动，如图 2-98 *B—B* 所示。该手臂具有传动结构简单、凑紧和轻巧等特点。

回转升降型结构如图 2-99 所示，机身包括两个运动，即机身的回转和升降。机身回转机构置于升降缸之上。手臂部件与回转缸的上端盖连接，回转缸的动片与缸体连接，由缸体带动手臂进行回转运动。回转缸的转轴与升降缸的活塞杆是一体的。活塞杆采用空心结构，内装一个花键套与花键轴配合，活塞升降由花键轴导向。花键轴与升降缸的下端盖用键来固定，下端盖与连接地面的底座固定，这样就固定了花键轴，也可通过花键轴固定活塞杆。这种结构的导向杆位于内部，结构紧凑。

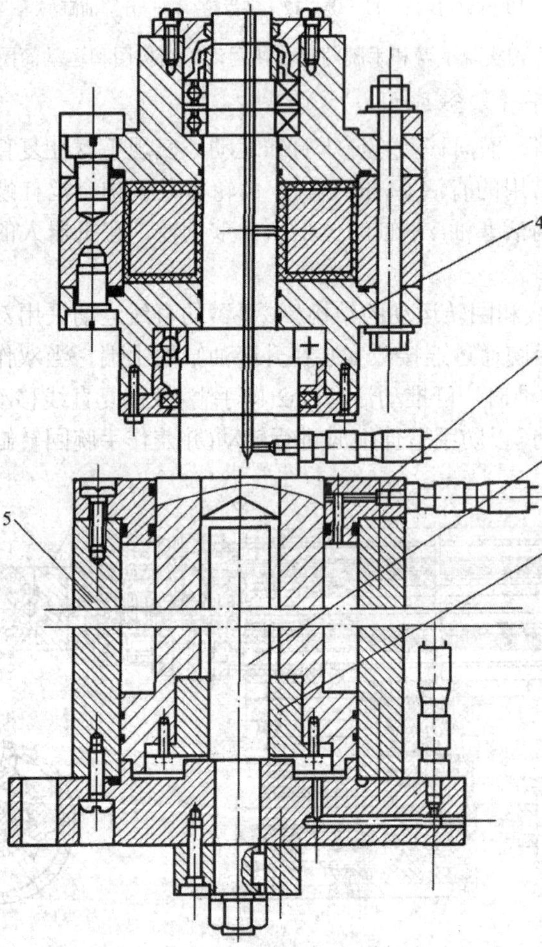

1—花键轴套；
2—花键轴；
3—活塞；
4—回转缸；
5—升降缸

图 2-99　回转升降型机身结构

查一查：上网查询其他手臂形式。

笔记

三、机器人手臂的典型机构

Adep One 机器人是四自由度水平关节 SCARA 机器人，大臂和小臂的回转运动采用直接驱动，没有减速器。其传动系统如图 2-100 所示，其中(a)为大臂驱动方式，直接驱动电动机的转子 1 安装在大臂的回转轴(轴 1)上，电动机转子直接带动大臂回转。大臂通过齿轮带动大臂的编码器 5 旋转，给出大臂回转角度反馈信号。小臂驱动方式如图 2-100(b)所示，直接驱动电动机安装在轴 2 上，轴 2 通过安装在其上的驱动鼓轮 16 与被动鼓轮 12 上的钢带将运动传递到小臂的编码器上，小臂的编码器给出小臂回转的角度反馈信号，大臂的结构见图 2-101，小臂的结构见图 2-102。

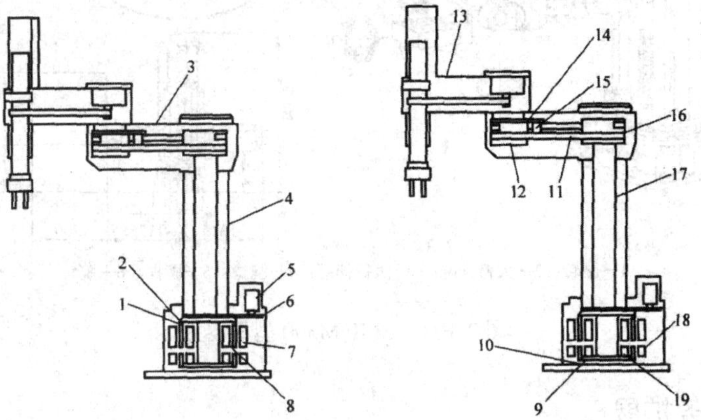

(a) 大臂　　(b) 小臂

1，9—转子；2—制动器及标定环；3—大臂；4—轴1；5，15—编码器；6，14—编码器齿轮；7，18—外定子；8，19—内定子；10—标定环；11—钢带；12—被动鼓轮；13—小臂；16—驱动鼓轮；17—轴2

图 2-100　Adept One 机器人传动系统

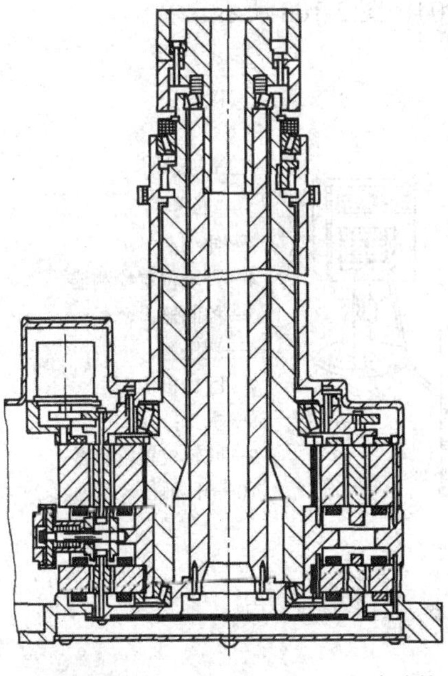

图 2-101　Adep One 机器人大臂结构

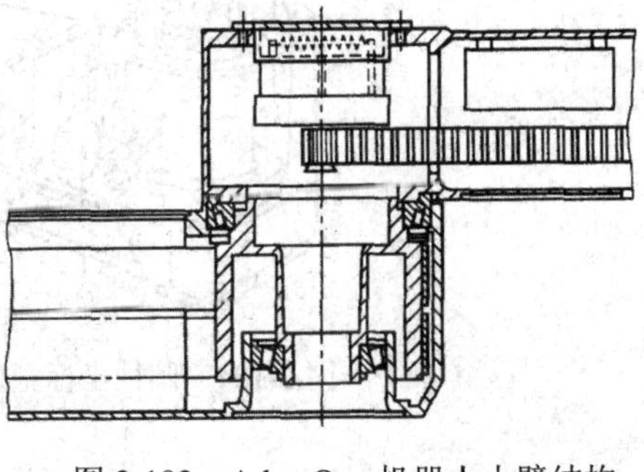

图 2-102　Adep One 机器人小臂结构

笔记

GMF M300 型机器人属于圆柱坐标机器人，其结构如图 2-103 所示。大臂升降 2 及伸缩 3 都进行直线运动。这两个直线运动均采用双圆柱导轨及直流伺服电动机与滚珠丝杠驱动。

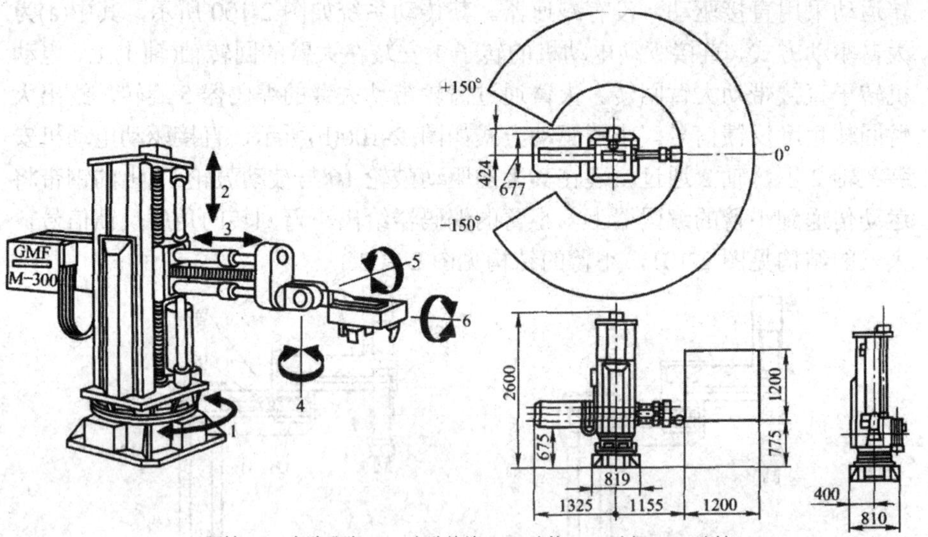

1—腰转；2—大臂升降；3—大臂伸缩；4—腕捻；5—腕摆；6—腕转

图 2-103　GMF M300 型机器人

任务扩展

常见机器人的手臂

常见机器人的手臂相关结构如图 2-104～图 2-108 所示。

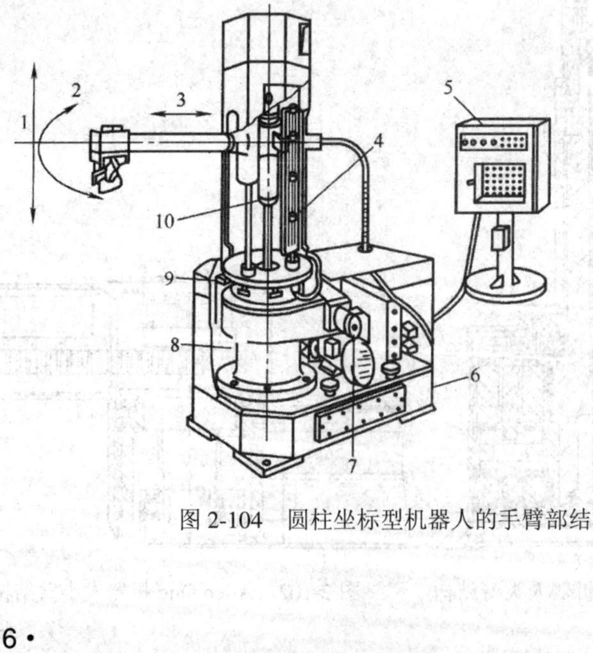

1—升降；
2—回转；
3—伸缩；
4—升降位置检测器；
5—控制器；
6—液压源；
7—回转机构；
8—机身；
9—回转位置检测器；
10—升降缸

图 2-104　圆柱坐标型机器人的手臂部结构

笔记

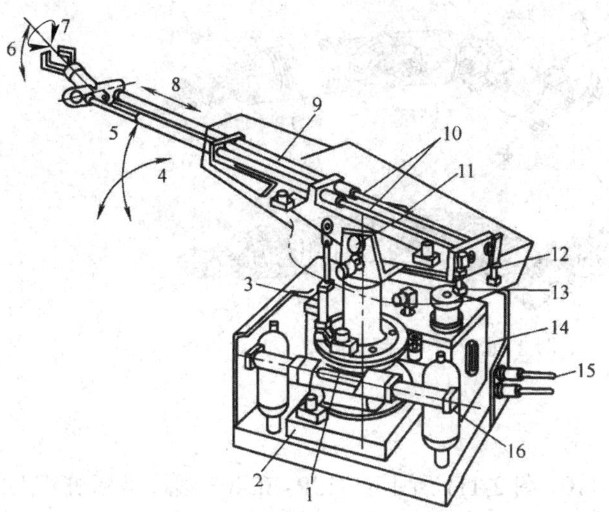

1—回转用齿轮齿条副；
2—机身；
3—俯仰缸；
4—臂回转；
5—俯仰；
6—上下弯曲；
7—回转；
8—伸缩；
9—伸缩缸；
10—花键；
11—俯仰回转轴；
12—手腕回转用油缸；
13—手腕弯曲用油缸；
14—液压源；
15—接控制柜；
16—回转齿条缸

图 2-105　极坐标型机器人的手臂结构

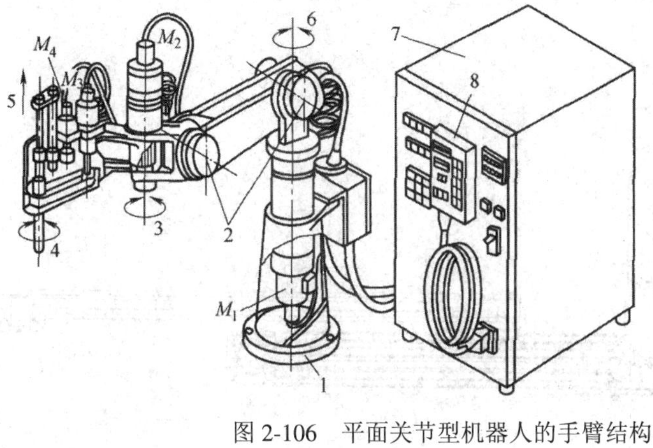

1—机座；
2—回转轴；
3—水平回转M_2；
4—腕回转M_3；
5—腕上下运动M_4；
6—水平回转M_1；
7—控制柜；
8—示教盒

图 2-106　平面关节型机器人的手臂结构

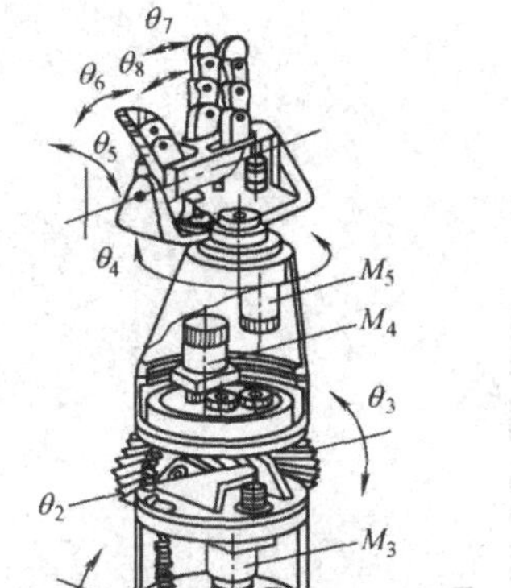

图 2-107　多回转关节型

笔记

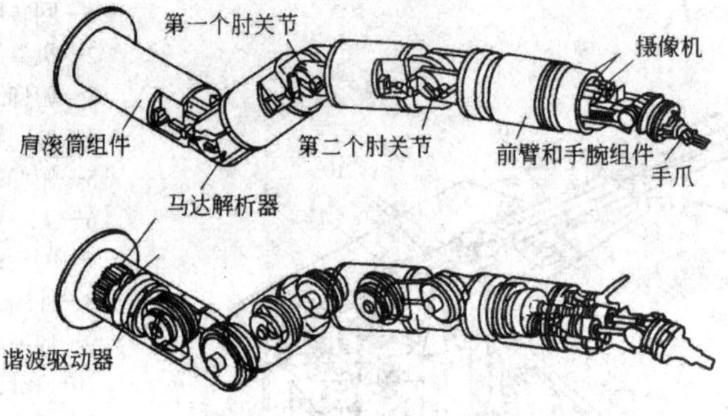

图 2-108　柔性手臂结构

任务巩固

根据图 2-109、图 2-110、图 2-111 所示的 HSR-HL403 圆柱坐标机器人的结构图，说明该机器人的手臂的工作原理。

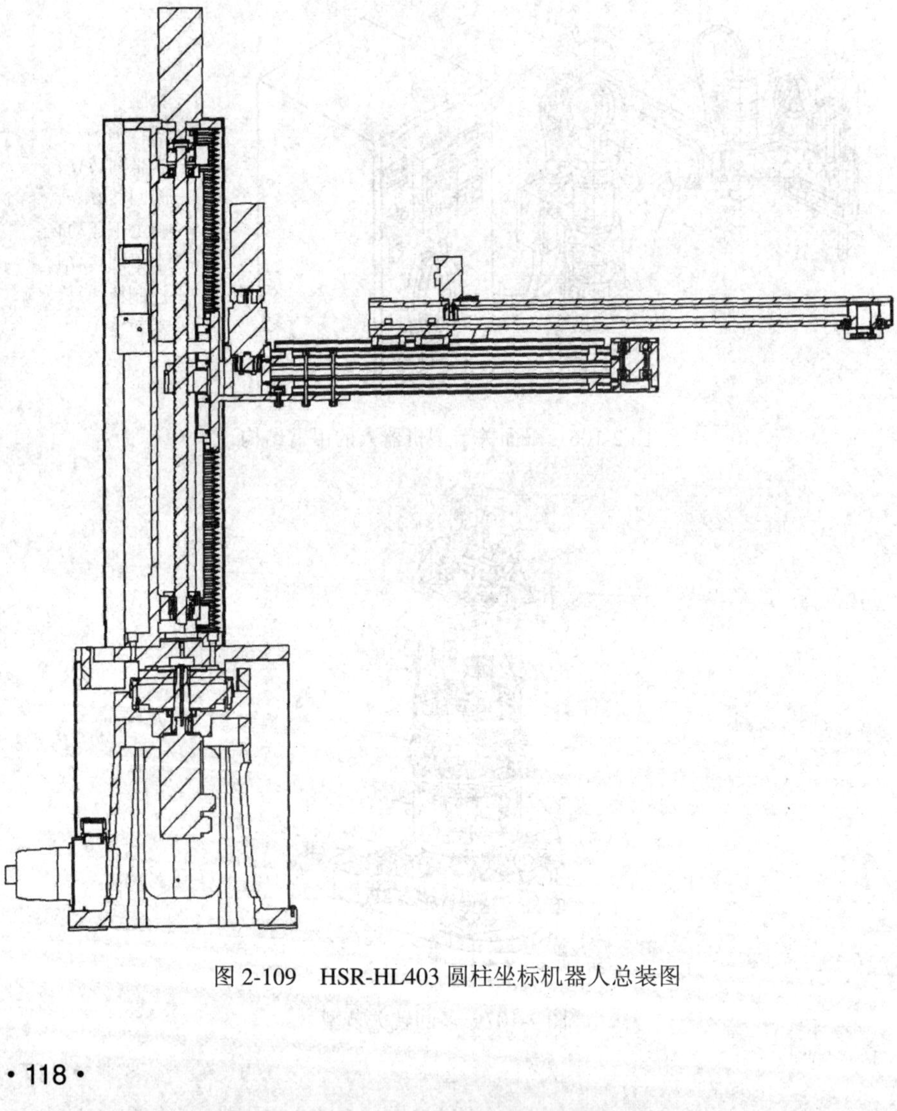

图 2-109　HSR-HL403 圆柱坐标机器人总装图

笔记

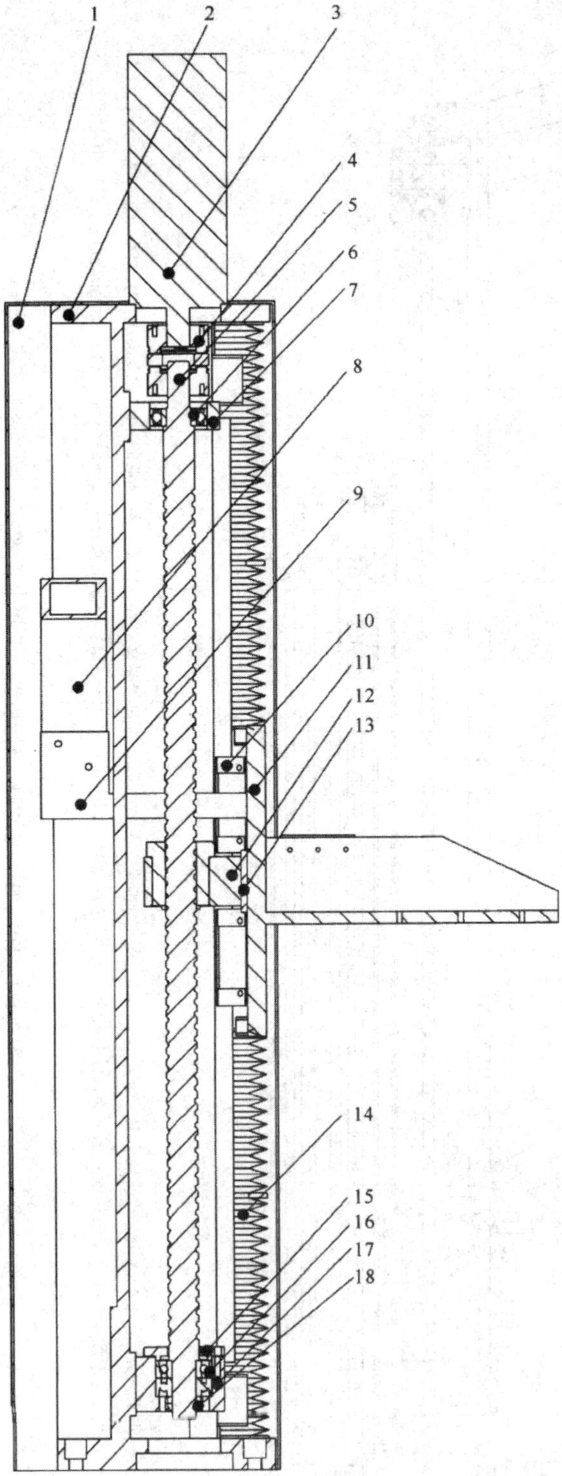

1—外壳；
2—立柱；
3—伺服电动机；
4—双膜片弹性联轴器；
5—滚珠丝杠；
6—上支承座；
7—深沟球轴承；
8—拖链；
9—拖链固定接头；
10—导轨；
11—支承架；
12—丝杠螺母安装座；
13—丝杠螺母调整片；
14—风琴罩；
15—下支座端盖；
16—角接触球轴承；
17—小圆螺母；
18—下支承座

图 2-110　HSR-HL403 圆柱坐标机器人立柱装配图

笔记

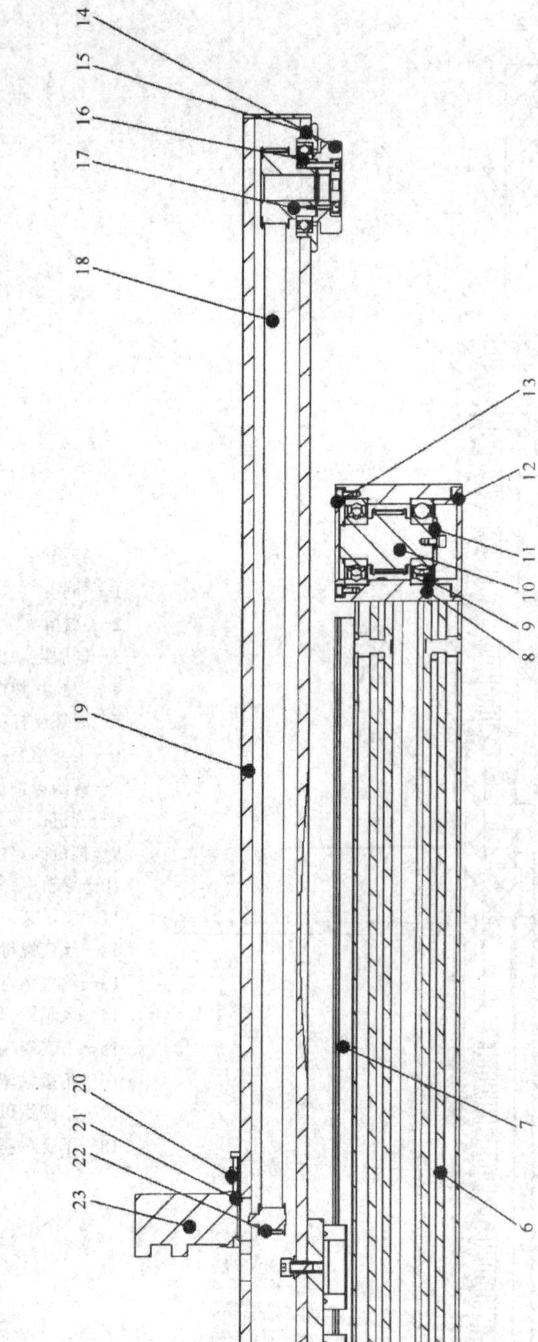

1，23—伺服电动机；2—RV40E减速器；3—轴承座A；4，18—同步带；5，22—主动同步带轮；6—悬臂；7—导轨；8—轴承座B；9，16—深沟球轴承；
10，17—从动同步带轮A；11—轴用挡圈；12—轴承端盖A；13—轴承端盖B；14—法兰；15—悬臂末端轴承盖；19—悬臂梁；20—皮带调整块；21—电动机法兰

图 2-111　HSR-HL403 圆柱坐标机器人悬臂装配图

笔记

任务四　认识机器人的行走机构

工作任务

对于一些结构简单的零部件，通常不超过两个工序即可完成自动化加工，这个加工单元由一个桁架式的机械手配合几台机床和 1～2 个料仓组成，如图 2-112 所示。其关键装置就是机器人的行走机构。当然，在桁架工业机器人上也有行走机构，如图 2-113、图 2-114 所示。

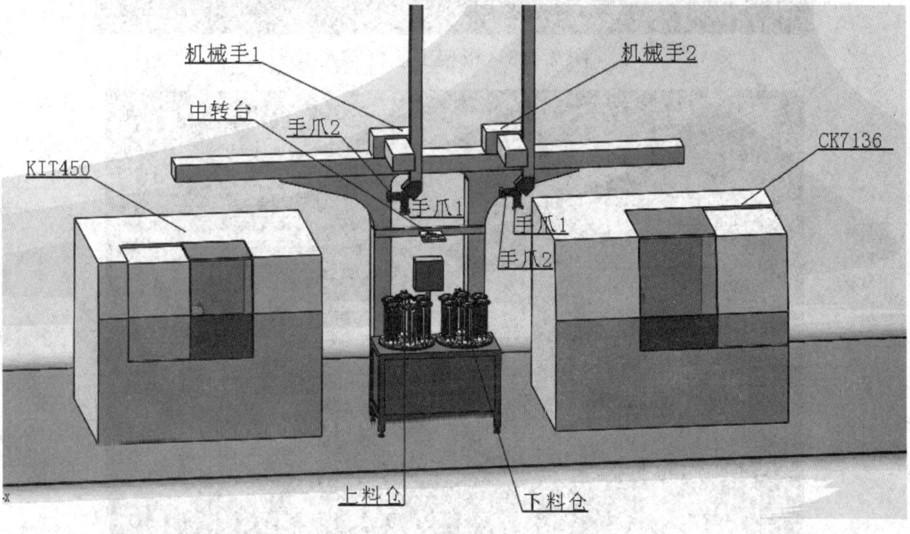

笔记

图 2-112　桁架式机械手工作示意图

图 2-113　桁架工业机器人

图 2-114　桁架焊接工业机器人工作图

笔记

行走机构是行走机器人的重要执行部件，由驱动装置、传动机构、位置检测元件、传感器、电缆及管路等组成。它一方面支承机器人的机身、臂部和手部，另一方面还可根据工作任务的要求，带动机器人在更广阔的空间内运动。

一般而言，行走机器人的行走机构主要有车轮式行走机构、履带式行走机构、足式行走机构，此外，还有步进式行走机构、蠕动式行走机构、混合式行走机构和蛇行式行走机构等，以适合于各种特殊的场合。下面主要介绍车轮式行走机构、履带式行走机构和足式行走机构，及部分其他有代表性的典型机构。

任务目标

知 识 目 标	能 力 目 标
1. 掌握机器人行走机构的种类	1. 能看懂车轮式行走机构的图样
2. 掌握车轮式行走机构的结构	2. 能看懂履带式行走机构的图样
3. 掌握履带式行走机构的结构	3. 能看懂足式行走机构的图样
4. 掌握足式行走机构的结构	4. 能看懂固定轨迹式行走机构的图样
5. 了解机器人行走机构的特点	

课程思政

四个自信

道路自信、理论自信、制度自信、文化自信。

任务准备

机器人行走机构的特点

教师讲解

行走机构按其行走移动轨迹可分为固定轨迹式和无固定轨迹式。固定轨迹式行走机构主要用于工业机器人。按行走机构的特点，无固定轨迹式可分为步行式、轮式和履带式。在行走过程中，步行式与地面间断接触，轮式和履带式与地面连续接触；前者为类人(或动物)的腿脚式，后两者的形态为运行车式。运行车式行走机构应用较多，常用于野外作业，发展较为成熟。步行式行走机构正处于发展和完善阶段。

任务实施

一体化教学

带领学生到工业机器人旁进行介绍，但应注意安全。

一、机器人行走机构的种类

1. 固定轨迹式行走机构

1) 桁架

固定轨迹式行走机器人的机身设计成横梁式，用于悬挂手臂部件，这是

笔记

工厂中常见的一种配置形式。这类机器人的运动形式大多为直移式，具有占地面积小、能有效地利用空间、直观等优点，横梁可设计成固定式或行走式。一般情况下，横梁可安装在厂房原有建筑的柱梁或有关设备上，也可专门从地面架设。

双臂悬挂式结构大多是为 1 台主机上、下料服务的，一个臂用于上料，另一个臂用于下料，这种形式可以减少辅助时间、缩短动作循环周期，有利于提高生产率。双臂在横梁上的具体配置形式，视工件的类型、工件在机床上的位置和夹紧方式、料道与机床间相对位置及运动形式不同而有所差别。

轴类工件的轴向尺寸较长时，机器人上、下料时移动的距离亦会增加。这种机器人横梁架于机床上空，如图 2-115 所示，手臂的配置也有不同的形式。

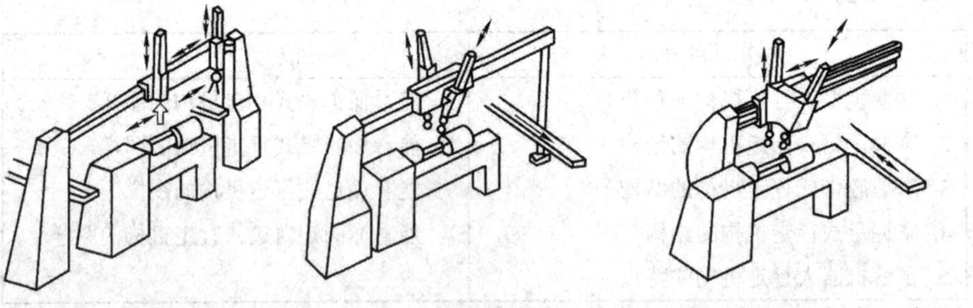

(a) 双臂平行配置机器人　　(b) 双臂交叉配置机器人　　(c) 横梁为悬伸梁的双臂交叉配置机器人

图 2-115　轴类零件抓取用双臂悬挂机器人

双臂平行配置机器人如图 2-115(a)所示。双臂与横梁在同一平面内，上料道与下料道分别设在机床两端。为了使双臂能同时动作，缩短辅助时间，两臂间的距离应与料道至机床两顶端间中点的距离相同，且两臂同步地沿横梁移动。

双臂交叉配置机器人如图 2-115(b)所示。双臂交叉配置在横梁的两侧，并垂直于横梁轴线，两臂轴线交于机床中心。两臂交错伸缩进行上、下料，并同时沿横梁移动，移动的行程与双臂平行配置的机器人相同。这种配置形式采用同一料道，缩短了横梁长度，且由于两臂位于横梁两侧，可减少横梁的扭转变形。

横梁为悬伸梁的双臂交叉配置机器人如图 2-115(c)所示。一般采用等强度铸造横梁，受力比较合理。其行程较图 2-115(a)和图 2-115(b)所示的机器人更短。由于结构限制，双臂必须位于横梁的同一侧。

天吊行走轴机器人上下料系统也称“Top Mount 系统”，如图 2-116 所示，该设备具有与普通机器人同样的机械和控制系统，和地装机器人拥有同样实现复杂动作的可能。区别于地装式，其行走轴在机床上方，具有节约地面空间的优点，且可以轻松适应机床在导轨两侧布置的方案，缩短导轨的长度。和专机相比，该设备不需要非常高的车间空间，方便行车的安装和运行。可以实现单手抓取 2 个工件的功能，节约生产时间。

笔记

图 2-116　天吊行走轴机器人上下料系统

桁架式机器人由多维直线导轨搭建而成，如图 2-117 所示。直线导轨由精制铝型材、齿形带、直线滑动导轨和伺服电动机等组成。作为运动框架和载体的精制铝型材，其截面形状通过有限元分析法优化设计，精密的生产可确保其强度和直线度。运动导轨采用轴承光杠和直线滑动导轨，运动传动机构采用齿形带、齿条或滚珠丝杠。

桁架式机器人的空间运动是由 3 个相互垂直的直线运动来实现的。由于直线运动易于实现全闭环的位置控制，所以，桁架式机器人有可能达到很高的位置精度(μm 级)。但是，相对机器人的结构尺寸，这种桁架式机器人的运动空间是比较小的。因此，为了实现一定的运动空间，桁架式机器人的结构尺寸要比其他类型的机器人的结构尺寸大得多。桁架式机器人的工作空间为长方体。

桁架式机器人机械手主要由 3 个大部件和 4 个电动机组成，即① 手部，采用丝杆螺母结构，通过电动机带动实现手爪的张合；② 腕部，采用一个步进电动机带动蜗轮蜗杆实现手部回转 90°～180°；③ 臂部，采用滚珠丝杠，电动机带动丝杠使螺母在横臂上移动实现手臂平动，带动丝杠螺母使丝杠在直臂上移动实现手臂升降。

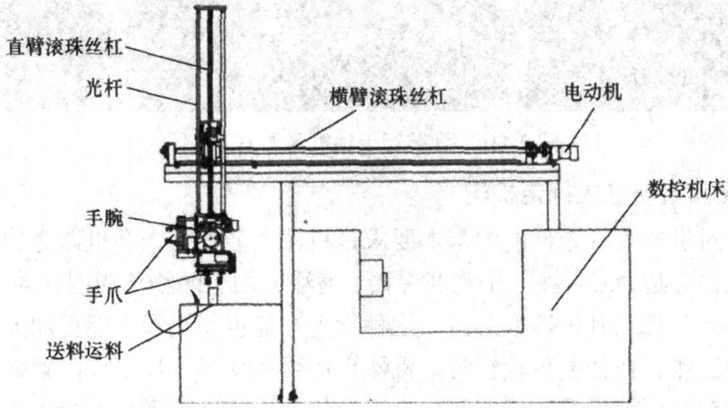

图 2-117　桁架式机械手结构示意图

2) 轨道

在工业机器人与数控机床集成时，一台工业机器人有时要服务几台设备，工业机器人可在轨道上运动，这时，轨道也是一个坐标轴。轨道行走装置示意图如图 2-118 所示。

笔记

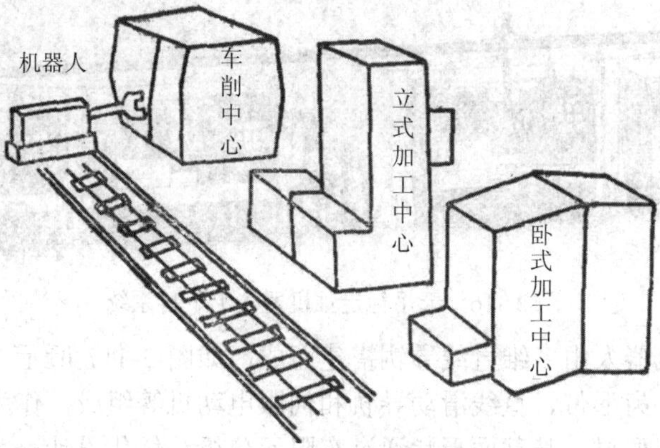

图 2-118　轨道行走装置示意图

地装行走轴机器人上下料系统如图 2-119 所示，该系统配备了一套地装导轨，导轨的驱动作为机器人的外部轴进行控制，行走导轨上面的上下料机器人运行速度快，有效负载大，有效地扩大了机器人的动作范围，使得该系统具有高效的扩展性。

图 2-119　地装行走轴机器人上下料

2. 无固定轨迹式行走机构

工厂对机器人行走性能的基本要求是机器人能够从一台机器旁边移动到另一台机器旁边，或者在一个需要焊接、喷涂或加工的物体周围移动。这样，就不用再把工件送到机器人面前。这种行走性能也使机器人能更加灵活地从事更多的工作。在任务量较轻时，机器人还可从事另一项工作，就好像真正的工人一样。要使机器人能够在被加工物体周围移动或者从一个工作地点移动到另一个工作地点，首先需要机器人在面对一个物体时自行重新定位。同时，行走机器人应能够绕过其运行轨道上的障碍物。配备计算机视觉系统是提供上述能力的方法之一。

运载机器人的行走车辆必须能够支承机器人的重量。当机器人四处行走对物体进行加工时，移动车辆还需具有保持稳定的能力。这就意味着机器人

笔记

本身既要平衡可能出现的不稳定力或力矩，又要有足够的强度和刚度，以承受可能施加于其上的力和力矩。为了满足这些要求，可以采用以下两种方法：一是增加机器人移动车辆的重量和刚性；二是进行实时计算和施加所需要的平衡力。由于前一种方法容易实现，所以它是目前改善机器人行走性能的常用方法。如图 2-120 所示为一个具有行走机构的工业机器人系统。

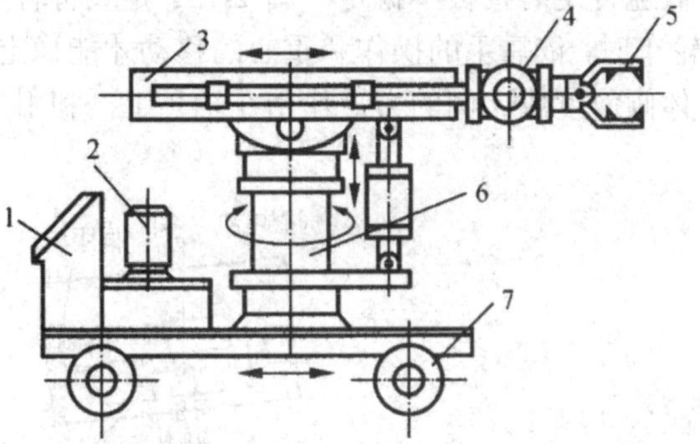

1—控制部件；
2—驱动部件；
3—臂部；
4—腕部；
5—手部；
6—机身；
7—行走机构

图 2-120　具有行走机构的工业机器人系统

看一看：您所在单位的机器人行走机构采用哪种形式？

二、车轮式行走机构

车轮式行走机器人是机器人中应用最多的一种，在相对平坦的地面上，用车轮移动方式行走是相当优越的。

1. 车轮的形式

车轮的形状或结构形式取决于地面的性质和车辆的承载能力。在轨道上运行的机器人车轮多采用实心钢轮，室外路面行驶的机器人车轮多采用充气轮胎，室内平坦地面上的机器人车轮可采用实心轮胎。

如图 2-121 所示为不同地面上采用的不同车轮形式，其中(a)所示的充气球轮适合于沙丘地形；(b)所示的半球形轮是为火星表面而开发的；(c)所示的传统车轮适合于平坦的坚硬路面；(d)所示为车轮的一种变形，称为无缘轮，用于爬越阶梯以及在水田中行驶。

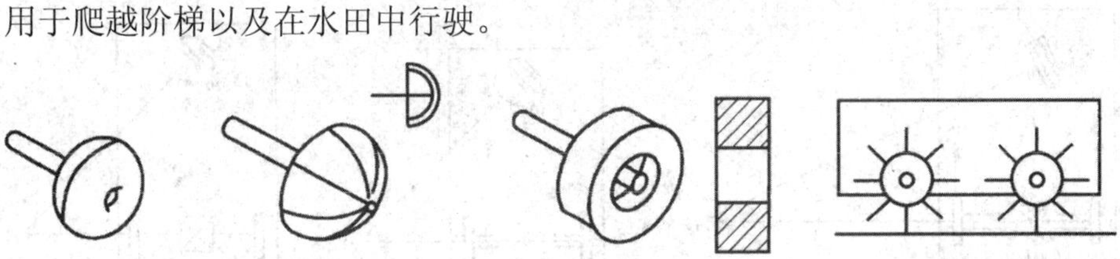

(a) 充气球轮　(b) 半球形轮　(c) 传统车轮　(d) 无缘轮

图 2-121　不同车轮形式

2. 车轮的配置和转向机构

依据车轮的数量，车轮行走机构分为一轮、二轮、三轮、四轮以及多轮机构。一轮和二轮行走机构在实现上的主要障碍是稳定性问题，实际应用的

笔记

车轮式行走机构多为三轮和四轮。

1) 两轮车

人们把非常简单、便宜的自行车或两轮摩托车用在机器人上的试验很早就已开展了。但是人们很容易地就发现两轮车的速度、倾斜度等物理量精度不高，而进行机器人化所需的简单、便宜、可靠性高的传感器也很难获得。此外，两轮车制动以及低速行走时也极不稳定。图 2-122 是装备有陀螺仪的两轮车。人们在驾驶两轮车时，依靠手的操作和重心的移动才能稳定地行驶，这种陀螺两轮车把与车体倾斜度成比例的力矩作用在轴系上，利用陀螺效应使车体稳定。

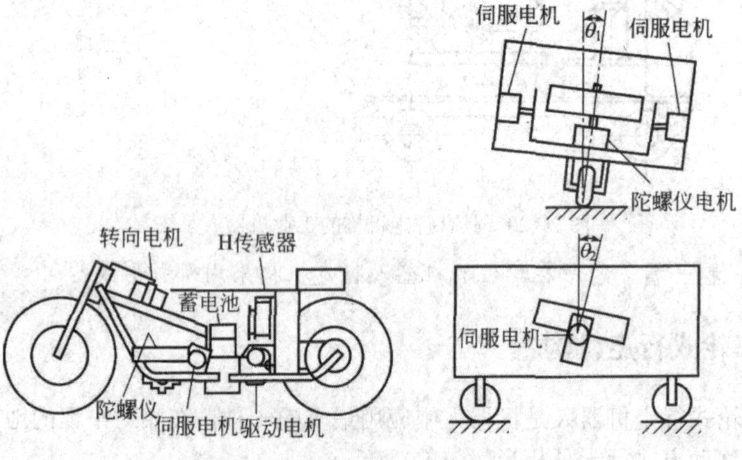

(a) 外形　　(b) 驱动机构

图 2-122　装备有陀螺仪的两轮车

2) 一般三轮行走机构

三轮行走机构具有一定的稳定性，代表性的车轮配置方式是一个前轮、两个后轮，如图 2-123 所示，其中(a)采用两个后轮独立驱动，前轮仅起支承作用，靠后轮的转速差实现转向；(b)采用前轮驱动和转向；(c)为利用两后轮差动减速器驱动、前轮转向的方式。

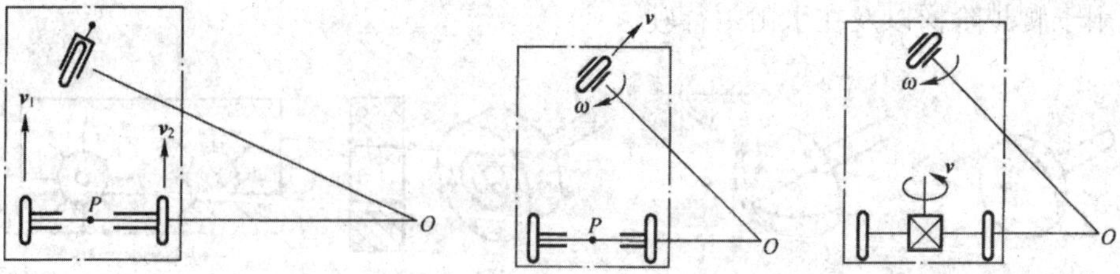

(a) 两后轮独立驱动　　(b) 前轮驱动和转向　　(c) 后轮差动，前轮转向

图 2-123　三轮行走机构

3) 轮组三轮行走机构

具有三组轮子的轮组三轮行走机构如图 2-124 所示。三组轮子呈等边三

角形分布在机器人的下部，每组轮子由若干个滚轮组成。这些轮子能够在驱动电动机的带动下自由地转动，使机器人移动。驱动电动机控制系统既可以同时驱动三组轮子，也可以分别驱动其中两组轮子，这样，机器人就能够在任何方向上移动。该机器人的行走机构设计得非常灵活，不但可以在工厂地面上运动，而且能够沿小路行驶。这种轮系存在的问题是稳定性不够，容易倾倒，而且运动稳定性会随着负载轮子相对位置的不同而变化；在轮子与地面的接触点从一个滚轮移到另一个滚轮上的时候，还会出现颠簸。

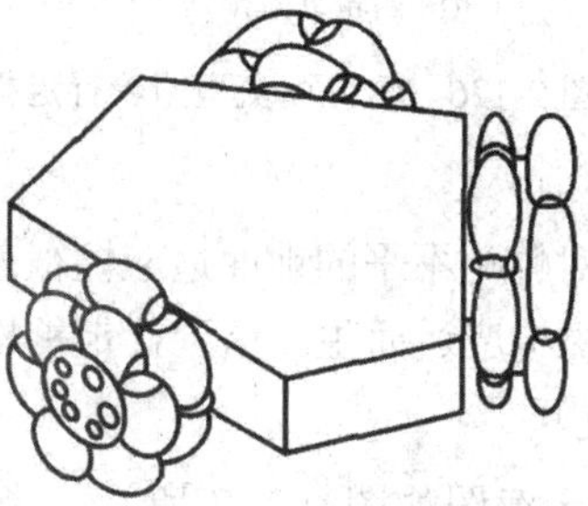

图 2-124　三组轮子的轮组三轮行走机构

为了改进该机器人的稳定性，重新设计的三轮机器人使用长度不同的两种滚轮，长滚轮呈锥形，固定在短滚轮的凹槽里，这样可大大减小滚轮之间的间隙及轮子的厚度，提高了机器人的稳定性。此外，滚轮上还附加了软橡皮，具有足够的变形能力，可使滚轮的接触点在相互替换时不发生颠簸。

4) 四轮行走机构

四轮行走机构的应用最为广泛，四轮机构可采用不同的方式实现驱动和转向，如图 2-125 所示，其中(a)为后轮分散驱动；(b)为用连杆机构实现四轮同步转向机构，当前轮转向时，通过四连杆机构使后轮得到相应的偏转。这种车辆相比仅有前轮转向的车辆可实现更小的转向回转半径。

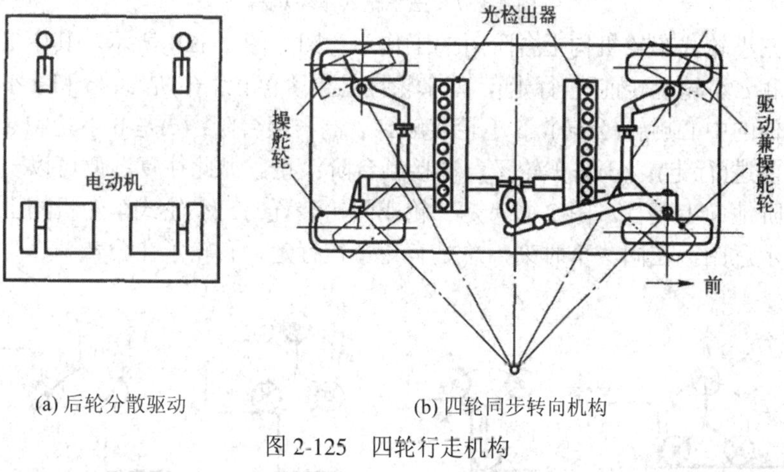

(a) 后轮分散驱动　　(b) 四轮同步转向机构

图 2-125　四轮行走机构

具有四组轮子的轮系的运动稳定性相比两轮轮系有很大提高。但是，要保证四组轮子同时和地面接触，必须使用特殊的轮系悬挂系统。该系统需要

笔记

4个驱动电动机，控制系统也比较复杂，造价较高。图2-126是一个轮位可变型四轮行走机构，机器人可以根据需要让四个车轮呈横向、纵向或同心方向行走，增加了机器人的运动灵活性。

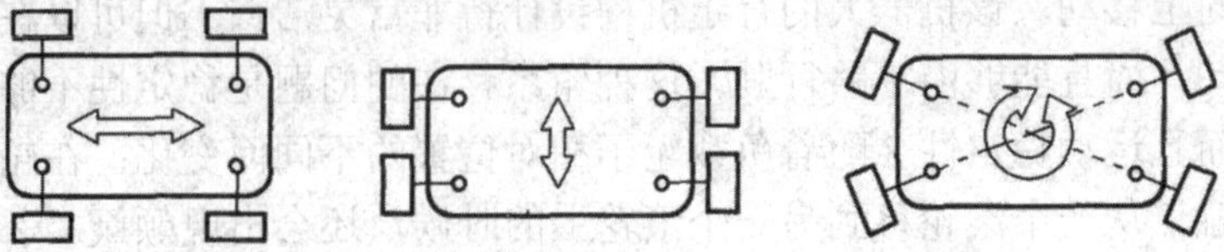

(a) 四轮横向排列　　(b) 四轮纵向排列　　(c) 四轮同心排列

图2-126　轮位可变型四轮行走机构

工匠精神

社会充满竞争，世界也充满了较量。如果只满足于自己取得的成就，前方的路就会越走越窄。大力倡导工匠精神，从一定意义上讲，就是用追求极致的精神去打造核心竞争力。

3. 越障轮式机构

普通车轮行走机构对崎岖不平的地面适应性很差，为了提高轮式车辆的地面适应能力，越障轮式机构应运而生。这种行走机构往往是多轮式行走机构。

1) 三小轮式车轮机构

三小轮式车轮机构示意图如图2-127所示。当①～④小车轮自转时，用于正常行走；当⑤、⑥车轮公转时，用于上台阶；⑦是支臂撑起负载时的机构。

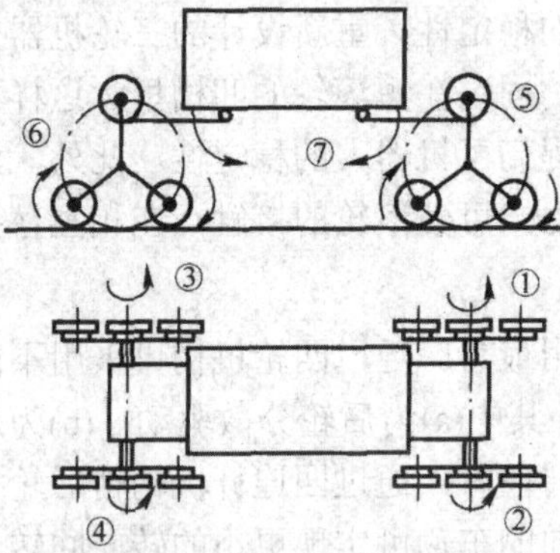

图2-127　三小轮式车轮机构

三小轮式车轮机构上台阶时的工作示意图如图2-128所示，其中(a)是a小轮和c小轮旋转前进(行走)，使车轮接触台阶停止；(b)是a、b和c小轮绕着它们的中心旋转(公转)，b小轮接触到了高一级台阶；(c)是b小轮和a小轮旋转前进(行走)；(d)是车轮又一次接触台阶停止。如此往复，便可以一级一级台阶地向上爬行。图2-129是三轮或四轮装置的三小轮式车轮机构上台阶时的示意图，在同一个时刻，总是有轮子在行走，有轮子在公转。

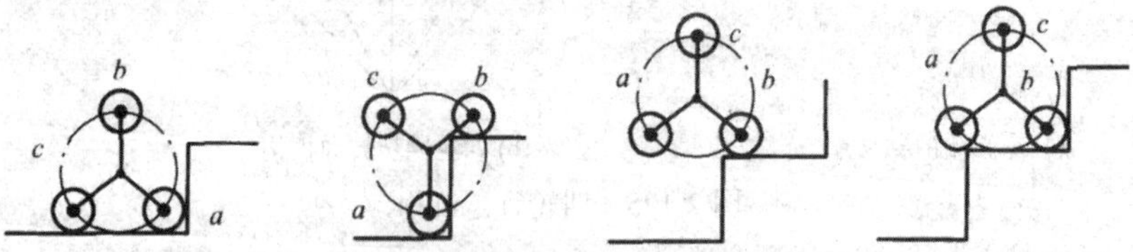

(a) 接触　　(b) 公转　　(c) 行走　　(d) 接触

图2-128　三小轮式车轮机构上台阶

笔记

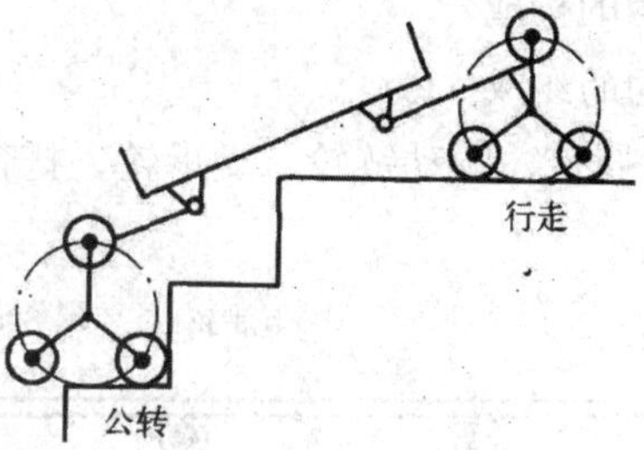

图 2-129　三轮或四轮装置的三小轮式车轮机构上台阶

2) 多节车轮式结构

多节车轮式结构是由多个车轮用轴关节或伸缩关节连在一起形成的轮式行走结构。这种多轮式行走机构非常适合于在崎岖不平的道路上行驶，攀爬台阶也非常有效。图 2-130 为这种行走机构的组成原理图，图 2-131 为其上台阶的工作过程示意图。

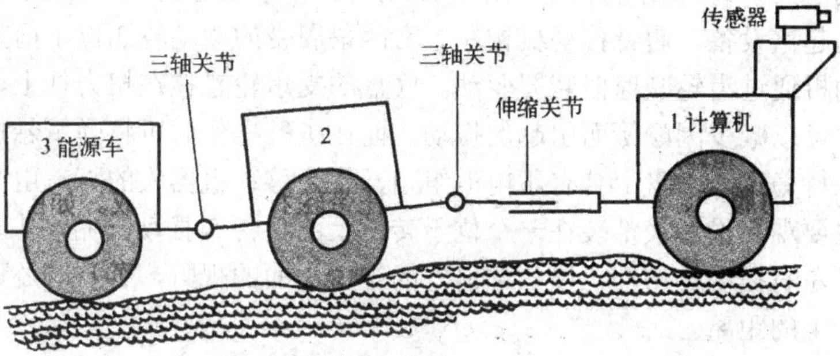

图 2-130　多节车轮式行走机构组成原理图

图 2-131　多节车轮式行走机构上台阶的工作过程

查一查：采用车轮式行走机构的机器人有哪几种？

三、履带式行走机构

轮式行走机构在野外或海底工作时，遇到松软地面时可能陷车，这时宜采用履带式行走机构。它是轮式移动机构的拓展，履带本身起着给车轮连续铺路的作用。

笔记

1. 履带式行走机构的构成

1) *履带式行走机构的组成*

履带式行走机构由履带、驱动链轮、支承轮、托带轮和张紧轮组成，其结构如图 2-132 所示。

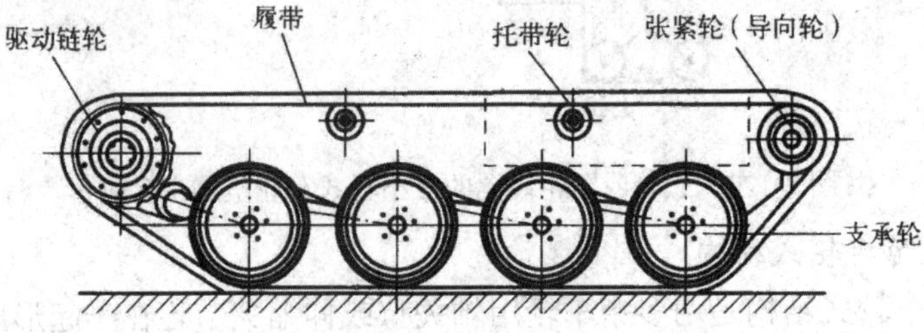

图 2-132　履带式行走机构

如图 2-133 所示的 MF2 履带式移动机器人是典型的越野履带式移动机器人，与小型坦克车类似，其主要操作设备是安装在转塔上的抓重 200 kg 的 6 自由度机器人手臂。在手臂的肘关节 1 处附有一个承载量为 400 kg 的吊钩 2，作为辅助起重设备。履带移动机构左、右两条履带的驱动轮 3 位于前方，由直流电动机通过齿轮减速器装置驱动。底盘的支承轮悬挂在扭力杆上，在行驶过程中可以减少因颠簸而引起的振动，而在进行操作时可将弹簧悬挂系统锁紧以保持稳定。底盘上装有蓄电池组 4，作为移动机器人的直流电源。机器人的主要观测设备大都装在一个位于转塔上的云台 5(摆动－俯仰头)上。此云台可以左右摆动和俯仰，以扫描前方的半个球面的视野，必要时还可以向左横移一半的距离。

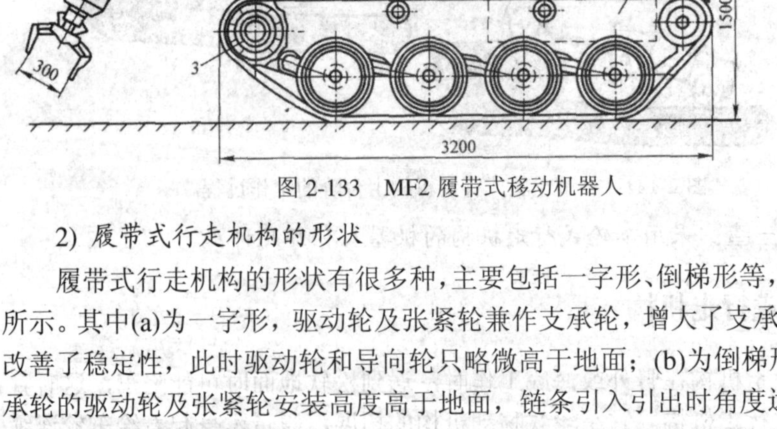

1—肘关节；
2—吊钩；
3—驱动轮；
4—蓄电池组；
5—云台

图 2-133　MF2 履带式移动机器人

2) *履带式行走机构的形状*

履带式行走机构的形状有很多种，主要包括一字形、倒梯形等，如图 2-134 所示。其中(a)为一字形，驱动轮及张紧轮兼作支承轮，增大了支承地面面积，改善了稳定性，此时驱动轮和导向轮只略微高于地面；(b)为倒梯形，不做支承轮的驱动轮及张紧轮安装高度高于地面，链条引入引出时角度达 50°，其优点是适合于穿越障碍，另外因为减少了泥土夹入引起的磨损和失效，可以

笔记

提高驱动轮和张紧轮的寿命。

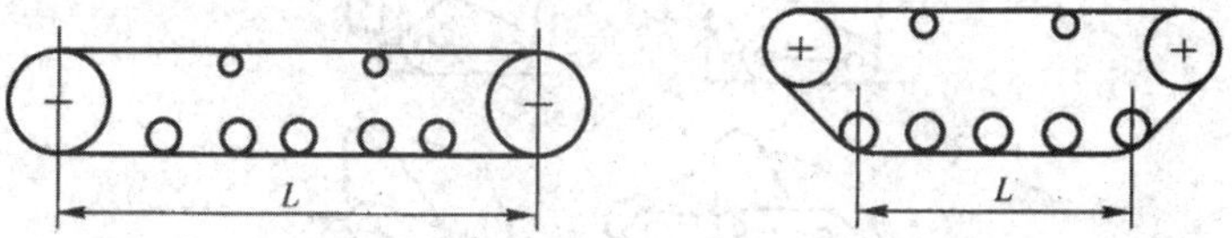

(a) 一字形　　(b) 倒梯形

图 2-134　履带式行走机构的形状

2. 履带式行走机构的特点

1) 履带式行走机构的优点

(1) 支承面积大，接地比压小，适合在松软或泥泞场地进行作业，下陷度小，滚动阻力小。

(2) 越野机动性好，可以在略微凹凸的地面上行走，可以跨越障碍物，能攀爬梯度不太高的台阶，爬坡、越沟等性能均优于轮式行走机构。

(3) 履带支承面上有履齿，不易打滑，牵引附着性能好，有利于发挥较大的牵引力。

2) 履带式行走机构的缺点

(1) 由于没有自定位轮及转向机构，履带行走机构只能靠左右两个履带的速度差实现转弯，所以在横向和前进方向都会产生滑动。

(2) 转弯阻力大，不能准确地确定回转半径。

(3) 结构复杂，重量大，运动惯性大，减振功能差，零件易损坏。

3. 履带式行走机构的变形

1) 形状可变履带式行走机构

形状可变履带式行走机构如图 2-135 所示。随着主臂杆和曲柄的摇摆，整个履带可以随意变成各种类型的三角形形态，即履带形状可以为适应台阶而改变，这样会比普通履带机构的动作更为自如，从而使机器人的机体能够任意上下楼梯和越过障碍物行走，如图 2-136 所示。

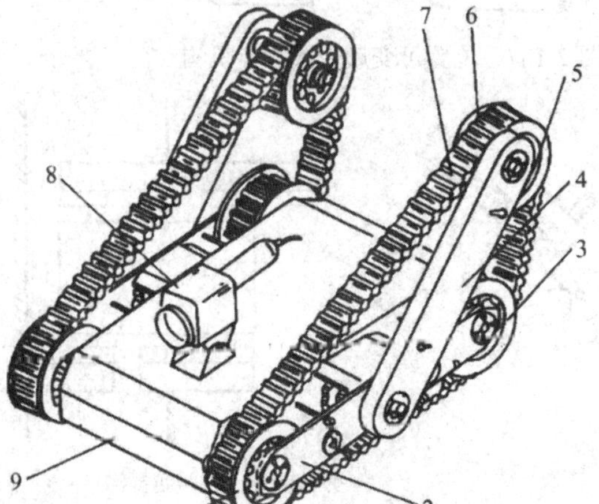

1—驱动轮；
2—履带架；
3—导向轮；
4—主臂杆；
5—曲柄；
6—行星轮；
7—履带；
8—摄像机；
9—机体

图 2-135　形状可变履带式行走机构

笔记

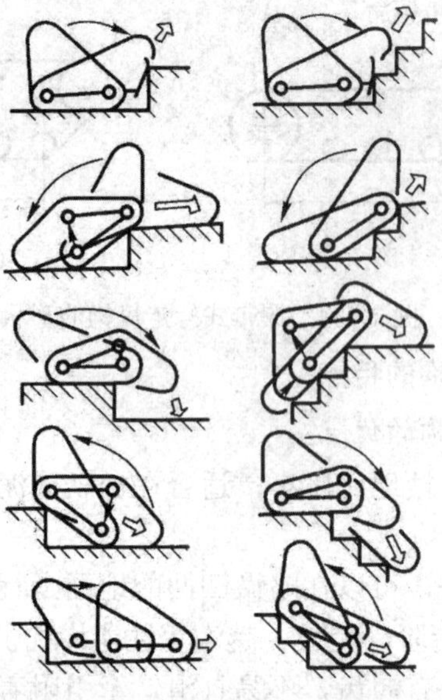

图 2-136　形状可变履带式行走机构的上下楼梯

2) 位置可变履带式行走机构

位置可变履带行走机构如图 2-137 所示。随着主臂杆和曲柄的摇摆，4 个履带可以随意变成朝前或朝后的多种位置组合形态，从而使机器人的机体能够进行上下楼梯、越过障碍物甚至是跨越横沟的行走，如图 2-138 所示。图 2-139 所示为位置可变履带式行走机构的其他实例。

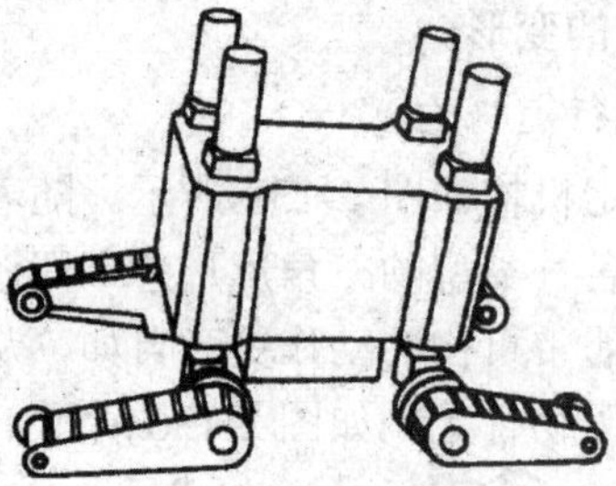

图 2-137　位置可变履带式行走机构

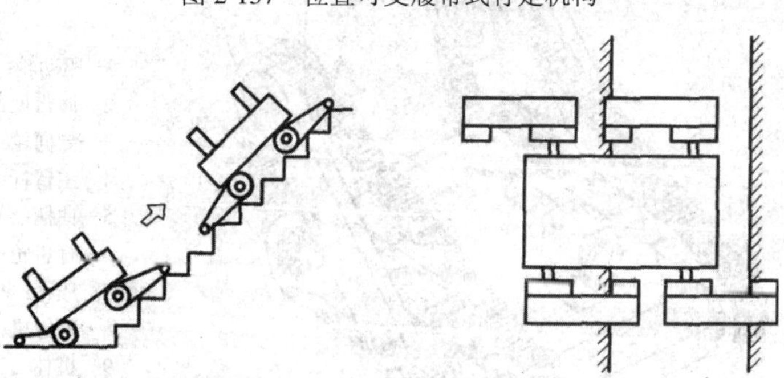

(a) 上下楼梯　　(b) 跨越横沟

图 2-138　位置可变履带式行走机构的上下楼梯和跨越横沟

笔记

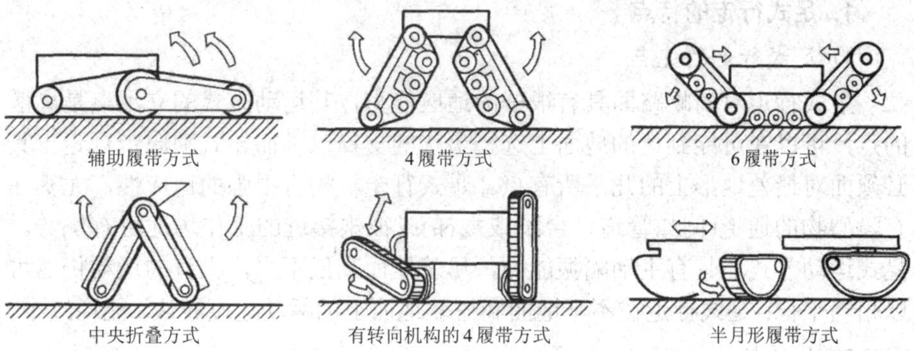

图 2-139　位置可变履带式行走机构的其他实例

3) 装有转向机构的履带式行走机构

装有转向机构的履带式行走机构如图 2-140 所示。它可以实现转向、上下台阶等操作。如图 2-141 所示为双重履带式可转向行走机构机器人，其行走机构的主体前后装有转向器，并装有使转向器绕图中的 $A—A'$，轴旋转的提起机构，使得机器人上下台阶非常顺利，能得到诸如用折叠方式向高处伸臂、在斜面上保持主体水平等各种各样的姿势。

图 2-140　装有转向机构的履带式行走机构

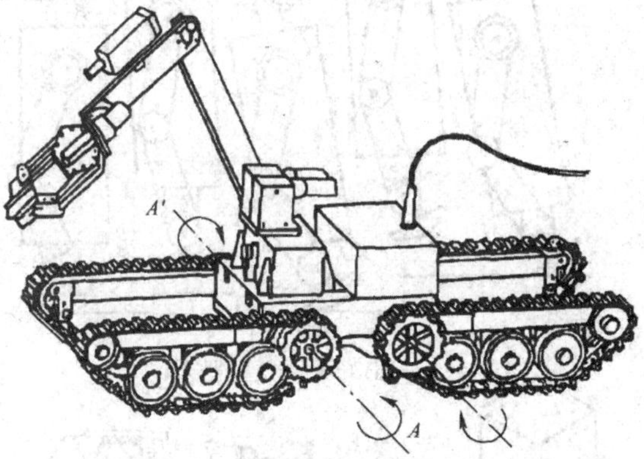

图 2-141　双重履带式可转向行走机构机器人

查一查：采用履带式行走机构的机器人有哪几种？

四、足式行走机构

车轮式行走机构只有在平坦坚硬的地面上行驶才会产生理想的运动特性。如果地面凹凸程度和车轮直径相当或地面很软，则其运动阻力将大大增加。履带式行走机构虽然可在高低不平的地面上运动，但它的适应性不够，行走时晃动太大，在软地面上行驶运动效率低。根据调查，地球上近一半的地面不适合传统的轮式或履带式车辆行走。但是一般多足动物却能在这些地方行动自如，显然足式与轮式和履带式行走方式相比具有独特的优势。

笔记

1. 足式行走的特点

1) 足式行走的优点

足式行走对崎岖路面具有很好的适应能力，其运动方式的立足点是离散的点，可以在可能到达的地面上选择最优的支撑点；而轮式和履带行走工具必须面对最差地形上的几乎所有点。足式行走机构有很强的适应性，尤其在有障碍物的通道(例如管道、台阶或楼梯)或很难接近的工作场地更有优势。足式运动方式还具有主动隔振能力，尽管地面高低不平，机身的运动仍然可以相当平稳；足式行走在不平地面和松软地面上的运动速度较快，能耗较小。

2) 足的数目

现有的步行机器人的足数分别为单足、双足、三足、四足、六足、八足，甚至更多。足的数目越多，越适合于重载和慢速运动。双足和四足具有最好的适应性和灵活性，也最接近人类和动物的运动形式。

图 2-142 分别显示了单足、双足、三足、四足和六足行走结构。不同足数对行走能力的评价如表 2-1 所示。

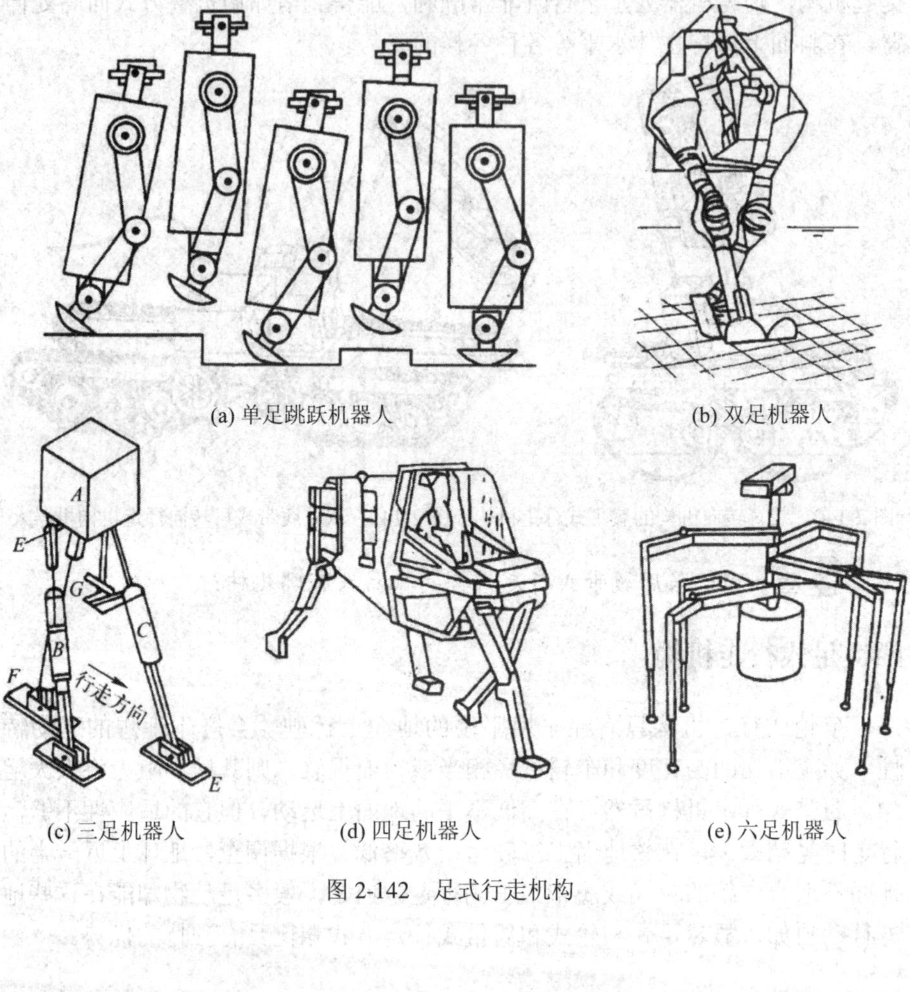

(a) 单足跳跃机器人　(b) 双足机器人

(c) 三足机器人　(d) 四足机器人　(e) 六足机器人

图 2-142　足式行走机构

笔记

表 2-1　不同足数对行走能力的评价

评价指标	足　数							
	1	2	3	4	5	6	7	8
保持稳定姿态的能力	无	无	好.	最好	最好	最好	最好	最好
静态稳定行走的能力	无	无	无	好	最好	最好	最好	最好
高速静态稳定行走能力	无	无	无	有	好	最好	最好	最好
动态稳定行走能力	有	有	最好	最好	最好	好	好	好
用自由度数衡量的结构简单性	最好	最好	好	好	好	有	有	有

2. 足的配置

足的配置是指足相对于机体的位置和方位的安排，这对于两足及以上的机器人尤为重要。就两足而言，足的配置或者是一左一右，或者是一前一后。后一种配置因容易引起腿间的干涉而在实际中很少应用。

1) 足的主平面的安排

在假设足的配置为对称的前提下，四足或多于四足的配置可能有两种，如图 2-143 所示，其中(a)是正向对称分布，即腿的主平面与行走方向垂直；(b)为前后向对称分布，即腿的主平面和行走方向一致。

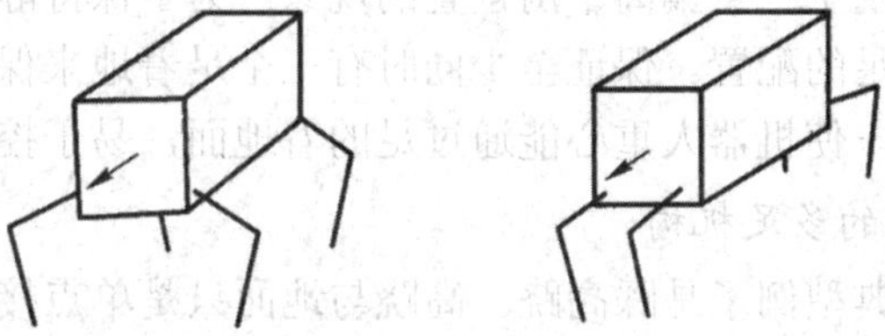

(a) 正向对称分布　　(b) 前后向对称分布

图 2-143　足的主平面的安排

2) 足的几何构形

图 2-144 表示的是足在主平面内的几何构形，分别有哺乳动物形，如图 2-144(a)所示；爬行动物形，如图 2-144(b)所示；昆虫形，如图 2-144(c)所示。

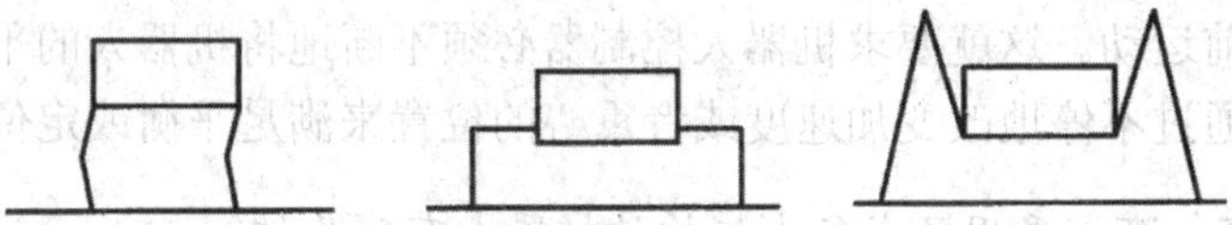

(a) 哺乳动物形　　(b) 爬行动物形　　(c) 昆虫形

图 2-144　足的几何构形

3) 足的相对方位

足的相对方位如图 2-145 所示，分别有：图 2-145(a)所示的内侧相对弯曲，图 2-145(b)所示的外侧相对弯曲，图 2-145(c)所示的同侧弯曲。不同的安排对稳定性有不同的影响。

笔记

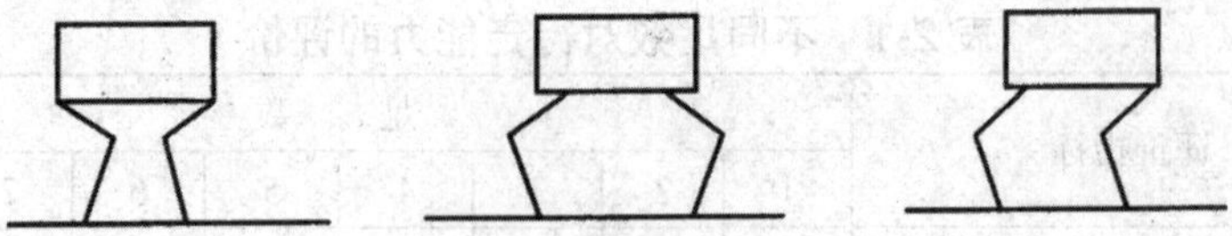

图 2-145　足的相对方位

3. 足式行走机构的平衡和稳定性

1) 静态稳定的多足机构

机器人机身的稳定可通过足够数量的足支承来保证。在行走过程中，机身重心的垂直投影始终落在支承足着落地点垂直投影所形成的凸多边形内。这样，即使在运动中的某一瞬时将运动“凝固”，机体也不会有倾覆的危险。这类行走机构的速度较慢，其步态为爬行或步行。

四足机器人在静止状态是稳定的。在步行时，当一只脚抬起，另三只脚支承自重时，四足机器人必须移动身体，让重心落在三只脚接地点所组成的三角形内。由于行走时六足、八足步行机器人可保证至少有三足同时支承机体，因此在行走时更容易得到稳定的重心位置。

在设计阶段，静平衡机器人的物理特性和行走方式都经过认真协调，因此在行走时不会发生严重偏离平衡位置的现象。为了保持静平衡，机器人需要仔细考虑机器足的配置。保证至少同时有三个足着地来保持平衡，也可以采用大的机器足，使机器人重心能通过足的着地面，易于控制平衡。

2) 动态稳定的多足机构

动态稳定的典型例子是踩高跷。高跷与地面只是单点接触，在不动时要保持两根高跷站稳是非常困难的，要想原地停留，必须不断踏步，而不能总是保持步行中的某种瞬间姿态。

在动态稳定中，机体重心有时不在支承图形中，利用这种重心超出面积而向前产生倾倒的分力作为行走的动力，并不停地调整平衡点以保证不会跌倒。这类机构一般运动速度较快，消耗能量小，其步态可以是小跑和跳跃。

双足行走和单足行走有效地利用了惯性力和重力，利用重力使身体向前倾倒而向前运动。这就要求机器人控制器必须不断地将机器人的平衡状态反馈回来，通过不停地改变加速度或者重心的位置来满足平衡或定位的要求。

查一查：采用足式行走机构的机器人有哪几种？

任务扩展

典型的足式行走机构

一、两足步行式机器人

足式行走机构有两足、三足、四足、六足、八足等形式，其中两足步行式机器人具有最好的适应性，也最接近人类的运动形态，故也称之为类人双足行走机器人。类人双足行走机构属于多自由度的控制系统，是现代控制理论很好的应用对象。这种机构除结构简单外，在保证静、动行走性能及稳定性和高速运动等方面都是最困难的。

两足步行式机器人行走机构是一个空间连杆机构，如图 2-146 所示。在行走过程中，行走机构始终满足静力学的静平衡条件，也就是机器人的重心始终落在接触地面的一只脚上。

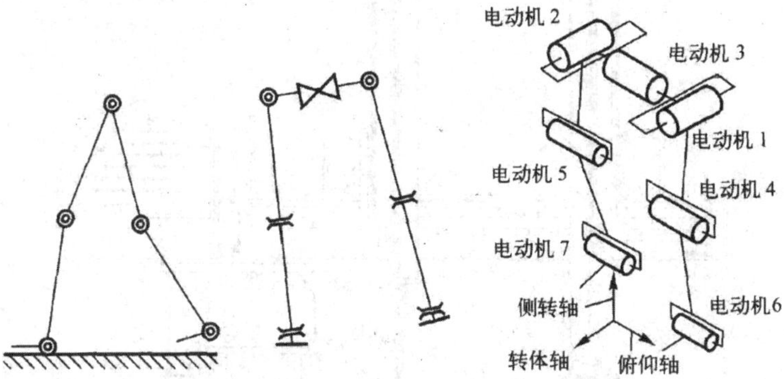

图 2-146　两足步行式机器人行走机构原理图

二、四足与六足步行式机器人

四足与六足步行式机器人是模仿动物行走的机器人。四足步行式机器人除了关节式外，还有缩放式步行机构。如图 2-147 所示为四足缩放式步行机器人在平地上行走的初始姿态，通常使机体与支承面平行。四足对称姿态比两足步行容易保持运动过程中的稳定，控制也较为容易，其运动过程是一只腿抬起，三腿支承机体向前移动。如图 2-148 所示为六足缩放式步行机构原理，每条腿有三个转动关节。行走时，三条腿为一组，足端以相同位移移动，两组相差一定时间间隔进行移动，可以实现 *XOY* 平面内任意方向的行走和原地转动。

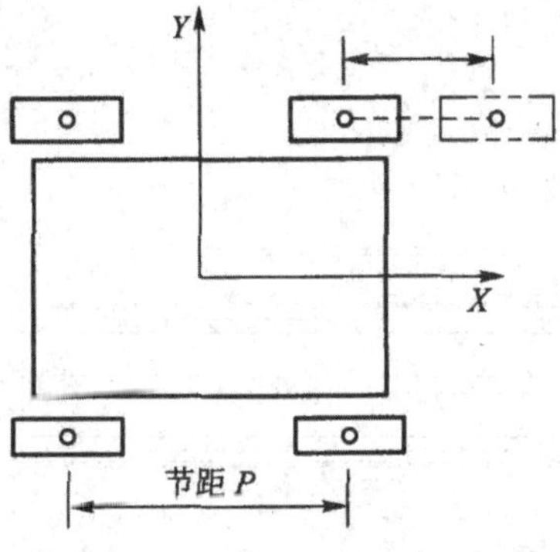

图 2-147　四足缩放式步行机器人的平面几何模型

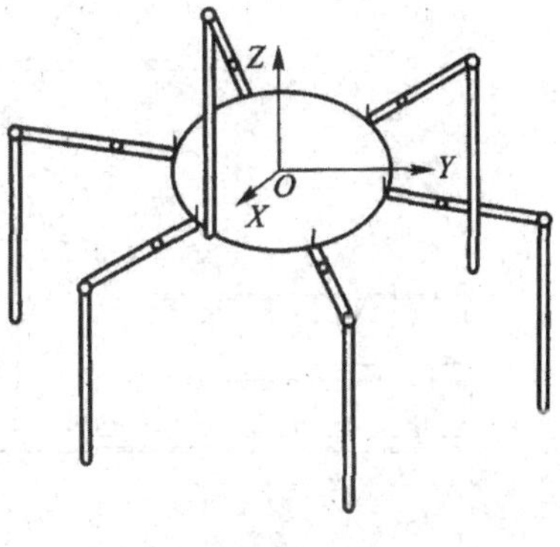

图 2-148　六足缩放式步行机构

笔记

企业文化

倡导真诚坦率的人际沟通，不唯上、不专断，构建简单透明的管理氛围。

笔记

任务巩固

图 2-149～图 2-153 是桁架工业机器人 ARA-1000D 直角坐标机器人的装配图，请根据这些图示说明其工作原理。

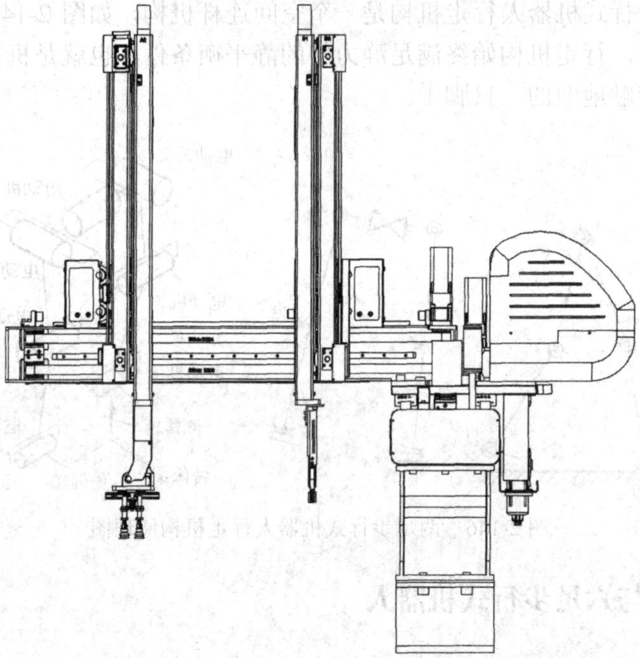

图 2-149　ARA-1000 D 直角坐标机器人总装图

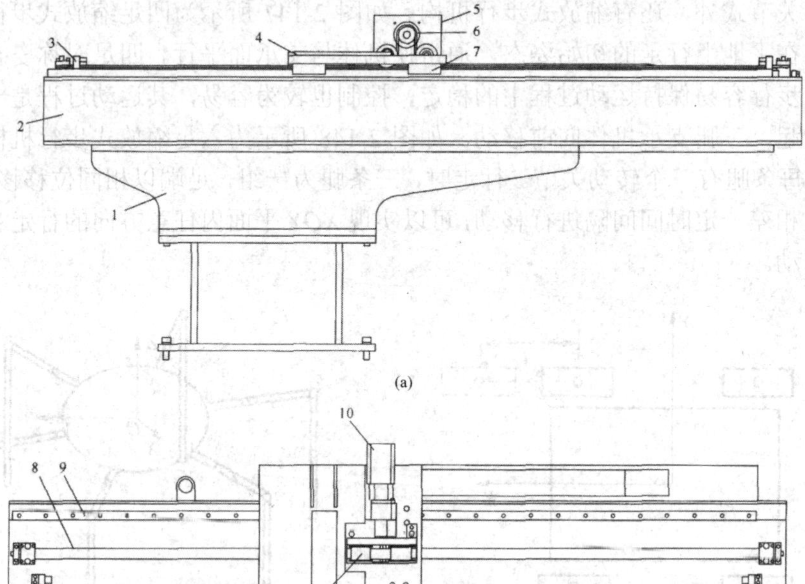

1—底座；2—主臂；3—防撞限位块；4—连接板；5—电动机连接座；6—同步轮；7—滑块；8—同步带；9—线性滑轨；10—伺服电动机；11—张紧轮

图 2-150　ARA-1000D 直角坐标机器人 W 轴装配图

笔记

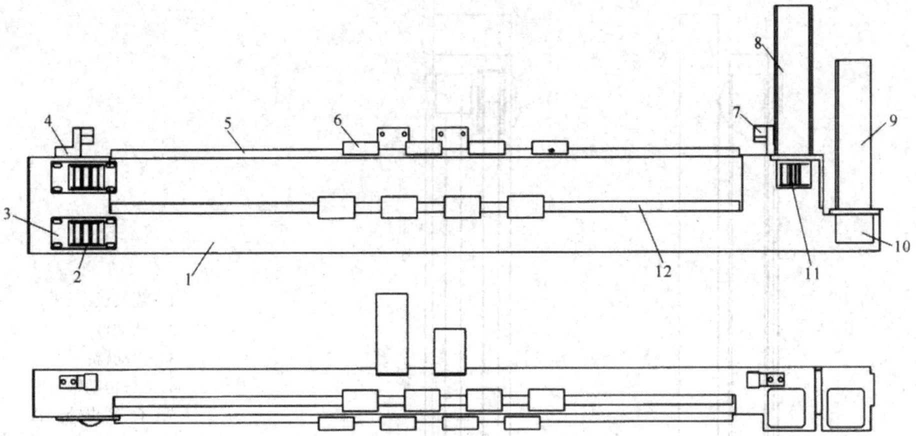

1—悬臂；2—同步轮；3—同步轮固定座；4—防撞限位块；5，12—线性滑轨；6—滑块；7—防撞限位块；8，9—伺服电动机；10，11—减速器

图 2-151　ARA-1000D 直角坐标机器人 U、V 轴配图

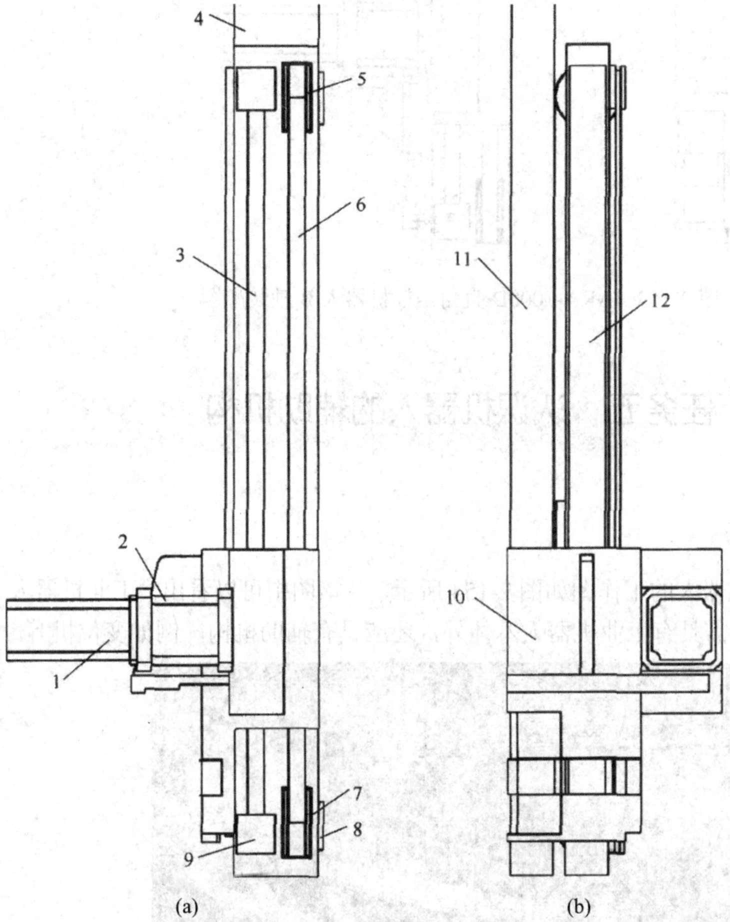

1—伺服电动机；
2—减速器；
3，6—同步带；
4，9—压板；
5，7—同步轮；
8—传动轴；
10—连接板；
11—主动臂；
12—从动臂

图 2-152　ARA-1000D 直角坐标机器人 A 轴装配图

笔记

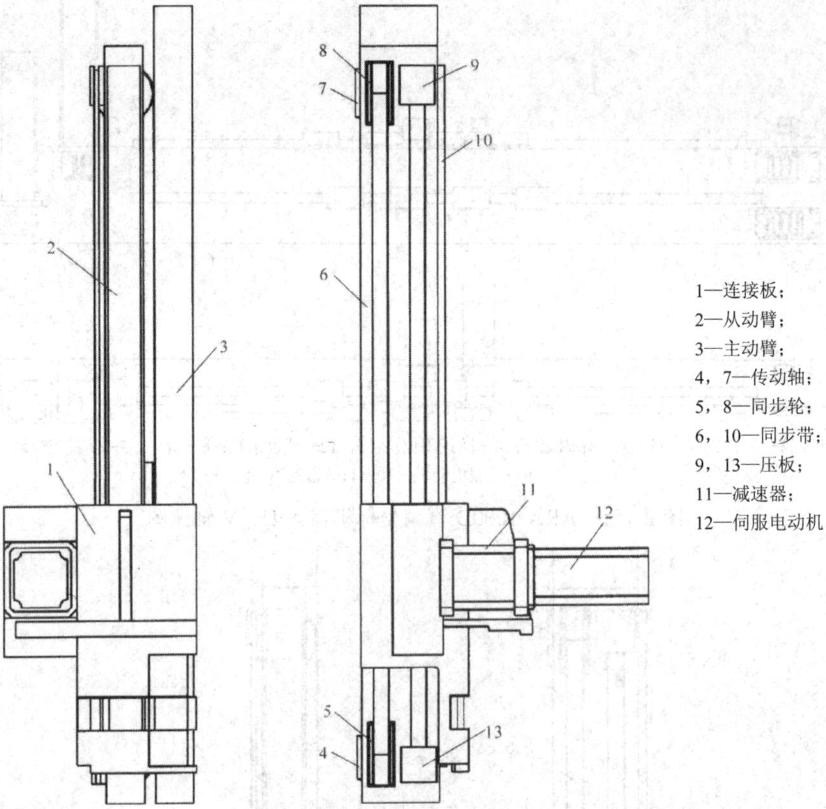

图 2-153　ARA-1000D 直角坐标机器人 B 轴装配图

任务五　认识机器人的辅助机构

工作任务

焊接工业机器人的工作图如图 2-154 所示，从该图中可以看出，工业机器人工作的条件，除需具有工业机器人本体外，还应具有辅助机构，例如变位机等。

图 2-154　焊接工业机器人的工作图

笔记

任务目标

知 识 目 标	能 力 目 标
1. 掌握变位机的作用	1. 会根据不同的需要选择变位机
2. 掌握送丝机构的结构	2. 会操作送丝机构
3. 了解清枪装置的应用	3. 能应用清枪装置
4. 了解空气压缩机的应用	4. 能操作空气压缩机
5. 掌握防碰撞装置的作用	5. 能安装防碰撞装置
6. 了解除尘器的应用场所	6. 能安装除尘器

任务准备

最好用真实实物教学，若没有条件，可采用教具教学。

实物教学

一、变位机

在我国，焊接变位机是一个年轻的产品。由于制造业之间发展水平的差异，很多企业的焊接工位还没有装备焊接变位机；对它的称呼也没有规范化。对于同一种设备，不同的企业和不同的人可能有不同的称呼。例如转胎、转台、翻转架、变位器或变位机等。

用来拖动待焊工件，使其待焊焊缝运动至理想位置进行施焊作业的设备，称为焊接变位机，如图 2-155 所示。也就是说，焊接变位机的作用是把工件装夹在一个设备上，进行施焊作业。焊件待焊焊缝的初始位置，可能处于空间任一方位。通过回转变位运动后，使任一方位的待焊焊缝变为船角焊、平焊或平角焊施焊作业，完成这个功能的设备称为焊接变位机。它改变了可能需要立焊、仰焊等难以保证焊接质量的施焊操作。从而保证了焊接质量，提高了焊接生产率和生产过程的安全性。

课程思政

两个维护

坚决维护习近平总书记在党中央和全党的核心地位；坚决维护党中央权威和集中统一领导。

(a) 单轴　　(b) 双轴　　(c) 三轴

图 2-155　典型变位机外形

二、送丝机构

送丝装置由焊丝送进电动机、保护气体开关电磁阀和送丝滚轮等部分构

笔记

参展，如图 2-156 所示。

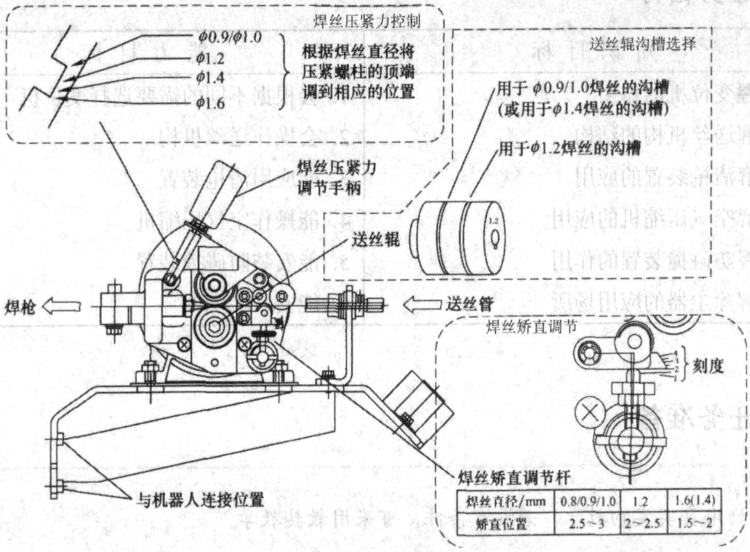

(a) 结构图

(b) 实物图

图 2-156 送丝机结构图

焊丝供给装置用于专门向焊枪供给焊丝。在机器人焊接中主要采用推丝式单滚轮送丝方式，即在焊丝绕线架一侧设置传送焊丝滚轮，然后通过导管向焊枪传送焊丝。在铝合金的 MIG 焊接中，由于焊丝比较柔软，所以在开始焊接时或焊接过程中焊丝在滚轮处会发生扭曲现象，为了克服这一难点，设计者采取了各种措施。

三、清枪装置

自动清枪剪丝装置由清枪站、剪丝机构和喷硅油单元 3 部分组成，如图 2-157 所示。图 2-158 是清枪前后的情况。

清枪站采用三点固定方式，将焊枪喷嘴固定在与铰刀同心的位置，铰刀转动的同时上升，将喷嘴上黏附的焊渣飞溅清理干净。精确高效的清枪站常用于焊接机器人中。

剪丝机构能够保证焊丝的剪切质量，并能提供最佳的焊接起弧效果和焊

笔记

枪 TCP(TCP 指机器人安装的工具工作点)测量的精确程度。

喷硅油装置采用双喷嘴交叉喷射，使硅油能更好地到达焊枪喷嘴的内表面，确保焊渣与喷嘴不会发生死粘连，因此能有效地减少焊枪喷嘴的清理次数，并延长其使用寿命。

当焊接结束后，需要对焊枪进行清理，一般步骤是剪丝、清枪、喷油，然后就可以再次进行焊接。

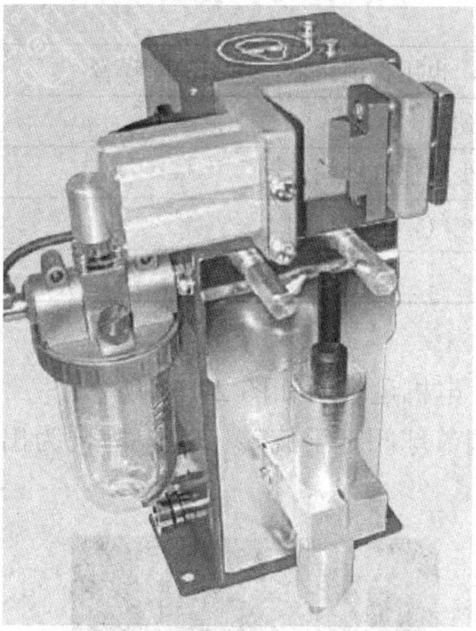

图 2-157　清枪装置

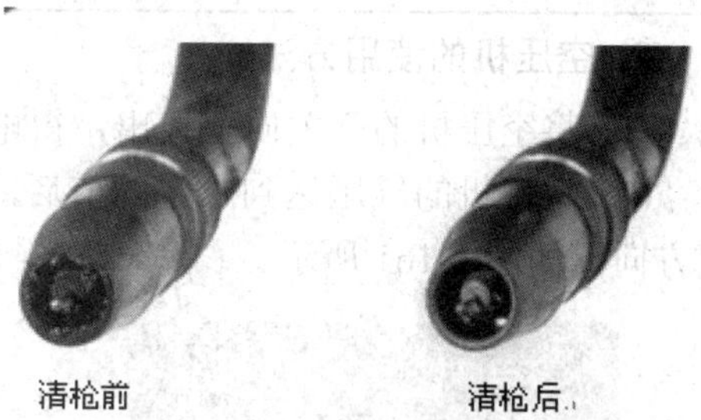

图 2-158　清枪前后的情况

四、空气压缩机

1. 结构

常用空气压缩机如图 2-159 所示。其结构名称如表 2-2 所示。

图 2-159　空气压缩机

笔记

表 2-2　空气压缩机部件名称

序号	名称	说　明
1	开关	简易开关，方便使用，按下为关，拔上为开
2	压力表	在使用时，需注意气压表显示，确保内部气压充足
3	排气阀	全铜球阀型排气阀，安全方便
4	机身参数	直观了解空压机的最大气压、重量、型号等参数
5	电容	电机启动电容
6	进气过滤器	过滤进气口空气，也用作消声器，用于消除噪音
7	全铜电机	不过热，动力强劲
8	减震脚垫	电机工作时，减少对储气罐的震动
9	储气罐	可存储一定量的空气，方便使用
10	万向机轮	拖动或移动便携

2. 空压机的使用方法

(1) 将空压机的开关向上拔出，得电，电机运转，如图 2-160 所示。

(2) 空压机的气压达到一定的值后，调节球阀把手旋转 90°，方向为出气方向，如图 2-161 所示。

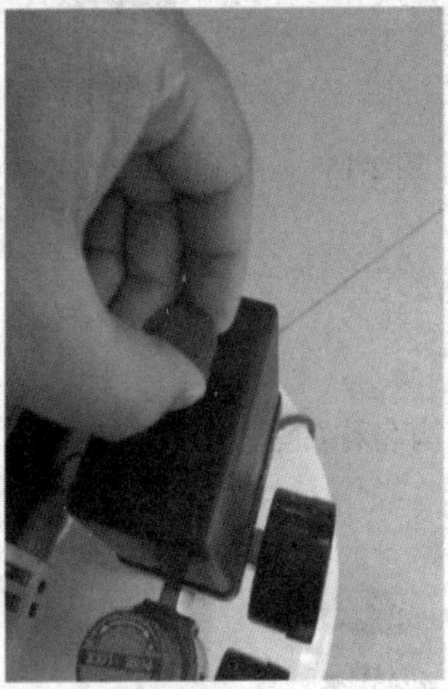

图 2-160　开关向上拔

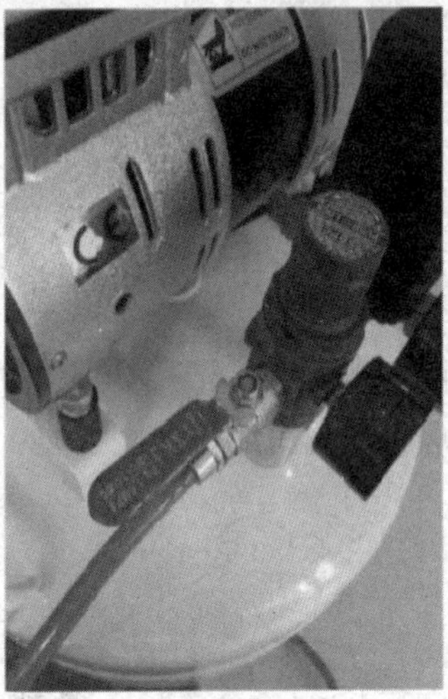

图 2-161　调节球阀把手旋转 90°

3. 空气压缩机的使用注意事项

(1) 空气压缩机应该放置于干燥、清洁和通风良好的地方。

(2) 空气压缩机在使用的过程中及刚使用完毕时，会变得非常烫，此时不要用手触摸空气压缩机任何裸露的地方，除了电源开关和把手。

(3) 不要在靠近火焰、爆炸性空气或使用浮质类产品的地方使用空气压缩机。

(4) 不要让空气压缩机在无人照看的情况下运行。当不用的时候，应关闭机器或拔去插头。

笔记

(5) 应定期更换空气过滤棉。更换频率取决于使用频率和使用环节。针对常在灰尘多的环境里使用的情况，推荐至少一个月更换一次空气过滤棉。

(6) 将易燃物放置到安全的地方，远离空气压缩机。

(7) 不要将压缩空气直接对向人或动物身体的任何部分。

(8) 在任何时候都应让小孩远离空气压缩机。

五、防碰撞装置

防碰撞装置以德国产 TBi 品牌为例进行介绍，型号为 TBi KS-2-MIG。如图 2-162 所示的防碰撞装置主要用于机器人弧焊系统，在发生碰撞的情况下，TBi 防碰撞传感器能有效保护机器人及焊枪系统，并且能自动复位，具有高精度自动复位功能，强度高，寿命长，便于安装。

1. 防碰撞传感器的安装固定

(1) 如图 2-163 所示，用 M5 的内六角扳手从开口处位置将 3 个 M6 螺钉松动并拆下，取下黑色绝缘法兰。

(2) 用 4 个 M6 × 16 的内六角螺丝和一个销钉将黑色绝缘法兰安装到机器人六轴法兰盘上。

图 2-162　防碰撞装置

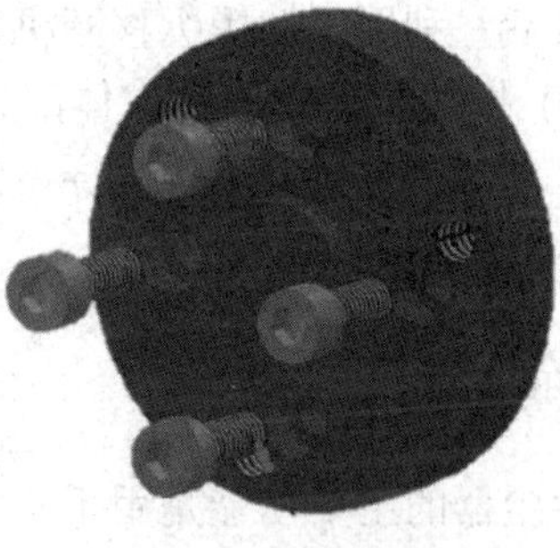

图 2-163　取下黑色绝缘法兰

(3) 将防碰撞传感器主体部分再用 3 个 M6 螺丝钉穿过开口处位置，安装到黑色绝缘法兰上面，如图 2-164 所示。

图 2-164　安装

笔记

2. 防碰撞传感器的接线

(1) 如图 2-165 所示，棕线引脚必须连接 24 V 信号，蓝色线引脚为检测信号。当发生碰撞时，碰撞开关断开，蓝色引脚处检测不到 24V 信号，碰撞信号被触发。

(2) 黑色和白色引脚可以互换，棕色和蓝色引脚不可互换，否则将会导致防碰撞传感器无法正常工作。

(3) 带有插头的控制线连接到防撞主体的插孔中，并紧固结实，另外一端连接到机器人控制柜的安全面板上。

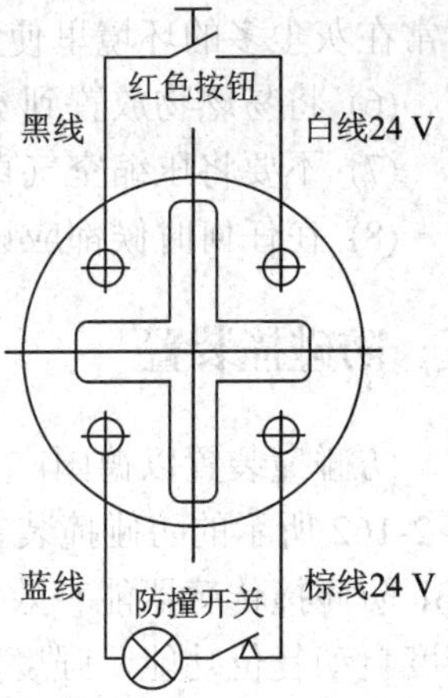

图 2-165 防碰撞传感器的接线

3. 防碰撞传感器的报警复位

当发生碰撞时，机器人示教器界面会显示紧急停止的报警信息，并且机器人无法手动运动。那么如何恢复呢？下面介绍两种方法。

(1) 由发生碰撞引起报警时，首先按住防碰撞传感器上面的红色按钮，示教器会显示“紧急停止恢复等待电机开启”字样，然后按下上电按钮，消除报警后，利用手动操纵移开机器人即可。

(2) 拆掉防撞装置的主体部分，接触碰撞的姿态，示教器会显示“紧急停止恢复等待电机开启”字样，然后按下上电按钮，消除报警后，利用手动操纵移开机器人即可。

工匠精神

中国经济当前正处于深刻转型升级之中，中国正从制造大国向制造强国转型，需要向世界上优秀的制造国特别是美、德等国看齐，这就要求我们大力培育工匠，在各个领域大力弘扬工匠精神，让尊崇工匠精神在全社会蔚然成风，并把工匠精神根植于民族基因，内化成中国人的精神气质。

六、除尘器

除尘器的主要功能是用于除去机器人去行刺过程中产生的行刺屑，以防止行刺飞溅到眼中，如图 2-166 所示。除尘器的开启、停止通过两个开关即可实现，其中一个为闭合开关，另一个为断开开关。

图 2-166 除尘器

想一想：工业机器人还可用到哪种附属装置？

笔记

现场教学

任务实施

工业机器人典型工作站的组成

一、工业机器人点焊工作站的组成

工业机器人点焊工作站由机器人系统、伺服机器人焊钳、冷却水系统、电阻焊接控制装置、焊接工作台等组成，采用双面单点焊方式。整体布置如图 2-167 所示，点焊系统如图 2-168 所示。点焊机器人工作站图中各部分说明见表 2-3，图 2-167 中列出了点焊机器人工作站的完整配置，各部分的功能见表 2-4。

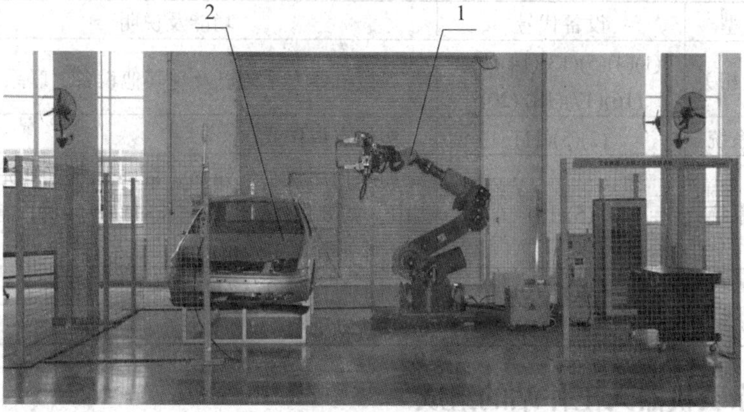

1—点焊机器人；2—工件

图 2-167　整体布置图

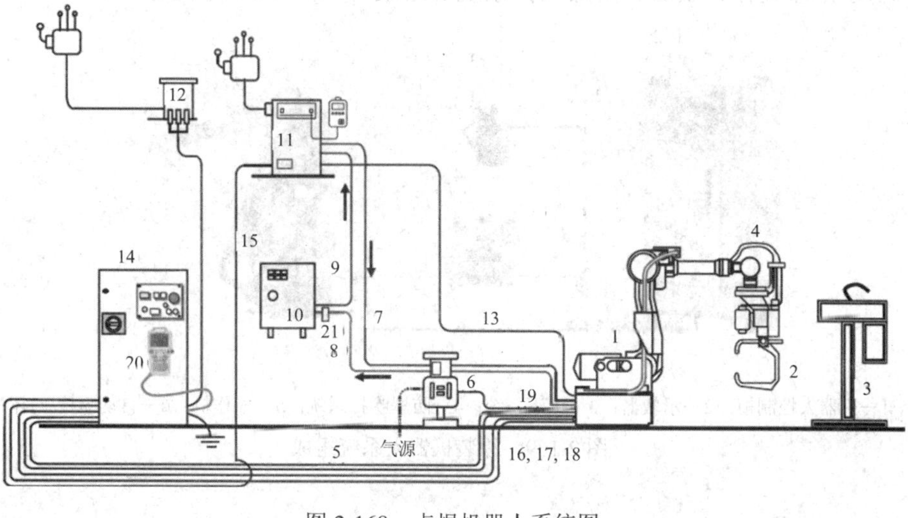

图 2-168　点焊机器人系统图

笔记

表 2-3　点焊机器人系统图中各部分说明

设备代号	设备名称	设备代号	设备名称
1	机器人本体(ES165D)	12	机器人变压器
2	伺服焊钳	13	焊钳供电电缆
3	电极修磨机	14	机器人控制柜 DX100
4	手首部集合电缆(GISO)	15	点焊指令电缆(I/F)
5	焊钳伺服控制电缆 S1	16	机器人供电电缆 2BC
6	气/水管路组合体	17	机器人供电电缆 3BC
7	焊钳冷水管	18	机器人控制电缆 1BC
8	焊钳回水管	19	焊钳进气管
9	点焊控制箱冷水管	20	机器人示教器(PP)
10	冷水阀组	21	冷却水流量开关
11	点焊控制箱	22	电源提供

表 2-4　点焊机器人系统各部分功能说明

类　型	设备代号	功能及说明
机器人相关	(1)(4)(5)(13)(14)(15)(16)(17)(18) (20)	焊接机器人系统以及与其他设备的联系
点焊系统	(2)(3)(11)	实施点焊作业
供气系统	(6)(19)	如果使用气动焊钳时，焊钳加压气缸完成点焊加压，需要供气。当焊钳长时间不用时，需用气体吹干焊钳管道中残留的水
供水系统	(7)(8)(10)	用于对设备(2)、(11)的冷却
供电系统	(12)(22)	系统动力

二、涂装机器人工作站的组成

典型的涂装机器人工作站主要由操作机、机器人控制系统、供漆系统、自动喷枪/旋杯、喷房、防爆吹扫系统等组成，如图 2-169 所示。

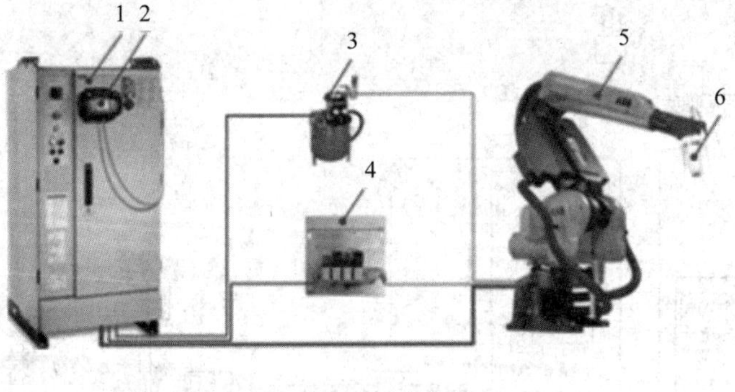

1—机器人控制柜；2—示教器；3—供漆系统；4—防爆吹扫系统；5—操作机；6—自动喷枪/旋杯

图 2-169　涂装机器人系统组成

笔记

三、码垛机器人工作站的组成

码垛机器人同搬运机器人一样，需要相应的辅助设备组成一个柔性化系统，才能进行码垛作业。以关节式为例，常见的码垛机器人主要由操作机、控制系统、码垛系统(气体发生装置、液压发生装置)和安全保护装置组成，如图 2-170 所示。操作者可通过示教器和操作面板进行码垛机器人运动位置和动作程序的示教，设定运动速度、码垛参数等。

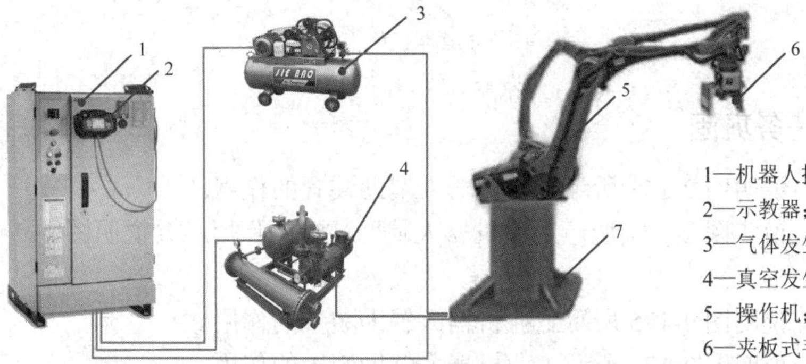

1—机器人控制柜；
2—示教器；
3—气体发生装置；
4—真空发生装置；
5—操作机；
6—夹板式手爪；
7—底座

图 2-170　码垛机器人系统组成

企业文化

尊重人的价值，开发人的潜能，升华人的心灵，从生活、情感和成长环节关爱和善待员工、为员工构建价值实现的平台，共享发展成果。

任务扩展

安全防护系统

常用的安全防护装置如图 2-171 所示，有安全围栏、安全光栅等，也可以应用组合安全防护系统。安全防护系统还包括三色报警灯和报警器等，如图 2-172 所示。当机器人处于手动模式时，三色报警灯的黄灯会出现闪烁，示意操作人员应注意安全；当机器人处于自动模式时，三色报警灯的绿灯会出现闪烁，示意系统运行正常。防护栏门上安装有安全光栅，在自动模式下，当系统检测到有人进入工作站时，机器人会紧急停止，同时三色报警器会出现红灯闪烁和报警器报警，以保护操作人员的人身安全。

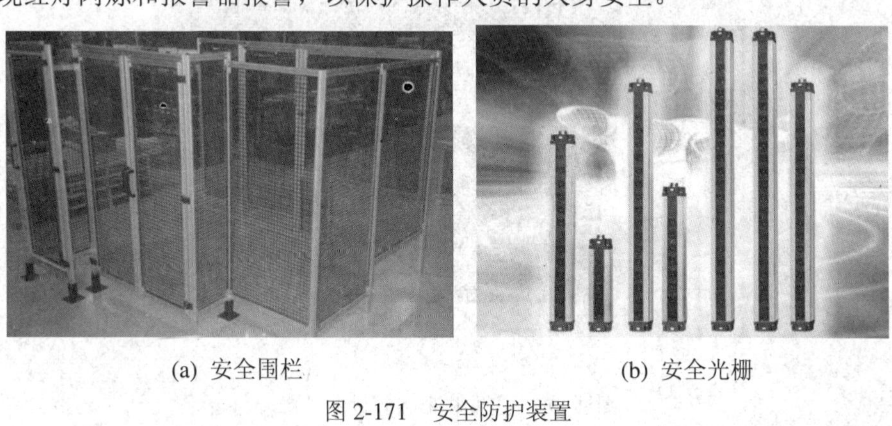

(a) 安全围栏　　(b) 安全光栅

图 2-171　安全防护装置

笔记

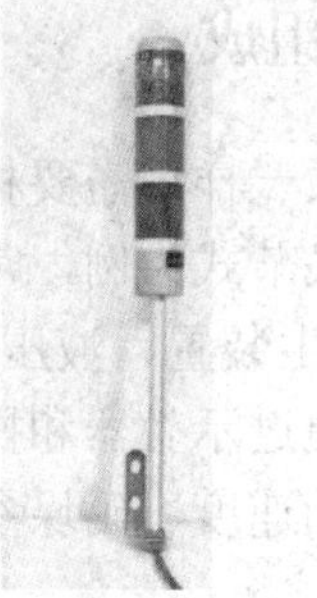

图 2-172　三色报警灯

任务巩固

1. 说明图 2-173 所示工业机器人辅助装置的作用。

2. 说明图 2-174 所示工业机器人辅助装置的作用，并说明图中 1～7 的用处。

3. 说明图 2-175 所示工业机器人辅助装置的作用。

4. 说明图 2-176 所示工业机器人辅助装置的作用。

5. 指出图 2-177 所示工业机器人工作站中的辅助装置，并指明其作用。

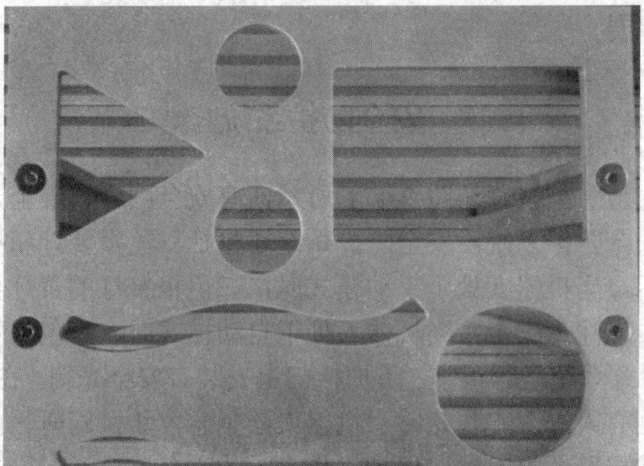

图 2-173　工业机器人辅助装置一

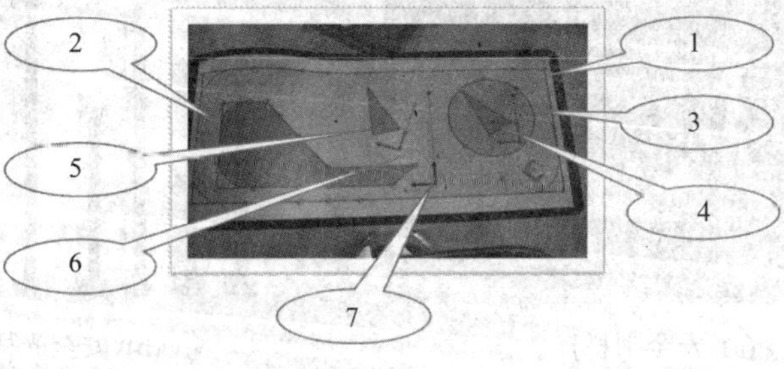

图 2-174　工业机器人辅助装置二

笔记

图 2-175　雕刻工业机器人的刀库

图 2-176　工业机器人底座

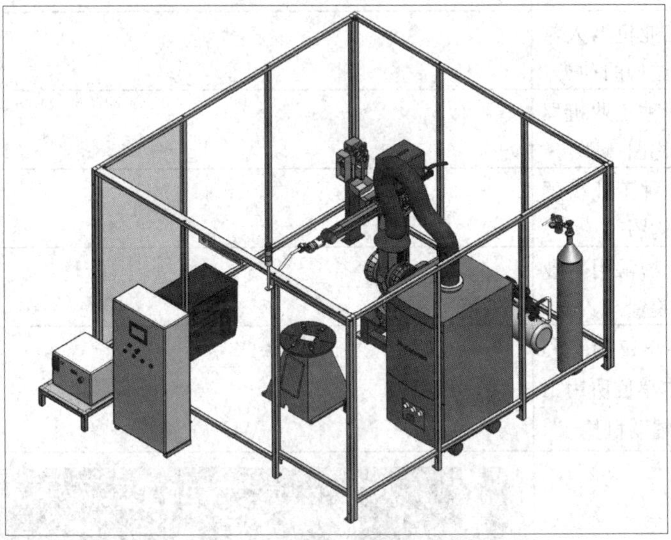

图 2-177　弧焊工作站

模块二资源

笔记

操作与应用

工 作 单

姓名		工作名称	工业机器人的执行机构
班级		小组成员	
指导教师		分工内容	
计划用时		实施地点	
完成日期		备注	

工 作 准 备		
资 料	工具	设 备

工作内容与实施	
工作内容	实 施
1. 简述工业机器人常用末端执行结构的种类	
2. 画出一种工业机器人腕部的结构图	
3. 画出一种工业机器人手臂的结构图	
4. 查找一种常用工业机器的行走装置	
5. 根据本单位的实际情况，写出本单位所用工业机器人的辅助机构	
6. 根据图1所示工作站，指出工业机器人的末端执行装置、腕部、手臂与行走机构	 图1 机床上下料工业机器人

笔记

工 作 评 价

	评 价 内 容				
	完成的质量(60分)	技能提升能力(20分)	知识掌握能力(10分)	团队合作(10分)	备注
自我评价					
小组评价					
教师评价					

1．自我评价

班级　　　　　　　　　　姓名　　　　　　工作名称　工业机器人的执行机构

自我评价表

序号	评 价 项 目			是	否
1	是否明确人员的职责				
2	能否按时完成工作任务的准备部分				
3	工作着装是否规范				
4	是否主动参与工作现场的清洁和整理工作				
5	是否主动帮助同学				
6	是否能识别工业机器的末端执行装置				
7	是否能识别工业机器的腕部与手臂				
8	是否能识别工业机器的行走机构				
9	是否完成了清洁工具和维护工具的摆放				
10	是否执行 6S 规定				
评价人		分数		时间	年　　月　　日

2．小组评价

小组评价表

序号	评 价 项 目	评 价 情 况
1	与其他同学的沟通是否顺畅	
2	是否尊重他人	
3	工作态度是否积极主动	
4	是否服从教师的安排	
5	着装是否符合标准	
6	能否正确地理解他人提出的问题	
7	能否按照安全和规范的规程操作	
8	能否保持工作环境的干净整洁	

笔记

续表

序号	评 价 项 目	评 价 情 况
9	是否遵守工作场所的规章制度	
10	是否有工作岗位的责任心	
11	是否全勤	
12	是否能正确对待肯定和否定的意见	
13	团队工作中的表现如何	
14	是否达到任务目标	
15	存在的问题和建议	

3. 教师评价

<table>
<tr><td>课程</td><td>工业机器人
操作与应用</td><td>工作名称</td><td>工业机器人
的执行机构</td><td>完成地点</td><td></td></tr>
<tr><td>姓名</td><td></td><td>小组成员</td><td colspan="3"></td></tr>
<tr><td>序号</td><td colspan="2">项 目</td><td>分值</td><td colspan="2">得分</td></tr>
<tr><td>1</td><td colspan="2">简答题</td><td>20</td><td colspan="2"></td></tr>
<tr><td>2</td><td colspan="2">识别工业机器的末端执行装置</td><td>20</td><td colspan="2"></td></tr>
<tr><td>3</td><td colspan="2">识别工业机器的腕部</td><td>20</td><td colspan="2"></td></tr>
<tr><td>4</td><td colspan="2">识别工业机器的手臂与行走机构</td><td>20</td><td colspan="2"></td></tr>
<tr><td>5</td><td colspan="2">识别工业机器的行走机构</td><td>20</td><td colspan="2"></td></tr>
</table>

自 学 报 告

自学任务	根据工业机器人机械结构的零件图样，应用一种软件画出其三维结构图
自学内容	
收 获	
存在问题	
改进措施	
总 结	

笔记

模块三

工业机器人的传感系统

一般机器人具有类似于人脑功能的思维系统，类似于眼睛、耳朵、皮肤等功能的感觉系统，类似于人手脚功能的运动系统。人脑、手、足、皮肤、眼睛、耳朵、舌头等的功能在机器人中分别对应于判断和控制、把握、行走、触觉、视觉、听觉、味觉等，各种功能之间有着很强的关联性和依赖性，通过传感器使得这些功能得以充分发挥。例如在装配机器人作业中，一般包含决定零件安装位置的距离传感器，检测零件形状的视觉传感器，检测手的把握状态及安装状态的滑觉传感器和力觉传感器。机器人根据这些传感器获取的信息作出判断、控制并进行有效的作业。

具有视觉系统的工业机器人检测作业如图 3-1 所示。机器人传感器主要包括机器人视觉、力觉、触觉、接近觉、姿态觉、位置觉传感器等。由于机器人视觉研究的重要性和复杂性，一般将机器人视觉单独列为一个学科研究。与大量使用的工业检测传感器相比，机器人传感器对传感信息的种类和智能化处理的要求更高。

图 3-1　具有视觉系统的工业机器人检测作业

模块目标

知 识 目 标	能 力 目 标
1. 掌握机器人对传感器的要求 2. 掌握机器人传感器的性能指标 3. 认识内部信息传感器 4. 认识机器人的外部信息传感器 5. 认识多传感器信息融合技术	1. 能选择内部信息传感器 2. 能选择外部信息传感器 3. 能应用多传感器信息融合技术

笔记

任务一　认识机器人的传感器

工作任务

根据所完成任务的不同，工业机器人配置的传感器类型和规格也不尽相同，一般分为内部信息传感器和外部信息传感器。工业机器人传感器分类如图 3-2 所示，内部信息传感器主要用来采集机器人本体、关节和手爪的位移、速度、加速度等来自机器人内部的信息；外部信息传感器用来采集机器人和外部环境以及工作对象之间相互作用的信息。详细的分类及应用说明如表 3-1 所示。

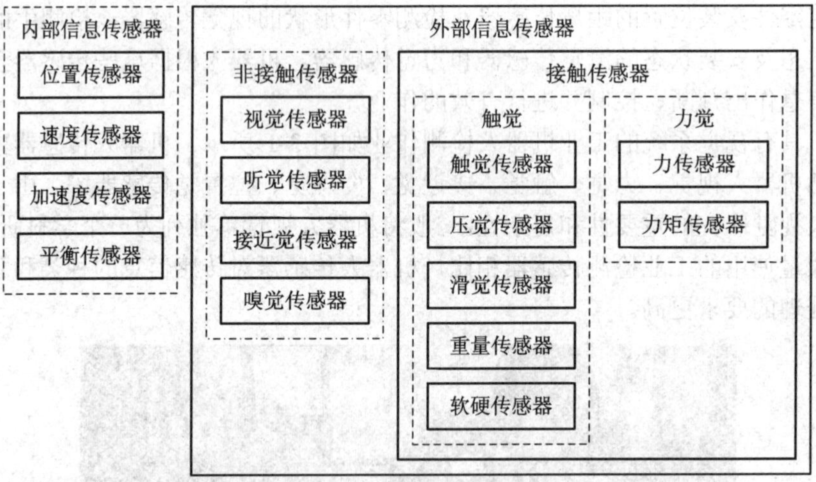

图 3-2　工业机器人传感器分类

表 3-1　机器人传感器的分类及应用

传感器	检测对象	传感器装置	应　用
视觉	空间形状	面阵 CCD、SSPD、TV 摄像机	物体识别、判断
	距离	激光、超声测距	移动控制
	物体位置	PSD、线阵 CCD	位置决定、控制
	表面形态	面阵 CCD	检查，异常检测
	光亮度	光电管、光敏电阻	判断对象有无
	物体颜色	色敏传感器、彩色 TV 摄像机	物料识别，颜色选择
触觉	接触	微型开关、光电传感器	控制速度、位置，姿态确定
	握力	应变片、半导体压力元件	控制握力，识别握持物体
	负载	应变片、负载单元	张力控制，指压控制
	压力大小	导电橡胶、感压高分子元件	姿态、开关判别

笔记

续表

传感器	检测对象	传感器装置	应　用
触觉	压力分布	应变片、半导体感压元件	装配力控制
	力矩	压阻元件、转矩传感器	控制手腕，伺服控制双向力
	滑动	光电编码器、光纤	修正握力，测量质量或表面特征
接近觉	接近程度	光敏元件、激光	作业程序控制
	接近距离	光敏元件	路径搜索、控制，避障
	倾斜度	超声换能器、电感式传感器	平衡，位置控制
听觉	声音	麦克风	语音识别、人机对话
	超声	超声波换能器	移动控制
嗅觉	气体成分	气体传感器、射线传感器	化学成分分析
	气体浓度		
味觉	味道	离子敏传感器、pH 计	化学成分分析

任务目标

知 识 目 标	能 力 目 标
1. 掌握机器人对传感器的要求 2. 掌握机器人传感器的性能指标 3. 掌握机器人传感器选择应考虑的因素	1. 能找到工业机器人所用传感器的位置 2. 能提出工业机器人所用传感器的指标

任务准备

现场教学

一、机器人对传感器的要求

1. 机器人对传感器的一般要求

1) 精度高

机器人传感器的精度直接影响机器人的工作质量。用于检测和控制机器人运动的传感器是控制机器人定位精度的基础。机器人是否能够准确无误地正常工作，往往取决于传感器的测量精度。

2) 稳定性好

机器人传感器的稳定性和可靠性是保证机器人能够长期稳定可靠工作的必要条件。机器人经常是在无人照管的条件下代替人工操作的，一旦它在工作中出现故障，轻则影响生产的正常进行，重则造成严重的事故。

3) 抗干扰能力强

机器人传感器的工作环境往往比较恶劣，机器人传感器应当能够承受强

笔记

电磁干扰、强振动，并能够在一定的高温、高压、高污染环境中正常工作。

4) 安装方便可靠

安装在机器人手臂等运动部件上的传感器重量要轻，否则会加大运动部件的惯性，影响机器人的运动性能。对于工作空间受到某种限制的机器人，体积和安装方向的要求也是必不可少的。

2. 机器人控制对传感器的要求

机器人控制需要采用传感器检测机器人的运动位置、速度、加速度。

除较简单的开环控制机器人外，多数机器人都采用位置传感器作为闭环控制中的反馈元件。机器人根据位置传感器反馈的位置信息，对其运动误差进行补偿。不少机器人还装备有速度传感器和加速度传感器。加速度传感器可以检测机器人构件受到的惯性力，使控制能够补偿惯性力引起的变形误差。速度检测用于预测机器人的运动时间，计算和控制由离心力引起的变形误差。

二、机器人传感器性能指标

课程思政

中国梦

实现中华民族伟大复兴，是近代以来中国人民最伟大的梦想。

通过前面的介绍可知，传感器的性能好坏在机器人中起着相当关键的作用。那么，机器人传感器的性能到底通过哪些指标来评价呢？

传感器的性能分为静态特性和动态特性，因此传感器的性能指标也分为静态性能指标和动态性能指标。

1. 传感器静态性能指标

传感器的静态特征属于传感器本身的特性，是传感器的输出量与输入量之间所具有的相互关系。因为此时输入量和输出量都和时间无关，所以它们之间的关系(即传感器的静态特性)可用一个不含时间变量的代数方程来描述，或以输入量作横坐标，把与其对应的输出量作纵坐标而画出的特性曲线来描述。传感器的静态性能指标主要有灵敏度、精度、线性度、分辨率、迟滞、重复性、漂移、阈值等。

1) 灵敏度

灵敏度是传感器静态特性的一个重要指标。传感器的输出信号达到稳定时，如果稍微改变输入信号，则输出信号的变化量与输入信号的变化量的比值，就是灵敏度。

一般来说，传感器的灵敏度越高越好，但是过高的灵敏度有时会导致传感器的输出稳定性下降。

需要注意的是，传感器的灵敏度是有方向性的。当被测量是单向量，而且对其方向性要求较高时，应选择其他方向灵敏度低的传感器；如果被测量是多维向量，则要求传感器的交叉灵敏度越低越好。

2) 精度和线性度

传感器的精度是指传感器的测量输出值与实际被测量值之间的误差。线性度是指传感器输出信号与输入信号之间的线性程度。

笔记

传感器的线性范围是指输出与输入成正比的范围。从理论上讲，在此范围内，灵敏度保持定值。传感器的线性范围越宽，则其量程越大，并且能保证一定的测量精度。因此，传感器的精度和线性度越高越好。

3) 分辨率

如果输入量从某一非零值缓慢地变化，当输入变化值未超过某一数值时，传感器的输出不会发生变化，即传感器对此输入量的变化是分辨不出来的。只有当输入量的变化超过分辨率时，其输出才会发生变化。分辨率表达传感器可感受到的被测量的最小变化量。

通常传感器在满量程范围内各点的分辨率并不相同，因此常用满量程中能使输出量产生阶跃变化的输入量中的最大变化值作为衡量分辨率的指标。上述指标若用满量程的百分比表示，则称为分辨率。

分辨率是指传感器在整个测量范围内所能辨别的被测量的最小变化量，或者所能辨别的不同被测量的个数。如果所辨别的被测量最小变化量越小，或被测量个数越多，则分辨率越高；反之，分辨率越低。传感器的分辨率直接影响机器人的可控程度和控制品质。因此，传感器的分辨率也是越高越好。

4) 迟滞

传感器在输入量由小到大(正行程)及输入量由大到小(反行程)变化期间，其输入/输出特性曲线不重合的现象称为迟滞。对于同一大小的输入信号，传感器的正、反行程输出信号大小不相等，这个差值称为迟滞差值。

5) 重复性

当输入信号按同一方向连续变化多次时，传感器的检测结果有可能不一样。这个检测结果变化不一致的程度称为传感器的重复性。结果的变化越小，重复性越好，传感器也就越好。对于多数传感器来说，重复性指标都优于精度指标。

6) 漂移

传感器的漂移是指在输入量不变的情况下，传感器输出量随着时间变化的现象。传感器的漂移对传感器的检测结果是有害的，因此传感器的漂移越小越好。

7) 阈值

当传感器的输入从零值开始缓慢增加时，在达到某一值后输出发生可观测到的变化，这个输入值称为传感器的阈值电压。

2. 传感器动态性能指标

传感器的动态特性是指在输入变化时，传感器的输出特性。在实际工作中，传感器的动态特性常用其对某些标准输入信号的响应来表示，最常用的标准输入信号有阶跃信号和正弦信号两种，这两种信号分别如图 3-3 和图 3-4 所示。传感器的动态特性常用阶跃响应和频率响应来表示。传感器的动态性能指标就是响应时间。

笔记

响应时间就是传感器输出信号变化到一个稳定值所需要的时间。响应时间是传感器的动态特性指标，有时也用频率响应特性来代替。

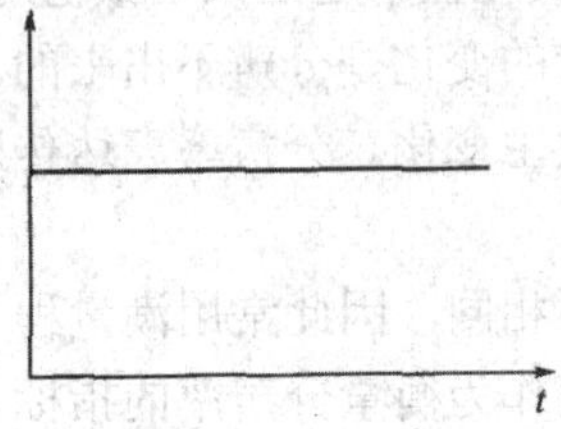

图 3-3 阶跃信号

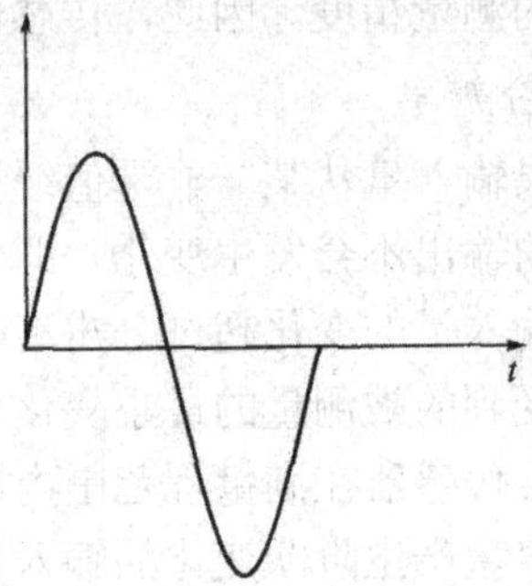

图 3-4 正弦信号

任务实施

现场教学

一、机器人对传感器的需要

机器人传感器除常见的表征内部状态的位置、速度传感器外，还包括外部传感器。机器人最需要的感觉能力可分为以下几类：

(1) 简单触觉：确定工作对象是否存在。

(2) 复合触觉：确定工作对象是否存在，确定其尺寸和形状等。

(3) 简单力觉：沿一个方向测量力，属于单维力的测量。

(4) 复合力觉：沿一个以上方向测量力，属于多维力的测量。

(5) 接近觉：对工作对象的非接触探测等。

(6) 简单视觉：孔、边、拐角等的检测。

(7) 复合视觉：识别工作对象的形状等。

一些特殊领域应用的机器人可能还需要具有温度、湿度、压力、滑动量、化学性质等方面感觉能力的传感器。

二、机器人传感器的选择

在选择机器人传感器的时候，最重要的是确定机器人需要传感器所做的操作，达到的具体性能要求。根据机器人对传感器的功能要求，选择传感器的类型。

1. 尺寸和重量

尺寸和重量是机器人传感器的重要物理参数。机器人传感器通常需要装在机器人手臂或手腕上，与机器人手臂一起运动，它也是机器人手臂驱动器负载的一部分。所以，机器人传感器的尺寸和重量将直接影响到机器人的运动性能和工作性能。

笔记

2. 输出形式

传感器的输出可以是某种机械运动，也可以是电压和电流，还可以是压力、液面高度或量度等。传感器的输出形式一般是由传感器本身的工作原理所决定的。

由于目前机器人的控制大多是由计算机完成的，传感器的输出信号通过计算机分析处理，一般希望传感器的输出最好是计算机可以直接接收的数字式电压信号，所以应该优先选用这一输出形式的传感器。

3. 可插接性

传感器的可插接能力不但影响传感器使用的方便程度，而且会影响到机器人结构的复杂程度。如果传感器没有通用外插口，或者需要采用特殊的电压或电流供电，在使用时不可避免地需要增加一些辅助性设备和工件，机器人系统的成本也会因此而提高。

另外，传感器输出信号的大小和形式也应当尽可能与其他相邻设备的要求相匹配。

做一做：找到您所在学校或单位中的工业机器人传感器的位置。

任务扩展

传感器的安全要求

一、保护机器人的安全

为了使机器人安全地工作而不被损坏，机器人的各个构件都不能超过其受力极限。同时，也需要监测其各个连杆和构件的受力。这就需要采用各种力传感器。

现在多数机器人是采用加大构件尺寸的办法来避免其自身损坏的。如果采用上述力监测控制的方法，就能大大改善机器人的运动性能和工作能力，并减小构件尺寸、减少材料的消耗。

机器人自我保护的另一个问题是要防止机器人和周围物体碰撞，这就要求采用各种触觉传感器。目前，有些工业机器人已经采用触觉导线加缓冲器的方法来防止碰撞的发生。一旦机器人的触觉导线和周围物体接触，会立刻向控制系统发出报警信号，在碰撞发生以前，使机器人停止运动。防止机器人和周围物体碰撞也可以采用接近觉传感器。

二、保护机器人使用者的安全

从保护机器人使用者安全的角度出发，也要考虑对机器人传感器的要求。工业环境中的任何自动化设备都必须装有安全传感器，以保护操作者和附近

笔记

的其他人，这是“劳动安全条例”中所规定的。

检测工作中的机器人旁边是否有人，可以使用防干扰传感器，它能够自动关闭工作设备或者向接近者发出警告。有时并不需要完全停止机器人的工作，在有人靠近时，可以暂时限制机器人的运动速度。

在对机器人进行示教时，操作者需要站在机器人旁边和机器人一起工作，这时操作者必须按下安全开关，机器人才能工作。即使在这种情况下，也应当尽可能设法保护操作者的安全。例如，可以采用设置安全导线的办法限制机器人不能超出特定的工作区域。

另外，在任何情况下，都需要使用一定的传感器检测控制系统是否正常工作，以防止由于控制系统失灵而造成意外事故。

任务巩固

1. 机器人对传感器有哪些要求？
2. 机器人传感器的性能指标有哪些？
3. 选择机器人传感器时应考虑哪些因素？

任务二　认识内部信息传感器

工作任务

内部传感器可用于确定机器人在其自身坐标系内的姿态位置，例如用来测量位移、速度、加速度和应力的通用型传感器。几乎所有的机器人都使用内部传感器，例如为测量回转关节位置的编码器和测量速度以控制其运动的测速计。如图 3-5 所示是工业机器人在进行精度检测。

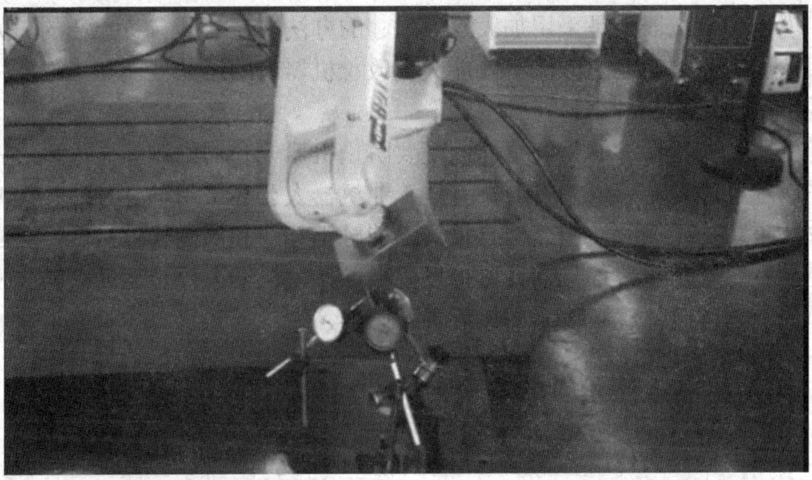

图 3-5　工业机器人进行精度检测

笔记

任务目标

知 识 目 标	能 力 目 标
1. 掌握位移传感器的种类 2. 掌握速度传感器的种类 3. 掌握加速度传感器的应用	1. 知道各种工业机器人所用内部传感器的作用 2. 能选择工业机器人所用常见的内部传感

任务准备

从机器人的结构组成上看，机器人的传感器包括机器人感受系统、机器人-环境交互系统。机器人感受系统用以获取机器人内部状态和外部环境状态中有意义的信息；机器人-环境交互系统则用来实现机器人与外部环境中的设备相互联系和协调。

从检测对象上看，机器人的传感器包括内部状态传感器和外部状态传感器。机器人要感知其内部状态，用以调整并控制其行动，就要检测其本身的坐标轴来确定位置，通常由位置、加速度、速度及压力传感器组成内部传感器。机器人还要感知周围环境、目标构成等状态信息，从而对环境有自校正和自适应能力，这些外部传感器通常包括触觉、接近觉、视觉、听觉、嗅觉、味觉等。

根据安装位置，机器人的传感器可分为内部安装和外部安装。其中，外部件安装传感器检测的是机器人对外界的感应，例如视觉或触觉等，并不包括在机器人控制器的固有部件中；而内部安装传感器(例如旋转编码器)则装入机器人内部，属于机器人控制器的一部分。

可见，无论从机器人的结构组成上看，或从检测对象上看，还是从安装位置上看，机器人传感都可以划分成两大类，即内部传感器和外部传感器。

任务实施

多媒体教学

一、位移传感器

在工业机器人中，位移传感器用来检测关节位置及转动角度等物理量。机器人常用的位移传感器有可变电位器、差动变压器、光电角度传感器、半导体角度传感器等多种类型。

1. 可变电位器

图 3-6 为一个圆形可变电位器的示意图。当转动滑块沿圆周状的电阻材料滑动时，输出电阻与滑块在电阻材料间的转动角度成正比。给电阻体施加一个固定的电压时，由滑块位置分压的输出电压，可由电阻材料的总电阻与

笔记

滑块至固定端的电阻之比求得。若可变电位器采用如图 3-7 所示的线绕型结构，则其分辨率将会呈离散式变化。

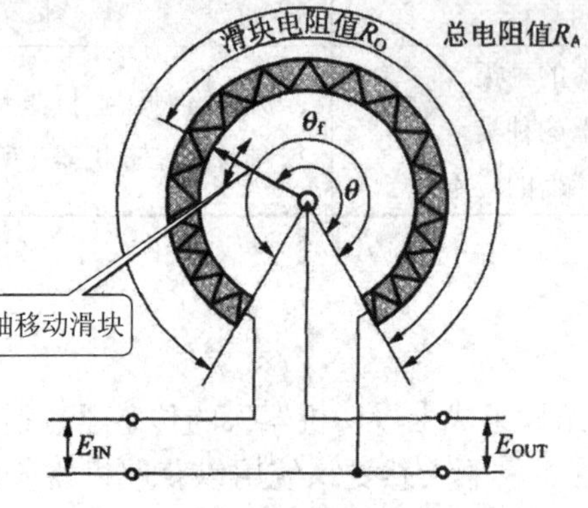

图 3-6　圆形可变电位器

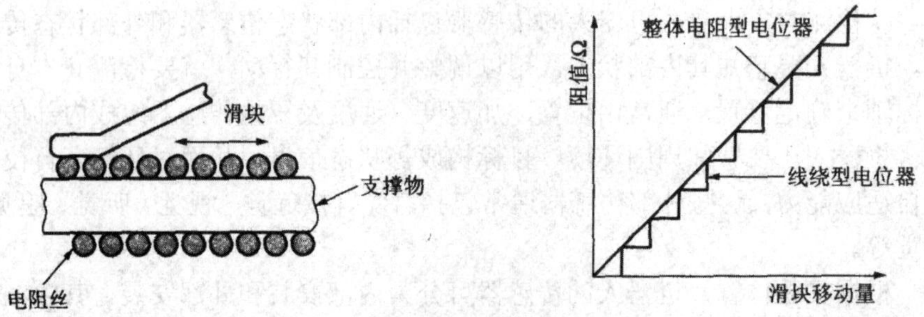

图 3-7　线绕型电位器的分辨率

按结构的不同，可变电位器又可分为单圈型(120°、340°)及如图 3-8 所示的多圈型(1800°、3600°)两种。

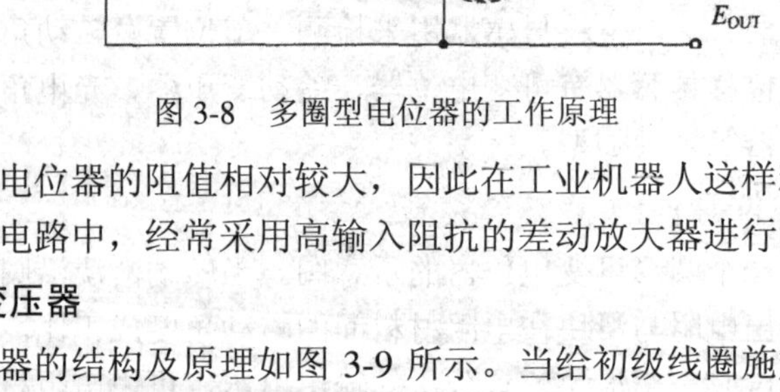

图 3-8　多圈型电位器的工作原理

因为可调电位器的阻值相对较大，因此在工业机器人这样精度要求较高的检测和控制电路中，经常采用高输入阻抗的差动放大器进行阻抗变换。

2. 差动变压器

差动变压器的结构及原理如图 3-9 所示。当给初级线圈施加一个交流电压时，铁心中的磁通量将会随之发生变化，通过电磁感应，在次级线圈中将会产生一个与磁通量成正比的感应电动势。利用这一原理，若在初级线圈上施加一个稳定的励磁交流电压，则会在次级线圈上产生一个与铁心位置成正比的感应电压。将这个电压整流成直流信号后取出，就可检测铁心前端的位移量。

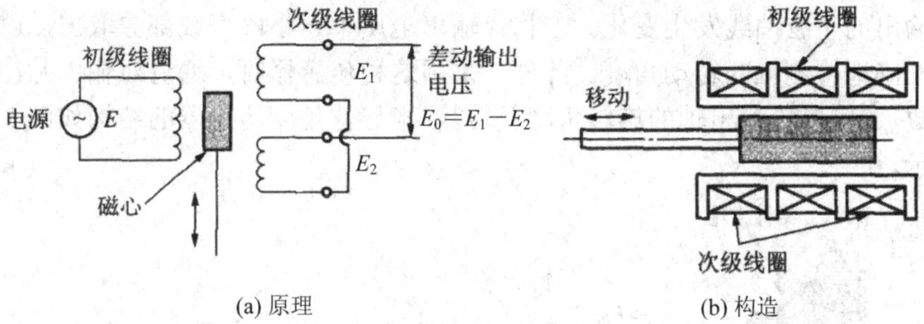

图 3-9　差动变压器的结构及原理

差动变压器的检测范围通常在 5～200 mm，也有的差动变压器只能检测 ±1 mm 范围内的位移量。

此外，差动变压器的灵敏度一般为每毫米位移输出 80～300 mV 电压。由于它的信号电平高、输出阻抗低，因此具有很强的抗干扰能力。而且，若采用在初级线圈两侧反向缠绕次级线圈的结构，还可以根据输出电压的“+”、“－”极性，判别出物体的位移方向。

3. 光电式角度传感器

光电式角度传感器的结构如图 3-10 所示。它的转动盘上带有螺线状的栅缝，当转动盘转动时，从发光元件发射的光按转动盘的转动角度照射到半导体位置检测元件的相应位置上，将轴的旋转角度变换成对应的电压信号，通过放大电路就可以检测物体的旋转角度。

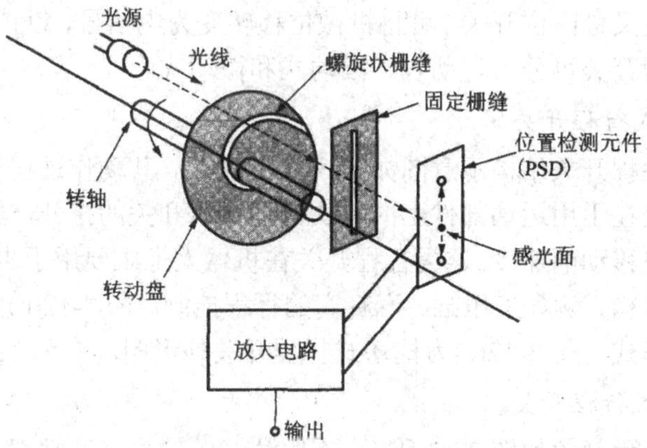

图 3-10　光电式角度传感器的结构

此类传感器的最大转动角为 120° 和 340°，电源电压为 DC 5V 或 DC 12 V，输出电压为 0.5～4.5 V，分辨率较高。此外，其机械特性为扭矩小于 0.245 mN・m，最高转速可达 200 r/min。所以在工业机器人中常用来检测

笔记

工匠精神

专注于某一领域，对这一领域的产品研发或加工全身心投入，精益求精、一丝不苟地完成每一个环节的匠人，可称其为工匠。工匠精神无关年龄、职业、地位，它是一种以“爱岗敬业”为核心的极致追求，是一种执着坚守、开拓创新、乐于奉献、精益求精、宁静致远的工作作风、生活态度和人生境界。

笔记

机器人旋转关节的旋转角度。

4. 半导体角度传感器

半导体角度传感器是用半导体材料制成的半导体磁阻元件，属于感应器件。当磁性齿轮转动时，由于外部磁场的强弱变化会引起元件阻抗改变，使其输出的正弦曲线发生变化。若将该输出电压中一小段直线部分取出，就可以准确地检测轴的转动角度。此外，采用这种传感器时，通过对输出脉冲的计数，还可以检测出轴的旋转角度及转数。半导体角度传感器的结构如图 3-11 所示。

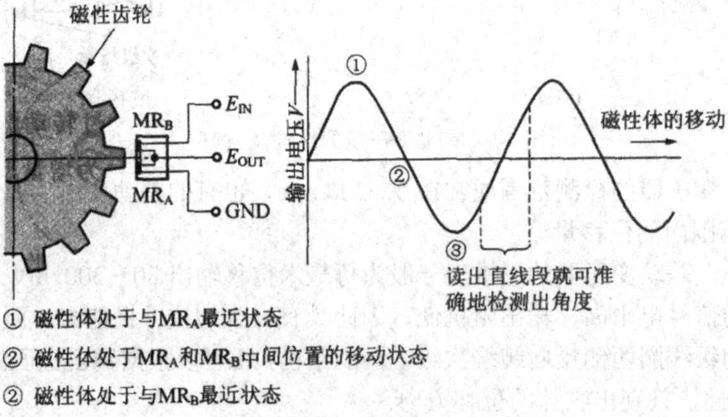

图 3-11　半导体角度传感器

在半导体角度传感器中，电源电压有 5 V、6 V、8 V 等多种规格，转动角度可以自由设定。此外，它的扭矩比较小，一般小于 0.1 mN・m，使用温度范围为−10℃～+80℃，常用来检测机器人旋转关节的旋转角度及位置。

5. 行程开关

行程开关又称限位开关，可将机械位移转变为电信号，以控制机械运动。按结构，行程开关可分为直动式、滚动式和微动式。

1) 直动式行程开关

直动式行程开关结构示意图如图 3-12(a)所示，其动作过程与控制按钮类似，不同之处在于用运动部件上的撞块碰撞行程开关的推开，触点的分合速度取决于撞块移动的速度。这类行程开关在机器人上主要用于坐标轴的限位、减速或执行机构，例如液压缸、汽缸塞的行程控制。图 3-12(b)为直动式行程开关推杆的形式，图 3-12(c)为柱塞式行程开关外形图。

2) 滚动式行程开关

滚动式行程开关如图 3-13 所示，在限位开关的内部通常都具有可以检测是否有物体与其发生接触的机械式的执行机构。当移动的物体碰撞到执行机构时，凸轮发生转动使凸轮槽内的弹子落下，从而触动微动开关，实现电路的接通或断开。使用滚动式行程开关可以检测出机器人的关节位置。

笔记

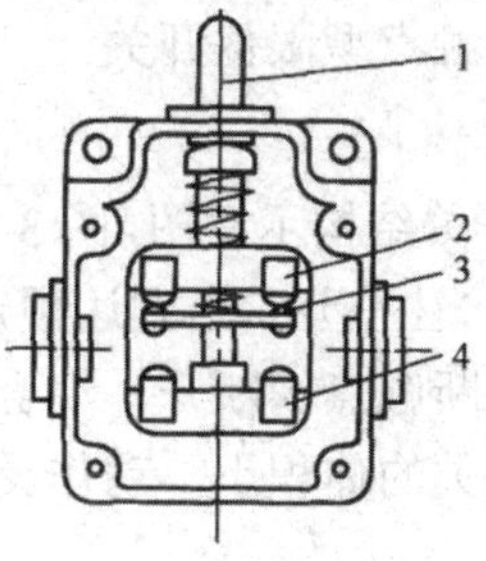

(a) 结构示意图

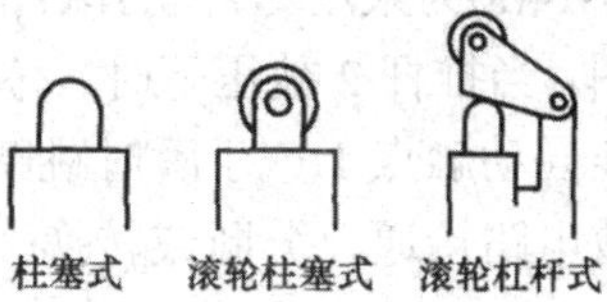

(b) 推杆形式

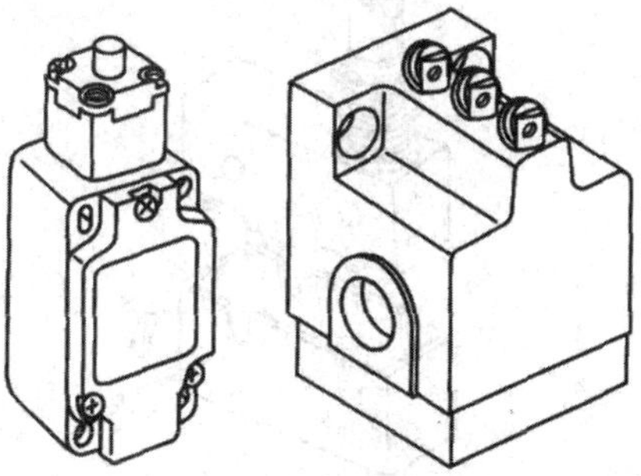

(c) 柱塞式行程开关外形图

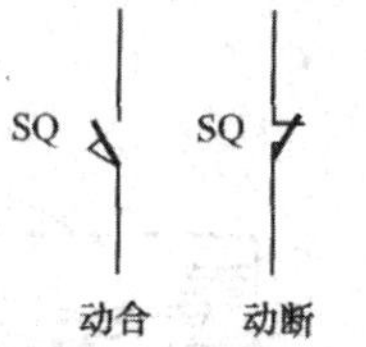

(d) 行程开关图形符号

1—推杆；2—动断触点；3—动触点；4—动合触点

图 3-12　直动式行程开关

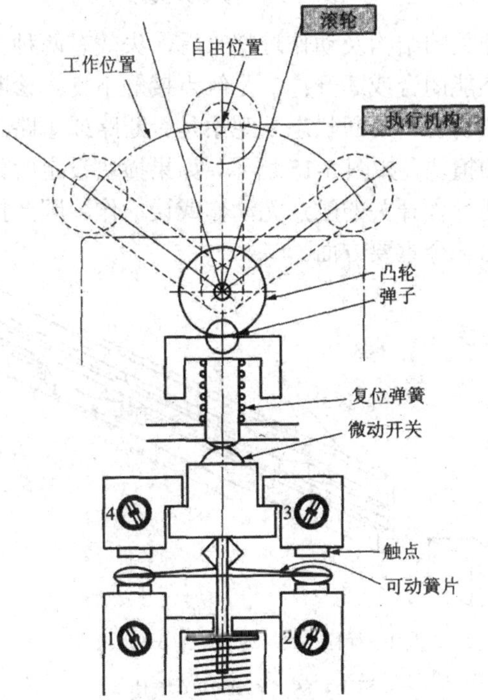

图 3-13　限位开关

限位开关的内部为小间隙的触点结构，由凸轮槽和弹子的相互关系保证微动开关的位移量，不会发生超程现象。有的限位开关中还装有霍尔 IC 芯片，

笔记 可构成防止误碰撞、具有去抖动功能的无触点型限位开关。

3) 微动式的行程开关

图 3-14(a)为采用弯片状弹簧的微动开关结构示意图，图 3-14(b)为微动开关外形图。当推杆 2 被压下时，弓簧片 3 产生变形，当到达预定的临界点时，弹簧片连同动触点 1 产生瞬时跳跃，使动断触点 5 断开，动合触点 4 闭合，从而导致电路接通、分断或转换。微动开关的体积小，动作灵敏。

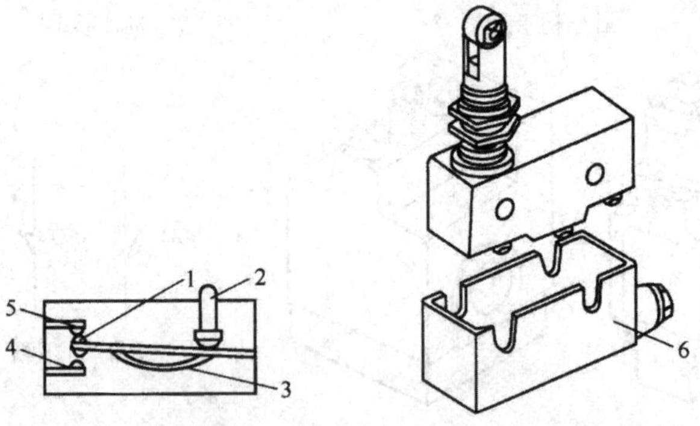

(a) 结构示意图　　(b) 外形图

1—动触点；2—推杆；3—弓簧片；4—动合触点；5—动断触点；6—外形盒

图 3-14　微动开关

从以上各个开关的结构及动作过程来看，失效有两种情况：一是弹簧片卡死，造成触点不能闭合或断开；二是触点接触不良。诊断方法为：用万用表测量接线端，在动合、动断状态下观察是否断路或短路。另外要注意，与行程开关相接触的撞块，如图 3-15 所示，如果撞块设定的位置由于松动而发生偏移，就可能使行程开关的触点无动作或误动作，因此撞块的检查和调整是维护行程开关的一个重要方面。

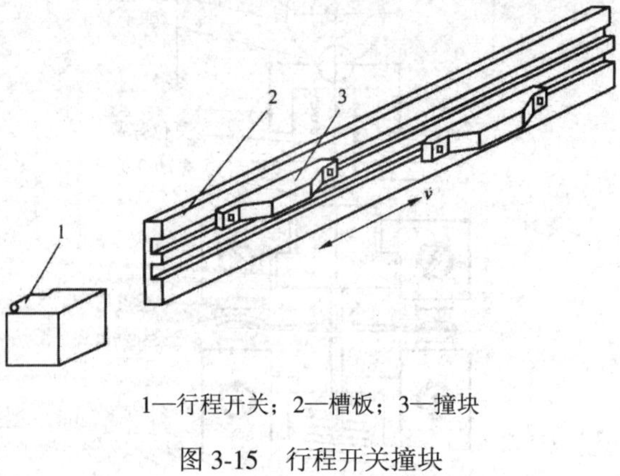

1—行程开关；2—槽板；3—撞块

图 3-15　行程开关撞块

6. 光栅

根据光线在光栅中的入射情况，光栅可分为透射光栅和反射光栅；根据光栅形状，光栅可分为直线光栅(见图 3-16)和圆光栅，直线光栅用于检测直线位移。

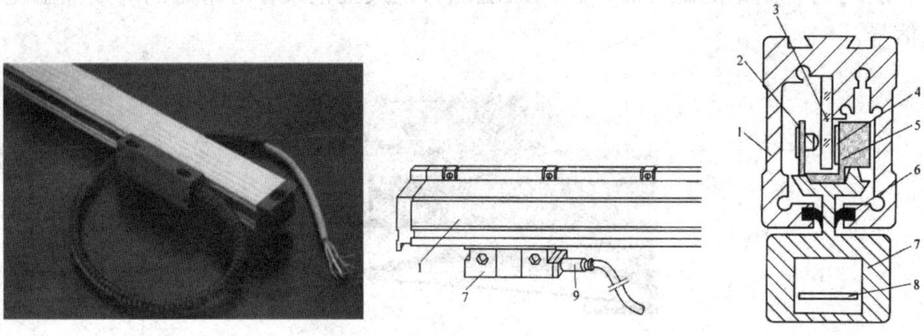

(a) 外观　(b) 截面

1—尺身(铝外壳)；2—带聚光透镜的LED；3—标尺光栅；4—指示光栅；5—游标(装有光敏器件)；6—密封唇；7—读数头；8—电子线路；9—信号电缆

图 3-16　直线光栅外观及截面示意图

7. 感应同步器

感应同步器是一种电磁式高精度位移检测装置，由定尺和滑尺两部分组成，如图 3-17(a)所示。

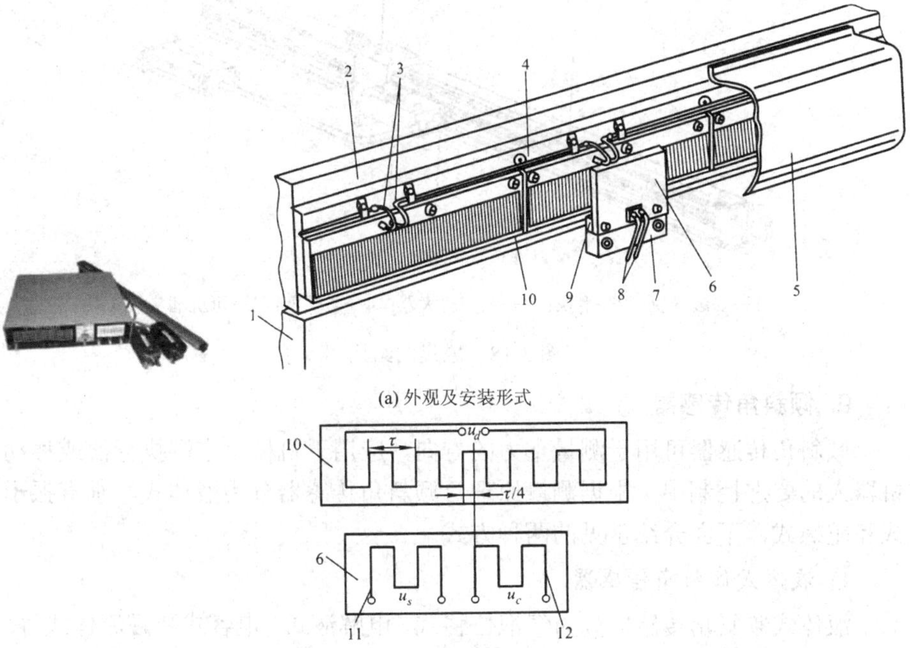

(a) 外观及安装形式

(b) 绕组

1—固定部件；2—运动部件；3—定尺绕组引线；4—定尺座；5—防护罩；6—滑尺；7—滑尺座；8—滑尺绕组引线；9—调整垫；10—定尺；11—正弦励磁绕组；12—余弦励磁绕组

图 3-17　感应同步器结构示意图

8. 磁尺

磁尺由磁性标尺、磁头和检测电路 3 部分组成,如图 3-18 所示。磁性标

笔记

尺是在非导磁材料的基体上，覆盖上一层 10～30 μm 厚的高导磁材料，形成一层均匀有规则的磁性膜，再用录磁磁头在尺上记录相等节距的周期性磁化信号。

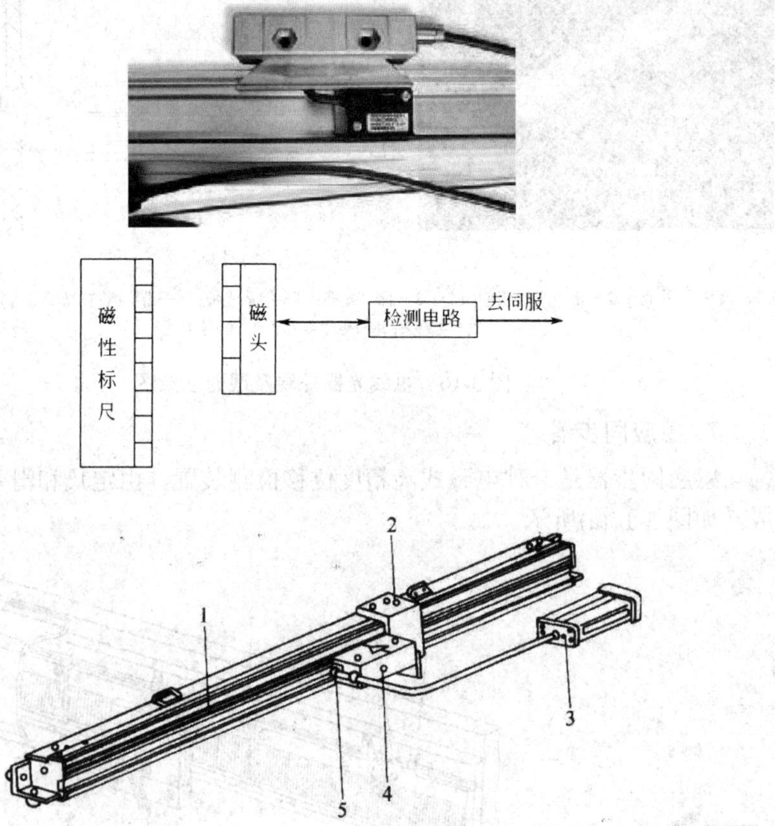

1—安装导轨；2—滑块；3—磁头放大器；4—磁头架；5—可拆插头

图 3-18　磁尺的结构

9. 倾斜角传感器

倾斜角传感器可用于测量重力的方向，应用于机械手末端执行器或移动机器人的姿态控制中。根据测量原理，倾斜角传感器分为液体式、垂直振子式和陀螺式，下面介绍常见的两种方式。

1) *液体式倾斜角传感器*

液体式倾斜角传感器分为气泡位移式、电解液式、电容式和磁流体式等，下面仅介绍其中的气泡位移式倾斜角传感器。气泡位移式倾斜角传感器的结构及测量原理如图 3-19 所示。半球状容器内封入含有气泡的液体，对准 LED 发出的光。容器下面分成 4 部分，分别安装 4 个光电二极管，用以接收投射光。液体和气泡的透光率不同。液体在光电二极管上投影的位置随传感器倾斜角度的变化而变化。因此，通过计算对角的光电二极管感光量的差值，可测量出二维倾斜角。该传感器测量范围为 20° 左右，分辨率可达 0.001°。

笔记

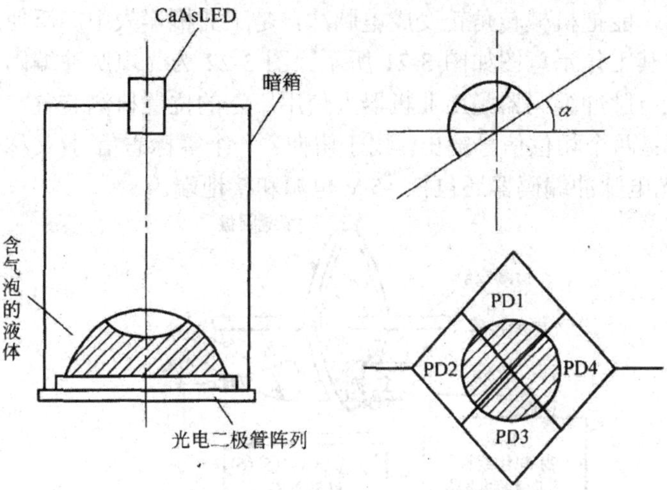

(a) 结构　　　　(b) 测量原理

图 3-19　气泡位移式倾斜角传感器的结构及测量原理

2) 垂直振子式倾斜角传感器

垂直振子式倾斜角传感器的原理图如图 3-20 所示。振子由挠性薄片悬起，传感器倾斜时，振子为了保持铅直方向而离开平衡位置，可根据振子是否偏离平衡位置及位移角函数(通常是正弦函数)检测出倾斜角度，但是由于容器限制，测量范围只能在振子自由摆动的允许范围内，不能检测过大的倾斜角度。

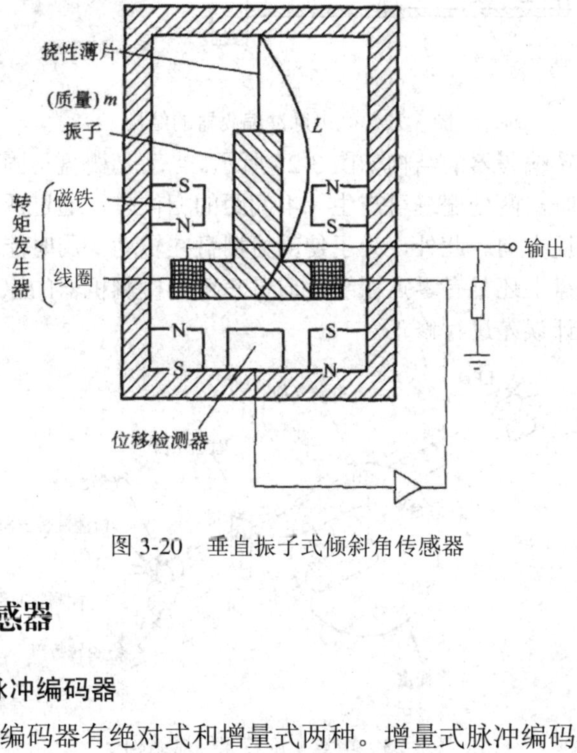

图 3-20　垂直振子式倾斜角传感器

二、速度传感器

1. 光电脉冲编码器

光电脉冲编码器有绝对式和增量式两种。增量式脉冲编码器是一种旋转

笔记

式脉冲发生器，能把机械转角转变成电脉冲，是工业机器人中广泛使用的位置检测装置，其工作示意图如图 3-21 所示。图 3-22 为光电脉冲编码器的结构示意图。光电脉冲编码器是工业机器人使用广泛的位置检测装置。编码器的输出信号有：两个相位信号输出，用于辨向；一个零标志信号(又称一转信号)。另外，光电脉冲编码器还包括 +5 V 电源和接地端。

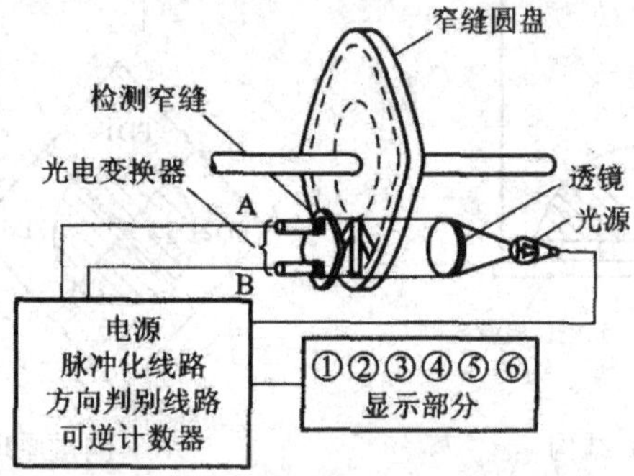

图 3-21　脉冲编码器工作示意图

1—光源；
2—圆光栅；
3—指示光栅；
4—光电池组；
5—机械部件；
6—护罩；
7—印制电路板

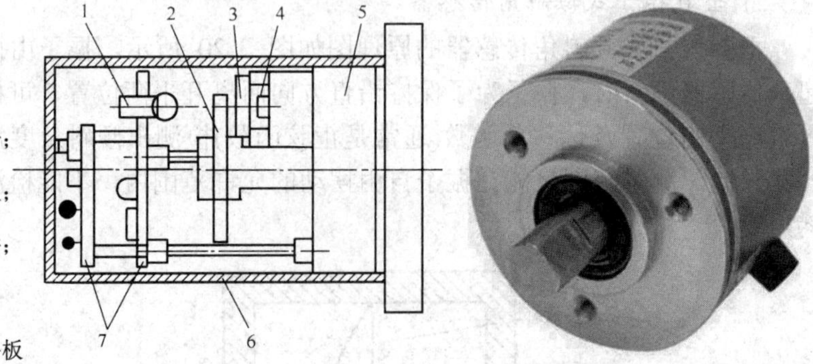

图 3-22　光电脉冲编码器的结构

增量型旋转编码器的结构如图 3-23 所示。当动光栅盘与固定接收光栅板之间有光透过时，两处栅缝可产生 1/4 间距的相位差，通过两相输出可以判定旋转的正、反方向。此外，为了使动光栅盘在转动一周时能发出一个归零信号，动光栅盘上还刻有零点栅缝，通过它可以检测机器的原点，并对检测电路的计数累计误差进行修正。

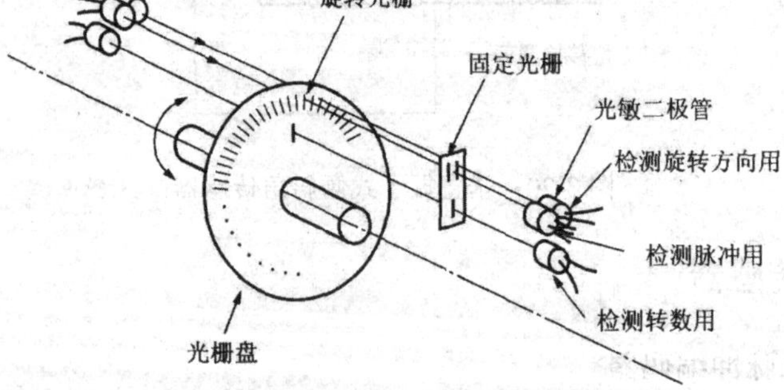

图 3-23　增量型旋转编码器结构

笔记

由于增量型旋转编码器是通过脉冲计数来检测轴的旋转角度的，因此它能对旋转量进行无限制的计数，这是此类传感器的一个显著特点。

绝对型旋转编码器结构如图 3-24 所示。该编码器是将动光栅盘按分辨率的位数划分成一系列同心圆，并将各同心圆的圆周按 2、4、8、16 的方式进行等分(构成编码盘)，在此类传感器中都会配有与同心圆数相等的发光二极管及光敏二极管，其输出为脉冲式编码信号。无论编码盘是否转动，它都会并行输出动光栅盘当前角度所对应的绝对位置的编码信号。这类编码器都具有与分辨率位数相等的数字输出信号线。

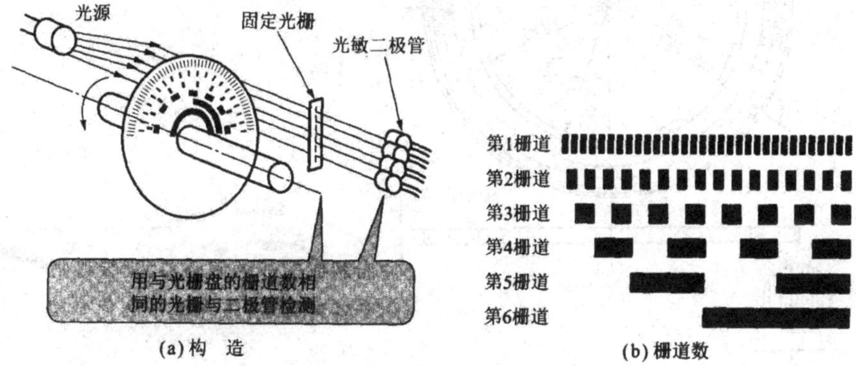

图 3-24　绝对型旋转编码器结构图

在增量型旋转编码器中，电源电压为 DC5～30 V，分辨率最高可达 10～9000 脉冲/圈；绝对型旋转编码器的电源电压为 DC10～26 V，分辨率最高可达 2048 脉冲/圈(11 位编码)。

2. 测速发电机

测速发电机是一种旋转式速度检测元件，可将输入的机械转速变为电压信号输出。测速发电机检测伺服电动机的实际转速，转换为电压信号后反馈到速度控制单元中，与给定电压进行比较，发出速度控制信号，调节伺服电动机的转速(如图 3-25 所示)。为了准确反映伺服电动机的转速，就要求测速发电机的输出电压与转速严格成正比。

图 3-25　测速发电机

笔记

3. 圆光栅

圆光栅用于检测角位移，如图 3-26 所示。

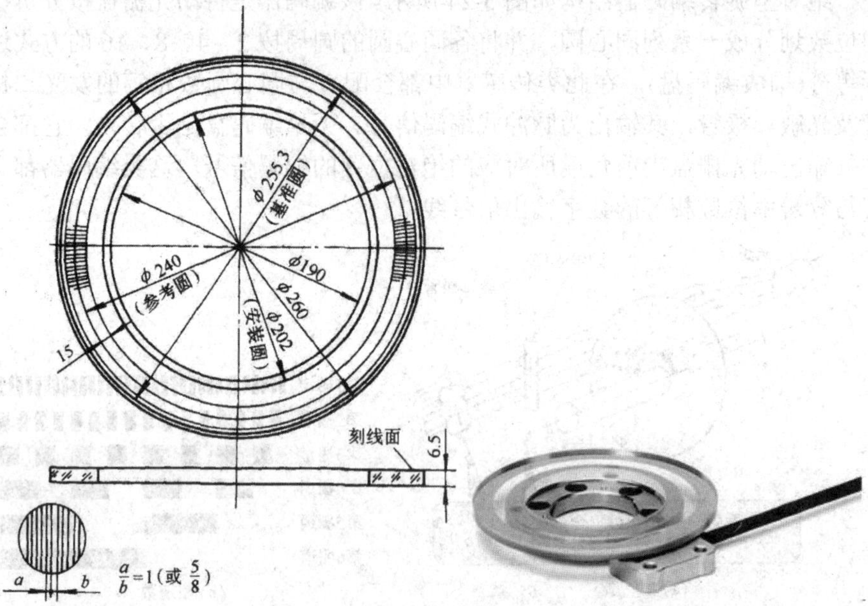

图 3-26　圆光栅

4. 旋转变压器

从转子感应电压的输出方式来看，旋转变压器可分为有刷和无刷两种类型，如图 3-27 所示。

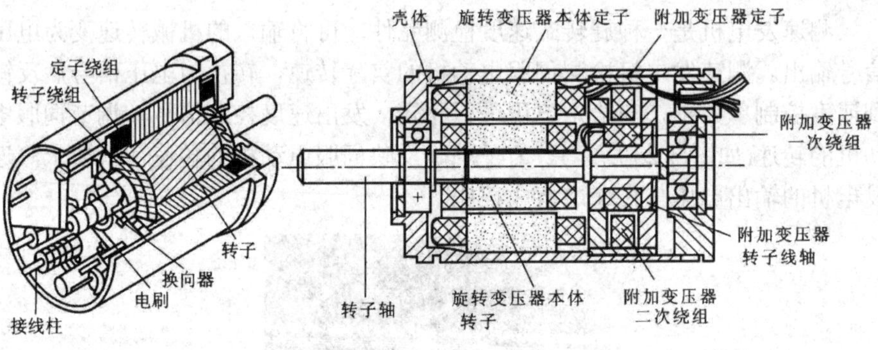

(a) 有刷式旋转变压器结构　　(b) 无刷式旋转变压器结构

图 3-27　旋转变压器结构示意图

三、加速度传感器

加速度传感器需安装在机器人的关节上来测量关节的加速度。

1. 电容式加速度传感器

电容式加速度传感器是一种利用振子作为电容的一个电极而制成的传感

笔记

器，其基本结构如图 3-28 所示。因电容的极板间距随惯性质量的相对运动而变化，因此传感器中的电容量也将随之变化。这种传感器具有体积小、质量轻的特点，可以测量从静态加速度至几百赫兹的动态加速度。

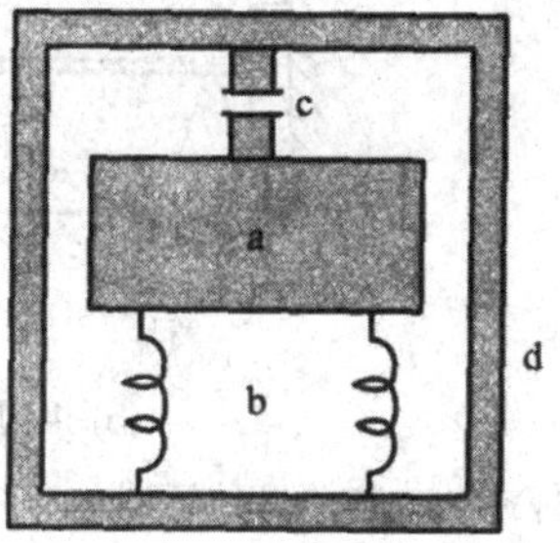

a—惯性质量；
b—弹簧；
c—电容器；
d—壳体

图 3-28　电容式加速度传感器的结构

2. 金属应变片式加速度传感器

金属应变片式加速度传感器是一种在振子上安装金属应变片构成惠斯通电桥的传感器，其基本结构如图 3-29 所示。金属应变片能够将振子弯曲产生的应变量以阻抗变化的形式输出。这种传感器具有体积小、质量轻、可测量静态加速度等特点，但因其灵敏度较低，近来已很少使用。

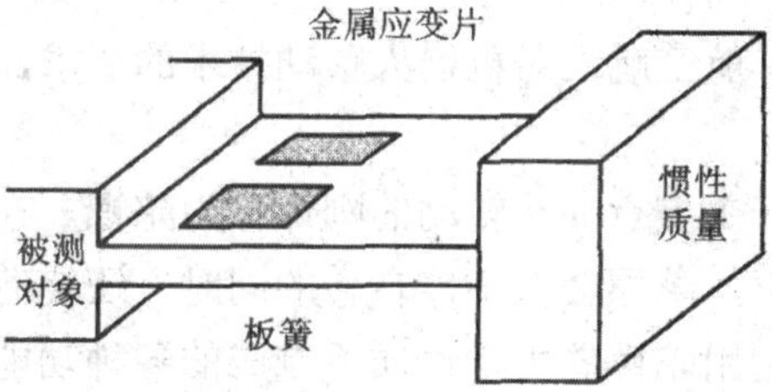

图 3-29　金属应变片式加速度传感器的结构

3. 半导体应变片式加速度传感器

半导体应变片式加速度传感器的基本原理与金属应变片式加速度传感器基本相同。它是利用半导体材料的压阻效应，采用半导体应变片替代金属应变片而制成的一种传感器。半导体应变片式加速度传感器的灵敏度比较高，可广泛应用于各种领域，其正在逐步取代金属应变片式传感器，逐渐得到广泛普及。由于随绝对温度的升高其灵敏度几乎成正比地减小，因此在使用此类传感器时需要采取温度补偿措施才能正常工作。

4. 电磁效应与压电式加速度传感器

图 3-30 表示两种加速度传感器的结构原理。其中，图 3-30(a)是应用电磁效应原理的加速度传感器。当可动线圈随物体振动而使切割磁通量发生变化时，将在此线圈两端产生电压。把此电压加至一定负载，就能测出与电磁力有关的电流。图 3-30(b)则是应用压电变换原理的加速度传感器。在钛酸钡等压电材料中，将产生与外加应变成正比的电势，因而也可以通过对电势或电流的测量来测定加速度。

笔记

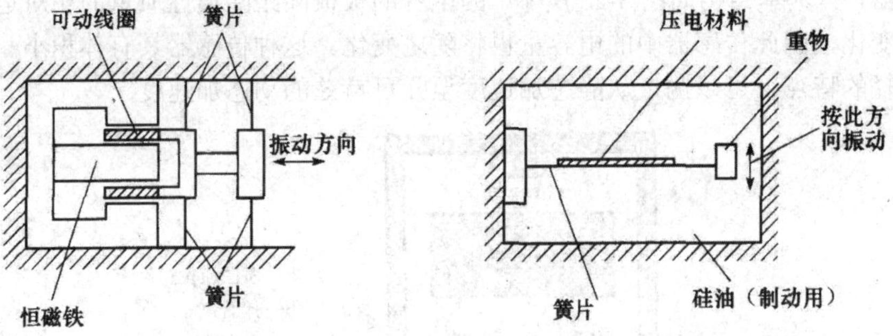

(a) 用二进码表示　　(b) 用循环码表示

图 3-30　两种振动式加速度传感器

看一看：观察您所在单位工业机器人所用传感器的类型。

任务扩展

企业文化

顺应并满足人性的合理需求，倡导积极向上、绿色健康的生活方式，为客户提供优质的产品与服务。

陀　螺　仪

随着生产生活、航空航天对机器人移动技术的要求，陀螺仪在机器人中应用越来越广泛。

通俗地讲，绕一个支点高速转动的刚体称为陀螺。在一定的初始条件和一定的外力矩作用下，陀螺会在不停自转的同时，还绕着另一个固定的转轴不停地旋转。人们利用陀螺的力学性质所制成的各种功能的陀螺装置称为陀螺仪，它在科学、技术、军事等各个领域有着广泛的应用，例如定向指示仪、炮弹的翻转等。

陀螺仪由陀螺转子、内环、外环和基座(壳体)组成。图 3-31 是陀螺仪的原理结构图，陀螺仪有 3 根在空间互相垂直的轴。X 轴是陀螺的自转轴，陀螺本身是一只对称的转子，由电机驱动绕自转轴高速旋转。陀螺转子轴(X 轴)支承在内环上，Y 轴是内环的转动轴，亦称内环轴。内框带动转子一起可绕内环轴相对外环自由旋转。Z 轴为外环的转动轴，它支承在壳体上，外环可绕该轴相对壳体自由旋转。转子轴、内环轴和外环轴在空间交于一点，称为陀螺的支点。内、外环构成陀螺的“万向支架”，使得陀螺转子轴在空间具有 2 个自由度。因此，整个陀螺可以绕着支点在空间做任意方向的转动，陀螺仪可以绕 3 个轴自由转动，即具有 3 个自由度。通常把内、外环支承的陀螺仪称为 3 自由度陀螺仪，把仅用一个环支承的陀螺仪称为 2 自由度陀螺仪。

陀螺仪是利用惯性原理工作的。当陀螺转子高速旋转后，它就具有了惯性，因而可表现出稳定性及进动性两个重要特性。

笔记

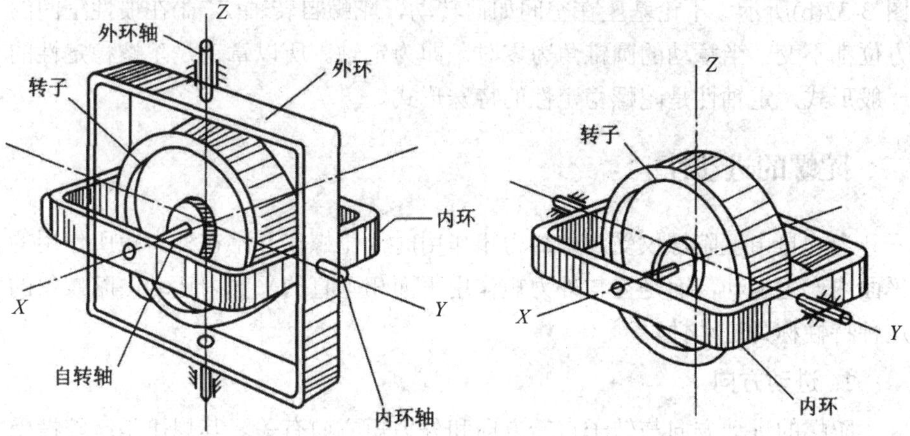

(a) 3自由度陀螺　　(b) 2自由度陀螺

图 3-31　陀螺仪原理结构

一、陀螺的稳定性

3 自由度陀螺仪保持其自转轴在惯性空间的方向不发生变化的特性，称为陀螺的稳定性。3 自由度陀螺仪的稳定性有两种表现形式，即定轴性和章动。图 3-32 为陀螺稳定性示意图。

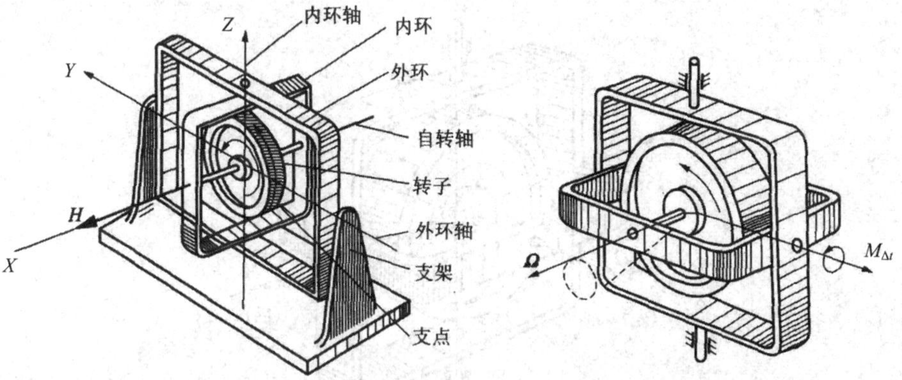

(a) 定轴性　　(b) 章动

图 3-32　陀螺稳定性示意图

1. 定轴性

当陀螺转子高速旋转后，若不受外力的作用，无论机座如何转动，支承在万向支架上的陀螺自转轴指向惯性空间的方位都不变，这种特性称为定轴性，如图 3-32 (a)所示。

2. 章动

当陀螺高速旋转受到瞬时冲击力矩作用时，自转轴在原方位附近做微小的圆锥运动，且转子轴的方向基本保持不变，这种现象称为陀螺的章动，如

笔记

图 3-32(b)所示。不论基座在空间如何转动，陀螺自转轴(Z 轴)在惯性空间的方位都不变。当章动的圆锥角为零时，即为定轴。所以章动是陀螺稳定性的一般形式，定轴性是陀螺稳定性的特殊形式。

二、陀螺的进动性

当 3 自由度陀螺仪受到外加力矩作用时，陀螺仪并不在外力矩所作用的平面内产生运动，而是在与外力矩作用平面相垂直的平面内运动，陀螺仪的这种特性称为进动性。

1. 进动方向

陀螺的进动方向与转子自转方向和外力矩方向有关。其规律是：陀螺受外力矩作用时，自转轴的角速度矢量 $\boldsymbol{\Omega}$ 沿最短的路线向外力矩矢量 $\boldsymbol{M}$ 方向运动，如图 3-33 所示，即进动角速度矢量 $\boldsymbol{\omega} = \boldsymbol{\Omega} \times \boldsymbol{M}$。

2. 进动角速度的大小

陀螺进动角速度 $\boldsymbol{\omega}$ 的大小与转子角动量 H 和外力矩 $\boldsymbol{M}$ 有关，其一般关系为 $\boldsymbol{\omega} = \boldsymbol{M} / (H\cos\phi)$。

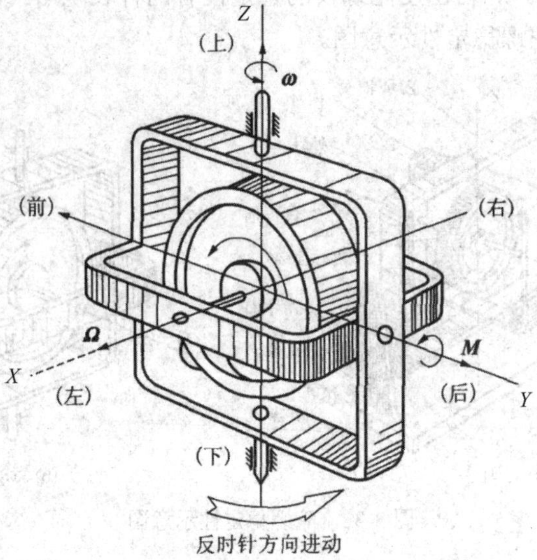

图 3-33　陀螺仪的进动性

任务巩固

1. 位移传感器有哪几种?
2. 速度传感器有哪几种?
3. 加速度传感器有哪几种?

笔记

任务三　认识机器人的外部信息传感器

工作任务

为了检测作业对象及环境或检测机器人与它们的关系，需要在机器人上安装触觉传感器、视觉传感器(见图 3-34)、力觉传感器、接近觉传感器、超声波传感器和听觉传感器，可大大改善机器人的工作状况，使其能够完成更复杂的工作。

图 3-34　工业机器人视觉系统在定位中的应用

任务目标

知 识 目 标	能 力 目 标
1. 掌握接触觉传感器的作用 2. 掌握接触觉、压觉、力觉、滑觉、接近觉、听觉、视觉的种类 3. 掌握机器人的视觉组成	1. 能识别不同机器人上的接触觉、压觉、力觉、滑觉、接近觉、听觉、视觉 2. 能选择机器人常见的外部传感器

任务准备

教师讲解

机器人作业是一个其与周围环境的交互过程，作业过程有两类：一类是非接触式的，例如弧焊、喷漆等，基本不涉及力；另一类工作是通过接触才能完成的，例如拧螺钉、点焊、装配、抛光、加工等。目前已有将视觉和力

笔记

觉传感器用于非事先定位的轴孔装配，其中，视觉完成大致的定位，装配过程靠孔的倒角作用不断产生的力反馈得以顺利完成。又如高楼清洁机器人，当它擦玻璃时，显然用力不能太大也不能太小，这要求机器人作业时具有力控制功能。当然，对于机器人的力传感器，不仅仅是上面描述的机器人末端执行器与环境作用过程中发生的力测量，还包括如机器人自身运动控制过程中的力反馈测量、机器手爪抓握物体时的握力测量等。

任务实施

多媒体教学

一、接触传感器

机器人触觉可分成接触觉、接近觉、压觉、滑觉和力觉等 5 种，如图 3-35 所示。接触觉是通过与对象物体彼此接触而产生的，所以最好使用手指表面高密度分布的触觉传感器阵列，它柔软、易于变形，可增大接触面积，并且有一定的强度，便于抓握。接触觉传感器可检测机器人是否接触目标或环境，用于寻找物体或感知碰撞，触头可装配在机器人的手指上，用来判断工作中的各种状况。

机器人依靠接近觉来感知对象物体是否在附近，然后手臂减速慢慢接近物体；依靠接触觉可感知是否已接触到物体，控制手臂让物体位于手指中间，合上手指握住物体；用压觉控制握力；如果物体较重，则靠滑觉来检测滑动，修正设定的握力来防止滑动；力觉控制被测物体自重和转矩对应的力，或举起或移动物体，另外，力觉在旋紧螺母、轴与孔的嵌入等装配工作中也有广泛的应用。

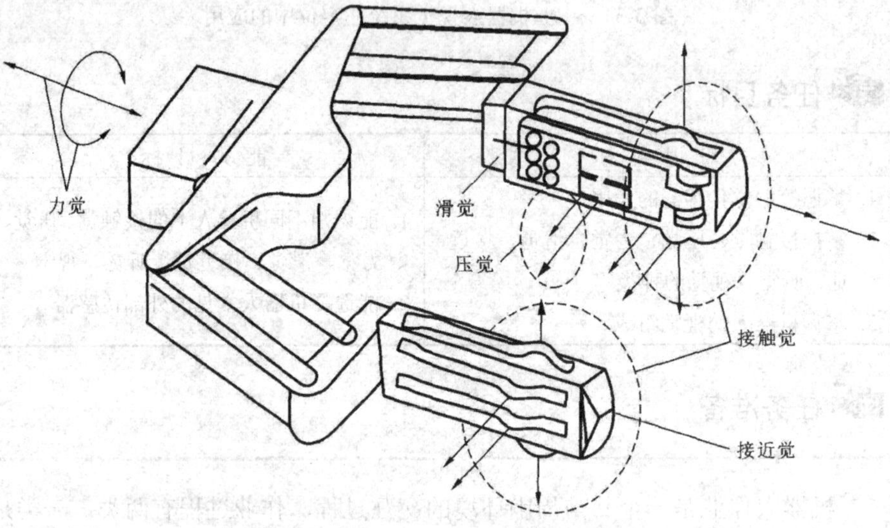

(a)

笔记

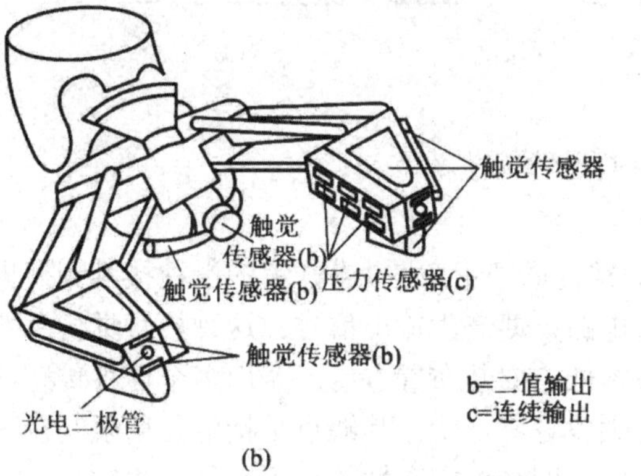

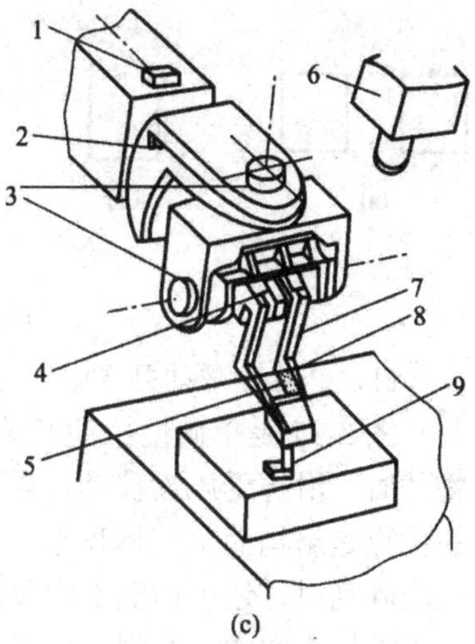

1—声波安全传感器；2—安全传感器(拉线形状)；3—位置、速度、加速度传感器；
4—超声波测距传感器；5—多方向接触传感器；6—电视摄像头；7—多自由度力传感器；
8—握力传感器；9—触头

图 3-35　机器人的触觉

1. 接触觉传感器的作用

在机器人中使用触觉传感器主要有 3 个方面的作用：

(1) 使操作动作适宜，例如感知手指与对象物之间的作用力，便可判定动作是否适当。还可以用这种力作为反馈信号，通过调整，使给定的作业程序实现灵活的动作控制。这一作用是视觉无法代替的。

(2) 识别操作对象的属性，例如规格、质量、硬度等。有时也可以代替视觉进行一定程度的形状识别，在视觉无法起作用的场合，这一点很重要。

(3) 用以躲避危险、障碍物等以防止事故，相当于人的痛觉。

2. 接触觉传感器的分类

1) 微动开关

微动开关是一种最简单的接触觉传感器，主要由弹簧和触头构成。触头接触外界物体后离开基板，造成信号通路断开或闭合，从而检测到与外界物体的接触。微动开关的触点间距小、动作行程短、按动力小、通断迅速，具有使用方便、结构简单的优点。缺点是易产生机械振荡、触头易氧化，仅有 0 和 1 两个信号。在实际应用中，通常以微动开关和相应的机械装置(探头、探针等)相结合构成一种触觉传感器。

接触觉传感器由微动开关组成，如图 3-36 所示，其中(a)为点式开关，(b)为棒式开关，(c)为缓冲器式开关，(d)为平板式开关，(e)为环式开关。用途不同，接触觉传感器的配置也不同，一般用于探测物体的位置、探索路径和安全保护。这类结构属于分散装置结构，单个传感器安装在机械手的敏感位置上。

笔记

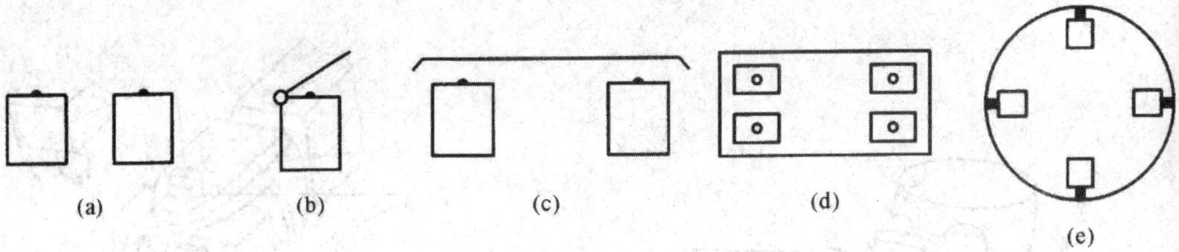

图 3-36　接触觉传感器

(1) 单向性微动开关。

图 3-37 是单向性微动开关的结构原理示意图。当开关的滑柱接触到外界物体时，滑柱受压缩移动，导通电路，便产生输出信号。这种接触觉传感器的优点是结构简单、体积小、成本低、安装布置方便。若用多个这种传感器组成阵列时，还可检测对象物的大致轮廓形状。其缺点是接触面积限制在平行于滑柱方向的一个很小的范围内，即是单方向性的。不平行的接触和过大的接触力都容易损坏这种传感器；另外，它的相应速度低，灵敏度也差。

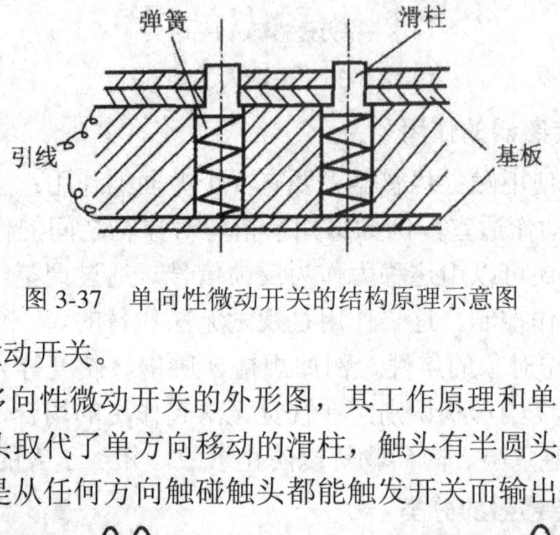

图 3-37　单向性微动开关的结构原理示意图

(2) 多向性微动开关。

图 3-38 是多向性微动开关的外形图，其工作原理和单向性微动开关相似，但以各种触头取代了单方向移动的滑柱，触头有半圆头式、锥头式和弹簧丝式。其优点是从任何方向触碰触头都能触发开关而输出信号。

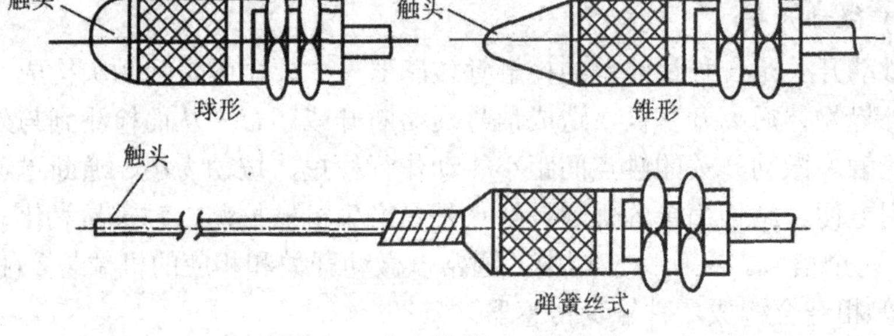

图 3-38　多向性微动开关外形

2) 触须式触觉传感器

机械式触觉传感器与昆虫的触须类似，可以安装在移动机器人的四周，用以发现外界环境中的障碍物。图 3-39(a)所示为猫须传感器结构示意图。该传感器的控制杆由柔软的弹性物质制成，相当于微动开关的触点，当触及物

笔记

体时接通输出回路，输出电压信号。实际应用中，可在机器人脚下安装多个猫须传感器，如图 3-39(b)所示，依照接通的传感器个数及方位来判断机器人脚在台阶上的具体位置。

3) 接触棒触觉传感器

接触棒触觉传感器由一端伸出的接触棒和传感器内部开关组成，如图 3-40 所示。移动过程中传感器碰到障碍物或接触作业对象时，内部开关接通电路，输出信号。将多个传感器安装在机器人的手臂或腕部，机器人将可以感知障碍物和物体。

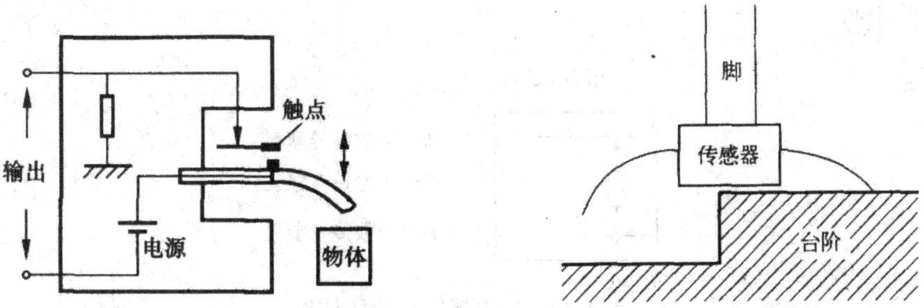

(a) 结构　　　　(b) 应用实例

图 3-39　猫须传感器

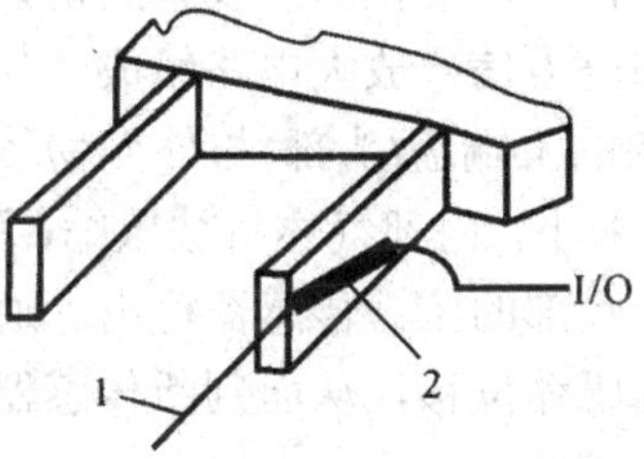

1—接触棒；

2—内部开关

图 3-40　接触棒触觉传感器

4) 柔性触觉传感器

(1) 柔性薄层触觉传感器。

柔性传感器具有获取物体表面形状二维信息的潜在能力，由柔性聚氨基甲酸酯泡沫材料制成。柔性薄层触觉传感器如图 3-41 所示，泡沫材料用硅橡胶薄层覆盖。这种传感器结构与物体周围的轮廓相吻合，移去物体时，传感器即恢复到最初形状。导电橡胶应变计连到薄层内表面，拉紧或压缩应变计时，薄层的形变会被记录下来。

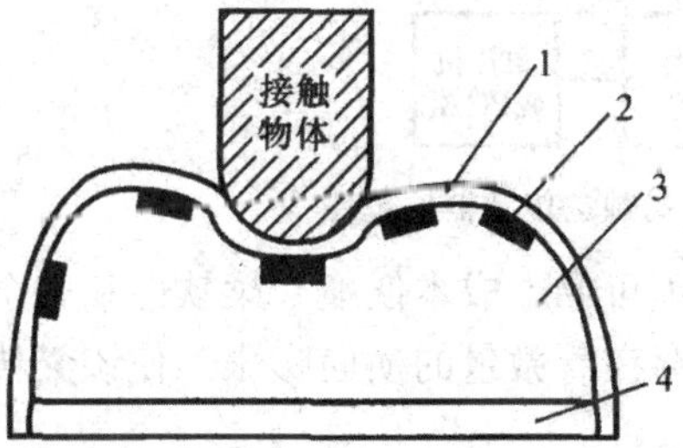

1—硅橡胶薄层；

2—导电橡胶应变计；

3—聚氨基甲酸酯泡沫材料；

4—刚性支撑架

图 3-41　柔性薄层触觉传感器

笔记

(2) 导电橡胶传感器。

导电橡胶传感器以导电橡胶为敏感元件，当触头接触外界物体受压后，会压迫导电橡胶，使它的电阻发生改变，从而使流经导电橡胶的电流发生变化。导电橡胶传感器结构如图3-42所示，该传感器为三层结构，外边两层分别是外敷传导塑料A和B，中间夹层为压力导电橡胶S，相对的两个边缘装有电极。传感器的构成材料是柔软而富有弹性的，在大块物体表面积上容易形成各种形状，可以实现触压分布区中心位置的测定。这种传感器的缺点是由于导电橡胶的材料配方存在差异，出现的漂移和滞后特性不一致，优点是具有柔性。

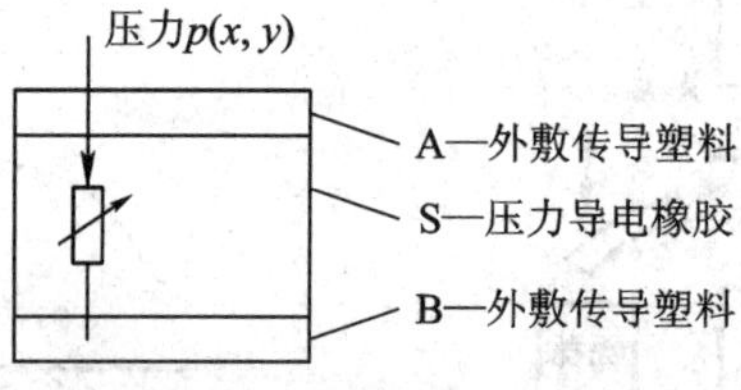

图3-42　导电橡胶传感器结构

(3) 气压式触觉传感器。

气压式触觉传感器主要由一个体积可变化的波纹管式密闭容腔、一只内藏于容腔底部的微型压力传感器和压力信号放大电路组成，如图3-43所示。其工作原理为：当波纹管密闭容腔的上端盖(头部)与外界物体接触受压后，将产生轴向移动，使密闭容腔体积缩小，内部气体将被压缩，引起压力变化。密闭容腔内压力的变化值由内藏于底部的压力传感器检出。通过检测容腔内压力的变化，可间接测量波纹管的压缩位移，从而判断传感器与外界物体的接触程度。

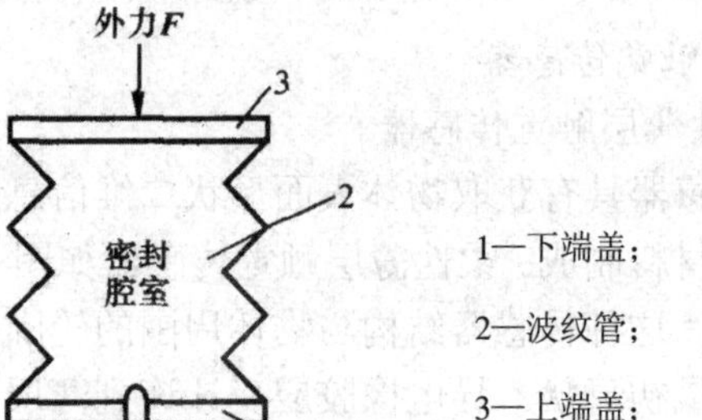

图3-43　气压式触觉传感器原理图

气压式触觉传感器具有结构简单可靠、成本低廉、柔软性和安全性高等优点。但由于波纹管在工作过程中存在着微量的横向膨胀，使该类传感器输出信号的线性度受到影响。

笔记

5) 光纤传感器

光纤传感器包括一根由光纤构成的光缆和一个可变形的反射表面。光通过光纤束投射到可变形的反射材料上，反射光按相反方向通过光纤束返回。如果反射表面是平整的，则通过每条光纤所返回的光的强度是相同的。如果反射表面已变形，则反射的光强度不同。用高速光扫描技术进行处理，即可得到反射表面的受力情况。如图 3-44 所示为触须式光纤触觉传感器装置。

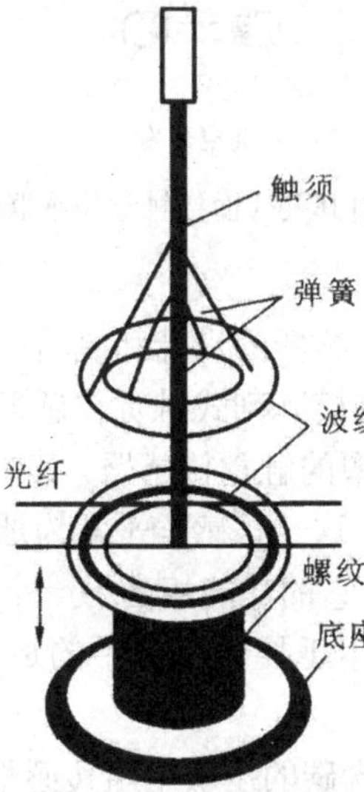

图 3-44　触须式光纤触觉传感器装置

6) 面接触式传感器

将接触觉阵列的电极或光电开关应用于机器人手爪的前端及内外侧面，或在相当于手掌心的部分安装接触式传感器阵列，通过识别手爪上接触物体的位置，可使手爪接近物体并且准确地完成把持动作。如图 3-45 所示是一种电极反应式面接触觉传感器的使用示例。如图 3-46 所示是一种光电开关式面接触觉传感器的使用示例。

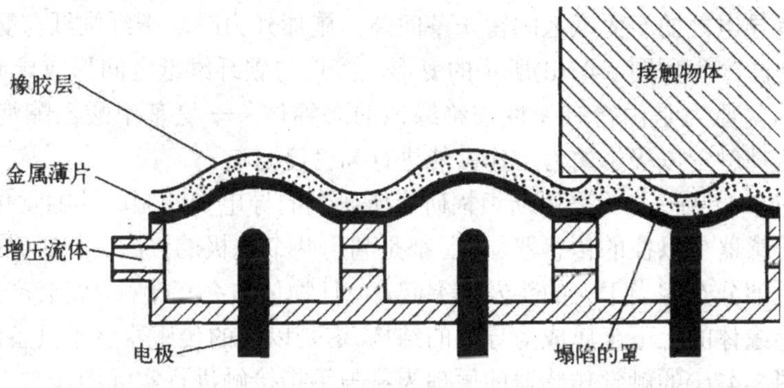

图 3-45　电极反应式面接触觉传感器使用示例

笔记

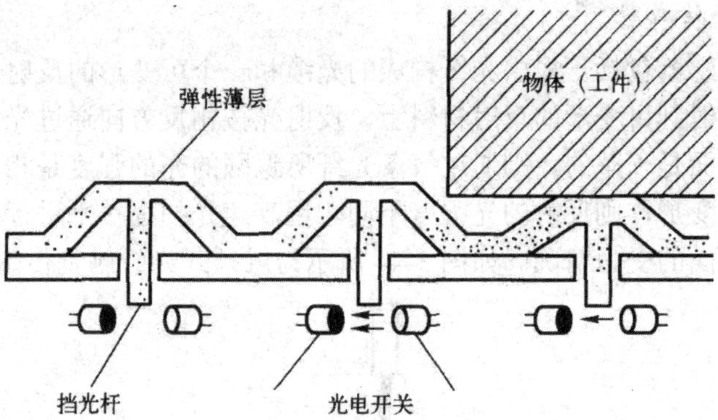

图 3-46　光电开关式面接触觉传感器使用示例

7) 其他触觉传感器

将集成电路工艺应用到传感器的设计和制造中，使传感器和处理电路一体化，可得到大规模或超大规模阵列式触觉传感器。

如图 3-47 所示为一些典型的触觉传感器。其中，(a)为平板上安装着多点通、断传感器附着板的装置。这一传感器平常为通态，当与物体接触时，弹簧收缩，上、下板间电流断开。它的功能相当于一个开关，即输出“0”和“1”两种信号。这种传感器可以用于控制机械手的运动方向和范围、躲避障碍物等。

图 3-47(b)为采用海绵中含碳的压敏电阻传感器，每个元件呈圆筒状，上、下安装电极，元件周围用海绵包裹。其触觉的工作原理是：元件上施加压力时，电极间隔缩小，从而使电极间的电阻值发生变化。

图 3-47(c)是使用压敏导电橡胶的触觉结构。与其他元件相比，采用压敏橡胶的触觉传感器时其元件可减薄，还可在其中安装高密度的触觉传感器。另外，因为元件本身有弹性，所以，在实用与封装方面都有许多优点。但是，由于导电橡胶有磁滞与响应延迟，接触电阻的误差也大，因此，要想获得实际的应用，还必须进行进一步的研究。

图 3-47(d)为能进行高密度触觉封装的触觉元件。其工作原理是：在接点与赋有导电性的石墨纸之间留一条间隙，施加外力时，碳纤维纸与氨基甲酸乙酯泡沫产生如图 3-47(d)所示的变形，接点与碳纤维纸之间形成导通状态。触觉的复原力是由富有弹性与绝缘性的海绵体——氨基甲酸乙酯泡沫形成的。这种触觉以极小的力工作，能进行高密度封装。

图 3-47(e)～(i)为采用斯坦福研究所研制的导电橡胶制成的触觉传感器。这种传感器与以往的传感器一样，都是利用两个电极的接触。其中，图 3-47(f)的触觉部分有相当于人的头发的突起，一旦物体与突起接触，就会产生变形，夹住绝缘体的上下金属成为导通的结构。这是以往的传感器所不具备的功能。

图 3-47(j)的触觉传感器的原理为：与手指接触进行实际操作时，触觉中除与接触面垂直的作用力外，还有平行的滑动作用力。通常以提高触觉传感器接触压力灵敏度作为研制这种传感器的主要目的。用铍青铜箔覆盖手指表

面，通过它与手指之间或者手指与绝缘的金属之间的导通来检测触觉。

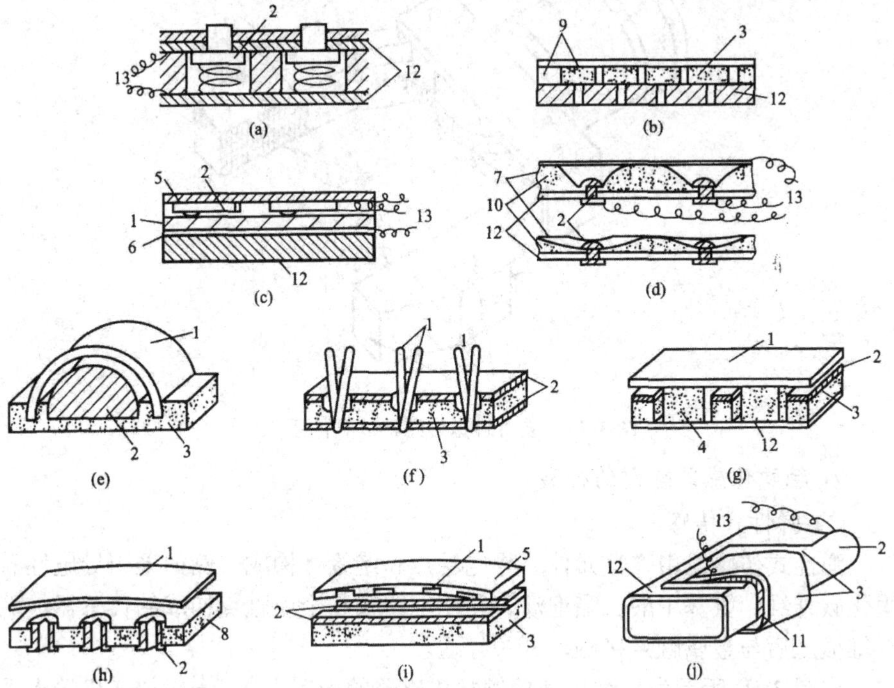

1—导电橡胶；2—金属；3—绝缘体；4—海绵状橡胶；5—橡胶；6—金属箔；7—碳纤维；8—含碳海绵；9—海绵状橡胶；10—氨基甲酸乙酯泡沫；11—铍青铜；12—衬底；13—引线

图 3-47　各种触觉传感器

3. 触觉传感器阵列

1) 接触觉阵列原理

电极与柔性导电材料(条形导电橡胶、PVF2 薄膜)保持电气接触，导电材料的电阻随压力变化而变化。当物体压在其表面时，将引起局部变形，测出连续的电压变化，就可测量局部变形。电阻的改变很容易转换成电信号，其幅值正比于施加在材料表面上某一点的力。接触觉阵列传感器如图 3-48、图 3-49 所示。

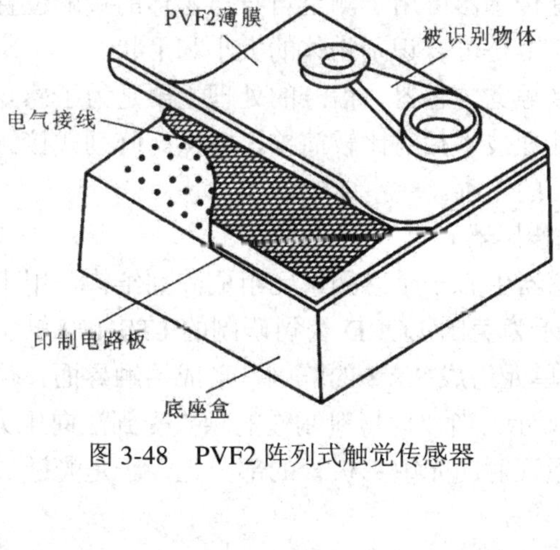

图 3-48　PVF2 阵列式触觉传感器

笔记

课程思政

群众路线

一切为了群众，一切依靠群众，从群众中来，到群众中去，把党的正确主张变为群众的自觉行为。

笔记

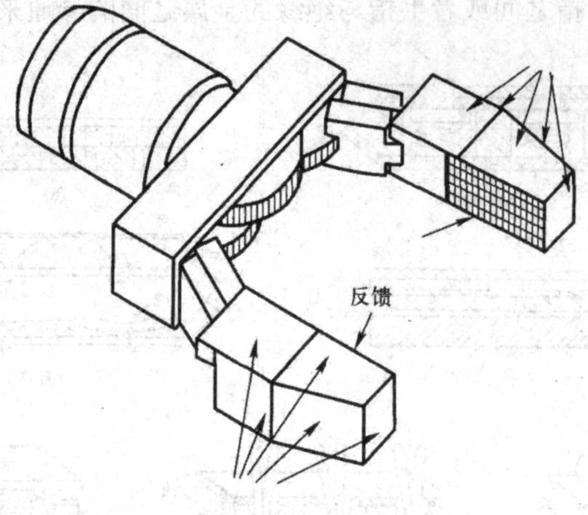

图 3-49 装有触觉传感器阵列的手爪

2) 触觉传感器阵列的种类

(1) 弹性式传感器。

弹性式传感器由弹性元件、导电触点和绝缘体构成。例如采用导电性石墨化碳纤维、氨基甲酸乙酯泡沫、印制电路板和金属触点构成的传感器，碳纤维被压后与金属触点接触，开关导通。

如图 3-50 所示为二维矩阵接触觉传感器的配置方法，一般放在机器人手掌的内侧。其中：① 是柔软的电极；② 是柔软的绝缘体；③ 是电极；④ 是电极板。图中柔软导体可以使用导电橡胶、浸含导电涂料的氨基甲酸乙酯泡沫或碳素纤维等材料。

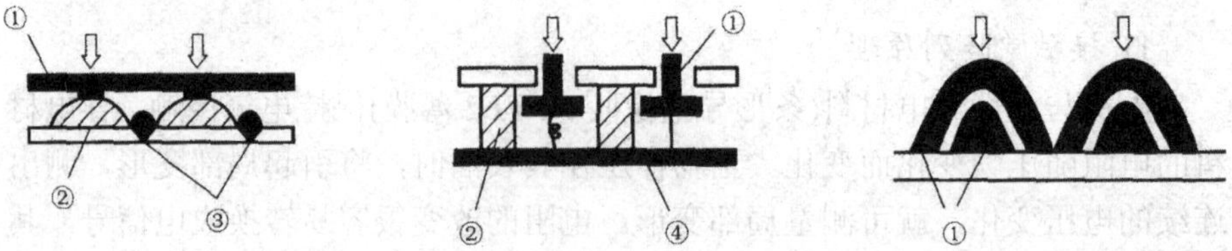

图 3-50 二维矩阵式接触觉传感器的配置方法

阵列式接触觉传感器可用于测定自身与物体的接触位置、被握物体中心位置和倾斜度，甚至还可以识别物体的大小和形状。

对于非阵列接触觉传感器，信号的处理主要是为了感知物体的有无。由于信息量较少，处理技术相对比较简单、成熟。阵列式接触觉传感器的作用是辨识物体接触面的轮廓。

(2) 成像触觉传感器。

成像触觉传感器由若干个感知单元组成阵列结构，用于感知目标物体的形状。图 3-51 所示为美国 LORD 公司研制的 LTS-100 触觉传感器外形。传感器由 64 个感知单元组成 8 × 8 的阵列，形成接触界面，传感器单元的转换原理如图 3-51(b)所示。当弹性材料制作的触头受到法向压力作用时，触杆下伸，挡住发光二极管射向光敏二极管的部分光，于是光敏二极管输出随压力大小变化的电信号。阵列中感知单元的输出电流由多路模拟开关选通检测，经过 A/D 转换变为不同的触觉数字信号，从而感知目标物体的形状。

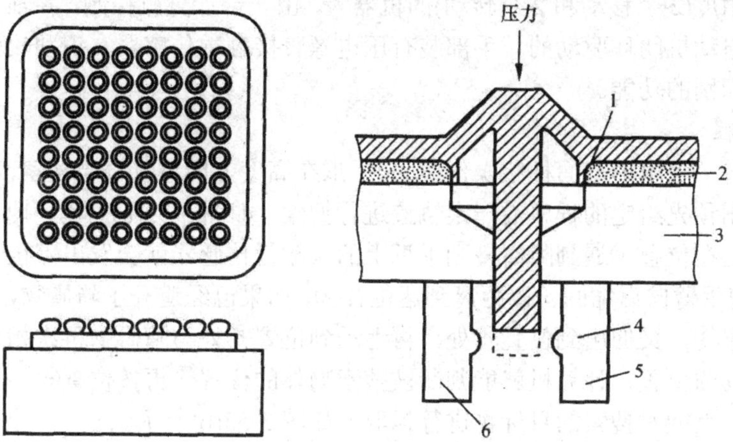

1—橡胶垫片；
2—金属板；
3—A1 支持板；
4—透镜；
5—LED；
6—光传感器

(a) 传感器外形　　(b) 传感器单元的转换原理

图 3-51　LTS-100 触觉传感器

(3) TIR 触觉传感器。

基于光学全内反射原理(Total Internal Reflector)的触觉传感器如图 3-52 所示。传感器由白色弹性膜、光学玻璃波导板、微型光源、透镜组、CCD 成像装置和控制电路组成。光源发出的光从波导板的侧面垂直入射进波导板，当物体未接触敏感面时，波导板与白色弹性膜之间存在空气间隙，进入波导板的大部分光线在波导板内发生全内反射。当物体接触敏感面时，白色弹性膜被压在波导板上。在两者贴近部位，波导板内的光线从光疏媒质(光学玻璃波导板)射向光密媒质(白色弹性膜)，同时波导板表面发生不同程度的变形，有光线从白色弹性膜和波导板贴近部位泄漏出来，在白色弹性膜上产生漫反射。漫反射光经波导板与三棱镜出射，形成物体触觉图像。触觉图像经自聚焦透镜、传像光缆和显微镜进入 CCD 成像装置。

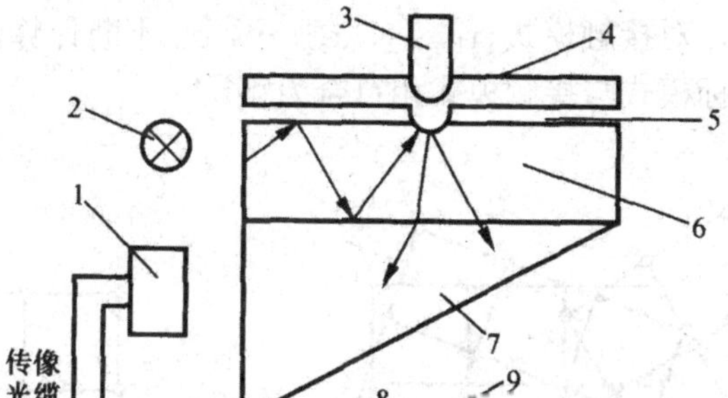

1—自聚焦透镜；2—光源；3—物体；4—白色弹性膜；5—空气气隙；
6—光学玻璃波导板；7—三棱镜；8—显微镜；9—CCD 成像装置；10—图像监视器

图 3-52　TIR 触觉传感器

笔记

4. 接触觉应用

如图 3-53 所示为一个具有接触搜索识别功能的机器人。图 3-53(a)所示为具有 4 个自由度(2 个移动和 2 个转动)的机器人，由一台计算机控制，各轴运动是由直流电动机闭环驱动的。手部装有压电橡胶接触觉传感器，识别软件具有搜索和识别的功能。

1) 搜索过程

机器人具有一个扇形截面柱状操作空间，手爪在高度方向进行分层搜索，对每一层可根据预先给定的程序沿一定轨迹进行搜索。如图 3-53(b)所示，搜索过程中，假定在位置①遇到障碍，则手爪上的接触觉传感器就会发出停止前进的指令，使手臂向后缩回一段距离到达位置②。如果已经避开了障碍物，则再前进至位置③，又伸出到位置④处，再运动到位置⑤处与障碍物再次相碰。根据①、⑤的位置，计算机就能判断被搜索物体的位置。再按位置⑥、⑦的顺序接近，就能对搜索的目标物进行抓取，如图 3-53(b)所示。

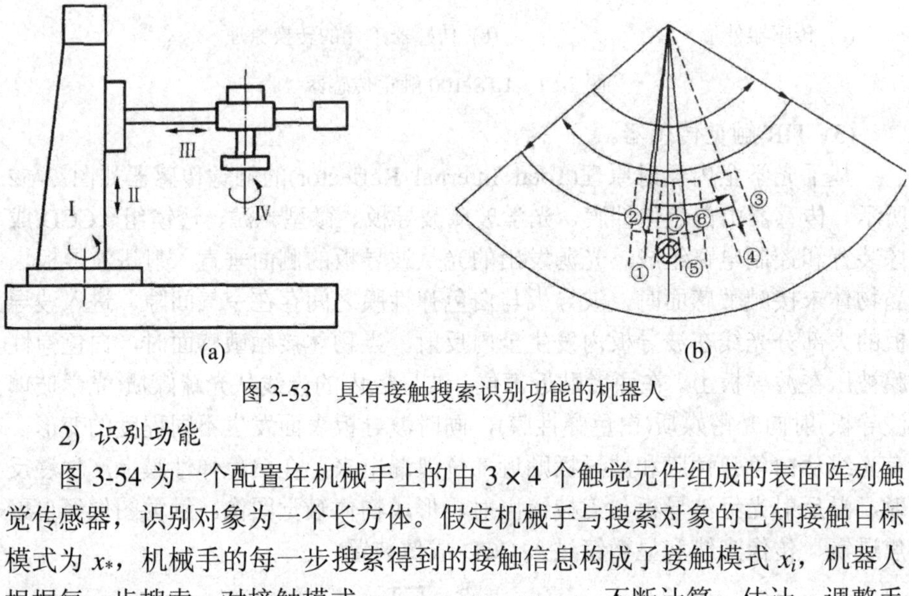

图 3-53 具有接触搜索识别功能的机器人

2) 识别功能

图 3-54 为一个配置在机械手上的由 3×4 个触觉元件组成的表面阵列触觉传感器，识别对象为一个长方体。假定机械手与搜索对象的已知接触目标模式为 x_*，机械手的每一步搜索得到的接触信息构成了接触模式 x_i，机器人根据每一步搜索，对接触模式 x_1、x_2、x_3，…，x_n 不断计算、估计，调整手的位姿，直到目标模式与接触模式相符合为止。

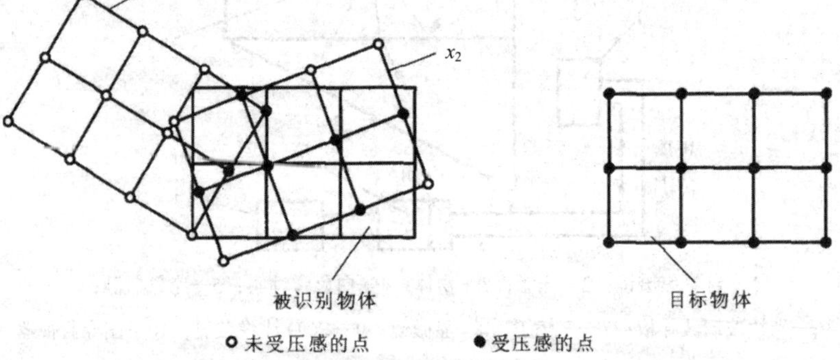

图 3-54 用表面矩阵触觉传感器引导随机搜索

笔记

每一步搜索过程由 3 部分组成，即：

(1) 接触觉信息的获取、量化和对象表面形心位置的估算。

(2) 对象边缘特征的提取和姿势估算。

(3) 运动计算及执行运动。

要判定搜索结果是否满足形心对中、姿势符合要求，还可设置一个目标函数，要求目标函数在某一尺度下最优，用这样的方法可判定对象的存在和位姿情况。

查一查：接触觉还有哪些主要应用？

二、机器人的压觉

压觉传感器实际是接触觉传感器的延伸，用来检测机器人手指握持面上承受的压力大小及分布。目前，压觉传感器的研究重点是阵列型压觉传感器的制备和输出信号处理。压觉传感器的类型很多，例如压阻型、光电型、压电型、压敏型、压磁型、光纤型等。

1. 机器人单一压觉传感器

1) 压阻型压觉传感器

压阻型压觉传感器利用某些材料的内阻随压力变化而变化的压阻效应制成压阻器件，将其密集配置成阵列，即可检测压力的分布，例如压敏导电橡胶和塑料等。如图 3-55 所示为压阻型压觉传感器的基本结构。

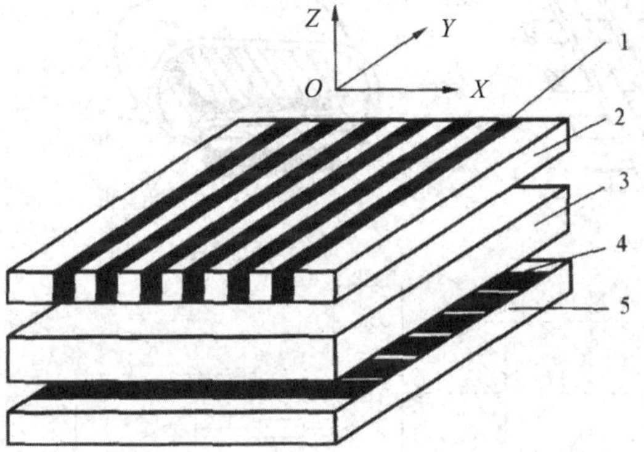

1—导电橡胶；
2—硅橡胶；
3—感压膜；
4—条形电极；
5—印制电路板

图 3-55　压阻型压觉传感器的基本结构

2) 光电型压觉传感器

如图 3-56 所示为光电型阵列压觉传感器的结构示意图。当弹性触头受压时，触杆下伸，发光二极管射向光敏二极管的部分光线被遮挡，于是光敏二极管输出随压力变化而变化的电信号。通过多路模拟开关依次选通阵列中的感知单元，并经 A/D 转换器转换为数字信号，即可感知物体的形状。

笔记

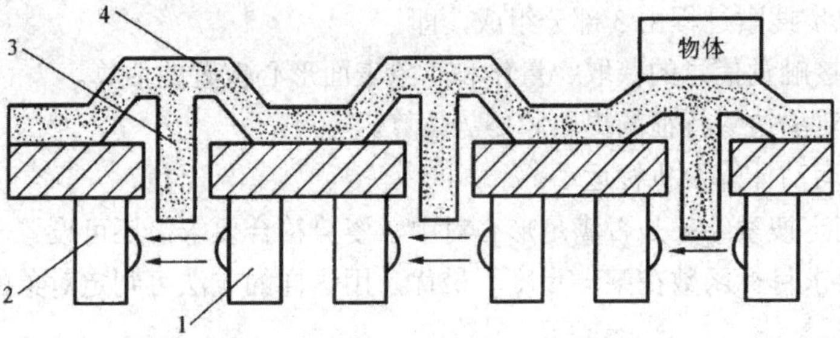

1—光二极管；2—光敏二极管；3—触杆；4—弹性触头

图 3-56　光电型阵列压觉传感器的结构示意图

3) 压电型压觉传感器

压电型压觉传感器利用压电晶体等压电效应器件，可制成类似于人类皮肤的压电薄膜来感知外界压力。其优点是耐腐蚀、频带宽和灵敏度高等；缺点是无直流响应，不能直接检测静态信号。

4) 压敏型压觉传感器

利用半导体力敏器件与信号调理电路可构成集成压敏型压觉传感器。其优点是体积小、成本低、便于与计算机连接；缺点是耐压负载差、不柔软。

2. 阵列式压觉传感器

阵列式压觉传感器如图 3-57 所示。其中，(a)表示由条状的导电橡胶排成网状，每个棒上附着一层导体引出，传送给扫描电路；(b)则由单向导电橡胶

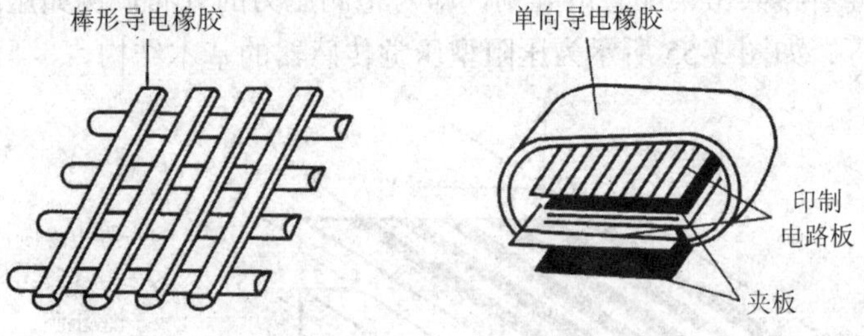

(a) 导电橡胶　(b) 阵列

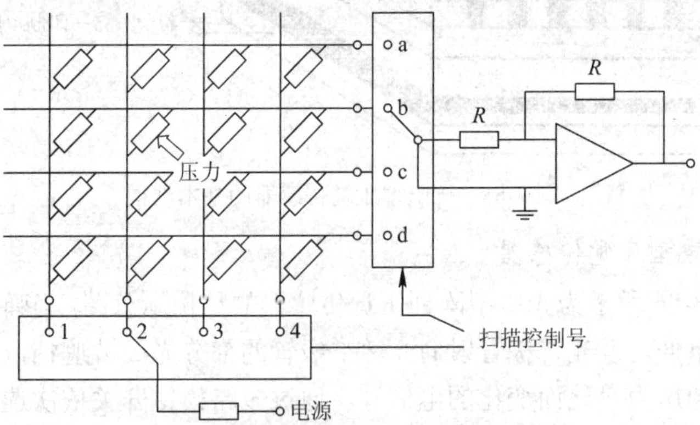

(c) 阵列式扫描电路

图 3-57　阵列式压觉传感器

笔记

和印制电路板组成，电路板上附有条状金属箔，两块板上的金属条方向互相垂直；(c)为与阵列式传感器相配的阵列式扫描电路。比较高级的压觉传感器是在阵列式触点上附着一层导电橡胶，并在基板上装有集成电路，压力的变化使各接点间的电阻发生变化，信号经过集成电路处理后送出，如图 3-58 所示。

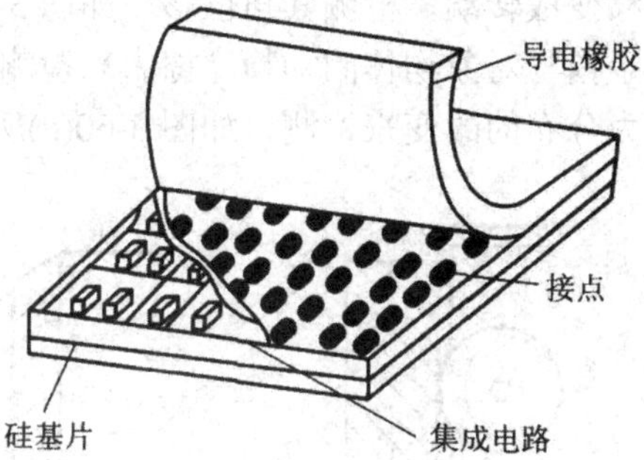

图 3-58　高级分布式压觉传感器

变形检测器如图 3-59 所示，用压力使橡胶变形，可用普通橡胶做传感器面，用光学和电磁学等手段检测其变形量，和直接检测压力的方法相比，这种方法可称为间接检测法。

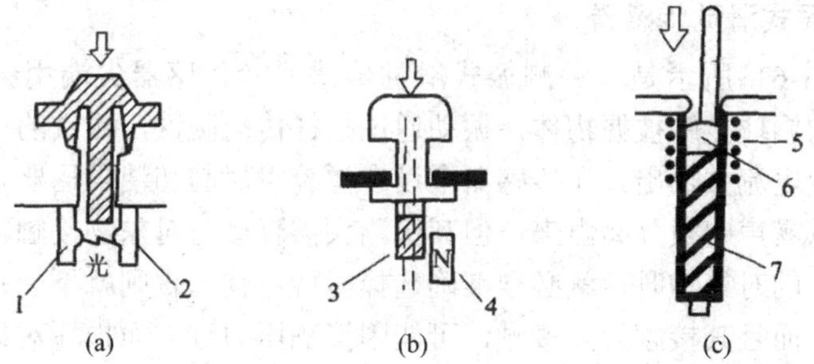

1—光电检测器；2—光发射器；3—霍尔器件；4—磁铁；5—线圈；6—探针；7—弹性体

图 3-59　变形检测器

三、机器人的滑觉

机器人在抓取不知属性的物体时，其自身应能确定最佳握紧力的给定值。当握紧力不够时，要能检测被握紧物体的滑动，利用该检测信号，在不损伤物体的前提下，考虑最可靠的夹持方法，实现此功能的传感器称为滑觉传感器。滑觉传感器可以检测垂直于握持方向物体的位移、旋转、由重力引起的变形等，以便修正夹紧力，防止抓取物的滑动。滑觉传感器主要用于检测物体接触面之间相对运动的大小和方向，判断机器人是否握住物体以及夹紧力的大小等。当机器人的手指夹住物体时，物体在垂直于夹紧力方向的平面内移动，需要进行的操作有：抓住物体并将其举起时的动作；夹住物体并将其交给对方的动作；手臂移动时加速或减速的动作。

笔记

机器人的握力应满足物体既不产生滑动而握力又为最小临界握力。如果能在刚开始滑动之后便立即检测出物体和手指间产生的相对位移，且增加握力就能使滑动迅速停止，那么该物体就可用最小的临界握力抓住。

检测滑动的方法有以下几种：

(1) 根据滑动时产生的振动检测，如图 3-60(a)所示。

(2) 把滑动的位移变成转动，检测其角位移，如图 3-60(b)所示。

(3) 根据滑动时手指与对象物体间动静摩擦力来检测，如图 3-60(c)所示。

(4) 根据手指压力分布的改变来检测，如图 3-60(d)所示。

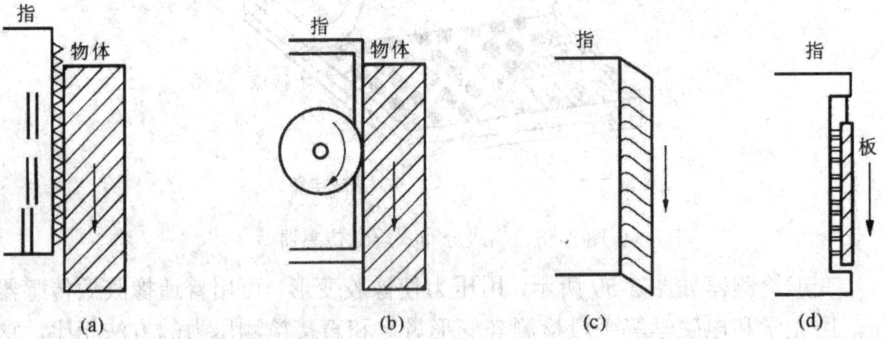

图 3-60　滑动引起的物理现象

1. 测振式滑觉传感器

如图 3-61 所示是一种测振式滑觉传感器。传感器尖端用一个直径为 0.05 mm 的钢球接触被握物体，振动通过杠杆传向磁铁，磁铁的振动在线圈中感应交变电流并输出。在传感器中设有橡胶阻尼圈和油阻尼器。滑动信号能清楚地从噪声中被分离出来。但其检测头需直接与对象物接触，在握持类似于圆柱体的对象物时，就必须准确选择握持位置，否则就不能起到检测滑觉的作用，而且其接触为点接触，可能因接触压力过大而损坏对象表面。

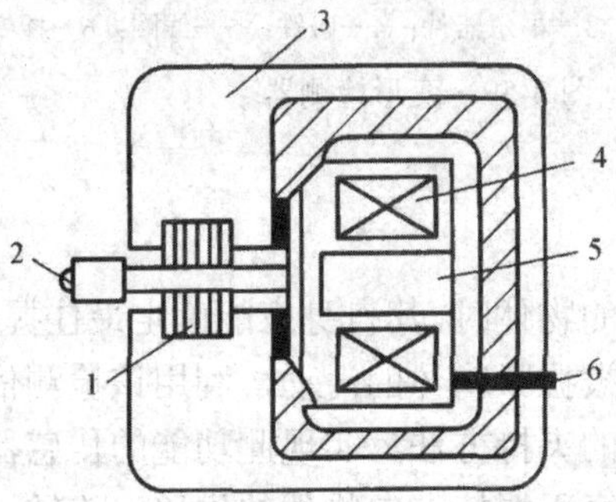

1—橡胶圈阻尼；

2—钢球；

3—油阻尼器；

4—线圈；

5—磁铁；

6—输出

图 3-61　测振式滑觉传感器

2. 柱型滚轮式滑觉传感器

柱型滚轮式滑觉传感器如图 3-62 所示。小型滚轮安装在机器人手指上，见图 3-62(a)，其表面稍突出手指表面，可使物体的滑动变成转动。滚轮表面贴有高摩擦因数的弹性物质，这种弹性物质一般为橡胶薄膜。用板型弹簧将

笔记

滚轮固定，可以使滚轮与物体紧密接触，并使滚轮不产生纵向位移。滚轮内部装有发光二极管和光电三极管，通过圆盘形光栅把光信号转变为脉冲信号，见图 3-62(b)。

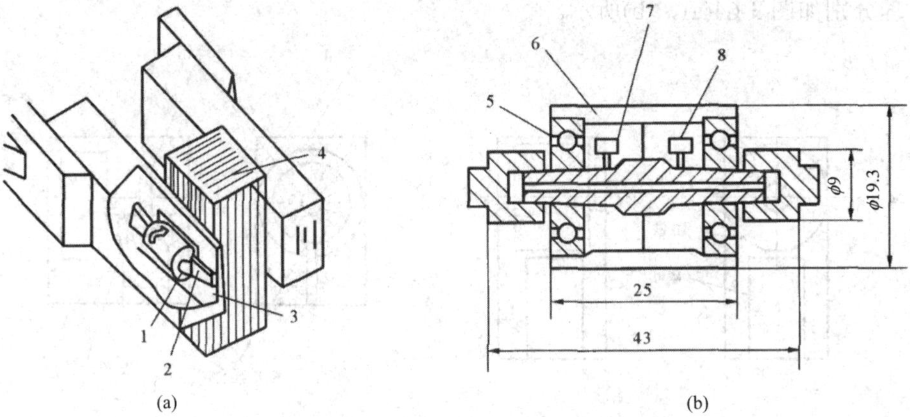

1—滑轮；2—弹簧；3—夹持器；4—物体；5—滚球；6—橡胶薄膜；7—发光二极管；8—光电三极管

图 3-62　柱型滚轮式滑觉传感器

3. 球形滑觉传感器

机器人专用球形滑觉传感器如图 3-63 所示。它主要由金属球和触针组成，金属球表面分成许多个相间排列的导电和绝缘小格。触针头很细，每次只能触及一格。当工件滑动时，金属球也随之转动，在触针上输出脉冲信号。脉冲信号的频率反映了滑移速度，脉冲信号的个数对应滑移的距离。接触器触头面积小于球面上露出的导体面积，不仅体积小，而且提高了检测灵敏度。球与被握物体相接触，无论滑动方向如何，只要球一转动，传感器就会产生脉冲输出。该球体在冲击力作用下不发生转动，因此抗干扰能力强。

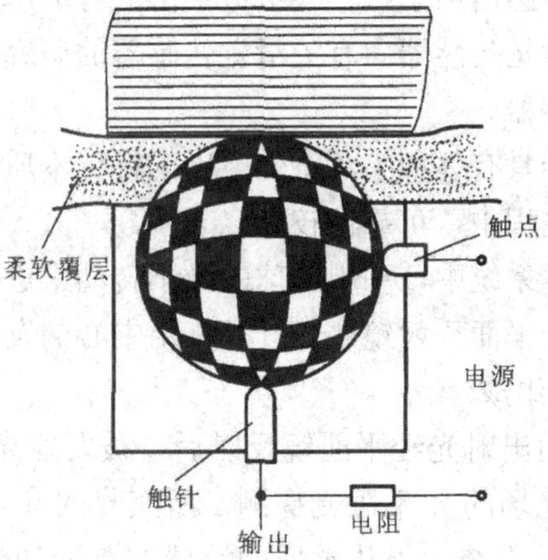

图 3-63　球形滑觉传感器

4. 滚轮式传感器

滚轮式传感器只能检测一个方向的滑动。球式传感器用球代替滚轮，可

笔记

以检测各个方向的滑动。振动式滑觉传感器表面伸出的触针能和物体接触，物体滚动时，触针与物体接触而产生振动，这个振动由压电传感器或磁场线圈结构的微小位移计检测，磁通量振动式传感器和光学振动传感器的工作原理分别如图 3-64(a)、(b)所示。

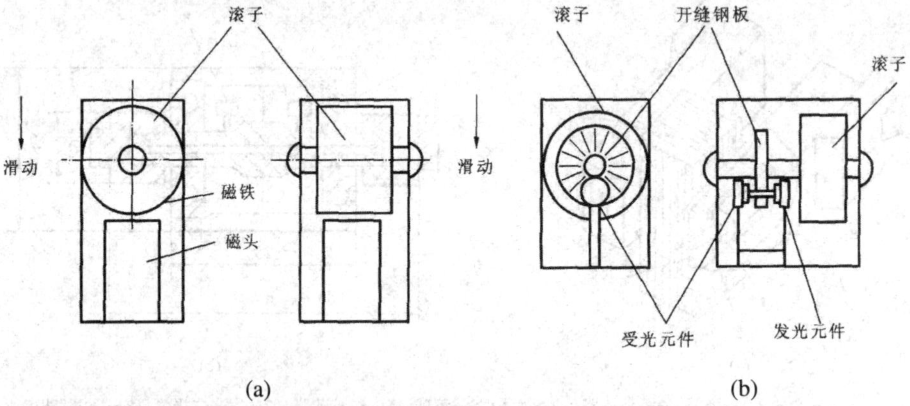

图 3-64　振动式传感器工作原理图

根据机器人对物体施加力的大小，握持方式可分为 3 类。

(1) 刚力握持。机器人手指用一个固定的力，通常是用最大可能的力握持物体。

(2) 柔力握持。根据物体和工作目的不同，使用适当的力握持物体。握力可变或可自适应控制。

(3) 零力握持。当握住物体时，不可用力，即只感觉到物体的存在。它主要用于探测物体、探索路径、识别物体的形状等。

5. 光纤滑觉传感器

目前，将光纤传感器用于机器人机械手上的有关研究主要是光纤压觉、力觉传感器和光纤触觉传感器。有关滑觉传感器的研究仍限于滚轴电编码式和滑球电编码式传感器。

由于光纤传感器具有体积小、不受电磁干扰、本质上防燃防爆等优点，因而在机械手作业过程中，可靠性较高。

在光纤滑觉传感系统中，利用滑球的微小转动来进行切向滑觉的转换，在滑球中心嵌入一个平面反射镜，光纤探头由中心的发射光纤和对称布设的 4 根光信号接收光纤组成。

来自发射光纤的出射光经平面镜反射后，被发射光纤周围的 4 根光纤所接收，形成同一光场的 4 象限光探测，所接收的 4 象限光信号经前置放大后被送入信号处理系统。当传感器的滑球在有滑动趋势的物体作用下绕球心产生微小转动时，会引起反射光场发生变化，导致 4 象限接收光纤所接收到的光信号受到调制，从而实现全方位光纤滑觉检测。系统框图如图 3-65 所示。

笔记

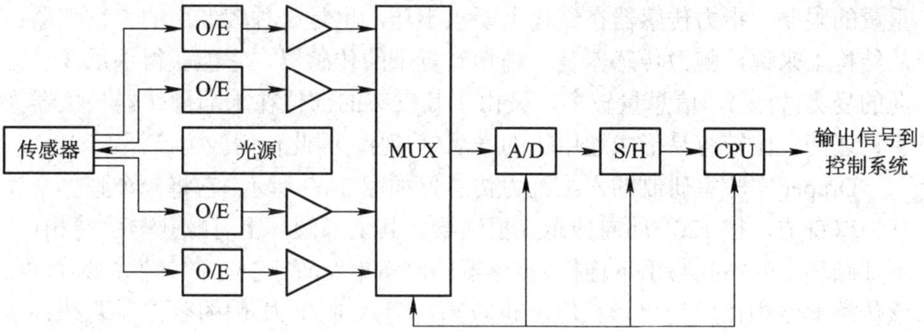

图 3-65　光纤滑觉传感系统框图

光纤滑觉传感器结构如图 3-66 所示。传感器壳体中开有一个球冠形槽，可使滑球在其中滑动。滑球的一小部分露出并与乳胶膜相接触，滑动物体通过乳胶膜与滑球发生相互作用。滑球中心平面与一个内嵌平面反射镜的刚性圆板固接。该圆板通过 8 个仪表弹簧与传感器壳体相连，构成了该滑觉传感器的弹性恢复系统。

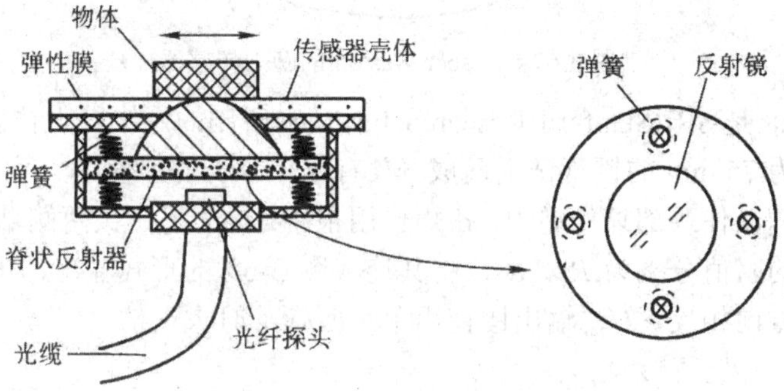

图 3-66　光纤滑觉传感器结构

查一查：压觉与滑觉传感器应在什么地方使用？

四、机器人的力觉

通常将机器人的力传感器分为以下 3 类：

(1) 装在关节驱动器上的力传感器，称为关节力传感器，可测量驱动器本身的输出力和力矩，用于控制中的力反馈。

(2) 装在末端执行器和机器人最后一个关节之间的力传感器，称为腕力传感器。腕力传感器能直接测出作用在末端执行器上的各向力和力矩。

(3) 装在机器人手爪指关节上(或指上)的力传感器，称为指力传感器，用来测量夹持物体时的受力情况。

机器人的这 3 种力传感器依其不同的用途有不同的特点。关节力传感器用来测量关节的受力(力矩)情况，信息量单一，传感器结构也较简单，是一种专用的力传感器；(手)指力传感器一般测量范围较小，同时受手爪尺寸和

笔记

重量的限制，指力传感器在结构上要求小巧，也是一种较专用的力传感器；从结构上来说，腕力传感器是一种相对复杂的传感器，它能获得手爪 3 个方向的受力(力矩)，信息量较多，又由于其安装的部位在末端操作器与机器人手臂之间，比较容易形成通用化的产品(系列)，因此使用较为广泛。

Draper 实验室研制的六维腕力传感器如图 3-67 所示。它将一个整体金属环周壁铣成，按 120° 周向分布 3 根细梁。其上部圆环上有螺孔与手臂相连，下部圆环上的螺孔与手爪连接，传感器的测量电路置于空心的弹性构架体内。该传感器结构比较简单，灵敏度也较高，但六维力(力矩)的获得需要解耦运算，传感器的抗过载能力较差，较易受损。

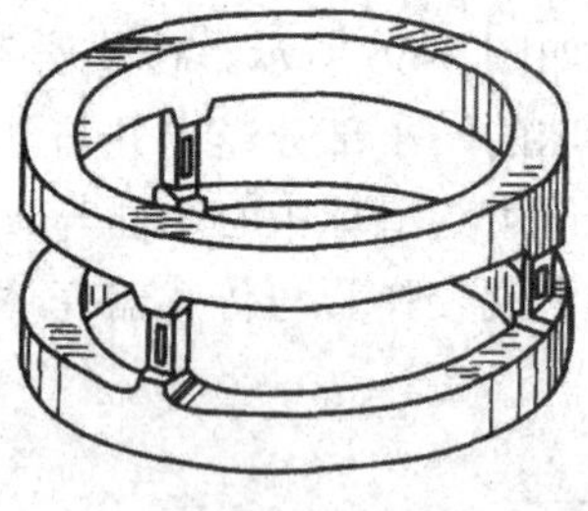

图 3-67　Draper Waston 的腕力传感器

图 3-68 是 SRI(Stanford Research Institute)研制的六维腕力传感器。它由一只直径为 75 mm 的铝管铣削而成，具有 8 个窄长的弹性梁，每一个梁的颈部开有小槽以使颈部只传递力，扭矩作用很小。梁的另一头两侧贴有应变片，若应变片的阻值分别为 R_1、R_2，将其连成图 3-69 的形式输出，由于 R_1、R_2 所受应变方向相反，U_{out} 输出比使用单个应变片时大一倍。

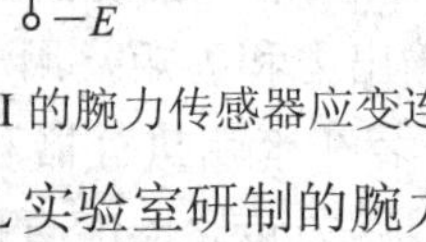

图 3-68　SRI 的传感器应变片连接方式　　图 3-69　SRI 的腕力传感器应变连接电路

图 3-70 是日本大和制衡株式会社林纯一在 JPL 实验室研制的腕力传感器基础上提出的一种改进结构。它是一种整体轮辐式结构，传感器在十字梁与轮缘连接处有一个柔性环节，在 4 根交叉梁上共贴有 32 个应变片(图中以小方块表示)，组成 8 路全桥输出，六维力的获得需通过解耦计算。该传感器将十字交叉主杆与手臂的连接件设计成弹性体变形限幅的形式，可有效起到过载保护的作用，是一种较实用的结构。

笔记

图 3-71 是一种非径向中心对称三梁腕力传感器，传感器的内圈和外圈分别固定于机器人的手臂和手爪，力沿与内圈相切的 3 根梁进行传递。每根梁的上下、左右各贴一对应变片，这样非径向的 3 根梁共粘贴 6 对应变片，分别组成 6 组半桥，对这 6 组电桥信号进行解耦可得到六维力(力矩)的精确解。这种力觉传感器结构有较好的刚性，最先由卡纳基-梅隆大学提出，在我国，华中科技大学也曾对此结构的传感器进行过研究。

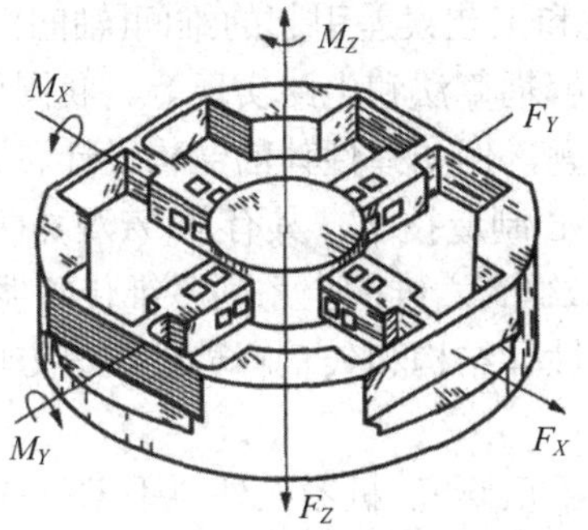

图 3-70　林纯一的腕力传感器

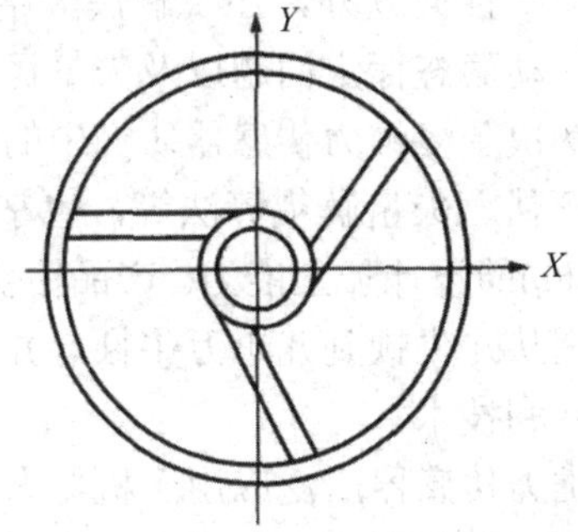

图 3-71　非径向中心对称三梁腕力传感器

1. 分布型传感器

对于力控制机器人，当对来自外界的力进行检测时，根据力的作用部位和作用力的情况，传感器的安装位置和构造会有所不同。

例如，当需要检测来自所有方向的接触时，应用传感器覆盖全部表面。这时，要使用分布型传感器，把许多微小的传感器进行排列，用来检测在较大的面积内发生的物理量变化，这样组成的传感器，称为分布型传感器，如图 3-72 所示。

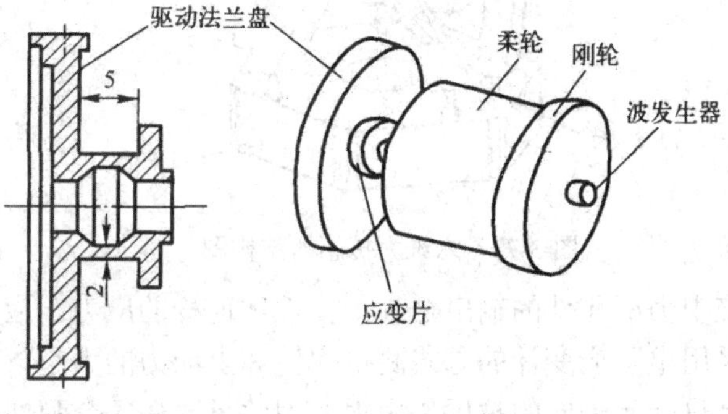

图 3-72　分布型关节力传感器

虽然目前还没有对全部表面进行完全覆盖的分布型传感器，但是已经开发出能为手指和手掌等重要部位设置的小规模分布型传感器。因为分布型传感器是许多传感器的集合体，所以在输出信号的采集和数据处理中，需要采用特殊信号处理技术。

2. 多维力传感器

多维力传感器是一种能够同时测量两个方向以上的力及力矩分量的力传

笔记

感器。在笛卡儿坐标系中力和力矩可以各自分解为3个分量，因此多维力最完整的形式是六维力-力矩传感器，即能够同时测量3个力分量和3个力矩分量。目前广泛使用的多维力传感器就是这种传感器。在某些场合，不需要测量完整的6个力和力矩分量，而只需要测量其中某几个分量，因此就有了二、三、四、五维的多维力传感器，其中每一种传感器都可能包含多种组合形式。

多维力传感器与单轴力传感器相比，除了要解决对所测力分量敏感的单调性和一致性问题外，还要解决因结构加工和工艺误差引起的维间(轴间)干扰问题、动静态标定问题以及矢量运算中的解耦算法和电路实现等。我国已经彻底解决了多维力传感器研究中的科学问题，例如弹性体的结构设计、力学性能评估、矢量解耦算法等，也掌握了核心制造技术，具有从(宏观)机械到(微机械)的设计加工能力。产品覆盖了从二维到六维的全系列多维传感器，量程范围从几牛顿到几十万牛顿，并获得弹性体结构和矢量解耦电路等方面的多项专利技术。

多维力传感器广泛应用于机器人手指和手爪研究、机器人外科手术研究、指力研究、牙齿研究、力反馈、刹车检测、精密装配、切削、复原研究、整形外科研究、产品测试、触觉反馈和示教学习等方面。行业覆盖了机器人、汽车制造、自动化流水线装配、生物力学、航空航天、轻纺工业等领域。如图3-73所示为六维力传感器结构图。

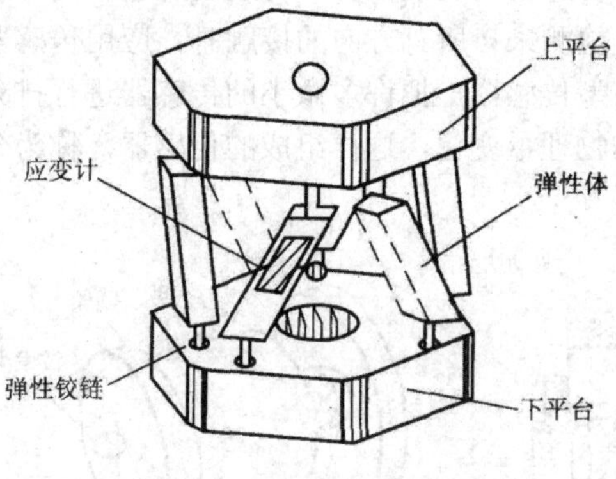

图3-73　六维力传感器结构图

传感器系统中力敏元件的输出是6个弹性体连杆的应力。应力的测量方式很多，这里采用电阻应变计的方式测量弹性体上应力的大小。理论研究表明，在弹性体上只受到轴向的拉压作用力，因此只要在每个弹性体连杆上粘贴一片应变计(如图3-73所示)，然后和其他3个固定电阻器正确连接，即可组成测量电桥，从而通过电桥的输出电压测量出每个弹性体上的应力大小。整个传感器力敏元件的弹性体连杆有6个，因此需要6个测量电桥分别对6个应变信号进行测量。传感器力敏元件的弹性体连杆机械应变一般都较小，为将这些微小的应变引起的应变计电阻值的微小变化测量出来，并有效提高电压灵敏度，测量电路采用直流电桥的工作方式，其基本形式如图3-74所示。

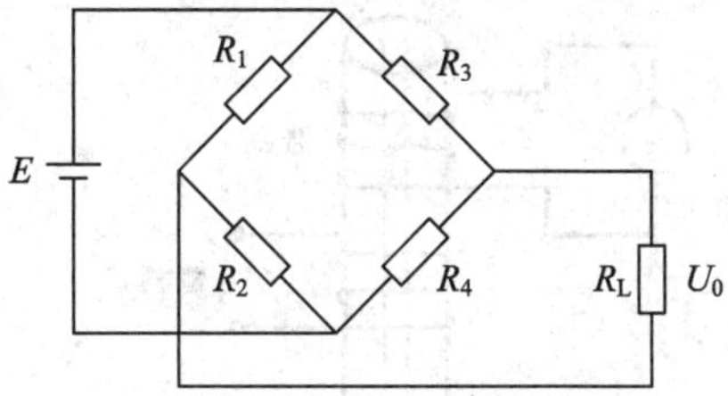

图 3-74 测量电桥

查一查：力觉传感器与滑觉传感器有什么区别？

五、机器人的接近觉

接近觉传感器是指机器人手接近对象物体的距离为几毫米到十几厘米时，能检测出与对象物体表面的距离、斜度和表面状态的传感器。接近觉一般用非接触式测量元件，例如霍尔效应传感器、电磁式接近开关、光学接近传感器和超声波传感器作为感知元件。

接近觉传感器可分为电磁式(感应电流式)、光电式(反射或透射式)、电容式、气压式、超声波式和红外线式 6 种，如图 3-75 所示。

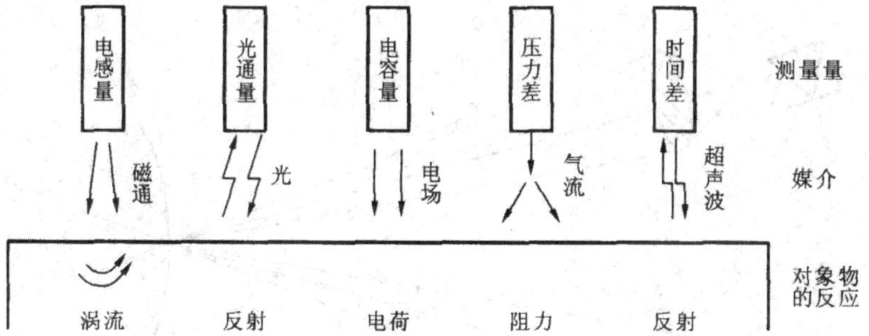

图 3-75 接近觉传感器

1. 电磁式接近觉传感器

在一个线圈中通入高频电流，就会产生磁场，这个磁场接近金属物时，会在金属物中产生感应电流，也就是涡流。涡流大小随对象物体表面与线圈的距离改变而变化，这个变化反过来又影响线圈内的磁场强度。磁场强度可用另一组线圈检测出来，也可以根据激磁线圈本身电感的变化或激励电流的变化来检测。图 3-76 所示为其原理图。这种传感器的精度比较高，而且可以在高温下使用。由于工业机器人的工作对象大多是金属部件，因此电磁式接近觉传感器应用较广，在焊接机器人中可用于探测焊缝。

笔记

工匠精神

从国家层面来说，要建立健全相应的保障、激励制度，树立行业之间的平等意识，提供更好的创业和竞争平台，提升产品信誉度和品质力，给予技术人才更多尊重与重视，并大力培养工匠人才；从个人层面来说，要从自己做起，把专业与敬业结合起来，把个人的责任担当和对规则、规矩的尊重与恪守结合起来，把满足社会需求与实现个人价值统一起来，严于律己，并运用科学有效的方法积极进取、开拓创新，在铸就辉煌人生的同时，为国家做出贡献。

笔记

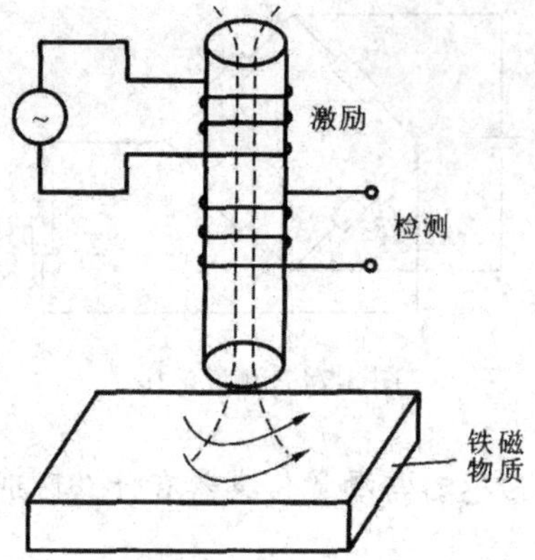

图 3-76　电磁式接近觉传感器原理图

2. 光电式接近觉传感器

光源发出的光经发射透镜射到物体，经物体反射并由接收透镜汇聚到光电器件上。若物体不在感知范围内，光电器件无输出。由于光的反射量会受到对象物体的颜色、表面粗糙度和表面倾角的影响，因此光反射式接近觉传感器精度较差，应用范围小。光电式接近觉传感器的应答性好，维修方便，测量精度高，目前应用较多；但其信号处理较复杂，使用环境也受到一定限制(例如环境光度偏低或污浊)。光电式接近觉传感原理图如图 3-77 所示。

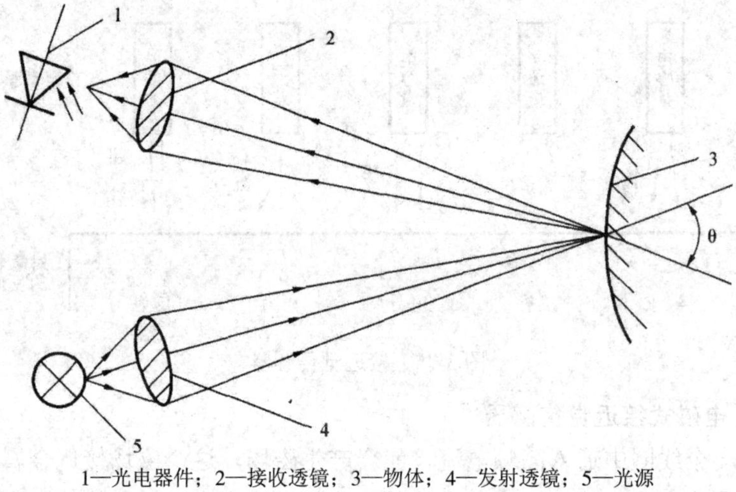

1—光电器件；2—接收透镜；3—物体；4—发射透镜；5—光源

图 3-77　光电式接近觉传感原理图

光电式接近觉传感器又称为红外线光电接近开关，可利用被检测物体对红外光束的遮挡或反射，由同步回路选通来检测物体的有无。其检测对象不限于金属材质的物体，而是对所有能遮挡或反射光线的物体均可检测。红外线属于电磁射线，其特性等同于无线电和 X 射线。人眼可见的光波波长是 380 nm～780 nm，发射波长为 780 nm～1 mm 的长射线称为红外线。光电开关一般使用波长接近可见光的近红外线。

光电开关一般由发射器、接收器和检测电路 3 部分构成，如图 3-78 所示。

笔记

发射器对准目标发射光束，发射的光束一般来自半导体光源，例如发光二极管(LED)、激光二极管及红外发射二极管。工作时发射器不间断地发射光束，或者改变脉冲宽度。接收器由光电二极管、光电三极管、光电池组成，在接收器的前面装有光学元件，例如透镜和光圈等。

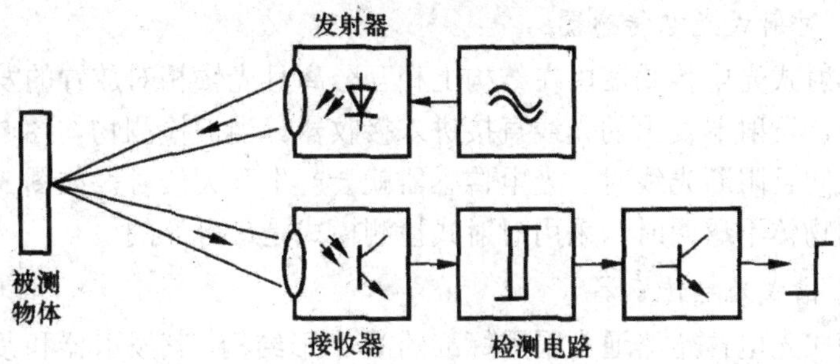

图 3-78　光电传感器的构成及工作原理

根据检测方式的不同，光电式接近觉传感器可分为漫反射式、镜反射式、对射式、槽式和光纤式 5 种，如图 3-79 所示。

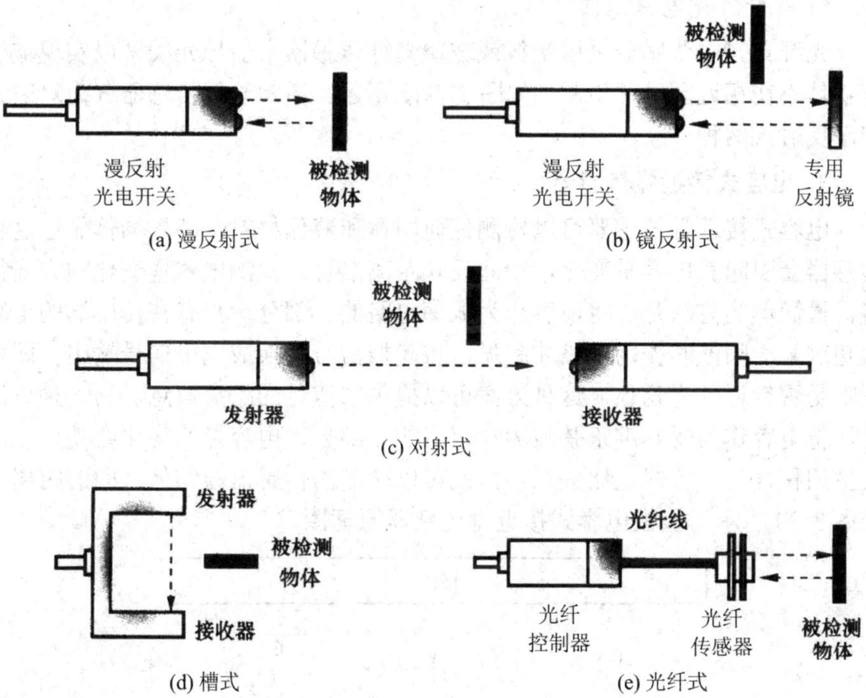

图 3-79　各种检测方式的光电开关

1) 漫反射式光电传感器

漫反射光电传感器是一种集发射器和接收器于一体的传感器。当有被检测物体经过时，光电传感器的发射器发射的具有足够能量的光线被反射到接收器上，于是光电传感器就产生了开关信号，如图 3-79(a)所示。当被检测物体的表面光亮或其反射率极高时，漫反射式是首选的检测模式。

笔记

2) 镜反射式光电传感器

镜反射式光电传感器亦是集发射器与接收器于一体的传感器。光电传感器的发射器发出的光线经过反光镜反射回接收器，当被检测物体经过且完全阻断光线时，光电传感器会产生检测开关信号，如图 3-79(b)所示。

3) 对射式光电传感器

对射式光电传感器由在结构上相互分离且光轴相对放置的发射器和接收器组成，发射器发出的光线直接进入接收器。当被检测物体经过发射器和接收器之间且阻断光线时，光电传感器就会产生开关信号，如图 3-79(c)所示。当检测物体不透明时，采用对射式检测模式是最可靠的。

4) 槽式光电传感器

槽式光电传感器通常采用标准的 U 字形结构，其发射器和接收器分别位于 U 形槽的两边，并形成光轴。当被检测物体经过 U 形槽且阻断光轴时，光电传感器会产生开关信号，如图 3-79(d)所示。槽式光电传感器比较安全可靠，适合检测高速变化的透明与半透明物体。

5) 光纤式光电传感器

光纤式光电传感器采用塑料或玻璃光纤传感器来引导光线，以实现被检测物体不在相近区域的检测，如图 3-79(e)所示。通常光纤传感器分为对射式和漫反射式两种。

3. 电容式接近觉传感器

电容式接近觉传感器可以检测任何固体和液体材料，外界物体靠近这种传感器会引起其电容量变化，由此反映距离信息。检测电容量变化的方案很多，最简单的方法是，将电容作为振荡电路的一部分，只有在传感器的电容值超过某一阈值时振荡电路才起振，将起振信号转换成电压信号输出，即可反映是否接近外界物体，这种方案可以提供二值化的距离信息。另一种方法是，将电容作为受基准正弦波驱动电路的一部分，电容量的变化会使正弦波发生相移，且二者成正比关系，由此可以检测出传感器与物体之间的距离。如图 3-80 所示为极板电容式接近觉传感器原理图。

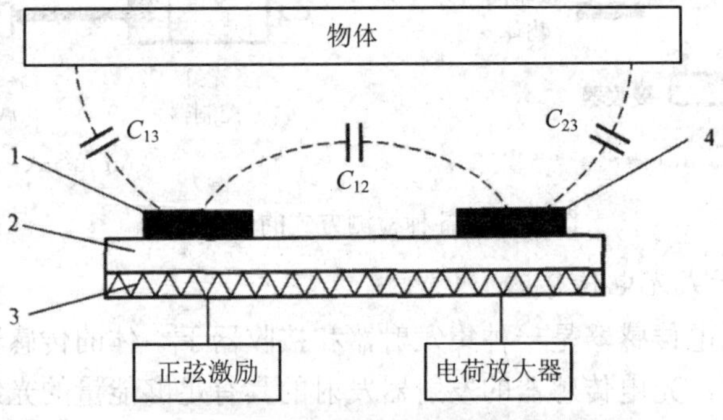

1—极板1；2—绝缘板；3—接地屏蔽板；4—极板2

图 3-80　极板电容式接近觉传感器原理图

笔记

4. 气压式接近觉传感器

气压式接近觉传感器由一根细喷嘴喷出气流，如果喷嘴靠近物体，则内部压力会发生变化，这一变化可用压力计测量出来。如图 3-81(a)所示为其原理图；图 3-81(b)所示曲线表示在气压 p 的情况下，压力计的压力与距离 d 之间的关系。气压式接近觉传感器可用于检测非金属物体，尤其适用于测量微小间隙。

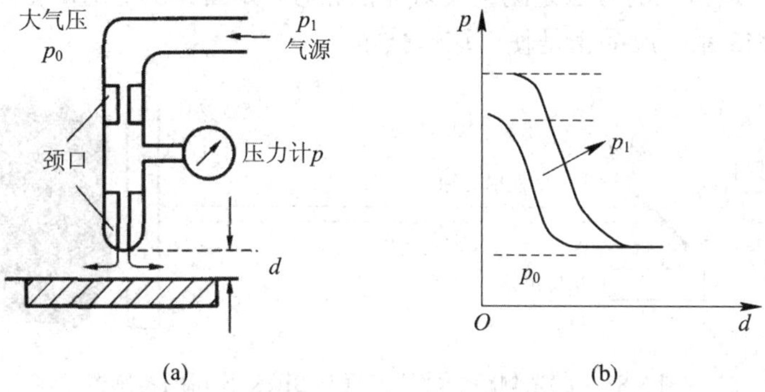

图 3-81　气压式接近觉传感器原理图

5. 超声波式接近觉传感器

超声波是频率 20 kHz 以上的机械振动波，超声波的方向性较好，可定向传播。超声波式接近觉传感器适用于较远距离和较大物体的测量，与感应式和光电式接近觉传感器不同，这种传感器对物体材料或表面的依赖性较低，在机器人导航和避障中应用广泛。如图 3-82 所示为超声波式接近觉传感器示意图，其核心器件是超声波换能器，材料通常为压电晶体、压电陶瓷或高分子压电材料。树脂用于防止换能器受潮湿或灰尘等环境因素的影响，还可起到声阻抗匹配的作用。

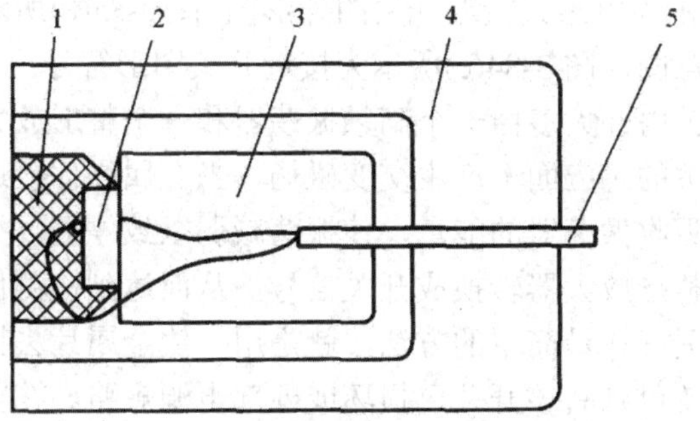

1—树脂；

2—换能器；

3—吸声材料；

4—壳体；

5—电缆

图 3-82　超声波式接近觉传感器示意图

6. 激光测距传感器

与超声测距传感器类似，激光侧距传感器也是一个测量飞行时间的传感器，由于使用的是激光而不是声音，相对于超声测距传感器得到了重大的改进。这种类型的传感器由发射器和接收器组成，前者发射直射光束(激光)至

笔记

目标，后者能检测与发射光束本质上是同轴光的分量。这些装置通常被称作激光雷达，它们可根据光到达目标然后返回所需的时间进行距离估计。测量光束飞行时间的一种方法是使用脉冲激光，然后直接测量飞行时间，这就需要用到能处理百万分之一秒的技术，所以这些电子器件是非常昂贵的。另外一种方法是测量调频连续波(Frequency-Modulated Continuous Wave，FMCW)和其接收到的反射波之间的差频。

此外，最常见的方法是测量反射光的相移。如图 3-83 所示，德国的 SICK 公司的 LMS 系列产品正是使用这一技术。

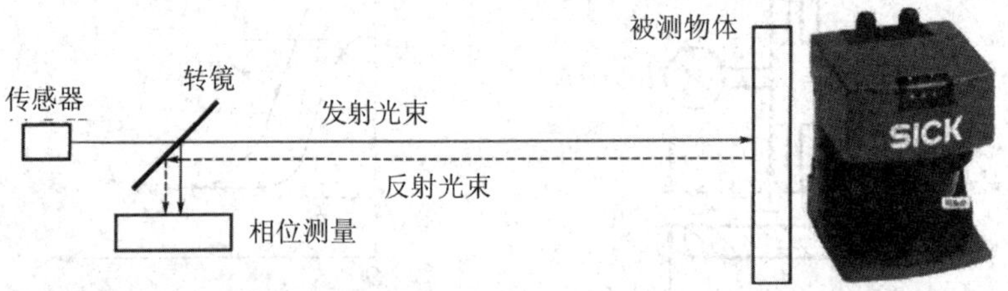

图 3-83　激光测距传感器原理与 SICK 公司的传感器

7. 接近开关

接近开关是一种在一定的距离(几毫米至十几毫米)内检测有无物体的传感器。它给出的是高电平或低电平的开关信号，有的还具有较大的负载能力，可直接驱动断电器工作。接近开关具有灵敏度高、频率响应快、重复定位精度高、工作稳定可靠、使用寿命长等优点。许多接近开关将检测头、测量转换电路及信号处理电路集成在一个壳体内，壳体上多带有螺纹，以便安装和调整距离，同时在外部有指示灯，以指示传感器的通断状态。常用的接近开关有电感式、电容式、磁感应式、光电式、霍尔式等。

1) 电感式接近开关

如图 3-84(a)所示为电感式接近开关的外形图，图 3-84(b)所示为电感式接近开关位置检测示意图，图 3-84(c)所示为接近开关图形符号。

电感式接近开关内部大多由一个高频振荡器和一个整形放大器组成。振荡器振荡后，在开关的感应面上产生交变磁场，当金属物体接近感应面时，金属体产生涡流，吸收振荡器的能量，使振荡减弱以致停振。振荡和停振两种不同的状态，由整形放大器转换成开关信号，从而达到检测位置的目的。判断电感式接近开关好坏最简单的方法，就是用一块金属片去接近该开关，如果开关无输出，就可判断该开关已损坏或外部电源短路。在实际位置控制中，如果感应块和开关之间的间隙变大，就会使接近开关的灵敏度下降甚至无信号输出，因此间隙的调整和检查在日常维护中是很重要的。

2) 电容式接近开关

电容式接近开关的外形与电感应式接近开关类似，除了可对金属材料的无接触式检测外，还可以对非导电性材料进行无接触式检测。

笔记

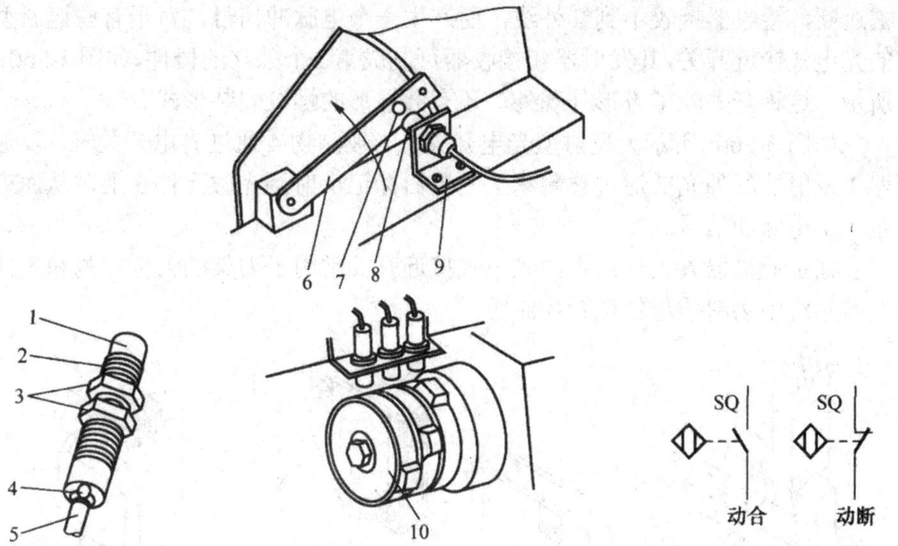

(a) 外形图　　(b) 位置检测示意图　　(c) 接近开关图形符号

1—检测头；2—螺纹；3—螺母；4—指示灯；5—信号输出及电源电缆；6—运动部件；7—感应块；8—电感式接近开关；9—安装支架；10—轮轴感应盘

图 3-84　电感式接近开关

3) 磁感应式接近开关

磁感应式接近开关又称磁敏开关，主要对汽缸内活塞位置进行非接触式检测。如图 3-85 所示为磁感应式接近开关结构图。

由于固定在活塞上的永久磁铁的磁场作用，使传感器内振荡线圈的电流发生变化，内部放大器可将电流转换成输出开关信号。根据汽缸形式的不同，磁感应式接近开关分为绑带式安装、支架式安装等类型。

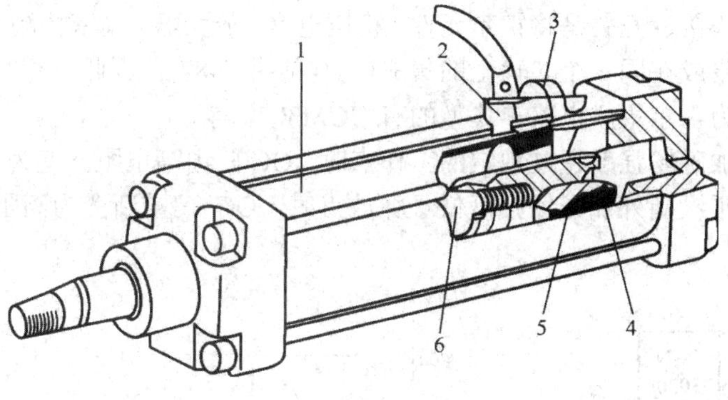

1—汽缸；2—磁感应式接近开关；3—安装支架；4—活塞；5—磁性环；6—活塞杆

图 3-85　磁感应式接近开关结构图

4) 光电式接近开关

光电式接近开关是一种遮断型的光电开关，又称光电续器，如图 3-86(a) 所示。当被测物 4 从发光二极管 1 和光敏元件 3 的中间槽通过时，红外光 2

笔记

被遮断，接收器接收不到红外线，而产生一个电脉冲信号。对于有些遮断型的光电式接近开关，其发射器和接收器可制成第2个独立的器件，如图3-86(b)所示。这种开关除了方形外观外，还有圆柱形的螺纹安装形式。

如图3-86(c)所示为反射型光电开关。当被测物4通过光电开关时，发射器1发射的红外光2通过被测物上的黑白标记反射到光敏元件3上，从而产生一个电脉冲信号。

在工业机器人工作站中，光电式接近开关常用于刀架的刀位检测和柔性制造系统中物料传送的位置控制等。

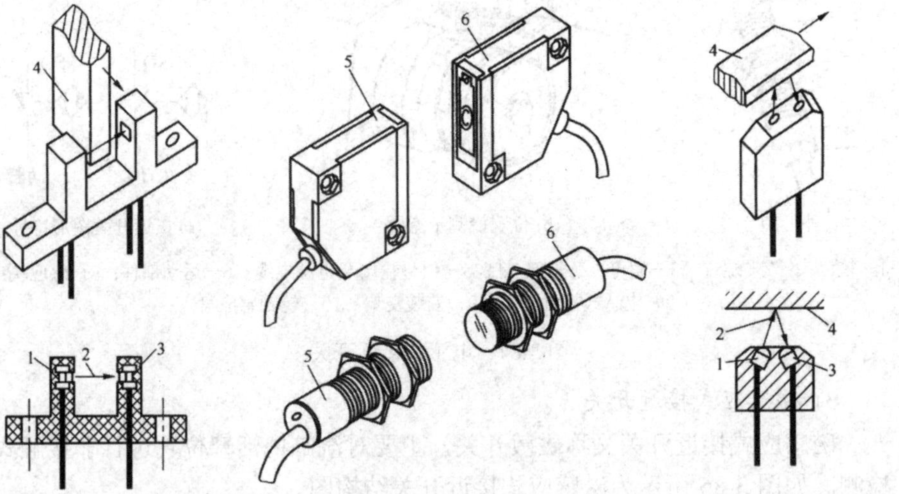

(a) 光电断续器外形及结构　(b) 遮断型光电开关外形　(c) 反射型光电开关外形及结构

1—光电二极管；2—红外光；3—光敏元件；4—被测物；5—发射器；6—接收器

图3-86　光电式接近开关

5) 霍尔式接近开关

霍尔式接近开关是将霍尔元件、稳压电器、放大器、施密特触发器和OC门等电路集成在同一个芯片上的集成电路(见图 3-87)，因此，有时称霍尔式接近开关为霍尔集成电路，典型的有UGM3020等。

当外加磁场强度超过规定的工作点时，OC门由高电阻态变为导电状态，输出低电平；当外加磁场强度低于释放点时，OC 门重新变为高阻态，输出高电平。

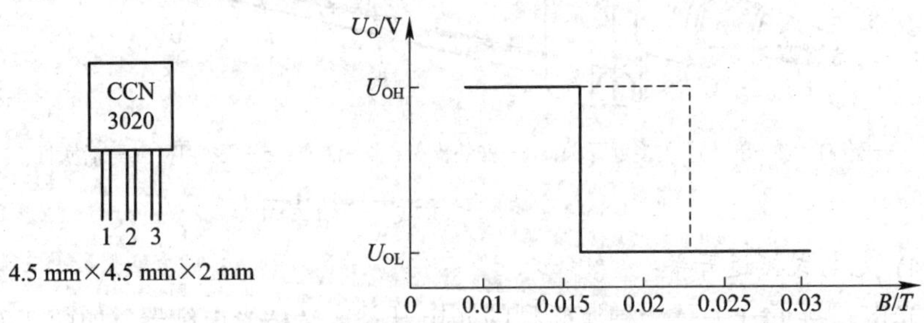

(a) 外形图　(b) 特性曲线

图3-87　霍尔式接近开关

笔记

六、机器人的视觉

在机器人领域中，几乎都是采用工业电视摄像机作为视觉传感器的。最初多采用光导摄像管的摄像机，其后逐渐被固体摄像机所取代。但固体摄像机在图像信号的保存和信号读取的工作原理方面都和光电摄像管类似，不同之处在于其以许多光电二极管组成阵列，以代替光电摄像管。视觉传感器在机器人中的功能包括 3 个方面。

(1) 进行位置测量：如装配时要找到对象物，并测量装配对象的位置和姿势。

(2) 进行图像识别：了解对象物的特征，以同其他物体相区别。

(3) 进行检验：了解加工结果，检查装配好的部件在形状和尺寸方面是否存在缺陷等。

图 3-88 是构成视觉传感器的光导摄像管结构示意图，这种摄像管是兼有光电变换功能和扫描功能的真空管。经透镜成像的光信号在摄像管的靶面上作为模拟量而被记忆。从阴极发射出来的电子束依次在靶面上扫描，将图像的光信号转换为时间序列的电信号输出。

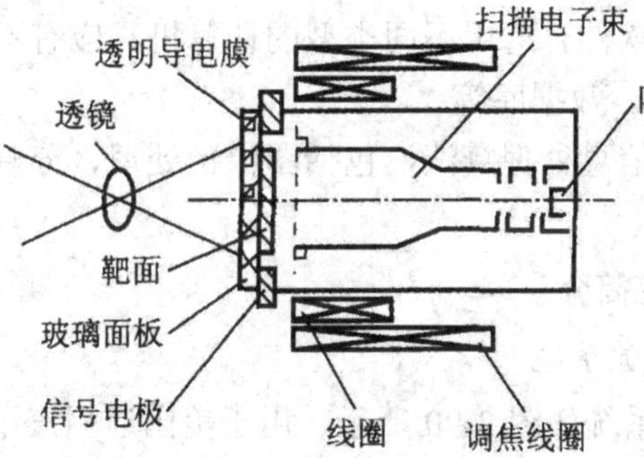

图 3-88　构成视觉传感器的光导摄像管结构示意图

1. 机器人视觉系统的组成

一个典型的机器人视觉系统由视觉传感器、图像处理机、计算机及其相关软件组成，如图 3-89 所示。

1) 机器人视觉系统的硬件

机器人视觉系统的硬件由以下 4 个部分组成。

(1) 景物和距离传感器：常用的有摄像机、CCD 图像传感器、超声波传感器和结构光设备等。

(2) 视频信号数字化设备：其任务是把摄像机或 CCD 输出的信号转换成方便计算和分析的数字信号。

(3) 视频信号快速处理器：视频信号实时、快速、并行算法的硬件实现设备，例如 DSP 系统。

(4) 计算机及其外设：根据系统的需要可以选用不同的计算机及其外设来满足机器人视觉信息处理及机器人控制的需要。

笔记

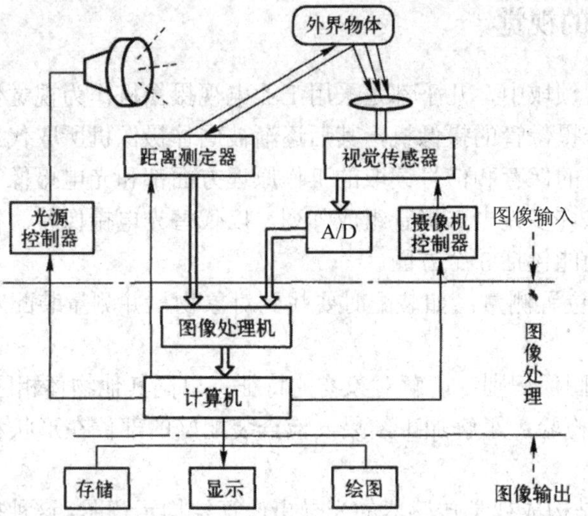

图 3-89 机器人视觉系统组成

2) 机器人视觉系统的软件

机器人视觉的软件系统由以下两个部分组成：

(1) 计算机系统软件。选用不同类型的计算机，应有不同的操作系统和其所支撑的各种语言、数据库等。

(2) 机器人视觉信息处理算法，包括图像预处理、分割、描述、识别和解释等算法。

企业文化

心怀感恩，谦卑行事，强调均衡与可持续发展，追求多方合作共赢以及人与自然、社会的和谐共生。

2. 常用视觉系统简介

1) Consight-I 视觉系统

Consight-I 视觉系统如图 3-90 所示，用于美国通用汽车公司的制造装置中，能在噪声环境下利用视觉识别抓取工件。

为了从零件的外形获得准确、稳定的识别信息，Consight-I 视觉系统巧妙地设置了照明灯，从倾斜方向向传送带发送两条窄条缝隙光，用安装在传送带上方的固态线性传感器摄取图像，而且预先把两条缝隙光调整到刚好在传送带上重合的位置。这样，当传感带上没有零件时，缝隙光合成一条直线；但当零件随传送带通过时，缝隙光则成为变成两条线，其分开的距离同零件的厚度成正比。由于光线的分离之处正好就是零件的边界，所以利用零件在传感器下通过的时间就可以得到准确的边界信息。主计算机可处理装在机器人工作位置上方的固态线型阵列摄像机所检测的工件，有关传送带速度的数据也会送到计算机中处理。当工件从视觉系统位置移到机器人工作位置时，计算机利用视觉和速度数据确定工件的位置、取向和形状，并把这种信息经接口送到机器人控制器。根据这种信息，工件仍在传送带上移动时，机器人便能成功地接近和拾取工件。

笔记

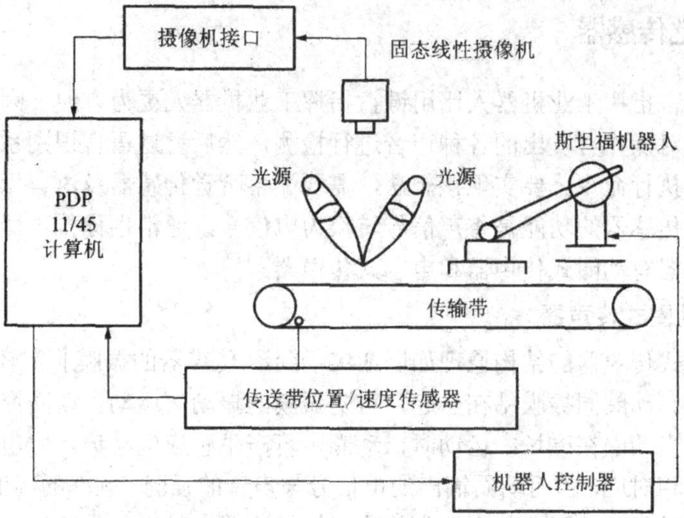

图 3-90　Consight-I 视觉系统

2) Seampilot 视觉系统

荷兰 Oldelft 公司研制的 Seampilot 视觉系统，已被许多机器人公司用于组成视觉导引焊接机器人。它由 3 个功能部件组成，即激光扫描器/摄像机、摄像机控制单元(CCU)、信号处理计算机(SPC)。图 3-91 为激光扫描器/摄像机的结构原理图，它装在机器人的手上。激光聚焦到由伺服控制的反射镜上，形成一个垂直于焊缝的扇面激光束，线阵 CCD 摄像机检出该光束在工件上形成的图像，利用三角法由扫描的角度和成像位置就可以计算出激光点的 *Y-Z* 坐标位置，即得到了工件的剖面轮廓图像，并可在监视器上显示。

剖面轮廓数据经摄像机控制单元(CCU)送给信号处理计算机(SPC)，将这一剖面数据与操作手预先选定的焊接接头板进行比较，一旦匹配成功即可确定焊缝的有关位置数据，并通过串口将这些数据送到机器人控制器。

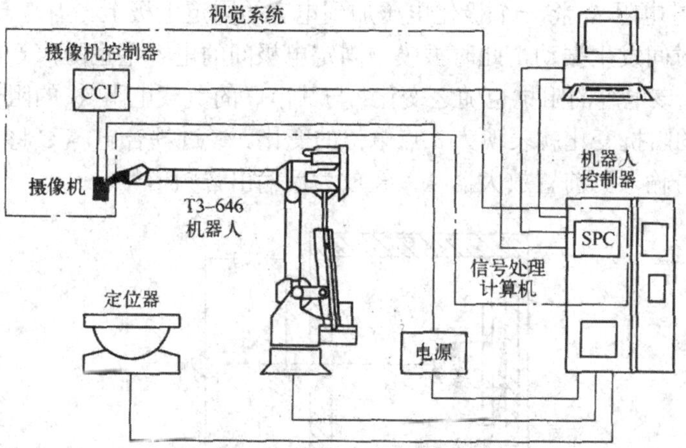

图 3-91　视觉导引焊接机器人系统

查一查：机器人的接近觉与视觉有什么区别？

笔记

七、听觉传感器

用语言指挥工业机器人比用键盘指挥工业机器人更为方便，因此需要听觉传感器对操作者发出的各种声音进行检测，然后通过语言识别系统识别出命令，并执行命令。要实现该想法，需要配备听觉传感器及语言识别系统。

听觉传感器的功能是将声信号转换为电信号，通常也称传声器。常用的听觉传感器有动圈式传声器和电容式传声器。

1. 动圈式传声器

动圈式传声器的结构原理如图 3-92 所示。传声器的振膜非常轻薄，可随声音振动。动圈同振膜粘在一起，可随振膜的振动而运动。动圈浮在磁隙的磁场中，当动圈在磁场中运动时，动圈中可产生感应电动势。此电动势与振膜和频率相对应，因而动圈输出的电信号与声音的强弱、频率的高低相对应。通过上述过程，动圈式传声器就将声音转换成了音频电信号输出。

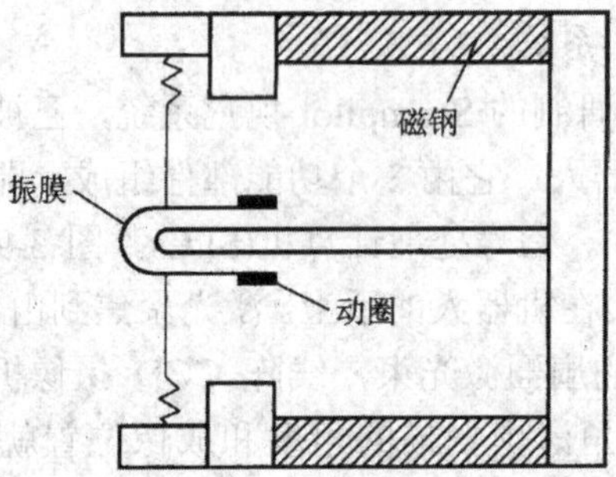

图 3-92　动圈式传声器的结构原理

2. 电容式传声器

电容式传声器的结构原理如图 3-93 所示，由固定电极和振膜构成一个电容，U_P经过电阻 R_L 将一个极化电压加到电容的固定电极上。当声音传入时，振膜可随时间发生振动，此时振膜与固定电极间的电容量也随声音的变化而发生变化，该电容的阻抗也随之变化；与其串联的负载电阻 R_L 的阻值是固定的，电容的阻抗变化就表现为 a 点电位的变化。经过耦合电容 C 将 a 点电阻变化的信号输入到前置放大器 A，经放大后输出音频信号。

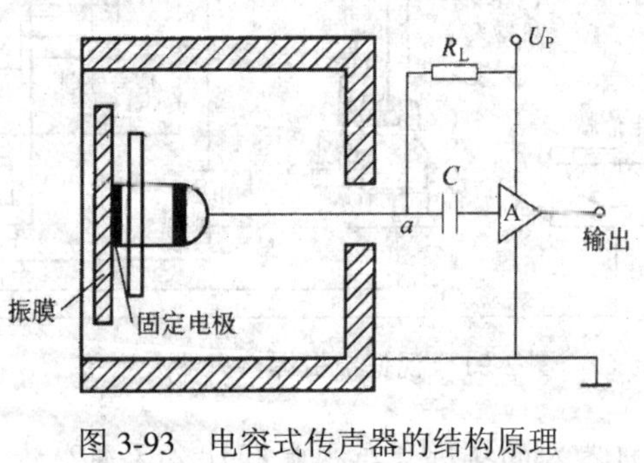

图 3-93　电容式传声器的结构原理

笔记

任务扩展

视觉系统的应用

人类从外界获得的信息大多数是由眼睛得到的。人类视觉细胞的数量是听觉细胞的3000多倍，是皮肤感觉细胞的100多倍。如果要赋予机器人较高级的智能，机器人必须通过视觉系统更多地获取周围世界的信息。

一、在焊接过程中的应用

视觉传感器具有灵敏度高、动态响应特性好、信息量大、抗电磁干扰、与工件无接触等特点，能抵抗焊接过程产生的弧光、电弧热、烟雾以及飞溅等强烈干扰，已逐步应用于焊接机器人视觉系统中。焊接机器人包括点焊机器人和弧焊机器人等两类。这两类机器人都需要用位置传感器和速度传感器进行控制。位置传感器主要采用光电式增码盘，速度传感器主要采用测速发电机。为了检测点焊机器人与待焊工件的接近情况，并控制点焊机器人的运动速度，点焊机器人还需要装备接近觉传感器。弧焊机器人对传感器要求比较特殊，需要采用传感器来控制焊枪沿焊缝自动定位，并自动跟踪焊缝。

如图3-94所示为具有视觉焊缝对中功能的弧焊机器人的系统结构。图像传感器(摄像机)直接安装在机器人末端执行器中。焊接过程中，图像传感器对焊缝进行扫描检测，获得焊前区焊缝的截面参数曲线，计算机根据该截面参数计算出末端执行器相对焊缝中心线的偏移量Δ，然后发出位移修正指令，调整末端执行器的位置，直到偏移量$\Delta=0$为止。弧焊机器人安装视觉系统后，为编程提供了方便，编程只需严格按图样进行即可完成。在焊接过程中产生的焊缝变形、装卡及传动系统的误差均可由视觉系统自动检测并加以补偿。汽车工业使用的机器人大约一半用于焊接作业。相比手工焊接，机器人焊接可保证焊接质量的一致性。但机器人焊接的关键问题是要保证被焊接工件位置的精确性。图3-95是焊接机器人用视觉系统进行作业定位。

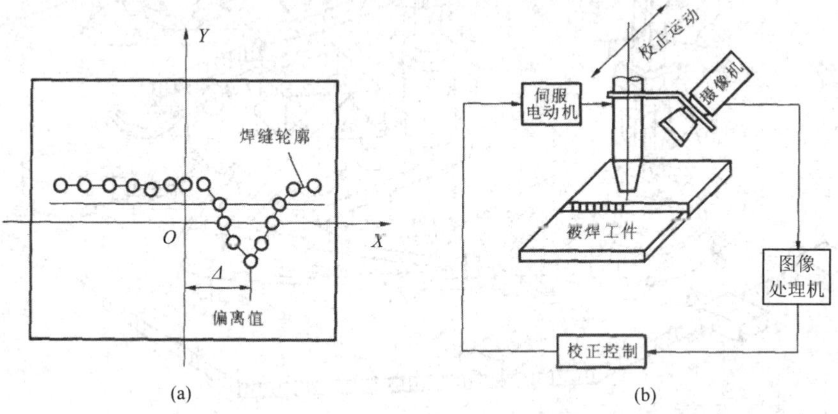

图3-94　弧焊机器人系统结构

笔记

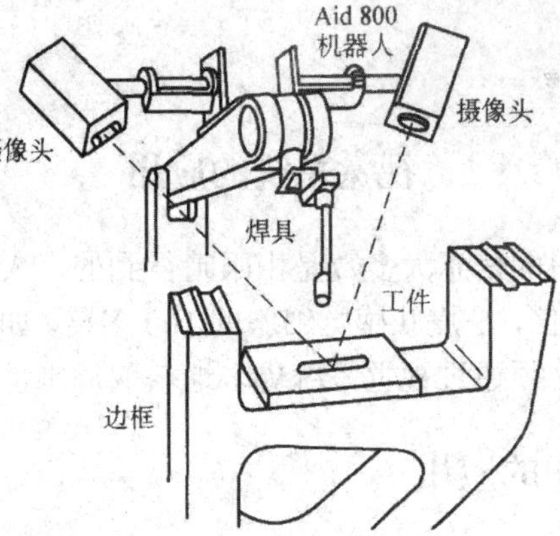

图 3-95　焊接机器人用视觉系统进行作业定位

二、装配作业中的应用

装配机器人要求视觉系统能识别传送带上所要装配的机械零件，并确定该零件的空间位置，据此信息控制机械手的动作，实现准确装配、对机械零件的检查及测量工件的极限尺寸。

图 3-96 所示为一个吸尘器自动装配实验系统，该系统由 2 台关节机器人和 7 个图像传感器组成。吸尘器部件包括底盘、气泵和过滤器等，都自由堆放在右侧备料区，该区上方装配 3 个图像传感器(α、β、γ)，用来分辨物料的种类和方位。机器人的前部为装配区，装有 4 个图像传感器 A、B、C 和 D，用来对装配过程进行监控。使用这套系统装配一台吸尘器只需 2 min。

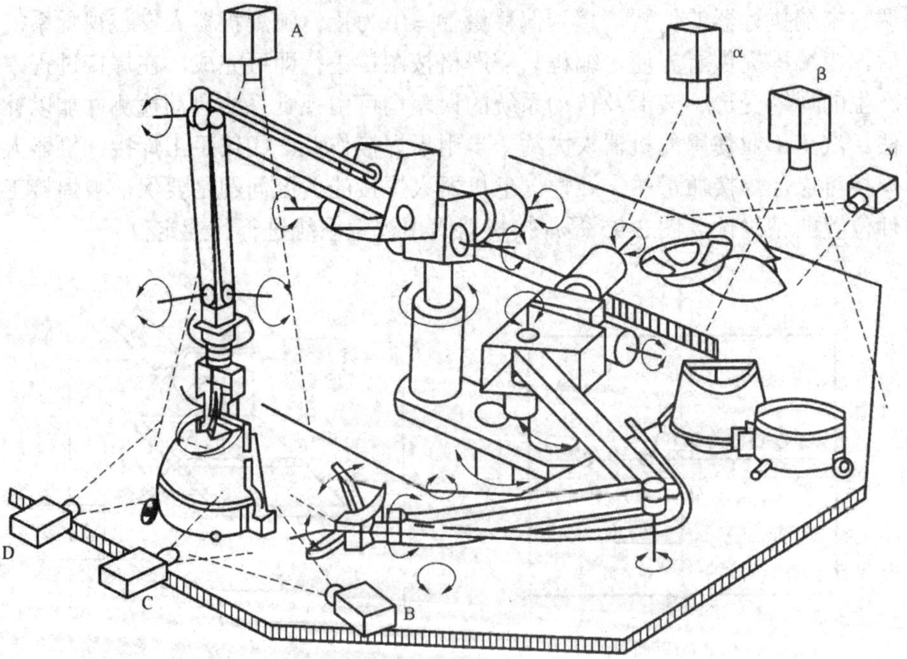

图 3-96　吸尘器自动装配实验系统

笔记

三、机器人非接触式检测

在机器人腕部配置视觉传感器，可用于对异形零件进行非接触式测量，如图 3-97 所示。这种测量方法除了能完成常规的空间几何形状、形体相对位置的检测外，如配上超声、激光、X 射线探测装置，还可进行零件内部的缺陷探伤、表面涂层厚度测量等作业。

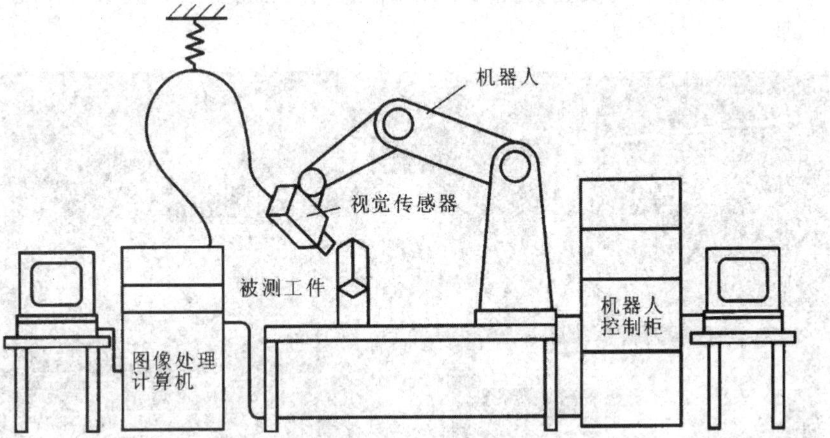

图 3-97　具有视觉系统的机器人进行非接触式测量

四、其他应用

图 3-98 是视觉系统导引机器人进行喷涂作业，图 3-99 是搬运机器人用视觉系统导引电磁吸盘抓取工件。

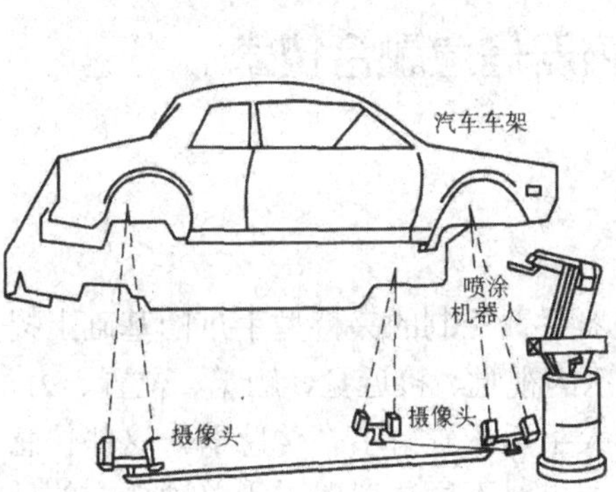

图 3-98　视觉系统导引机器人进行喷涂作业

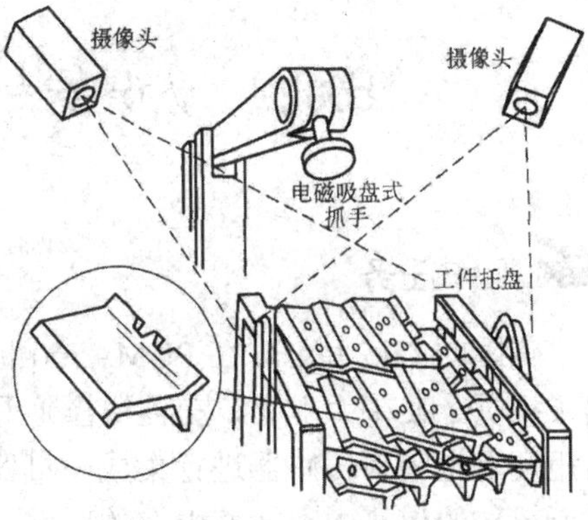

图 3-99　搬运机器人用视觉系统导引电磁吸盘抓取工件

任务巩固

1. 接触觉传感器的作用是什么？
2. 接触觉传感器分为哪几种？

笔记

3．机器人的压觉分为哪几种？

4．机器人的力觉分为哪几种？

5．机器人的滑觉分为哪几种？

6．机器人的接近觉分为哪几种？

7．机器人的视觉由哪几部分组成？

8．机器人听觉传感器分为哪几种？

9．图 3-89 的实物如图 3-100 所示，据此说明工业机器人视觉的工作原理。

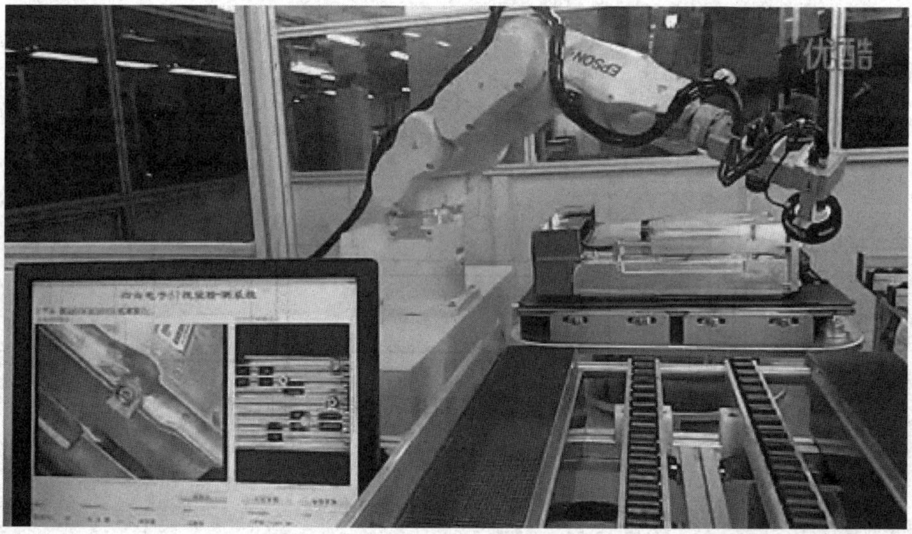

图 3-100　机器人视觉系统

任务四　认识多传感器信息融合技术

工作任务

美国的 Luo 和 Lin 在 PUMA560 机器手臂控制的夹持型手爪的基础上提出了视觉、眼在手不上。安装到普通手爪的视觉、接近觉、触觉、位置、力、力矩及滑觉等多传感器进行集成。机器人手爪配置有多个传感器，这些传感器所感知的信息中存在着内在的联系。如果对不同传感器采用单独孤立的处理方式，将割断信息之间的内在联系，丢失信息有机组合后包含的信息。同时凭单个传感器的信息判断而得出的决策可能是不全面的。因此，采用多传感器信息融合方法是提高机器人操作能力和保持其安全的一条有效途径。

Luo 和 Lin 开发的多传感器集成手爪系统如图 3-101 所示，系统获取信息的 4 个阶段如图 3-102 所示。

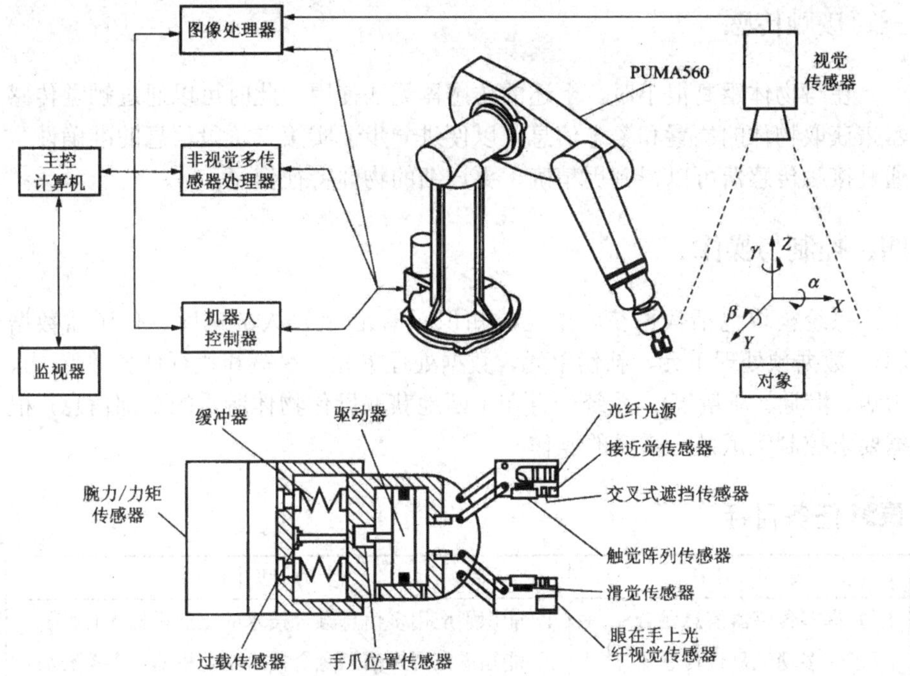

图 3-101　多传感器集成手爪系统

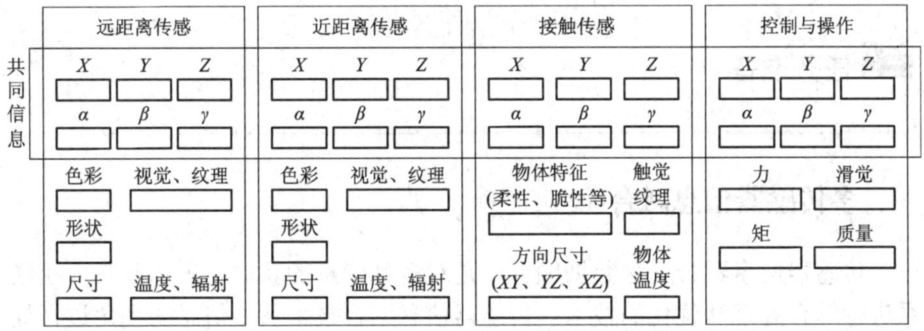

图 3-102　系统获取信息的 4 个阶段

一、远距离传感

远距离传感可获取远距离场景的有用信息，包括位置、姿态、视觉、纹理、色彩、形状、尺度等物体的特征信息和环境温度及辐射水平。为了完成这些任务，需要系统包含温度传感器、全局视觉传感器及距离传感器等。

二、近距离传感

近距离传感将进一步完成位置、姿态、色彩、辐射、视觉、纹理信息的测量，以便更新第一阶段的同类信息。系统包含各种接近觉传感器、视觉传感器、角度编码器等。

笔记

课程思政

三大作风

理论联系实际的作风、密切联系群众的作风、批评与自我批评的作风。

笔记

三、接触传感

在与物体距离很小时，上述的传感器无法使用。此时可以通过触觉传感器来获取物体的位置和姿态信息，以便进一步证实第二阶段信息的准确性，通过接触传感器可以得到更精确、更详细的物体特征信息。

四、控制与操作

系统模块包括数据获取单元、知识库单元(机器人数据库、传感器数据库)、数据预处理单元、补偿单元、数据处理单元、决策和执行任务单元(力、力矩、滑觉、质量等)。系统一直在不断地获取操作物体所需的全部信息，根据要求控制手爪做出需要的操作。

任务目标

知 识 目 标	能 力 目 标
1. 掌握多传感器信息融合 2. 了解多功能复合传感器 3. 了解多信息融合的典型应用	1. 能识别应用多信息融合技术的工业机器人传感器 2. 能知道应用多信息融合技术工业机器人各类传感器的作用

任务准备

教师讲解

一、多传感器信息融合

传感器信息融合又称数据融合，是对多种信息的获取、表示及其内在联系进行综合处理和优化的技术。传感器信息融合技术从多信息的视角进行处理及综合，得到各种信息的内在联系和规律，从而剔除无用和错误的信息，保留正确和有用的成分，最终实现信息的优化。

1. 定义

多传感器信息融合是将经过集成处理的多传感器信息进行合成，形成一种对外部环境或被测对象某一特征的表达方式。单一传感器只能获得环境或被测对象的部分信息段，而多传感器信息经过融合后能够完善、准确地反映环境的特征。经过融合后的传感器信息具有信息冗余性、信息互补性、信息实时性、信息获取的低成本性等特征。

2. 信息融合的核心

(1) 信息融合是在多个层次上完成对多源信息的处理过程，其中各个层次都表示不同级别的信息抽象。

(2) 信息融合处理包括探测、互联、相关、估计以及信息组合。

笔记

(3) 信息融合包括较低层次上的状态和身份估计以及较高层次上的整个战术态势估计。

3. 多传感器信息融合过程

典型的多传感器信息融合过程框图如图 3-103 所示。

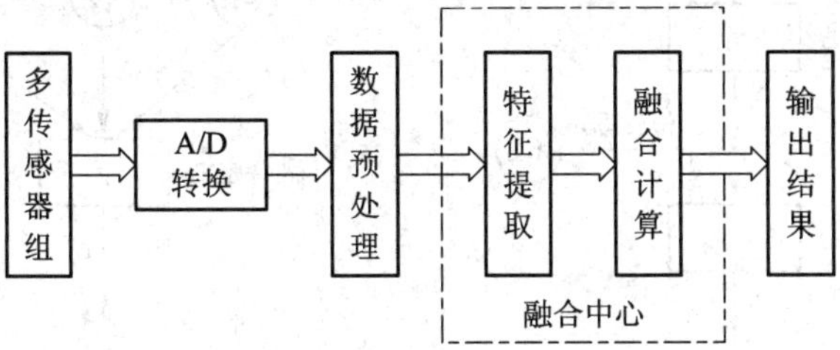

图 3-103　多传感器信息融合过程框图

4. 信息融合的分类

(1) 组合。组合是由多个传感器组从平行或互补方式合成来获得多组数据输出的一种处理方法，是一种最基本的方式，其涉及的问题有输出方式的协调、综合以及传感器的选择，多用于硬件这一级。

(2) 综合。综合是信息优化处理中的一种获得明确信息的有效方法。例如在虚拟现实技术中，使用两个分开设置的摄像机同时拍摄到一个物体的不同侧面的两幅图像，综合这两幅图像可以复原出一个准确的有立体感的物体图像。

(3) 融合。融合是将传感器数据组之间进行相关或将传感器数据与系统内部的知识模型进行相关，从而产生信息的一个新的表达式。

(4) 相关。通过处理传感器信息获得所需结果，不仅需要单项信息处理，而且需要通过相关措施进行处理，获悉传感器数据组之间的关系，从而得到正确信息，并剔除无用和错误的信息。

相关处理的目的是对识别、预测、学习和记忆等过程的信息进行综合和优化。

5. 信息融合的结构

信息融合的结构分为串联、并联和混合 3 种，如图 3-104 所示。

C_1，C_2，…，C_n 表示 n 个传感器；S_1，S_2，…，S_n 表示来自各个传感器信息融合中心的数据；γ_1，γ_2，…，γ_n 表示融合中心。

6. 融合方法

融合方法是将多维输入数据根据信息融合的功能，在不同融合层次上采用不同的数学方法，对数据进行综合处理，最终实现融合。多传感器信息融合的数学方法很多，常用的方法可概括为概率统计方法和人工智能方法两大类。与概率统计相关的方法包括估计理论、卡尔曼滤波、假设检验、贝叶斯方法、统计决策理论以及其他变形的方法；而人工智能类则有模糊逻辑理论、神经网络、粗集理论和专家系统等。

笔记

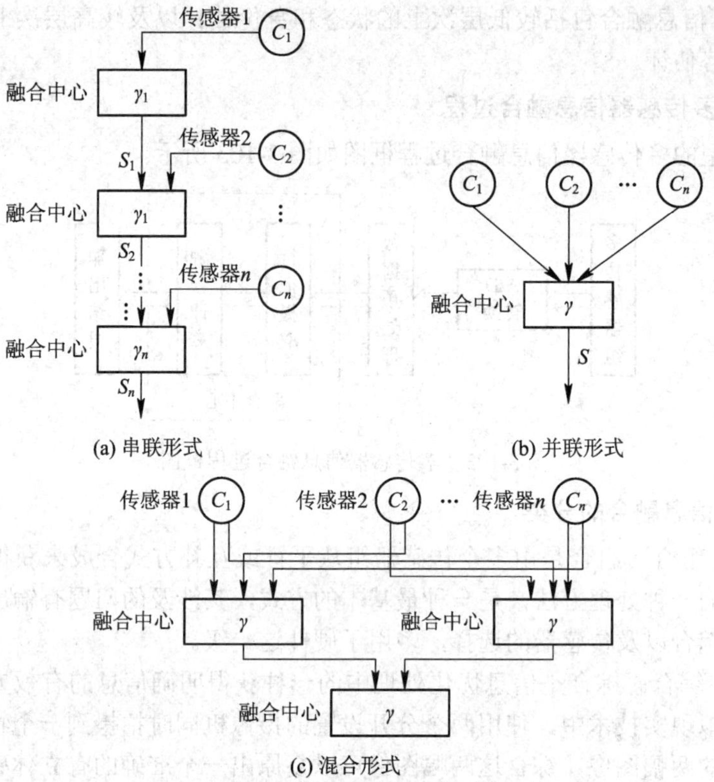

图 3-104　信息融合的结构

二、多功能复合传感器

多媒体教学

常见的多功能复合传感器是仿生皮肤，仿生皮肤是集触觉、压觉、滑觉和热觉传感于一体的多功能复合传感器，具有类似于人体皮肤的多种感觉功能。仿生皮肤采用具有压电效应和热释电效应的 PVDF 敏感材料，具有温度范围宽、体电阻高、质量小、柔顺性好、机械强度高和频率响应宽等特点，采用热成形工艺容易加工成薄膜、细管或微粒。

集触觉、滑觉和温觉于一体的 PVDF 仿生皮肤传感器结构剖面如图 3-105 所示，传感器表层为保护层(橡胶包封表皮)，上层为两面镀银的整块 PVDF，分别从两面引出电极。下层由特种镀膜形成条状电极，引线由导电胶黏接后引出。在上、下两层 PVDF 之间，由电加热层和柔性隔热层(软塑料泡沫)形成两个不同的物理测量空间。上层 PVDF 获取温觉和触觉信号，下层条状 PVDF 获取压觉和滑觉信号。

为了使 PVDF 具有感温功能，电加热层需将上层 PVDF 温度维持在 55℃左右。当待测物体接触传感器时，其与上层 PVDF 存在温差，导致热传递发生，使 PVDF 的极化面产生相应数量的电荷，从而输出电压信号。

笔记

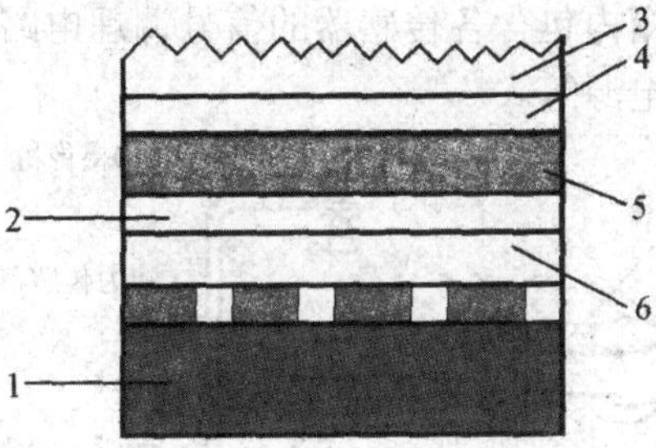

1—硅导电橡胶基底及引线；
2—柔性隔热层；
3—橡胶包封表皮；
4—上层 PVDF；
5—加热层；
6—下层 PVDF

图 3-105　PVDF 仿生皮肤传感器结构剖面

采用阵列 PVDF 形成的多功能复合仿生皮肤可模拟人类通过触摸识别物体形状，传感器的结构剖面如图 3-106 所示。其层状结构主要由表层行 PVDF 条、列 PVDF 条、绝缘层、PVDF 层和硅导电橡胶基底构成。行、列 PVDF 条两面镀银，均为用微细切割方法制成的细条，分别粘贴在表层和绝缘层上，由 33 根导线引出。行、列 PVDF 导线各 16 条，连同 1 根公共导线，形成 256 个触点单元。PVDF 层两面镀银，引出 2 根导线。当 PVDF 层受到高频电压激发时，发出超声波使行、列 PVDF 条共振，输出一定幅值的电压信号。仿生皮肤传感器接触物体时，表面受到一定压力，相应受压触点单元的振幅会降低。根据这一机理，通过行列采样及数据处理，可以检测物体的形状、质心、压力的大小以及物体相对于传感器表面的滑移。

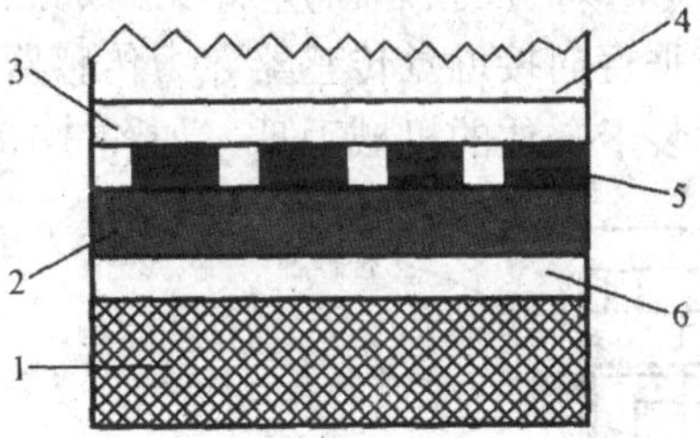

1—橡胶基底；
2—绝缘层；
3—行 PVDF；
4—表层；
5—列 PVDF；
6—PVDF 层

图 3-106　阵列式仿生皮肤传感器结构剖面

查一查：还有哪些多功能复合传感器？

现场教学

带领学生进行现场参观教学，若无条件也可采用多媒体教学。

三、多信息融合的典型应用

1. 上下料工业机器人

将多传感信息融合技术应用于机器人系统，既提高了机器人的认知水平，又扩大了机器人的应用范围。下面以七感觉智能机器人为例，介绍多传感器在机器人上的应用。

7 感觉上下料智能机器人的系统总体布局如图 3-107 所示。它由机器人本体、控制及驱动器、多传感器系统、计算机系统和机器人示教盒组成，其

笔记

工作环境为固定工作平台。控制箱内包含各传感器的信号调理电路、主控制器及下级控制单元、驱动电路、电源等。

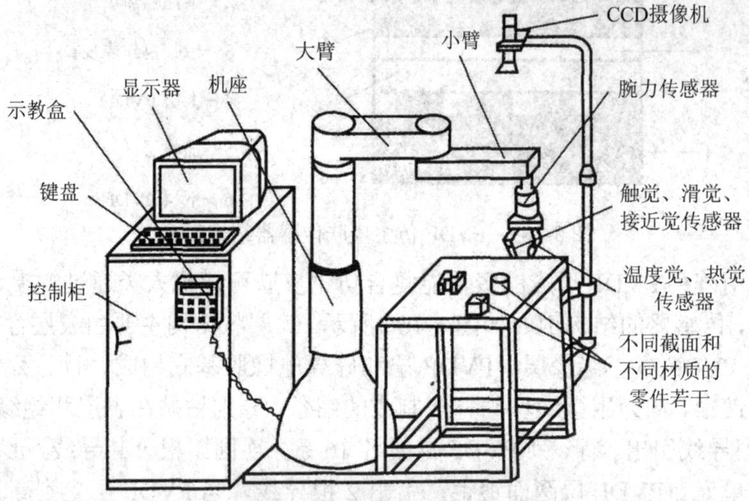

图 3-107　7 感觉上下料智能机器人的系统总体布局

多传感器系统共有接近觉、触觉、滑觉、温度觉、热觉、力觉、视觉 7 种感觉。其中，接近觉、触觉和滑觉为一体化的传感器，外形被制成手指形状，便于直接安装到手爪上。温度觉和热觉传感器装于机器人的另一个手指上，温度觉传感器是普通测量元件(集成温度传感器)，热觉由加热部分和铂热敏电阻实现。该手指的顶部装有垂直向接近觉传感器。力传感器装于机械手的腕部。将上述 6 种传感器组合装于一体的机械手爪，如图 3-108 所示。

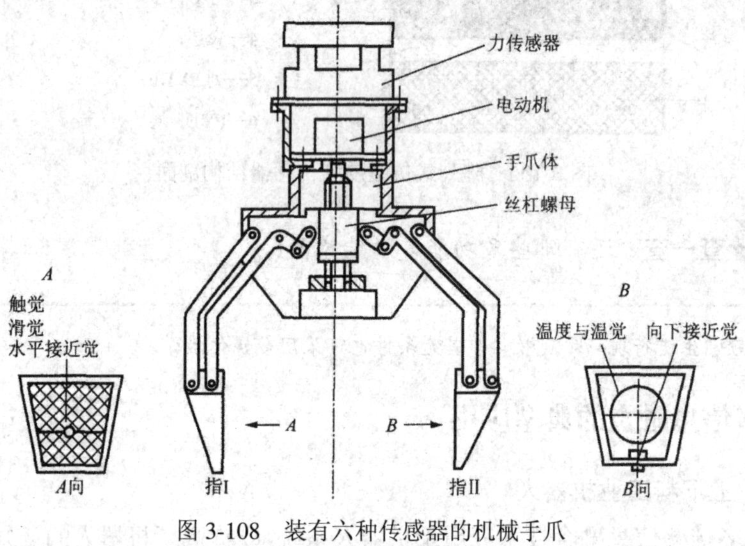

图 3-108　装有六种传感器的机械手爪

机器人多传感器系统中，除上述 6 种非视觉传感器以外，在机器人的上方固定安装了视觉传感器(CCD 摄像机)对准机器人的作业台面。该系统采用的是 MTV-3501CB 型 CCD 摄像机，摄像机采集的模拟视频信号通过插在计算机扩展槽中的 PC Video 图像处理卡转换成一定格式的数字信息，送入计算机。

笔记

多感觉智能机器人的控制分3层进行，整个控制系统硬件框图如图3-109所示。包括主控制单元、示教盒、3个结构相同的下级控制单元(主要控制各电动机的运转，1个单元控制2个电动机)、向各控制单元提供机器人内部信号的接口(例如极限位置、零位等)以及完成人机交互界面和进行多信息融合计算和控制的计算机。

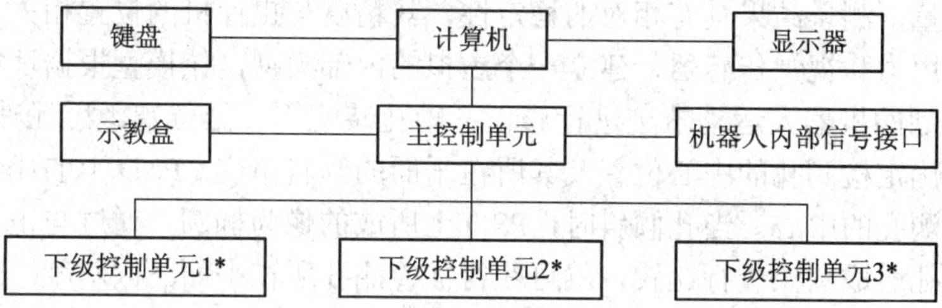

图3-109　控制系统硬件框图

计算机通过人机界面(鼠标操作)接受用户输入的宏观作业任务。由融合控制体系将任务逐步分解为指令，控制机器人对传感器数据进行采集和融合。

主控制单元连接计算机、示教盒、机器人及下级控制单元，其任务是系统自检、资源管理、作业规划、交互信息管理及通信等。

2. 装配机器人传感系统

装配机器人需要视觉、触觉和力觉等感觉能力。通常，装配机器人对工作位置的要求更高。现在，越来越多的机器人已进入装配工作领域，主要任务是装配销、轴、螺钉和螺栓等工件。为了使被装配的零件获得对应的装配位置，通常采用视觉系统选择合适的装配零件，并对这些零件进行粗定位。触觉传感器用于感知被拾取零件的存在，确定该零件的准确位置以及其方向，并自动校正装配位置。力觉传感器主要用于控制装配机器人的夹持力，防止机器人手爪损坏被抓取的零件。

1) 位姿传感器

位姿传感器主要包括主动柔顺装置和电涡流位姿检测传感系统两个装置。

(1) 主动柔顺装置。

主动柔顺装置根据传感器反馈的信息对机器人末端执行器或工作台进行调整，补偿装配件间的位置偏差。根据传感方式的不同，主动柔顺装置可分为基于力传感器的柔顺装置、基于视觉传感器的柔顺装置和基于接近觉传感器的柔顺装置。

① 基于力传感器的柔顺装置。使用力传感器的柔顺装置的目的，一方面是有效控制力的变化范围，另一方面是通过力传感器的反馈信息来感知位置信息，进行位置控制。力传感器有关节力传感器、腕力传感器和指力传感器。关节力/力矩传感器使用应变片进行力反馈，由于力反馈是直接加在被控制关节上的，且所有的硬件用模拟电路实现，避开了复杂计算，响应速度快。腕力传感器安装于机器人与末端执行器的连接处，它能够获得机器人在操作时的大部分的力信息，精度高，可靠性好，使用方便。常用的结构包括十字梁

笔记

式、轴架式和非径向三梁式，其中十字梁结构应用最为广泛。指力传感器一般通过应变片测量而产生多维力信号，常用于小范围作业，精度高，可靠性好，但多指力传感器协调复杂。

② 基于视觉传感器的柔顺装置。基于视觉传感器的主动适从位置调整方法是通过建立以注视点为中心的相对坐标系，对装配件之间的相对位置关系进行测量，测量结果具有相对的稳定性，其精度与摄像机的位置相关。螺纹装配采用力和视觉传感器，建立一个虚拟的内部模型，该模型根据环境的变化对规划的机器人运动轨迹进行修正；轴孔装配用二维位置敏感元件(PSD)传感器确定检测孔的中心位置及其所在平面的倾斜角度，PSD上的成像中心极为检测孔的中心。当孔倾斜时，PSD上所成的像为椭圆，通过与正常没有倾斜的孔所成图像进行比较，就可获得被检测孔所在平面的倾斜度。

③ 基于接近觉传感器的柔顺装置。装配作业需要检测机器人末端执行器与环境的位姿，多采用光电接近觉传感器。光电接近觉传感器具有测量速度快、抗干扰能力强、测量点小和适用范围广等优点。用一个光电传感器不能同时测量距离和方位的信息，往往需要采用两个以上的传感器来完成机器人装配作业的位姿检测。

(2) 电涡流位姿检测传感系统。

电涡流位姿检测传感系统通过确定由传感器构成的测量坐标系和测量体坐标系之间的相对坐标变换关系来确定位姿。当测量体安装在机器人末端执行器上时，通过比较测量体的相对位姿参数的变化量，可完成对机器人的重复位姿精度检测。如图3-110所示为位姿检测传感器系统框图。检测信号经过滤波、放大、A/D变换送入计算机进行数据处理，计算出位姿参数。

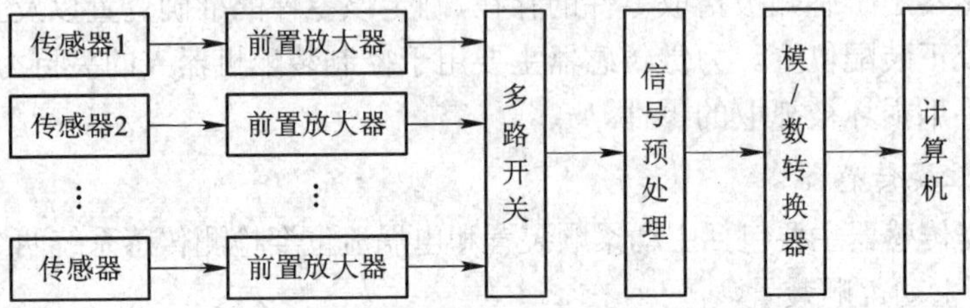

图3-110　位姿检测传感系统框图

为了能用测量信息计算出相对位姿，可由6个电涡流传感器组成的特定空间结构提供位姿和测量数据。传感器的测量空间结构如图3-111所示，6个传感器构成三维测量坐标系，其中传感器1、2、3对应测量坐标系，传感器4、5对应测量面 *XOZ*，传感器 6 对应测量面 *YOZ*。每个传感器在坐标系中的位置固定，这6个传感器所标定的测

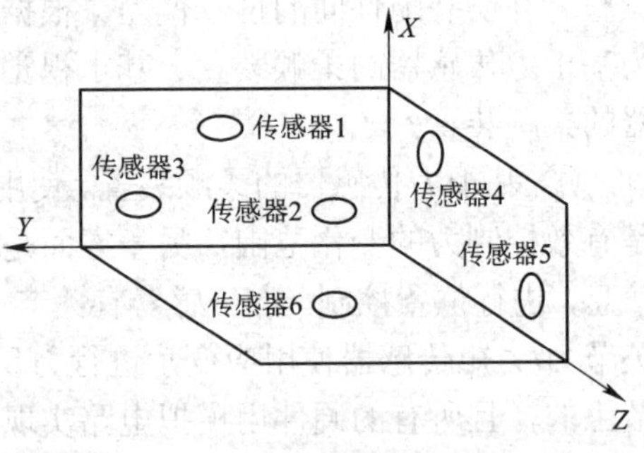

图3-111　传感器的测量空间结构

笔记

量范围就是测量系统的测量范围。当测量体相对测量坐标系发生位姿变化时，电涡流传感器的输出信号会随测量距离成比例地变化。

2) 柔性腕力传感器

装配机器人在作业过程中需要与周围环境接触，在接触的过程中往往存在力和速度的不连续的问题。腕力传感器安装在机器人手臂和末端执行器之间，更接近力的作用点，受其他附加因素的影响较小，可以准确地检测末端执行器所受外力/力矩的大小和方向，为机器人提供力感信息，有效地扩展了机器人的作业能力。

装配机器人中大量使用柔性腕力传感器。柔性手腕能在机器人的末端操作器与环境接触时发生变形，并且能够吸收机器人的定位错误。机器人柔性腕力传感器将柔性手腕与腕力传感器有机地结合在一起，不但可以为机器人提供力/力矩信息，并且本身又是柔顺机构，可以产生被动柔顺，用于吸收机器人产生的定位误差，保护机器人、末端操作器和作业对象，提供机器人的作业能力。

柔性腕力传感器一般由固定体、移动体和连接二者的弹性体组成。固定体和机器人的手腕连接，移动体和末端执行器连接，弹性体采用矩形截面的弹簧，其柔顺功能由能产生弹性变形的弹簧完成。柔性腕力传感器利用测量弹性体在力/力矩的作用下产生的变形量来计算力/力矩。

柔性腕力传感器的工作原理如图 3-112 所示，柔韧性腕力传感器的内环相对于外环的位置和姿态的测量采用非接触式测量。传感元件由 6 个均布在内环上的红外发光二极管(LED)和 6 个均布在外环上的线性位置敏感元件(PSD)构成。PSD 通过输出模拟电流信号来反映照射在其敏感面上光点的位置，具有分辨率高、信号检测电路简单、响应速度快等优点。

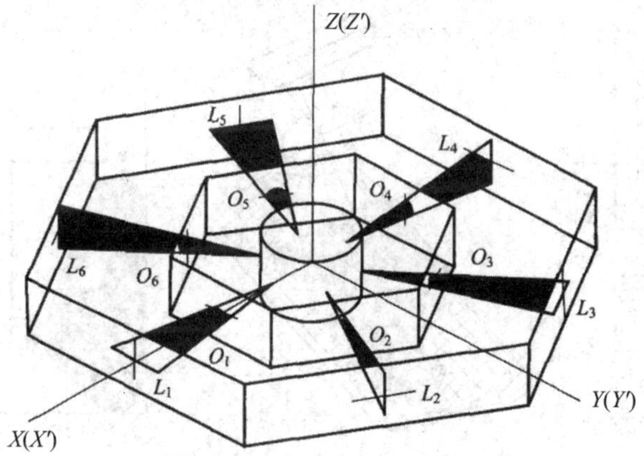

图 3-112　柔性腕力传感器的工作原理

为了保证 LED 发出的红外光形成一个光平面，每一个 LED 的前方均安装了一个狭缝，狭缝按照垂直和水平方式间隔放置，与之对应的线形 PSD 则按照与狭缝相垂直的方式放置。6 个 LED 所发出的红外光通过其前端的狭缝形成 6 个光平面 $O_i(i=1，2，\cdots，6)$，与 6 个相应的线型 PSD $L_i(i=1，2，\cdots，$

笔记

6)形成 6 个交点，当内环相对于外环移动时，6 个交点在 PSD 上的位置发生变化，从而引起 PSD 的输出变化。根据 PSD 输出信号的变化，可以求得内环相对于外环的位置和姿态。内环的运动将引起连接弹簧的相应变形，考虑到弹簧的作用力和形变的线性关系，可以通过内环相对于外环的位置和姿态关系计算出内环上所受到的力和力矩的大小，从而实现柔性腕力传感器的位姿和力/力矩的同时测量。

工匠精神

习近平强调，劳动者素质对一个国家、一个民族发展至关重要。技术工人队伍是支撑中国制造、中国创造的重要基础，对推动经济高质量发展具有重要作用。要健全技能人才培养、使用、评价、激励制度，大力发展技工教育，大规模开展职业技能培训，加快培养大批高素质劳动者和技术技能人才。要在全社会弘扬精益求精的工匠精神，激励广大青年走技能成才、技能报国之路。

3) 工件识别传感器

工件识别(测量)的方法有接触识别、采样式测量、邻近探测、距离测量、机械视觉识别等。

(1) 接触识别。在一点或多点上接触以测量力，这种测量一般精度不高。

(2) 采样式测量。在一定范围内连续测量，例如测量某一目标的位置、方向和形状。在装配过程中的力和扭矩的测量都可以采用这种方法，这些物理量的测量与装配过程非常重要。

(3) 邻近探测。邻近探测属非接触测量，测量附近的范围内是否有目标存在。一般安装在机器人的抓钳内侧，探测被抓的目标是否存在以及其方向、位置是否正确。测量原理包括气动、声学、电磁和光学等方面。

(4) 距离测量。距离测量也属非接触测量，测量某一目标到某一基准点的距离。例如，一只装于抓钳内的超声波传感器就可以进行这种测量。

(5) 机械视觉识别。机械视觉识别方法可以测量某一目标相对于一个基准点的位置方向和距离。

图 3-113 所示为机械视觉识别，其中(a)为使用探针矩阵对工件进行粗略识别，(b)为使用直线性测量传感器对工件进行边缘轮廓识别，(c)为使用点传感技术对工件进行特定形状识别。

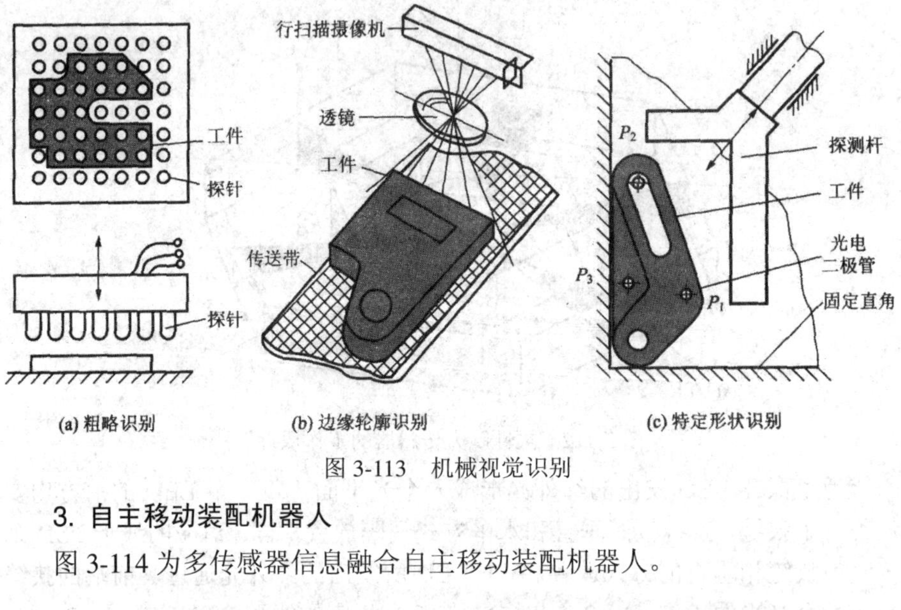

图 3-113　机械视觉识别

3. 自主移动装配机器人

图 3-114 为多传感器信息融合自主移动装配机器人。

笔记

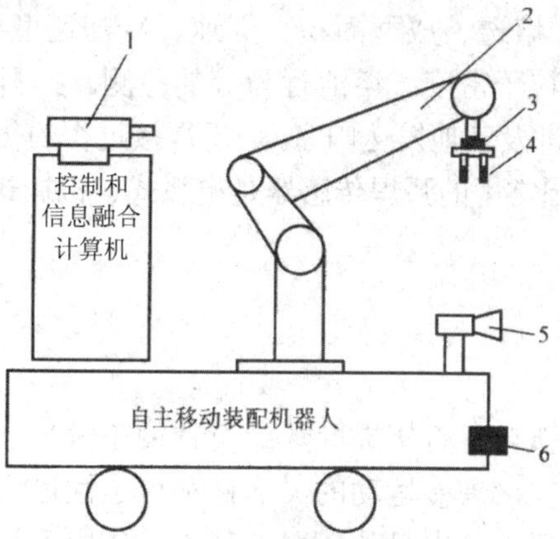

1—激光测距传感器；
2—装配机械手；
3—力觉传感器；
4—触觉传感器；
5—视觉传感器；
6—超声波传感器

图 3-114　多传感器信息融合自主移动装配机器人

查一查：多传感器信息融合技术还可应用在什么地方？

任务实施

典型工业机器人传感系统简介

现场教学

带领学生进行现场参观教学，若无条件也可采用多媒体教学。

下面以焊接机器人传感系统为例介绍典型工业机器人的传感系统。焊接机器人包括点焊机器人和弧焊机器人两类。这两类机器人都需要用位置传感器和速度传感器进行控制。位置传感器主要采用光电式增量码盘，也可以采用精密的电位器。光电式增量码盘具有较高的检测精度和可靠性，但价格昂贵。速度传感器目前主要采用测速发电机，其中交流测速发电机的线性度较高，且正向与反向输出特性比较对称，比直流测速发电机更适合弧焊机器人使用。为了检测点焊机器人与待焊工件的接近情况，控制点焊机器人的运动速度，点焊机器人还需要装备接近觉传感器。如前所述，弧焊机器人对传感器有一个特殊要求，需要采用传感器使焊枪沿焊缝自动定位，并自动跟踪焊缝，目前可完成这一功能的常见传感器有触觉传感器、位置传感器和视觉传感器。

焊接机器人传感器必须精确地检测出焊缝(坡口)的位置和形状信息，然后传送给控制器进行处理。随着大规模集成电路、半导体技术、光纤及激光等技术的迅速发展，促进了焊接技术向自动化、智能化方向发展，并出现了多种用于焊缝跟踪的传感器，它们主要是检测电磁、机械等各物理量的传感器。在电弧焊接的过程中，存在着强烈的弧光、电磁干扰、高温辐射、烟尘及飞溅等，焊接过程伴随着传热传质和物理化学冶金反应，工件会产生热变形，因此，用于电弧焊接的传感器必须具有很强的抗干扰能力。

弧焊传感器可分为直接电弧式、接触式和非接触式 3 大类。按工作原理，弧焊传感器可分为机械、机电、电磁、电容、射流、超声波、红外、光电、激光、视觉、电弧、光谱及光纤式等。按用途，弧焊传感器可用于焊缝跟踪、

笔记

焊接条件控制(焊宽、熔深、熔透、成型面积、焊速、冷却速度和干伸长)及其他如温度分布、等离子体粒子密度、熔池行为等的检测。据日本焊接学会所做的调查显示，在日本、欧洲及其他发达国家，用于焊接过程的传感器有80%是用于焊缝跟踪的。目前我国常用的弧焊传感器是电弧式、机械式和光电式。

一、电弧传感系统

1. 摆动电弧传感器

电弧传感器可从焊接电弧自身直接提取焊缝位置偏差信号，实时性好，不需要在焊枪上附加任何装置，焊接运动的灵活性和可达性最好，尤其符合焊接过程低成本、自动化的要求。电弧传感器的基本工作原理是：当电弧位置变化时，电弧自身的电参数相应发生变化，从中反映出焊枪导电嘴至工件坡口表面距离的变化量，根据电弧的摆动形式及焊枪与工件的相对位置关系，可推导出焊枪与焊缝间的相对位置偏差量。电参数的静态变化和动态变化都可以作为特征信号提取出来，以实现高低及水平两个方向的跟踪控制。

目前广泛采用测量焊接电流 I、电弧电压 U 和送丝速度 v 的方法来计算工件与焊丝之间的距离 $H=f(J，U，v)$，并应用模糊控制技术实现焊接跟踪。电弧传感器结构简单，响应速度快，主要适用于对称侧壁的坡口(例如 V 形坡口)，而对于无对称侧壁或无侧壁的接头形式，例如搭接接头、不开坡口的对接接头等形式，现有的电弧传感器则不能识别。

2. 旋转电弧传感器

摆动电弧传感器的摆动频率一般只能达到5 Hz，限制了电弧传感器在高速和薄板搭接接头焊接中的应用。与摆动电弧传感器相比，旋转电弧传感器的高速旋转增加了焊枪位置偏差的检测灵敏度，极大地改善了跟踪的精度。

高速旋转扫描电弧传感器结构如图 3-115 所示，采用空心轴电机直接驱

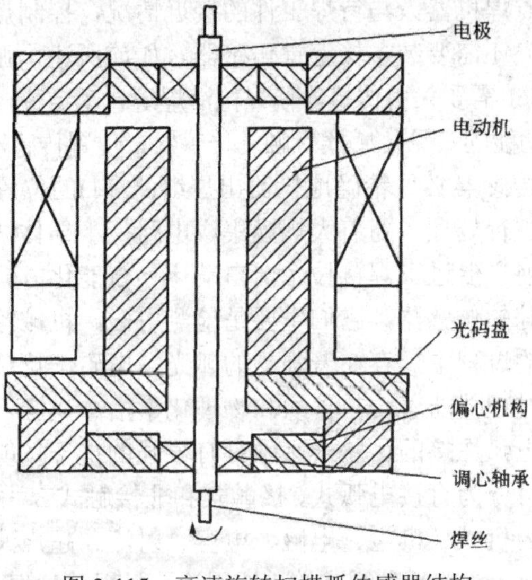

图 3-115　高速旋转扫描弧传感器结构

笔记

动，在空心轴上通过同轴安装的同心轴承支撑导电杆。在空心轴的下端偏心安装调心轴承，导电杆安装于该轴承内孔中，偏心量由滑块来调节。当电机转动时，下调心轴承将拨动导电杆的上端。电弧扫描测位传感器为递进式光电码盘，利用分度脉冲进行电机转速闭环控制。

在弧焊接机器人的第 6 个关节上安装一个焊炬夹持件，并将原来的焊炬卸下，把高速旋转扫描电弧传感器安装在焊炬夹持件上。焊缝纠偏系统如图 3-116 所示，高速旋转扫描电弧传感器的安装姿态与原来的焊炬姿态相同，即焊丝端点的参考点的位置及角度保持不变。

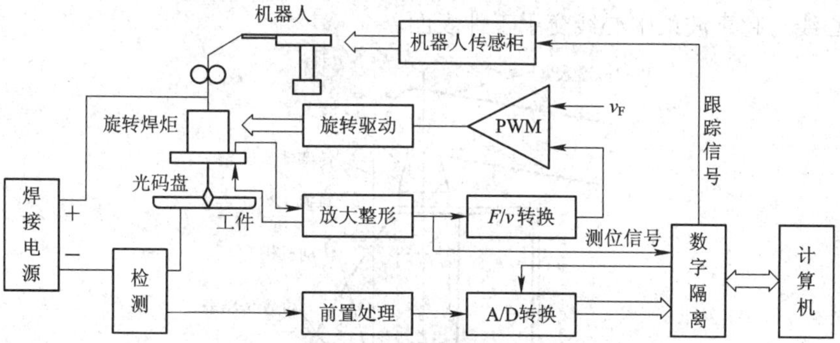

图 3-116　焊缝纠偏系统

3. 电弧传感器的信号处理

电弧传感器的信号处理主要采用极值比较法和积分差值法。在比较理想的条件下可得到满意的结果，但在非 V 形坡口及非射流过渡焊时，坡口识别能力差，信噪比低，应用较为困难。为进一步扩大电弧传感器的应用范围，提高其可靠性，在建立传感器物理数学模型的基础上，利用数值仿真技术，采用空间变换，可用特征谐波的向量作为偏差量的大小及方向的判据。

二、超声传感跟踪系统

超声传感跟踪系统中使用的超声波传感器分接触式超声波传感器和非接触式超声波传感器两种类型。

1. 接触式超声波传感器

接触式超声波传感器跟踪系统原理如图 3-117 所示，两个超声波探头置于焊缝两侧，与焊缝保持相等距离。两个超声波传感器同时发出具有相同性质的超声波，根据接收超声波的声程来控制焊接熔深。比较两个超声波的回波信号，可确定焊缝偏离的方向和大小。

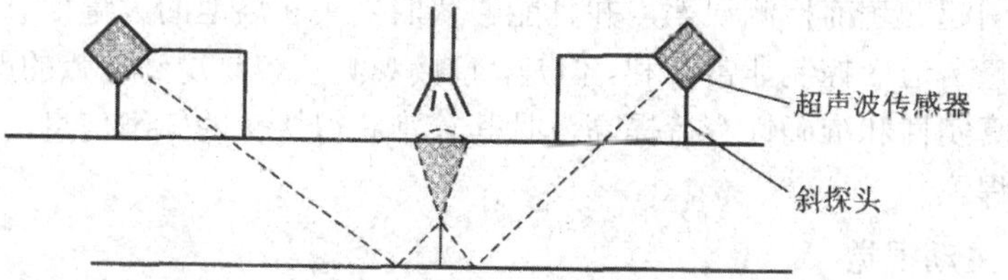

图 3-117　接触式超声波传感器跟踪系统原理

笔记

2. 非接触式超声波传感器

非接触式超声波传感器跟踪系统中使用的超声波传感器包括聚焦式和非聚焦式，两种传感器的焊缝识别方法不同。聚焦超声波传感器是在焊缝上方进行左右扫描检测焊缝，而非聚焦超声波发生器是在焊枪前方检测焊缝。

非聚焦超声波传感器要求焊接工件能在45°方向反射回波信号，焊缝的偏差在超声波声束的覆盖范围内，适于V形坡口焊缝和搭接接头焊缝。图3-118为P-50机器人焊缝跟踪装置，超声波传感器位于焊枪前方的焊缝上，沿垂直于焊缝的轴线旋转，超声波传感器始终与工件保持45°角，旋转轴的中心线与超声波束中心线交于工件表面。

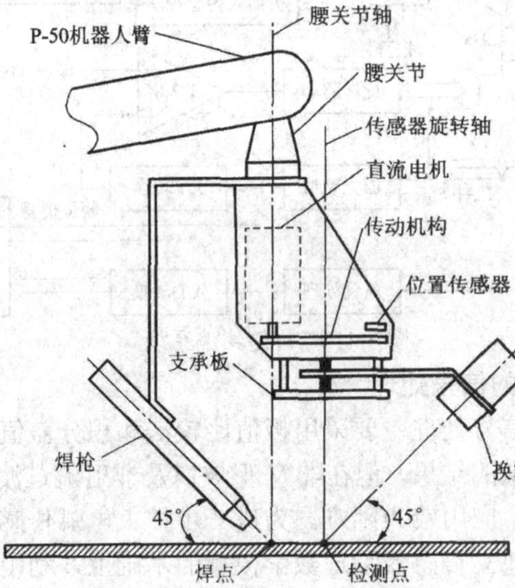

图3-118　P-50机器人焊缝跟踪装置

三、视觉传感跟踪系统

在弧焊过程中，存在弧光、电弧热、飞溅以及烟雾等多种强烈的干扰，这是使用视觉传感器首先需要解决的问题。在弧焊机器人中，根据使用的照明光的不同，可以把视觉方法分为被动视觉和主动视觉两种。被动视觉指利用弧光或普通光源和摄像机组成系统，而主动视觉一般指使用具有特定结构的光源与摄像机组成视觉传感器系统。

1. 被动视觉

在大部分被动视觉方法中电弧位于检测位置，所以不会产生因热变形等因素所引起的超前检测误差，并且能够获取接头和熔池的大量信息，这对于焊接质量自适应控制非常有利。但是，直接观测法容易受到电弧的严重干扰，信息的真实性和准确性有待提高，且其较难获得接头的三维信息，也不能用于埋弧焊。

2. 主动视觉

为了获取接头的三维轮廓，人们研究了基于三角测量原理的主动视觉方

笔记

法。由于采用的光源的能量大都比电弧的能量小，一般把这种传感器放在焊枪前面以避开弧光直射的干扰。主动光源一般为单光面或多光面的激光或扫描的激光束，为简单起见，分别称为结构光方法和激光扫描法。由于光源是可控的，因此可滤掉图像受环境的干扰，真实性好。因而低层处理稳定、简单，实时性好。

3. 结构光视觉传感器

焊枪一体式的结构光视觉传感器结构如图 3-119 所示，激光束经过柱面镜形成单条纹结构光。CCD 摄像机与焊枪存在合适的位置关系，避开了电弧光直射的干扰。由于结构光方法中的敏感器都是面型的，实际应用中所遇到的困难主要是：当结构光照射在经过钢丝刷去除氧化膜或磨削过的铝板或其他金属板表面时，会产生强烈的二次反射，这些光会在敏感器上成像，往往会使后续的处理失败；另一个问题是投射光纹的光强分布不均匀，由于获取的图像质量需要经过较为复杂的后续处理，精度也会降低。

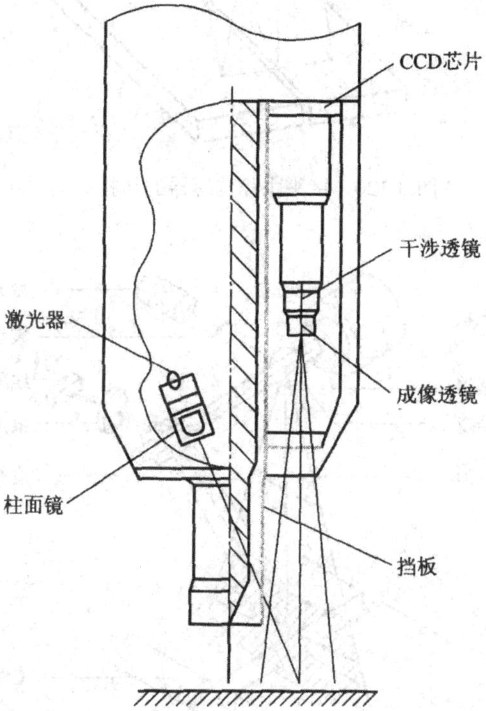

图 3-119　焊枪一体式的结构光视觉传感器结构

4. 激光扫描视觉传感器

同结构光方法相比，激光扫描方法中的光束集中于一点，因而信噪比要大得多。目前用于激光扫描三角测量的敏感器主要有二维面型 PSD、线型 PSD 和 CCD。如图 3-120 所示为面型 PSD 位置传感器与激光扫描组成的接头跟踪传感器的结构原理。典型的采用激光扫描和 CCD 器件接收的视觉传感器结构原理如图 3-121 所示，该传感器采用转镜进行扫描，扫描速度较高，通过测量电机的转角，增加了一维信息，可以测量出轮廓尺寸。在焊接自动化领

笔记

域中，视觉传感器已成为获取信息的重要手段。在获取与焊接池有关的状态信息时，一般多采用单摄像机，这时图像信息是二维的。在检测接头位置和尺寸等三维信息时，一般采用激光扫描或结构光方法，而激光扫描方法与现代 CCD 技术的结合代表了高性能主动视觉传感器的发展方向。

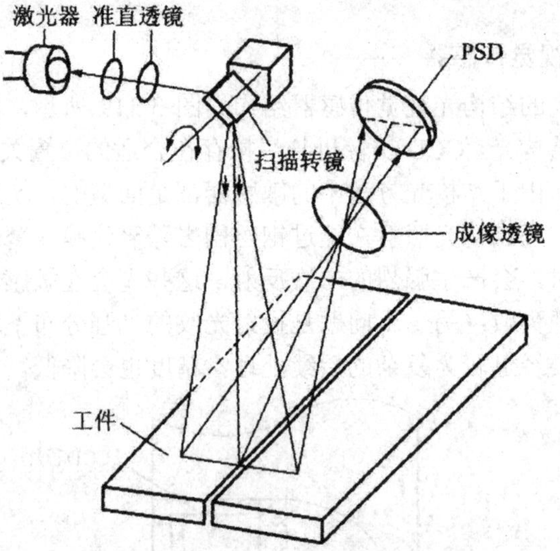

图 3-120　接头跟踪传感器的结构原理

企业文化

大力培育创新体系，健全激励机制、约束机制和容错机制，营造开放包容的氛围，持续提升创新能力。

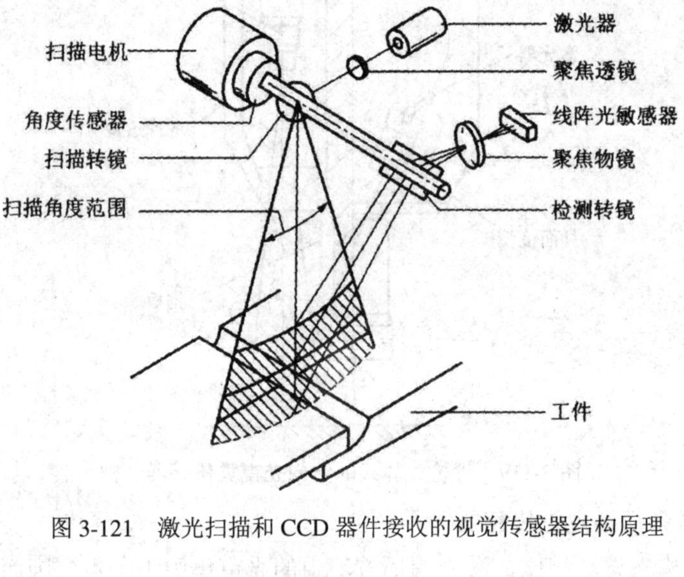

图 3-121　激光扫描和 CCD 器件接收的视觉传感器结构原理

任务扩展

一、补偿技术在搬运工作中的应用

对于机器人的搬运与码放动作，最常接触的是点到点的示教运动。如果

笔记

机器人以普通的点到点运动方式搬运且要达到摆放位姿精确固定，则需要保证拾取零件时零件的摆放位姿是固定不变的。尤其当待抓取零件码放位置不精确时，零件表面上的机器人每次抓取的位置也不相同，就更加无法实现点对点的精确放置了，具体表现如图 3-122 所示。

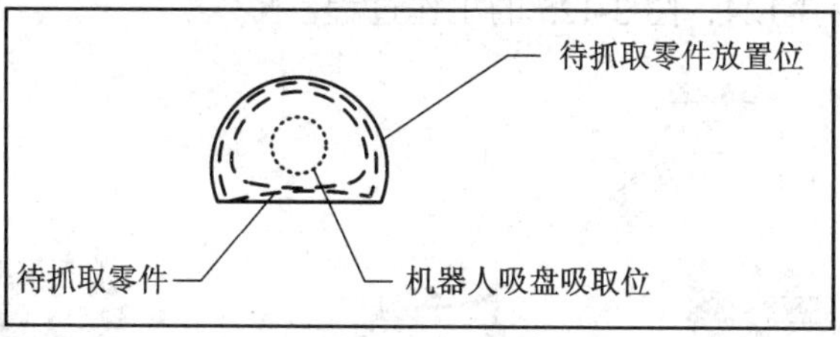

图 3-122　抓取位置

补偿指应用视觉系统测量出机器人抓取的零件与零件标准视觉模型的位置坐标和旋转角度的差值，将此差值体现在机器人运动指令的偏移量中，可达到消除差值、精确定位的目的。这个偏移量也被称为补偿值。

二、视觉系统与上位机的通信

根据接口的不同，视觉控制器与外部上位机可通过不同的通信电缆连接，并根据各种通信协议进行通信。常用的几种通信协议和通信接口如图 3-123 所示。

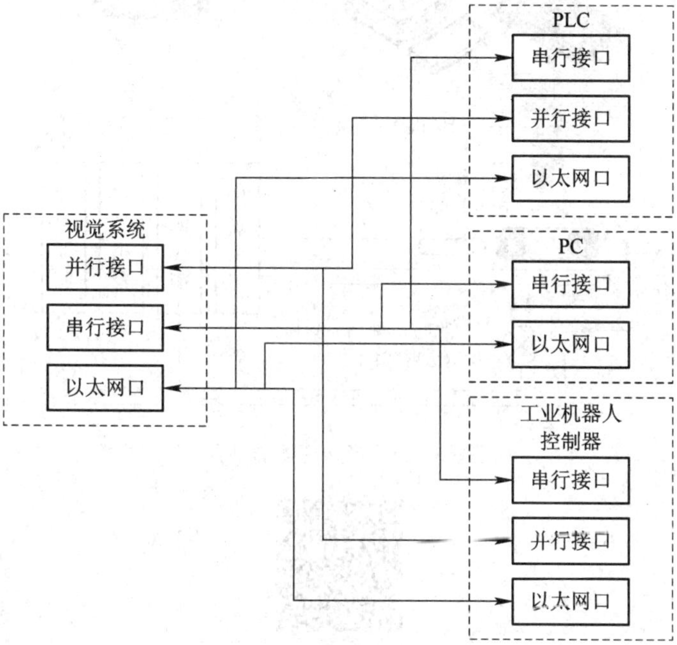

图 3-123　通信协议和通信接口

笔记

任务巩固

1. 简述多传感器信息融合过程。
2. 信息融合有哪几种？
3. 简述图 3-124、图 3-125 的工作过程。

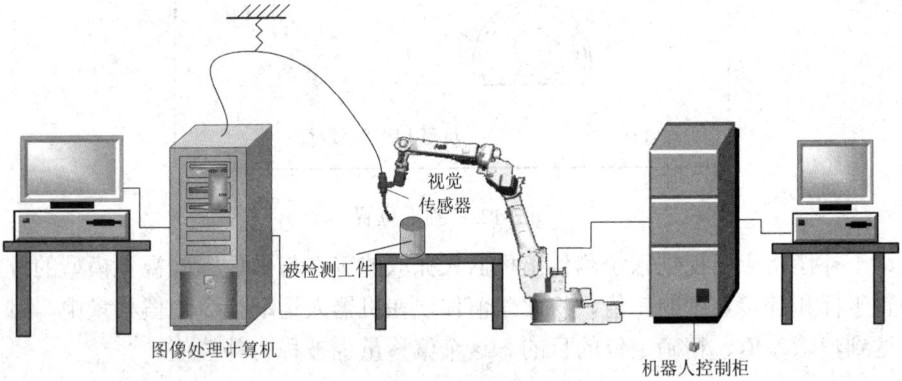

图 3-124　单一外部传感器的应用

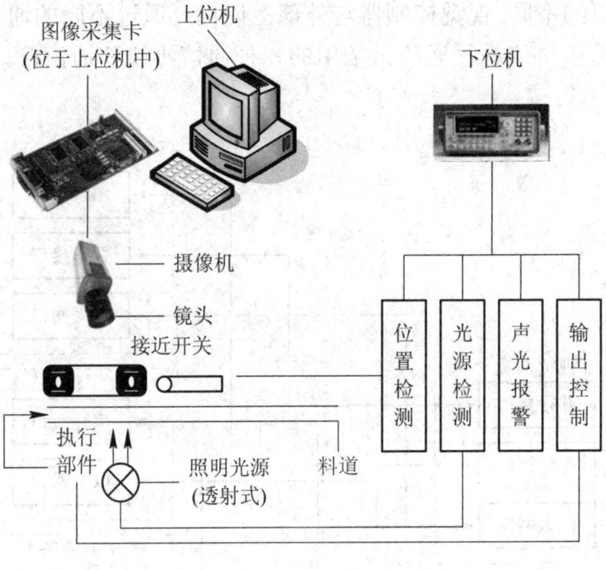

图 3-125　多传感器的融合

模块三资源

笔记

操作与应用

工　作　单

<table>
<tr><td>姓名</td><td></td><td>工作名称</td><td colspan="2">工业机器人的传感系统</td></tr>
<tr><td>班级</td><td></td><td>小组成员</td><td colspan="2"></td></tr>
<tr><td>指导教师</td><td></td><td>分工内容</td><td colspan="2"></td></tr>
<tr><td>计划用时</td><td></td><td>实施地点</td><td colspan="2"></td></tr>
<tr><td>完成日期</td><td colspan="2"></td><td>备注</td><td></td></tr>
<tr><td colspan="5">工作准备</td></tr>
<tr><td colspan="3">资　料</td><td>工具</td><td>设　备</td></tr>
<tr><td colspan="3"></td><td></td><td rowspan="2"></td></tr>
<tr><td colspan="3"></td><td></td></tr>
<tr><td colspan="5">工作内容与实施</td></tr>
<tr><td colspan="2">工作内容</td><td colspan="3">实　施</td></tr>
<tr><td colspan="2">1. 简述工业机器人传感器的分类</td><td colspan="3"></td></tr>
<tr><td colspan="2">2. 简述工业机器人内部传感器的作用</td><td colspan="3"></td></tr>
<tr><td colspan="2">3. 简述工业机器外部传感器的作用</td><td colspan="3"></td></tr>
<tr><td colspan="2">4. 简述多传感器信息融合的应用</td><td colspan="3"></td></tr>
<tr><td colspan="2">5. 找出图1所示桁架工业机器人的传感器</td><td colspan="3">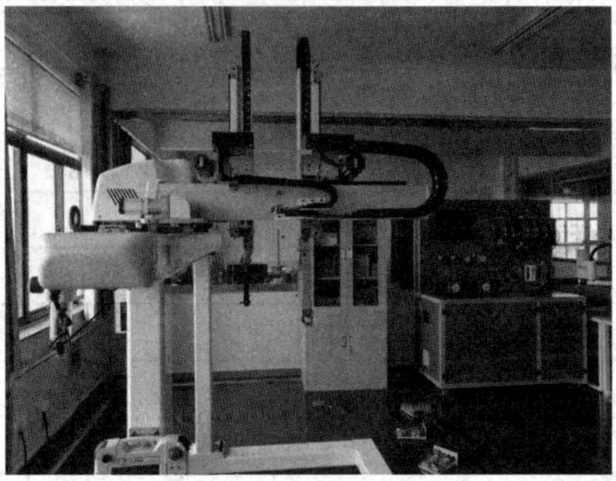
图 1　桁架工业机器人</td></tr>
<tr><td colspan="2">6. 对图 1 所示桁架工业机器人上的传感器进行拆装</td><td colspan="3"></td></tr>
</table>

笔记

工 作 评 价

	评价内容				
	完成的质量（60 分）	技能提升能力（20 分）	知识掌握能力（10 分）	团队合作（10 分）	备注
自我评价					
小组评价					
教师评价					

1. 自我评价

班级　　　　　　　　　姓名　　　　　工作名称　工业机器人的传感系统

自我评价表

序号	评价项目			是	否
1	是否明确人员的职责				
2	能否按时完成工作任务的准备部分				
3	工作着装是否规范				
4	是否主动参与工作现场的清洁和整理工作				
5	是否主动帮助同学				
6	是否能识别工业机器的传感器				
7	是否能拆卸工业机器人的传感器				
8	是否能安装工业机器人的传感器				
9	是否完成了清洁工具和维护工具的摆放				
10	是否执行 6S 规定				
评价人		分数		时间	年　　月　　日

2. 小组评价

小组评价表

序号	评价项目	评价情况
1	与其他同学的沟通是否顺畅	
2	是否尊重他人	
3	工作态度是否积极主动	
4	是否服从教师的安排	
5	着装是否符合标准	
6	能否正确地理解他人提出的问题	
7	能否按照安全和规范的规程操作	
8	能否保持工作环境的干净整洁	

续表　　笔记

序号	评价项目	评价情况
9	是否遵守工作场所的规章制度	
10	是否有工作岗位的责任心	
11	是否全勤	
12	是否能正确对待肯定和否定的意见	
13	团队工作中的表现如何	
14	是否达到任务目标	
15	存在的问题和建议	

3. 教师评价

课程	工业机器人操作与应用	工作名称	工业机器人的传感系统	完成地点	
姓名		小组成员			
序号	项目		分值	得分	
1	简答题		40		
2	拆卸工业机器人传感器		30		
3	安装工业机器人传感器		30		

自学报告

自学任务	找出六轴工业机器人及其行走机构上的传感器并进行拆装
自学内容	
收　获	
存在问题	
改进措施	
总　　结	

笔记

模块四

工业机器人的传动系统

工业机器人具有移动关节(关节1、3)和转动关节(关节2、4、5)两种关节，一共5个自由度，如图4-1所示驱动源通过传动部件来驱动这些关节，从而实现机身、手臂和手腕的运动。因此，传动部件是构成工业机器人的重要部件。用户要求机器人速度高、加速度(减速度)特性好、运动平稳、精度高、承载能力大，这在很大程度上取决于传动部件设计的合理性。所以，关节传动部件的设计是工业机器人设计的关键之一。

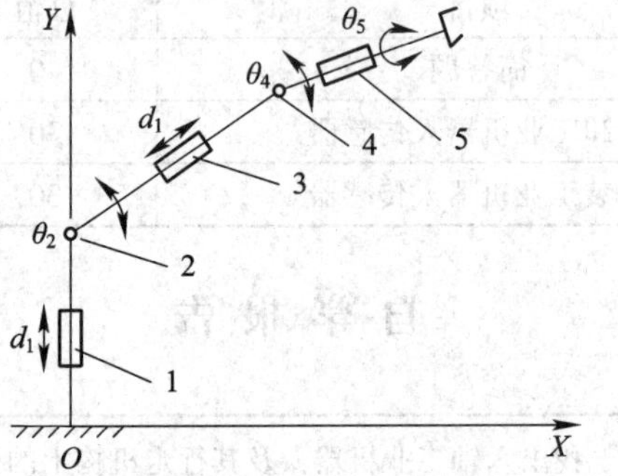

1，3—移动关节；2，4，5—转动关节

图4-1　具有移动关节和转动关节的工业机器人

课程思政

四性

政治性、时代性、原则性、战斗性。

模块目标

知 识 目 标	能 力 目 标
1. 掌握工业机器人常用传动元器件 2. 掌握柔性传动与刚性传动系统 3. 掌握工业机器人的减速装置	1. 能更换工业机器人的传送带 2. 能针对具体的工业机器人，明确导轨、丝杠、齿轮、齿条等传动元件，并进行更换 3. 能看懂工业机器用减速装置的装配图

任务一　认识工业机器人的传动元器件

工作任务

工业机器人的传动包括轴承、齿轮传动(圆柱齿轮、锥齿轮、齿轮链、齿

笔记

轮齿条、蜗轮-蜗杆传动)、柔性元件传动(谐波齿轮、同步带传动、缆绳传动)，如图 4-2 所示，有些工业机器人也用丝杠传动。

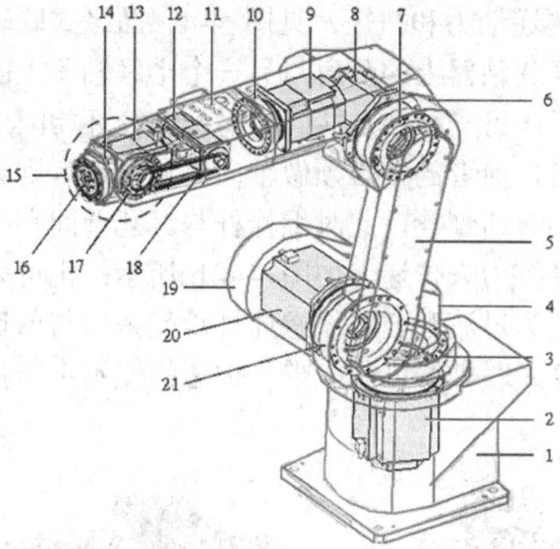

1—基座；
2、8、9、12、13、20—伺服电机；
3、7、10、14、17、21—减速器；
4—腰关节；
5—下臂；
6—肘关节；
11—上臂；
15—腕关节；
16—连接法兰；
18—同步带；
19—肩关节

图 4-2　工业机器人的结构

任务目标

知识目标	能力目标
1. 掌握联轴器的种类	1. 能选择联轴器
2. 掌握工业机器人常用轴承的形式	2. 能选择工业机器人的轴承

任务准备

若有条件，把实物拿到现场进行讲授。若无条件，可采用多媒体教学。

实物教学

一、联轴器

1. 刚性联轴器

1) 套筒联轴器

套筒联轴器(见图 4-3)由连接两轴轴端的套筒和套筒与轴的联结件(键或销钉)所组成。一般当轴端直径 $d \leqslant 80$ mm 时，套筒用 35 或 45 钢制造；$d>80$ mm 时，可用强度较高的铸铁制造。

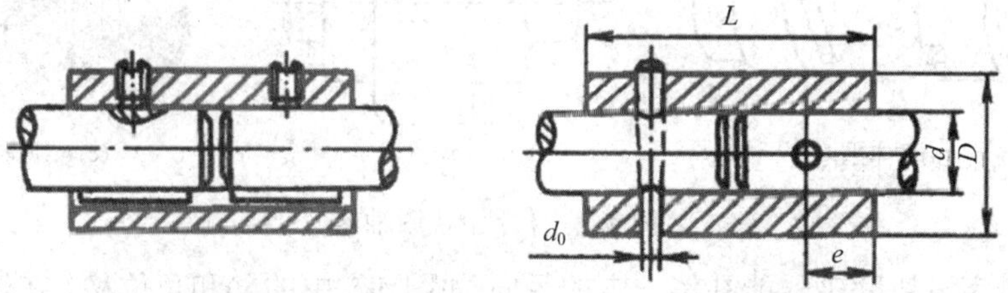

(a) 键连接　　(b) 销钉连接

图 4-3　套筒联轴器

笔记

2) 凸缘式联轴器

凸缘式联轴器是把两个带有凸缘的半联轴器分别与两轴连接，然后用螺栓把两个半联轴器连成一体，以传递动力和扭矩，见图 4-4。凸缘式联轴器有两种对中方法：一种是用一个半联轴器上的凸肩与另一个半联轴器上的凹槽相配合而对中，如图 4-4(a)所示；另一种则是共同与另一部分环相配合而对中，如图 4-4(b)所示。在装拆时，前者的轴必须做轴向移动，后者则无此要求。联结螺栓可以采用半精制的普通螺栓，此时螺栓杆与钉孔壁间存有间隙，扭矩靠半联轴器结合面间的摩擦力来传递，如图 4-4(b)所示；也可采用铰制孔用螺栓，此时螺栓杆与钉孔为过渡配合，靠螺栓杆承受挤压与剪切来传递扭矩，如图 4-4(a)所示。凸缘式联轴器可制成带防护边的或不带防护边的，分别如图 4-4(a)、(b)所示。

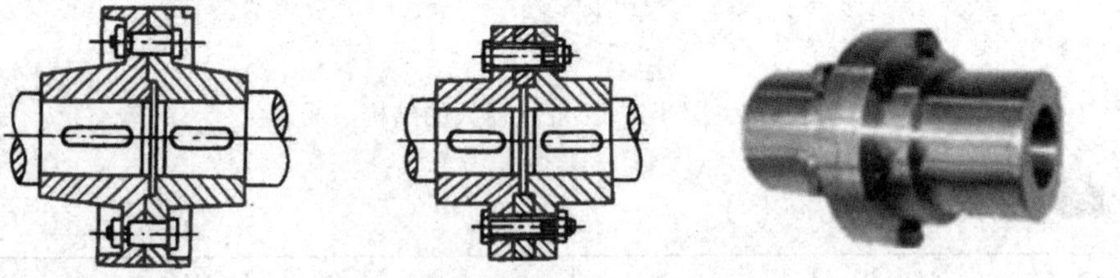

(a) (b)

图 4-4 凸缘式联轴器

凸缘式联轴器的材料可用 HT250 或碳钢，重载或圆周速度大于 30 m/s 时应用铸钢或锻钢。

凸缘式联轴器对于所连接的两轴的对中性要求很高，当两轴间有位移与倾斜存在时，会在机件内引起附加载荷，使工作环境恶化，这是它的主要缺点。但由于其构造简单、成本低以及可传递较大扭矩，故当转速低、无冲击、轴的刚性大以及对中性较好时亦常采用。

3) 十字滑块联轴器

十字滑块联轴器由两个端面上开有凹槽的半联轴器和一个两面带有相互垂直凸牙的中间圆盘所组成，如图 4-5 所示。

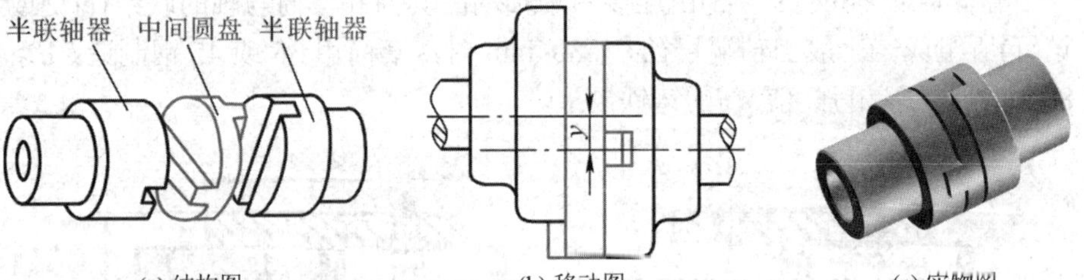

(a) 结构图 (b) 移动图 (c) 实物图

图 4-5 十字滑块联轴器

十字滑块联轴器能补偿一定的径向(如图 4-5 中的 y)和角位移。在轴有径向位移且转速较高时，滑块会产生很大的离心力和磨损。

笔记

十字滑块联轴器用于转速较低、轴的刚性较大、无剧烈冲击的场合。

4) 齿式联轴器

齿式联轴器是由两个具有外齿环的半内套筒轴和两个具有内齿环的凸缘外壳组成的半联轴器，通过内、外齿的相互啮合相连，如图 4-6 所示。两凸缘外壳用螺栓连成一体，两齿轮联轴器内、外齿环的轮齿间留有较大的齿侧间隙，外齿轮的齿顶做成球面，球面中心位于轴线上，故能补偿两轴的综合位移。齿环上常用压力角为 20° 的渐开线齿廓，齿的形状有直齿和鼓形齿，后者称为鼓形齿联轴器。

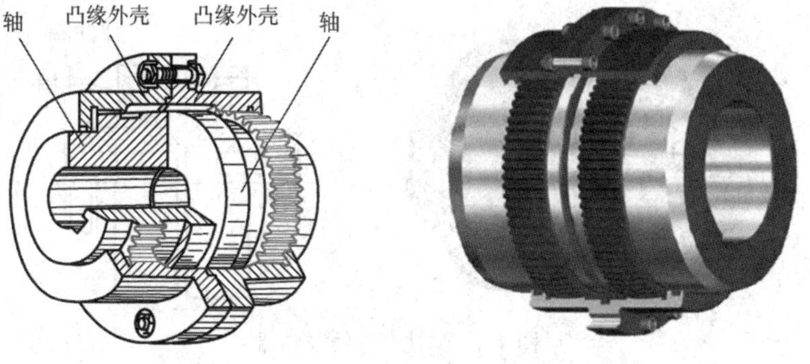

(a) 结构图　　　(c) 实物图

图 4-6　齿式联轴器

5) 万向联轴器

万向联轴器由两个叉形接头、一个中间十字形联结件和销轴所组成，如图 4-7 所示。

(a) 实物图

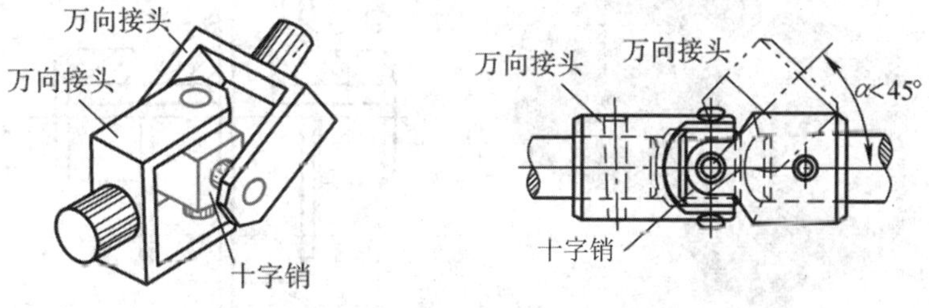

(b) 结构图　　　(c) 双万向联轴器

图 4-7　万向联轴器

笔记

万向联轴器可补偿较大的角位移，所谓万向是指两轴偏斜的角度大，可达 45°。当联结的两轴有角位移时，主动轴等角速度转动，而从动轴则成变角速度转动，会引起附加动载荷。

实际中常将两个万向联轴器成对使用，即双万向联轴器。

2. 弹性联轴器

1) 弹性套柱销联轴器

弹性套柱销联轴器与凸缘联轴器外形相似，不同的是用套有硬橡胶圈的柱销代替螺栓，如图 4-8 所示。

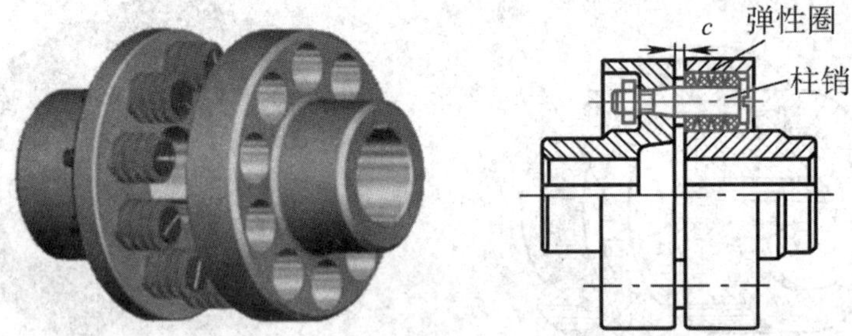

图 4-8　弹性套柱销联轴器

因为中间有弹性元件，弹性套柱销联轴器不仅能补偿被联结两轴的各种相对位移，还能起缓冲、吸振等作用。

弹性套柱销联轴器常用在高转速、启动频繁、变载荷或经常反向的机器上。

2) 弹性柱销联轴器

弹性柱销联轴器主要用榆木、白桦木或夹布胶木、尼龙等非金属材料来代替弹性套柱销，如图 4-9 所示。

弹性柱销联轴器结构简单，制造容易，维护方便，两个半联轴器对称并可互换。

弹性柱销联轴器适用于轴向窜动大(允许 $x = 1 \sim 6$ mm)、正反转变化多、启动频繁的场合。

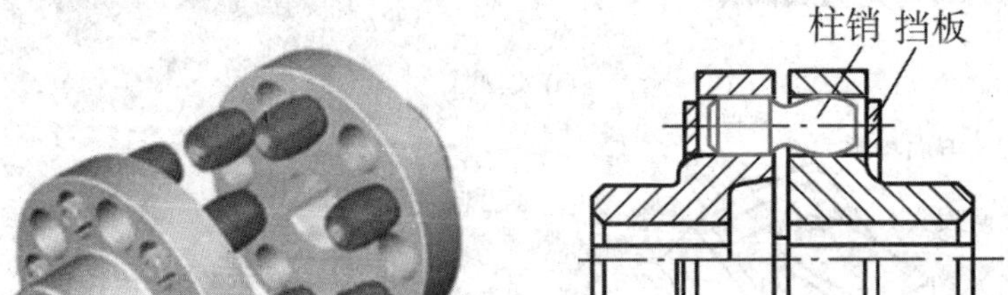

图 4-9　弹性柱销联轴器

笔记

3) 金属弹性元件联轴器

(1) 蛇形弹簧联轴器。

蛇形弹簧联轴器是一种结构先进的金属弹性联轴器，它靠蛇形弹簧片将两轴连接并传递扭矩，如图 4-10 所示。蛇形弹簧联轴器减振性好，使用寿命长，允许有较大的安装偏差。由于弹簧片与齿弧面是点接触的，所以联轴器能获得较大的挠性。它能在同时有径向、角向、轴向偏差的情况下正常工作。

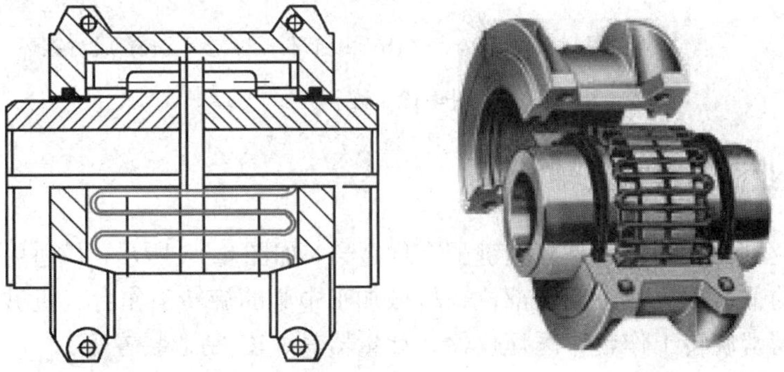

(a) 结构图　　(b) 实物图

图 4-10　蛇形弹簧联轴器

(2) 圆形弹性联轴器。

在大扭矩宽调速直流电机及传递扭矩较大的步进电机的传动机构中，与丝杠之间可采用直接连接的方式，这不仅可简化结构、减少噪声，而且对减少间隙、提高传动刚度也大有好处。

图 4-11 为弹性联轴器。柔性片 7 分别用螺钉和球面垫圈与两边的联轴套相连，通过柔性片传递扭矩。柔性片每片厚 0.25 mm，材料为不锈钢。两端的位置偏差由柔性片的变形抵消。

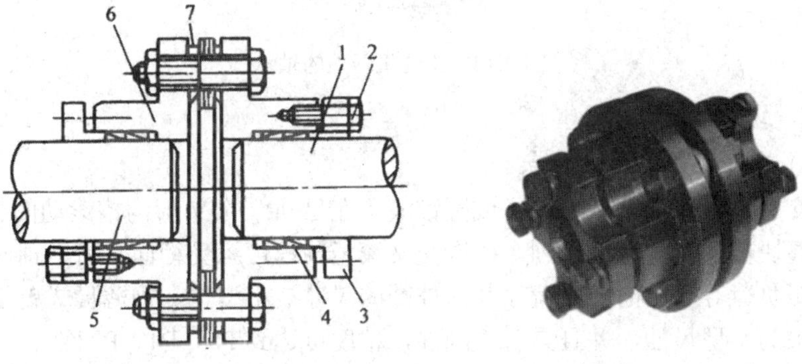

(a) 锥环联轴器的结构　　(b) 锥环联轴器的实物

1—丝杠；2—螺钉；3—端盖；4—锥环；5—电动机轴；6—联轴器；7—柔性片

图 4-11　弹性(无键锥环)联轴器

由于利用了锥环的胀紧原理，弹簧联轴器可以较好地实现无键、无隙连

笔记

接，因此弹性联轴器通常又称为无键锥环联轴器，是安全联轴器的一种。锥环如图 4-12 所示。

(a) 外锥环　　(b) 内锥环　　(c) 成对锥环

图 4-12　锥环

二、工业机器人常用轴承

工业机器人的轴承是其关键配套件之一，如图 4-13 所示，最适用于工业机器人的关节部位或者旋转部位、机械加工中心的旋转工作台、机械手旋转部位、精密旋转工作台、医疗仪器、计量器具、IC 制造装置等。

工业机器人轴承具有以下特点：可承受轴向、径向、倾覆等方向的综合载荷；属于薄壁型轴承；具有高回转定位精度。任何可满足此种设计需求的轴承都可用于工业机器人手臂、回转关节、底盘等部位。

截面薄壁轴承和交叉圆柱滚子轴承是工业机器人的应用中较为主要的两大类。此外，还有谐波减速器轴承、直线轴承、关节轴承等。

图 4-13　工业机器人的轴承

1. 交叉滚子轴承

1) 交叉滚子轴承的特点

交叉滚子轴承是圆柱滚子或圆锥滚子在呈 90° 的 V 形沟槽滚动面上，通过隔离块被相互垂直地排列，所以交叉滚子轴承可承受径向负荷、轴向负荷及力矩负荷等多方向的负荷。其内外圈的尺寸被小型化，极薄形式更是接近于极限的小型尺寸，并且具有高刚性，精度可达到 P5、P4、P2 级。

(1) 具有出色的旋转精度。

交叉滚子轴承内部滚子呈 90° 相互垂直交叉排列，滚子之间装有间隔保持器或者隔离块，可以防止滚子的倾斜或滚子之间相互摩擦，有效防止了旋转扭矩的增加。另外，不会发生滚子的一方接触或者锁死现象。同时，因为内外环是分割的结构，间隙可以调整，所以即使被施加预压，也能获得高精度的旋转运动。

(2) 操作安装简化。

被分割成两部分的外环或者内环，在装入滚子和保持器后，被固定在一起，所以安装时操作非常简单。

(3) 承受较大的轴向和径向负荷。

因为滚子在呈 90° 的 V 型沟槽滚动面上通过间隔保持器被相互垂直排列，这种设计使交叉滚子轴承可以承受较大的径向负荷、轴向负荷及力矩负荷等所有方向的负荷。

(4) 大幅节省安装空间。

交叉滚子轴承的内外环尺寸被最小限度的小型化，超薄结构更是接近极限的小型尺寸，并且具有高刚性。

2) 交叉滚子轴承的类型

(1) RB 型(外环分割型、内环旋转用)

交叉滚子轴承 RB 型为外环分割型、内环旋转用，如图 4-14 所示。此系列型号为交叉圆柱滚子轴承的基本型，内、外环尺寸被最小限度地小型化。其外环是分割型，内环是一体设计，适合于内环旋转精度要求高的部位。

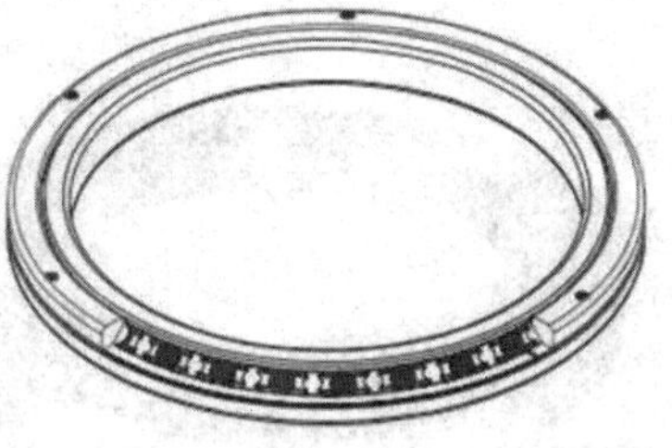

图 4-14　交叉滚子轴承 RB 型

(2) RE 型(内环分割型、外环旋转用)。

交叉滚子轴承 RE 型为内环分割型、外环旋转用，如图 4-15 所示。此系列型号是由 RB 型的设计理念产生的新型式，主要尺寸与 RB 型相同。其内环是分割型，外环是一体设计，适合于外环旋转精度要求高的部位。

(3) RU 型(内、外环一体型)。

交叉滚子轴承 RU 型为内、外环一体型，如图 4-16 所示。此系列型号由于已进行了安装孔的加工，则不需要固定法兰和支撑座。另外，由于采用带座的一体化内外环结构，安装对性能几乎没有影响，因此能够获得稳定的旋转精度和扭矩。该型号轴承能用于外环和内环旋转。

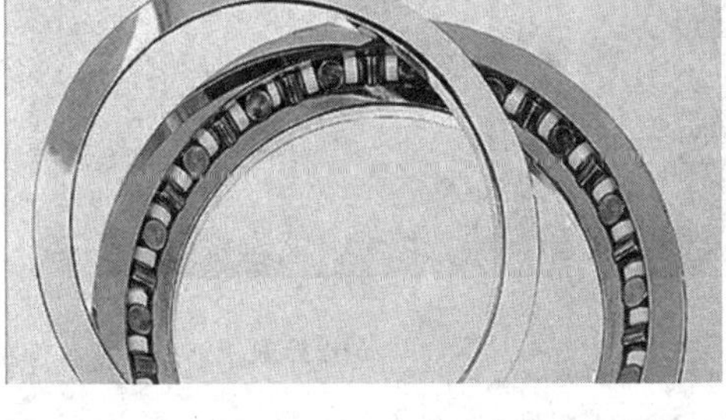

图 4-15　RE 型

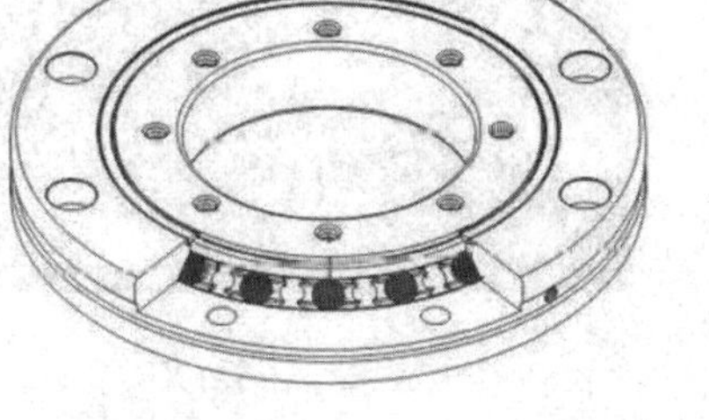

图 4-16　RU 型

笔记

(4) CRB 型(外环分割型、内环旋转用)。

交叉滚子轴承 CRB 型为外环分割型、内环旋转用，如图 4-17 所示。其外环是分割型，内环是一体设计，不带保持架满装滚子轴承，适合于内环旋转精度要求高的部位。

① CRBC 型(外环分割型、内环旋转用)：其外环是分割型，内环是一体设计，带保持架满装滚子轴承，适合于内环旋转精度要求高的部位。

② CRBH 型(内、外环一体型)：该系列型号内、外环都是一体结构，可用于外环和内环旋转。

(5) RA 型(外环分割型、内环旋转用)。

交叉滚子轴承 RA 型为外环分割型、内环旋转用，如图 4-18 所示。此系列型号是将 RB 型内、外环厚度减小到极限的紧凑型。适合于需要重量轻、紧凑设计的部位，例如工业机器人和机械手旋转部位。常用的是 RA-C 型(单一裂缝型),主要尺寸与 RA 型相同。由于该型号的结构外圈有一个缺口，外圈也具有高刚性，因此也可用于外圈旋转。

图 4-17　CRB 型

图 4-18　RA 型

(6) XR/JXR 型(交叉圆锥滚子轴承)。

XR/JXR 型为交叉圆锥滚子轴承，如图 4-19 所示。该类轴承具有两组滚道和滚子，相互呈直角组合，滚子交错相对。轴承的横截面高度与单列轴承相似，因此节省了空间和轴承座材料，大锥角和锥形几何设计使轴承总体有效跨距是轴承自身宽度的几倍。交叉圆锥滚子轴承能承受高倾覆力矩，适用于机床，包括立式镗床和磨床工作台、机床精密圆分度工作台、大型滚齿机、转塔、工业机器人等。

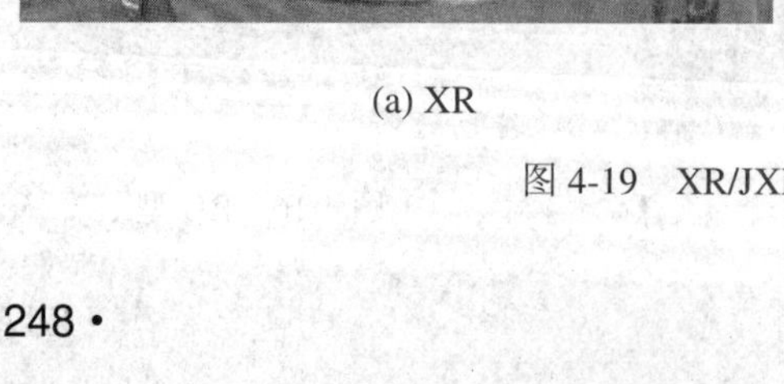

(a) XR

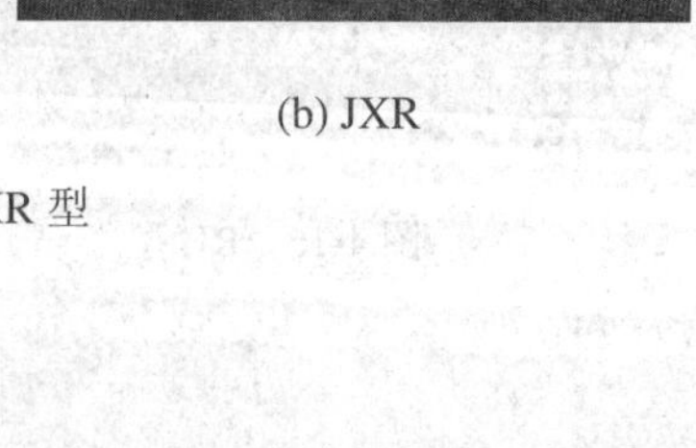

(b) JXR

图 4-19　XR/JXR 型

笔记

2. 等截面薄壁轴承

等截面薄壁轴承是一个由 7 个开式系列、5 个密封系列组成的系统，如图 4-20 所示。开式系列有径向接触 C 型、角接触型 A 型和四点接触 X 型 3 种类型。薄壁等截面轴承具有实现了极薄型的轴承断面及产品的小型化、轻量化的优点。产品的多样性扩展了其用途范围。

图 4-20　等截面薄壁轴承

薄壁等截面轴承又叫薄壁套圈轴承，精度高、非常安静且承载能力很强。薄壁套圈轴承包括深沟球轴承、四点接触轴承、角接触球轴承。薄壁等截面轴承横截面大多为正方形。在这些系列中，即使是更大的轴直径和轴承孔，横截面也保持不变。因此这些轴承也被称为等截面轴承。正是这个特性将标准 ISO 系列中的薄壁套圈轴承与传统的轴承区别开来。因此，可以选择更大的横截面并使用承载能力更强的轴承，而不必改变轴的直径。薄壁套圈轴承可以设计成极度轻而需要很小空间的轴承。

薄壁等截面轴承产品特性：为了得到轴承的低摩擦扭矩、高刚性、良好的回转精度，薄壁等截面轴承使用了小外径的钢球；中空轴的使用，确保了产品轻量化和配线的空间。薄壁型 6700、6800 系列有各种防尘盖形式、带法兰形式、不锈钢形式、宽幅形式等，品种齐全。

薄壁等截面轴承主要适用于步进电机、医疗器械、办公器械、检测仪器、减速/变速装置、工业机器人、光学/映像器械、旋转编码器等领域。

任务实施

把学生带到工厂中，在工业机器人旁进行介绍，并让学生找出所介绍内容的实物。

现场教学

一、转动关节轴承

球轴承是机器人和机械手结构中最常用的轴承。它能承受径向和轴向载荷，摩擦较小，对轴和轴承座的刚度不敏感。图 4-21(a)所示为普通深沟球轴承，图 4-21(b)所示为角接触球轴承。这两种轴承的每个球和滚道之间只有两

笔记

点接触(一点与内滚道接触，另一点与外滚道接触)。为了预载，此种轴承必须成对使用。图 4-21(c)所示为四点接触球轴承，该轴承的滚道是尖拱式半圆，球与每个滚道两点接触，该轴承通过两内滚道之间适当的过盈量实现预紧。此种轴承的优点是无间隙、能承受双向轴向载荷、尺寸小，承载能力和刚度比同样大小的一般球轴承高 1.5 倍；缺点是价格较高。

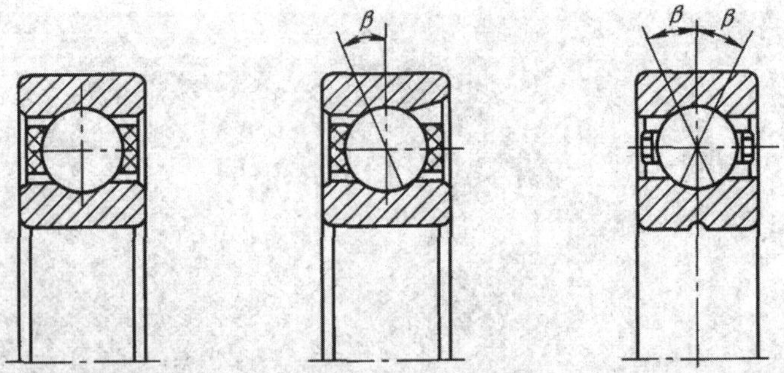

(a) 普通深沟球轴承　　(b) 角接触球轴承　　(c) 四点接触球轴承

图 4-21　基本耐磨球轴承

工匠精神

这是一个最好的时代，这是一个物质生活高度发展的时代，也是一个属于匠人的时代。在信息横溢的今天，让我们追随匠人们的脚步，去看看他们是如何守护那份匠心，坚守那门匠艺。

采用 4 点接触式设计以及高精度加工工艺的机器人专用轴承已经问世，这种轴承的重量是同等轴径的常规系列四点接触球轴承的 1/25。机器人专用轴承的结构尺寸和重量如图 4-22 所示，适合于 ϕ76.2～355.6 mm 的轴径，重量只有 0.07～2.79 kg。

减轻轴承重量的另一种方法是采用特殊材料。目前，相关学者正在研究采用氮化硅陶瓷材料制作球和滚道。陶瓷球的弹性模量比钢球高约 50%，但重量比钢球轻很多。

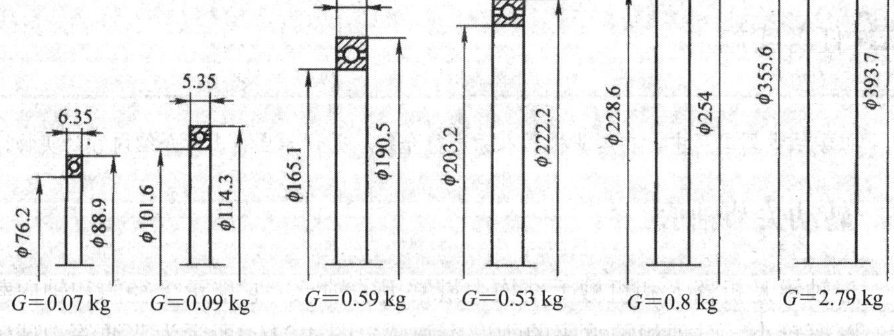

图 4-22　机器人专用轴承的结构尺寸和重量

笔记

二、直接驱动方式

直接驱动方式是驱动器的输出轴和机器人手臂的关节轴直接相连的方式。直接驱动方式的驱动器和关节之间的机械系统较少，因而能够减少摩擦等非线性因素的影响，控制性能比较好。然而，为了直接驱动手臂的关节，驱动器的输出转矩必须很大。此外，由于不能忽略动力学对手臂运动的影响，因此控制系统还必须考虑到手臂的动力学问题。

高输出转矩的驱动器包括油缸式液压装置、力矩电动机(直驱马达)等，其中液压装置在结构和摩擦等方面的非线性因素很强，所以很难体现出直接驱动的优点。因此，在 20 世纪 80 年代所开发的力矩电动机，采用了非线性的轴承机械系统，得到了优良的逆向驱动能力(以关节一侧带动驱动器的输出轴)。图 4-23 中显示了使用力矩电动机的直接驱动方式的关节机构实例。

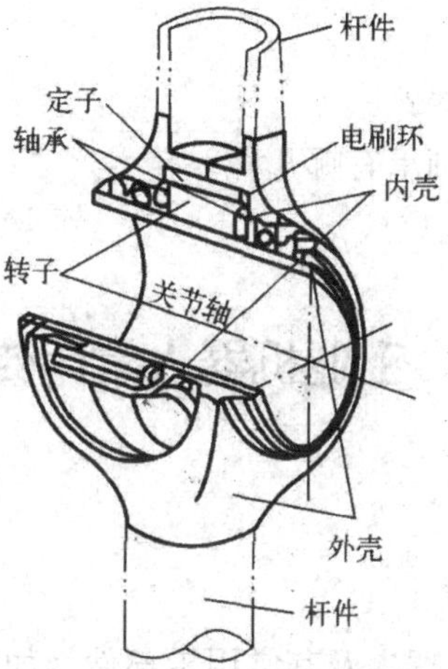

图 4-23　关节直接驱动方式

使用直接驱动方式的机器人通常称为 DD 机器人(Direct Drive Robot)，简称 DDR。DD 机器人驱动电动机通过机械接口直接与关节连接，驱动电动机和关节之间没有速度和转矩的转换。

目前，日本、美国等工业发达国家已经开发出性能优异的 DD 机器人。美国 Adept 公司研制出了带有视觉功能的 4 自由度平面关节型 DD 机器人。日本大日机工公司研制成功了五自由度关节型 DD-600V 机器人，其性能指标包括：最大工作范围为 1.2 m，可搬重量为 5 kg，最大运动速度为 8.2 m/s，重复定位精度为 0.05 mm。

DD 机器人的其他优点包括：机械传动精度高；振动小，结构刚度好；机械传动损耗小；结构紧凑，可靠性高；电动机峰值转矩大，电气时间常数小，短时间内可以产生很大的转矩，响应速度快，调速范围宽；控制性能较好。DD 机器人目前主要存在的问题有：载荷变化、耦合转矩及非线性转矩对驱动及控制影响显著，使控制系统设计困难和复杂；对位置、速度的传感元件提出了相当高的要求；需开发小型实用的 DD 电动机；电动机成本高。

笔记

任务扩展

联轴器的选择

联轴器的种类很多，常用的大多已标准化或系列化。设计时，可根据工作条件、轴的直径、计算转矩、工作转速、位移量以及工作温度等，从标准中选择联轴器的类型和尺寸型号，必要时可对其中某些零件进行强度验算。

在选择和校核联轴器时，考虑到机械运转速度变动时(例如启动、制动)的惯性力和工作过程中过载等因素的影响，应将联轴器传递的名义转矩适当增大，即按计算转矩进行联轴器的选择和校核。

任务巩固

1．常用联轴器有哪些？

2．工业机器人常用轴承有哪几种？

任务二　工业机器人常用传动系统

工作任务

常见直角坐标工业机器人及其常用零部件，如图 4-24 所示。

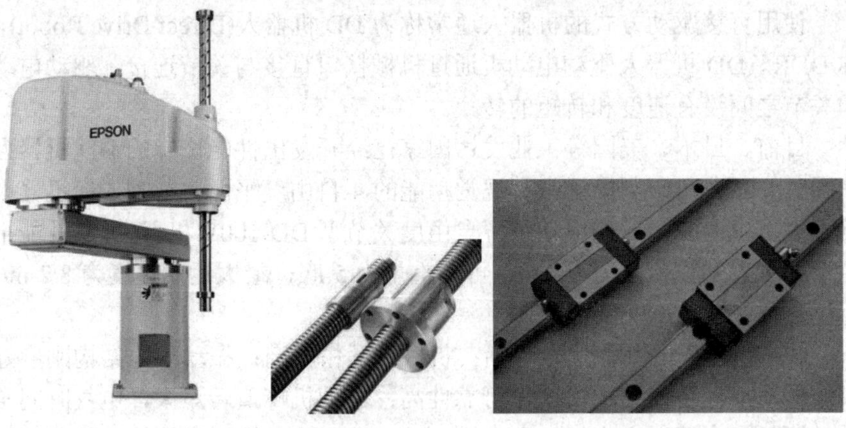

(a) 直角坐标工业机器人　(b) 滚珠丝杠　(c) 导轨

图 4-24　直角坐标工业机器人及其常用零部件

笔记

任务目标

知 识 目 标	能 力 目 标
1. 掌握柔性传动	1. 能选择工业机器人的传动带
2. 掌握刚性传动	2. 能认识工业机器人的齿轮
3. 掌握工业机器人的导轨	3. 会选择工业机器人的导轨

任务准备

实物教学

若有条件，把实物拿到现场进行讲授。若无条件，可采用多媒体教学。

工业机器人传动系统要求结构紧凑、重量轻、转动惯量和体积小，要求消除传动间隙，提高其运动和位置精度。工业机器人传动装置除齿轮传动、蜗杆传动、链传动和行星齿轮传动外，还常用滚珠丝杠、谐波齿轮、钢带、同步齿形带进行传动。工业机器人常用传动方式的比较与分析如表 4-1 所示。

表 4-1　工业机器人常用传动方式的比较与分析

传动方式	特　点	运动形式	传动距离	简　图	应用部件	实例(机器人型号)
圆柱齿轮	用于为手臂第一转动轴提供大转矩	转转	近		臂部	Unimate FUMA560
锥齿轮	转动轴方向垂直相交	转转	近	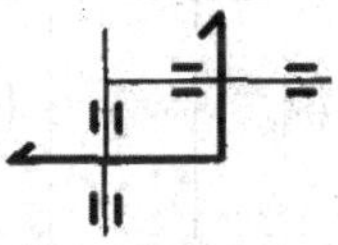	臂部 腕部	Unimate
蜗轮蜗杆	大传动比，重量大，有发热问题	转转	近	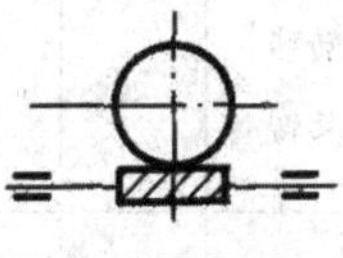	臂部 腕部	FANUC M1
行星传动	大传动比，价格高，重量大	转转	近	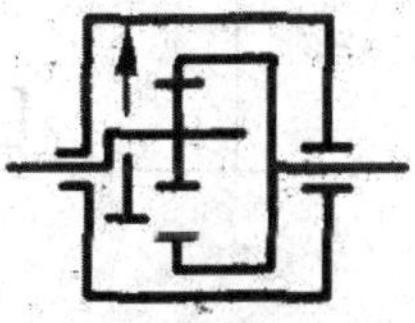	臂部 腕部	Unimate PUMA560
谐波传动	很大的传动比，尺寸小，重量轻	转转	近		臂部 腕部	ASEA

笔记

续表

传动方式	特点	运动形式	传动距离	简图	应用部件	实例(机器人型号)
链传动	无间隙，重量大	转转 转移 移转	远	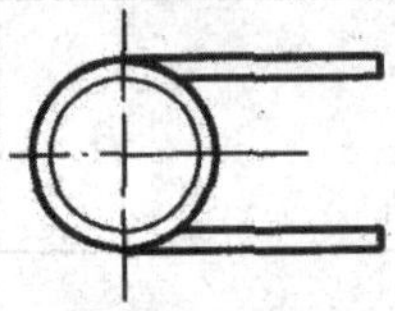	足部 腕部	ASE IR66
同步齿形带	有间隙和振动，重量轻	转转 转移 移转	远	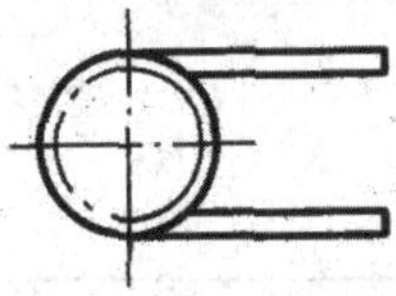	腕部 手部	KUKA
钢丝传动	远距离传动很好，有轴向伸长问题	转转 转移 移转	远		腕部 手部	S.Hirose
四杆传动	远距离传动力性能很好	转转	远	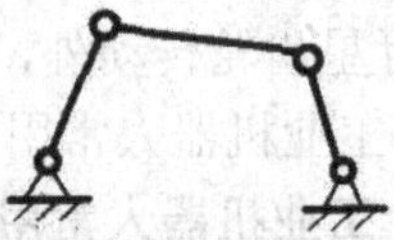	臂部 手部	Unimate 2000
曲柄滑块机构	特殊应用场合	转移 移转	远	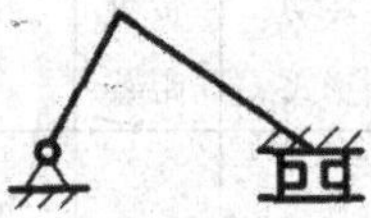	腕部 手部 臂部	大量的手爪将油(气)缸的运动转化为手指摆动
丝杆螺母	高传动比，摩擦与润滑问题	转移	远	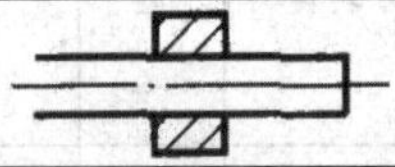	腕部 手部	精工 PT300H
滚珠丝杠螺母	很大的传动比，高精度，高可靠性，昂贵	转移	远		臂部 腕部	Motornma L10
齿轮齿条	精度高，价格低	转移 移转	远	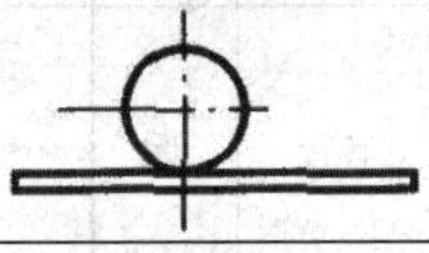	腕部 手部 臂部	unimate 2000
液压气压	液压和气动的各种变形形式	移移	远	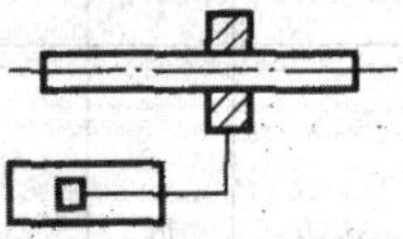	腕部 手部 臂部	Unimate 2

任务实施

实物教学

若有条件，把实物拿到现场进行讲授。若无条件，可采用多媒体教学。

笔记

一、柔性传动

柔性传动主要包括带传动和链传动，当然也有其他传动形式，但在现代工业机器人中应用不多。

带传动和链传动用于传递平行轴之间的回转运动，或把回转运动转换成直线运动。机器人中的带传动和链传动分别通过带轮或链轮传递回转运动，有时还用来驱动平行轴之间的小齿轮。

1. 带传动

带传动主要用于转速较高、变速范围不大的机器人，适用于高速、低转矩特性的主轴。常用的是同步齿形带。

带传动是传统的传动方式，常见的有 V 形带、平带、多联 V 形带、多楔带和齿形带。为了定位准确，常用多楔带和齿形带。

1) 多联 V 形带

多联 V 形带又称复合 V 形带(如图 4-25 所示)，有双联和三联两种，每种都有 3 种不同的截面，横断面呈楔形，如图 4-26 所示，楔角为 40°。多联 V 形带一次成型，不会因长度不一致而受力不均，因而承载能力比多根 V 带(截面积之和相同)强。同样的承载能力，多联 V 形带的截面积比多根 V 带小，因而质量较轻，耐挠曲性能高，允许的带轮最小直径小，线速度高。多联 V 形带传递负载主要靠强力层。强力层中有多根钢丝绳或涤纶绳，具有较小的伸长率、较大的抗拉强度和抗弯疲劳强度。带的基底及缓冲楔部分采用橡胶或聚氨酯。

图 4-25 多联 V 形带

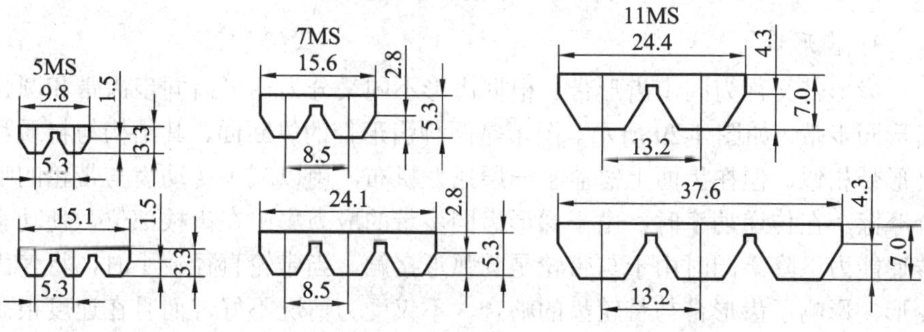

图 4-26 多联 V 形带楔角

笔记

2) 多楔带

多楔带综合了 V 形带和平皮带的优点，如图 4-27 所示，运转时振动小，发热少，运转平稳，重量轻。因此常在 40 m/s 的线速度下使用。此外，多楔带与带轮的接触好，负载分配均匀，即使瞬时超载，也不会产生打滑现象，而传动功率比 V 形带大 20%～30%。因此，能够满足工业机器人传动的要求。在高速、大转矩下也不会打滑。多楔形带安装时需要较大的张紧力，因此，使主轴和电动机承受了较大的径向负载。

多楔带有 H 型、J 型、K 型、L 型、M 型等型号。工业机器人上常用的多楔带具体包括齿距为 2.4 mm 的 J 型，齿距为 4.8 mm 的 L 型，齿距为 9.5 mm 的 M 型 3 种规格。根据图 4-28 可大致选出所需的型号。

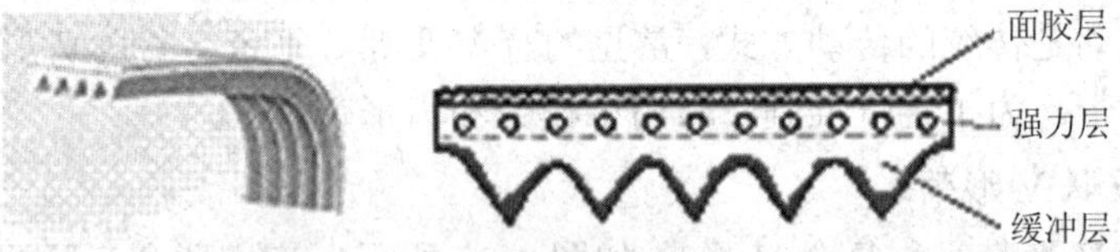

图 4-27　多楔带的结构

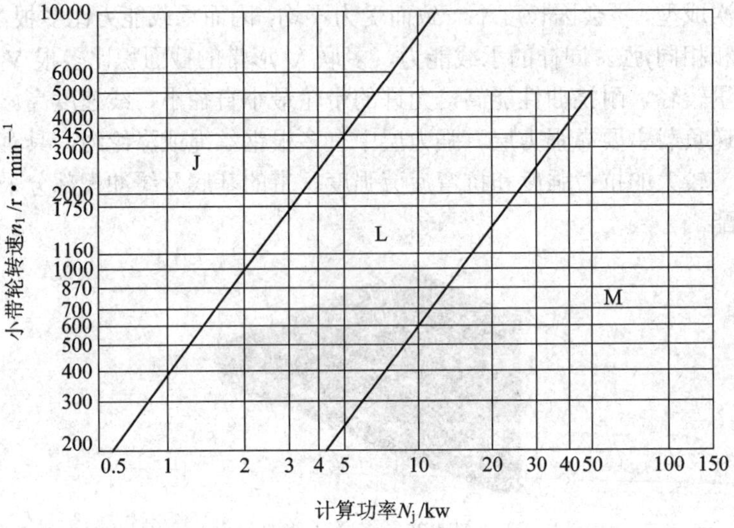

图 4-28　多楔带型号选择图

3) 齿形带

齿形带又称为同步齿形带，根据齿形不同又分为梯形齿同步齿带和圆弧齿形同步带，如图 4-29 所示。图示是两种齿形带的纵断面，其结构与材质和楔形带相似，但在齿面上覆盖了一层尼龙帆布，用以减少传动齿与带轮的啮合摩擦。在传递功率时，由于梯形齿同步带的应力集中在齿根部位，使功率传递能力下降。同时由于与带轮是圆弧形接触，当带轮直径较小时，将使齿变形，影响了齿形带与带轮齿的啮合，不仅受力情况不好，而且在速度很高时，会产生较大的噪声与振动，这对于主传动来说是不利的。因此，在工业机器人的传动中很少采用，一般仅在转速不高的运动传动或小功率的动力传

笔记

动中使用。而圆弧齿同步带克服了梯形齿同步带的缺点，均化了应力，改善了啮合。因此，在工业机器人的传动中，当需要用带传动时，总是优先考虑采用圆弧齿形同步带。

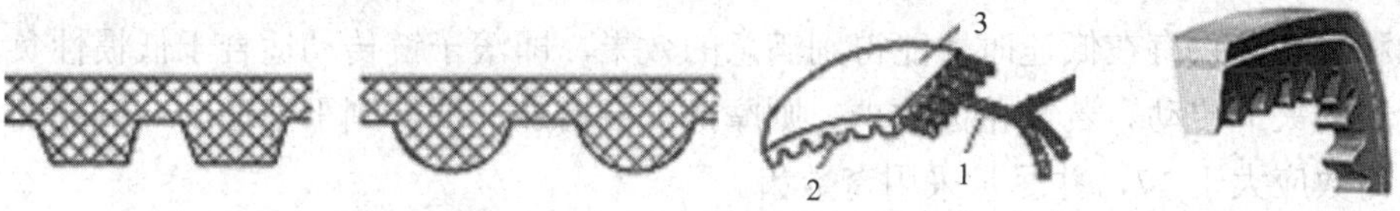

(a) 梯形齿　(b) 圆弧齿　(c) 齿形带的结构　(d) 实物图

1—强力层；2—带齿；3—带背

图 4-29　同步齿形带

同步齿形带具有带传动和链传动的优点，与一般的带传动相比，它不会打滑，且不需要很大的张紧力，减少或消除了轴的静态径向力，传动效率高达 98%～99.5%，可用于 60～80 m/s 的高速传动。但是在高速使用时，由于带轮必须设置轮缘，因此在设计时要考虑轮齿槽的排气，以免产生“啸叫”。

同步齿形带的规格是以相邻两齿的节距(与齿轮的模数相似)来表示的，主轴功率为 3～10 kW 的工业机器人传动中多用节距为 5 mm 或 8 mm 的圆弧齿形带，型号为 5M 或 8M。根据图 4-30 可大致选出所需的型号。同步齿形带在工业机器人上的应用如图 4-31 所示。

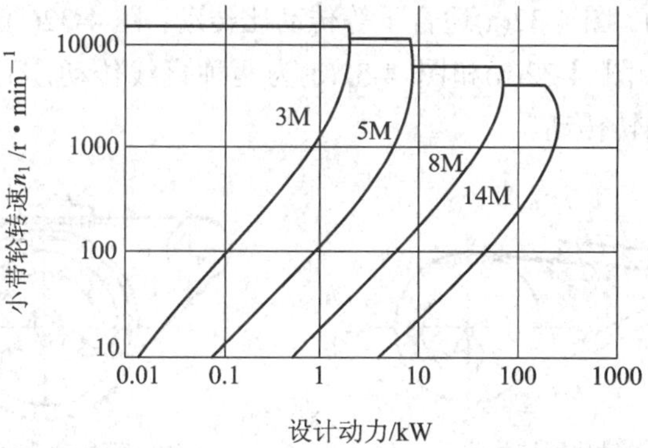

图 4-30　同步齿形带型号选择图

图 4-31　同步齿形带在工业机器人上的应用

笔记

2. 滚子链传动

滚子链传动属于比较完善的传动机构，由于噪声小、效率高，因此得到了广泛的应用。但是，高速运动时滚子与链轮之间的碰撞会产生较大的噪声和振动，只有在低速时才能得到满意的效果，即滚子链传动适合于低惯性负载的关节传动。若链轮齿数少，则摩擦力会增加，要得到平稳运动，链轮的齿数应大于 17，并尽量采用奇数齿。

3. 绳传动

绳传动广泛应用于机器人的手爪开合传动，特别适合有限行程的运动传递。绳传动的主要优点是：钢丝绳强度大，各方向上的柔软性好，尺寸小，预载后有可能消除传动间隙。绳传动的主要缺点是：不加预载时存在传动间隙；因为绳索的蠕变和索夹的松弛使传动不稳定；多层缠绕后，在内层绳索及支承中会损耗能量；效率低；易积尘垢。

4. 钢带传动

钢带传动的优点是传动比精确，传动件质量小，惯量小，传动参数稳定，柔性好，不需要润滑，强度高。如图 4-32 所示为钢带传动。钢带末端紧固在驱动轮和被驱动轮上，因此，摩擦力并非传动的重要因素。钢带传动适合于有限行程的传动。图 4-32(a)适合于等传动比传动；图 4-32(c)适合于变化传动比的回转传动。图 4-32(b)和图 4-32(d)为两种直线传动，而图 4-32(a)和图 4-32(c)为两种回转传动。

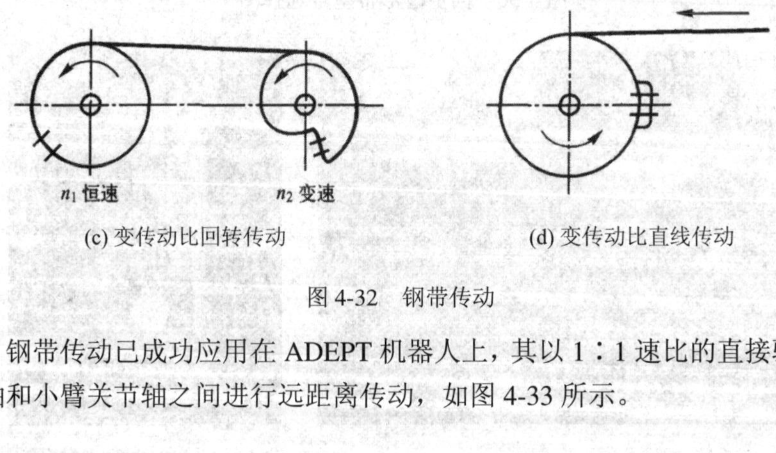

(a) 等传动比回转传动

(b) 等传动比直线传动

(c) 变传动比回转传动

(d) 变传动比直线传动

图 4-32　钢带传动

钢带传动已成功应用在 ADEPT 机器人上，其以 1∶1 速比的直接驱动在立轴和小臂关节轴之间进行远距离传动，如图 4-33 所示。

笔记

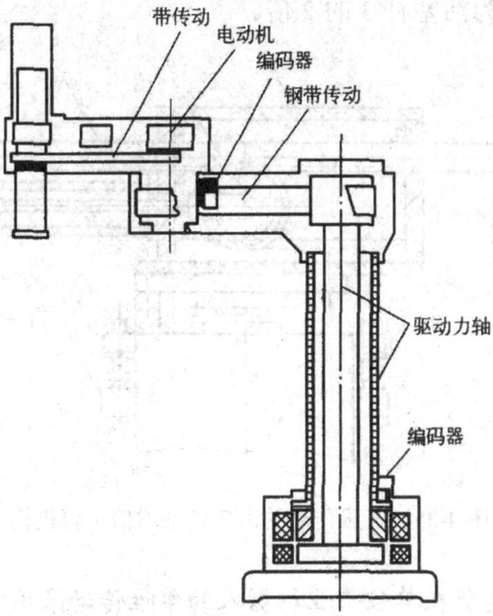

图 4-33　采用钢带传动的 ADEPT 机器人

5. 流体传动

流体传动分为液压传动和气压传动。液压传动由液压泵、液压马达或液压缸组成，可得到高转矩-惯性比。气压传动比其他传动运动精度差，但由于容易达到高速，多用于完成简易作业的搬运机器人上。液压、气压传动中，模块化和小型化的机构较易得到应用。例如，驱动机器人端部手爪上由多个伸缩动作气缸集成内装式移动模块；气缸与基座或滑台一体化设计，并由滚动导轨引导移动支承在转动部分的基座和滑台内的后置式模块等。

手臂作回转运动的结构如图 4-34 所示。活塞缸两腔分别通入压力油，推动齿条活塞作往复移动，而与齿条啮合的齿轮即做往复回转。由于齿轮与手臂固连，从而可实现手臂的回转运动。在手臂的伸缩运动中，为了使手臂移动的距离和速度有定值的增加，可以采用齿轮齿条传动的增倍机构。

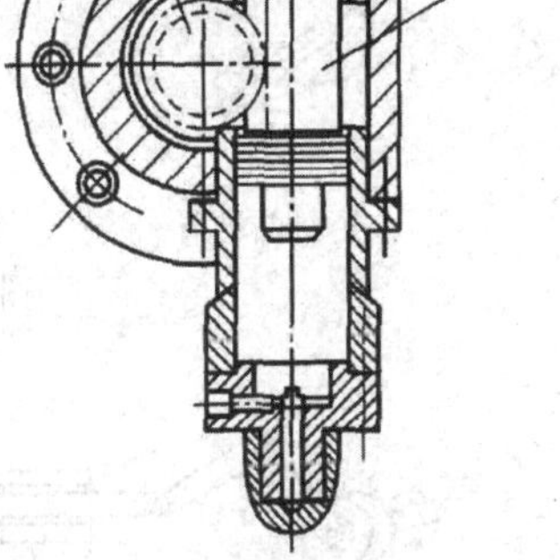

图 4-34　油缸和齿轮齿条手臂结构

气压传动的齿轮齿条增倍手臂机构如图 4-35 所示。活塞杆 3 左移时，与活塞杆 3 相连接的齿轮 2 也左移，并使运动齿条 1 同步左移。由于齿轮 2 与固定齿条相啮合，因而齿轮 2 在移动的同时，又迫使其在固定齿条上滚动，并将此运动传给运动齿条 1，从而使运动齿条 1 又向左移动一段距离。因手臂固连于运动齿条 1 上，所以手

笔记 臂的行程和速度均为活塞杆 3 的 2 倍。

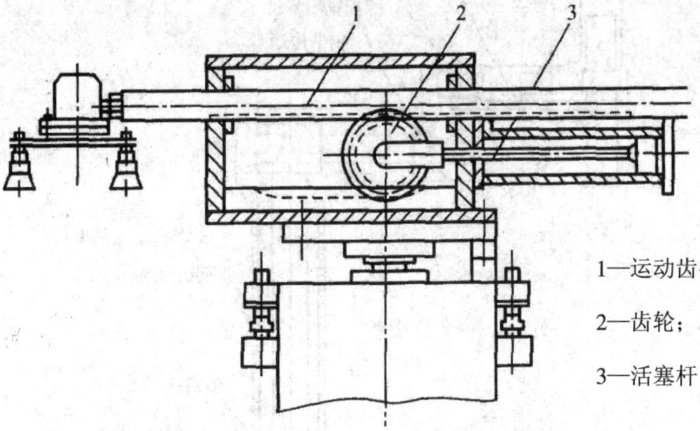

图 4-35 气压传动的齿轮齿条增倍手臂机构

看一看：您所在单位工业机器人的柔性传动采用哪种形式？

二、刚性传动

1. 连杆与凸轮传动

重复完成简单动作的搬运机器人(固定程序机器人)广泛采用杆、连杆与凸轮机构。例如，从某位置抓取物体放在另一位置上的作业。连杆机构的特点是用简单的机构可得到较大的位移，而凸轮机构具有设计灵活、可靠性高和形式多样等特点。外凸轮机构是最常见的机构，借助于弹簧可得到较好的高速性能。内凸轮驱动要求有一定的间隙，其高速性能劣于前者。圆柱凸轮用于驱动摆杆，而摆杆在与凸轮回转方向平行的面内摆动。凸轮机构和连杆机构如图 4-36、图 4-37 所示。

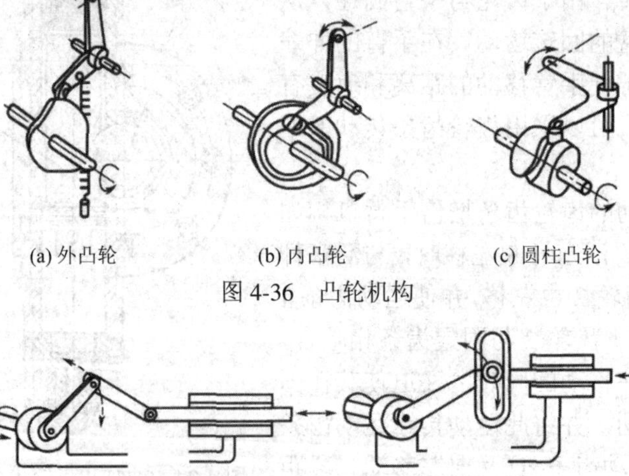

(a) 外凸轮　(b) 内凸轮　(c) 圆柱凸轮

图 4-36 凸轮机构

(a) 曲柄式　(b) 拨叉式

图 4-37 连杆机构

笔记

2. 丝杠传动

1) 普通丝杠

普通丝杠驱动由一个旋转的精密丝杠驱动一个螺母沿丝杠轴向移动。由于普通丝杠的摩擦力较大，效率低，惯性大，在低速时容易产生爬行现象，而且精度低、回差大，所以在机器人中很少采用。图 4-38 为普通丝杠的传动形式。

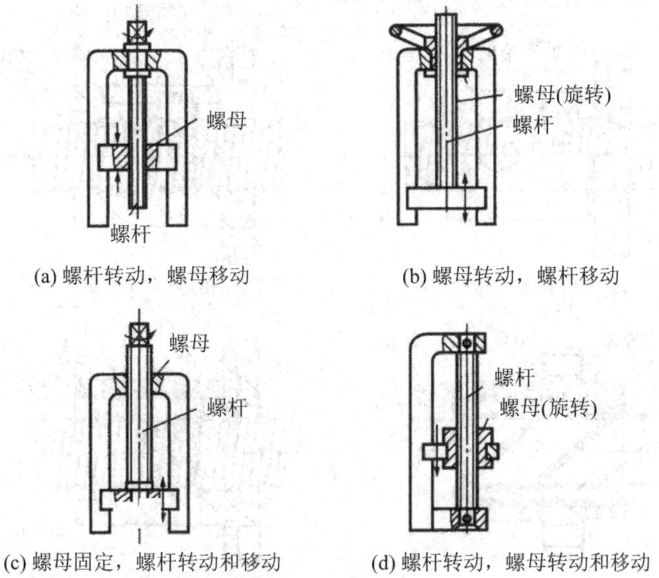

(a) 螺杆转动，螺母移动　　(b) 螺母转动，螺杆移动

(c) 螺母固定，螺杆转动和移动　　(d) 螺杆转动，螺母转动和移动

图 4-38　普通丝杠的传动形式

2) 滚珠丝杠螺母副

目前，数控机床上常用滚珠丝杠螺母副作为传动元件。滚珠丝杠螺母副是一种在丝杠和螺母间装有滚珠作为中间元件的丝杠副，其结构原理如图 4-39 所示。在丝杠 3 和螺母 1 上都有半圆弧形的螺旋槽，当它们套装在一起时便形成了滚珠的螺旋滚道。螺母上有滚珠回路管道 4，将几圈螺旋滚道的

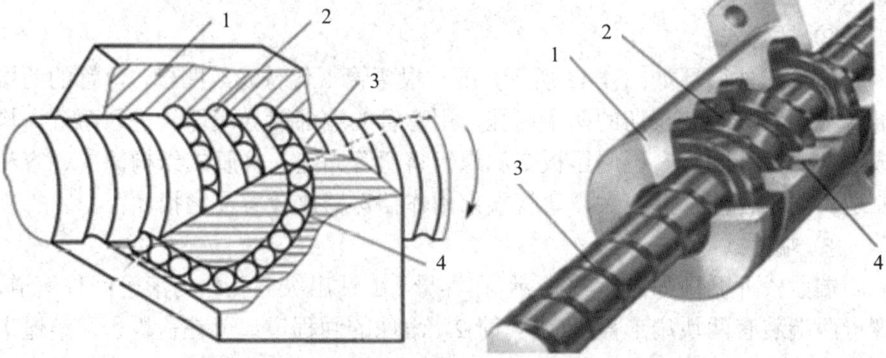

1—螺母；2—滚珠；3—丝杠；4—滚珠回路管道

图 4-39　滚珠丝杠螺母副的结构原理

笔记

两端连接起来构成封闭的循环滚道，并在滚道内装满滚珠 2。当丝杠 3 旋转时，滚珠 2 在滚道内沿滚道循环转动，即自转，迫使螺母(或丝杠)进行轴向移动。

(1) 滚珠丝杠螺母副的种类。

滚珠丝杠螺母副从问世至今，其结构有十几种之多，通过多年的改进，现国际上基本流行的结构有如图 4-40 所示的 4 种。不同的循环方式也有不同的类型，例如外循环方式，从结构上看有以下 3 种形式。

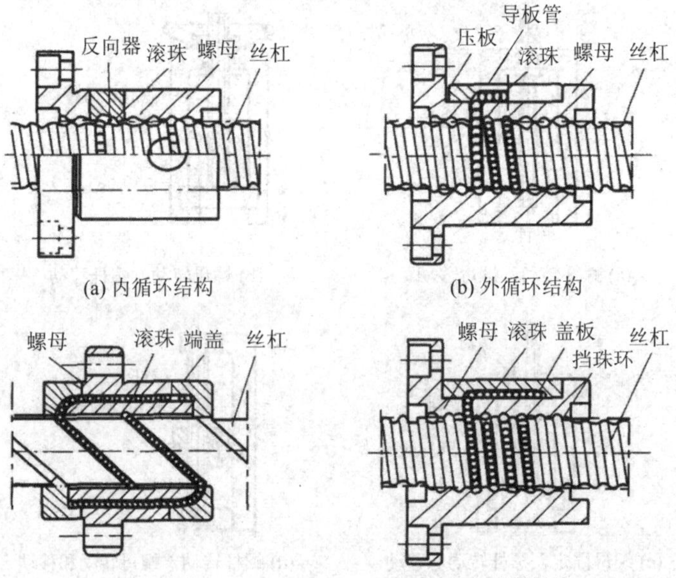

图 4-40　滚珠丝杠的结构

① 螺旋槽式。

螺旋槽式外循环如图 4-41 所示，在螺母 2 的外圆表面上铣出螺纹凹槽，槽的两端钻出两个与螺纹滚道相切的通孔，螺纹滚道内装入两个挡珠器 4，引导滚珠 3 通过这两个孔，用套筒 1 盖住凹槽，构成滚珠的循环回路。这种结构的特点是工艺简单、径向尺寸小、易于制造。但是挡珠器刚度差、易磨损。

② 插管式。

插管式外循环如图 4-42 所示，用一根弯管 1 代替螺纹凹槽，弯管的两端插入与螺纹滚道 5 相切的两个内孔，用弯管的端部引导滚珠 4 进入弯管，构成滚珠的循环回路。再用压板 2 和螺钉将弯管固定。插管式结构简单、容易制造。但是径向尺寸较大，弯管端部用作挡珠器比较容易磨损。

③ 端盖式。

端盖式外循环如图 4-43 所示，在螺母 1 上钻出纵向孔作为滚子回程滚道，螺母两端装有两块扇形盖板(或套筒)2，滚珠的回程道口就在盖板上。滚道半径为滚珠直径的 1.4～1.6 倍。这种方式结构简单、工艺性好，但因滚道吻接和弯曲处圆角不易准确制作而影响其性能，故应用较少。常以单螺母形式用

笔记

于升降传动机构。

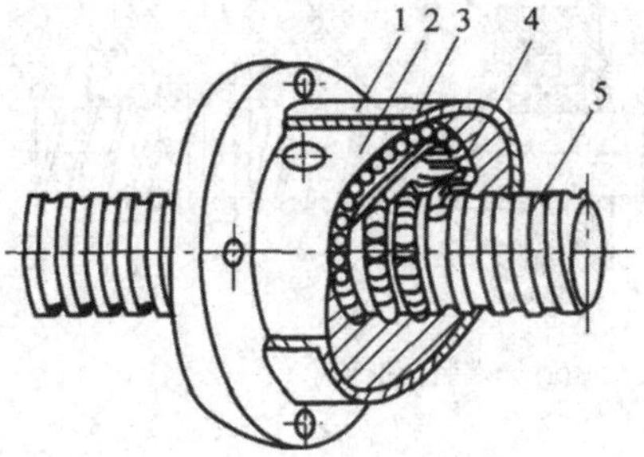

1—套筒；
2—螺母；
3—滚珠；
4—挡珠器；
5—丝杠

图 4-41　螺旋槽式外循环

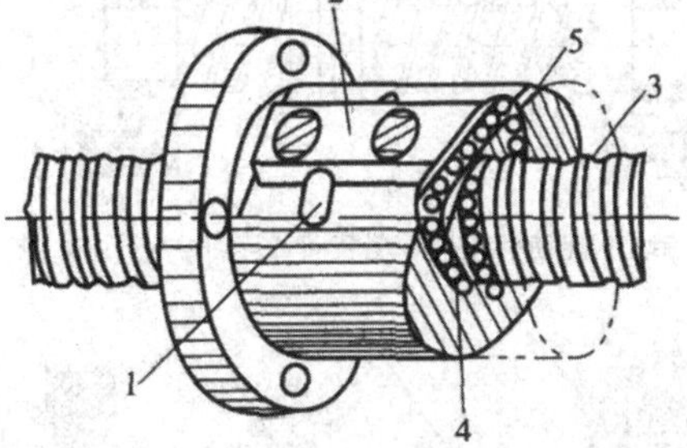

1—弯管；
2—压板；
3—丝杠；
4—滚珠；
5—螺纹滚道

图 4-42　插管式外循环

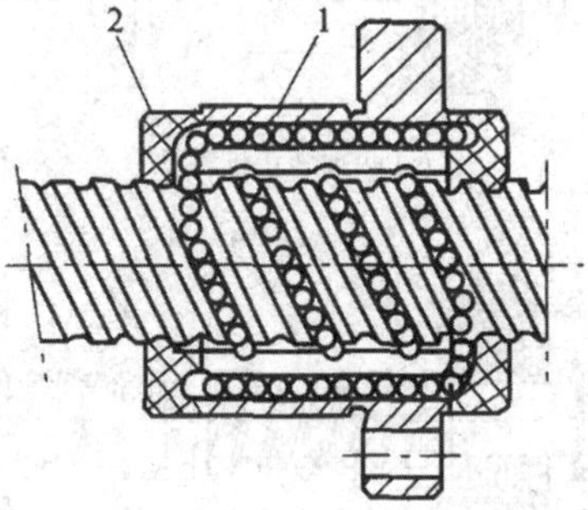

1—螺母；2—扇形盖板(或套筒)

图 4-43　端盖式外循环

(2) 滚珠丝杠的支承。

滚珠丝杠常用推力轴承支座，以提高轴向刚度(当滚珠丝杠的轴向负载很小时，也可用角接触球轴承支座)。滚珠丝杠在机床上的安装支承方式如图 4-44 所示。近年来出现了一种滚珠丝杠专用轴承，其结构如图 4-45 所示。这是一种能够承受很大轴向力的特殊角接触球轴承，与一般角接触球轴承相比，接触角增大到 60°，增加了滚珠的数目并相应减小了滚珠的直径。产品成对出售，而且在出厂时已经选配好内外环的厚度，装配调试时只要用螺母和端盖将内环和外环压紧，就能获得出厂时已经调整好的预紧力，使用极为方便。

笔记

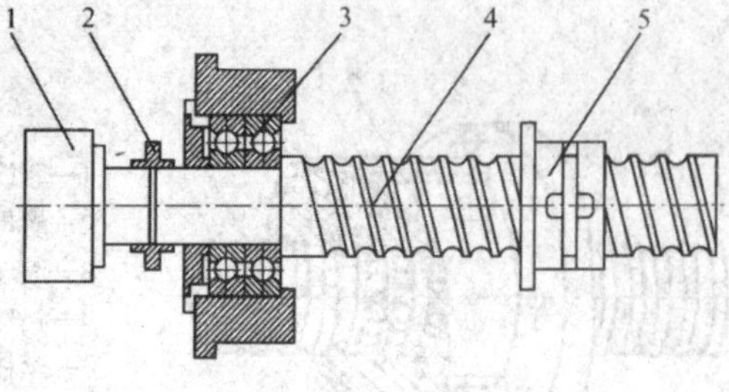

(a) 一端装止推轴承

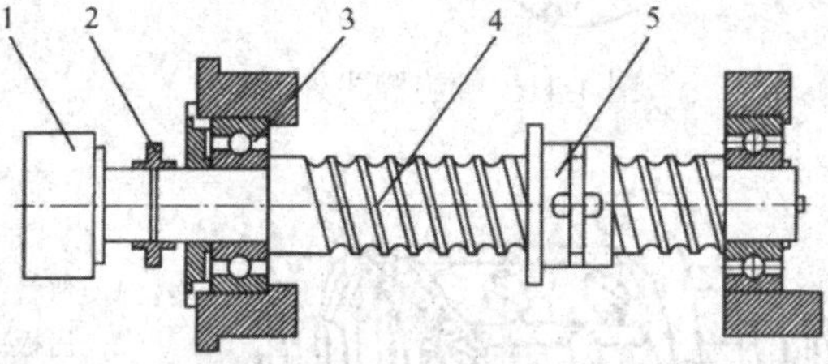

(b) 一端装止推轴承，另一端装向心球轴承

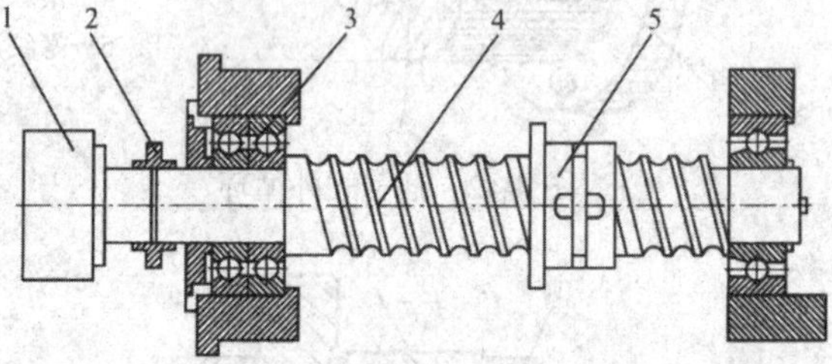

(c) 两端装止推轴承

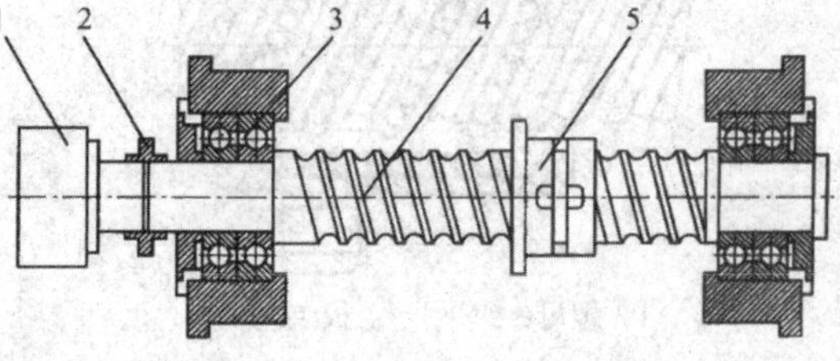

(d) 两端装止推轴承及向心球轴承

l—电动机；2—弹性联轴器；3—轴承；4—滚珠丝杠；5—滚珠丝杠螺母

图 4-44　滚珠丝杠在机床上的支承方式

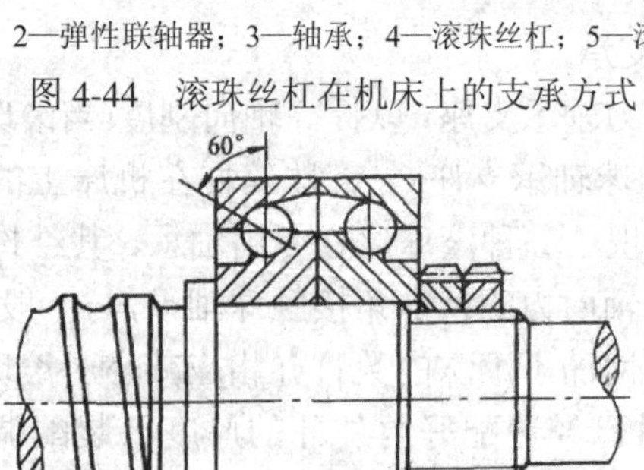

图 4-45　接触角 60° 的角接触球轴承

笔记

采用丝杠螺母传动的手臂升降机构如图 4-46 所示。由电动机 1 带动蜗杆 2 使蜗轮 5 回转，依靠蜗轮内孔的螺纹带动丝杠 4 做升降运动。为了防止丝杠转动，在丝杠上端铣有花键，与固定在箱体 6 上的花键套 7 组成导向装置。

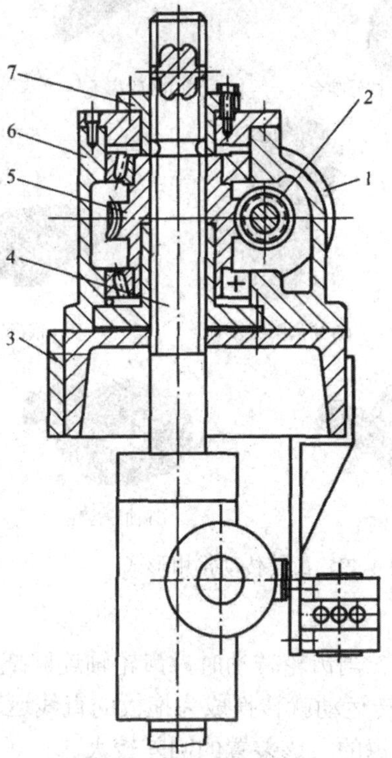

1—电动机；
2—蜗杆；
3—臂架；
4—丝杠；
5—蜗轮；
6—箱体；
7—花键套

图 4-46　采用丝杠螺母传动的手臂升降机构

3. 齿轮传动

齿轮链是由两个或两个以上的齿轮组成的传动机构。它不但可以传递运动角位移和角速度，而且可以传递力和力矩。现以具有两个齿轮的齿轮链为例，说明其传动转换关系。其中一个齿轮装在输入轴上，另一个齿轮装在输出轴上，如图 4-47 所示。齿轮传动种类如图 4-48、图 4-49 所示。

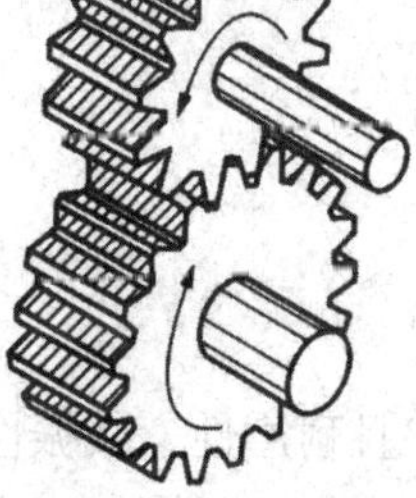

图 4-47　齿轮装置

齿轮传动
- 平面齿轮传动(圆柱齿轮传动)传递平行轴间的运动
  - 直齿圆柱齿轮传动(轮齿与轴平行)
  - 斜齿圆柱齿轮传动(轮齿与轴不平行)
  - 人字齿圆柱齿轮传动
- 空间齿轮传动传递相交轴或交错轴间的运动
  - 直齿圆锥齿轮传动
  - 斜齿圆锥齿轮传动
  - 曲齿圆锥齿轮传动
  - 交错轴斜齿轮传动
  - 蜗轮-蜗杆传动

图 4-48　齿轮传动

笔记

(a) 直齿圆柱外啮合　(b) 斜齿圆柱外啮合　(c) 齿轮齿条　(d) 直齿圆柱内啮合

(e) 人字齿圆柱外啮合　(f) 斜齿圆柱外啮合　(g) 锥齿轮传动

(h) 准双曲面齿轮　(i) 曲线齿轮

图 4-49　齿轮传动常用形式

4. 齿轮-齿条传动机构

通常齿条是固定不动的。当齿轮转动时，齿轮轴连同拖板沿齿条方向做直线运动。这样，齿轮的旋转运动就转换成为拖板的直线运动，如图 4-50 所示。拖板是由导杆或导轨支撑的。该装置的回差较大。

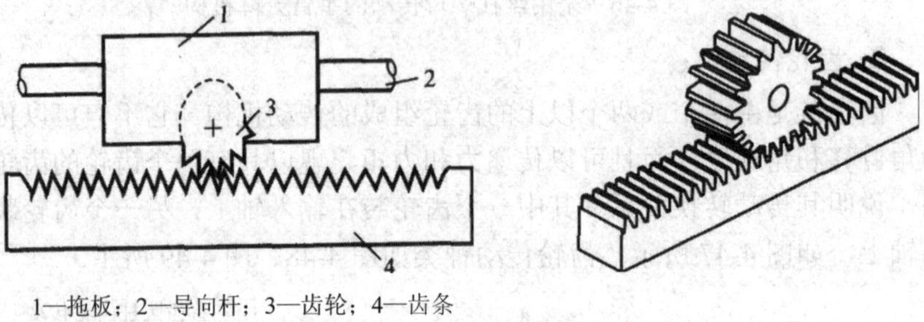

1—拖板；2—导向杆；3—齿轮；4—齿条

图 4-50　齿轮齿条装置

看一看：您所在单位工业机器人的刚性传动采用哪种形式？

三、导轨

1. 塑料导轨

1) 贴塑导轨

贴塑导轨摩擦因数低，一般在 0.03～0.05 范围内，且耐磨性、减振性、工艺性均好，广泛应用于中小型数控机床和桁架工业机器人上，如图 4-51 所示。

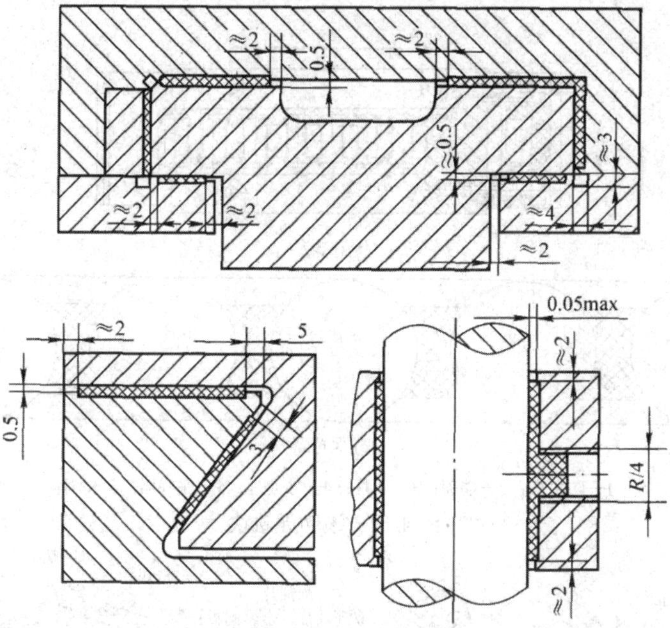

图 4-51　镶粘塑料-金属导轨结构

2) 注塑导轨

注塑导轨又称为涂塑导轨，其抗磨涂层是环氧型耐磨导轨涂层，其材料是以环氧树脂和二硫化钼为基体，加入增塑剂，混合成膏状作为一组分，固化剂作为另一组分的双组分塑料涂层。这种导轨有良好的可加工性、摩擦特性和耐磨性，其抗压强度比聚四氟乙烯导轨软带高，特别是在调整好固定导轨和运动导轨间的相对位置精度后注入塑料，可节省很多工时，适用于大型和重型机床及桁架工业机器人上。

2. 滚动导轨

滚动导轨分为直线滚动导轨、圆弧滚动导轨和圆形滚动导轨。直线滚动导轨品种很多，有整体型和分离型。常用的整体型滚动导轨有滚动导轨块，如图 4-52 所示，滚动体为滚柱或滚针，有单列和双列；直线滚动导轨副包括如图 4-53(a)所示的滚珠及如图 4-53(b)所示的滚柱。为提高抗震性，有时装有抗振阻尼滑座(如图 4-54 所示)。

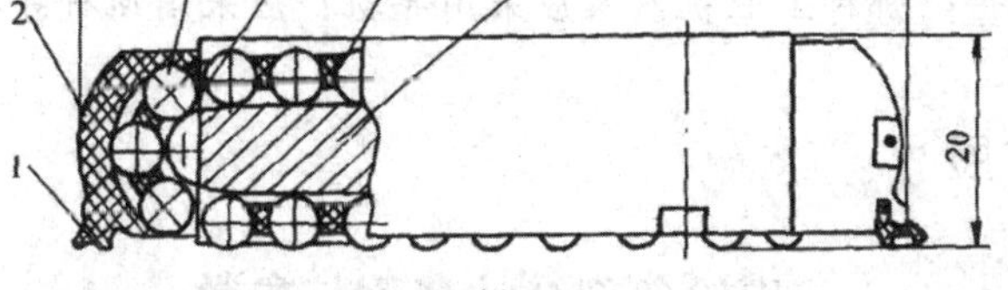

(a)

笔记

企业文化

顺时应势，主动变革。坚持客户导向，勇于颠覆自我，不断寻求商业模式、技术、管理、产品与服务的全新突破。

笔记

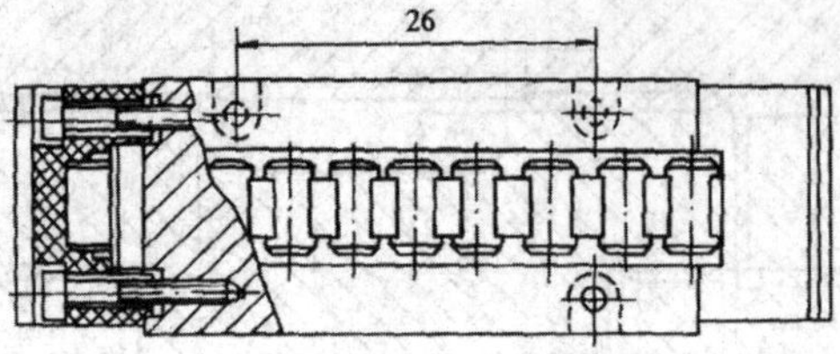

(b)

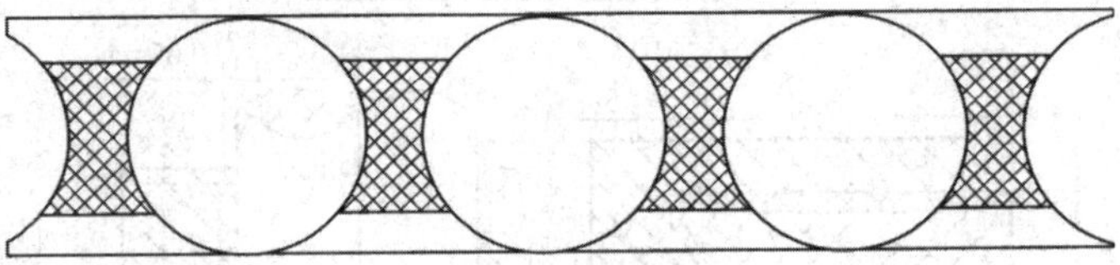

(c) 保持器

1—防护板；2—端盖；3—滚柱；4—导向片；5—保持器；6—本体

图 4-52　滚动导轨块

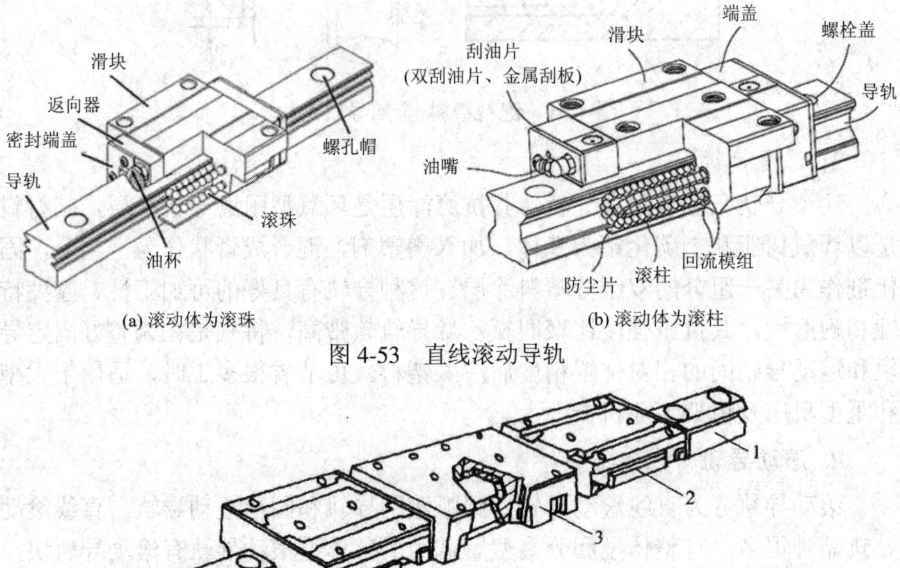

(a) 滚动体为滚珠　　　　(b) 滚动体为滚柱

图 4-53　直线滚动导轨

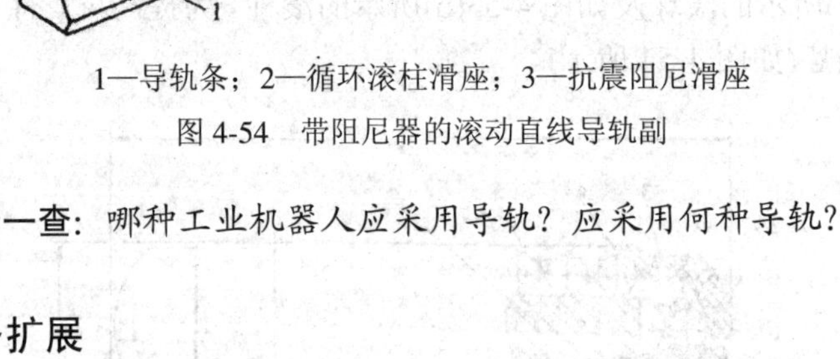

1—导轨条；2—循环滚柱滑座；3—抗震阻尼滑座

图 4-54　带阻尼器的滚动直线导轨副

查一查：哪种工业机器人应采用导轨？应采用何种导轨？

任务扩展

齿轮各部分的名称与参数

以直齿圆柱齿轮为例介绍齿轮各部分的名称，如图 4-55 所示。

笔记

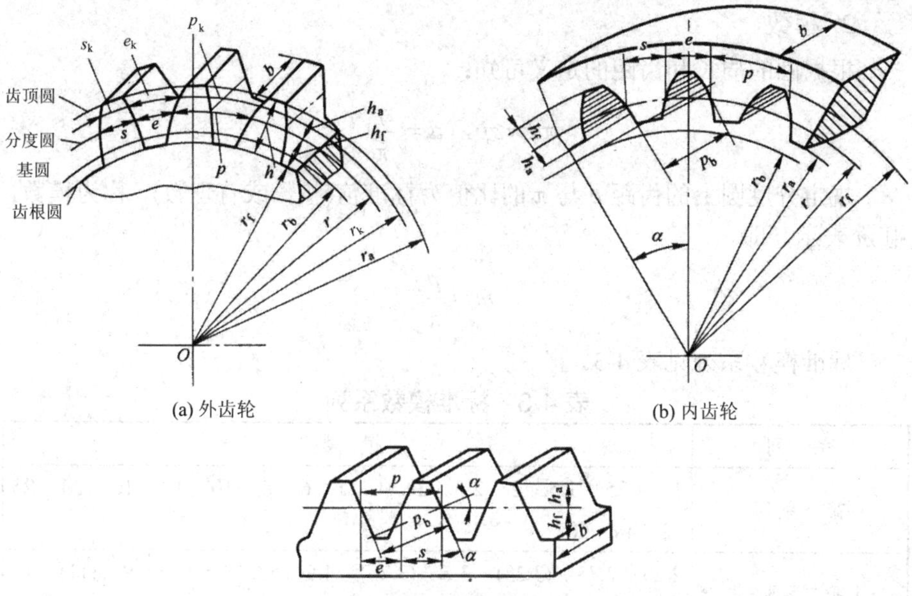

(a) 外齿轮　　(b) 内齿轮

(c) 齿条

图 4-55　直齿圆柱齿轮各部分的名称

一、直齿圆柱齿轮各部分的名称

直齿圆柱齿轮各部分的名称如表 4-2 所示。

表 4-2　直齿圆柱齿轮各部分的名称

序号	名称	说　明
1	齿数	Z，齿轮圆周上轮齿的数目称为齿数
2	齿顶圆	齿顶所确定的圆称为齿顶圆，其直径用 d_a 表示
3	齿根圆	由齿槽底部所确定的圆称为齿根圆，其直径用 d_f 表示
4	齿槽宽	相邻两齿之间的空间称为齿槽，在任意 d_k 的圆周上，轮齿槽两侧齿廓之间的弧线上称为该圆的齿槽宽，用 e_k 表示
5	齿厚	轮齿两侧齿廓之间的弧长称为该圆的齿厚，用 s_k 表示
6	齿距	相邻的两齿同侧齿廓之间的弧长称为该圆的齿距，用 p_k 表示，所以 $p_k = s_k + e_k$
7	分度圆	对于标准齿轮而言，齿厚与槽宽相等的圆，其直径用 d 表示，分度圆上的齿厚和槽宽分别用 s 和 e 表示，在设计和制造齿轮时，分度圆是度量齿轮尺寸和分齿的基准圆

二、直齿圆柱齿轮的基本参数

1. 齿数

齿轮整个圆周上均匀分布的轮齿总数，用 z 表示。

笔记

2. 模数

根据圆的周长和齿距的定义可知：

$$\pi d = zp,\quad d = \frac{zp}{\pi}$$

规定分度圆上的齿距 p 与 π 的比值为标准值(整数或有理数)，称为模数，用 m 表示，即

$$m = \frac{p}{\pi}$$

标准模数系列见表 4-3。

表 4-3　标准模数系列

系　列	模　数
第一系列	1　1.25　1.5　2　2.5　3　4　5　6　8　10　12　16　20　25　32　40　50
第二系列	2.25　2.75　(3.25)　3.5　(3.75)　4.5　5.5　(6.5)　7　9　(11)　14　18　22　28　(30)　36　45

3. 压力角

渐开线上各点的压力角是不同的，通常所说的压力角指分度圆上的压力角，用 α 表示。国家标准规定的齿轮分度圆压力角为标准值 $\alpha = 20°$，如图 4-56 所示。

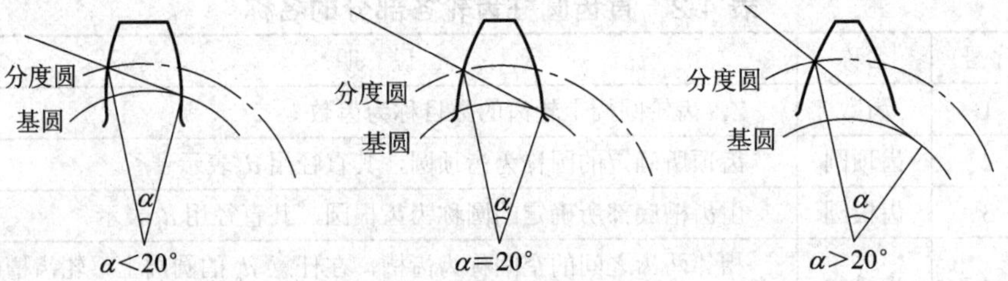

图 4-56　不同压力角时轮齿的形状

4. 齿顶高系数

$$h_a = h_a^* m$$

式中，h_a 为齿顶高；h_a^* 为齿顶高系数，正常齿值 $h_a^* = 1$，短齿值 $h_a^* = 0.8$。

5. 顶隙系数

$$C = c^* m$$

式中，c 为顶隙；c^* 为顶隙系数，正常齿值 $c^* = 0.25$，短齿值 $c^* = 0.3$。

6. 齿根高

$$h_f = (h_a^* + c^*)m$$

笔记

7．全齿高

$$h = h_a + h_f = (2h_a^* + c^*)_m$$

标准齿轮指模数、压力角、齿顶高系数和顶隙系数均为标准值，且分度圆上的齿厚等于齿槽宽的齿轮，如图 4-57 所示。

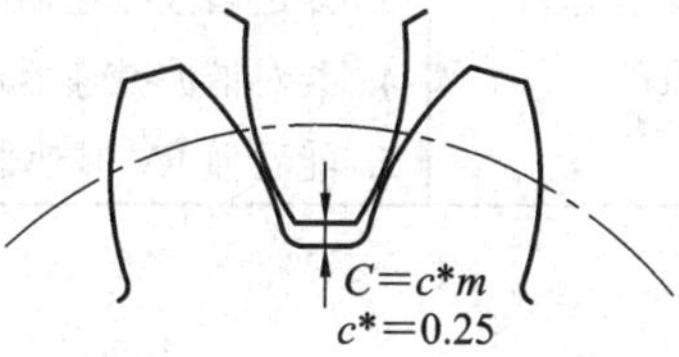

图 4-57　顶隙系数

任务巩固

1．常用的柔性传动有哪几种？

2．滚珠丝杠螺母副有哪几种？

3．工业机器人的导轨传动有哪几种？

任务三　工业机器人的减速装置

工作任务

减速器是工业机器人上的重要部件。谐波减速器是应用于机器人领域的两种主要减速器之一，在关节型机器人中，谐波减速器通常放置在小臂、腕部或手部，如图 4-58 所示。谐波齿轮传动减速器是利用行星齿轮传动原理发展起来的一种新型减速器。谐波传动减速器，是一种靠波发生器装配上柔性轴承，使柔性齿轮产生可控弹性变形，并与刚性齿轮相啮合，用以传递运动和动力的齿轮传动。谐波减速器的外观如图 4-59 所示。

课程思政

根本保证

与人民心心相印、与人民同甘共苦、与人民团结奋斗。

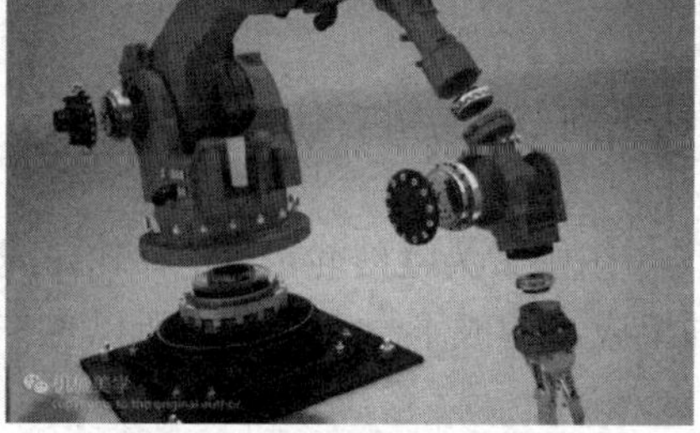

图 4-58　谐波减速器的应用

图 4-59　谐波减速器的外观

笔记

任务目标

知识目标	能力目标
1. 掌握摆线针轮传动的特点 2. 掌握谐波齿轮减速器的工作原理 3. 掌握 RV 减速器的传动原理	1. 能看懂行星齿轮传动机构 2. 能看懂谐波传动机构 3. 知道谐波减速器的构成 4. 会对谐波减速器进行消隙 5. 能看懂 RV 减速器的结构

任务准备

实物教学

一、摆线针轮行星传动

1. 概述

摆线针轮行星传动也是一种 K-H-V 型轮系(K 代表中心轮，H 代表系杆，V 代表等角速比输出机构)，摆线针轮行星传动属于一齿差行星传动，它的行星轮齿是“摆线齿”，而内齿的齿轮是“针齿”。

1) 摆线针轮行星传动的优点

摆线针轮行星传动与少齿差渐开线行星传动一样，具有结构紧凑、体积小、重量轻等优点。但摆线针轮行星传动与少齿差渐开线行星传动相比较，摆线针轮传动具有如下优点：

(1) 转臂轴承载荷只有渐开线的 60%左右，即寿命提高 5 倍左右。因为转臂轴承是一齿差行星传动的薄弱环节，这是一个很重要的优点。

(2) 摆线轮和针轮之间几乎有半数齿同时接触(指在制造精度高的情况下)，而且摆线齿与针齿都可以磨削，所以传动平稳，而且噪声小。

(3) 针齿销可以加套筒，使之与摆线轮的接触成为滚动摩擦，延长了摆线轮这一重要部件的寿命。

(4) 传动效率高，一级传动可以达到 90%～95%，而渐开线一齿差行星传动的效率只能达到 85%～90%。

2) 摆线针轮传动的缺点

摆线针轮行星传动有如下缺点：

(1) 制造精度要求比较高，否则达不到多齿接触。

(2) 摆线齿的磨削需要有专用机床。

图 4-60 是摆线针轮传动的示意图，图中 1 为摆线轮；2 是针轮，属于固定的内齿轮，它由带有销轴套的销轴组成，构成了一个齿轮，所以也称为针齿轮。

行星轮就是摆线轮 1，它的齿廓曲线是变形外摆线的等距曲线。其输出

笔记

机构V采用偏心轮销孔机构。系杆H是有一个偏心量e的偏心轴，属于主动件，行星轮1是从动件。

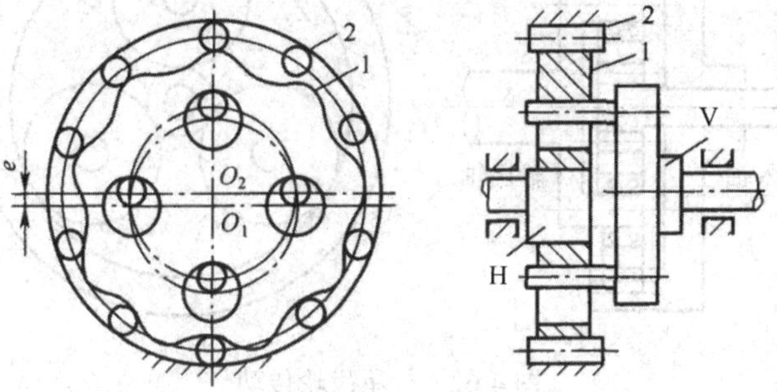

1—摆线轮；2—针轮

图4-60 摆线针轮传动

行星轮的变形外摆线等距曲线齿廓与固定针齿轮的圆弧齿廓是一对共轭齿廓，构成了实现瞬时传动比为定值的内齿啮合。由啮合条件决定，针齿轮的齿数(就是圆柱销的个数)Z_2与行星轮的齿数 Z_1只能相差一个齿，即 $Z_2-Z_1=1$，所以摆线行星传动也是一齿差行星传动，传动比为

$$i_{\mathrm{H1}}=\frac{\omega_{\mathrm{H}}}{\omega_1}=\frac{-Z_1}{Z_2-Z_1}=-Z_1$$

因此，可以得到很大的传动比。

图4-61给出了一个摆线针轮传动的装配图。图中给出的输入轴就是一个具有偏心e的偏心轴，这个偏心就相当于转臂H，它带动着摆线轮旋转，而这个摆线轮作为外齿，与内齿相啮合，这个内齿环就是由针齿销(外带针齿套)所组成的一个内齿。这些针齿销固定在外圈上。在摆线轮的上有多个销轴孔，这些销轴孔中插入输出盘的销轴(外带有销轴套)，由摆线轮的旋转引起销轴联动，带动输出盘旋转，而输出盘又带动输出轴旋转。

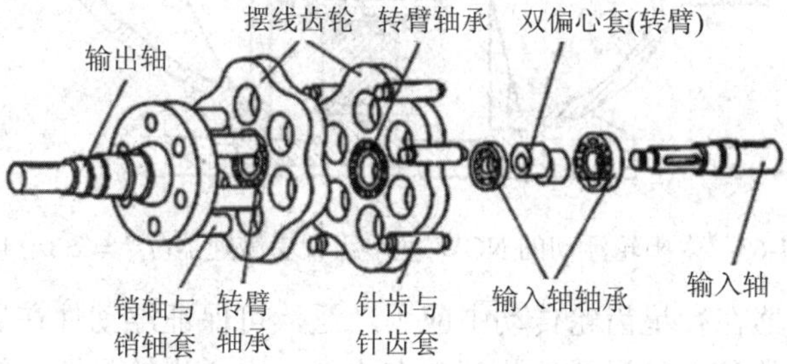

图4-61 摆线针轮传动装配图

2. 行星齿轮传动机构

行星齿轮传动的结构简图如图4-62所示。行星齿轮传动尺寸小，惯量低；一级传动比大，结构紧凑；载荷分布在若干个行星齿轮上，内齿轮也具有较高的承载能力。

笔记

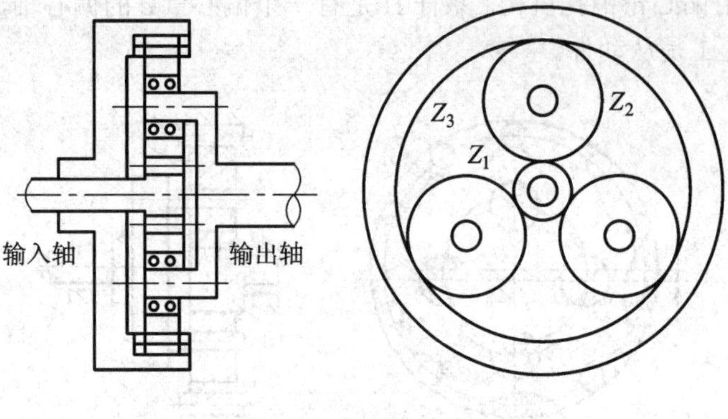

图 4-62　行星齿轮传动

3. 行星齿轮减速器的整体结构分析

图 4-63 是一个行星齿轮减速器的整体结构。图中各部分的名称分别为：1 是输入轴，2 是齿轮联轴器，3 是中心齿轮，4 是行星轮销轴，5 是行星齿轮，6 是双臂整体式行星架，7 是输出轴。

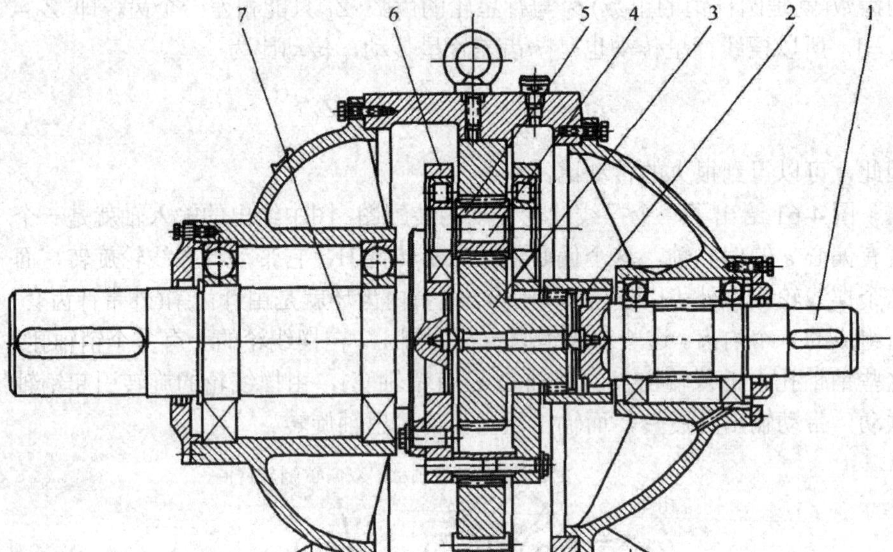

图 4-63　太阳轮浮动的 NGW 型单级行星减速器(i_{AX}^{B} = 2.8～4.5)

齿轮联轴器在行星齿轮传动中应用广泛，可保证浮动件在受力不平衡时产生位移，以使各个行星轮的载荷分布均匀。中心齿轮是输入轴的齿轮，输入轴旋转并经齿轮联轴器把旋转传递过来，然后中心轮旋转，进而带动行星轮旋转。行星齿轮的齿宽与直径之比为 ϕ_{α} = 0.5～0.7，行星轮内孔配合直径应加工方便、切齿简单，这样制造精度才可以保证，行星轮内最好不要有台肩之类的结构。

行星轮安装如图 4-64 所示。为了使结构紧凑简单、便于安装，轴承应安装到行星轮中，弹簧挡圈应安装在轴承外侧。由于两个轴承距离很近，如果两个轴承的原始径向间隙不同时，则会引起轴承较大的倾斜，从而使齿轮载荷集中。当载荷较大时，采用滚柱轴承较为合适。本例中采用的就是滚柱轴承。

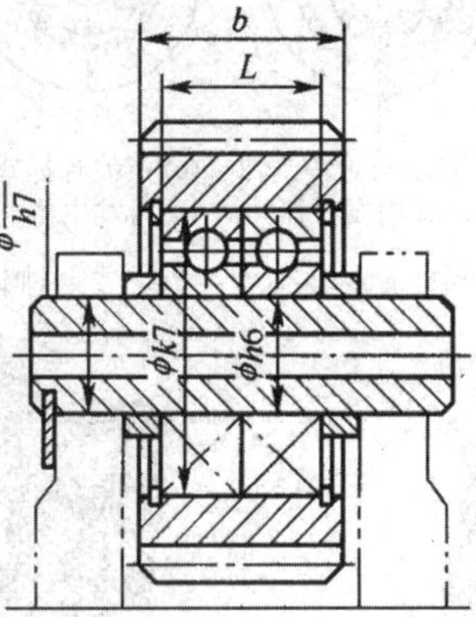

图 4-64　行星轮安装

行星架的作用是了把几个行星轮固定成一个整体。行星架(如图 4-65)可以采用整体结构(可以铸造，也可焊接制造)，或采用可拆式结构(称为双壁分开式)。这种行星架的主要特点是受载后变形较小，刚性好。这样有利于行星轮上的载荷沿齿宽方向均匀分布，减小振动和噪声，保证了刚度，通常取壁厚 $S=(0.16\sim0.28)\alpha$。当传动的扭矩较大时，可选用铸钢材料，例如 ZG45、ZG55；当传动的扭矩较小时，可采用铸铁，例如 HT20-40、QT60-2。铸造后均需热处理，以消除内应力。

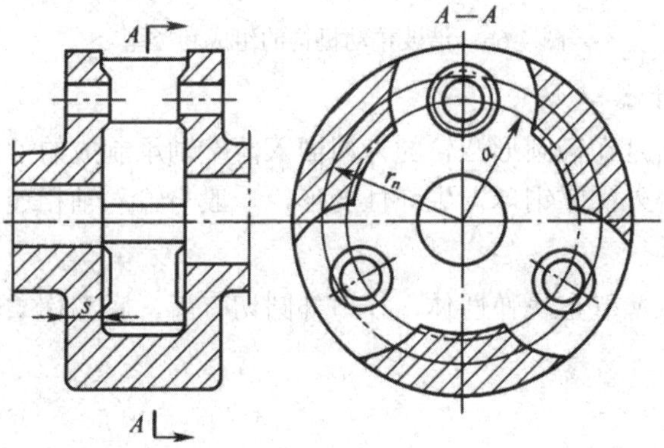

图 4-65　行星架结构

二、谐波传动机构

1. 谐波传动机构概述

谐波传动机构如图 4-66 所示由谐波发生器(图中 1)、柔轮(图中 2)和刚轮(图中 3)3 个基本部分组成。

笔记

工匠精神

匠人一直坚信着，强大的心灵首先要有一块静谧之地。这种浮躁世界里才能有那份自我独有的自持。这份自持不会让人慌了神，迷了方向……因为想要专做一件事，做好一件事，所以哪怕世界再噪杂，匠人的内心却依旧安静。

笔记

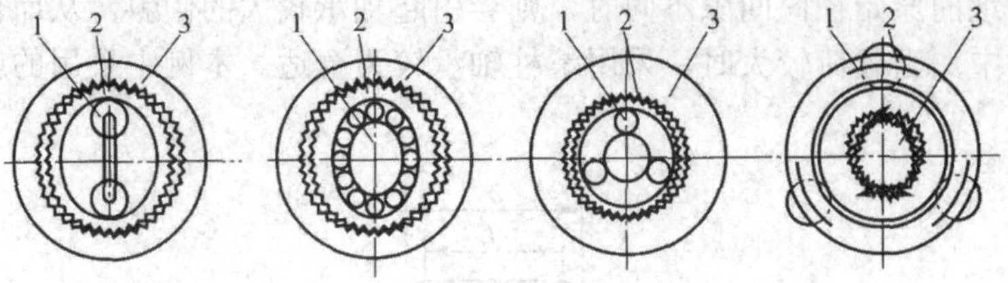

(a) 双波触头式内发生器　(b) 双波凸轮薄壁轴承式内发生器　(c) 三波行星式内发生器　(d) 三波行星式外发生器

1—谐波发生器；2—柔轮；3—刚轮

(e) 三维图

图 4-66　谐波传动机构的组成和类型

1) 谐波发生器

谐波发生器是在椭圆形凸轮的外周嵌入薄壁轴承制成的部件。轴承内圈固定在凸轮上，外圈靠钢球发生弹性变形，一般与输入轴相连。

2) 柔轮

柔轮是杯状薄壁金属弹性体，杯口外圆切有齿，底部称柔轮底，用来与输出轴相连。

3) 刚轮

刚轮内圆有很多齿，齿数比柔轮多两个，一般固定在壳体。谐波发生器通常由凸轮或偏心安装的轴承构成。刚轮为刚性齿轮，柔轮为能产生弹性变形的齿轮。当谐波发生器连续旋转时，产生的机械力使柔轮变形的过程形成了一条基本对称的和谐曲线。发生器波数表示发生器旋转一周时，柔轮某一点变形的循环次数。其工作原理是：当谐波发生器在柔轮内旋转时，迫使柔轮发生变形，同时进入或退出刚轮的齿间。在发生器的短轴方向，刚轮与柔轮的齿间处于啮入或啮出的过程，伴随着发生器的连续转动，齿间的啮合状态依次发生变化，即啮入→啮合→啮出→脱开→啮入的变化过程。这种错齿

笔记

运动把输入运动变为输出的减速运动。

谐波传动速比的计算与行星传动速比计算相同。如果刚轮固定，谐波发生器 ω_1 为输入，柔轮 ω_2 为输出，则速比

$$i_{12}=\frac{\omega_1}{\omega_2}=-\frac{Z_r}{Z_g-Z_r}$$

如果柔轮静止，谐波发生器 ω_1 为输入，刚轮 ω_3 为输出，则速比

$$i_{13}=\frac{\omega_1}{\omega_3}=-\frac{Z_g}{Z_g-Z_r}$$

式中，Z_r 为柔轮齿数；Z_g 为刚轮齿数。

柔轮与刚轮的轮齿周节相等，齿数不等，一般取双波发生器的齿数差为2，三波发生器齿数差为3。双波发生器在柔轮变形时所产生的应力小，容易获得较大的传动比。三波发生器在柔轮变形所需要的径向力大，传动时偏心变小，适用于精密分度。通常推荐谐波传动最小齿数在齿数差为2时，$Z_{min}=150$，齿数差为3时，$Z_{min}=225$。

谐波传动的特点是结构简单、体积小、重量轻、传动精度高、承载能力大、传动比大，且具有高阻尼特性。但柔轮易疲劳，扭转刚度低，且易产生振动。

此外，生产中也可采用液压静压波发生器和电磁波发生器的谐波传动机构，图4-67为采用液压静压波发生器的谐波传动示意图。凸轮1和柔轮2之间不直接接触，在凸轮1上的小孔3与柔轮内表面有大约0.1 mm的间隙。高压油从小孔3喷出，使柔轮产生变形波，从而产生减速驱动谐波传动。因为油具有很好的冷却作用，故能提高传动速度。此外还有利用电磁波原理波发生器的谐波传动机构。

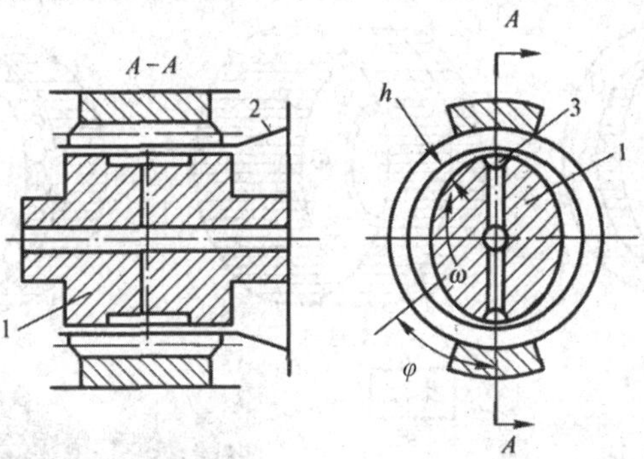

1—凸轮；2—柔轮；3—小孔

图4-67　液压静压波发生器谐波传动

谐波传动机构在机器人中已得到广泛应用。美国送到月球上的机器人，苏联送上月球的移动式机器人“登月者”，德国大众汽车公司研制的Rohren、GerotR30型机器人和法国雷诺公司研制的Vertical80型机器人等都采用了谐波传动机构。

笔记

2. 谐波齿轮减速器的工作原理

谐波齿轮减速器是利用谐波齿轮传动的原理，与少齿差行星齿轮传动相似。它依靠柔性轮产生的可空变形波引起齿间的相对错齿，以传递动力和运动。如图 4-68 所示为双波传动谐波齿轮减速器的原理图，由波形发生器 3(系杆或行星架 H)、柔轮 2 和刚轮 1 组成(见图 4-69)。柔轮是一个薄壁外齿轮，刚轮为内齿轮，刚轮与柔轮的齿数差为 2。波形发生器将柔轮撑成椭圆形，当波形发生器为主动件时，柔轮长轴处的 A、B 轮齿刚好与刚性齿轮啮合，而 C、D 处的轮齿脱开啮合，其他区域齿轮处于过渡状态。当波形发生器旋转 1 周时，柔轮相对固定的刚轮逆时针转过 2 齿，这样一来就把波形发生器的快速转动变为了柔轮的慢速转动，从而获得非常大的减速比。由于谐波齿轮采用了部分柔性件(柔轮)，传动时有许多轮齿同时参与啮合传动，因而传递的载荷较大，承载能力大。又因轮齿的相对位移不大，而且主要发生在载荷小的区域，故齿轮啮合时摩擦磨损小。

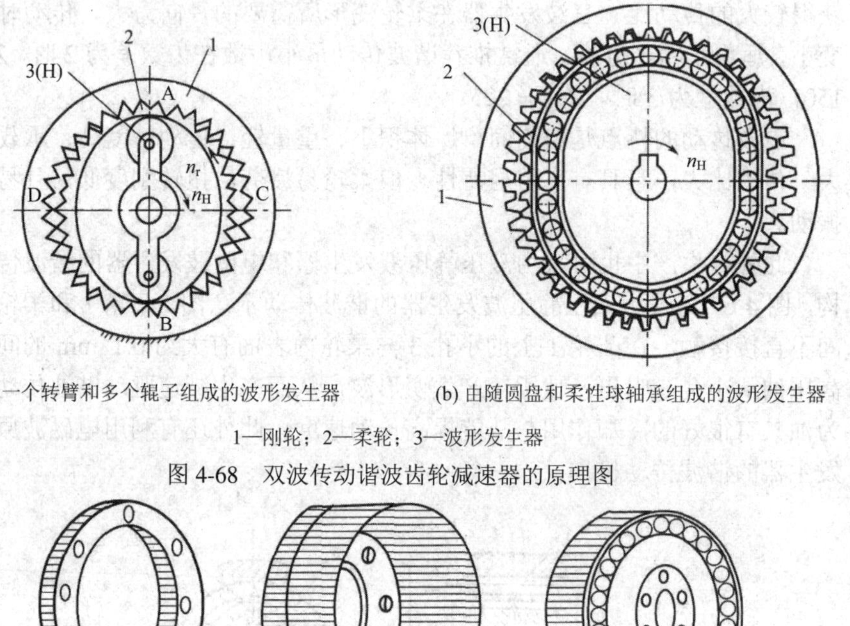

(a) 由一个转臂和多个辊子组成的波形发生器　　(b) 由随圆盘和柔性球轴承组成的波形发生器

1—刚轮；2—柔轮；3—波形发生器

图 4-68　双波传动谐波齿轮减速器的原理图

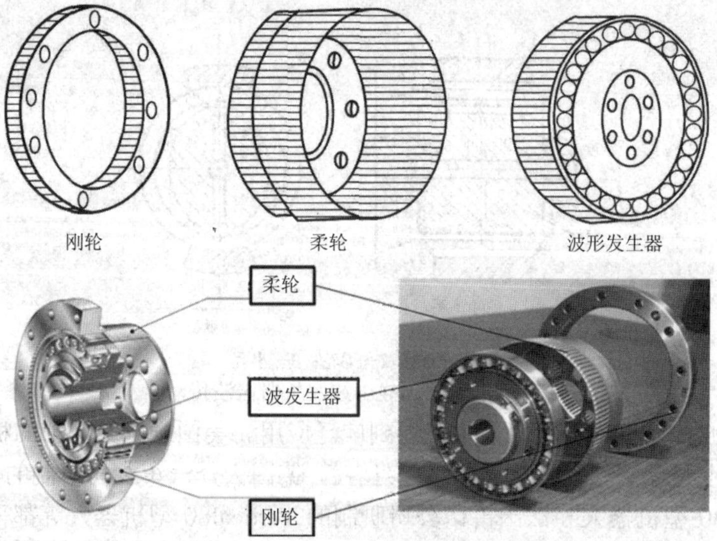

图 4-69　谐波减速器零部件图

笔记

柔轮与刚轮的啮合过程如图 4-70 所示，据此来分析啮合过程，波发生器装入柔轮内圆后，会使柔轮产生弹性变形。这时长轴已促使柔轮的齿插入刚轮的齿槽中。在这个区域最中心处的齿与槽已处在完全啮合状态。而短轴处柔轮的齿已经完全脱开了刚轮的齿槽，即柔轮齿已从槽中脱出，还有一定的间隙。这时无法确定对应的柔轮齿的中心线是否与齿槽中心线相对。由于柔轮的弹性变形，使柔轮上的齿向后移动，随着短轴的旋转，它向相反方向运动。

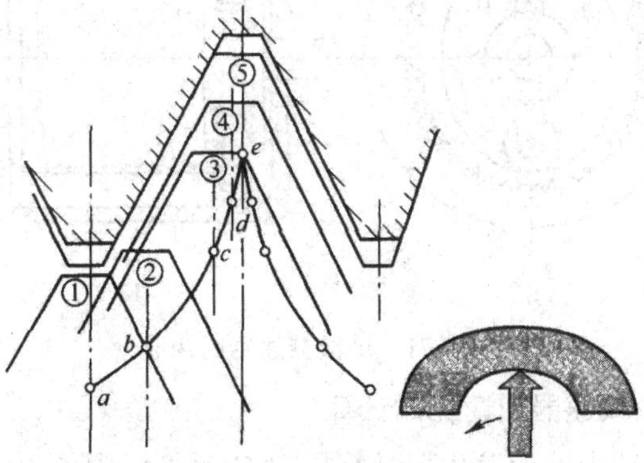

图 4-70　柔轮与刚轮的啮合过程

长轴向下压齿的过程简述如下：长轴将自己前进方向上的一个柔轮啮合的齿拉过来，压在刚轮的齿槽中。如图 4-70 所示，当处于①时，柔轮的齿可能处于短轴区域，由于波发生器逆时针旋转，长轴逐步地把这个柔轮齿拉过来，由①移动到⑤，直至最后完全啮合，波发生器的滚轮中心正好完全压合，这个过程就是啮入状态。此后，长轴继续逆时针旋转，最后又有新的齿拉入，随即也进入啮入状态，而刚才啮合的齿则脱离啮合状态，逐步地进入短轴区域，从而达到完全脱离状态。这样的啮入→啮合→啮出→脱开，不断地各自改变工作状态，即为错齿运动。

通过上面的叙述可以看出，这个运动的完成要伴随着柔轮的变形才可能实现。另外通过啮合过程的分析可以看出，波发生器的旋转方向与柔轮的旋转方向是相反的。

3. 谐波减速器的基本构成

谐波减速器就是少齿差行星减速器，但又与一般的少齿差行星减速器不同。谐波齿轮传动通常包含刚性圆柱内齿轮 G，柔性圆柱齿轮 R，波发生器 H 和柔性轴承等零部件。柔性圆柱齿轮和刚性圆柱内齿轮的齿形分为直线三角齿形和渐开线齿形两种，而渐开线齿形应用得较多。在图 4-71 中可以看出谐波减速器的基本组成。

柔轮、刚轮与波发生器三者任何一个均可以固定，其余两个可作为主动轮和从动轮。这种结构传动比特别大，而且外形尺寸比较小，传动紧凑，零件数目少，传动的效率也较高，可达到 92%～96%，单级的传动比可达到 50～4000。承载能力也较高，这是由于柔轮与刚轮之间属于面接触，而且同时接

笔记

触到的齿数也较多，这样一来，相对的滑动速度就比较小。齿面磨损得也均匀。多齿同时啮合的程度决定于波发生器的设计。柔轮和刚轮的齿侧间隙是可调节的，当柔轮的扭转刚度较高时，可实现无侧隙的高精度啮合。谐波齿轮传动可用来由密封空间向外部或由外部向密封空间传递运动。

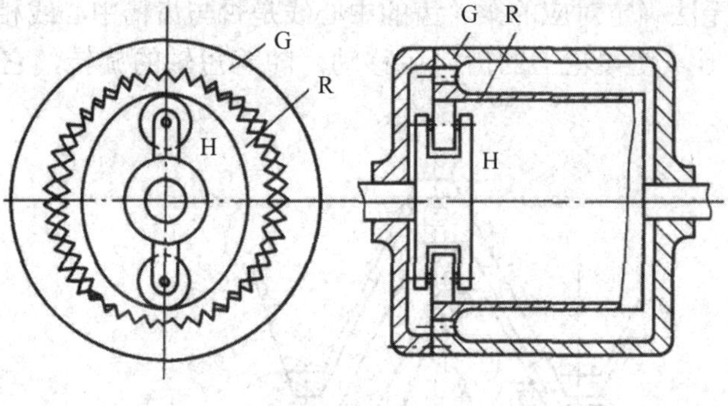

(a) (b)

图 4-71 谐波减速器的构成

4. 谐波齿轮减速器减速比的计算

谐波齿轮传动中波形发生器是行星架 H(系杆)，柔轮(R)相当于行星轮，刚轮(G)相当于中心轮，故谐波齿轮减速器的减速比可以按照行星轮系的传动比计算方法求得，一般有两种基本情况。

一种是刚轮固定，波形发生器输入，柔轮输出，传动比为

$$i_{HG}=\frac{Z_R}{Z_R-Z_G}$$

另一种是柔轮固定，波形发生器输入，刚轮输出，传动比为

$$i_{HG}=\frac{Z_R}{Z_G-Z_R}$$

若传动比计算出现“-”号，表明输入与输出转向相反；出现“+”号则表示相同。

5. 谐波齿轮减速器的选用

谐波齿轮减速器自行设计的较少，多数选择应用现成产品，设计者亦可根据实际情况参考工程设计手册相关内容章节自行设计。谐波齿轮减速器在我国已经有系列化产品生产与提供，并已有国家标准《谐波传动减速器》(GB/T 14118—1993)。

1) 技术条件

谐波齿轮减速器的技术条件如下：

(1) 精密级和普通级的传动误差和空程分别小于 2′和 6′。

(2) 额定载荷下输出轴的扭转变形角不超过 15′。

(3) 传动比为 63～125 时，效率大于 80%～90%；传动比大于 125 时，效率为 70%～80%。

笔记

(4) 额定转速和额定载荷下使用寿命为 1×10^4 h。

(5) 噪声不大于 60 dB。

2) 特点

与一般齿轮传动相比，谐波齿轮传动具有以下特点。

(1) 传动比大。单级谐波齿轮传动比为 50～500，多级和复式传动的传动比更大，可能达到 30000 以上。

(2) 承载能力大。传递额定输出转矩时，谐波齿轮传动同时接触的齿数可达总对数的 30%～40%以上。

(3) 传动精度高。在同样制造条件下，谐波齿轮传动精度比一般齿轮的传动精度至少高一级。齿侧间隙可调整到最小，以减少传动误差。

(4) 传动平稳。基本上无冲击振动。

(5) 传动效率高。单级传动的效率为 65%～90%。

(6) 结构简单、体积小、重量轻。在传动比和承载力相同的条件下，谐波齿轮减速器比一般齿轮减速器的体积和重量减少 1/3～1/2。

(7) 成本较高。柔性材料性能要求较高，制造困难，精度高，因而成本比一般齿轮传动要高。

6. 谐波减速器的典型结构

谐波齿轮减速器如图 4-72 所示，图中各部分名称分别为：1 为端盖；2 为壳体；3 为双滚轮式波发生器；4 为柔轮($Z_R=290$)；5 为抗弯环；6 为刚轮；7 为输出轴($Z_C=292$)；8 为轴衬。

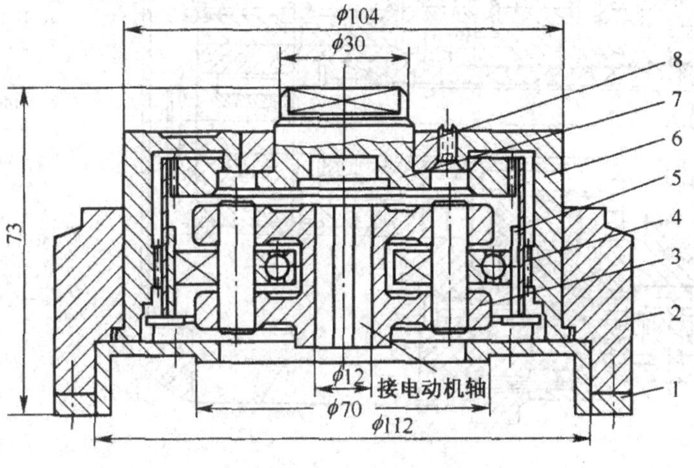

图 4-72　谐波齿轮减速器

图 4-72 为一个小的双波单级谐波齿轮减速器。减速比为 $i=290/(292-290)=145$，输入电动机为 4 极交流异步电动机，转速约为 1450 r/min，则输出为 10 r/min。输入电动机的功率为 1 kW，输入扭矩约为 6.5 N • m，即 6.86 N • m 极。而输出扭矩为 0.7 × 145 = 9.8 N • m。该传动为双波传动，由两个滚珠轴承制成滚轮。在滚轮与柔轮之间有一个抗弯环，柔轮是筒形花键连接，柔轮的内齿部分与输出轮外齿相啮合，输出轮与输出轴连接，由输出

笔记

轴输出扭矩。在输出轴上没有轴承，这主要是因为转速很慢，不必安装，在结构上也很难有地方安装轴承。常用的安装方式如图 4-73、图 4-74 所示。

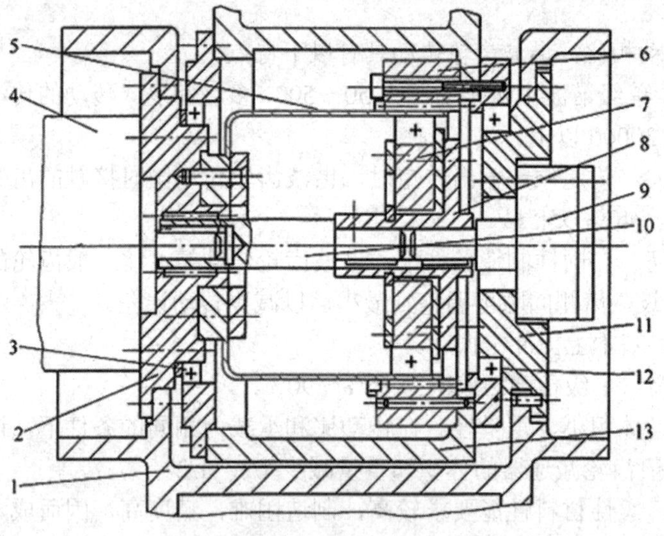

1—臂座；
2，11—法兰盘；
3，12—轴承；
4—驱动电动机；
5—柔轮；
6—从动刚轮；
7—波发生器；
8—套筒；
9—电磁制动器；
10—驱动轴；
13—手臂壳体

图 4-73　带谐波减速器的机器人手臂关节结构

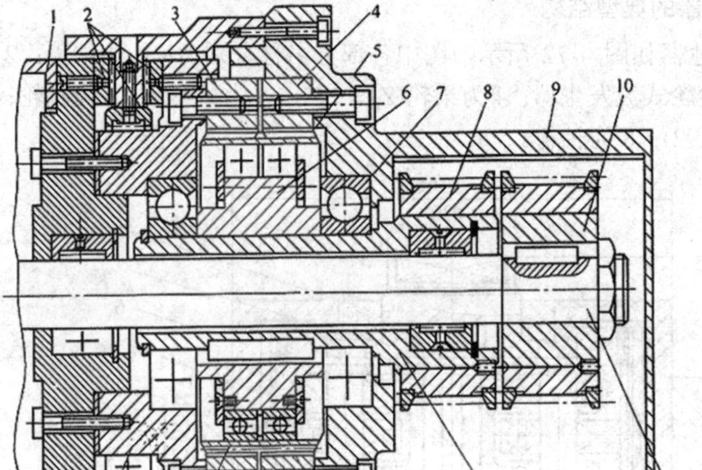

1—手腕；
2—滚针轴承；
3，4—刚轮；
5—柔轮；
6—波发生器；
7—轴承；
8，10—带轮；
9—手臂壳体；
11—传动轴；
12—空心轴；
13，14—柔轮工作段；
15，17—法兰；
16—壳体

图 4-74　带复波式谐波减速装置的传动结构

7. 谐波减速器的消隙

1) 对称传动消隙

一个传动系统一般设置两个对称的分支传动，且其中必有一个具有“回弹”能力。如图 4-75 所示为双谐波传动消隙方法。电动机置于关节中间，电动机双向输出轴传动完全相同的两个谐波减速器，驱动一个手臂的运动。谐

笔记

波传动中的柔轮弹性很好。

2) 偏心机构消隙

如图 4-76 所示的偏心机构实际上是中心距调整机构。特别是齿轮磨损等原因造成传动间隙增加时，最简单的方法是调整中心距，这是在 PUMA 机器人腰转关节上应用的又一实例。图 4-76 中，OO'中心距是固定的；一对齿轮中的一个齿轮装在 O'轴上，另一个齿轮装在 A 轴上；A 轴的轴承偏心装在可调的支架 1 上。应用调整螺钉转动支架 1 时，可以改变一对齿轮啮合的中心距 AO'的大小，达到消除间隙的目的。

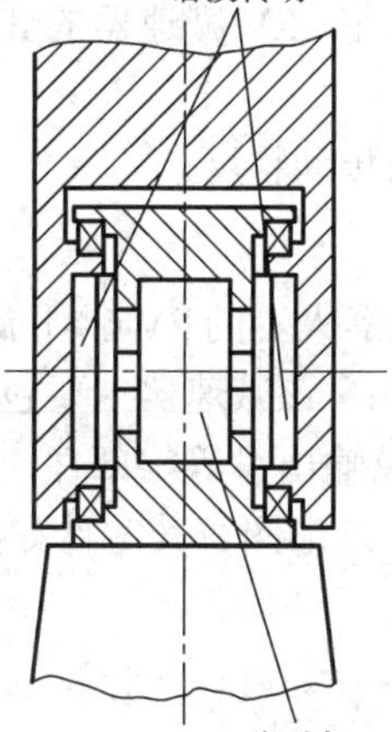

图 4-75　双谐波传动消隙方法

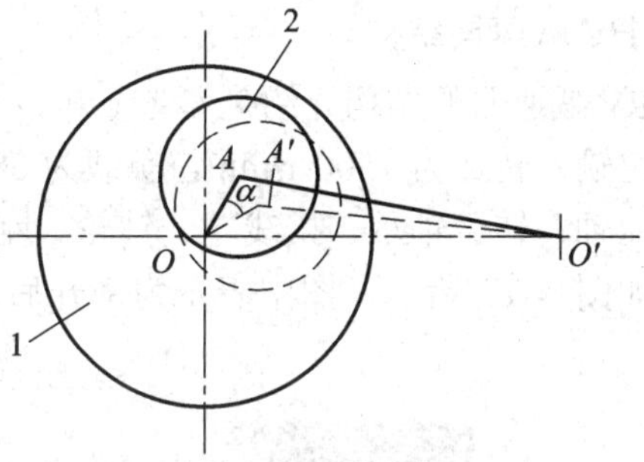

图 4-76　偏心消隙机构

做一做：对所您所在单位的工业机器人减速器进行间隙调整。

三、RV 减速器

1. 概述

现在机器人中大量使用 RV 减速器。RV 减速器是 1986 年日本帝人公司首先研制成功，并获得日本专利的一种减速器，RV 是 Rotary Vector 的缩写，也就是“旋转矢量”的意思。日本帝人公司是以制造人造丝喷嘴而驰名于世的，该公司擅长精细加工，而 RV 减速器恰恰是一台加工极其精细的减速器。可以肯定地说，特别是加工摆线轮齿轮的齿廓部分。虽然在工厂里大量使用了这种减速器，但人们对这种减速器的结构和原理还不清楚，亦无法从内部观察正在工作的设备，仅能从表面粗略地了解。

RV 减速器是在摆线针轮传动的基础上发展起来的一种新型的传动方式，具有体积小、重量轻、传动比范围大、传动效率高等优点。它比摆线针轮传动体积更小，且具有较大的过载能力，在机器人的传动机构中，已在很大程度上逐渐取代了单纯摆线针轮传动和谐波齿轮传动。RV 减速器作为新型传

笔记

动，从结构上看，基本特点可概括如下：

(1) 传动比大。通过改变第一级减速装置中齿轮的齿数 Z_1 和 Z_2，就可以方便地获得范围较大的传动比，其常用的传动比范围在 i = 157～192。

(2) 结构紧凑。传动机构置于行星架的两个支承主轴承的内侧，可使传动的轴向尺寸大大缩小。

(3) 使用寿命长。采用两级减速机构，低速级的针摆传动公转速度减小，传动更加平稳，转臂轴承个数增多，且内外环相对转速下降，可提高其使用寿命。

(4) 刚性大，抗冲击性能好。输出机构采用两端支承结构，比一般摆线减速机的输出机构(悬臂梁结构)刚性大，抗冲击性能高。

(5) 传动效率高。因为除了针轮齿销支承部件外，RV 减速器的其余部件均为滚动轴承进行支承，所以传动效率很高。

(6) 只要设计时考虑周到，就可以获得很高的传动精度。

2. RV 减速器结构

对RV减速器的结构介绍是参考120 kg点焊机器人上的RV-6AⅡ减速器。它的额定输入转速为 1500 r/min，负载为 58 N·m。该减速器主要包括齿轮轴、曲柄轴、转臂轴承、摆线轮、针轮、刚性盘及输出盘等零部件，各部件的介绍如图 4-77 所示，图中表示为剖开后的 RV 外形图。其零件如图 4-78 所示。

笔记

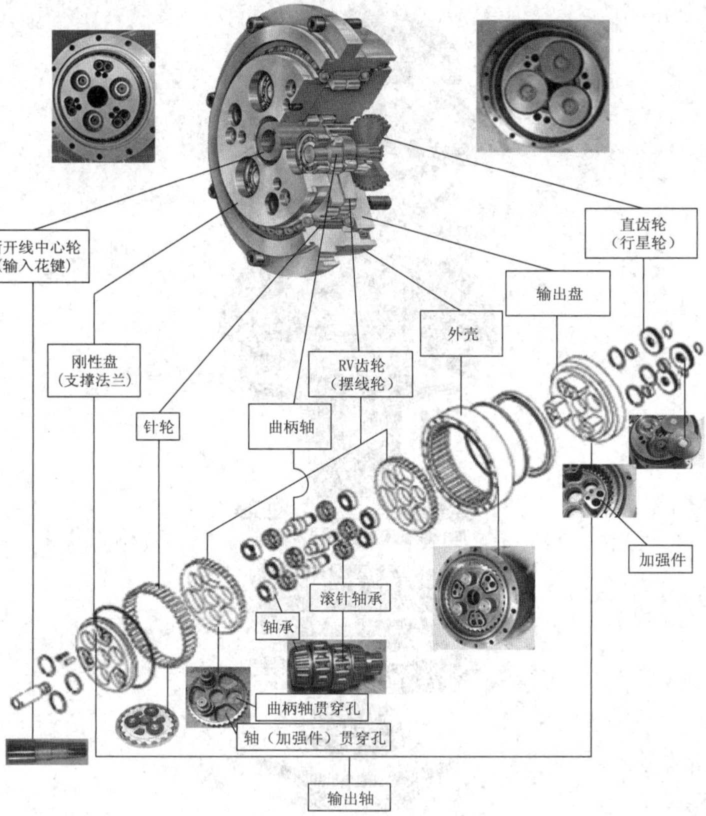

图 4-77　RV 减速器图

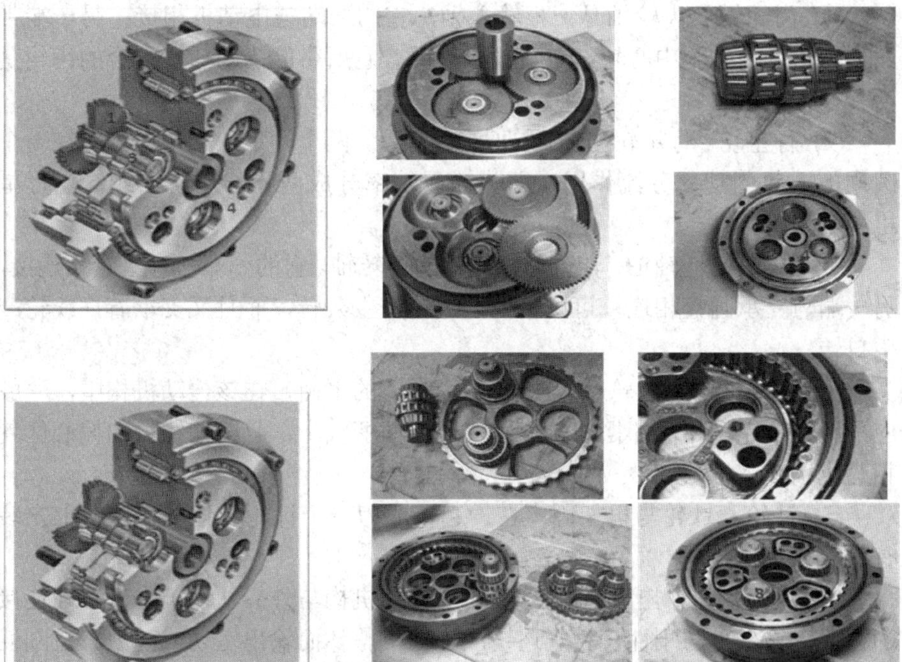

笔记

图 4-78　零件

(1) 齿轮轴。齿轮轴是一根输入轴，它的一端与电动机相接；另一端带一个齿轮，为一个中心轮，负责输入功率。它所带的齿轮与所啮合的齿轮是渐开线行星轮。

(2) 行星轮。行星轮与转臂(曲柄轴)固联，两个行星轮均匀地分布在一个圆周上，起到功率分流作用，即将输入功率分成两路传递给摆线针轮行星机构。

(3) 转臂(曲柄轴)H。转臂是摆线轮的旋转轴。它的一端与行星轮相连接，另一端与支承圆盘相连，可以带动摆线轮产生公转，而且又支承着摆线轮产生自转。

(4) 摆线轮(RV 齿轮)。为了实现径向力的平衡，在该传动机构中，一般应采用两个完全相同的摆线轮分别安装在曲柄轴上，且两摆线轮的偏心位置相互成 180° 对称。

(5) 针轮。针轮与机架固定在一起，成为一个针轮壳体，在针轮上安装有 30 个齿。

(6) 刚性盘与输出盘。输出盘是 RV 传动机构与外界从动工作机相互连接的构件，输出盘与刚性盘相互连接成为一个整体而输出运动或动力。在刚性盘上均匀分布着两个转臂的轴承孔，而转臂的输出端则借助于轴承安装在这

笔记

个刚性盘上。

3. 传动原理

RV 传动简图如图 4-79 所示，它是由渐开线圆柱齿轮的行星减速机构与摆线针轮行星减速机构两部分构成的。渐开线行星齿轮与曲柄轴连成一体，作为摆线针轮传动部分的输入。如果渐开线中心齿轮顺时针方向旋转，则渐开线行星齿轮在公转的同时还要沿逆时针方向自转，并通过曲柄带动摆线轮做偏心运动。此时摆线轮在其轴线公转的同时，还将在齿针的作用下反向自转，即产生顺时针转动。同时，曲柄轴可将摆线轮的转动等速度地传给输出机构。其标注见图 4-80。

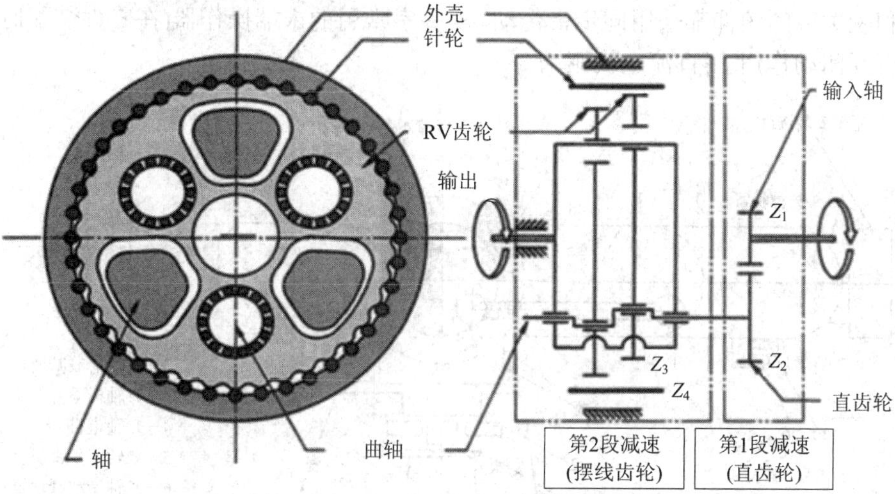

图 4-79　RV 传动简图

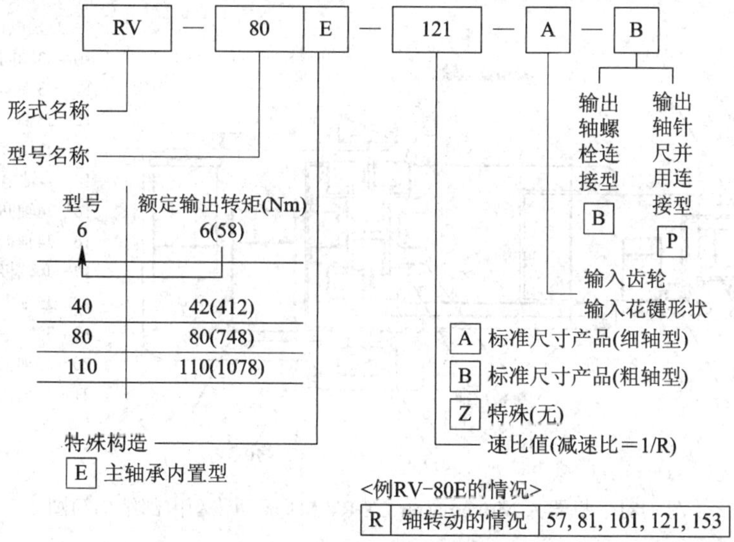

图 4-80　RV 减速器的标注

看一看：您所在单位工业机器人所用的减速器有哪几种？

笔记

任务实施

现场教学

一、Movemaster EX RV-M1 的驱动传动

机器人 Movemaster EX RV-M1 的驱动传动内部结构简图如图 4-81 所示。该机器人采用电动方式驱动，有 5 个自由度，分别为腰部旋转、肩部旋转、肘部的转动、手腕的俯仰与翻转。各关节均由直流伺服电机驱动，其中，腰部旋转部分与腕关节的翻转为直接驱动。为了减小惯性矩，肩关节、肘关节和腕关节的俯仰都采用同步带传动。实验室常用的末端操作器(在零件装配时有开闭动作)采用直流电机驱动。

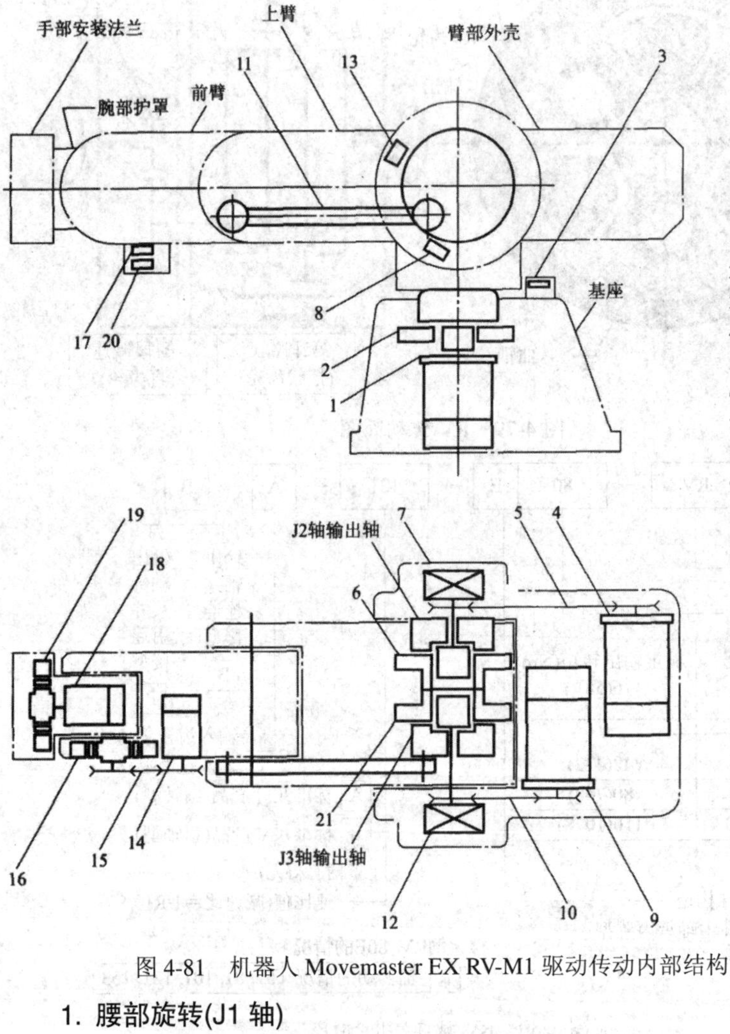

1—J1轴电机；
2—J1轴谐波减速器；
3—J1轴极限开关；
4—J2轴电机；
5—J2轴同步带；
6—J2轴谐波减速器；
7—J2轴制动闸；
8—J2轴极限开关；
9—J3轴电机；
10—J3轴同步带；
11—J3轴驱动杆；
12—J3轴制动闸；
13—J3轴极限开关；
14—j4轴电机；
15—J4轴同步带；
16—J4轴谐波减速器；
17—J4轴极限开关；
18—J5轴电机；
19—J5轴谐波减速器；
20—J5轴极限开关；
21—J3轴谐波减速器

图 4-81　机器人 Movemaster EX RV-M1 驱动传动内部结构简图

1. 腰部旋转(J1 轴)

(1) 腰部(J1 轴)由基座内的电机和调谐齿轮驱动。

(2) J1 轴限位开关装在基座顶部。

笔记

2. 肩部(J2 轴)旋转

(1) 肩部(J2 轴)由肩关节处的调谐齿轮驱动，由连接在 J2 轴电机上的同步带带动旋转。

(2) 电磁制动闸装在调谐齿轮的输入轴上，防止断电时，肩部由于自重而下转。

(3) J2 轴限位开关装在肩壳内上臂处。

3. 肘部伸展(J3 轴)

(1) J3 轴电机的转动由同步带传送至调谐齿轮。

(2) 调谐齿轮上，J3 轴输出轴的转动由 J3 轴的驱动连杆传送至肘部的轴上，从而带动前臂伸展。

(3) 电磁制动闸装在调谐齿轮的输入轴上。

(4) J3 轴限位开关安装在肩壳内上臂处。

4. 腕部俯仰(J4 轴)

(1) J4 轴的电动机安装在前臂内。J4 轴同步带将该电机的转动传送到调谐齿轮上，从而带动腕壳旋转。

(2) J4 轴的限位开关安装在前臂下侧。

5. 腕部转动(J5 轴)

(1) J5 轴电动机和 J5 轴调谐齿轮安装在腕壳内的同一轴上，由它们带动手爪安装法兰旋转。

(2) J5 轴的限位开关安装在前臂下。

> **企业文化**
>
> 鼓励创新思维，坚持持续学习，善于借鉴先进模式、经验与方法，实现创新在基层，创新在岗位，人人创新、全员创新。

二、PUMA 562 机器人传动

PUMA 562 机器人有 6 个自由度，其传动方式示意图如图 4-82 所示。

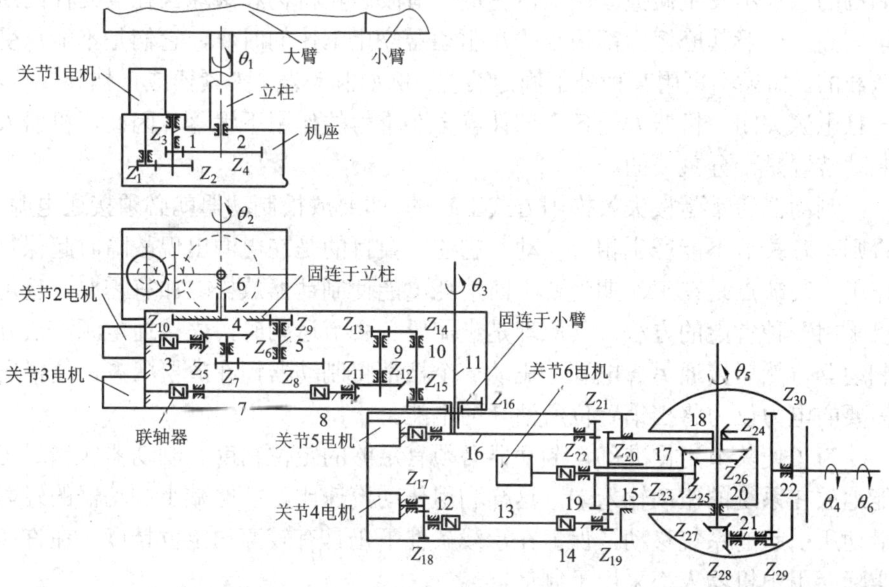

图 4-82　PUMA 562 机器人的传动方式示意图

笔记

由图 4-82 可看出：

电机 1 通过两对齿轮传动带动立柱回转。

电机 2 通过联轴器、一对圆锥齿轮和一对圆柱齿轮带动齿轮 Z_9，齿轮 Z_9 绕与立柱固联的齿轮 Z_{10} 转动，于是形成了大臂相对于立柱的回转。

电机 3 通过两个联轴器和一对圆锥齿轮、两对圆柱齿轮(Z_{16} 固联于小臂上)驱动小臂相对于大臂回转。

电机 4 先通过一对圆柱齿轮、两个联轴器和另一对圆柱齿轮(Z_{20} 固联于手腕的套筒上)驱动手腕相对于小臂回转。

电机 5 通过联轴器、一对圆柱齿轮、一对圆锥齿轮(Z_{24} 固联于手腕的球壳上)驱动手腕相对于小臂(亦即相对于手腕的套筒)摆动。

电机 6 通过联轴器、两对圆锥齿轮和一对圆柱齿轮驱动机器人的机械接口(法兰盘)相对于手腕的球壳回转。

总之，6 个电机通过一系列的联轴器和齿轮副，形成了 6 条传动链，得到了 6 个转动自由度，从而形成了一定的工作空间并使工具有各式各样的运动姿势。

做一做：画出本单位所用工业机器人的传动图。

任务扩展

一、工业机器人的制动器

许多机器人的机械臂都需要在各关节处安装制动器，其作用是在机器人停止工作时，保持机械臂的位置不变，在电源发生故障时，保护机械臂与其周围的物体不发生碰撞。假如齿轮链、谐波齿轮机构和滚珠丝杠等元件的质量较高，一般其摩擦力都很小，在驱动器停止工作的时候，它们是不能承受负载的。如果不采用某种外部固定装置，例如制动器、夹紧器或止挡装置等，一旦电源关闭，机器人的各个部件就会在重力的作用下滑落。因此，机器人制动装置是十分重要的。

制动器通常是按失效抱闸方式工作的，即要放松制动器就必须接通电源，否则，各关节不能产生相对运动。它的主要目的是在电源出现故障时起保护作用。其缺点是在工作期间要不断消耗电能使制动器放松。如有需要，也可以采用一种省电的方法，其原理是：需要各关节运动时，先接通电源，松开制动器，然后接通另一电源，驱动一个挡销将制动器锁在放松状态，这样所需要的电力仅为将挡销置位所消耗的电能。

为了使关节定位准确，制动器必须有足够的定位精度。制动器应当尽可能地放在系统的驱动输入端，这样利用传动链速比，能够减小制动器的轻微滑动所引起的系统移动，保证在承载条件下仍具有较高的定位精度。在许多实际应用中机器人都采用了制动器。

图 4-83 为三菱装配机器人 Movemaster EX RV-M1 的肩部制动闸安装图。

笔记

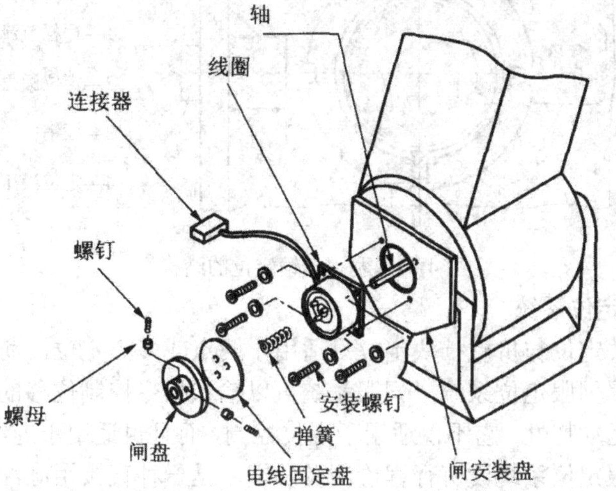

图 4-83　三菱装配机器人 Movemaster EX RV-M1 肩部制动闸安装图

二、传动件的定位

工业机器人的重复定位精度要求较高，设计时应根据具体要求选择适当的定位方法。目前，常用的定位方法有电气开关定位、机械挡块定位和伺服定位。

1. 电气开关定位

电气开关定位是利用电气开关(有触点或无触点)作为行程检测元件，当机械手运行到定位点时，行程开关发出信号，切断动力源或接通制动器，从而使机械手获得定位。液压驱动的机械手运行至定位点时，行程开关发出信号，电控系统使电磁换向阀关闭油路而实现定位。电动机驱动的机械手需要定位时，行程开关发出信号，电气系统激励电磁制动器进行制动而定位。使用电气开关定位的机械手结构简单、工作可靠、维修方便，但由于受惯性力、油温波动和电控系统误差等因素的影响，重复定位精度比较低，一般为±3～5 mm。

2. 机械挡块定位

机械挡块定位是在行程终点设置机械挡块，当机械手减速运动到终点时，可紧靠挡块而定位。若定位前缓冲较好，定位时驱动压力未撤除，在驱动压力下将运动件压在机械挡块上，或驱动压力将活塞压靠在缸盖上，就能达到较高的定位精度，最高可达±0.02 mm。若定位时关闭驱动油路、去掉驱动压力，机械手运动件不能紧靠在机械挡块上，则定位精度就会降低，其降低的程度与定位前的缓冲效果和机械手的结构刚性等因素有关。

如图 4-84 所示是利用插销定位的结构。机械手运行到定位点前，由行程节流阀实现减速，达到定位点时，定位液压缸将插销推入圆盘的定位孔中实现定位。这种方法的定位精度相当高。

笔记

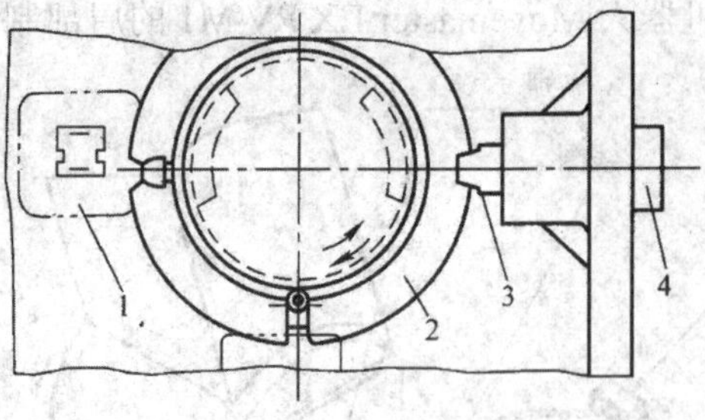

图 4-84　利用插销定位的结构

3. 伺服定位系统

电气开关定位与机械挡块定位只适用于两点或多点定位，而在任意点定位时，要使用伺服定位系统。伺服系统可以输入指令控制位移的变化，从而获得良好的运动特性。它不仅适用于点位控制，而且也适用于连续轨迹控制。

开环伺服定位系统没有行程检测及反馈，是一种直接用脉冲频率变化和脉冲数控制机器人速度和位移的定位方式。这种定位方式抗干扰能力差，定位精度较低。如果需要较高的定位精度(例如±0.2 mm)，则一定要降低机器人关节轴的平均速度。

闭环伺服定位系统具有反馈环节，其抗干扰能力强、反应速度快、容易实现任意点的定位。如图 4-85 所示是齿轮齿条反馈式电-液闭环伺服定位系统方框图。齿轮齿条将位移量反馈到电位器上，达到给定脉冲时，电动机及电位器触头停止运转，机械手获得准确定位。

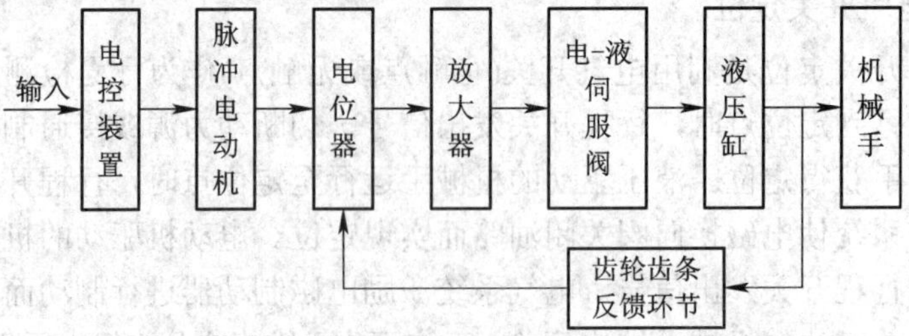

图 4-85　齿轮齿条反馈式电-液闭环伺服定位系统方框图

任务巩固

1. 摆线针轮传动有哪些方面需要注意？
2. 简述谐波齿轮减速器的工作原理。
3. 谐波减速器是如何消隙的？
4. 简述 RV 减速器的结构。
5. 简述 RV 减速器的传动原理。

模块四资源

笔记

操作与应用

工　作　单

<table>
<tr><td>姓名</td><td></td><td>工作名称</td><td colspan="2">工业机器人的传动系统</td></tr>
<tr><td>班级</td><td></td><td>小组成员</td><td colspan="2"></td></tr>
<tr><td>指导教师</td><td></td><td>分工内容</td><td colspan="2"></td></tr>
<tr><td>计划用时</td><td></td><td>实施地点</td><td colspan="2"></td></tr>
<tr><td>完成日期</td><td colspan="2"></td><td>备注</td><td></td></tr>
<tr><td colspan="5">工作准备</td></tr>
<tr><td colspan="3">资　料</td><td>工具</td><td>设　备</td></tr>
<tr><td colspan="3"></td><td></td><td rowspan="2"></td></tr>
<tr><td colspan="3"></td><td></td></tr>
<tr><td colspan="5">工作内容与实施</td></tr>
<tr><td colspan="2">工作内容</td><td colspan="3">实　施</td></tr>
<tr><td colspan="2">1. 简述工业机器人常用元器件</td><td colspan="3"></td></tr>
<tr><td colspan="2">2. 简述工业机器人常用的减速装置</td><td colspan="3"></td></tr>
<tr><td colspan="2" rowspan="2">3. 指出图 1、图 2 所示直角坐标工业机器人的传动元器件</td><td colspan="3">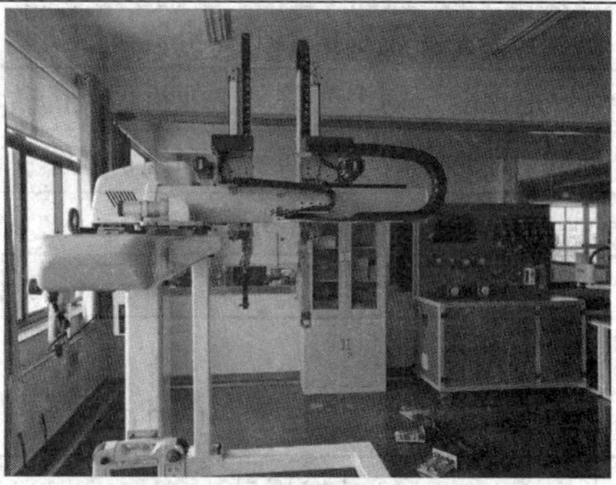
图 1　桁架工业机器人</td></tr>
<tr><td colspan="3">
图2　平面关节工业机器人</td></tr>
</table>

笔记

工 作 评 价

	评价内容				
	完成的质量 (60 分)	技能提升能力 (20 分)	知识掌握能力 (10 分)	团队合作 (10 分)	备注
自我评价					
小组评价					
教师评价					

1．自我评价

班级　　　　　　　　　　姓名　　　　工作名称　工业机器人的传动系统

自我评价表

序号	评价项目			是	否
1	是否明确人员的职责				
2	能否按时完成工作任务的准备部分				
3	工作着装是否规范				
4	是否主动参与工作现场的清洁和整理工作				
5	是否主动帮助同学				
6	是否能识别桁架工业机器人的传动元器				
7	是否能识别平面关节工业机器人的传动元器				
8	是否完成了清洁工具和维护工具的摆放				
9	是否执行 6S 规定				
评价人		分数		时间	年　　月　　日

2．小组评价

小组评价表

序号	评价项目	评价情况
1	与其他同学的沟通是否顺畅	
2	是否尊重他人	
3	工作态度是否积极主动	
4	是否服从教师的安排	
5	着装是否符合标准	
6	能否正确地理解他人提出的问题	
7	能否按照安全和规范的规程操作	
8	能否保持工作环境的干净整洁	
9	是否遵守工作场所的规章制度	

笔记

续表

序号	评价项目	评价情况
10	是否有工作岗位的责任心	
11	是否全勤	
12	是否能正确对待肯定和否定的意见	
13	团队工作中的表现如何	
14	是否达到任务目标	
15	存在的问题和建议	

3. 教师评价

课程	工业机器人操作与应用	工作名称	工业机器人的传动系统	完成地点	
姓名		小组成员			
序号	项目		分值	得分	
1	简答题		40		
2	识别桁架工业机器人的传动元器		30		
3	识别平面关节工业机器人的传动元器		30		

自学报告

自学任务	拆开六轴工业机器人找出其传动元件，并测绘出其关键零件的图样
自学内容	
收　获	
存在问题	
改进措施	
总　　结	

笔记

模块五

工业机器人的驱动系统

工业机器人负载是由机器人驱动系统决定的，如图 5-1 所示。常用机器人的驱动系统按动力源分为液压驱动、气动驱动和电动驱动 3 种基本驱动类型。根据需要也可采用由这 3 种基本驱动类型组合成的复合式驱动系统。这 3 种基本驱动系统的主要特点如表 5-1。

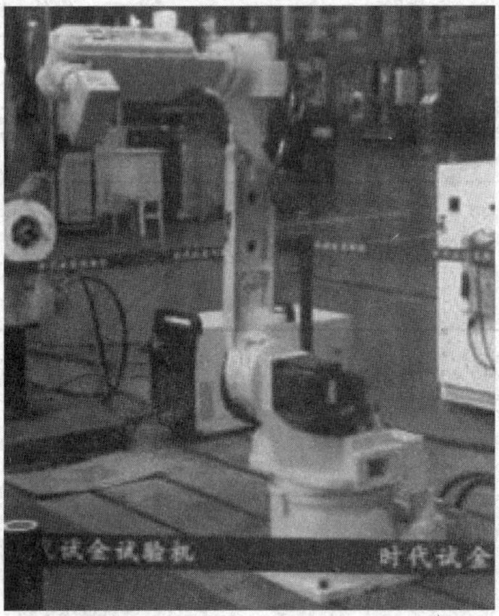

图 5-1　负载实验

表 5-1　工业机器人三种基本驱动系统的主要特点

内容	驱动方式		
	液压驱动	气动驱动	电动驱动
输出功率	很大，压力范围 500～14 000 kPa，利用液体的不可压缩性	大，压力范围 400～600 kPa，最大可达 1000 kPa	较大
控制性能	控制精度较高，输出功率大。可无级调速，反应灵敏，可实现连续轨迹控制	气体压缩性大，精度低，阻尼效果差，低速不易控制，难以实现伺服控制	控制精度高，功率较大，能精确定位，反应灵敏。可实现高速、高精度的连续轨迹控制，伺服特性好，控制系统复杂

笔记

续表

内容	驱动方式		
	液压驱动	气动驱动	电动驱动
响应速度	很高	较高	很高
结构性能及体积	结构适当，执行机构可标准化、模块化，易实现直接驱动。功率/质量比大，体积小，结构紧凑，密封问题较大	结构适当，执行机构可标准化、模块化，易实现直接驱动。功率/质量比较大，体积小，结构紧凑，密封问题较小	伺服电动机易于标准化。结构性能好，噪声低。电动机一般配置减速装置，除 DD 电动机外，难以进行直接驱动，结构紧凑，无密封问题
安全性	防爆性能较好，用液压油作为传动介质，在一定条件下有火灾危险	防爆性能好，高于 1000 kPa(10 个大气压)时应注意设备的抗压性	设备本身无爆炸和火灾危险。直流有刷电动机换向有火花，对环境的防爆性能差
对环境的影响	液压系统易漏油	排气时有噪声	无
在工业机器人的应用范围	适用于重载，低速驱动，电液伺服系统适用于喷漆机器人、重载点焊机器人和搬运机器人	适用于中小负载、快速驱动精度要求较低的有限点位程序控制机器人。例如冲压机器人、机器人本体的气动平衡及装配机器人气动夹具	适用于中小负载，要求具有较高的位置控制精度和轨迹控制精度。速度较高的机器人，例如 AC 伺服喷涂机器人、点焊机器人、弧焊机器人、装配机器人等
成本	液压元件成本较高	成本低	成本高
维修及使用	方便，但液压油对环境温度有一定要求	方便	较复杂

模块目标

知识目标	能力目标
1. 掌握电液伺服驱动的组成 2. 掌握液压驱动的组成 3. 掌握气动驱动的组成 4. 掌握电动驱动的特点与分类 5. 了解新型驱动器	1. 能对典型工业机器人的驱动进行分析 2. 能对常见工业机器人的驱动进行分析 3. 了解不同新型驱动器的工作原理

笔记

任务一　认识工业机器人的传统驱动系统

工作任务

机器人电伺服驱动系统是利用各种电动机产生的力矩和力直接或间接地由机械传动机构去驱动机器人本体的执行机构，以获得机器人的各种运动，如图 5-2 所示。

图 5-2　电驱动

课程思政

四大考验

执政考验、改革开放考验、市场经济考验、外部环境考验。

任务目标

知识目标	能力目标
1. 掌握工业机器人 3 种基本驱动系统的主要特点 2. 掌握工业机器人液压驱动系统的组成 3. 掌握工业机器人气动驱动系统的组成 4. 了解工业机器人对关节驱动电动机的主要要求 5. 了解工业机器人常用关节驱动电动机的特点及使用范围	1. 能分析具体工业机器人电液驱动的原理图 2. 能分析具体工业机器人气动驱动的原理图 3. 能分析具体工业机器人电动驱动的原理图

任务准备

一体化教学

带领学生到工业机器人边介绍，但应注意安全。若无条件可采用教师讲解的方式。

一、电液伺服驱动系统

电液伺服驱动控制系统是由电气信号处理单元与液压功率输出单元组成的闭环控制系统。它综合了电气和液压控制两方面的优点，具有控制精度高、响应速度快、信号处理灵活、输出功率大、结构紧凑、功率/质量比大等特点，在机器人中得到了较为广泛的应用。采用电液伺服系统的工业机器人，具有点位控制和连续轨迹控制功能，并具有防爆能力。

电液伺服驱动的工业机器人所采用的电液转换和功率放大元件有电液伺服阀、电液比例阀等。这些伺服阀、比例阀与其他液压动力机构可组成电液伺服电动机、电液伺服液压缸、电液步进电动机、电液步进液压缸、液压回转伺服执行器(Rotary Servo Actuator，RSA)等各种电液伺服动力机构。根据工业机器人的结构设计要求，电液伺服电动机和电液伺服液压缸可以是分离式的，也可以组合成一体。

在工业机器人的电液伺服驱动系统中，常用的电液伺服动力机构是电液伺服液压缸和电液伺服摆动电动机。回转伺服执行器(RSA)是一种由伺服电动机、步进电动机或比例电磁铁驱动，安装在摆动电动机或连续回转电动机转子内的一个回转滑阀，可通过机械反馈，驱动转子运动的一种电液伺服机构。它可以安装在机器人手臂和手腕的关节上，实现直接驱动。它既是关节机构，又是动力元件。

对采用电液伺服驱动系统的工业机器人来说，人们所关心的是如何按给定的运动规律实现机器人手臂运动的位置和姿态以及运动速度的控制。机器人常用的阀控电液伺服驱动系统，其单轴的电液伺服系统原理框图如图 5-3 所示。

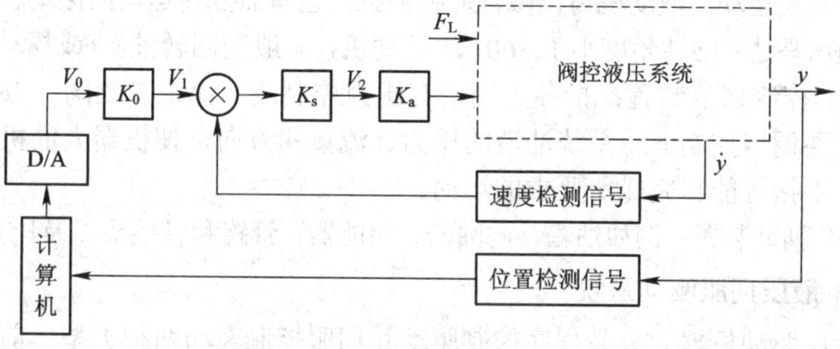

F_L—静力负载；K_0—伺服放大器的输出电压到伺服阀力矩电动机输出电流之间的导纳；K_s—伺服放大器的增益；K_a—输出放大器增益

图 5-3　机器人单轴电液伺服系统原理框图

因伺服阀的频率响应高达 50～200 Hz，而机器人的液压固有频率较低，一般为几赫兹至几十赫兹。因此，在设计机器人电液伺服驱动系统时，伺服阀的传递函数不必按二阶环节计算，可按惯性环节或比例环节计算。伺服系统中具有速度及位置检测传感器，可形成闭环回路。反馈信号一般为模拟量，其检测元件为旋转变压器或光电码盘，f/v 变换可得电压信号。位置传感器多采用光电码盘、旋转变压器或线性度较高的电位器(一般线性度为±0.1%)。

在采用电液伺服驱动的工业机器人系统设计中，伺服阀的布置应使与其相连接的驱动器之间的管线距离最短，按照承载能力设计要求，使驱动器体积达到最小。通过上述两种方法来改变动态响应，尤其是阀与驱动器之间的连接件，应采用硬壁管而非柔性软管，以增加系统工作压力，才可使用较小的驱动器。然而由于大多数工业机器人液压驱动器的负载小，且小型液压驱动器的损失较大，所以动力源压力以适中 6829.5～13 729 kPa(100～200 psi)为宜，

笔记

允许使用较大的驱动器。

采用电液伺服驱动的工业机器人在低负载、高关节速率的情况下，大量能量转换成为热量，被液压油带走，回油管及油冷却器必须按一定的尺寸制造，以允许热量散发，不致使泵进油口处的温升过高，以防止液压油分解，并损坏回路上的部件，特别是损坏液压伺服阀。

二、液压驱动

液压驱动工业机器人利用油液作为传递的工作介质。电动机带动液压泵输出压力油，将电动机输出的机械能转换成油液的压力能，压力油经过管道及一些控制调节装置等进入油缸，推动活塞杆运动，从而使机械臂产生伸缩、升降等运动，将油液的压力能又转换成机械能。

1. 液压系统的组成

(1) 液压泵：属于能量转换装置，可将电动机输出的机械能转换为油液的压力能，用压力油驱动整个液压系统工作。

(2) 液动机(液压执行装置)：是压力油驱动运动部件对外工作的部分。机械臂做直线运动，液动机为机械臂伸缩油缸；也有做回转运动的液动机，一般叫作液压马达；回转角度小于 360° 的液动机，一般叫回转油缸(或摆动油缸)。

(3) 控制调节装置：指各类阀，有压力控制阀、流量控制阀、方向控制阀。主要调节控制液压系统油液的压力、流量和方向，使机器人的机械臂、手腕、手指等能够完成所要求的运动。

(4) 辅助装置：例如油箱、滤油器、储能器、管路和管接头以及压力表等。

2. 液压伺服驱动系统

液压驱动机器人分为程序控制驱动和伺服控制驱动两种类型。前者属非伺服型，用于有限点位要求的简易搬运机器人，液压驱动机器人中应用较多的是伺服控制驱动型机器人。

液压伺服驱动系统由液压源、驱动器、伺服阀、传感器和控制回路组成，如图 5-4 所示。

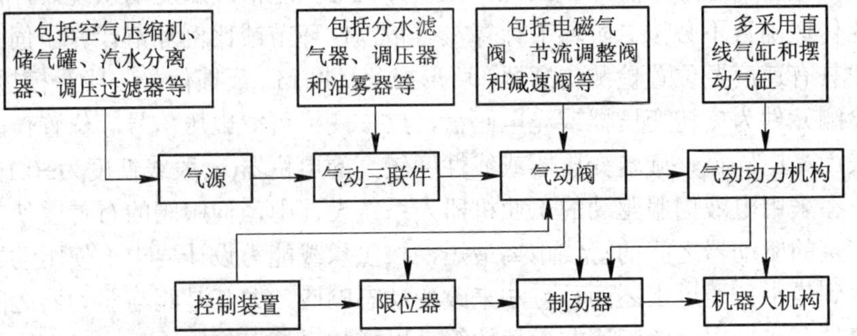

图 5-4　工业机器人液压驱动系统

液压泵将压力油供到伺服阀，给定位置指令值与位置传感器的实测值之差经放大器放大后送到伺服阀。当信号输入到伺服阀时，压力油被通入驱动器并驱动载荷。当反馈信号与输入指令值相同时，驱动器便停止。伺服阀在液压伺服系统中是不可缺少的一部分，它利用电信号实现液压系统的能量控制。在响应快、载荷大的伺服系统中往往采用液压驱动器，原因在于液压驱动器的输出力与重量比最大。

笔记

工匠精神

培养工匠，首先需要推进产业工人队伍建设改革的落实，让劳动价值体现在产业工人培养全过程，深植于治理者、管理者、经营者的各项举措中，社会才能涌现出更多大国工匠、激发出更多工匠精神。

三、气动驱动

气动驱动工业机器人以压缩空气为工作介质，工作原理与液压驱动相似。工业机器人气动驱动结构如图 5-5 所示。气动驱动系统由以下 4 个部分组成。

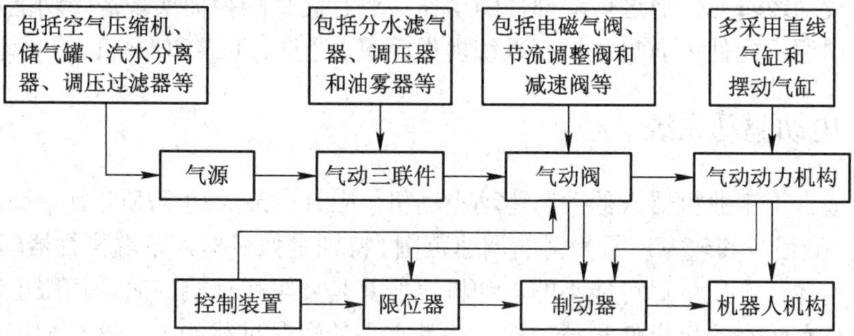

图 5-6　工业机器人气动驱动结构图

1. 气源系统

压缩空气是保证气动系统正常工作的动力源。一般工厂均设有压缩空气站。压缩空气站的设备主要是空气压缩机和气源净化辅助设备。

由于压缩空气中含有水汽、油气和灰尘，这些杂质如果被直接带入储气罐、管道、气动元件和装置中，会引起腐蚀、磨损、阻塞等一系列问题，从而造成气动系统效率和寿命降低、控制失灵等严重后果。因此，压缩空气需要净化。

2. 气源净化辅助设备

气源净化辅助设备包括后冷却器、油水分离器、储气罐、过滤器等。

(1) 后冷却器：安装在空气压缩机出口处的管道上，它的作用是使压缩空气降温。

一般工作压力为 8 kg/cm^2 的空气压缩机排气温度高达 140℃～170℃，压缩空气中所含的水和油(气缸润滑油混入压缩空气)均为气态。经后冷却器降温至 40℃～50℃后，水汽和油气凝聚成水滴和油滴，再经油水分离器析出。

(2) 油水分离器：将水、油分离出去。

(3) 储气罐：存储较大量的压缩空气，以为气动装置提供连续和稳定的压缩空气，并可减少由于气流脉动所造成的管道振动。

(4) 过滤器：过滤压缩空气。一般气动控制元件对空气的过滤要求比较

笔记 严格，常采用简易过滤器过滤后，再经分水滤气器二次过滤。

3. 气动执行机构

气动执行机构有气缸和气动马达两种。气缸和气动马达(气马达)是将压缩空气的压力能转换为机械能的能量转换装置。气缸输出力，驱动工作部分做直线往复运动或往复摆动；气动马达输出力矩，驱动机构做回运动。

4. 空气控制阀和气动逻辑元件

空气控制阀是气动控制元件，它的作用是控制和调节气路系统中压缩空气的压力、流量和方向，从而保证气动执行机构按规定的程序正常地进行工作。空气控制阀有压力控制阀、流量控制阀和方向控制阀 3 类。

气动逻辑元件通过可动部件的动作，进行元件切换而实现逻辑功能。采用气动逻辑元件可向自动控制系统提供简单、经济、可靠和寿命长的新途径。

四、电动驱动系统

适合于工业机器人的关节驱动电动机，应具有最大功率/质量比、高启动力矩、低惯量和较宽广且平滑的调速范围。特别是像机器人末端执行器(手爪)应采用体积、质量尽可能小的电动机，尤其是要求快速响应时，伺服电动机必须具有较高的可靠性和稳定性，并具有大的短时过载能力。这是伺服电动机在工业机器人中应用的先决条件。机器人对关节驱动电动机的主要要求见表 5-2。

表 5-2 机器人对关节驱动电动机的主要要求

特　　性	说　　明
快速性	电动机从获得指令信号到完成指令所要求的工作状态的时间短。响应指令信号的时间越短，电伺服系统的灵敏性越高，快速响应性能越好，一般是以伺服电动机机电常数的大小来说明伺服电动机快速响应的性能
启动力矩/惯量比大	在驱动负载的情况下，要求机器人伺服电动机的启动力矩高，转动惯量小。启动力矩/惯量比是衡量伺服电动机动态特性的一个重要指标
控制特性的连续性和直线性	随着控制信号的变化，电动机的转速能连续变化，有时还需转速与控制信号成正比或近似成正比
轻巧性	体积小，质量小，轴向尺寸短
载荷瞬时性	能经受得起苛刻的运行条件。可进行十分频繁的正、反转和加减速运行，并能在短时间内承受过载
高可靠性	可在恶劣环境下使用
调速范围宽	能用于 1∶1000～1∶10000 的调速范围

笔记

目前，高启动力矩、大转矩、低惯量的交、直流伺服电动机在工业机器人中得到了广泛应用，一般负载在 1000 N 以下的工业机器人大多采用电伺服驱动系统。所采用的关节驱动电动机主要是 DC 伺服电动机、AC 伺服电动机和步进电动机。其中，直流伺服电动机、交流伺服电动机、直接驱动(DD)电动机均采用位置闭环控制，一般应用于高精度、高速度的机器人驱动系统中。步进电动机驱动多适用于精度、速度要求不高的小型简易机器人开环系统中。交流伺服电动机由于采用电子换向、无换向火花，在易燃易爆环境(例如喷涂)中得到了较为广泛的使用。机器人关节驱动电动机的功率范围一般为 0.1～10 kW。工业机器人驱动系统中所采用的电动机的种类见表 5-3。

表 5-3 工业机器人采用的电动机的种类

种 类	说 明
直流伺服电动机	包括小惯量永磁直流伺服电动机、无刷绕组直流伺服电动机、大惯量永磁直流伺服电动机、空心环电枢直流伺服电动机等，大惯量永磁直流伺服电动机一般仅用于大中型工业机器人腰部回转驱动
交流伺服电动机	包括同步型交流伺服电动机及反应式步进电动机等
步进电动机	分为变磁阻式(VR 型，也称为反应式)、永磁式(PM 型)和混合式(HB 型)步进电动机
直接驱动(DD)电动机	包括变磁阻型直接驱动电动机及变磁阻混合型直接驱动电动机等

速度传感器多采用测速发电机和旋转变压器；位置传感器多用光电码盘和旋转变压器。伺服电动机可与测速发电机、光电码盘(或旋转变压器)、制动器、减速机构相结合，以形成伺服电动机驱动单元。

直接驱动(DD)电动机是一种新型的伺服电动机，由于具有极高的精度和运行速度、无减速装置，已广泛地应用于要求高速、高精度的装配机器人中，特别适合于洁净度高达 10 级以上的环境。

电动机的固有特性是转矩/质量比较小，但它能以高速运动作补偿，一般需要通过减速机构以增加转矩，来适应机器人关节驱动的需要。采用减速机构又带来了系统的动态响应和动力损耗，以及减速机构的顺应性和间隙问题。通常，减速机构的顺应性降低了动态响应，间隙导致系统不稳定，一般采用重力加载方式来消除正常运行过程中的间隙。在电气系统设计中，主要考虑系统的动态响应，转矩/质量比值应当在满足动态响应特性要求的前提下取最大值。机器人驱动系统要求传动系统间隙小、刚度大、输出转矩高以及减速比大，常用的减速机构有① 谐波减速机构；② 摆线针轮减速机构；③ 齿轮减速机构；④ 蜗轮减速机构；⑤ 在紧凑、轻便、无间隙、低顺应性装置中，常采用高减速比的滚珠丝杠传动及金属带/齿形带传动。

工业机器人电动机驱动原理框图如图 5-6 所示。

笔记

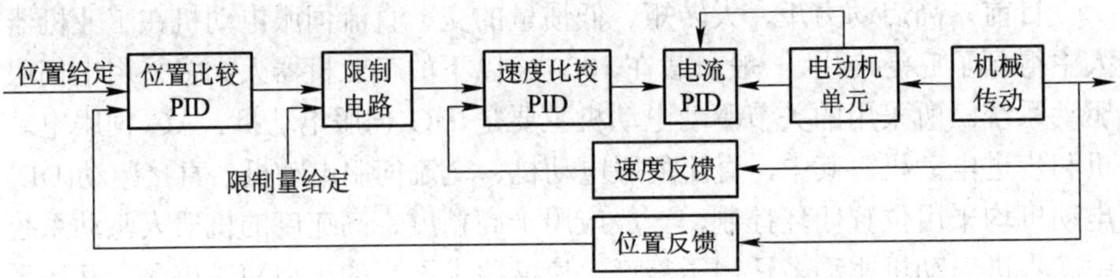

图 5-6　工业机器人电动机驱动原理框图

工业机器人电伺服系统的一般结构为 3 个闭环，即电枢电流闭环、速度闭环和位置闭环。为了满足三环伺服控制反馈信号，要求系统采用多种传感器。电流传感器一般采用取样电阻、霍耳集成电路传感器。速度闭环和电流闭环一般采用模拟控制系统，位置闭环则采用数字控制。工业机器人常用关节驱动电动机的特点及使用范围见表 5-4。表 5-5 给出了适于工业机器人各关节驱动用的伺服电动机的示例。

表 5-4　工业机器人常用关节驱动电动机的特点及使用范围

名称	主要特点及性能	结构特点	用途及使用范围	适用驱动器
小惯量直流永磁伺服电动机	转子直径较小，因此电动机的惯量小，理论加速度大，快速反应性好。由于没有齿槽，低速性能好，故一般调速比可以做到 $1:10^4$ 范围。但由于转子较细，故低速输出力矩不够大，而且负载惯量的改变对整个系统产生很大的影响。又由于转子细长，不利散热，转向器也较易损坏	其转子多为细长形，这是因为直径小则转动惯量小，而要保证输出功率则要加长转子长度，为消除齿槽效应多将转子绕组直接粘在电枢表面	其驱动系统适用于对快速性能要求严格而负载力矩不大的场合	直流 PWM 伺服驱动器，晶体管变压驱动器
无刷绕组直流永磁伺服电动机(盘式电动机)	其转动惯量小，快速响应性能好；转子无铁损，效率高，换向性能好；寿命长；负载变化时转速变化率小，输出力矩平稳	具有特殊的转子结构。转子由薄片形绕组叠装而成，各层绕组按一定的连接方式组成闭环，整个转子无铁心，具有轴向平面气隙	可以频繁起制动、正反转工作，响应迅速。由于轴向尺寸小，能够紧密地连接到负载机构上，可以构成一个抗扭力矩的结构体系，适用于机器人、数控等机电一体化产品	直流 PWM 伺服驱动器，晶体管变压驱动器

续表　　笔记

名称	主要特点及性能	结构特点	用途及使用范围	适用驱动器
大惯量直流永磁伺服电动机(力矩电动机)	输出力矩大。转矩波动小，机械特性硬度大，可以长期在堵转条件下工作	与小惯量电动机相比，其转子明显加粗	适用于要求驱动力矩较大的场合，由于力矩较大可以不用齿轮变速而直接驱动负载，消除了齿轮变速系统的齿轮间隙问题。在制造上不需采用特殊的工艺，故比较经济，负载惯性匹配问题不明显	直流 PWM 伺服驱动器，晶体管变压驱动器
反应式步进电动机	可以将电脉冲信号直接变换为转角，其转角的大小与输入脉冲数成正比，而其旋转方向则取决于输入脉冲的顺序，步进电动机伺服系统多用于开环控制系统。其输出力矩也比较大	其转子无绕组，由永磁体构成转子磁极。其定子绕组按分布形式有集中绕组和分散绕组两种	主要用于数字系统中作为执行元件，例如各类数控机床、机器人、自动传送机械等	直流 PWM 伺服驱动器，晶体管变压驱动器
同步式步进电动机	其转速与定子绕组所建立的旋转磁场严格同步，从低速到高速，只要在永久磁体不退磁的范围内，定子绕组都可以通过大的电流，所以起、制动转矩不会降低，可以频繁起、制动	其转子由永磁体做成，定子由三相绕组组成，为减小转子的转动惯量，转子直径往往做得很细	主要用于小容量的伺服驱动系统中，例如数控、机器人等伺服系统中	交流 PWM 变频调速器
DD 驱动电动机	DD 电动机输出转矩大，转矩波动小，功率/质量比大，精度极高；低速平稳，检测精度高	DD 电动机具有双定子结构和中央定子结构两种结构形式	适用于需高精度、高速运行的工业机器人中，并适用于洁净度 10 级以上的环境，例如装配机器人等	交流 SPWM 驱动器

笔记

表 5-5 伺服电动机示例

伺服电动机的种类	机器人的动作特性	伺服电动机的功率/W	伺服电动机的特性
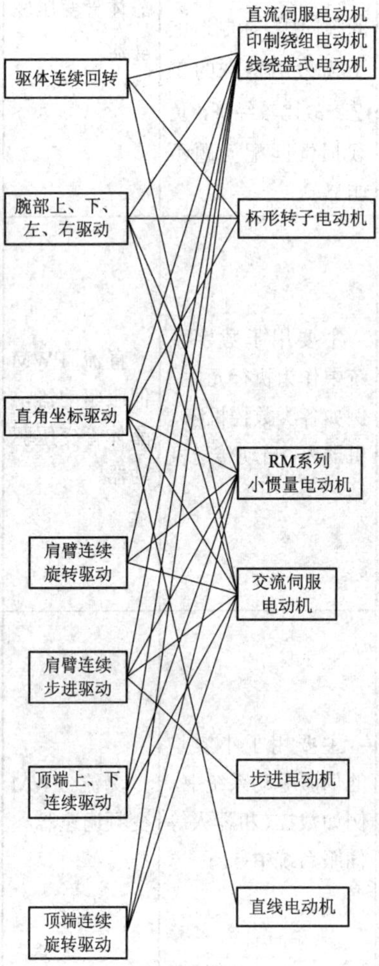 	• 低中高速驱动 • 中高精度 • 低中高速响应 • 连续路径控制 • 可作步进驱动 • 点位-点位驱动 • 反转转动简易 • 控制性能好 • 稳定同步 • 伺服特性 • 效率高	标准型印制绕组电动机 50～500	• 偏平型电动机无铁心盘型电枢 • 低噪声、低振动、低力矩脉动 • 电感很小 • 无火花的换向特性 • 额定转速 3000～4000 r/min
		A 系列杯形转子电动 400～3700 高性能 A 系列杯形转子电机 600～3000 高性能 G 系列杯形转子电机 250～2900	• 无铁心杯形电枢 • 低噪声、低驱动、低力矩脉动 • 杯形转子电动机额定转速 1750 r/min • 高性能杯形转子电动机额定转速 1000 r/min
		RM 系列小惯量电机 600～3000	• 电枢铁心有齿槽的高性能电动机 • 细长型电动机 • 体积小、质量小 • 额定转速 300 r/min • 与印制绕组电动机相比力矩脉动稍差
	• 低中高速驱动 • 中精度 • 低中速响应 • 连续路径控制 • 可作步进驱动 • 点位-点位驱动 • 中等效率	100～3000	• 环境适应性好 • 功率大 • 过载能力强 • 没有电刷 • 装配简易
	• 低速驱动 • 中低级精度 • 低级响应 • 步进驱动 • 效率低	大约 10	• 开环控制 • 没有电刷
	• 低中高速驱动 • 中级精度 • 低中高速响应 • 连续路径控制 • 可作步进驱动 • 点位-点位驱动 • 低中级效率		• 直线驱动(水平动作) • 没有电刷

看一看： 您所在单位的工业机器人采用哪种驱动方式？

笔记

任务实施

典型工业机器人的驱动分析

技能训练

根据实际情况，让学生在教师的指导下进行技能训练。

一、电液伺服驱动系统

机械手手臂伸缩电液伺服系统原理图如图 5-7 所示。它由电液伺服阀 1、液压缸 2、活塞杆带动的机械手手臂 3、电位器 4、步进电动机 5、齿轮齿条 6 和放大器 7 等元件组成。当数字控制部分发出一定数量的脉冲信号时，步进电动机带动电位器 4 的动触头转过一定的角度，使动触头偏移电位器中位，产生微弱电压信号，该信号经放大器 7 放大后输入电液伺服阀 1 的控制线圈，使伺服阀产生一定的开口量。假设此时压力油经伺服阀进入液压缸左腔，推动活塞连同机械手手臂上的齿条相啮合，手臂向右移动时，电位器跟着作顺时针方向旋转。当电位器的中位和动触头重合时，动触头输出电压为零，电液伺服阀失去信号，阀口关闭，手臂停止移动。手臂移动的行程决定于脉冲的数量，速度决定于脉冲的频率。当数字控制部分反向发出脉冲时，步进电动机向反方向转动。手臂便向左移动。由于机械手手臂移动的距离与输入电位器的转角成比例，机械手手臂完全跟随输入电位器的转动而产生相应的位移，所以该系统是一个带有反馈的位置控制电液伺服系统。

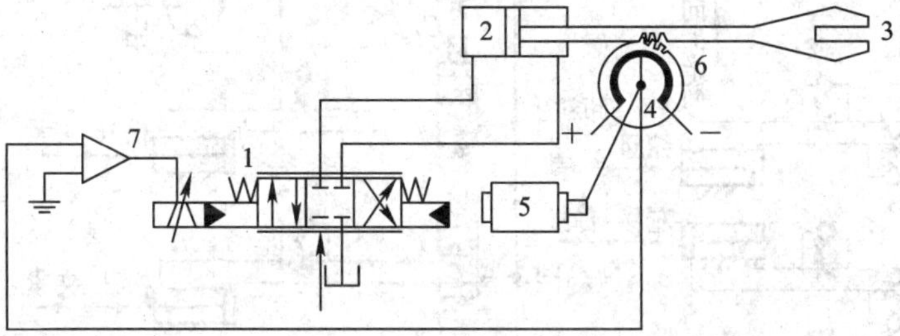

1—电液伺服阀；
2—液压缸；
3—机械手手臂；
4—电位器；
5—步进电动机；
6—齿轮齿条；
7—放大器

图 5-7　机械手手臂伸缩电液伺服系统原理图

二、气动驱动系统

1. 气动驱动回路分析

图 5-8 为一个典型的气动驱动回路，图中未画出空气压缩机和储气罐。压缩空气由空气压缩机产生，其压力约为 0.5～0.7 MPa，并被送入储气罐。然后由储气罐用管道接入驱动回路。在过滤器内被除去灰尘和水分后，流向压力调整阀调压，使压缩空气的压力降至 4～5 MPa。

企业文化

顺应经济新常态，需要积极转变发展方式，实现内涵式增长。为此，应要求各级单位通过创新驱动、结构优化、产业升级、提升产品和服务质量、提高效率和效益等路径，努力实现“做实、做强、做大、做好、做长”的发展理念。

笔记

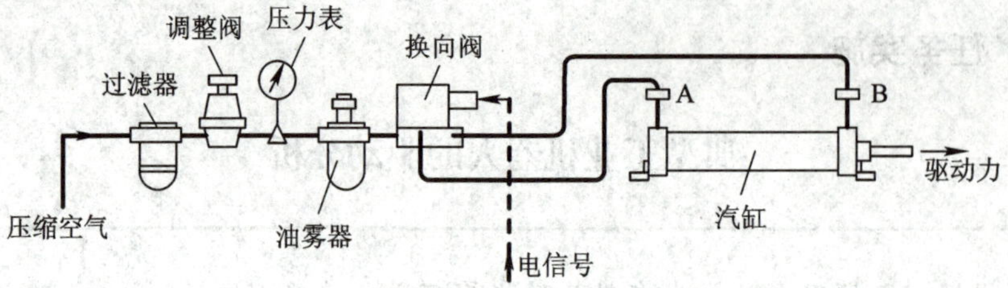

图 5-8　气动驱动回路

在油雾器中，压缩空气被混入油雾。这些油雾用以润滑系统的滑阀及汽缸，同时也起一定的防锈作用。

从油雾器出来的压缩空气接着进入换向阀，电磁换向阀根据电信号，改变阀芯的位置使压缩空气进入汽缸的 A 腔或者 B 腔，驱动活塞向右或者向左运动。

2. 典型工业机器人的气动驱动分析

ZHS-R002 机器人气动系统简图如图 5-9 所示，SMART 和 KUKA 机器人的气动平衡原理如图 5-10 所示。

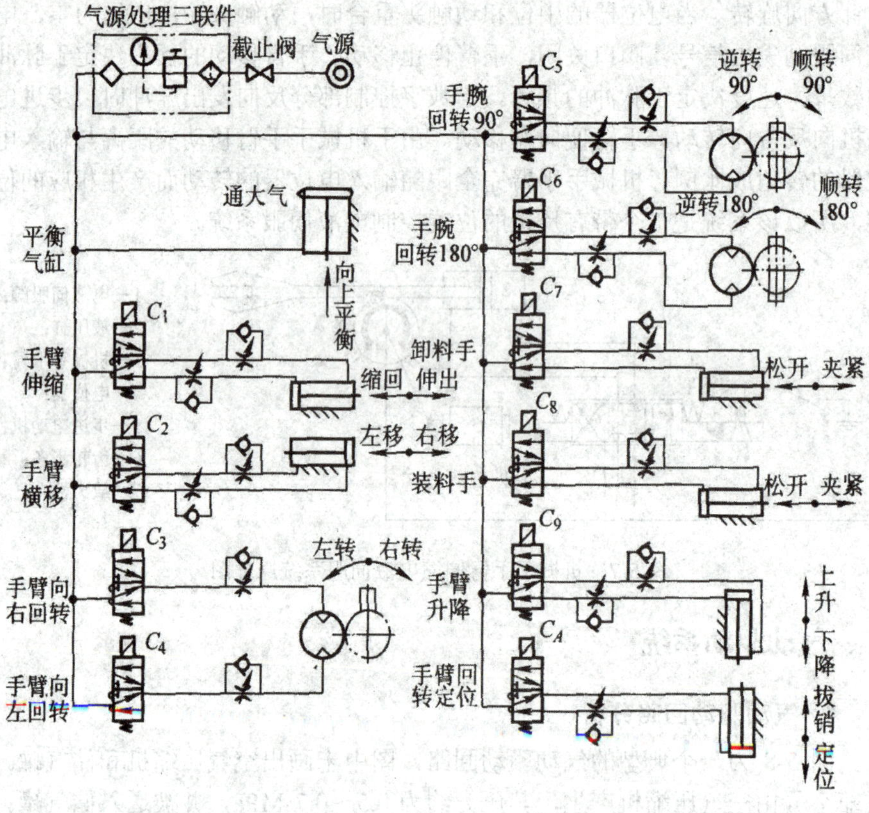

图 5-9　ZHS-R002 机器人气动系统简图

笔记

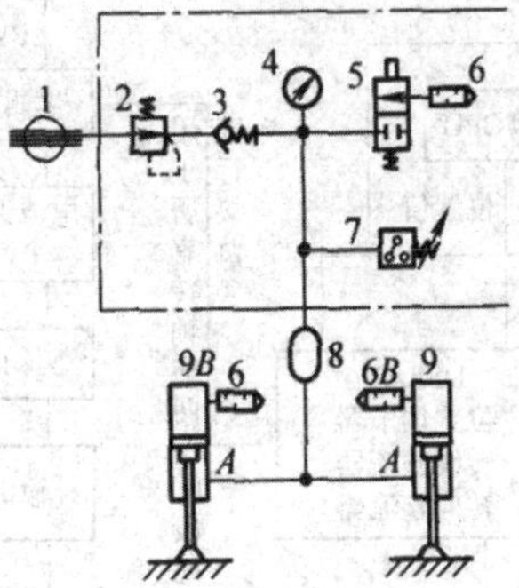

1—压缩气入口；
2—压力开关；
3—单向阀；
4—压力表；
5—手动排气阀；
6—消声器；
7—控制开关；
8—储气罐；
9—平衡气缸

(a) SMART机器人气动平衡原理图

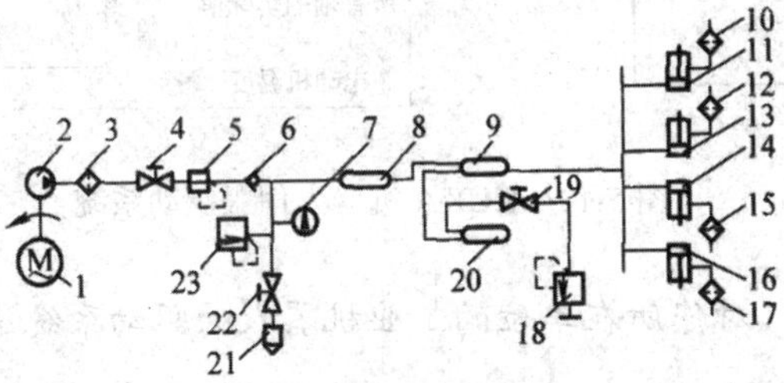

1—交流电动机；2—空气压缩机；3—压缩空气过滤器；4—压缩空气入口开关；5—压力调节阀；6—单向阀；7—接点压力计；8，9，20—压缩空气储存罐；10，12，15，17—空气过滤器；11，13，14，16—气缸；18—外控溢流阀；19—压缩空气出口开关；21—消声器；22—压缩空气释气开关；23—安全阀

(b) KUKA机器人平衡系统气压回路

图 5-10 气动平衡装置

三、电动驱动

图 5-11 和图 5-12 为 ABB 机器人伺服驱动系统和 KUKA 机器人伺服驱动系统。

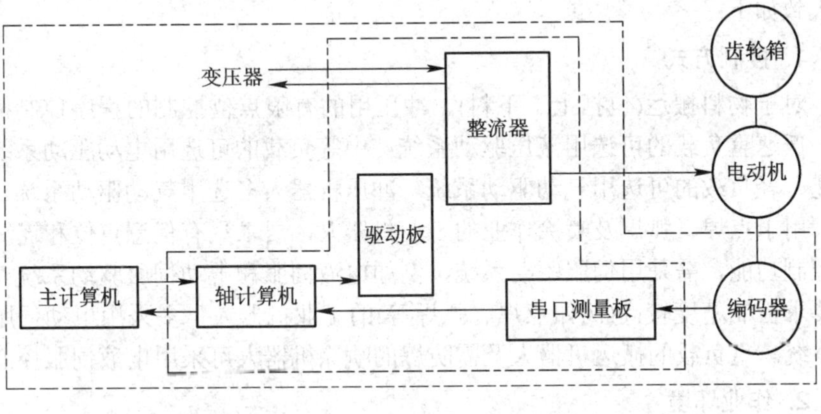

图 5-11 ABB 伺服驱动系统

笔记

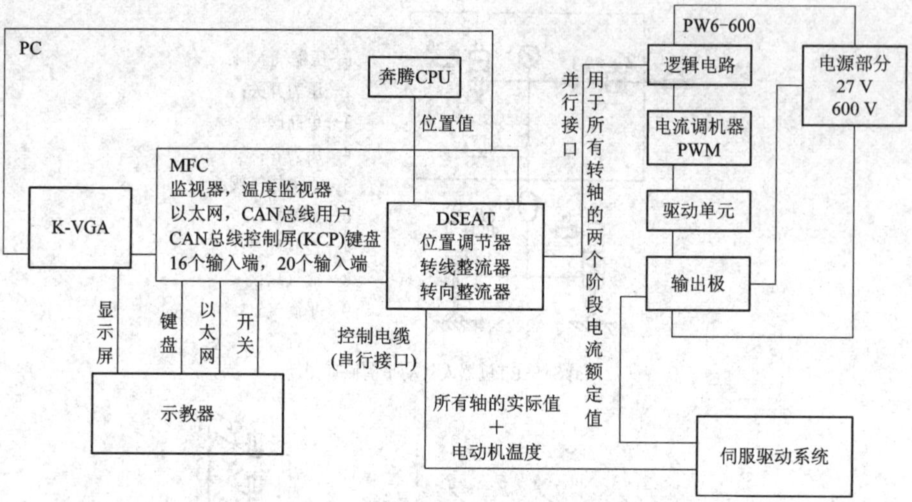

图 5-12　KUKA 机器人伺服驱动系统

做一做：对您所在单位的工业机器人的驱动系统进行分析。

任务扩展

工业机器人驱动系统选用原则

工业机器人驱动系统的选用应根据工业机器人的性能要求、控制功能、运行的功耗、应用环境、作业要求、性价比以及其他因素综合考虑。在充分考虑各种驱动系统特点的基础上，在保证工业机器人性能规范、可行性和可靠性的前提下，做出决定。一般情况下，各种机器人驱动系统的设计选用原则大致如下：

1. 控制方式

对于物料搬运(包括上、下料)、冲压用的有限点位控制的程序控制机器人，低速重负载的可选用液压驱动系统；中等负载的可选用电动驱动系统；高速、轻负载的可选用气动驱动系统。冲压机器人多选用气动驱动系统。

用于点焊、弧焊及喷涂作业的工业机器人，要求只有任意点位和连续轨迹控制功能，需采用伺服驱动系统，例如电液伺服和电动伺服驱动系统。对于要求控制精度较高(例如点焊、弧焊等)的工业机器人，多采用电动伺服驱动系统。重负载的搬运机器人及需防爆的喷涂机器人可采用电液伺服控制。

2. 作业环境

对于从事喷涂作业的工业机器人，由于工作环境需要防爆，考虑到其防爆性能，多采用电液伺服驱动系统和具有本质安全型防爆的交流电动伺服驱动系统。水下机器人、核工业专用机器人、空间机器人以及在腐蚀性、易燃

笔记

易爆气体、放射性物质环境下工作的移动机器人，一般采用交流伺服驱动。若要求在洁净环境中使用，则多要求采用直接驱动(Diret Drive，DD)电动机驱动系统。

3. 操作运行速度

对于装配机器人，由于要求其具有很高的点位重复精度和较高的运行速度，通常在运行速度相对较低(≤4.5 m/s)的情况下，采用 AC、DC 或步进电动机伺服驱动系统。在速度、精度要求均很高的条件下，多采用直接驱动(DD)电动机驱动系统。

任务巩固

1. 工业机器人 3 种基本驱动系统的主要特点有哪些？
2. 工业机器人液压驱动系统由哪几部分组成？
3. 工业机器人气动驱动系统由哪几部分组成？
4. 机器人对关节驱动电动机的主要要求有哪些？
5. 工业机器人采用的电动机有哪几种？
6. 简述工业机器人常用关节驱动电动机的特点及使用范围。

课程思政

四大危险

精神懈怠的危险、能力不足的危险、脱离群众的危险、消极腐败的危险。

任务二　新型驱动器

随着机器人技术的不断发展，目前市场上已出现了一些利用新的工作原理的新型驱动器，例如压电驱动器、静电驱动器、人工肌肉驱动器、形状记忆合金驱动器、磁致伸缩驱动器、超声波电动机、光驱动器等。

图 5-13 为英国 Shadow 公司的 Mckibben 型气动人工肌肉安装位置示意图，其传动方式采用人工腱传动。所有手指由柔索驱动，而人工肌肉则固定于前臂上，柔索穿过手掌与人工肌肉相连，驱动手腕动作的人工肌肉固定于大臂上。

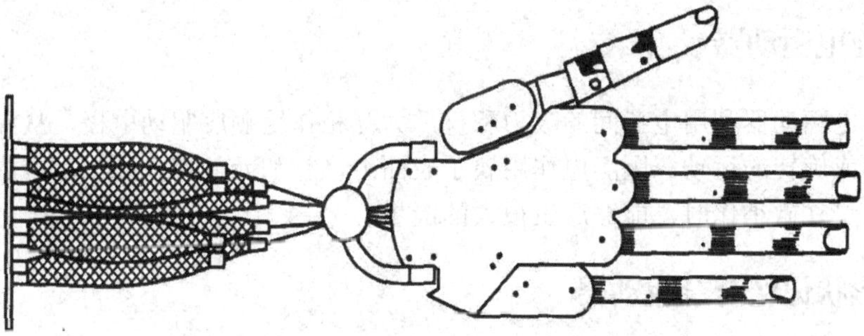

图 5-13　气动人工肌肉安装位置示意图

笔记

任务目标

知 识 目 标	能 力 目 标
1. 掌握新型驱动装置的特点 2. 掌握形状记忆合金驱动器的特点 3. 掌握超声波电动机的特点与工作原理 4. 了解静电驱动器的种类 5. 了解人工肌肉驱动器的结构	1. 能看懂利用记忆合金制作的微型机械手的结构 2. 能看懂超磁致伸缩驱动器的结构 3. 能看懂超声波电动机驱动电路 4. 能明白超声波电动机的基本原理 5. 能明白橡胶驱动器驱动的机器人外观结构

任务准备

新型驱动装置的特点

一、磁致伸缩驱动器

磁性体的外部一旦加上磁场，则磁性体的外形尺寸就会发生变化(焦耳效应)，这种现象称为磁致伸缩现象。此时，如果磁性体在磁化方向的长度增大，则称为正磁致伸缩；如果磁性体在磁化方向的长度减小，则称为负磁致伸缩。从外部对磁性体施加压力，磁性体的磁化状态会发生变化(维拉利效应)，称为逆磁致伸缩现象。这种驱动器主要用于微小驱动场合。

二、压电驱动器

压电材料是一种受到力作用时其表面上出现与外力成比例电荷的材料，又称压电陶瓷。反过来，把电场加到压电材料上，则压电材料产生应变，输出力或变位。利用这一特性可以将压电材料制成压电驱动器，这种驱动器可以将压电材料达到驱动亚微米级的精度。

三、静电驱动器

静电驱动器利用电荷间的吸力和排斥力互相作用顺序驱动电极，从而产生平移或旋转的运动。因静电作用属于表面力，它和元件尺寸的二次方成正比，在尺寸微小化时，能够产生很大的能量。

四、形状记忆合金驱动器

形状记忆合金是一种特殊的合金，一旦使它记忆了任意形状，即使变形，当加热到某一适当的温度时，它将恢复为变形前的形状。已知的形状记忆合金有Au-Cd、In-T1、Ni-Ti、Cu-AI-Ni、Cu-Zn-AI等十几种。

笔记

五、超声波驱动器

所谓超声波驱动器，就是利用超声波振动作为驱动力的一种驱动器，即由振动部分和移动部分所组成，靠振动部分和移动部分之间的摩擦力来驱动的一种驱动器。由于超声波驱动器没有铁芯和线圈，结构简单、体积小、重量轻、响应快、力矩大，不需配合减速装置就可以低速运行，因此很适合用于机器人、照相机和摄像机等的驱动。

六、人工肌肉

随着机器人技术的发展，驱动器已从传统的电机-减速器的机械运动机制，向骨架-腱-肌肉的生物运动机制发展。人的手臂能完成各种柔顺作业，为了实现骨骼-肌肉的部分功能。而研制的驱动装置称为人工肌肉驱动器。为了更好地模拟生物体的运动功能或在机器人上应用，已研制出了多种不同类型的人工肌肉，例如利用机械化学物质的高分子凝胶、形状记忆合金(SMA)制作的人工肌肉。气动人工肌肉是目前大量开发应用的人工肌肉，作为一种新型的气动驱动器，气动人工肌肉具有很多独特的优点，它不需要减速装置和传动机构，可以直接驱动，不仅结构简单，动作灵活，而且功率/质量比大，气动人工肌肉还具有良好的柔顺性。由于这些特点，使得气动人工肌肉在机器人等领域有着广泛的应用前景。

七、光驱动器

某种强电介质(严密非对称的压电性结晶)受光照射，会产生几千伏/厘米的光感应电压。这种现象是压电效应和光致伸缩效应共同作用的结果。这是电介质内部存在不纯物，导致结晶严密非对称，在光激励过程中引起电荷移动而产生的。对于一个机器人来说，根据不同需要可以采用一种驱动方式，也可采用联合方式。例如，手部动作采用气压驱动，手臂动作采用液压驱动，行走的车轮则用电力驱动，而对于微小驱动则可采用磁致伸缩驱动器、压电驱动器、形状记忆合金驱动器等。选择驱动方式时，要考虑各方面的因素加以综合分析，在对比的基础上确定较佳的驱动方案。

任务实施

多媒体教学

一、压电驱动器

压电效应的原理是，如果对压电材料施加压力，它便会产生电位差(称为正压电效应)；反之，施加电压，则产生机械应力(称为逆压电效应)。

笔记

压电驱动器是利用逆压电效应，将电能转变为机械能或机械运动，实现微量位移的执行装置。压电材料具有易于微型化、控制方便、低压驱动、对环境影响小以及无电磁干扰等很多优点。

压电双晶片是在金属片的两面粘贴两个极性相反的压电薄膜或薄片，由于压电体的逆压电效应，当单向电压加在其厚度方向时，压电双晶片中的一片收缩，一片伸长，从而引起压电双晶片的定向弯曲，产生微位移。

图 5-14 是一种典型的应用于微型管道机器人的足式压电微执行器，由一个压电双晶薄片及其上两侧分别贴置的两片类鳍型弹性体足构成。压电双晶片在电压信号作用下产生周期性的定向弯曲，将使弹性体与管道两侧接触面的动态摩擦力不同，从而推动执行器向前运动。

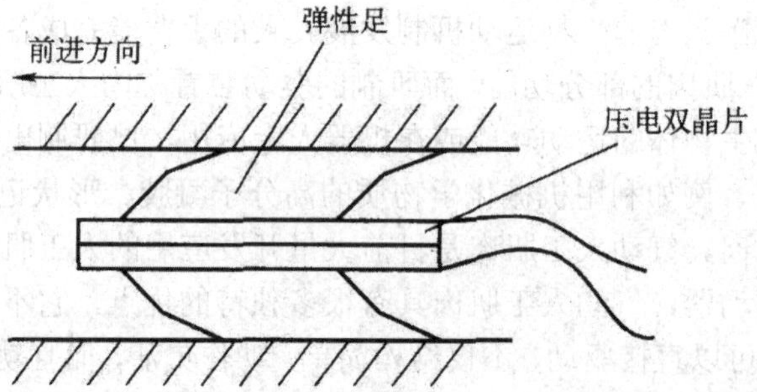

图 5-14　足式压电微执行器

压电双晶片驱动器的优点是位移量比叠层式的驱动器位移量大。因此机器人的运动速度比较快，但受到双晶片尺寸的限制，直径一般在 20 mm 以上，所以不适合在直径特别小的管道中运动。

二、形状记忆合金驱动器

1. 形状记忆合金的定义及特点

形状记忆合金是一种特殊的合金，一旦其记忆了任何形状，即使产生变形，当加热到某一适当温度时，它就能恢复到变形前的形状。利用这种驱动器的技术即为形状记忆合金驱动技术。形状记忆合金有 3 个特点。① 变形量大；② 变位方向自由度大；③ 变位可急剧发生。

因此，形状记忆合金具有位移较大、功率重量比高、变位迅速、方向自由的特点。特别适用于小负载高速度、高精度的机器人装配作业，显微镜内样品移动装置，反应堆驱动装置，医用内窥镜，人工心脏，探测器，保护器等产品。

2. 形状记忆合金驱动器的特点

形状记忆合金驱动器除具有高功率重量比这一特点外，它还具有结构简单、无污染、无噪声、有传感功能、便于控制等特点。

笔记

1) 形状记忆合金驱动器的优点

(1) 由于形状记忆合金是利用合金的相变(热弹性马氏体相变)来进行能量转换的，它可直接实现各种直线运动或曲线运动轨迹，而不需任何机械传动装置。因此，形状记忆合金驱动器可做成非常简单的形式。这对微型化来说无疑是非常有利的。另外，结构简单也有利于降低成本，提高系统的可靠性。

(2) 形状记忆合金驱动器在工作时不存在外摩擦，因此工作时无任何噪声，不会产生磨粒，没有任何污染。这对微型化也是非常有利的。因为在微观领域，一个小尘埃的作用可能会相当于宏观领域中的一块石头。

(3) 形状记忆合金驱动器一般采用电流进行驱动，而导线可采用非常细的丝材，这种丝材不会妨碍微机器人的运动。因此，采用形状记忆合金制作的驱动器便于实现独立控制。

(4) 形状记忆合金的电阻与其相变过程之间存在一定的对应关系，因此形状记忆合金的电阻值可用来确定驱动器的位移量及作用在驱动器上的力。也就是说，它具有传感功能。这一特点也使形状记忆合金驱动器的控制系统变得非常简单。

(5) 最适于制造微机器人驱动器的形状记忆合金是 TiNi 合金。TiNi 合金的电导率(1～1.5 × 10 s/m)与 NiCr 合金几乎一样。因此，给形状记忆合金加热时所需的电源电压要比使用压电元件等所需的电源电压低得多。一般可以使用 5 V 或 12 V 的常用电源电压，从而可使形状记忆合金加热用的电源与控制电路用的电源相一致，以简化系统。

2) 形状记忆合金驱动器的缺点

形状记忆合金驱动器在使用中主要存在两个问题，即效率较低、疲劳寿命较短。

(1) 从理论上来说，形状记忆合金驱动器的效率不能超过 10%。实际形状记忆合金驱动器的效率常低于 1%。但由于微机器人总的能量消耗很少，因此效率高低对微驱动器来说并无太大的影响。

(2) 形状记忆合金驱动器的疲劳寿命一般较短。其疲劳寿命除和所用材质有关外，还和工作应力范围有很大的关系。工作应力范围越大，疲劳寿命越短。例如，如果希望疲劳寿命大于10次，则工作应力范围必须小于1%。

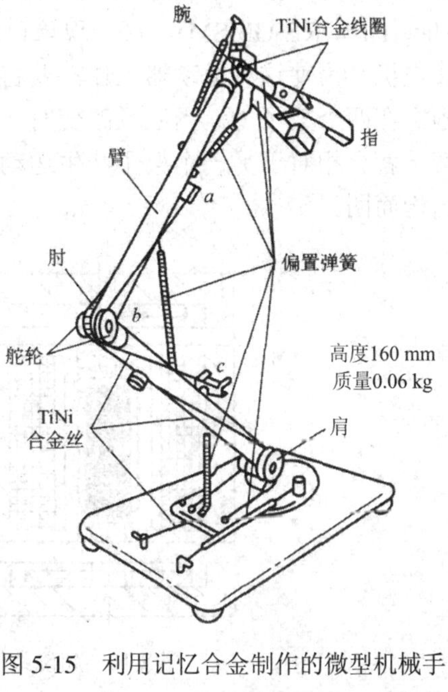

图 5-15　利用记忆合金制作的微型机械手

图 5-15 为具有相当于肩、肘、臂、腕、指 5 个自由度的微型机器人的结构示意图。手指和手腕靠 SMA(NiTi 合金)线圈的伸缩，肘和肩靠直线状

笔记

SMA 丝的伸缩，可分别实现开闭和屈伸动作。每个元件由微型计算机控制，通过由脉冲宽度控制的电流调节位置和动作速度。由于 SMA 丝很细(0.2 mm)，因而动作很快。

记忆合金在机器人上的另一个应用是行走。该系统由两根记忆合金丝和相应的偏置弹簧组成，利用记忆合金的伸长与收缩达到行走的目的。加热时，记忆合金伸长，使前爪向前伸出(后爪不能后退)，与此同时，重心移到前爪上；冷却时，记忆合金收缩，将后爪向前移动一步。这种装置像昆虫那样有 6 条腿，步行中能够 4 条腿着地，增加了稳定性。将合金的受热和冷却与计算机结合起来，可以精确地控制行走的步幅。

形状记忆合金的功能和生物手脚的筋的功能很相似。生物筋是含蛋白质的生物高分子纤维，靠机械化学反应来动作，通过体液的 pH 值进行收缩、膨胀来活动手脚。与此类似，形状记忆合金可以通过热-机械反应作为人工筋来使用。日本日立公司用形状记忆合金制作的机械手有 12 个自由度，动作形如人手，能仿真取出一个鸡蛋。该公司目前正在研制尺蠖虫大小的机械昆虫和如人手一样灵巧的微型机械手，可做复杂的动作，因而可在医学领域中应用。

三、磁致伸缩驱动

由于磁化状态的改变铁磁材料和亚铁磁材料的长度和体积都要发生微小的变化，这种现象称为磁致伸缩。研究发现，$TbFe_2$、$SmFe_2$、$DyFe_2$、$HoFe_2$、$TbDyFe_2$(铽铁、钐铁、镝铁、钬铁、铽镝铁)等稀土-铁系化合物不仅磁致伸缩值高，而且居里点高于室温，室温磁致伸缩值为 1000×10^{-6}～2500×10^{-6}。这类化合物的磁致伸缩值是传统磁致伸缩材料(例如铁、镍等)的 10～100 倍，这类材料被称为稀土超磁致伸缩材料(Rear Earth Giant Magnetostrictive Materials，RE-GMSM)。这一现象已用于制造具有微英寸量级位移能力的直线电机。为使这种驱动器工作，要将被磁性线圈覆盖的磁致伸缩小棒的两端固定在两个架子上。当磁场改变时，会导致小棒收缩或伸展，这样其中一个架子就会相对于另一个架子产生运动。如图 5-16 所示为超磁致伸缩驱动器的结构简图。

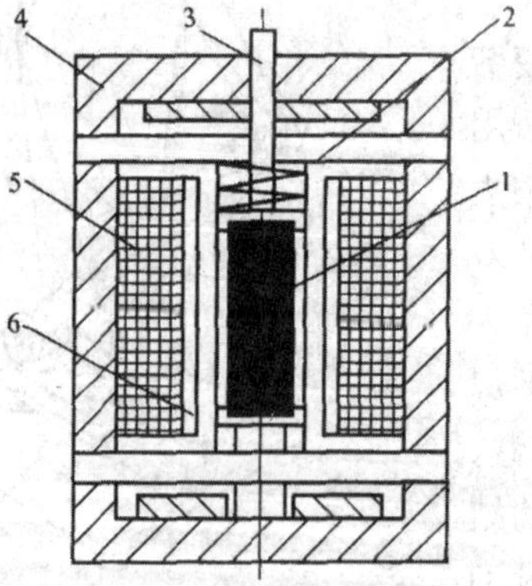

1—超磁致伸缩材料；
2—预压弹簧；
3—输出杆；
4—压盖；
5—激励线圈；
6—铜管

图 5-16　超磁致伸缩驱动器结构简图

笔记

四、超声波电动机

1. 超声波电动机的定义和特点

超声波电动机(Ultrasonic Motor，USM)是 20 世纪 80 年代中期发展起来的一种全新概念的新型驱动装置，利用压电材料的逆压电效应，将电能转换为弹性体的超声振动，并将摩擦传动转换成运动体的回转或直线运动。该种电动机具有转速低、转矩大、结构紧凑、体积小、噪声小等优点，它与传统电磁式电动机最显著的差别是无磁且不受磁场的影响。

与传统电磁式电动机相比，超声波电动机具有以下特点：

(1) 转矩重量比大，结构简单、紧凑。

(2) 低速大转矩，无需齿轮减速机构，可实现直接驱动。

(3) 动作响应快(毫秒级)，控制性能好。

(4) 断电自锁。

(5) 不产生磁场，也不受外界磁场干扰。

(6) 运行噪声小。

(7) 摩擦损耗大，效率低，只有 10%～40%。

(8) 输出功率小，目前实际应用的只有 10 W 左右。

(9) 寿命短，只有 1000～5000 h，不适合连续工作。

2. 超声波电动机的分类

(1) 按自身形状和结构，超声波电动机可分为圆盘或环形、棒状、杆状和平板型。

(2) 按功能，超声波电动机可分为旋转型、直线移动型和球型。

(3) 按动作方式，超声波电动机分为行波型和驻波型。

如图 5-17～图 5-19 所示分别为环形行波型 USM 的定子和转子、环形 USM 装配图和行波型超声波电动机驱动电路。

.。

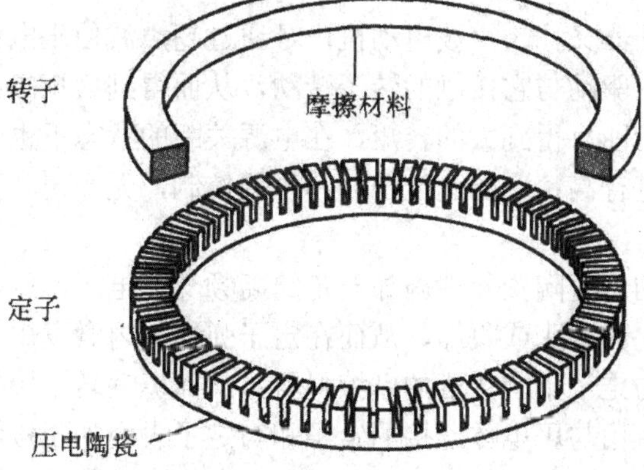

图 5-17　环形行波型 USM 的定子和转子

笔记

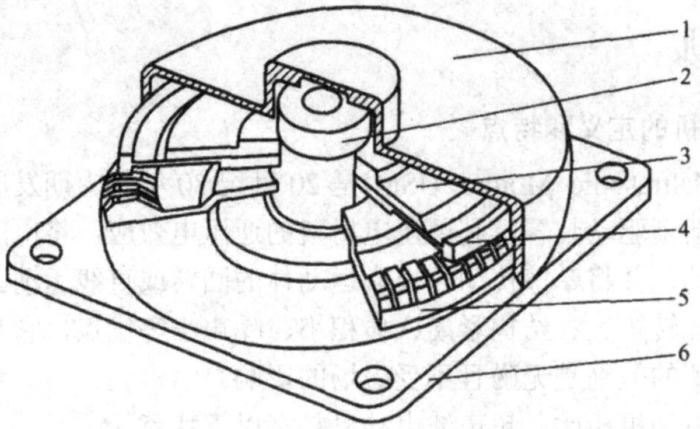

图 5-18　环形 USM 装配图

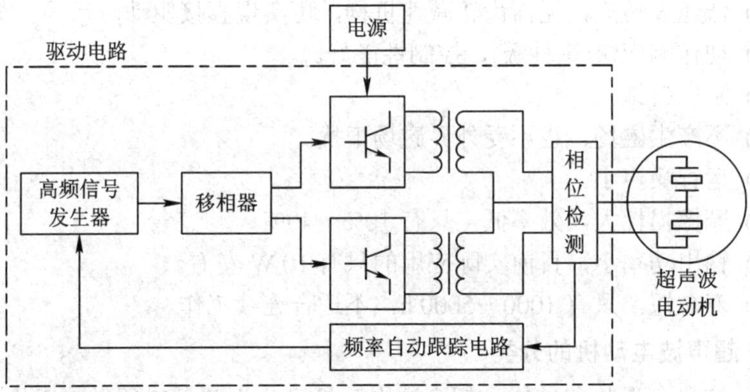

图 5-19　行波型超声波电动机驱动电路

超声波电动机通常由定子(振动体)和转子(移动体)两部分组成。但电动机中既没有线圈，也没有永磁体。其定子由弹性体和压电陶瓷构成，转子为一个金属板。定子和转子在压力作用下紧密接触，为了减少定子和转子之间相对运动产生的磨损，一般在二者之间(转子上面)加一层摩擦材料。

3. 超声波电动机基本原理

超声波驱动器又称超声波电动机，是通过超声波使压电体振动，在定子表面产生行波，驱动与它接触的转子转动，从而得到力矩的电机。这种电机不需要减速机构即可得到大的转矩，在电源关断的状态下也有保持力，响应速度快，能够进行高精度的速度控制和位置控制，无噪声，无磁场产生，体积小，重量轻。

对极化后的压电陶瓷元件施加一定的高频交变电压，压电陶瓷随着高频电压的幅值变化而膨胀或收缩，从而在定子弹性体内激发出超声波振动，这种振动传递给与定子紧密接触的摩擦材料，从而驱动转子旋转。

超声波电机由与压电体连接的定子和与定子表面加压接触的转子构成，如图 5-20 所示。施加与压电体相位不同的大于 20 kHz 的交流电压，会产生超声波的振动，与压电体连接的金属是弹性体，它随着超声波的振动而变形。这种变形使弹性体表面的起伏向一个方向连续地行进，从而使弹性体的表面形成行波。在弹性体表面形成的行波的各顶点与转子接触的同时按椭圆曲线运动。转子按椭圆形的运动的同时，向与定子表面产生的行波的反方向转动。其原理如图 5-21 所示。

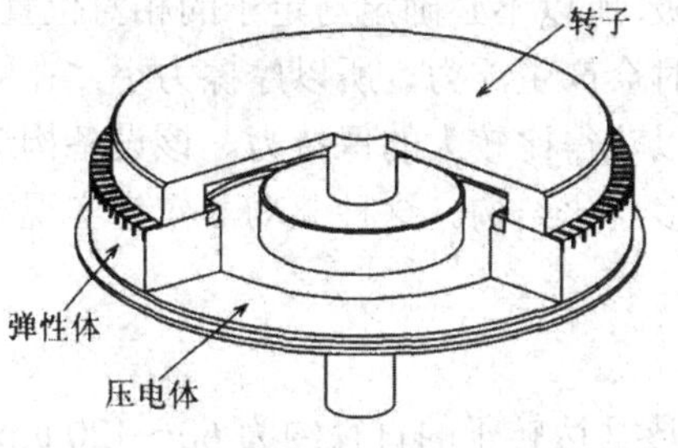

图 5-20　超声波电机的结构示意

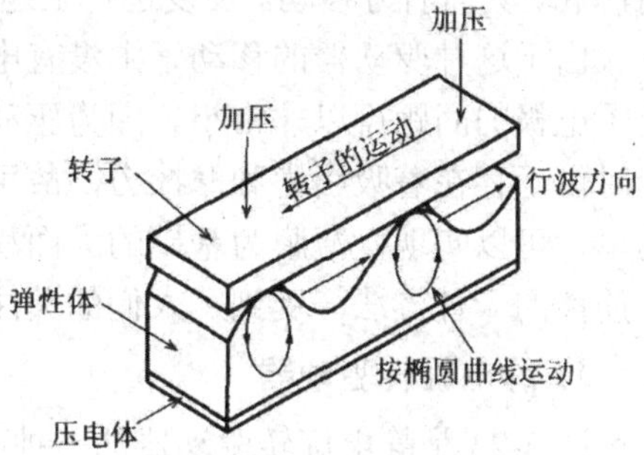

图 5-21　超声波电机的原理

五、静电驱动器

图 5-22 是一个带有电阻器移动子的三相静电驱动器的工作原理图。

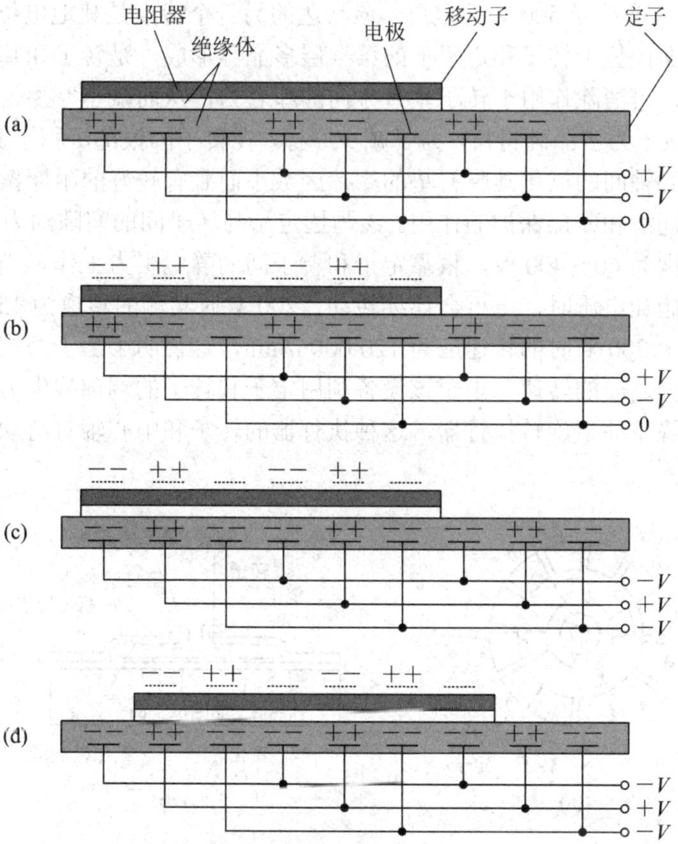

图 5-22　静电驱动器工作原理

笔记

工匠精神

工匠是职业，也是态度，更是精神。

笔记

图 5-22(b)表示当把电压施加到定子的电极上时，在移动子中会感应出极性与其相反的电荷来；在图 5-22(c)中，当外加电压变化时，因为移动子上的电荷不能立即变化，所以由于电极的作用，移动子会受到右上方向的合力作用，驱动其向右方移动。反复进行上述操作，移动子就会连续地向右方移动。

由于这种驱动器的移动子中没有电极，所以不必确定与定子的相对位置，定子电极的间距可以非常小。因为驱动时会产生浮力，所以摩擦力小，在停止时由于存在着吸引力和摩擦力，故可以获得比较大的保持力。该设备构造简单，可以实现以薄膜为基础的大面积多层化结构。这种驱动器作为实现人工筋肉的一种方法，受到了人们的关注。

1. 静电旋转驱动器

图 5-23 是静电旋转驱动器的一种，该马达转子的直径约为 60～120 μm，包含 4 个电极，定子的 12 个电极均匀分布在转子的周围，且每隔两个并联在一起，因此该驱动器是 3 相 4 极构造。从该电机的断面图来看，如图 5-23(b)所示，转子卡在中心轴的沟槽里不会脱出，且与基板不接触，定子电极的高度与转子的高度相同或者略高。基底与微电机之间有 300 nm 厚的 SiO_2 和 1 μm 厚的氮化硅的复合层，可防止执行器与硅基底的电气失效。通过实验证明，该 SiO_2 能承受 500 V 的电压。该马达的另一个特点是其地电位平面，该地电位平面由位于转子和定子下的第一层多晶硅形成，是转子和基底间的静电屏蔽层，可消除作用于转子垂直方向的库仑力，从而减小摩擦、提高马达的性能。转子为多晶硅材料，为了减少摩擦，在转子的根部沉积了氮化硅膜，转子和中心轴间的氮化硅膜衬垫的摩擦因数小而且有较好的耐摩擦特性，所以起到了润滑和摩擦保护的作用。该马达定子与转子间的间隙约为 2 μm，工作电压范围为 60～400 V，依靠定子和转子间的静电引力工作。当向定子的各相依次施加电压时，电机会连续转动，200 V 时实测的转速为 150 r/min，但是理论上 200 V 时的转速应为 120 000 r/min，这说明了由于摩擦的影响仅获得了千分之一的转速。由于该设备利用定子和转子的端部静电力来驱动，故称为边缘驱动型旋转执行器，这种执行器的转子和中心轴有滑动面，摩擦力较大。

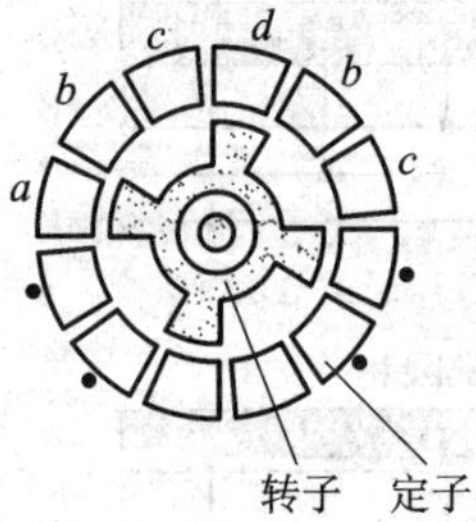

(a)

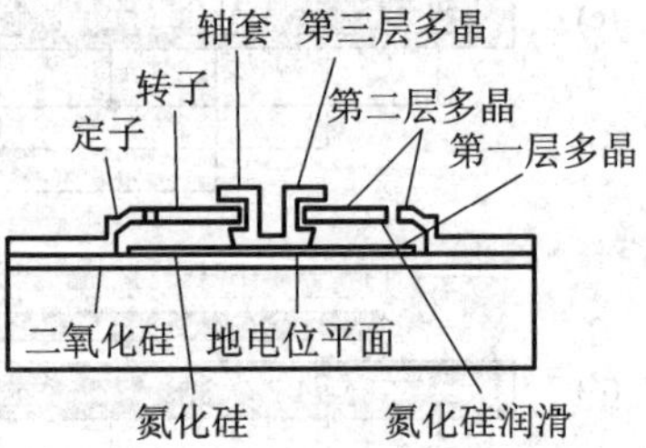

(b)

图 5-23　静电旋转驱动器

笔记

2. 静电驱动的微阀

静电驱动的微阀由顶、底导电聚合物壳和一个三层膜片结构组成，如图 5-24 所示。顶、底壳作为激励电极，膜片由两层聚酰亚胺和放在它们中间的一层金膜组成。这种阀的工作原理是，当给激励电极施加电压后，可挠性膜片将根据电压的方向和大小的不同，产生凹凸形变，从而使谐振腔内产生相应方向与大小的脉冲压力，打开或关闭阀的出入口。

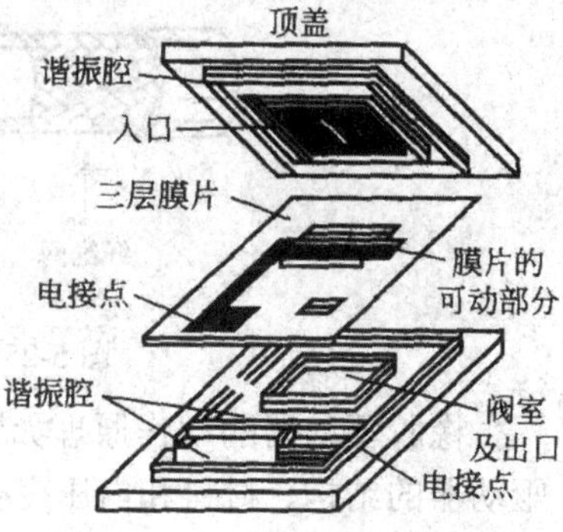

图 5-24　静电驱动的微阀的结构

六、人工肌肉驱动器

随着机器人技术的发展，驱动器从传统的电动机-减速器的机械运动方式，发展为骨架-腱-肌肉的生物运动方式。为了使机器人手臂能完成比较柔顺的作业任务，实现骨骼-肌肉的部分功能而研制的驱动装置，称为人工肌肉驱动器。

目前已经研制出了多种不同类型的人工肌肉，例如利用机械化学物质的高分子凝胶，形状记忆合金(SMA)制作的人工肌肉，但应用最多的还是气动人工肌肉(Pneumatic MuscleActuators，PMA)。

PMA 是一种拉伸型气动执行元件，当通入压缩空气时，能像人类的肌肉那样，产生很强的收缩力，所以称为气动人工肌肉。其结构简单、紧凑，在小型、轻质的机械手开发中具有突出优势；它的高度柔性使其在机器人柔顺性方面很有应用潜力；安装简便、不需要复杂的机构及精度要求，甚至可以沿弯角安装；无滑动部件，动作平滑，响应快，可实现极慢速的、更接近于自然生物的运动；同时，它还具备价格低廉、输出力/自重比高、节能、自缓冲、自阻尼、防尘、抗污染等优点，所以在灵巧手的设计中常采用 PMA 驱动的方式。

在机器人的实际应用中，一般使用成对的 PMA 构成各种形式的驱动关节，其驱动力靠相互抗衡的一对 PMA 的压力差产生，不用减速机构，可以直接驱动，也可以将其中的一只 PMA 用弹簧代替。

人工肌肉执行器材料主要有气动橡胶、聚合物(高分子)凝胶、液晶状弹性体、导电聚合物、IPMC、碳纳米管等。

橡胶驱动器(Rubbertuator)又称为人工肌肉，是一种利用压缩空气伸缩橡胶的驱动部件。增加橡胶驱动器的内压，驱动器会在直径方向膨胀，在轴方向收缩，并伴随轴向输出力(收缩力)。可见橡胶驱动器是一种新型的气压式驱动器。

图 5-25 表示了橡胶驱动器的外观和内部结构。内层是橡胶管，外层是尼龙纤维编织套网，两端用金属夹箍固定，夹箍内有气路，由此通入压缩空气。

笔记

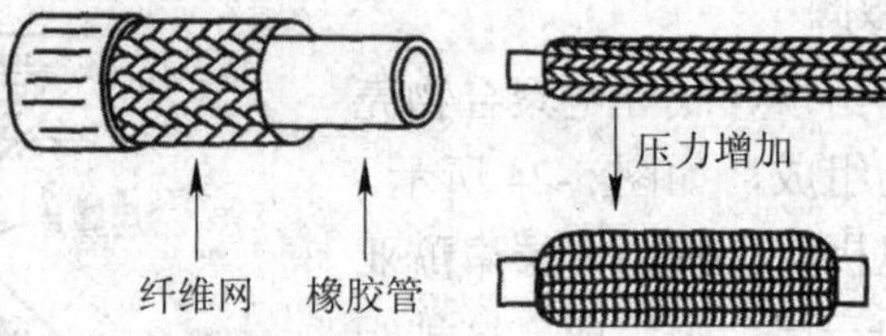

图 5-25 橡胶驱动器内外部结构

橡胶驱动器的动作原理如图 5-26(a)所示。橡胶驱动器的收缩力的大小与驱动器的结构、材料和内压变化等有关，如图 5-26(b)所示。使用橡胶驱动器驱动的悬挂式 SOFTARM 机器人如图 5-27 所示。

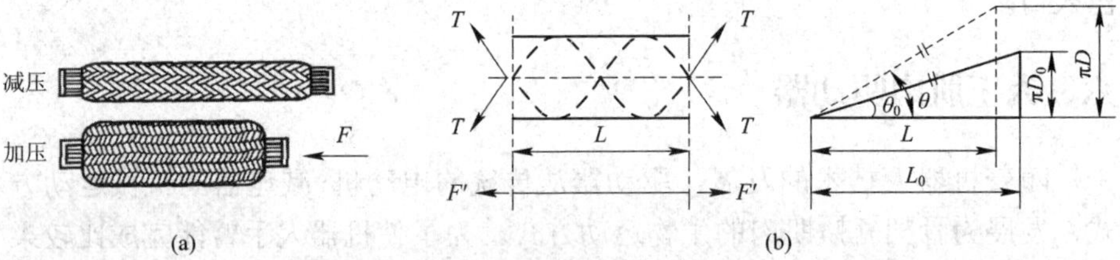

图 5-26 橡胶驱动器的动作原理

企业文化

做实对利益相关方的诚信承诺，守住依法合规底线；做实基础管控体系，落实制度文化，实现管理决策的规范化、透明化、专业化；做实商业模式，提升发展质量和效益。

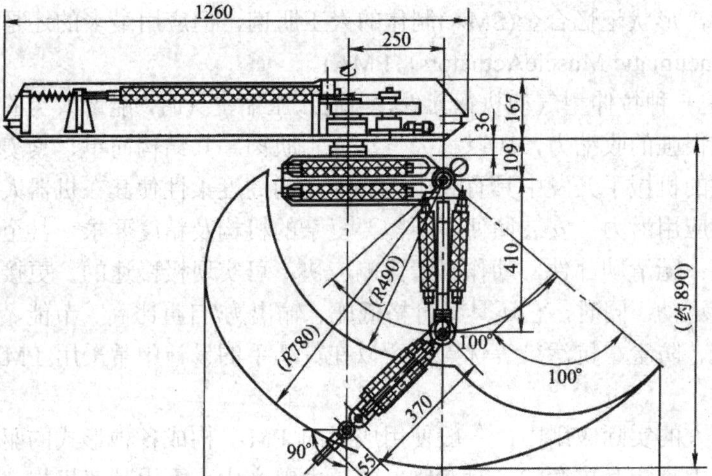

图 5-27 SOFTARM 机器人

任务扩展

聚合物凝胶人工肌肉

身体肌肉就是最典型的把化学能变换为机械能的高分子凝胶驱动器。身体肌肉在常温常压下能高效地把 ATP 等化学能变为力而做功，且能根据外界环境自我调节。因此，身体肌肉不仅可以看做是一种高性能的材料，而且可

笔记

以看做是一个具有高机能的系统。研究表明：身体肌肉能量变换效率可达50%～80%，产生张力可达几十牛每平方厘米，收缩速度达几十厘米每秒。

凝胶态是介于液体和固体之间的物质形态，高分子(聚合物)凝胶(Polymergel)是指由高分子之间组成的三维交联网络，溶剂被固定在分子网络中。高分子凝胶在工业上以及日常生活中都有着很多重要的用途。例如，凝胶纺丝可以获得高强度、高模量的纤维材料。由于水凝胶可以吸收超出自重达几百倍的水，故又大量地使用在卫生材料和生物医学材料上。另外，由于凝胶所特有的溶胀收缩性、柔软性，在功能材料制作中用途极广，例如可用凝胶制造人工肌肉、分离膜、执行器、机器人的柔软手等。

凝胶可以按各种方式来分类。根据来源，凝胶可分为天然凝胶与合成凝胶；根据高分子网络里所含的液体，凝胶可分为水凝胶和有机凝胶；根据高分子交联的方式，凝胶可以分为化学凝胶与物理凝胶等。在这些凝胶中，水凝胶是最常见也是最为重要的一种。绝大多数的生物内存在的天然凝胶以及许多合成高分子凝胶均属于水凝胶。

凝胶的性质与它的网络结构及网络所包含的溶剂的性质有着密切的关系。溶剂与高分子链的亲和性越好，凝胶就越能膨胀。平衡时的膨胀程度还与交联的程度有关，交联点的数量越少，膨胀程度越大，有的凝胶能在良溶剂中膨胀几百甚至几千倍。

由于高分子凝胶所特有的溶胀收缩性，使它本身具有执行器的特性，而且，制作的执行器结构简单。高分子凝胶执行器的功能特性取决于高分子凝胶的膨胀收缩率，刺激的响应速度，收缩强度和能量的变换效率等因素。

凝胶的膨胀度 q(膨胀后的体积 V 与干燥时的体积 V_0 之比)，主要由以下的 3 个因素决定：

(1) 低分子离子产生的膨胀压力。

(2) 高分子间的亲和效果产生的收缩压力。

(3) 高分子的弹性压力。

当这三者间达到平衡时，凝胶的膨胀呈平衡状态。温度、pH 值、无机盐的浓度、溶剂的性质都对膨胀度有所影响。一般说来，凝胶的体积变化与溶液的热力学性质成比例。但在一定的条件下，凝胶会因为溶液性质的微小变化而引起极大的体积变化，即所谓凝胶的体积相变。凝胶的体积相变现象在某种程度上类似于二氧化碳从液态至气态的变化。

高分子凝胶的膨胀收缩率因凝胶种类、刺激种类等的不同而有很大的不同。控制凝胶交联点的数量可以得到最大的膨胀收缩率。例如，高吸水性凝胶的膨胀收缩率可达自重的 3000 倍，而离子交换树脂的膨胀收缩率却很小。研制高分子凝胶执行器时，应综合考虑凝胶强度、响应速度等参数。

高分子凝胶执行器是利用凝胶受到各种刺激而发生机化作用来工作的。与其他执行器(例如马达)相比，其特点如下：

(1) 高分子凝胶本身具有执行器和传感器的特性，因而使用高分子凝胶制作的执行器结构简单，其刺激系统中的能源和控制系统可以省略。

笔记

(2) 高分子凝胶的伸缩作用与时间成指数关系。到达伸缩终点时无须使用其他机构使其逆方向运动，与生物体肌肉一样，运动过程平滑，柔顺性好。

(3) 高分子凝胶密度小，重量轻，成型性好，可制成重量轻、形状复杂的执行器。

(4) 医用无毒高分子凝胶可制成适宜于生物驱动的微执行器。

(5) 高分子凝胶具有材料本身的能量变换机能。小型化时能量的变换效率不变，输出能量与质量成比例；而其他执行器(如马达)的输出能量与质量的平方成比例，效率与质量的 3/2 次方成正比。

虽然高分子凝胶执行器具有许多优点，但实际上的高分子凝胶执行器的构造、控制系统、能量变换率等各方面还存在不少难题有待解决，重点应是开发对刺激敏感的高分子凝胶材料以及高分子凝胶执行器的实用化研究。

因所加的刺激种类不同，高分子凝胶执行器的结构和性能也大大不同。高分子凝胶致动的刺激类型有离子浓度变化、溶媒组成变化、温度变化、光刺激和电刺激等。

Katchisky 等人利用骨胶纤维在水中膨胀和在 LiBr 溶液中收缩的特性，制作了高分子凝胶涡轮机，其结构如图 5-28 所示。它的旋转速度为 2.5 r/s，输出能量为 30 mW，能连续旋转 500 次。利用聚乙烯醇(PVA)交接的聚丙烯酸(PAA)或聚甲基丙烯酸(PMAA)电解质凝胶薄膜在 HCl 中收缩、在 NaOH 中膨胀的特性，现已开发出利用离子交换树脂粉体的机化作用制成的活塞。这些机化作用系统都是利用凝胶中固定离子基离解度变化，浸透压差引起凝胶的膨胀或收缩来工作的。

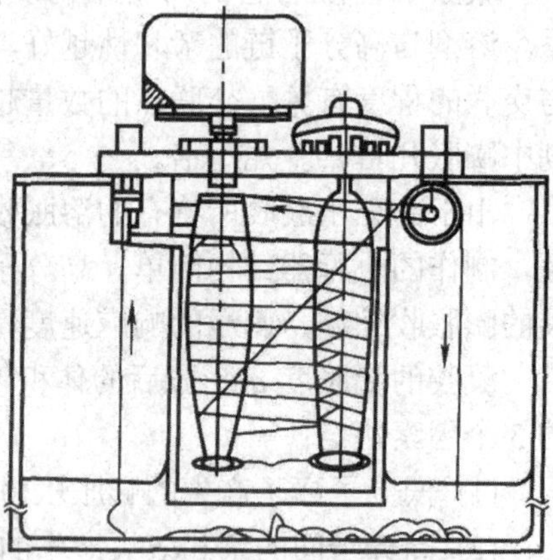

图 5-28 高分子凝胶涡轮机

对聚丙烯腈纤维(PAN)进行前酸化处理(约 200℃)，可形成环形结构(吡啶环)，用碱加水分解，则未反应的腈基会变成羧基，这样 PAN 凝胶纤维就含有吡啶环、羧基、羟基等正离子基和负离子基，形成了两性电解质凝胶。PAN 系列凝胶纤维的弹性系数大，控制其前酸化时间或加水分解时间则可以控制其膨胀收缩量、收缩强度。纤维的纵向膨胀收缩量约为 70%，收缩张力约为 200 N/cm^2，响应时间约为 1～3 s。青蛙的肌肉收缩时所做的功约为 10^{-3} J，而高分子凝胶收缩时所做的功约为 10^{-2} J。

电刺激高分子凝胶是构建形如软体动物的可变形柔性仿生机器人的常用方法，这是因为凝胶的形状和尺寸可由电场控制。利用电刺激凝胶，日本北海道大学长田义仁教授的研究室已于 1992 年研制成功了称为“人工尺蠖”的人工爬虫，在世界上首次使用凝胶材料人工实现了类似动物的柔软动作。最近日本的 Otake、Inaba 等人研制了一种完全由电刺激聚合物凝胶构成的海星状原型“凝胶机器人”，并对其机械设计和控制方法进行了探索。此两种凝胶机器人均选用典型的电解质聚合物凝胶(聚丙烯酰胺—异丁基磺酸)PAMPS 凝胶为材料。

通常，电刺激聚合物凝胶系统由聚合物和电极组成，两者可以分离或组合在一起。不管分离或组合都可通过考虑聚合物、溶液、电场间的电/化学的相互作用来建模。根据这一统一框架(聚合物和电场)体系，来讨论凝胶的电刺激变形机制，如图 5-29 所示。当在平行板电极间施加电场时，PAMPS 凝胶在含有硫酸钠的 n-十二烷基氯化吡啶(C12PyCl)表面活性剂溶液中将会显著快速地弯向阳极。如果电场极性周期性地变化，凝胶将会出现弯曲方向的振荡变化。凝胶的弯曲运动基于分子吸附理论。溶液中的带正电分子在电场的驱动下吸附在带阴离子的凝胶表面上，吸附的分子对凝胶表面传递并施加应力，从而导致表面应变。

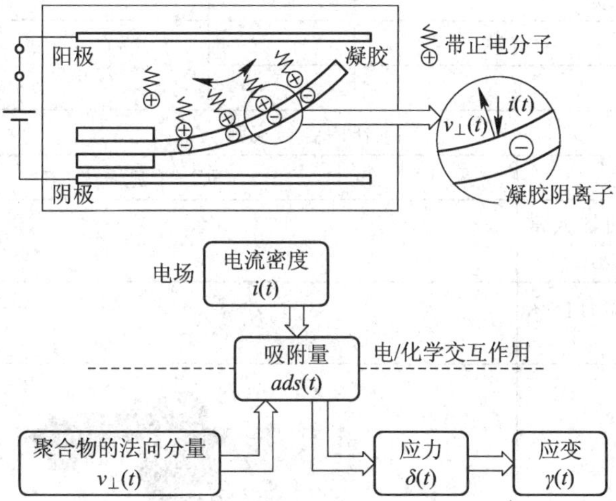

图 5-29　聚合物凝胶变形机制

任务巩固

1. 新型驱动装置有何特点？
2. 形状记忆合金驱动器有何特点？
3. 超声波电动机有何特点？

模块五资源

笔记

操作与应用

工作单

<table>
<tr><td>姓名</td><td></td><td>工作名称</td><td colspan="2">工业机器人的驱动系统</td></tr>
<tr><td>班级</td><td></td><td>小组成员</td><td colspan="2"></td></tr>
<tr><td>指导教师</td><td></td><td>分工内容</td><td colspan="2"></td></tr>
<tr><td>计划用时</td><td></td><td>实施地点</td><td colspan="2"></td></tr>
<tr><td>完成日期</td><td colspan="2"></td><td>备注</td><td></td></tr>
<tr><td colspan="5">工作准备</td></tr>
<tr><td colspan="3">资　料</td><td>工具</td><td>设　备</td></tr>
<tr><td colspan="3"></td><td></td><td rowspan="2"></td></tr>
<tr><td colspan="3"></td><td></td></tr>
<tr><td colspan="5">工作内容与实施</td></tr>
<tr><td colspan="2">工作内容</td><td colspan="3">实　施</td></tr>
<tr><td colspan="2">1. 简述工业机器人常用驱动系统的种类</td><td colspan="3"></td></tr>
<tr><td colspan="2">2. 新型驱动器有什么用处</td><td colspan="3"></td></tr>
<tr><td colspan="2" rowspan="2">3. 指出图1、图2所示工业机器人驱动系统的方式及组成</td><td colspan="3">
图1　六轴工业机器人</td></tr>
<tr><td colspan="3">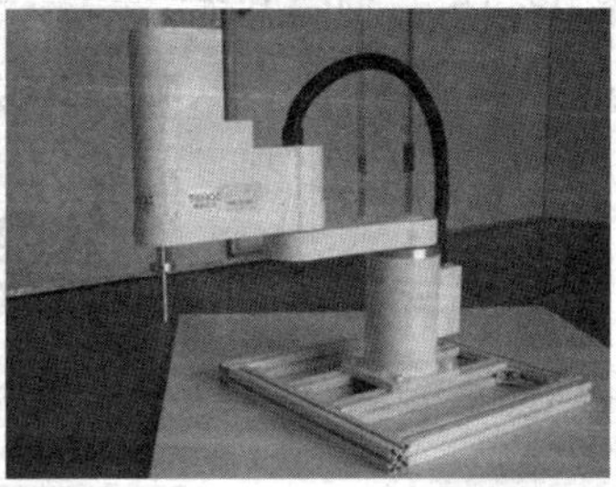
图2　平面关节工业机器人</td></tr>
</table>

笔记

工 作 评 价

	评 价 内 容				
	完成的质量（60 分）	技能提升能力（20 分）	知识掌握能力（10 分）	团队合作（10 分）	备注
自我评价					
小组评价					
教师评价					

1．自我评价

班级　　　　　　　　姓名　　　　　工作名称　工业机器人的驱动系统

自我评价表

序号	评价项目			是	否	
1	是否明确人员的职责					
2	能否按时完成工作任务的准备部分					
3	工作着装是否规范					
4	是否主动参与工作现场的清洁和整理工作					
5	是否主动帮助同学					
6	是否能识别六轴工业机器人驱动系统的种类与组成					
7	是否能识别平面关节工业机器人驱动系统的种类与组成					
8	是否完成了清洁工具和维护工具的摆放					
9	是否执行 6S 规定					
评价人		分数		时间	年　　月	日

2．小组评价

小组评价表

序号	评价项目	评价情况
1	与其他同学的沟通是否顺畅	
2	是否尊重他人	
3	工作态度是否积极主动	
4	是否服从教师的安排	
5	着装是否符合标准	
6	能否正确地理解他人提出的问题	
7	能否按照安全和规范的规程操作	
8	能否保持工作环境的干净整洁	

笔记

续表

序号	评价项目	评价情况
9	是否遵守工作场所的规章制度	
10	是否有工作岗位的责任心	
11	是否全勤	
12	是否能正确对待肯定和否定的意见	
13	团队工作中的表现如何	
14	是否达到任务目标	
15	存在的问题和建议	

3. 教师评价

课程	工业机器人操作与应用	工作名称	工业机器人的驱动系统	完成地点	
姓名		小组成员			
序号	项目		分值	得分	
1	简答题		40		
2	识别六轴工业机器人驱动系统的种类与组成		30		
3	识别平面关节工业机器人驱动系统的种类与组成		30		

自 学 报 告

自学任务	直线电动机驱动系统的种类与组成
自学内容	
收　获	
存在问题	
改进措施	
总　结	

笔记

模块六

工业机器人的控制系统

工业机器人的控制器是工业机器人的主要组成部分，其机能类似于人脑，如图 6-1 所示。工业机器人要与外围设备协调动作，共同完成作业任务，就

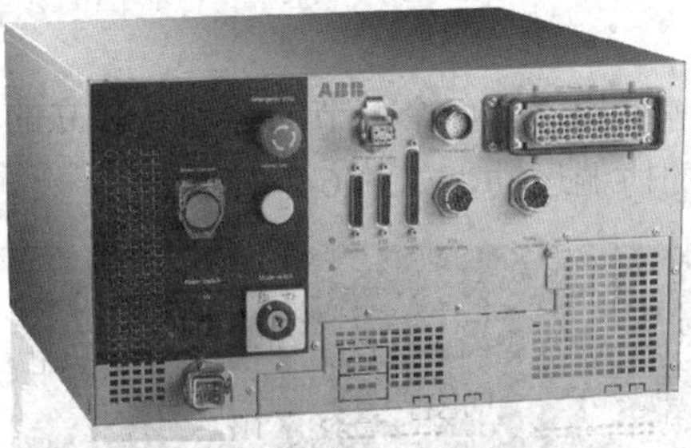

(a) ABB 工业机器人控制器

(b) KUKA 工业机器人控制器

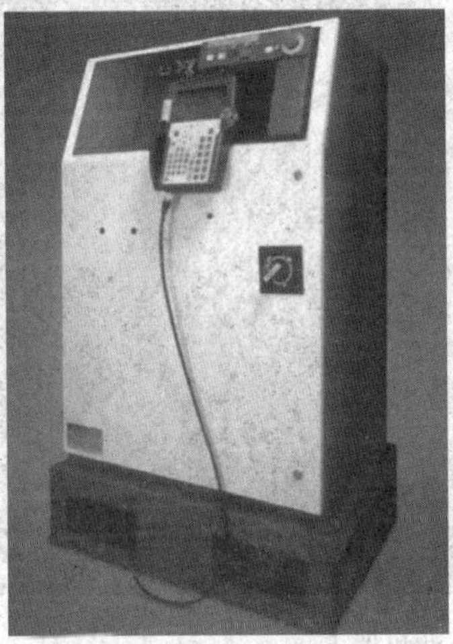

(c) FANUC 工业机器人控制器

(d) 安川工业机器人控制器

图 6-1　工业机器人控制系统

笔记

必须具备一个功能完善、灵敏可靠的控制系统。工业机器人的控制系统可分为两大部分：一部分是对其自身运动的控制，另一部分是工业机器人与周边设备的协调控制。

模块目标

知识目标	能力目标
1. 掌握工业机器人控制系统的基本组成 2. 掌握工业机器人控制系统的硬构成 3. 掌握工业机器人控制系统的软构成	1. 能分析机器人的控制方式 2. 能分析典型工业机器人的控制系统

任务一 认识工业机器人控制系统的基本组成

课程思政

三严三实

严以修身、严以用权、严以律己，谋事要实、创业要实、做人要实。

工作任务

多数机器人的结构是一个空间开链机构，其各个关节的运动是独立的，为了实现末端点的运动，需要多关节的协调运动，如图 6-2 所示。

图 6-2 上下料工业机器人

笔记

任务目标

知 识 目 标	能 力 目 标
1. 了解工业机器人控制系统的特点 2. 掌握工业机器人控制系统的主要功能 3. 了解工业机器人控制系统的分类	1. 能分析机器人控制系统的组成 2. 能分析机器人控制系统的结构 3. 能分析机器人的控制方式

任务实施

教师讲解

一、工业机器人控制系统的特点

1. 运动描述复杂

机器人的控制与机构运动学及动力学密切相关。机器人手足的状态可以在各种坐标下进行描述，应当根据需要，选择不同的参考坐标系，并进行适当的坐标变换。在使用时需求解正向运动学和反向运动学的解，除此之外还要考虑惯性力、外力(包括重力)、哥氏力及向心力的影响。

2. 自由度多

一个简单的机器人也至少有3～5个自由度，比较复杂的机器人则有十几个，甚至几十个自由度。每个自由度一般包含一个伺服机构，它们必须协调起来，组成一个多变量控制系统。

3. 计算机控制

把多个独立的伺服系统有机地协调起来，使其按照人的意志行动，甚至赋予机器人一定的“智能”，这个任务只能由计算机来完成。因此，机器人控制系统必须是一个计算机控制系统，这将使计算机软件担负艰巨的任务。

4. 数学模型复杂

描述机器人状态和运动的数学模型是一个非线性模型，随着状态的不同和外力的变化，其参数也在变化，各变量之间还存在耦合。因此，仅仅利用位置闭环是不够的，还要利用速度甚至加速度闭环。系统中经常使用重力补偿、前馈、解耦或自适应控制等方法。

5. 信息运算量大

机器人的动作往往可以通过不同的方式和路径来完成，因此存在一个“最优”的问题。较高级的机器人可以用人工智能的方法，建立庞大的信息库，借助信息库进行控制、决策、管理和操作。根据传感器和模式识别的方法获得对象及环境的工况，按照给定的指标要求，自动选择最佳的控制规律。

总而言之，机器人控制系统是一个与运动学和动力学原理密切相关的、有耦合的、非线性的多变量控制系统。由于其特殊性，不能照搬经典控制理论和现代控制理论。因此到目前为止，机器人控制理论还不完整、不系统，

笔记 相信随着机器人技术的发展，机器人控制理论必将日趋成熟。

二、工业机器人控制系统的主要功能

工业机器人控制系统的主要任务是控制工业机器人在工作空间中的运动位置、姿态和轨迹、操作顺序及动作时间等，工业机器人控制系统的主要功能有如下两点：

1. 示教再现功能

示教再现控制是指控制系统可以通过示教盒或手把手进行示教，将动作顺序、运动速度、位置等信息用一定的方法预先教给工业机器人，由工业机器人的记忆装置将所教授的操作过程自动地记录在存储器中，当需要再现操作时，重放存储器中存储的内容即可。如需更改操作内容时，只需重新示教一遍。

目前，大多数工业机器人都具有采用示教方式来编程的功能。示教编程一般可分为手把手示教编程和示教盒示教编程两种方式。

1) 手把手示教编程

手把手示教编程方式主要用于喷漆、弧焊等要求实现连续轨迹控制的工业机器人示教编程中。具体的方法是：人工利用示教手柄引导末端执行器经过所要求的位置，同时由传感器检测出工业机器人各关节处的坐标值，并由控制系统记录、存储这些数据信息。实际工作中，工业机器人的控制系统会重复再现示教过的轨迹和操作技能。

手把手示教编程能实现点到点(PTP)控制，与连续轨迹(CP)控制。不同的是它只记录各轨迹程序移动的两端点位置，轨迹的运动速度则按各轨迹程序段对应的功能数据输入。

2) 示教盒示教编程

示教盒示教编程方式是人工利用示教盒上所具有的各种功能的按钮来驱动工业机器人的各关节轴，按作业所需要的顺序单轴运动或多关节协调运动，从而完成位置和功能的示教编程。

示教盒通常是一个带有微处理器的、可随意移动的小键盘，内部 ROM 中固化有键盘扫描和分析程序。其功能键一般具有回零、示教方式、自动方式和参数方式等。

由于示教编程控制具有编程方便、装置简单等优点，在工业机器人的初期得到了较多的应用。同时，又由于其编程精度不高、程序修改困难、示教人员操作要熟练等缺点的限制，促使人们又开发了许多新的控制方式和装置，以使工业机器人能更好更快地完成作业任务。目前随着计算机技术与制造技术的发展，示教盒的功能更加丰富。图 6-3 所示为 KUKA 机器人的示教盒。

笔记

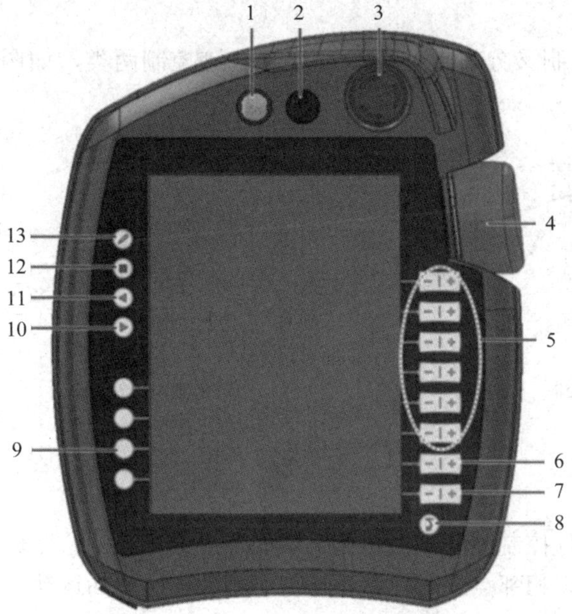

1—按钮；
2—钥匙开关；
3—急停键；
4—3D鼠标；
5—移动键；
6—程序倍率按键；
7—手动倍率按键；
8—主菜单按键；
9—工艺键；
10—启动键；
11—逆向启动键；
12—停止键；
13—键盘键

图 6-3　KUKA 机器人的示教盒

2. 运动控制功能

运动控制功能是指对工业机器人末端操作器的位姿、速度、加速度等选项的控制。

工业机器人的运动控制是指工业机器人的末端执行器从一点移动到另一点的过程中，对其位置、速度和加速度的控制。由于工业机器人末端操作器的位置和姿态是由各关节的运动引起的，因此，对其运动控制实际上是通过控制关节运动实现的。

工业机器人关节运动控制一般可分为两步进行。第一步是关节运动伺服指令的生成，即指将末端执行器在工作空间的位置和姿态的运动转化为由关节变量表示的时间序列或表示为关节变量随时间变化的函数，这一步一般可离线完成；第二步是关节运动的伺服控制，即跟踪执行第一步所生成的关节变量伺服指令，这一步是在线完成的。

三、机器人的控制方式

工业机器人控制方式的分类没有统一的标准。按运动坐标控制的方式，机器人的控制方式可分为关节空间运动控制、直角坐标空间运动控制；按控制系统对工作环境变化的适应程度，机器人的控制方式可分为程序控制系统、适应性控制系统、人工智能控制系统；按同时控制机器人的数量，机器人的控制方式可分为单控系统、群控系统。除此以外，通常还按运动控制方式的不同，将机器人控制分为位置控制、速度控制、力控制(包括位置/力混合控制)三类。下面按最后一种分类方法，对工业机器人控制方式做具体分析。

笔记

1. 位置控制方式

工业机器人位置控制又分为点位控制和连续轨迹控制两类，如图 6-4 所示。

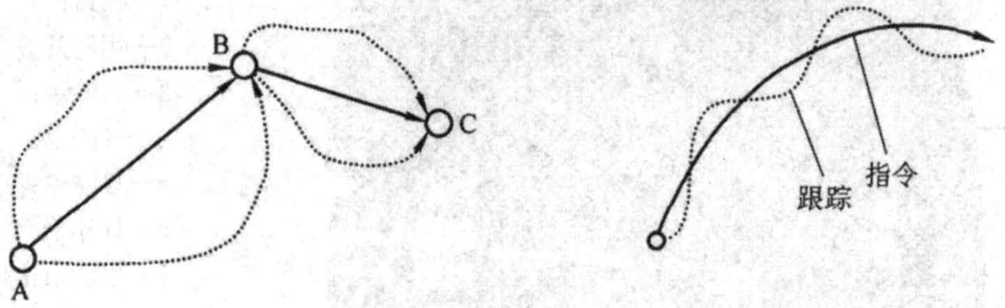

(a) 点位控制　　(b) 连续轨迹控制

图 6-4　位置控制方式

1) 点位控制

点位控制的特点是仅控制离散点上工业机器人手爪或工具的位姿轨迹，要求尽快而无超调地实现相邻点之间的运动，但对相邻点之间的运动轨迹一般不做具体规定。例如，在印制电路板上安插元件以及点焊、搬运和上下料等工作都属于点位式工作方式。

点位控制的主要技术指标是定位精度和完成运动所需的时间。一般来说，这种方式比较简单，但是要达到 2～3 μm 的定位精度也是相当困难的。

2) 连续轨迹控制

连续轨迹控制的特点是连续控制工业机器人手爪(或工具)的位姿轨迹。在弧焊、喷漆、切割等工作中，要求机器人末端执行器按照示教的轨迹运动。其控制方式类似于控制原理中的跟踪系统，称为轨迹伺服控制。轨迹控制的技术指标是轨迹精度和平稳性。例如，在弧焊、喷漆、切割等场所的工业机器人控制均属于这一类。

关节空间法首先在直角坐标空间(工具空间)中期望的路径点，用逆运动学计算将路径点转换成关节矢量角度值，然后对每个关节拟合一个光滑函数，从初始点依次通过所有路径点到达目标点，并使每一路径的各个关节运动时间均相同。关节轨迹同时要满足一组约束条件，例如位姿、速度、加速度与连续性等。在满足约束条件的前提下，可选取不同类型的关节插值函数。这种方法确定的轨迹在直角坐标空间(工具空间)中可以保证经过路径点，但是在路径点之间的轨迹形状则可能很复杂。这种规划轨迹方法计算比较简单，各个关节函数之间相互独立，且不会发生机构的奇异性问题。在关节空间常用的规划方法有三次多项式函数插值法、高阶多项式插值法以及抛物线连接的线性函数插值法等。

目前，工业机器人所采用的代表性控制方法是通过直线插补来进行轨迹控制。如图 6-5(a)所示，当给定了起始点 P_1 与目标点 P_2 时，让机械手沿着连接这两点的直线进行移动。为此，首先要确定机械手沿直线运动的速度模型，一般采用如图 6-5(b)所示的台形速度模型。由于工业机器人是通过采样周期

笔记

来驱动的，图 6-5 中采样周期为 T，因此速度模型的横轴必定是 T 的整数倍 nT，而且梯形面积必须与 P_1 与 P_2 间的距离相等。

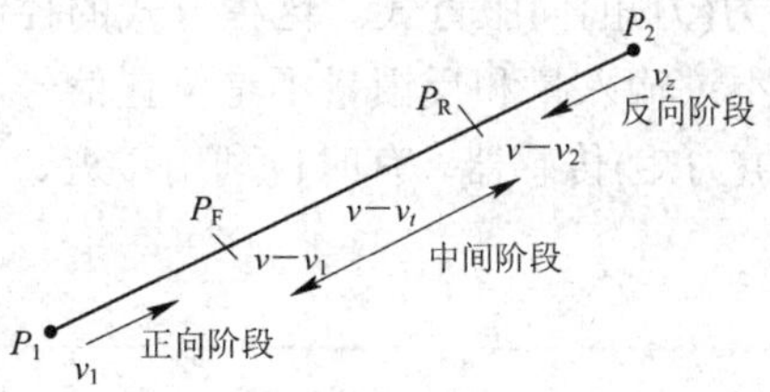

(a) 直线插补

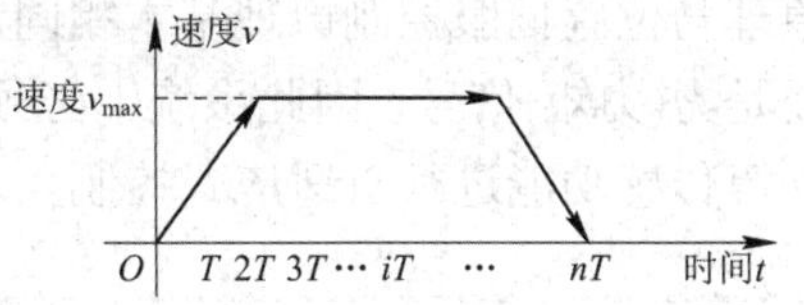

(b) 梯形速度模型

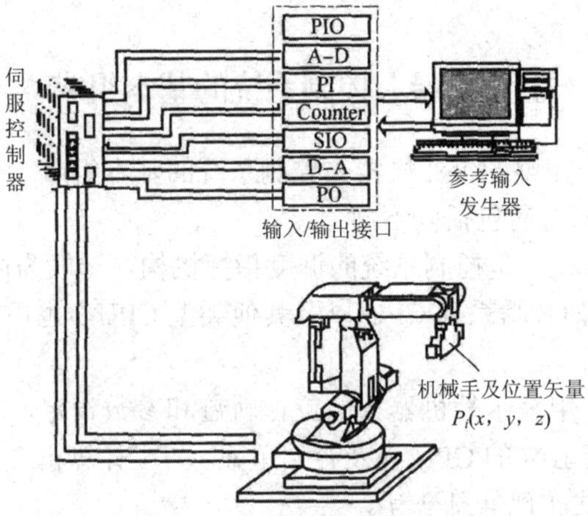

(c) 控制系统

图 6-5　直线插补与轨迹控制

2. 速度控制方式

对工业机器人的运动控制来说，在位置控制的同时，有时还要进行速度控制。例如，在连续轨迹控制方式的情况下，工业机器人按预定的指令控制运动部件的速度并实行加、减速，以满足运动平稳、定位准确的要求。为了实现这一要求，机器人的行程要遵循一定的速度变化曲线，如图 6-6 所示。由于工业机器人是一种工作情况(行程负载)多变、惯性负载大的运动机械，要处理好快速与平稳的矛盾，必须控制启动加速和停止前的减速这两个过渡运动区段。

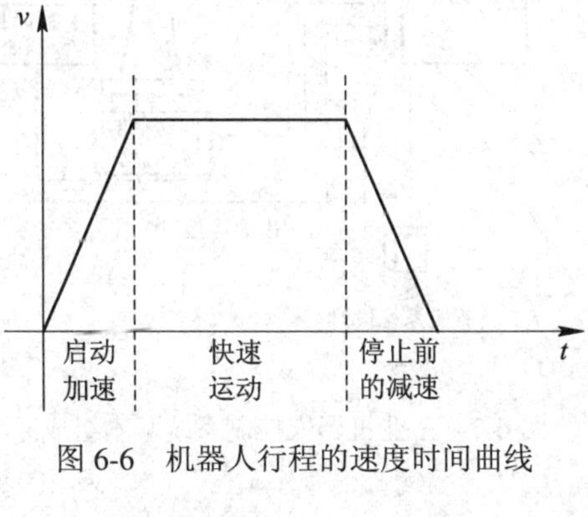

图 6-6　机器人行程的速度时间曲线

笔记

3. 力(力矩)控制方式

在完成装配、抓放物体等工作时，除了要准确定位之外，还要求使用适度的力或力矩进行工作，这时就要利用力(力矩)伺服方式。这种方式的控制原理与位置伺服控制原理基本相同，只不过输入量和反馈量不是位置信号，而是力(力矩)信号，因此系统中必须有力(力矩)传感器。有时也利用接近、滑动等传感功能进行自适应式控制。

任务实施

现场教学

工业机器人控制系统的基本组成

图 6-7 是一个完整的工业机器人控制系统的基本组成。从图中可以看出，工业机器人控制系统应包括以下部分：

(1) 控制计算机：是控制系统的调度指挥机构。一般为微处理器，有 32 位、64 位等，例如奔腾系列 CPU 以及其他类型 CPU。也可用可编程控制器替代。

(2) 示教盒：用来示教机器人的工作轨迹和参数设定，以及一些人机交互操作，拥有自己独立的 CPU 以及存储单元，与主计算机之间以串行通信方式或并行通信方式实现信息交互。

(3) 操作面板：由各种操作按键、状态指示灯构成，只完成基本功能操作。

(4) 硬盘和软盘存储器：存储机器人工作程序的外部存储器。

(5) 数字和模拟量输入/输出：用于各种状态和控制命令的输入或输出。

(6) 打印机接口：记录需要输出的各种信息。

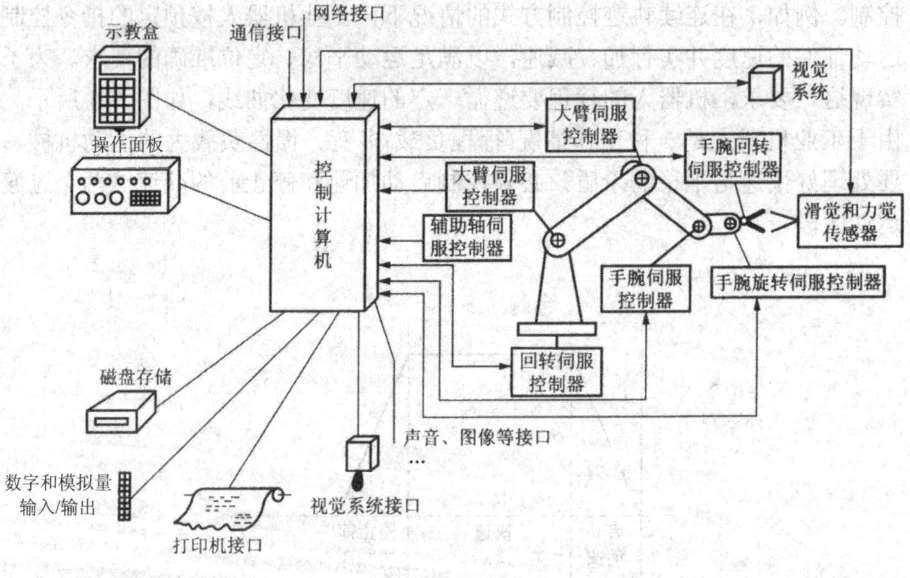

图 6-7　工业机器人控制系统基本组成

(7) 传感器接口：用于信息的自动检测，实现机器人柔顺控制，一般为力觉、触觉和视觉传感器。

(8) 轴控制器：包括各关节的伺服控制器，完成机器人各关节位置、速度和加速度控制。

(9) 辅助设备控制：用于和机器人配合的辅助设备控制，例如手爪变位器等。

(10) 通信接口：实现机器人和其他设备的信息交换，一般有串行接口、并行接口等。

一、对机器人控制系统的一般要求与体系结构

机器人的控制器是执行机器人控制功能的一种集合，由硬件和软件两部分构成，用于实现对操作机的控制，以完成特定的工作任务。其基本功能见表 6-1。

表 6-1　机器人控制系统功能

功　能	说　明
记忆功能	作业顺序，运动路径，运动方式，运动速度，与生产工艺有关信息
示教功能	离线编程，在线示教。在线示教包括示教盒和导引示教两种
与外围设备联系功能	输入、输出接口，通信接口，网络接口，同步接口
坐标设置功能	关节、绝对、工具 3 个坐标系
人机接口	显示屏、操作面板、示教盒等
传感器接口	位置检测，视觉、触觉、力觉等
位置伺服功能	机器人多轴联动，运动控制，速度、加速度控制，动态补偿等
故障诊断安全保护功能	运动时系统状态监视，故障状态下的安全保护和故障诊断

二、机器人控制系统分类

机器人控制系统分类见表 6-2。

表 6-2　机器人控制系统分类

分类方式	类　别	说　明
控制方式	顺序控制系统	按预定的顺序进行一连串的控制动作。采用开关信号，执行元件多数是继电器和电磁阀。用于工作条件完全确定和不变的情况，目前很少采用
	程序控制系统	给每一自由度传动系统施加一定规律的控制作用，机器人就可实现要求的空间轨迹
	适应控制系统	当外界条件变化时，为保证所要求的品质或为了随着经验的积累而自行改善控制品质，控制系统的结构和参数应能随时间自动改变
	人工智能系统	事先无法编制运动程序，而是要求在运动过程中根据所获得的周围状态信息实时确定控制作用

笔记

工匠精神

工匠精神要敬业，它也是一种劳模精神，每一位劳动者在自己的岗位踏踏实实的工作，把自己的这个螺丝钉完美的嵌在整条生产线上，尽最大的努力把自己的工作做到完美。就是因为有这样的每一位勤勤恳恳的社会主义劳动者才铸造了中国的工匠精神。

笔记

续表

分类方式	类　别	说　　明
运动方式	点位式	要求机器人准确控制末端执行器的位姿，而与路径无关
	轨迹式	要求机器人按示教的轨迹和速度运动
控制总线	国际标准总线控制系统	采用国际标准总线作为控制系统的控制总线，例如 VME、MULTI-Bus、STD-Bus、PC-Bus 等
	自定义总线控制系统	由生产厂家自行定义使用的总线作为控制系统总线
编程方式	物理设置编程系统	由操作者设置固定的限位、停止等编程，只能用于简单的拾起和放置作业
	在线编程	通过人的示教来完成操作信息的记忆过程编程方式，包括手把手示教、模拟示教和示教盒示教
	离线编程	机器人作业的信息记忆与作业对象不发生直接关系，通过使用高级机器人编程语言，远程或离线生成机器人作业轨迹

三、机器人控制系统的组成

一个典型的机器人运动控制系统主要由上位计算机、运动控制器、驱动器、电动机、执行机构和反馈装置构成，如图 6-8 所示。

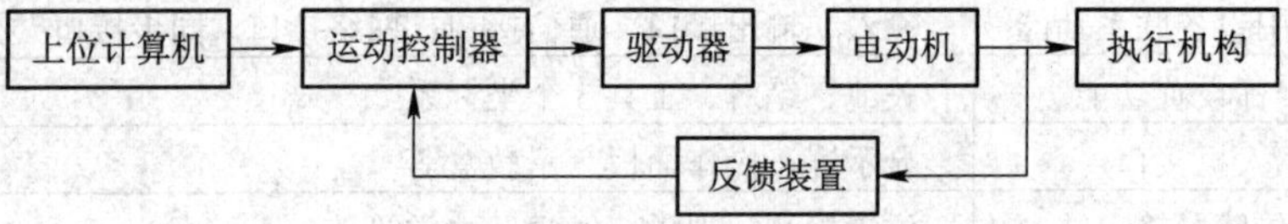

图 6-8　机器人控制系统的基本结构

一般地，工业机器人控制系统基本结构的构成方案有 3 种，即基于 PLC 的运动控制，基于 PC 和运动控制卡的运动控制，纯 PC 控制。

1. 基于 PLC 的运动控制

PLC 进行运动控制有两种方式，如图 6-9 所示。

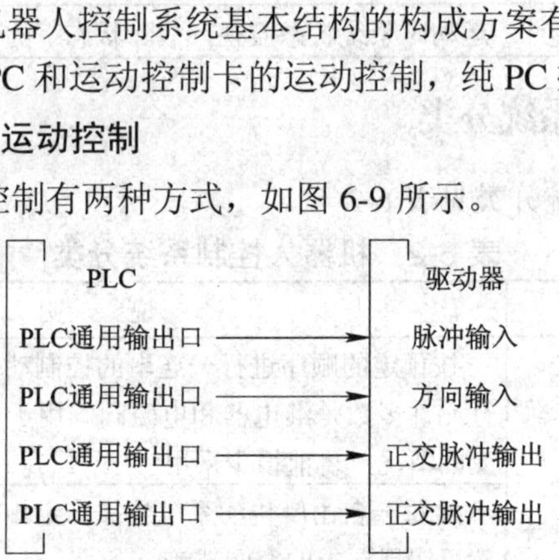

图 6-9　基于 PLC 的运动控制

(1) 利用 PLC 的某些输出端口使用脉冲输出指令，产生脉冲驱动电动机；同时使用通用 I/O 或者计数部件来实现电动机的闭环位置控制。

(2) 使用 PLC 外部扩展的位置模块来进行电动机的闭环位置控制。

笔记

2. 基于PC和运动控制卡的运动控制

运动控制器以运动控制卡为主，工控 PC 只提供插补运算和运动指令。运动控制卡完成速度控制和位置控制，如图 6-10 所示。

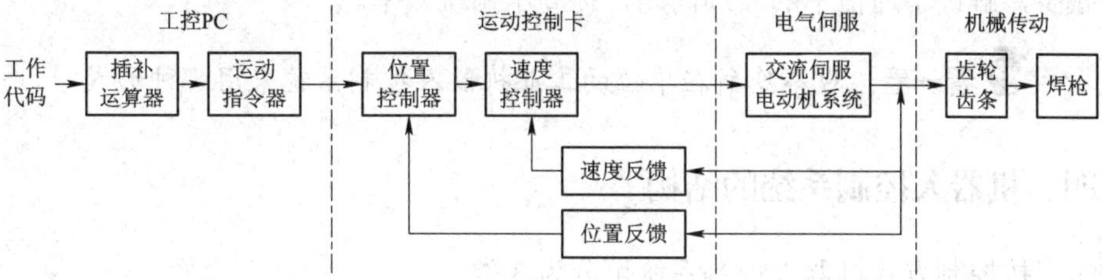

图 6-10　基于 PC 和运动控制卡的运动控制

3. 纯PC控制

图 6-11 为完全采用 PC 的全软件形式的机器人控制系统。在高性能工业 PC 和嵌入式 PC(配备专为工业应用而开发的主板)的硬件平台上，可通过软件程序实现 PLC 和运动控制等功能，实现机器人需要的逻辑控制和运动控制。

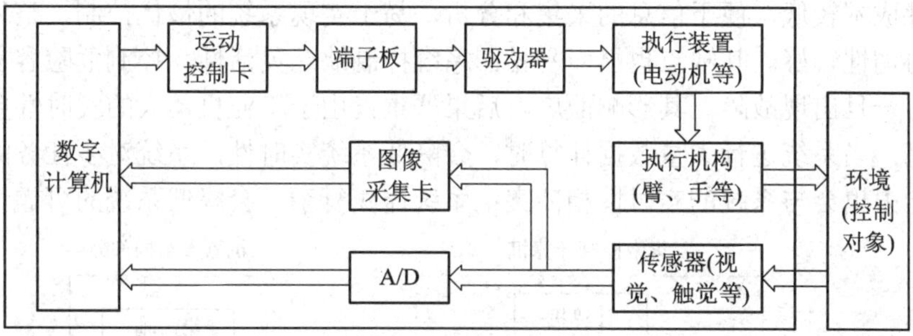

图 6-11　完全采用 PC 的全软件机器人控制系统

通过高速的工业总线进行 PC 与驱动器的实时通信，能显著地提高机器人的生产效率和灵活性。不过，在提供灵活的应用平台的同时，也大大提高了开发难度和延长了开发周期。由于其结构的先进性，这种结构代表了未来机器人控制结构的发展方向。

随着芯片集成技术和计算机总线技术的发展，专用运动控制芯片和运动控制卡越来越多地作为机器人的运动控制器。这两种形式的伺服运动控制器控制方便灵活，成本低，都以通用 PC 为平台，借助 PC 的强大功能来实现机器人的运动控制。前者利用专用运动控制芯片与 PC 总线组成简单的电路来实现；后者直接做成专用的运动控制卡。这两种形式的运动控制器内部都集成了机器人运动控制所需的许多功能，有专用的开发指令，所有的控制参数都可由程序设定，使机器人的控制变得简单、易实现。

运动控制器都从主机(PC)接受控制命令，从位置传感器接受位置信息，向伺服电动机功率驱动电路输出运动命令。对于伺服电动机位置闭环系统来说，运动控制器主要完成了位置环的作用，可称为数字伺服运动控制器，适

笔记

用于包括机器人和数控机床在内的一切交、直流和步进电动机伺服控制系统。

专用运动控制器的应用使得原来由主机完成的大部分计算工作由运动控制器内的芯片来完成，使控制系统硬件设计简单，与主机之间的数据通信量减少，解决了通信中的瓶颈问题，提高了系统效率。

看一看：观察您所在单位的工业机器人控制系统采用哪种形式？

四、机器人控制系统的结构

企业文化

在关键技术经济指标、资本回报水平、运行效率、产品竞争力、品牌影响力以及资本市场地位等方面优于同行，引领行业进步。不仅要做到在业务板块整体层面上好，还要做到业务板块下每个项目、使公司都能达到行业优秀水平。

按控制方式机器人控制系统可分为 3 类。

1. 集中控制方式

集中控制方式用一台计算机实现全部控制功能，结构简单、成本低，但实时性差、难以扩展。在早期的机器人中常采用这种结构，其构成框图如图 6-12 所示。基于计算机的集中控制系统，充分利用了计算机资源开放性的特点，可以实现很好的开放性，多种控制卡、传感器设备等都可以通过标准 PCI 插槽或通过标准串口、并口集成到控制系统中。集中式控制系统的优点是：硬件成本较低，便于信息的采集和分析，易于实现系统的最优控制，整体性与协调性较好。其缺点也显而易见：系统控制缺乏灵活性，控制危险容易集中，一旦出现故障，其影响面广，后果严重；由于工业机器人的实时性要求很高，当系统进行大量数据计算时，会降低系统实时性，系统对多任务的响应能力也会与系统的实时性相冲突；系统连线复杂，会降低系统的可靠性。

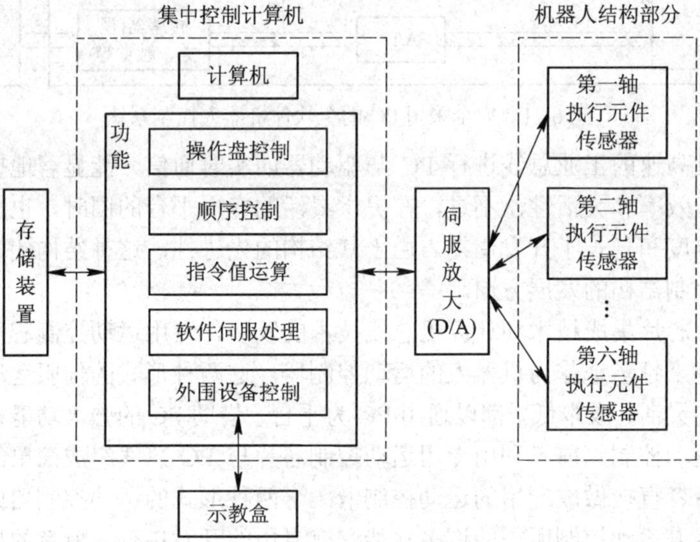

图 6-12　集中控制方式框图

2. 主从控制方式

主从控制方式采用主、从两级处理器实现系统的全部控制功能。主 CPU 实现管理、坐标变换、轨迹生成和系统自诊断等；从 CPU 实现所有关节的动

笔记

作控制。其构成框图如图 6-13 所示。主从控制方式系统实时性较好，适于高精度、高速度控制，但其系统扩展性较差，维修困难。

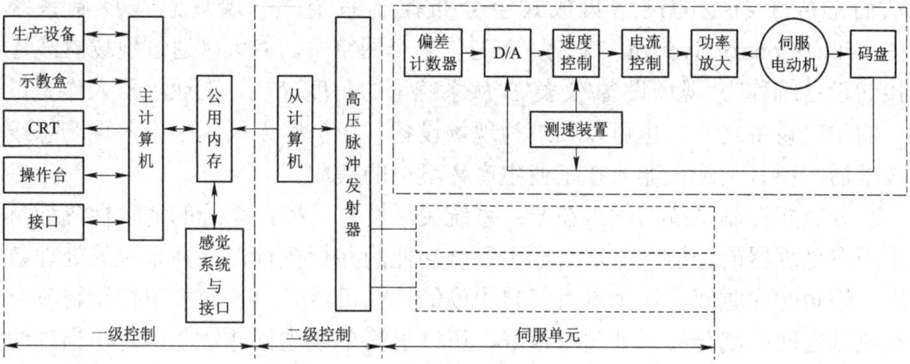

图 6-13　主从控制方式框图

3. 分布控制方式

分布控制方式按系统的性质和方式将系统控制分成多个模块，每一个模块各有不同的控制任务和控制策略，各模式之间可以是主从关系，也可以是平等关系。这种方式实时性好，易于实现高速、高精度控制，易于扩展，可实现智能控制，是目前流行的方式，其控制框图如图 6-14 所示。分布控制的主要思想是“分散控制，集中管理”，即系统对其总体目标和任务可以进行综合协调和分配，并通过子系统的协调工作来完成控制任务。整个系统在功能、逻辑和物理等方面都是分散的，所以 DCS 系统又称为集散控制系统或分散控制系统。在这种结构中，子系统由控制器和不同被控对象或设备构成，各个子系统之间通过网络等相互通信。分布式控制结构提供了一个开放、实时、精确的机器人控制系统。分布式系统中常采用两级控制方式。

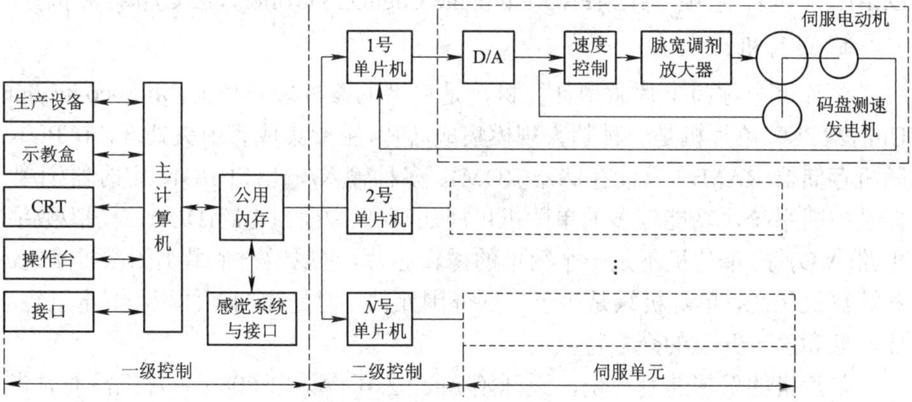

图 6-14　分布控制方式框图

两级分布式控制系统通常由上位机、下位机和网络组成。上位机可以进行不同的轨迹规划和算法控制，下位机进行插补细分、控制优化等的实现。上位机和下位机通过通信总线相互协调工作。这里的通信总线形式包括 RS-232、RS-485、EEE-488 以及 USB 总线等。现在，以太网和现场总线技术

笔记

的发展为机器人提供了更快速、稳定、有效的通信服务。尤其是现场总线，可应用于生产现场，在微机化测量控制设备之间实现双向多结点数字通信，从而形成了新型的网络集成式全分布控制系统——现场总线控制系统(Fieldbus Control System，FCS)。在工厂生产网络中，将可以通过现场总线连接的设备统称为“现场设备/仪表”。从系统论的角度来说，工业机器人作为工厂的生产设备之一，也可以归纳为现场设备。在机器人系统中引入现场总线技术后，更有利于机器人在工业生产环境中的集成。

分布式控制系统的优点在于：系统灵活性好，控制系统的危险性降低，采用多处理器的分散控制，有利于系统功能的并行执行，提高系统的处理效率，缩短响应时间。对于具有多自由度的工业机器人而言，集中控制将各个控制轴之间的耦合关系处理得很好，可以很简单地进行补偿。但是，当轴的数量增加到使控制算法变得很复杂时，其控制性能将会恶化。而且，当系统中轴的数量或控制算法变得很复杂时，可能会导致系统重新设计。与之相比，分布式结构的每一个运动轴都由一个控制器处理，这意味着系统有较少的轴间耦合和较高的系统重构性。

看一看：观察您所在单位的工业机器人控制系统采用哪种结构？

五、机器人决策控制系统常用控制器

控制器是机器人的核心，深层次影响着机器人的性能，也极大程度地制约机器人的发展。控制器根据外部传感器采集的数据，对数据进行处理，然后控制驱动执行器，完成规定的动作。

机器人控制器主要包括单片机、数字信号处理器(Digital Signal Processor，DSP)、可编程逻辑控制器(Programmable Logic Controller，PLC)和计算机等。

1. 单片机

单片机全称为单片微型计算机，是典型的微处理器单元(Microcontroller Unit，MCU)。单片机是一种超大规模集成芯片，主要集成有中央处理器(CPU)、随机存储器(RAM)、只读存储器(ROM)、多种输入/输出口(I/O)、定时器/计数器及中断系统，功能较多的单片机可能还有数字/模拟电路(D/A)、模拟/数字电路(A/D)等。单片机不是一个简单的逻辑芯片，它属于一个最小的微机系统。和计算机相比，单片机只是少了一些外围元件，但是却拥有体积小、重量轻、成本低和易于开发的众多特点。

单片机的发展速度很快，最开始 Intel 公司设计出 8080 单片机，而且当时的单片机主要是 8 位和 4 位的，运算能力较差。随后，Intel 公司又设计出了 8051 核心单片机，获得了很大的成功。在 8051 的基础上，Intel 公司又设计出了 MCS51 系列单片机，运算能力强、可靠性好，获得了广泛的应用。到目前为止，市场上已经发展出了 32 位单片机，使单片机应用越来越广泛。Intel 公司其后将单片机的核心授权给了很多公司，使现在单片机的种类很多，

笔记

生产的厂家也很多，主要的厂家有 Atmel、STC、MICROCHIP、PHLIPIS 等。

2. DSP

DSP 是专门的数字信号处理芯片，是伴随着微电子学、数字信号处理技术和计算机技术而出现的高效专用芯片。在数字信号处理之前，DSP 把输入的模拟信号转换为数字信号，处理之后又把数字信号变成模拟信号输出。DSP 芯片的体积小、成本低、可靠性高、性能好，易于产品化和扩展，还可方便实现多机分布并行处理。DSP 芯片不仅在机器人控制系统中有广泛应用，在航空航天、工业控制、医疗设备、通信和计算机领域中也有着大量的应用。

随着处理速度和控制技术要求越来越高，DSP 芯片正朝着低功耗、高速度、多功能和小尺寸的方向发展，DSP 的尺寸和工艺得到了很大的改善。此外，越来越多的 DSP 厂商选择将多个 DSP 芯核、MPU 芯核、专用的处理单元、外围模块和存储模块集成在一块芯片上，形成了一个强大的高性能处理芯片，以适应更多重要的场合，一些实时精准测量系统，需要高性能、高可靠性、小尺寸的处理芯片，以达到快速测量和实时控制的目的，例如以 DSP 为核心的可编程控制器。未来 DSP 的内核结构会得到快速的发展。多通道结构、超长指令结构、多处理、多线程和可并行操作的超级哈佛总线结构将会不断出现，处理器的运算性能和处理速度则会越来越快。

3. PLC

PLC 是一种专门应用于工业环境的控制设备。PLC 采用可以编程的程序存储器，内部高效的处理器具有专门的逻辑运算、顺序运算、计数和算术运算等操作的指令，通过数字量和模拟量的输入/输出控制相应的机械设备和生产设备。

PLC 在工业生产线和机床加工领域应用很广，例如工业机器人的机械手一般都是由 PLC 控制的。目前的 PLC 种类繁多，但主要是中小型的 PLC。

看一看： 观察您所在单位的工业机器人控制系统采用哪种控制器？

任务扩展

控制系统选择方法

控制系统选择方法见表 6-3。

表 6-3　控制系统选择方法

方式	说　明	特　　点
整机构成方式	采用现有计算机构成控制系统	硬软件资源丰富，可用高级语言编程，利用现有的操作系统，开发周期短，结构庞大，成本较高
微处理器构成法	从选择微处理器入手，配以适量的存储器和接口部件构成	器件最少，结构简单，造价低，设计调试任务重，周期长，只适用于特定场合，难以扩展，后续生产工作量大

笔记

续表

方式	说明	特点
总线式模板构成	以一种国际标准总线的功能模块为基础构成系统	可靠性高，速度快，支撑环境好，易于扩展，质量容易保证，兼容性好，维修方便，系统较复杂，保密性差
多处理器方式	由多处理器构成复杂的控制系统	各处理器将功能分散，提高了系统的可靠性，简化管理程序(操作系统)，调试方便，价格较高，系统复杂

任务巩固

1. 工业机器人控制系统有何特点？
2. 工业机器人控制系统的主要功能是什么？
3. 机器人的控制方式有哪几种形式？
4. 机器人控制系统分哪几类？
5. 机器人控制系统的基本结构有哪些？
6. 机器人控制系统的结构有哪几种？

任务二　认识工业机器人控制系统的硬软件

工作任务

一般计算机系统的软、硬件任务分配明确，而对于工业机器人控制系统，由于安全及运行过程的需要，控制系统必须具有实时控制功能。因此，工业机器人控制系统除了有明确的软、硬件分工外，更重要的是应具有实时操作系统。另外，工业机器人的许多任务既可用硬件完成，也可用软件完成。这些任务的实现手段(采用硬件还是软件完成)主要取决于执行速度、精度要求及实现方式的难易程度(结构、成本及维护等)。

一般工业机器人控制系统的软、硬件任务分配包括速度平滑控制、自动加减速控制及防振控制采用专用软件方式处理。硬件系统应配合其他软件完成以下模块功能：

(1) 系统控制。
(2) 示教操作、编程与 CRT 显示。
(3) 多轴位置、速度协调控制(再现)。
(4) I/O 通信与接口控制。
(5) 各种安全与连锁控制。

工业机器人控制系统的典型硬件结构如图 6-15 所示。

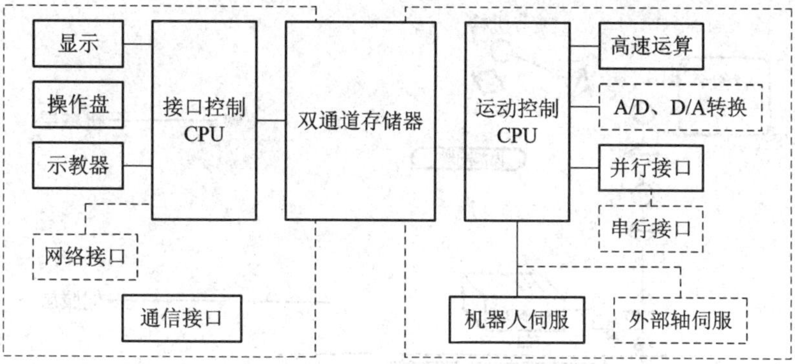

图 6-15　工业机器人控制系统的典型硬件结构

笔记

课程思政

四讲四有

讲政治、有信念，讲规矩、有纪律，讲道德、有品行，讲奉献、有作为。

任务目标

知 识 目 标	能 力 目 标
1. 掌握工业机器人控制系统的硬件构成 2. 掌握工业机器人控制系统的软件构成 3. 了解工业机器人操作控制	1. 能分析 FANUC 机器人的控制系统 2. 能分析 ABB 机器人的控制系统

任务实施

教师讲解

一、控制系统硬件构成

机器人控制系统的控制器多采用工业控制计算机、PLC、单片机或单板机等。近年来，机器人控制系统正逐渐向开放数控系统发展。

图 6-16 给出了通用功能的接口方式。它的优点是可以灵活地应对不同数量的传感器，实现各种电路板卡的通用化。

接口串行化能简化设备之间的连接，将接口的物理条件或协议标准化，则接口的利用价值就会大幅度提高。目前，接口基本上仅采用 LAN 方式，如图 6-17 所示，借助于存储器进行 LAN 之间的信息交换，能方便地实现不同方式的 LAN 之间的连接(所谓的智能连接器)。

设计 PC 控制器接口要特别注意通信速度的问题，应该在各个 PC 所能确保的控制周期内大幅度缩短通信时间。当前，PC 控制器设计时应该注意以下几点：

(1) 选择专用伺服驱动器和专用接口。

(2) 在传感器接口(包括传感器 I/O 系统、专用接口驱动器)方面，一般优先考虑通信速度较快的并行连接。

(3) 在实时性较差的上位控制系统 PC 中，使用通用 PC 网络可以减少软件开发人力。

笔记

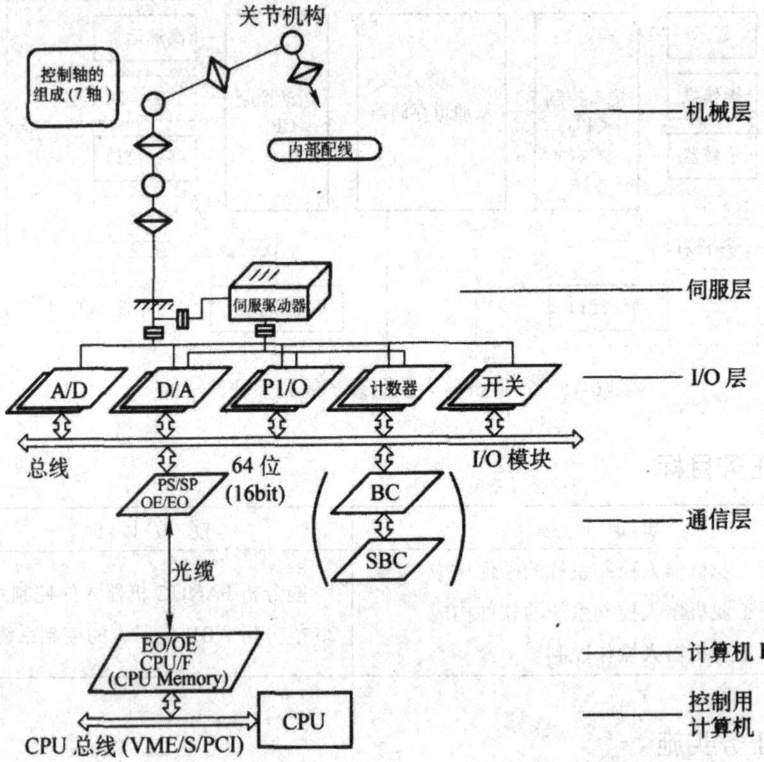

图6-16　智能机器人系统的分层递阶结构

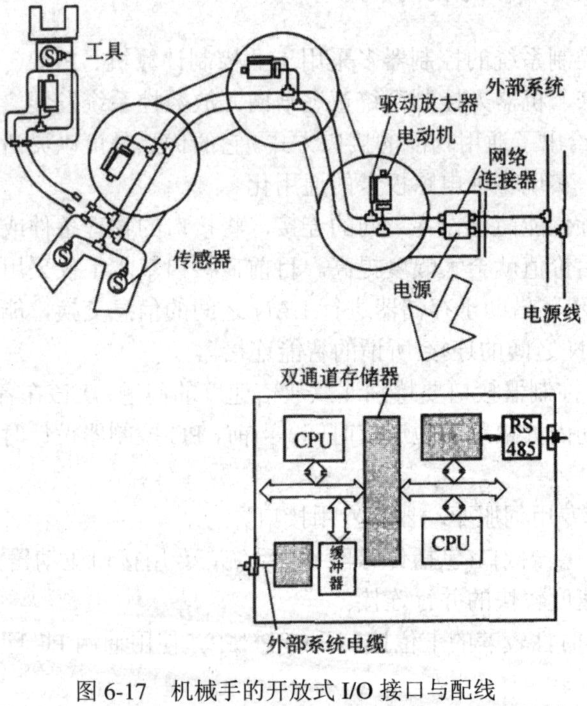

图6-17　机械手的开放式I/O接口与配线

笔记

(4) 压缩接口用的数据。

图 6-18 为一台采用 PC 控制器的机器人，全套轴采用一个集成的伺服驱动器，由 ARCnet 构成驱动器接口，可以附加专用运动控制板卡进行高速计算。

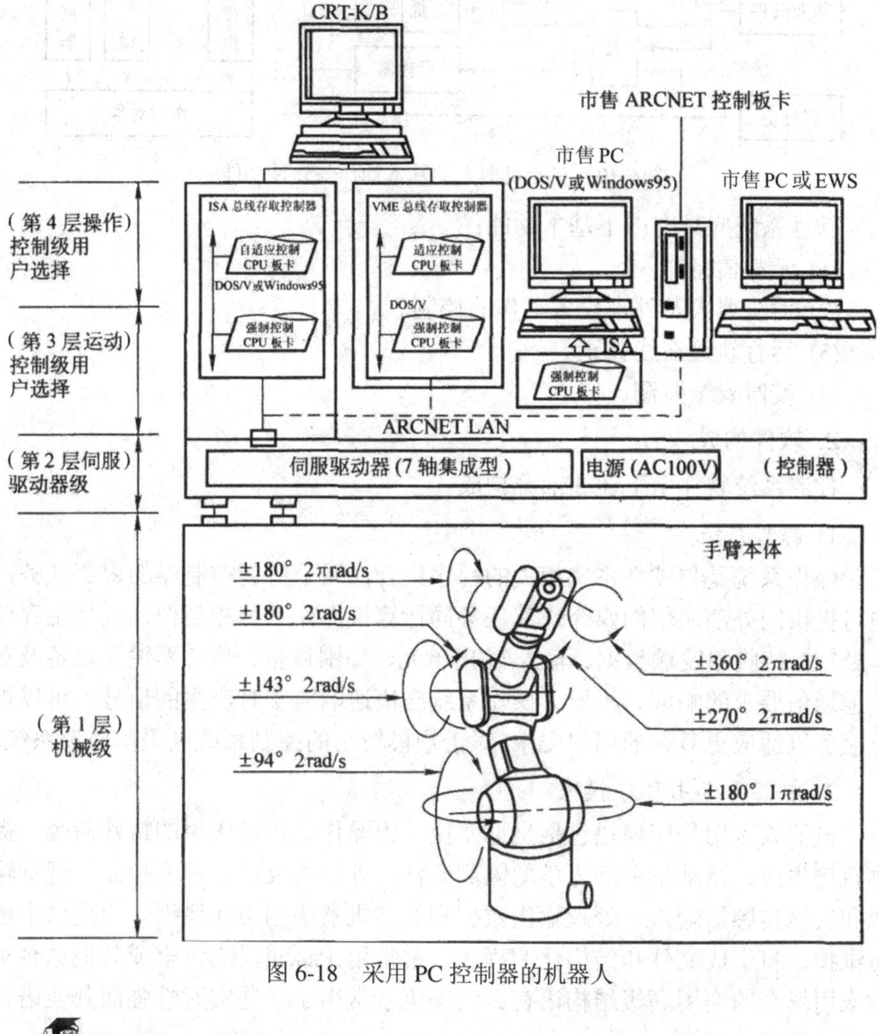

图 6-18 采用 PC 控制器的机器人

看一看：观察您所在单位的工业机器人控制系统的硬件组成。

二、控制系统软件构成

1. 控制系统软件的基本功能

工业机器人的基本动作与软件功能如图 6-19 所示。工业机器人的柔性体现在其运动轨迹、作业条件和作业顺序能自由变更，变更的灵活程度取决于其软件的功能水平。工业机器人按照操作人员的示教动作及要求进行作业，操作人员可以根据作业结果或条件进行修正，直到满足要求为止。

笔记

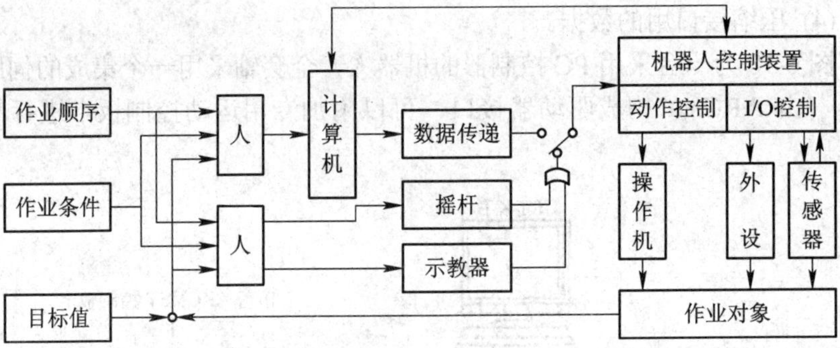

图 6-19　工业机器人的基本动作与软件功能

软件系统应具有以下基本功能：

(1) 示教信息输入。

(2) 对机器人及外部设备动作的控制。

(3) 运行轨迹在线修正。

(4) 实时安全监测。

2. 软件构成

控制系统软件由下述 3 部分构成。

1) 操作系统

操作系统是与硬件系统相关的程序集合，用于协调控制器的内部任务，也可提供同外部通信的媒介。其任务同计算机操作系统相类似，包括主存储器处理、接收和发送数据、输入/输出单元、外围设备、传感器输入设备及对其他通信要求的响应。机器人操作系统应快速响应实时产生的信号，可以扩展服务以适应更复杂的用户要求。对于规模较小的控制系统则采用监控系统。

2) 机器人专用程序模块

机器人专用程序模块包括坐标变换，为操作机传递应用的特殊命令，提供轨迹生成、运动学和动力学的限制条件，处理力反馈、速度控制、视觉输入和其他传感器输入、处理输出数据和面向机器级的 I/O 错误。为提供上述可维护、自生成文件和结构化的程序，常常用 Pascal、C 语言或其他适合实时应用场合的商用高级结构语言。汇编语言常用于一些实时性强而其他语言又无法处理的场合。

3) 机器人语言

机器人语言是软件接口，编程者通过机器人语言可直接操纵机器人执行需要的动作。这种语言应具有用户友好的界面，提供简单的编辑功能，可使用宏指令或子程序执行具体的任务。

3. 软件功能

机器人控制系统软件功能是由机器人的应用过程决定的。控制系统软件一般由实时操作系统进行调度管理。简单的控制系统软件则在监控程序下运行。对于一般的机器人控制系统，其软件功能如图 6-20 所示，各功能模块的

笔记

作用见表 6-4。

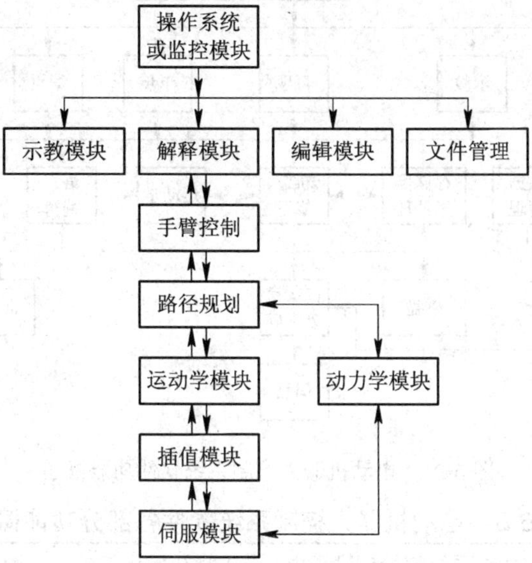

图 6-20　机器人控制系统的软件功能

表 6-4　机器人控制系统软件功能模块的作用

功能模块	作　用
操作系统或监控模块	协调系统中各模块的工作，此模块通过启动文件中的指令激活
编辑模块	允许用户通过终端、键盘建立和修改文件
解释模块	将源程序命令翻译成机器码，这个模块在系统工作时起作用
示教模块	允许操作员通过示教盒人工控制机器人手臂，同时支持有限的按键编程能力
手臂控制	用来监控手臂的控制功能，可接收内部机器码形式的指令，并能调用其他手臂控制程序
路径规划	由手臂控制模块启动，从解释模块取出产生的运动描述，将其转换成具有确切时间、位置、速度和加速度的运动详细说明书
动力学模块	用来处理力矩控制的有关计算，与路径规划同时进行
运动学模块	将末端执行器端点所得的位置方向的笛卡尔坐标转换成各运动副的关节变量
插值模块	从路径规划模块或运动学模块取出输出点的集合，为各关节计算驱动命令

下面以电动机器人控制系统软件为例来说明其软件功能。图 6-21 为其控制系统软件功能框图。各部分功能概述见表 6-5。机器人控制软件流程图实例如图 6-22。

笔记

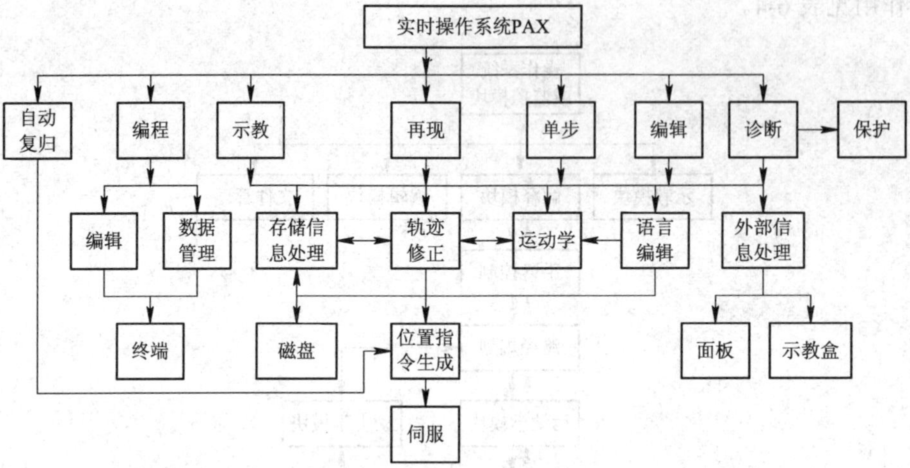

图 6-21　电动机器人控制系统软件功能框图

表 6-5　电动机器人控制系统软件各部分功能概述

<table>
<tr><td>(1) PAX 系统初始化</td><td colspan="2">在 PAX 系统初始化过程中，首先将初始化任务投入运行，在系统任务中首先要完成用户实时中断矢量、PAX 实时中断矢量的设置、串行通信口的初始化、创建示教任务、再现任务、监控任务、单步任务、诊断任务、编辑任务、编程任务</td></tr>
<tr><td>(2) 主控任务</td><td colspan="2">主控任务完成与示教盒或面板的通信，根据控制命令进行各应用任务的启动与挂起。另外进行通信队列的创建与管理、特殊命令的处理</td></tr>
<tr><td rowspan="2">(3) 示教任务</td><td>PTP 示教</td><td>操作者通过示教盒控制机器人在直角坐标系、工具坐标系或关节坐标系内运动，只采样轨迹的起止点。在直角坐标系和关节坐标系中可进行位置的调整，在工具坐标系和关节坐标系中可进行姿态的调整。在运动过程中步长可任意调整。PTP 示教是机器人运动学的实际应用，包括机器人手臂端部的轨迹规划和腕部的姿态规划</td></tr>
<tr><td>CP 示教</td><td>完成示教者手把手示教机器人时的连续轨迹记录，每 50 ms 采样一次，并将结果记录下来，同时记录末端执行器的状态</td></tr>
<tr><td rowspan="2">(4) 再现</td><td>PTP 示教</td><td>PTP 再现要根据机器人语言程序中轨迹的规划进行实时运动学计算。机器人语言程序在编程任务中的全屏幕编辑环境下编制，规划的轨迹运动方式有直线运动、圆弧运动、关节运动。在运动过程中还包括两条轨迹交接处的平滑计算及机构的解耦计算。各关节的运动控制由数字伺服单元来完成，它提供了一个程序库，用户只要使用该单元提供的函数，就可进行采样、定位、运动等操作</td></tr>
<tr><td>CP 示教</td><td>CP 再现根据 CP 示教的记录数据进行均值插补，每两点之间是定时插补，每 10 ms 发送一点，为保证位置同步，两点之间应插 4 个点</td></tr>
</table>

续表　　笔记

(5) 单步任务与编辑任务	单步功能可检验 PTP 示教数据的正确性，通过手动控制运行直线、圆弧和关节 3 种轨迹方式。在单步测试过程中，如发现某点位置不适应则进行编辑任务，对原来示教的位置数据进行编辑修改，功能包括通过示教盒使机器人运动到指定位置，进行插点和删点操作
(6) 编程任务	编程任务是机器人语言的编辑环境，有全屏幕编辑功能，可进行各种文件操作
(7) 故障诊断任务	对控制系统的故障进行实时监测，可进行电动机运行状态的诊断、串行口的诊断和开关口的诊断等

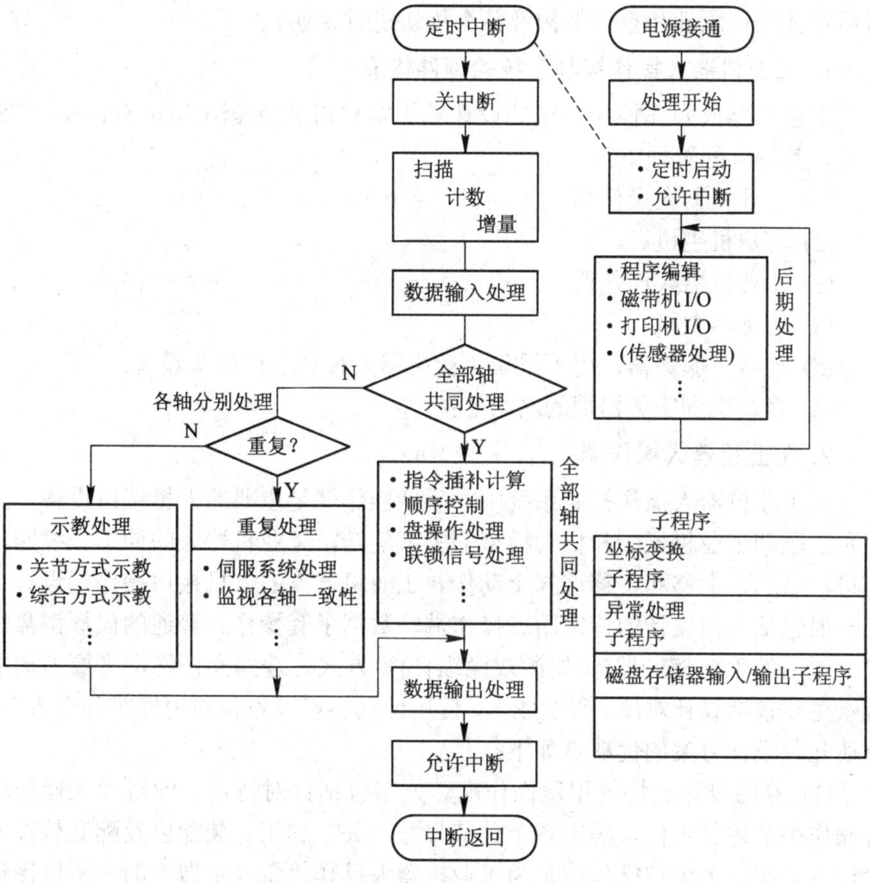

图 6-22　机器人控制软件流程图

从微机接入电源开始，程序启动。此后每隔一定间隔产生一次定时中断，在中断之前，程序在允许中断状态下进行后台处理。进入中断后，立即停止后台处理，从定时中断处开始，程序开始执行。首先扫描计数器(关节数)加 1，然后将与该轴相对应的输入数据全部读取。其次，如果扫描计数器为 0，则执行全部轴共同处理程序；如果不为 0，则执行各轴分别处理程序。各个处理程序执行完成后，则输出相应数据，在允许状态下，执行“中断返回”指令。这时因中断而停止的后台处理又继续进行。

笔记

做一做：对您所在学校或单位的工业机器人控制软件进行分析。

三、工业机器人操作控制

工业机器人主要通过计算机实现操作控制，用于操作机械臂及机械手的伸出、缩回、前进、后退、上移、下移等。以实际的工业机器人为对象，对基于视频反馈和实时仿真的工业机器人操作控制进行阐述。首先介绍操作控制系统的硬件构成，包括用户操作终端的介绍和选择因素；其次讨论 B/S 架构和 C/S 架构两种主要的实现方式，说明选择 C/S 架构作为实现方式的原因，最后对其工作原理和整体架构及各个模块进行说明。

1. 工业机器人操作控制系统的硬件构成

工业机器人操作控制系统的设计基于客户机/服务器(Client/Server，C/S)模式，其硬件配置如下：

(1) 工业机器人操作端。

(2) 客户机主机。

(3) 工业机器人操作臂。

(4) 服务器主机。

(5) 连接于服务器，用于采集工业机器人视频的摄像头设备。

(6) 客户机到服务器端的网络连接。

工匠精神

“盖事之出於人为者，大概日趋於新，精益求精，密益加密，本风会使然。”

2. 工业机器人操作端

在工业机器人操作控制系统中，手柄操作端是主要的人机接口设备，主要负责驱动工业机器人和仿真模型的关节旋转，工业机器人的伸出、缩回、前进、后退、上移和下移这 6 个动作。工业机器人的人机接口操作端设计方案一般包括专门设计的特定用途操作端、数据手套操作、普通的鼠标键盘操作、通用的手柄控制器(例如游戏操纵杆)等方式。选择操作终端需要考虑的因素主要包括设计难度、研发成本、使用便利性以及设备通用性等几个方面，上述几种设计方案的优缺点如下：

(1) 专门设计的特定用途操作端。方案包括针对特定工业机器人操作端各操作关节进行建模，确定各个关节尺寸，关节加工、装配以及配套软件的设计等方面。因为该操作端是为工业机器人操作“量身定做”的，所以操作者的体验是最好的，但是也存在研发较难、操作端的通用性不佳等问题。

(2) 数据手套操作。数据手套是一种重要的人机交互工具，主要通过集成在手套中的传感器检测手部各个关节的动作，将人手的手势信息传递给计算机而完成交互。数据手套一般配有专门的开发软件，研发难度适中且使用也较方便，但缺点是价格非常昂贵。

(3) 普通的鼠标键盘操作。通过鼠标键盘对工业机器人进行操作，设计难度和研发成本较小，是很多工业机器人操作控制首选的控制方式。但鼠标和键盘不是为物体在三维空间中运动而设计的，所以便利性不如其他三种方案。

笔记

(4) 通用的手柄控制器(游戏操纵杆)。使用游戏手柄对工业机器人进行操作是一种较新的方案，因为游戏手柄设计时一般都需要考虑控制游戏中的物体进行包括三维移动在内的各种运动，这与工业机器人的移动操作体验类似。因此，相对于工业机器人操作者来说具有较好的体验效果。而且游戏操作杆容易获得，价格低廉，各种游戏操作杆都可以使用统一的接口进行编程，因此是一种较好的方案。

上述 4 种操作端的设计方案比较如表 6-6 所示。

表 6-6 4 种操作端设计方案比较

设计方案	设计难度	使用成本	用户体验	设备通用性
特定用途操作端方式	较大	较大	较好	较差
数据手套方式	适中	很大	适中	适中
鼠标键盘方式	适中	适中	较差	较好
游戏操纵杆方式	适中	适中	较好	较好

任务实施

工业机器人实例

多媒体教学

一、FANUC 机器人的控制系统

FANUC 作为日系机器人的主要品牌之一，其控制系统在控制原理上与其他品牌机器人大致相同，但其控制部分的组成结构有着自己的风格，体现了亚洲人的使用习惯，比较适合国内使用。作为 FANUC 6 轴工业机器人的典型产品，M-10iA 型机器人的控制系统主要分为硬件和软件部分。

硬件部分主要包括控制单元、电源装置、用户接口电路、存储电路、关节伺服驱动单元和传感单元等。

软件部分指机器人轨迹规划算法和关节位置控制算法的程序实现以及整个系统的管理、运行和监控等功能的实现。

FANUC 品牌系列机器人的控制器内部结构，根据所控制的机器人类型不同而存在一定的差异，下面介绍的是采用 FANUC Robot series R-30iA Mate 控制器的 M-10iA 型机器人。R-30iA Mate 控制器原理框图如图 6-23 所示。其控制系统采用 32 位 CPU 控制，以提高机器人运动插补运算和坐标变换的运算速度；采用 64 位数字伺服驱动单元，同步控制 6 轴运动，运动精度大大提高，最多可控制 12 轴，进一步改善了机器人的动态特性；控制器内部结构相对集成化，这种集成方式具有结构简单、整机价格便宜且易维护保养等特点。

笔记

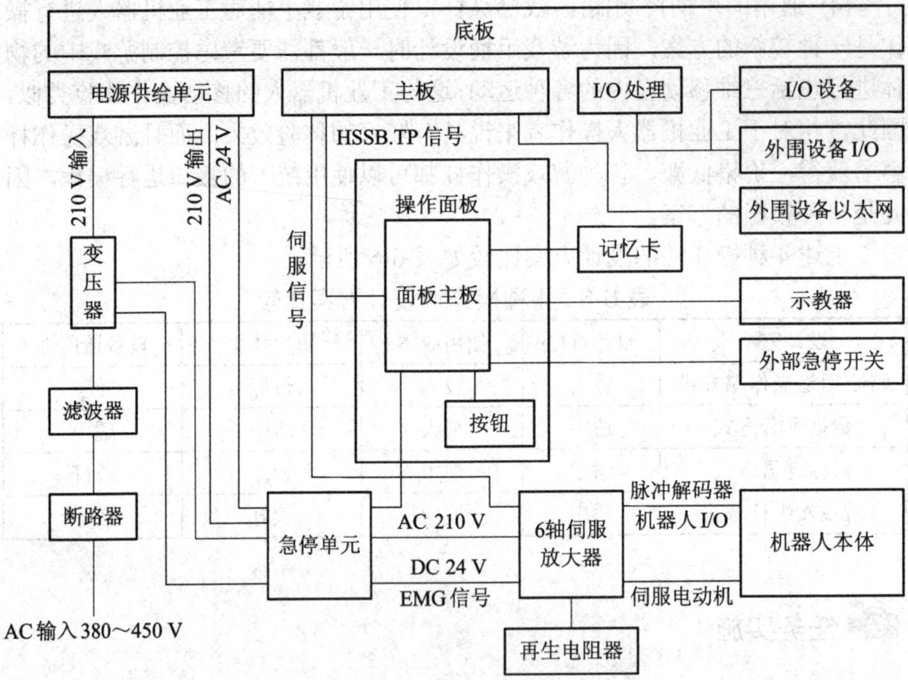

图 6-23　R-30iA Mate 控制器原理框图

M-10i A 型机器人控制系统采用主从式控制结构，分为上、下两级控制层。

上级为主板上的 32 位嵌入式微型计算机，对整个系统进行组织和控制，是整个控制系统的核心。其主要作用是通过人机交互和编译所有用 KAREL 语言编写的运动控制程序，将期望的任务转化为运动的路径轨迹或适当的操作，对坐标变换、伺服参数调整等非实时性任务做出处理，并随时检测机器人各部分的运动及动作情况，处理意外事件。

下级为实时控制级，包括以数字信号处理器(Digital Signal Processing)为核心的多轴运动控制卡和 6 轴伺服放大器。可接收上级控制层的运动控制指令，根据机器人当前运动情况和关节位置传感信号、编码器位置反馈信号，综合出适当的控制命令。例如完成各个轴的误差分析，制定控制算法以及 D/A 转换等。最后将速度控制信号发送到伺服驱动器，通过伺服电动机驱动机器人机构完成期望的运动和操作。

R-30iA Mate 型机器人运动控制过程为：操作者通过示教器记录运动过程中各特征运动点的位姿信息，保存在 KAREL 语言格式的运动控制程序中；主板通过编译运动控制程序，对期望的运动轨迹进行轨迹规划，将各特征点的位姿信息依次经过处理计算后，转换为各关节的关节运动量；然后将各关节运动量转换为特定的信号，传输给轴运动控制卡，轴运动控制卡结合内部传感器的反馈信号，将各关节运动量转换成各关节对应的伺服驱动器的速度控制命令，伺服驱动器控制伺服电动机的运动，以完成整个轨迹的运动。

笔记

二、PUMA 560 工业机器人的控制系统

PUMA 560 工业机器人的控制系统结构示意图如图 6-24 所示。硬件结构分为两个层次，一台 DEC LSI-11 计算机作为上层“主控”计算机输出指令到 6 个 Rockwell 6503 微处理器，下层每一个微处理器采用 PID 控制器控制一个独立关节。

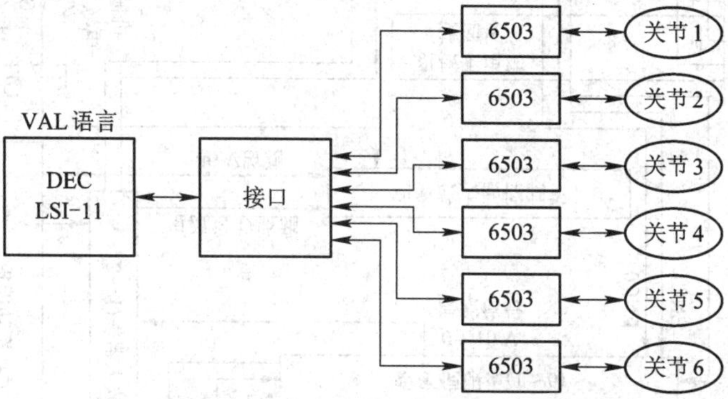

图 6-24　PUMA 560 机器人的控制系统结构示意图

PUMA 560 机器人的每一个关节安装有一个光学增量编码器，这种编码器与一个上/下计数器连接，微处理器可以读取关节的当前位置。PUMA 560 机器人上没有转速计，而是通过对关节位置的伺服周期序列差分获得关节速度。为了控制直流力矩电动机的力矩，微处理器与一个数/模转换器(DAC)连接，控制进入电流驱动器的电动机电流。微处理器按照需要，通过调节电枢两端的电压控制模拟电路中的电动机电流，以保持期望的电枢电流。图 6-25 为 PUMA 560 机器人关节控制系统的框图。

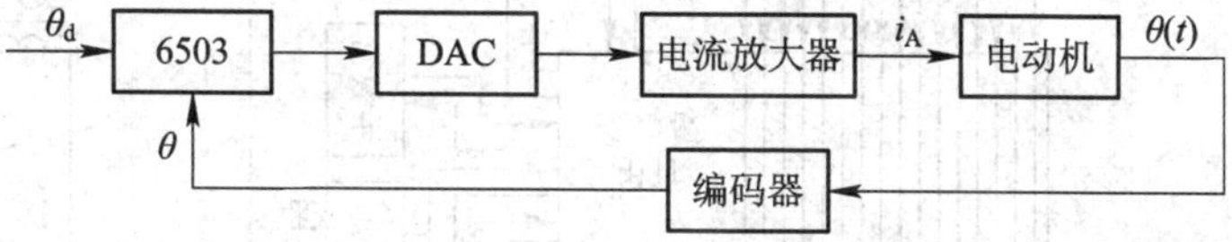

图 6-25　PUMA 560 机器人关节控制系统的框图

PUMA 560 运动控制过程为：LSI-11 计算机首先对 VAL(Unimation 机器人编程语言)程序指令逐句进行编译，与此同时，计算机还在执行必要的逆运动学计算，进行期望轨迹规划，并且每 28 ms 为关节控制器生成一组路径点轨迹，也就是说关节微处理器每隔 28 ms 获得计算机发送的一个新的位置指令。关节微处理器的运行周期为 0.875 ms，在这个周期内，微处理器进行期望位置定位点的插补运算，计算伺服误差、PID 控制律并向电动机发送一个新的力矩值来控制电动机的运动。

PUMA 560 控制系统结构框图如图 6-26 所示。PUMA 560 控制系统原理框图如图 6-27 所示。PUMA 560 硬件配置与作用见表 6-7。PUMA 560 系统功能和通信见表 6-8。

笔记

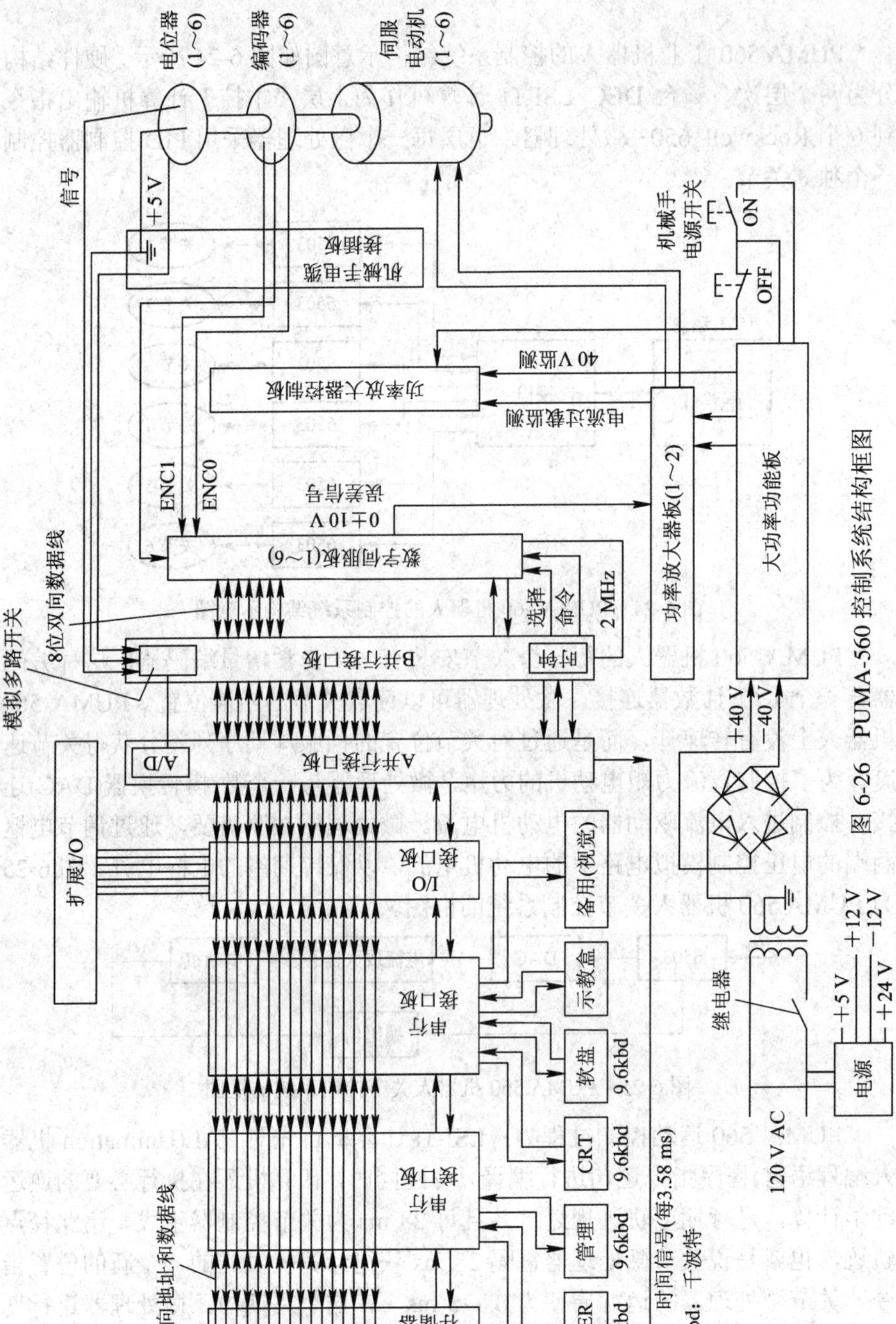

图 6-26　PUMA-560 控制系统结构框图

笔记

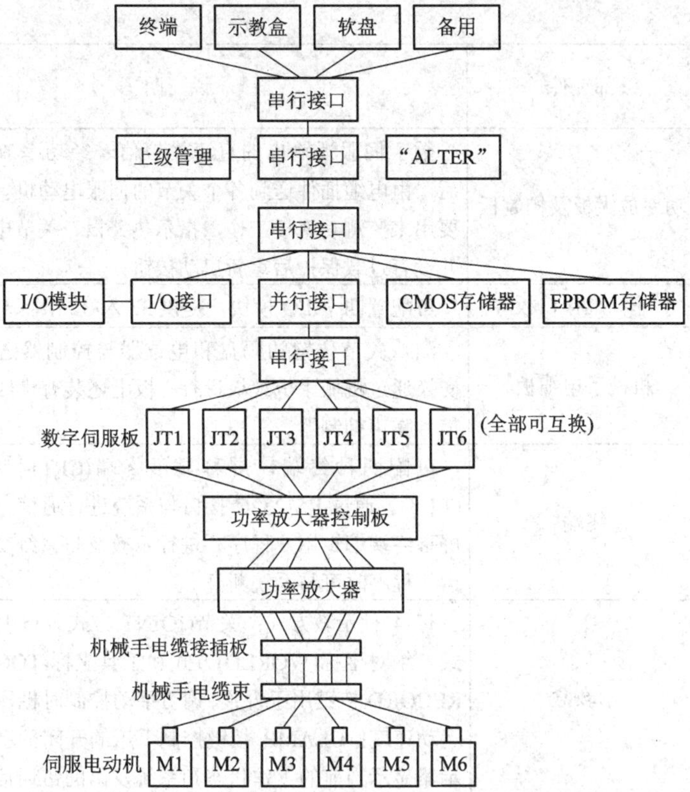

图 6-27　PUMA 560 控制系统原理框图

表 6-7　PUMA 560 硬件配置与作用表

硬件配置	部　件	说　明
控制器	DEC LSI-11 计算机	标准 DEC 系统，包括处理器、存储器和通信板。系统软件和用户程序存储在 CMOS 存储器中。VALI 需 64 KB，而 VAL、VAL-Plus 分别需 32 KB 和 48 KB
	串行接口板	4 个异步串行通信接口，其中 3 个分别用作处理器终端、示教盒和高密磁盘的通信，另一个备用或与上级计算机连接。对于 VAL-Plus 需 1 块，对 VAL-Ⅱ需两块
	A 并行接口板 B 并行接口板	VAL 语言的引导程序存储器(EPROM)，B 并行板带有时钟。串行接口通过 A 并行接口板把命令和数据传送到 B 并行接口板，这些信息再由 B 板传送给控制系统的伺服驱动模块。一旦命令和数据接受并运行，就以相反顺序传送给串行接口
	数字伺服板(6 块)	通过每一块板上的 6503 处理器对关节进行控制。串行接口每隔 28 ms 向各数字伺服板发送一次位置信息。微处理器把这些数字信号送到数/模转换器生成驱动直流伺服电动机的模拟信号，伺服板使用中断服务程序把回答信息送到串行接口

笔记

续表

硬件配置	部　件	说　明
控制器	功率放大板及控制板	数字伺服板输出的直流模拟信号经功率放大板放大后，由电缆插件送到各个关节的伺服电动机。控制板主要用来监测功率板工作，指示热警报、关节电流过载，并设有过载保护后重新启动按钮
	非标准接口板	可配置四个 I/O 模块，提供 32 入/32 出
	机械手电缆板	测量关节位置的码盘和电位器与控制器之间的信息交换通过机械手电缆板进行。板上还装有零线接收器和信号噪声抑制器
外围设备	终端	可配两种终端，屏幕显示终端(CRT)和打印终端(TTY)。通过 RS-232C 接口与系统进行通信，用户通过屏幕终端编辑用户程序，进行示教及与系统交换信息。运行程序时可与系统断开
	示教盒	有 4 种示教方式：关节(JOINT)方式、自由(FREE)方式、绝对坐标(WORLD)方式和工具坐标(TOOL)方式。RECORD 按键用于设置、调节手动控制时机器人手爪的运动速度；CLAMP 按键控制手爪的开闭；字母数字显示器显示当前的工作状态和系统发出的错误信息
	软盘驱动器	5 in 高密双面软磁盘，标准 RS-232C 串行接口将其和主机连接在一起；波特率为 9600 或 2400，存储内容为 VAL-Ⅱ操作系统及用户程序和数据

表 6-8　PUMA 560 系统功能和通信

系统功能	说　明
系统初始化	当启动系统时，首先在运行 VAL-Ⅱ语言中，串行接口把所有外围设备接口都置成启动状态(RESET)，把 VAL-Ⅱ语言内部需要的数据字和标志位都赋上初始值，给关节控制板上的微处理器 6503 的部分内存赋上初值
标定机器人的初始位置	系统启动后，用户必须首先用 CALL-BRATE 命令标定机器人的初始位置，然后才能进行操作。系统响应后，驱动各个关节旋转一个很小的角度，使关节编码器中的读数正对码盘的零线。这时通过测量电位器读出对应的关节角度，经过适当的精度修正，转换为编码器的计数值，赋予编码器，标定过程结束
系统保护	VAL-Ⅱ包括许多保护程序用来保护设备的安全运行。例如，当 VAL-Ⅱ发现某个关节超出了软件允许的运动范围时，立即停止机器人运动并输出错误信息“*Fatal out of range*Ji(n)”
关节控制器功能	关节微处理器每隔 28 ms 接收一次来自串行接口的位置信息，并检测、确认这一信息。然后对关节位置的新值和当前值进行轨迹段内插值计算，将其运动角度 32 等分，于是轨迹段每一小间隔时间为 0.875 ms。微处理器每隔 0.875 ms 还从码盘寄存器中读出关节的当前位置值，以便用于下一小时的时间间隔的插补计算

笔记

三、ABB IRB 1400 机器人的控制系统

IRB 1400 机器人作为 ABB 公司的成熟产品，其控制系统的组成包括机器人计算机系统和伺服驱动系统两大部分。

1. 机器人计算机系统

IRB 1400 机器人的计算机系统由 3 部分组成，包括主计算机、轴控制计算机和输入/输出(I/O)接口板。计算机系统 3 个部分的任务功能见表 6-9。

表 6-9　计算机系统 3 个部分的任务功能

名　称	功　　能
主计算机	整合整个机器人资源，例如轨迹规划等
轴控制计算机	调整机器人各个轴的速度和扭矩
I/O 接口板	与外围设备等连接，提供机器人的任务情况

机器人位姿的调整过程为：期望的位姿信息经由示教器或其他设备输入主计算机中，主计算机进行编译后将数据传输到轴控制计算机，通过与当前位姿的比较和计算，按照轨迹规划的算法将相关数据传送到驱动系统，实现所要的位姿。图 6-28 为 IRB 1400 机器人计算机系统示意图。

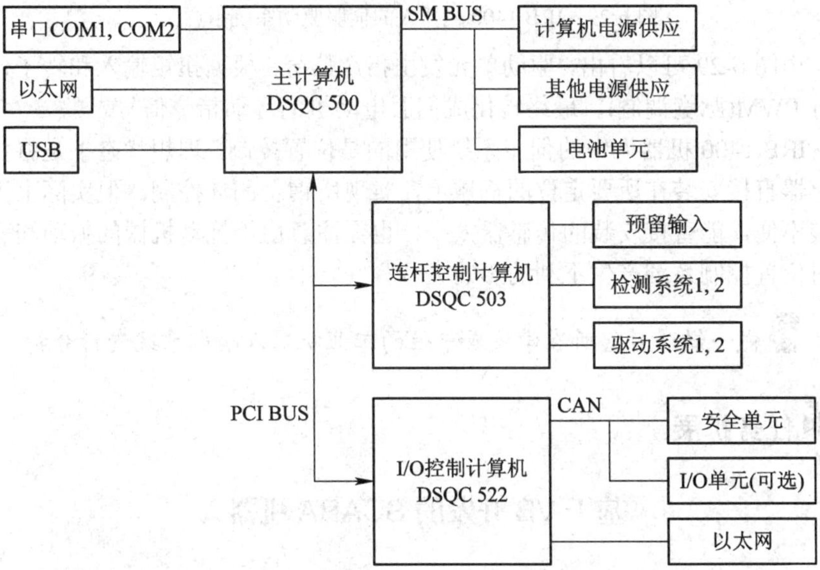

图 6-28　IRB 1400 机器人计算机系统示意图

2. 机器人伺服驱动系统

机器人伺服驱动系统特指交流伺服电动机系统，其控制形式主要有转矩控制、速度控制和位置控制 3 种形式。由于机器人机械手的惯性力、耦合反应力和重力负载等都随运动空间的变化而变化，因此对其进行高精度、高速度、高动态品质的控制是相当复杂而困难的。

目前工业机器人采用的控制办法与 IRB 1400 机器人基本相同，把机械臂

笔记

上的每一个关节都当作一个单独的交流伺服系统，即把一个非线性的、关节间耦合的变负载系统简化为线性的非耦合单独系统，并对每一个单独的系统采用 PID 闭环控制。IRB 1400 机器人的伺服驱动系统示意图如图 6-29 所示。

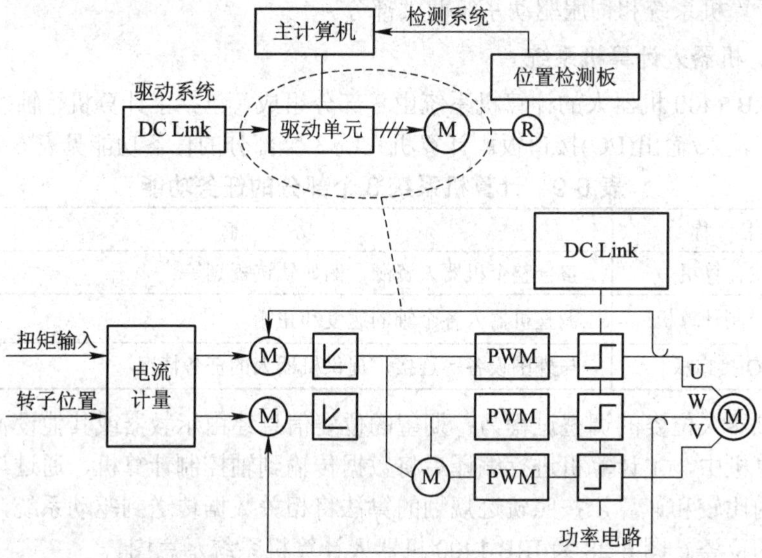

图 6-29 IRB 1400 机器人的伺服驱动系统示意图

企业文化

在做强的同时，努力争取在经营规模、市场份额等方面达到行业的领先水平，以至对行业有重大的影响。

由图 6-29 可以看出，驱动单元发出指令信号，根据扭矩输入和转子位置进行 PWM(脉宽调制)，最终转化成伺服电动机的运动指令信号。

IRB 1400 机器人中的伺服系统使用的是位置控制，理想状态下是将位置传感器直接安装在所要定位的机械上，实现所谓全闭环控制。但实际上由于安装不便，能直接安装的传感器太少，也需注意由于拖动机械的振动和变形而对位置控制系统产生不利的影响。

做一做：对您所在学校或单位的工业机器人控制系统进行分析。

任务扩展

基于 VB 开发的 SCARA 机器人

SCARA 机器人的控制系统结构如图 6-30 所示，分为上位机和下位机 2 大部分。上位机是在普通 PC 机上编写的人机界面软件。下位机主要由三菱 PLC 和伺服系统组成，上、下位机通过 RS-485 总线通信。

SCARA 机器人的 4 个自由度需要由 4 个电动机驱动，而一个 PLC 最多能带动 2 个伺服驱动系统，因此配备 2 台 PLC 控制 4 个伺服系统，PC 采用相对简单、可靠而又低成本的 485 通信方式控制两台 PLC。由于计算机主机上安装的是 RS-232 串口，所以应在计算机主机上加上 RS-232/RS-485 的适配器进行通信协议的转换。驱动部分采用具有闭环控制功能的伺服系统。

笔记

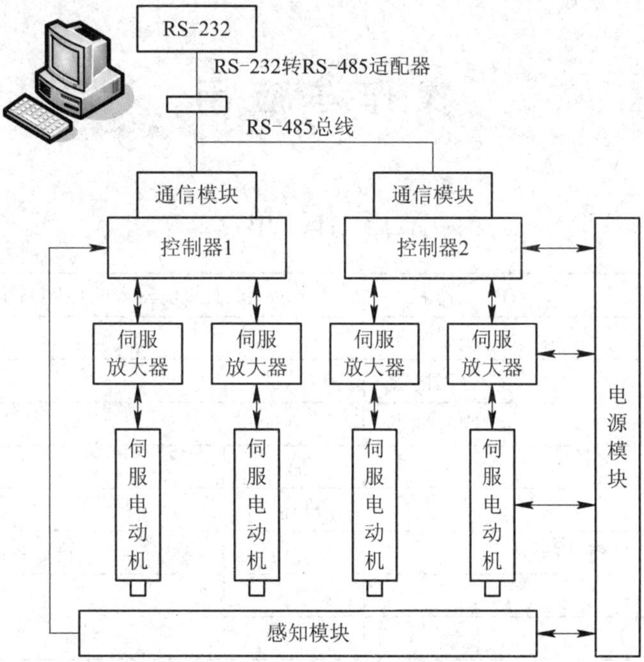

图 6-30　SCARA 机器人控制系统结构

整体运动控制过程如下：操作者在 PC 的人机界面中对 SCARA 工业机器人的各个关节进行离线规划，然后通过 PC 的处理计算后转化为运动参量，经过通信模块传入 PLC 中，PLC 对运动参量进行分析，经过具有控制逻辑自重组功能的算法进行耦合，传递运动信号至各个关节的伺服放大器，从而驱动伺服电动机进行期望的动作。

任务巩固

1．简述工业机器人控制系统的硬件构成。
2．简述工业机器人控制系统软件构成。
3．对您所在学校或单位的工业机器人控制系统进行分析。

模块六资源

笔记

操作与应用

工 作 单

<table>
<tr><td>姓名</td><td></td><td>工作名称</td><td colspan="2">工业机器人的控制系统</td></tr>
<tr><td>班级</td><td></td><td>小组成员</td><td colspan="2"></td></tr>
<tr><td>指导教师</td><td></td><td>分工内容</td><td colspan="2"></td></tr>
<tr><td>计划用时</td><td></td><td>实施地点</td><td colspan="2"></td></tr>
<tr><td>完成日期</td><td colspan="2"></td><td>备注</td><td></td></tr>
<tr><td colspan="5">工作准备</td></tr>
<tr><td colspan="3">资 料</td><td>工具</td><td>设 备</td></tr>
<tr><td colspan="3"></td><td></td><td rowspan="2"></td></tr>
<tr><td colspan="3"></td><td></td></tr>
<tr><td colspan="5">工作内容与实施</td></tr>
</table>

<table>
<tr><td>工作内容</td><td>实 施</td></tr>
<tr><td>1. 简述工业机器人常用控制系统的种类</td><td></td></tr>
<tr><td>2. 简述工业机器人的控制方式</td><td></td></tr>
<tr><td>3. 简述工业机器人控制系统的组成</td><td></td></tr>
<tr><td>4. 简述工业机器人控制系统的结构</td><td></td></tr>
<tr><td>5. 简述控制系统的硬件构成</td><td></td></tr>
<tr><td>6. 简述控制系统的软件构成</td><td></td></tr>
<tr><td>7. 根据图1所示的工业机器人，分析其控制系统的硬件结构</td><td rowspan="2">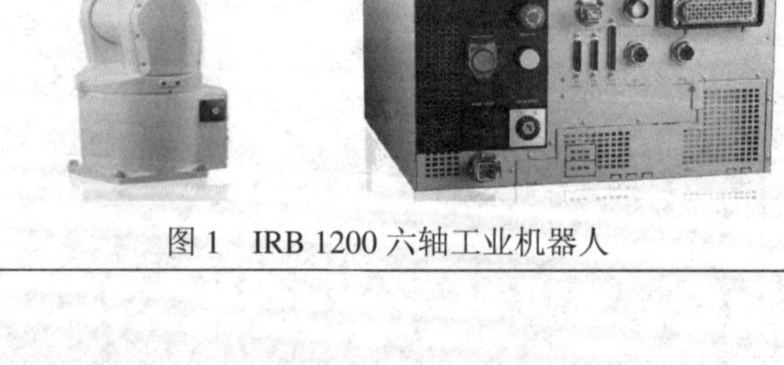
图1 IRB 1200 六轴工业机器人</td></tr>
<tr><td>8. 根据图1所示的工业机器人，分析其控制系统的软件结构</td></tr>
</table>

笔记

工 作 评 价

	评 价 内 容				
	完成的质量（60 分）	技能提升能力（20 分）	知识掌握能力（10 分）	团队合作（10 分）	备注
自我评价					
小组评价					
教师评价					

1．自我评价

班级　　　　　　　　姓名　　　　工作名称　工业机器人的控制系统

自我评价表

序号	评价项目			是	否
1	是否明确人员的职责				
2	能否按时完成工作任务的准备部分				
3	工作着装是否规范				
4	是否主动参与工作现场的清洁和整理工作				
5	是否主动帮助同学				
6	是否能分析工业机器人控制系统的硬件结构				
7	是否能分析工业机器人控制系统的软件结构				
8	是否完成了清洁工具和维护工具的摆放				
9	是否执行 6S 规定				
评价人		分数		时间	年　　月　　日

2．小组评价

小组评价表

序号	评价项目	评价情况
1	与其他同学的沟通是否顺畅	
2	是否尊重他人	
3	工作态度是否积极主动	
4	是否服从教师的安排	
5	着装是否符合标准	
6	能否正确地理解他人提出的问题	
7	能否按照安全和规范的规程操作	
8	能否保持工作环境的干净整洁	

笔记

续表

序号	评价项目	评价情况
9	是否遵守工作场所的规章制度	
10	是否有工作岗位的责任心	
11	是否全勤	
12	是否能正确对待肯定和否定的意见	
13	团队工作中的表现如何	
14	是否达到任务目标	
15	存在的问题和建议	

3. 教师评价

课程	工业机器人操作与应用	工作名称	工业机器人的控制系统	完成地点	
姓名		小组成员			
序号	项目		分值	得分	
1	简答题		40		
2	分析工业机器人控制系统的硬件结构		30		
3	分析工业机器人控制系统的软件结构		30		

自 学 报 告

自学任务	任选一种 FANUC 工业机器人分析其控制系统的硬件与软件结构
自学内容	
收　获	
存在问题	
改进措施	
总　　结	

笔记

模块七

机器人人工智能

人工智能是指智能机器人所执行的通常与人类智能有关的功能，例如判断、推理、证明、识别、感知、理解、设计、思考、规划、学习和问题求解等思维活动。智能机器人是人工智能研究的一个重要分支。智能机器人的研究和应用体现了广泛的学科交叉，涉及众多的课题，例如机器人的体系结构、机构、控制、职能、视觉、触觉、力觉、听觉、机器人装配、恶劣环境下的机器人以及机器人语言等。图 7-1 为具有 6 种传感器的机械手。

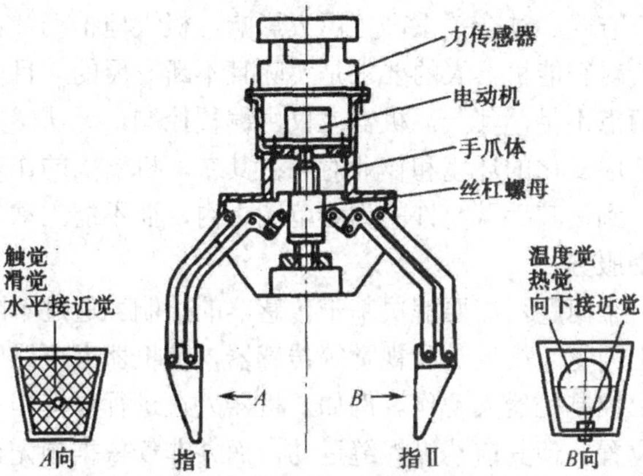

图 7-1　6 种传感器组装于一体的机械手

严格地讲，智能机器人是具有感知、思维和动作的机器。

动作(Acting)说明智能机器人不是一个单纯的软件体，它具有可以完成作业的机构和驱动装置。例如，把一个物体由某一位置运送到另一位置，维修某一设备，拆除危险品，在太空或水下采集样品，人类想实现的其他任何作业。

思维(Thinking)是指智能机器人并非简单地遵照人类的意愿进行作业，而是自身具有解决问题的能力，或者通过学习，自己找到解决问题的办法。例如，智能机器人可以根据设计，为一个复杂机器找到零件的装配办法及顺序，指挥执行机构，即动作部分装配完成这个机器。

感知(Sensing)是指机器人发现、认识和描述外部环境和自身状态的能力。例如装配作业，机器人需要找到和识别所需工件，感知系统应能为机器人的运动找到道路，发现并测量障碍物，识别危险等。人们很自然地把思维能力视为智能，其实，智能机器人是一个复杂的软、硬件并具有多种功能的综合体。感知能力是智能的一个很重要的组成部分，以至于有人把感知外部环境的能力就视为智能。

提起机器人(Robot)，不禁使人联想到其应具有一定的智力。由于在机器

笔记

人的发展历史上，首先大量出现并且已被人类广泛应用的机器人，例如弧焊、点焊、喷漆等机器人，并不具有任何智能。所以作为区分，又出现了“智能机器人”这一名词。然而，也不能期望智能机器人可以完全实现人的智能。

目前人工智能的发展还很有限，所以对智能机器人的能力要求也必然是随着技术的进步而逐步提高。对能在一定程度上感知环境，具有一定适应能力和解决问题本领的机器人可称为具有“智能”。

人类需要智能机器人去拓宽生产和活动的领域，例如到深水、深地层、强放射或高真空的环境、太空和外星去作业，到危险有害的环境去工作，完全或部分地取代人类操作。同时也期待智能机器人在工业中逐步把人解放出来，提高生产效率。智能机器人的广泛应用，将会使人类从“人→机器→自然界”的生产模式过渡到“人→机器人→机器→自然界”的生产模式。随着智能技术的进步，人将进一步“远离”作业对象，从而使人由原来的直接生产，过渡到指挥、监督的角色。这种生产模式的转变，必将对社会生产体系以致人类生产方式、社会关系产生巨大影响，极大地推动社会的进步。

人类社会对智能机器人的要求是实际且不断发展的。目前广泛应用的机器人至少有两点不足，其一，机器人仅由编程控制，无法感知周围环境的变化，且不能适应变化的环境和作业对象；其二，机器人的作业对象需要主动靠近机器人，到达其手臂允许的作业范围之内，而不能主动靠近作业对象所在位置去主动服务。

> **课程思政**
>
> **四个合格**
>
> 政治合格，执行纪律合格，品德合格，发挥作用合格。

对于第一个问题，需要解决基于传感器的控制。通过不断研发，目前已为机器人加上力觉、接近觉和视觉等传感器，使机器人可以感知外部环境，并在此基础上控制机器人动作。例如，机器人在进行焊接作业时，可以边看边计算焊缝位置，使其前端沿焊缝运动，而并非仅依据预先计算好的位置或示教好的结果来运动。

对于第二个问题，要求机器人具有移动能力。机器人面临的将不是单一的固定环境，这要求可移动机器人不仅具有运动协调能力，而且还应具有感知外部环境的能力及规划等一系列智能能力。随着应用的扩大，智能机器人的研究将一步步深入。不论从应用的角度，还是从智能研究的角度，移动机器人的研究都是十分有意义的，所以移动机器人正成为智能机器人领域的一个重要的研究课题，受到普遍的重视。

模块目标

知识目标	能力目标
1. 掌握机器人智能控制的分类与控制方式 2. 掌握网络机器人的结构 3. 掌握网络机器人的特点与控制 4. 掌握机器人系统的描述 5. 了解网络机器人的应用	1. 能区分机器人智能控制的不同类别与控制方式 2. 能对机器人的行为进行规划并对其进行描述 3. 能看懂网络机器人远程实时控制框架

笔记

任务一　认识智能控制机器人

工作任务

机器人的智能经历了从无到有、从低级到高级，并随着科学技术的进步而不断深入发展。随着计算机技术、网络技术、人工智能、新材料和MEMS技术的发展，机器人的智能化、网络化、微型化的发展趋势逐渐凸显出来。图7-2、图7-3中的机器人都是高智机器人，属于智能机器人的一种。

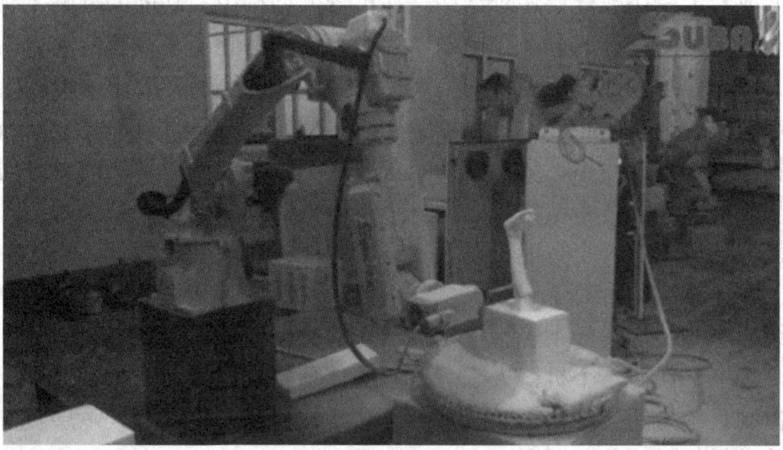

图7-2　制作假肢

图7-3　KUKA工业机器人打球

任务目标

知识目标	能力目标
1. 掌握机器人智能控制的分类 2. 掌握机器人控制方式	1. 能区分机器人智能控制的不同类别 2. 能区分机器人不同的控制方式

笔记

任务准备

智能控制机器人的分类

教师讲解

随着智能机器人研究工作的不断深入，越来越多的各式传感器进入人们的生产生活，信息融合、规划、问题求解、运动学与动力学计算等单元技术不断提高，使智能机器人整体智能能力不断增强，同时也使其系统结构变得更为复杂。

基于多传感器的信息处理和智能控制机器人是一个多 CPU 的复杂系统，必然分成若干模块或分层递阶结构。在机器人结构中，功能的分解、时间关系的确定、空间资源的分配等问题，都是直接影响整个系统智能能力的关键问题。同时为了保证智能系统的扩展，便于技术的更新，要求系统的结构具有一定的开放性，从而保证机器人智能能力不断增强，可以接入更多传感器，各种算法可以组合使用。体系结构本身变成了一个要研究解决的复杂问题。

智能机器人的体系结构是定义一个智能机器人系统各部分之间相互关系和功能分配，确定一个智能机器人或多个智能机器人系统的信息流通关系和逻辑上的计算结构。对于一个具体的机器来说，就是该机器人信息处理和控制系统的总体结构，但不包括这个机器人的机械结构。

事实上，任何一个机器人都有自己的体系结构。目前，大多数工业机器人的控制系统为两层结构，上层负责运动学计算和人机交互，下层负责对各个关节进行伺服控制。

近年来，解决体系结构中的各种问题成为人们关注的对象，这将使结构思想具有一定的普遍指导意义。由于对体系结构中问题的认识不同，解决的着眼点也不同。目前世界上已有不少从不同角度提出的智能机器人体系结构参考模型。

一、网络机器人

网络技术的发展拓宽了智能机器人的应用范围。利用网络和通信技术，可以对机器人进行远程控制和操作，代替人在遥远的地方工作。利用网络机器人，外科专家可以在异地为患者实施疑难手术。2000 年，身在美国纽约的外科医生雅克·马雷斯科成功地用机器人为躺在法国东北部城市的一位女患者做了胆囊摘除手术，这就是一个网络机器人应用的成功范例。在国内，北京航空航天大学、清华大学和海军总医院共同开发的通控操作远程医用机器人系统，同样可以在异地为患者实施开颅手术。

二、微型机器人

日本东京工业大学的一名教授对微型和超微型机构的尺寸作了一个基本

笔记

的定义：机构尺寸在 1～100 mm 的机器人为小型机构，10 μm～1 mm 的机器人为微型机构，10 μm 以下的机器人为超微型机构。微型机器人的发展依赖于微加工工艺、微传感器、微驱动器和微结构 4 个支柱。现已研制出直径 20 μm、长 150 μm 的铰链连杆，200 μm × 200 μm 的滑块结构以及微型的齿轮、曲柄、弹簧等。贝尔实验室已开发出一种直径为 400 μ m 的齿轮。

美国 IBM 公司瑞士苏黎世实验室与瑞士巴塞尔大学的科学家正在研究利用 DNA(脱氧核糖核酸)的结构特性为微型机器人提供动力的新方法。利用这一方法，科学家可能制造出不用电池的新一代微型机器人。

三、高智能机器人

美国著名的科普作家阿西莫夫曾设想机器人具有这样的数学天赋：“能像小学生背乘法口诀一样来心算三重积分，做张量分析题如同吃点心一样轻巧。” 1997 年，IBM 公司开发的名为“深蓝”的 RS/6000sP 超级计算机打败了国际象棋之王——卡斯帕罗夫，显示了大型计算机的威力。“深蓝”重达 1.4 t，有 32 个节点，每个节点有 8 块专门为进行国际象棋对弈设计的处理器，平均运算速度为每秒 200 万步。机器人需要处理和存储的信息量大，要求计算机的实时处理速度快。如果将“深蓝”这样的计算机体积缩小到一定程度，可以直接放入机器人的脑袋里。有了硬件支持以及人工智能的突破，相信更高智能的机器人一定会出现。

四、变结构机器人

智能机器人工作环境千变万化，科学家梦想着机器人能像人和动物一样运动。例如，像蛇一样爬行，像人一样用两条腿行走。日本在仿人形机器人上取得了很大的进步，但是机器人的行走速度慢，对地面的要求很高。真正达到像人一样行走的水平，道路仍然十分漫长。

查一查： 上网查询智能控制机器人的用处。

任务实施

机器人智能控制方式

多媒体教学

一、机器人的 3 级智能控制系统

1971 年付京孙正式提出了智能控制(Intelligent Control)概念，推动了人工智能和自动控制的结合。美国学者 Saridis 提出了智能控制系统必然是分层递阶结构，分层原则是：随着控制精度的增加，智能能力减少。智能控制系统

笔记 可分为 3 级，即组织级(OrganizationLevel)、协调级(Coordination Level)和控制级(Control Level)。控制级也称执行级(Execution Level)。

组织级接受任务命令、解释命令，并根据系统其他部分的反馈信息，确定任务，表达任务，把任务分解成系统可以执行的若干子任务。因此，组织级应具有任务表达、任务规划、决策和学习的功能。它是智能控制系统中，智能能力最强、控制精度最低的一级。

协调级接受组织级的指令和子任务执行过程的反馈信息，用于协调下一层的执行，确定执行的序列和条件。这一级要有决策、调度的功能，也要具有学习的功能。

控制级的功能是执行确定的运动和提供明确的信息，同时要满足协调层提出的终止条件和行为评价标准。最佳控制或者近似最佳控制理论会在这一层发挥作用。这一级是智能控制系统中控制精度最高、智能最低的一级。

Saridis 设计了一个机器人的控制系统(见图 7-4)，是一个具有视觉反馈和语音命令输入的多关节机器人。同时，他还引入了熵(Entropy)的概念，作为每一层能力的评价标准。试图使智能控制系统以数学形式理论化，熵越小越好。

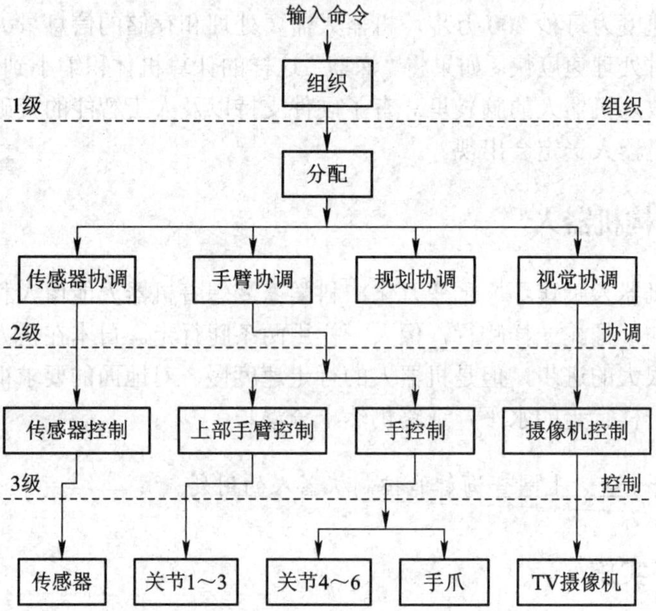

图 7-4 机器人的 3 级智能控制结构

二、NASREM 的分层控制系统结构

美国航天航空局(NASA)和美国国家标准局(NBS)提出了 NASREM 结构，其出发点是考虑到一个航天机器人、一个水下机器人或者一个移动机器人上可能有作业手、通信、声呐等多个被控制的分系统，而机器人可能由多个组成一组，相互协调工作。同一个任务可能由多个这种组系统相互协同完成。体系结构的设计要满足这样的发展要求，甚至可以和具有计算机集成制造系

笔记

统(CIMS)的工厂系统结构相兼容，可将已有的单元技术和正在研究的技术应用到这一系统中来，包括现代控制方面的技术和人工智能领域的技术等。

整个系统分成信息处理、环境建模和任务分解 3 列，分为坐标变换与伺服控制、动力学计算、基本运动、单体任务、成组任务和总任务 6 层，所有模块共享一个数据库，如图 7-5 所示。任务分解列是整个体系结构的主导列，用于接收由整个系统完成的总命令(Minion Command)，发出直接控制执行器件动作的电信号，通过若干个执行器件时间和空间上的动作总合完成总命令，并负责对总命令逐级地进行时间和空间上的分解，最后分解成若干控制执行器动作的信号串。

环境建模列主要有 5 项功能。

(1) 依据信息处理列提供的信息，更新、修改数据库的内容。

(2) 向信息处理列提供周围环境的预测值，供信息处理列将其与传感器测得的数据比较、分析，做出判断。

(3) 向任务分解列提供相关的环境模型数据和被控体的状态数据，任务分解列各模块以这些数据为基础进行任务分解、规划等工作。

(4) 对任务分解列模块的规划结果进行“仿真”，判断出按照分解列模块给出的各子目标执行的可能结果。

(5) 评价分解列模块的分解(规划)结果。

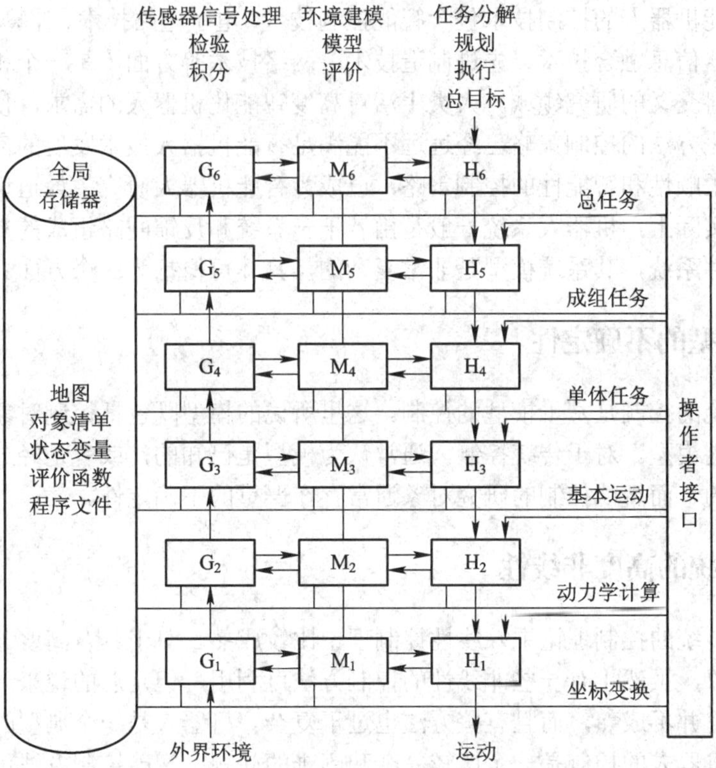

图 7-5　NASREM 的分层控制系统结构框图

笔记

体系结构的6层是依照信息处理的顺序排列的。第1层：坐标变换和伺服层把上层送来的执行器要达到的几何坐标分解变换成各关节的坐标，并对执行器进行伺服控制。第2层：动力学计算层在载体(单体)坐标系或世界(绝对)坐标系工作，其作用是给出一个平滑的运动轨迹，并把轨迹上各点的几何坐标位置、速度、方向定时地向第1层发送。第3层：基本运动层在几何空间内或符号空间内工作，其结果是给出被控体运动的各关键点的坐标。第4层：单体任务层主要面对任务，可将整个单体的任务分解成若干子任务串，分配给该单体上的各分系统，这一层也叫任务分解层或任务层。第5层：成组任务层可将任务分解成若干子任务串，并分配给组内不同的机器人单体。第6层：总任务层把总任务分解成子任务，并分配给各个机器人组。

NASREM结构中各模块的功能和关系非常清楚，有利于系统的构成和各模块内算法的装填和更换。

查一查：上网查询机器人智能控制方式的用处。

任务扩展

工匠精神

中国的“工匠精神”是认真和一丝不苟，追求的是一种极致的完美。完美即是益，用一颗执着的心去完成每一件事，让技术变成艺术，让一切不可能成为现实。

机器人智能控制的特点及控制系统的基本结构

智能机器人的控制技术包含智能控制技术、电子电路技术、计算机技术、多传感器信息融合技术、先进制造技术、网络技术等方面，是一个相当广泛的多学科交叉的研究领域。人类生活对高度智能化机器人的需求，使得基于经典优化方法的控制策略已经远远不能满足智能机器人技术发展的需要，寻找具有柔顺性和智能性的控制策略，已成为智能机器人研究中最迫切的问题之一。实际上，机器人系统一般是由若干子系统和反馈回路组成的复杂多变量非线性系统，其系统模型是非常复杂的，具体可概括为3个方面。

一、模型的不确定性

传统的控制是基于模型的控制。这里所说的模型既包括控制对象，也包括干扰的模型。对于传统控制，通常认为模型是已知的，或者是经过辨识可以得到的，而智能控制的研究对象通常存在严重的不确定性。

二、系统的高度非线性

在传统的控制理论中，线性控制理论比较成熟。对于具有高度非线性的控制对象，虽然也有一些非线性的控制方法可利用，但是总的说来，非线性控制理论并不成熟，而且有些方法也过于复杂。机器人是一个典型的非线性对象，机器人的控制是一个比较复杂和困难的问题，智能控制方法可能是一种解决出路。

笔记

三、控制任务的复杂性

在传统的控制系统中，控制任务的要求比较单一，或者要求输出量为定值(调节系统)，或者要求输出量跟随期望的运动轨迹(跟随系统)。对于智能控制系统，其任务要求往往比较复杂。例如，在智能机器人系统中，要求系统对一个复杂的任务具有自行规划和决策的能力，有自动躲避障碍运动到期望目标位置的能力等。对于这些复杂的任务要求，就不能只依靠常规的控制方法来解决了。

智能机器控制系统的典型结构如图 7-6 所示。在该系统中，广义对象包括通常意义下的控制对象和所处的外部环境。对于智能机器人系统，机器人手臂、被操作物体及其所处环境统称为广义对象。传感器则包括关节位置传感器、力传感器，还可能包括触觉传感器、滑觉传感器或视觉传感器等。感知信息处理器将传感器得到的原始信息加以处理，例如视觉信息需要经过很复杂的处理后才能获得有用的信息。认知部分主要用来接收和储存各种信息、知识、经验和数据，并对它们进行分析、解释，做出行动的决策，送给规划和控制部分。通信接口除建立人机之间的联系外，也可建立系统中各模块之间的联系。规划和控制是整个系统的核心，它根据给定的任务要求、反馈的信息以及经验知识，进行自动搜索、推理决策、动作规划，最终产生具体的控制作用，经执行部件作用于控制对象。对于不同用途的智能控制系统，以上各部分的形式和功能可能存在较大的差异。

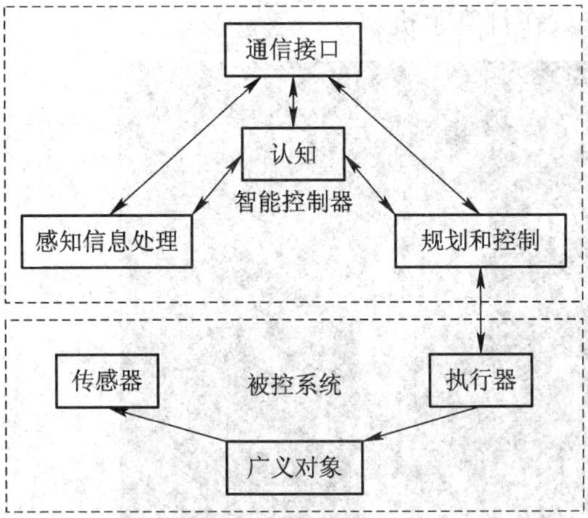

图 7-6 智能机器控制系统的典型结构

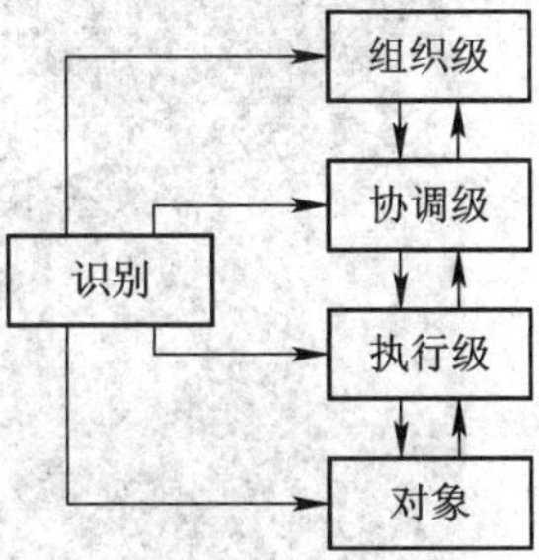

图 7-7 分层递阶的智能控制结构

G.N.萨里迪斯提出了智能控制系统的分层递阶的智能控制结构形式，如图 7-7 所示。其中，执行级一般需要比较准确的模型，以实现具有一定精度要求的控制任务；协调级用来协调执行级的动作，不需要精确的模型，但需要学习功能，以便在再现的控制环境中改善性能，并能接受上一级的模糊指令和符号语句；组织级将操作员的自然语言翻译成机器语言，组织决策、规定任务，并直接干涉低层的操作。在执行级中，识别的功能在于获得不确定的参数值或监督系统参数的变化；在协调级中，识别的功能在于根据执行级

笔记

送来的测量数据和组织级送来的指令产生出合适的协调作用；在组织级中，识别的功能在于翻译定性的命令和其他的输入。该分层递阶的智能控制系统具有以下两个明显的特点：

(1) 对控制来讲，自上而下控制的精度越来越高。

(2) 对识别来讲，自下而上的信息回馈越来越粗略，相应的智能程度越来越高。

这种分层递阶的结构形式已成功地应用于机器人的智能控制。

任务巩固

1. 机器人智能控制有哪几种？

2. 机器人控制方式有哪些？

任务二 机器人系统的描述

工作任务

机器人系统的描述是指与机器人进行作业的环境和对象、作业的方法等相关联的情况的表达。描述的内容取决于作业的种类与环境、机器人的结构和功能。如图 7-8 所示为工业机器人在打磨手机。

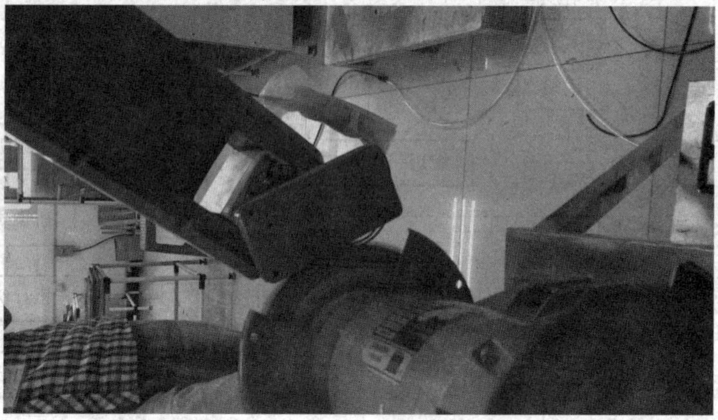

图 7-8 工业机器人在打磨手机

任务目标

知识目标	能力目标
1. 掌握作业程序的编制方法 2. 掌握知识框架的表达方式 3. 掌握机器人知识的获取方法	1. 能对对象物进行描述 2. 能对机器人的行为进行规划

笔记

多媒体教学

任务准备

一、作业程序

作业程序广义上是指机器人为了完成给定的工作必须执行的各种工序，一般称为程序。此程序可通过使用计算机语言的手段和再现执行的非语言手段两种方式来表达。

机器人程序可以从不同层次上来描述，分为原始动作级描述、动作语言级描述和对象物状态级描述。图 7-9 为不同语言层次的图示。各个层次中仅明确地描述了实线所示的事件。

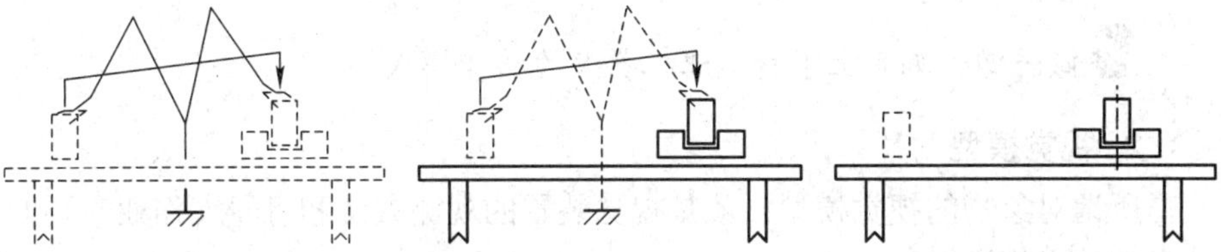

(a) 原始动作级　(b) 结构动作级　(c) 对象物状态级

图 7-9　不同语言层次

动作级描述是与机械手或物体的运动控制直接相连的。为了将状态级的表示与实际的对象物或机器人的动作联系起来，必须将状态的变化细化为物体的动作或机器人的动作。为此，首先必须具备相应的动作，才能使某一状态变化为另一状态的描述。

为了使机器人可靠地进行作业，不仅需要直接的作业描述，而且还需要有关的辅助程序知识。所谓辅助，实质上是在程序描述的多个部分中嵌入与程序有关的描述。

二、对象物的描述

对象物的描述是提供实际作业时程序的具体描述。在规划作业过程中，也作为可能动作的选择和仿真来使用。

1. 拾放模型

组装作业的基本动作是抓起需组装的零件，将其安装于指定位置。前半部分的操作称为拾起，后半部分的操作称为放下。因此，在组装作业中，描述的对象物属性是基本的对象物模型，称为拾放模型。构成拾操作的动作模式如图 7-10 所示，接近点是物体上方的自由空间中的点，抓持点是机械手指能稳定地抓住零件的位置，退避点是使物体与周围的零件充分分离的自由空间内的点。放操作则按相反的顺序，动作的组成基本相同。接近点是接近目标设置点的自由空间内的点。这些结构点用物体坐标给出。

笔记

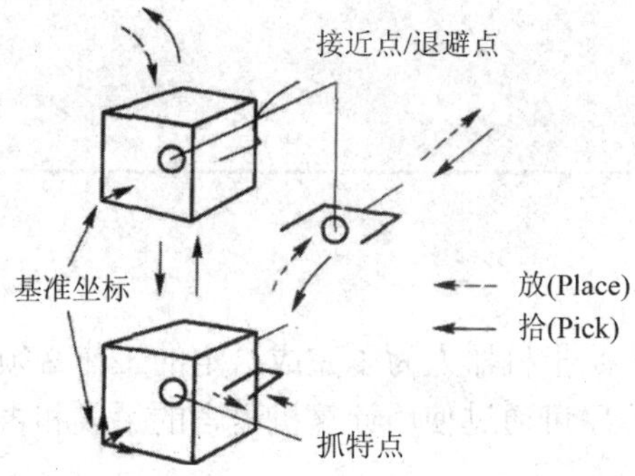

图 7-10　拾放作业的动作模式

需要注意的是，这些结构点不一定是常数。例如，若为了灵活地适应环境条件，规划高级的作业动作，则需要根据回避与其他物体碰撞等条件动态地决定结构点。

做一做：编制上下料工业机器人的动作模式。

2. 视觉模型

所谓对象物的视觉模型，就是视觉装置的观测方法和机器人作业需要的信息的抽出规则。

机器人作业所必需的视觉信息是物体的发现和位置、姿态的测定，因此，在物体模型中首先需要描述用于识别的信息，其获取方式包括用摄像机拍摄物体所得的图像数据的直接方法和用图像处理所得的物体形状等特征进行描述的方法。前者多用于实用的机器人的二维视觉装置。但是，物体模型是面向后者的，被识别的物体在空间内的位姿是可以计算的。这些计算方法也是物体模型知识的一部分。

3. 世界模型

所谓世界模型就是机器人作业环境的描述，也称为环境模型。详细的描述内容因机器人的用途而异，基本上是位于作业空间内的物体和其在作业空间内的位姿的描述。指示物体自身的方法是物体的名称，或是指向描述物体的数据结构的指针。物体的位姿通常用从物体固定的物体坐标系的“世界模型”观察到的位姿来描述，即可构成从物体坐标系到世界坐标系的坐标变换。例如，将物体的位姿记为 B，而物体接近的位置用物体坐标系给定，记为 P，其合成的 B・P 点(“・”表示坐标变换的合成)即为用世界坐标系描述的物体的接近点的位姿。机器人手指的位置也可按同样的方法进行描述。这些坐标整体上可以构成如图 7-11 所示

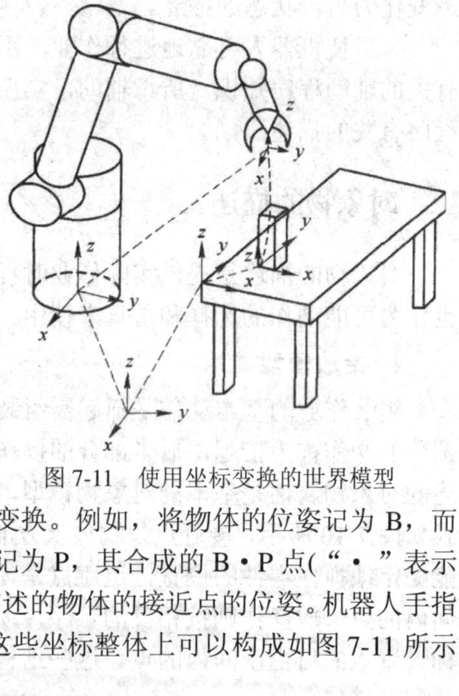

图 7-11　使用坐标变换的世界模型

笔记

的关系。

4. 连接关系的描述

在组装作业中，各个物体(零件)相互组合和分解，因此有必要对这种结合关系(Affixment)的量的关系和逻辑关系进行描述。量的关系是各个零件的相对位姿，它们与物体的位姿相同，可以用坐标变换来表示。逻辑关系表示两者之间的约束关系，在物体 A 的上面仅简单地放置物体 B 时，在具有重力环境的前提下，若使 A 运动，则 B 也会运动；然而在使物体 B 运动时，物体 A 可能不动作。若把物体 A 与物体 B 刚性地结合，则使任一方运动，另一方也会随之一起运动，而两者的相对位姿的关系是不变的。用手爪抓住物体也会产生刚性结合。这两种约束关系作为组装物体的表述是基本的，也可以考虑链结构一类的部分约束关系。

5. 世界模型的一致性管理

在作业过程中，物体的位置是移动的，如果进行组装作业，则物体的依附关系是变化的。对应于这些变化，必须更新物体的位姿和依附关系的描述，以保持与实际环境的一致性。这就是世界模型的一致性管理。

当仅有一个物体移动时，其位姿的更新可以由机器人手完成抓取及移动动作。在具有结合关系的物体(组装物体)的场合，若其中任一物体随之移动，则其他物体也随之移动，即其位姿是变化的。模型系统必须能够管理这种变化。这时，逐一地更新含于组装物的全部物体的位姿，其效率可能是不高的。

在由多个物体组成的物体中，其全部结合关系一般构成网络，可以将这种结合关系转换为树结构。记录结合关系的技术中记录着结合点、到结合点的坐标变换和结合类型等信息。某一物体在世界坐标系中的位姿就是将其从结合树的根位姿到这个物体的坐标变换顺序地合成，当机器人抓住结合树中的一个物体，并使其移动时，从这个物体开始向上查找结合树，仅更新刚性结合的最上位物体的位姿。这种方式可以简化伴随物体移动的坐标变更管理，其缺点是由于维持树结构的约束，不能保持物体间的相位信息。

三、知识表达框架

与以上作业相关的知识(过程和物体的属性，环境信息)表示的具体方法基本上是某种计算机语言。另一方面，在信息处理领域，科学家正在研究将人类的各种知识在计算机中表示的方法，这种领域称为知识表达，这里仅涉及适用于机器人的知识表达的框架。

1. 框架的必要性

机器人世界描述包括对象物的属性、环境模型、对象物可以进行的操作、伴随着操作实行的状况(实体是变数的值)变更的管理等。用以前的机器人语言描述它们时，对象物的属性是变数的汇集及其值，各种操作和其他过程就是程序。其中，对象物操作所必需的知识可以作为表示物体属性的变数，这

笔记

些变数的赋值、结合关系的设定、动作的执行、伴随着动作执行的各个变数和结合关系变化的处理过程等都通过控制单元来描述。然而，这些知识在整个程序中是非结构地分布的，这种程序本身不能构成对象物模型，每当用户操作不同的物体时，就必须重新编制这种程序。相关联的信息及其处理、利用过程，作为对象物模型应能统一进行处理。对具有共同性的某些知识，也能在不同的模型中简单地使用。因此可以认为具有这种功能的知识表示框架对于描述机器人的对象物模型来说是很适宜的。

2. 利用框架的实例

机器人系统程序和数据框架的描述有层次描述和面向对象描述两种方法。这两种方法都在人工智能领域中得到了广泛的应用。

用面向对象的系统说明进行对象物模型化，对于一个拾放操作系统，根据对象物操作知识的共同性进行分类，特别是拾放操作对于所有物体都是共同的，把必要属性和相关程序集成起来，便形成泛化物体的类，这种泛化的物体类描述了拾放模型的属性与世界模型一致性的管理过程。

另外也存在利用对象的模块性和层次知识的共有功能，可将拾放模型和视觉模型等所谓不同质的知识结合的系统。这个系统以基于操作观点的对象模型和基于利用狭缝光进行视觉识别、测量的对象模型为基础，建造了利用各个功能时能自动地调用进行互相补充程序的协调作业模型。协调作业的具体内容如下所述：在操作作业中，各动作的视觉确认是自动进行的。这里，所谓动作执行的确认，是指能够用移动前的位姿来辨识对象物体。也就是说，不是在完全未知的空间内搜索物体，而是可以在预定的位置、姿态上发现物体的视觉特征(在这种场合是轮廓像)。其次，这种确认法对于构成上述拾放的全部动作都具有共同适用的一般性。辅助视觉功能的作用是给出在测量被抓住的物体时，为了使物体不被遮住，用手指使物体的测量面朝着摄像机的方向。这些知识与物体操作和视觉功能的基本用法相关，通常将这类知识的使用方法称为元(Meta)知识。为了实现这种元知识的描述，系统会将作业模型与对应的拾放模型、视觉模型相协调，图 7-12 为利用多重继承的递阶关系的协调作业模型。

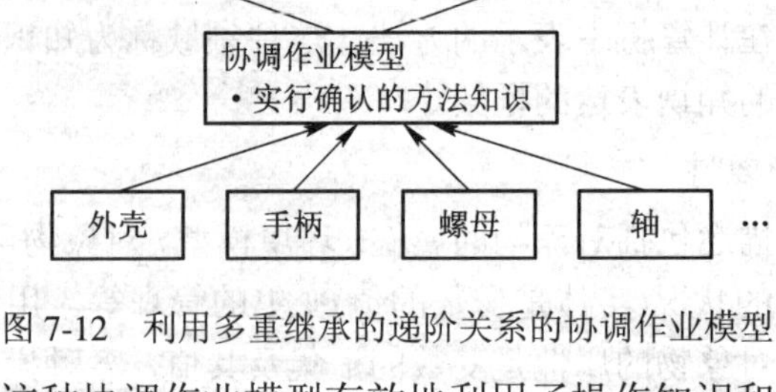

图 7-12　利用多重继承的递阶关系的协调作业模型

如上所述，这种协调作业模型有效地利用了操作知识和描述知识的使用方法。将其置于对应位置时，两个模型保存的属性和过程就原原本本地保持作为各自模型的独立性，协调作业模型即可方便地使用。

机器人世界的面向对象系统的知识表示框架模型化方法，容易积累对象物级的动作以及各种各样的知识，所以容易保持机器人系统的可扩充性。

笔记

任务实施

机器人智能控制方式

技能训练

一、机器人行为规划

规划(Planning)是机器人系统最基本的功能，若想机器人进行某种工作时，必须首先进行规划。

1. 作业规划

在机器人进行某种作业的场合，必须用程序的形式给出动作的具体指令，为此，必须确定作业的程序。例如，进行机械的组装和分解作业前，必须预先决定机械零件的装配顺序和拆卸顺序、放置零件的地方等。通常，程序员应全部考虑这些顺序，或者一边使用机器人仿真器或机器人用的专家系统等功能，一边书写机器人动作的程序。然而，这种工作对于程序员是很重的负担。如果机器人系统自身具有考虑大致的作业程序的功能，则可以减轻程序员的负担。显然，为了编制这些程序，必须预先熟悉周围的环境和机器零件放置的情况(位置和姿态)等环境条件和机器人可能的动作。在这些前提下，将生成完成目标作业必需的全部作业程序的功能称为机器人的作业规划，也称为机器人规划生成或问题求解。

企业文化

拥有卓越的团队、优异的业绩、一流的产品和服务、较高的健康安全环保水平、良好的社会责任担当和声誉口碑，深受社会尊重，被客户、股东、员工所高度认同。

机器人作业规划问题从机器人研究的最初期就已经开始进行了。例如，在图 7-13 所示的房子中存在几个物体(障碍物)的环境下，用符号 A 表示细长形对象物，A 每一步动作可向 Z 方向或者 Y 方向移动±1 个单位，或旋转 90°。在这样的约束条件下，机器人可自动地考虑应进行怎样的动作，才能使 A 从所在位置移动到图中虚线所示的目标位置。用表示机器人环境状况的状

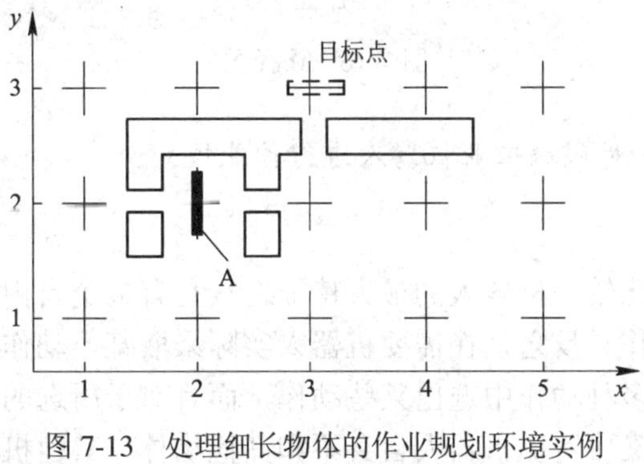

图 7-13　处理细长物体的作业规划环境实例

笔记

态和作为机器人动作元所描述的作业状况称为状态空间法，如图 7-14 所示即为表示这种作业的状态空间图，这种作业的规划是在该图上寻找从当前点开始到达目标点的路径(尽量短)。图 7-15 和图 7-16 分别给出了作业规划的路径和路径图。

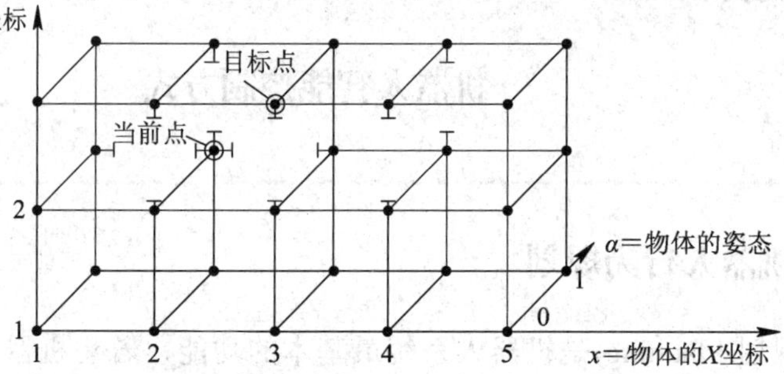

图 7-14　状态空间表示图

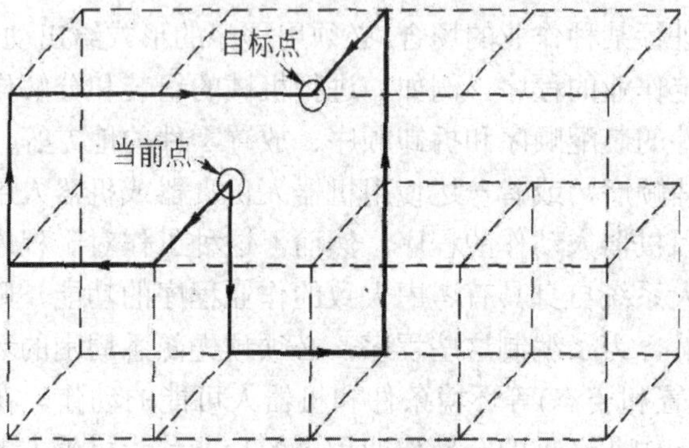

图 7-15　作业规划的路径

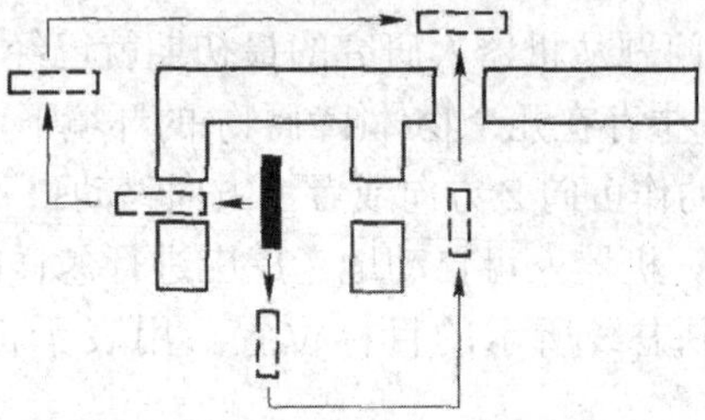

图 7-16　路径图

做一做：对码垛工业机器人进行作业规划。

2. 行动规划

与其他机械比较，机器人的最大特征之一是有多个自由度，在三维空间中可以自由地动作。反之，在需要机器人实际采取某一动作时，必须从在空间中可以实现的多种动作中选出某些动作，而且对于所选的动作，既能够达到目标的动作，又可避免机器人自身不和其他物体、其他机器人发生碰撞。

笔记

1) 机械手的避碰

为了控制机械手实行作业，必须借助机器人语言程序和动作示教详细地指定作业动作。使用具有图形显示功能或干涉检查功能的模拟器，通过对话来规划机器人动作的方法尚在研究开发，但仍然需要大量的时间和人力，为了减轻人类的这种负担和进一步扩大机器人的适用范围，目前正在深入进行机器人自主动作规划的研究。

障碍物回避动作规划，可以看作是在具有与机械手的自由度数相同维数的空间中的路径搜索问题。在这个过程中，具有复杂形状的三维立体间的避碰计算已成为必要。

机械手动作的开始位置和目标位置已经给定时，一般可能存在多条路径。至于路径的最优性，存在最小能量、最短时间、最短距离等各种各样的评价标准，然而，选择何种评价标准依赖于机器人各自的作业内容，对于有6个自由度的机械手的路径探索，回避障碍物而到达目标是困难的。因此，目前为止还没有出现同时处理障碍物回避和最优化的研究。

障碍物回避动作规划方法可分为基于作业空间的局部信息法和基于全局信息的方法。用任一种方法单独地求解问题都是困难的，所以目前的研究方向是将它们组合起来，并引入启发式(Heuristic)方法。

(1) 利用近旁局部信息的避碰。

利用近旁局部信息的避碰是为探索障碍物回避的路径，考察基于机械手近旁的空间结构，沿着没有碰撞的方向进行动作的方法。它适用于作业环境的域结构预先不知道的场合；环境时刻发生变化时，基于分布于机械手各部分的传感器信息进行障碍物回避的场合；由于机械手的自由度很高，空间描述困难的场合。

典型的基于局部信息的避碰方法包括假想势场路径探索法，即定义从环境内的物体到机器人的距离的相应斥力以及至目标位置的引力的假设势场(Potential)，这种方法若用于三维作业空间中计算势场，即使机械手的自由度增加，这个势场仍然适用。但具有现实复杂度的三维空间中的势场函数的定义和计算是困难的，并且有时会在斥力和引力平衡的点上停留下来，不能到达目标。对于前者，不再求取分布于机械手全体的悬挂力，可以针对构成机械手的各个连杆，仅计算各障碍物对其最近点的作用力并使其动作的力即可，但目前还没有确切的解决方法。另一途径是设法从全程观点给出所求的中间目标。

基于局部信息的方法，是将机械手与周围避碰物体两者间的距离的评价函数与机械手接近作业目标的评价函数进行加权平均，来决定动作方向。因此，仅能规划一条路径，当这条路径不合适而实际发生碰撞时，为了规划其他路径，只有修正权重参数，目前还没有出现最优地决定这个参数的方法，当前权重值仅凭经验得出。

(2) 利用大域结构信息的避碰回避。

若能进行工作环境内物体的几何学描述，并显式示机械手与它们不发生

笔记 碰撞而能够动作的空间(自由空间)，则可以使用在该空间中的图搜索法等探索到达目标的路径。但是，一般地机械手具有多自由度的连杆结构，而且由于各连杆具有复杂的三维形状，所以描述自由空间是不容易的。

Udupa 实现了由两个连杆组成的 StanfordAnn 的障碍物回避的自由空间描述，该研究给出了如下做法，即在近似于机械手形状的基础上借助于扩大周围障碍物和缩小机械手的方式，将机械手看作没有体积的线段，进一步相对于机械手的前端连杆的长度扩大周围物体，从而可将机械手看作一点，图 7-17 为做二维运动的机械手的避碰动作。这是一个分别用圆柱表示的臂和腕构成的机械手，从出发点 *S* 开始向着目标点 *G* 移动的过程；作业域内的所有障碍物扩大相当于圆柱半径的倍数，机械手作为相联结两条线段来处理。路径规划则利用两个连杆的特点探索地进行。当连杆数增加时，这个方法便难于使用；其次，该法只能发现局部的障碍物回避路径，不能从整体考虑较好的路径，这是该方法的一个缺点。

对于多边形物体回避多边形障碍物，且不带旋转的平移场合，Lozano-perez 给出了求取其移动的最短路径的方法。图 7-18 指出了对象物体 A 从出发点 *S* 移动到目标点 *G* 时的最短路径。此路径可按照下述方法求得，首先将对象物 A 的任意位置看作参照点 *S*，使 A 不旋转，一边保持与障碍物接触，一边围绕着各个障碍物平移，求取点 *S* 描出的图形(图 7-18 的斜线部分)。这些图形(命名为 *GOS*)可以看作禁止参照点 *S* 进入的区域。在考察移动路径的场合，利用这一结果可使对象物 A 缩小至 *S* 点，于是便可以从联结出发点 *S*、*GOS*(A)的顶点和目标点 *G* 的路径中选出不进入 *GOS*(A)且到达点 *G* 的 A 的最短路径，如图 7-18 所示。当 A 旋转时，因为对应于 A 的旋转 *GOS*(A)也发生变化，所以求取 A 的移动路径的问题已构成三维问题。

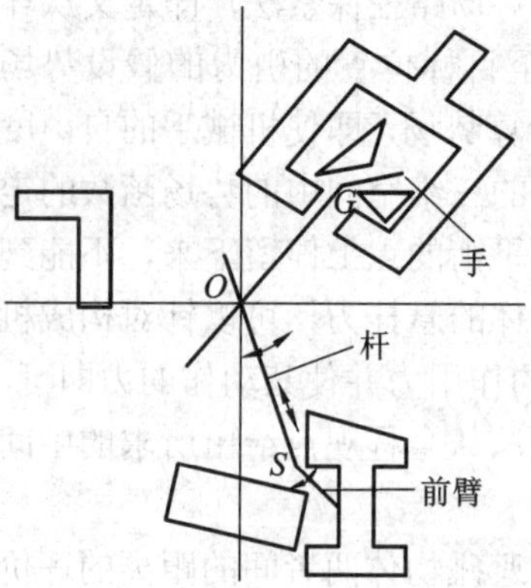

图 7-17 连杆机械手的障碍物回避

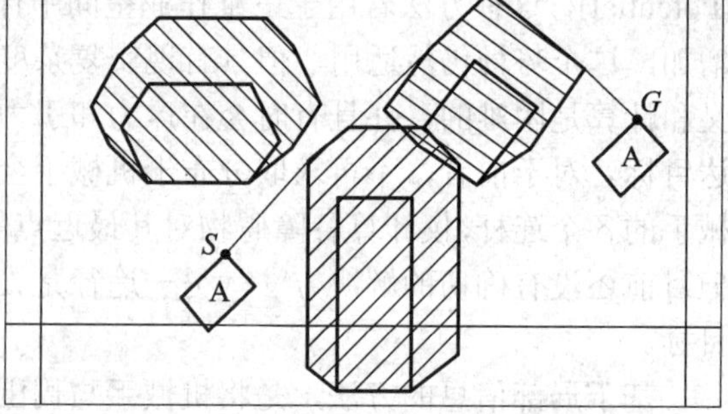

图 7-18 平移物体的二维障碍物的回避

为简便起见，提出下述方法。将 A 的旋转分为 *m* 个区间，求取各区间的旋转可能形成的图形，并各用一个包含它的多边形(第 *i* 个近似多边形记为 A_i)来近似。用各个 A_i 得到的 *i* 个 $GOS(A_i)$，求取近似的最短路径。图 7-19 是表示这个方法的一个例子。允许对象物从 A_1 旋转到 A_3，从点 *S* 移动到点 *G*。

笔记

A_2是由0°～90°旋转可能形成的多边形，以上是在二维平面内的移动。对象物和障碍物是三维的场合，*GOS*(A)是立体的，所以最短路径不一定通过*GOS*(A)的顶点，较多的情况是通过棱线。因此，应致力于在棱线上追加顶点而求取路径。其次，随着对象物的旋转自由度增加，问题的维数越高，于是需要更大范围内的近似，这种方法适用于各连杆用多面体表示的机械手的障碍物回避问题。

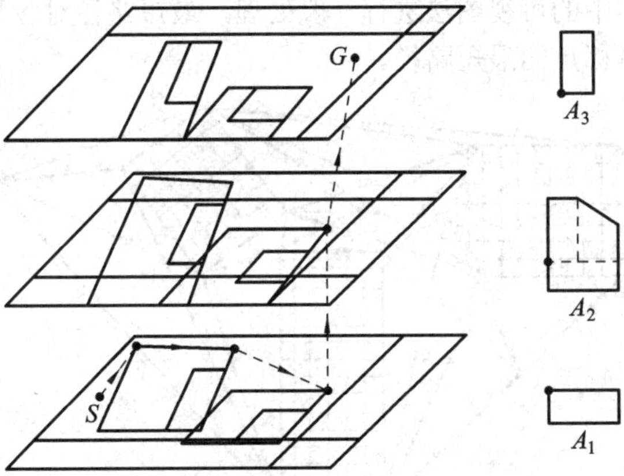

图7-19　平移和旋转物体的二维障碍物的回避

2) 移动机器人的避碰

路径搜索就是在给定的环境下，找出从初始点出发，避开障碍物而到达目标的路径。根据不同的场合，有时也要求该路径满足某种性质(最优性)。

路径搜索问题是运筹学和优化研究的重要内容，目前已完成对应于问题状况的各种算法。按照移动机器人的观点，这些算法可以分为以下 3 类：① 与环境的知识无关的场合的直观搜索法或者爬山法；② 具有环境完全知识的图搜索法或者数学规划搜索法；③ 环境知识不完全和环境过于复杂情况下的启发搜索法，或者混合搜索法等。

(1) 直观搜索法或者爬山法。

直观搜索法在几乎没有关于环境信息的场合下使用，其路径搜索的情形与人类没有地图要到未知地域的搜索情况相似。即搜索路径的机器人在其出发点只具有目标点大致方向的信息，最初试朝着接近目标的方向移动，而且基于由移动结果得到的新信息，借助于其认为比较接近目标的方向移动，继续进行路径搜索。机器人反复执行这一过程直至到达目标点。

用这种方法得到的路径不一定是最短路径(最优路径)，而且还存在由于环境的复杂而不能发现到达目标点路径的情形。利用触觉信息即为该方法的最简单应用。机器人在向目标点前进的过程中，若接触到障碍物，则分析这些信息，决定下一步应该前进的方向。进一步的成果是用人工视觉检出障碍物，基于其大小和斜面的倾斜度信息生成避碰路径和检出障碍物间的间隙，决定走向目标的方向。

笔记

(2) 图搜索法或者数理规划搜索法。

在环境情况完全的场合，即存在于环境中的障碍物分布是预先知道的场合，或者是在机器人实地移动时借助于视觉装置等可以决定障碍物的整体分布，则可以运用比直观搜索法更为有效的方法。如图 7-20 所示，图中多边形表示障碍物，从出发点 S 开始，回避障碍物而到达目标点 G 的最短路径(如图 7-20 所示)存在于联结障碍物的顶点的直线群的组合之中。这种问题可以作为计算几何学中的可视图法进行一般处理，最短路径对应于在可视图上求取从出发点到目标点的最短路径。

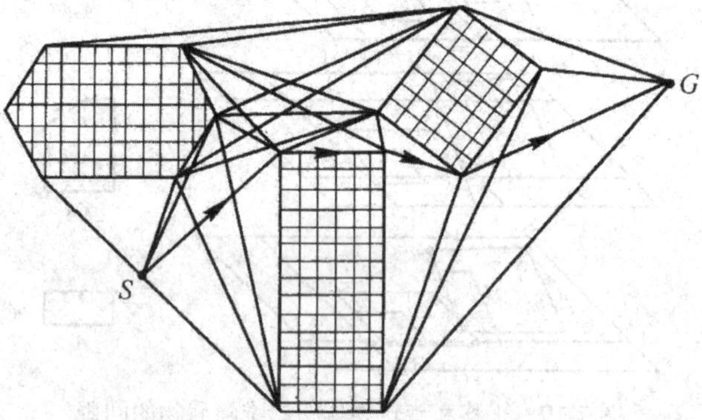

图 7-20　可视图问题的路径搜索实例

为了高速地求解这种问题，有的文献提出用超图层次的描述机器人能够动作的空间结构，实现路径搜索算法的高速化。其次为了尽量避免接触障碍物，也可以将由各障碍物大小决定的领域边界(计算几何学称其为 Voronoi 图)作为路径的一部分来使用。有人提出了利用由障碍物的势场生成的极小势场分布，来决定路径的方法和利用距离变换的方法等。

另一方面，还可将机器人的移动环境像棋盘格子一样分块进行模型化。通过考察机器人在这些栅格中的移动进行路径搜索的方法很早就已开始使用。在这种场合下，以栅格间的移动所需的成本、与障碍物碰撞所造成的损失、在移动环境中观测存在的障碍物所需花费等为参数的评价函数，可以通过动态规划法等数学规划法使其最小化，从而可以搜索到最优路径。图 7-21 给出了一边将观察到的障碍物信息和关于机器人信息并用，一边进行路径搜索的例子。为了提高这种栅格化环境中的路径搜索的精度和效率，可使用树结构层次化的空间描述方法。图 7-22 给出了使用 4 叉树的空间描述进行路径搜索的例子。从左下方的出发点 S 到右上方的目标点 G 的路径用暗格表示。如图 7-22 所示，在障碍物少的范围内，使用了大的栅格，在障碍物的近旁使用了细小栅格。

这种基于图论或者数学规划法的路径搜索，无论环境怎样复杂，若只是追求计量上的最优性，则理论上可以求得最优解。但是实际上会出现计算量大等问题，因而实际应用时经常需要对算法进行改进。

笔记

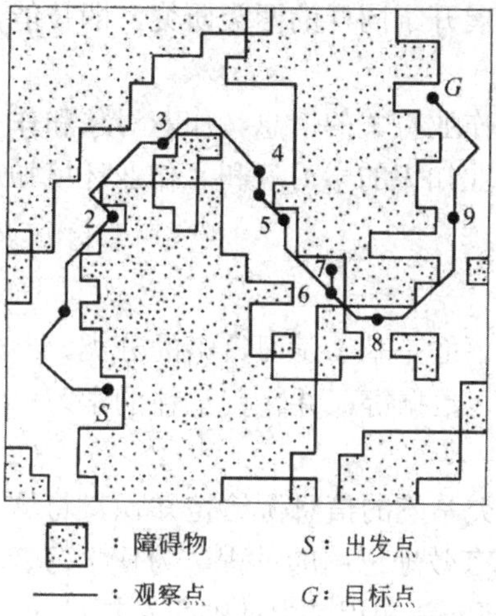

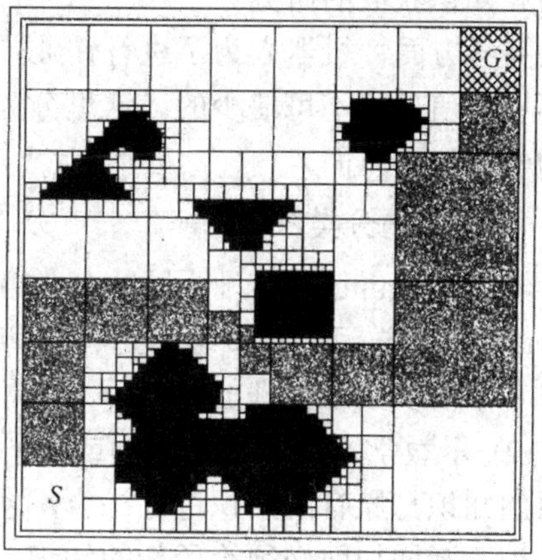

图 7-21　并用观察的路径搜索　　图 7-22　使用 4 叉树的层次化空间描述的路径搜索

(3) 启发式或混合式的路径搜索法。

若环境信息不完全或者环境太复杂，进一步要求路径具有最优性而显得勉强时，有时会出现用直观搜索法不能发现路径，用图搜索法时间过长等问题。在这种场合使用某种启发方法或将几种方法组合起来使用的混合法有时是起作用的。

启发方法中所用的启发知识依赖于特定的问题，难于一般地讨论。作为在移动机器人的路径搜索中使用的启发知识，最简单而且经常使用的是：① 从当前地点向着目标点，一直前进直至遇到障碍物；② 若遇到障碍物，走向在当前地点可以看见的障碍物的边缘点中最近的一个；③ 沿着障碍物移动等。图 7-23 为使用这种启发知识搜索路径的例子。

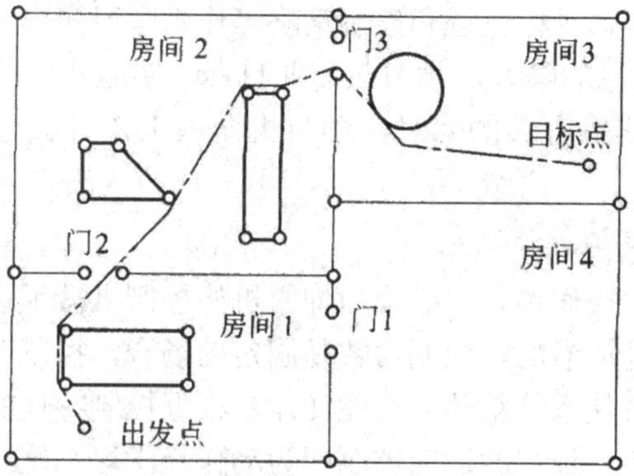

图 7-23　利用启发方法的搜索路径实例

二、机器人知识的获取

人类的学习能力中包括技能改善与知识获取两个方面。技能改善就是通过反复练习使水平提高。相对地，伴随新知识及其结构和心理模型的建立，

笔记

知识获取是有意识的过程。在机器人领域也展开了同样的两类研究，即技能改善和知识获取的研究。

另一方面，机器人为了进行作业，实施作业有关的信息、作业对象和作业环境的信息是不可缺少的。这里分为“作业知识的学习”和“作业环境知识的学习”两方面。

1. 学习的分类

学习(Leaning)有各种不同的分类方法。下面是基于学习策略的分类。

(1) 记忆学习：直接地给定程序和事实、数据等，并将其记住的学习，学习者不需要具备推理的能力。

(2) 示教学习。基于由教师或教科书一类系统的信息源给定知识，将这种新的知识与原有的知识进行综合，使其能有效地运用的过程。为使学习者的知识逐渐增加而必须给予新的知识，而大部分新知识是由教师负责提供的。

(3) 类推学习：预先给出产生新概念的“概念种子”，利用这些“概念种子”将类似于新知识和技能的现有知识和技能变换为在新状况下能够利用的形式，从而获得新的知识和技能的过程。例如，会开小汽车的人，在驾驶小型货车的新情况下，为了能适用其技术，需修正自己掌握的技能，获取新的技能，这种学习功能被用于将最初并非为此而设计的程序变换为使其能够实现与此密切相关的功能的程序。

当前机器人的学习大部分属于上述 3 类的范畴。

2. 作业知识的获取

这里以层次性的观点，将关于机器人实施作业的知识分为控制机器人动作级和目标级两部分。

(1) 动作级信息的学习。学习控制机器人动作时必需的信息，将控制参数、机械手动力学、目标轨迹和控制策略等作为学习内容。

(2) 目标级信息的学习。学习与作业目标、实施作业的程序和包含于这些程序的作业动作等有关的信息，学习机器人工作对所造成的外界的影响效果。

1) 动作级学习系统

为了用机器人操作物体，必须由伺服机构控制机械手使其动作，即使伺服控制器的结构是适当的，控制常数是固定的场合，控制对象的特性在作业中发生变化时也会使系统整体的性能变差。根据控制特性的变化调节控制常数，保持系统性能一致性的适应控制即为动作级学习系统。

另外，通过练习提高机器人伺服性能的方法包括学习伺服参数和机械手动力学的系统，例如借助于试运行而提高机械手动力学参数精度的方法。

2) 目标级学习系统

20 世纪 70 年代关于人工智能研究时，经常提出机器人规划问题。这些研究几乎都是以积木世界为对象，自动地生成将积木堆叠成给定形状的程序。STRIPS 和 HACKER 等是熟知的系统。

笔记

Gerakl Sussman 于 1975 年开发了学习系统(HACKER)，利用该系统生成实现给定目标(谓词表达式的集合)的程序，并进行了模拟。模拟装置将禁止的操作或违反约束条件等作为故障(Bug)而检出。故障的种类和排除故障(Debug)过程预先作为知识来描述，与模拟结果进行匹配而识别故障。对于引起故障的状况和相应的排除故障的过程，采用将常数变换为变数的一般方法并存储于程序库内。

Dufay 和 Latomb 提出了由经验归纳学习机械组装作业程序的系统。作为系统输入而给定的作业是对象物的初期状态、目标状态以及零件的几何信息。学习则按以下两个阶段来实施。

(1) 在训练阶段，利用传感器多次实行相同的作业，收集两个以上不确定性和误差的起因不同的多个例子。

(2) 归纳阶段，基于得到的实施例子，利用归纳学习作出在任意场合都能执行的一般策略程序。

查一查：上网查询机器人获取知识的方法还有哪些？

任务扩展

图像理解与环境知识的获取

在学习作业环境信息的场合，视觉起着重要的作用。在这里介绍有关视觉处理和图像理解的学习以及利用视觉处理获取环境信息的方法。

一、视觉处理的学习

机器人为了对用传送带送来的零件实施作业，必须识别零件及其位置。RAIL 就是向基于对象物的特征群实施模式识别，同时测量零件的形状、检查损伤及其位置姿态的视觉处理，并示教给机器人的编程语言。将在传送带上的机器零件的映象作为对象，由输入映象基于 Stanford 算法进行模式识别。对于输入图像的一个物体，其特点就是具有利用其特征值的学习功能和识别功能，对象物体的学习是反复输入其图像，求取特征值的平均值与标准差，将这些值与登录名一齐进行存储。自动识别就是将已登录的几个物体模型与摄像机获取的物体进行比较，判定具体的物体。RAIL 也称为具有借助于 Showing 的模式学习能力的视觉处理程序语言。

二、环境信息的获取

日本的广濑等人提出了将测距仪得到的三维信息构成适用于步行机器人的地形图系统 MARS，已在利用视觉信息制作凹凸地形的地图的场合下使用。在地形的一部分生成所谓死角，不能得到该范围内的三维信息。因此，仅利

笔记

用单纯的三维测量制作的地图是不完全的。所以，在 MARS 中，地形图分为可视区和死角区，并分别指出各个区地图的制作方法。可视区给出了使旧测量值的权重变小、逐次存储信息的方法。例如在一边移动一边更新前方地图的场合，测量值越旧，其距处理物体的距离越远，所以可以使其权重变小，换言之可以给出“遗忘效果”。另外，关于制作死角区的地图所需的死角域推定法，可有效地利用过去得到的环境信息。这就是记忆已测量过的物体的特征，也就是借助于学习，逐次地生成正确地图的方法。利用四足步行机器人进行实验，已表明对于可视域，可以实时地生成地形图。

日本的铃木等人给出由视觉信息学习环境地图的应用例子，提出了使联想数据库自组织化的简单有效的方法，并将其应用于自主移动机器人。学习系统由预先规定的处理部分和初期状态为空白的记忆部分构成。对于现时的输入信号，处理部分从记忆部分检索出与其相似的旧输入信号，调出其相关信息。若现时输入信号的附带信息与该相关信息不一致，则应将新的信息附加于记忆部分的数据库，其影响由下一次处理加以反映。像这样依赖于记忆状态和输入信号双方，数据库即可自组织化地建立起来。当给出充分长的输入序列时，输入信号与相关信息的对应关系与标本序列的对应关系相等。在这种数据库的自组织化算法中，将摄像机图像看作为输入信号 z，将机器人位置 y 看作由此得出的联想信息，若使机器人学习 z 和 y 的对应关系，则机器人的位置即可识别。

任务巩固

1. 应从哪几个方面考虑对象物的描述？
2. 怎样对机器人的行动进行规划？
3. 机器人获取知识的方法有哪些？

任务三　工业机器人网络控制

工作任务

工业机器人网络控制原理如图 7-24 所示。由于要在客户端做比较复杂的实时三维仿真，所以采用基于 C/S 控制模式。在通信协议的选择上采用 TCP 和 UDP 相结合的模式，远程控制端传给服务器端的控制命令采用 TCP 协议，而服务器端返回远程控制端的视频图像采用 UDP 协议进行传输，并采用 WinSocket 进行通信。利用 3DSMAX 强大的建模能力以及 OpenGL 强大的交互能力相结合，实现三维仿真；在运动建模方面则采用 D-H 坐标系法，建立工业机器人的链杆坐标系。网络控制系统采用接口层、数据层和传输层的 3 层架构，使逻辑结构层次非常清晰。在功能设计方面，客户端和服务器端既

笔记

有自己独立的功能，又可通过建立网络通信连接实现远程控制的功能；系统还通过状态反馈、安全检测以及模式切换来增强系统的实时性和安全性。在多机协调方面，由于协调控制的工业机器人只有两台，所以采用集中控制结构。最后还对网络时延进行了测试，并通过不同分类方法对远程工业机器人控制进行了分组实验，证明了系统设计的有效性和正确性。

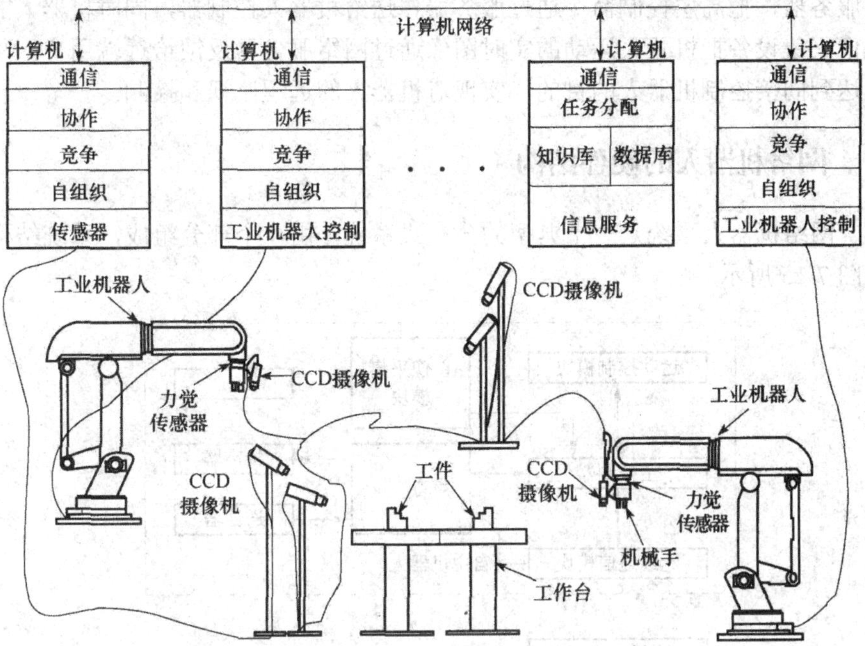

图 7-24　工业机器人网络控制原理

课程思政

四个伟大

伟大斗争、伟大工程、伟大事业、伟大梦想。

任务目标

知识目标	能力目标
1. 掌握网络机器人的硬件结构 2. 掌握网络机器人的软件结构 3. 掌握网络机器人的特点 4. 掌握网络机器人的控制方式 5. 了解网络机器人的应用	1. 能看懂网络机器人远程实时控制框架 2. 能看懂远程控制系统的总体设计

任务准备

网络机器人的组成与特点

教师讲解

把标准通信协议和标准人—机接口作为基本设施，再将它们与有实际观测操作技术的机器人融合在一起，即可实现无论何时何地，无论是谁都能使

笔记

用的远程环境观测操作系统，即网络机器人。随着远程控制与自主机器人的结合，基于网络的自主机器人在未知的、危险的、非结构化的环境中具有了更为广阔的应用。

基于 Web 服务器的网络机器人技术以 Internet 为构架，将机器人与 Internet 连接起来，采用客户端/服务器(C/S)模式，允许用户在远程终端上访问服务器，把高层控制命令通过服务器传送给机器人控制器，同时机器人的图像采集设备把机器人运动的实时图像通过网络服务器反馈给远端用户，从而达到间接控制机器人的目的，实现对机器人的远程监视和控制。

一、网络机器人的硬件结构

网络机器人系统是一个典型的分布式系统，由 4 个部分组成，系统结构如图 7-25 所示。

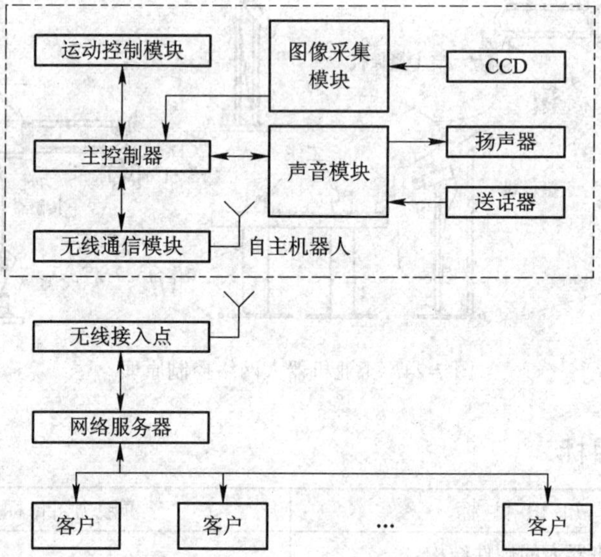

图 7-25　网络机器人硬件结构图

1. 自主机器人

自主机器人具有多种传感器，例如上下 2 个 CCD 摄像机、超声波传感器、电机码盘等，可有效感知环境信息，通过 MagicLan 无线局域网与外部世界通信。此外，自主机器人还可配备声卡、扬声器以及语音识别引擎，加入声音识别与合成功能。机器人采用了嵌入式计算机，自身具有计算能力，能融合多传感器信息，具有识别、定位功能，自主导航，可完成特定的工作。由于采用了嵌入式计算机，因此计算能力有限。

2. 网络服务器

作为连接 Internet 的窗口，网络机器人配备高性能处理器，可提供网络服务。

笔记

3. 客户

主机通过 Internet 与网络服务器连接，在线远程监控网络机器人。

4. 无线网络系统

利用无线网络代替有线网络，使得对机器人的控制不再受空间和地域的限制。本系统采用了无线局域网(Wireless LAN)有中心的网络拓扑结构，自主网络机器人通过无线接入点(AP)与网络服务器连接，采用 802.11b 协议，传输速率为 11 Mb/s。

二、网络机器人的软件结构

1. 自主机器人

自主机器人的软件结构如图 7-26 所示。机器人通过自身的传感器感知环境信息，并将视觉反馈给远程用户。机器人本身又具有推理、行为决策、定位、识别能力，能执行避障、对路径的自主规划、自主导航以及对多任务的决策。这些都有利于减少网络通信中不可预测时延对机器人实时性控制的影响。当网络通信出现拥塞而导致传输速率下降时，自主机器人暂缓低优先级任务，降低网络通信的负载；如果出现暂时的系统通信中断，远程机器人的自主性与学习机制可避免机器人处于失控状态。此外，通过视觉反馈，用户可以通过远程界面来指导机器人的学习。

2. 网络服务器

网络服务器的软件结构如图 7-27 所示。负责用户登录，多用户协调调度；通过接收来自自主机器人的采集图像和其他传感器数据，建立图像缓冲，根据用户要求向远端用户提供不同质量的图像服务；建立机器人控制命令服务器，对来自客户的命令进行排队、过滤。限于系统硬件资源有限，将用户按优先等级划分，并采用互斥算法避免多用户对于远程机器人的控制冲突。

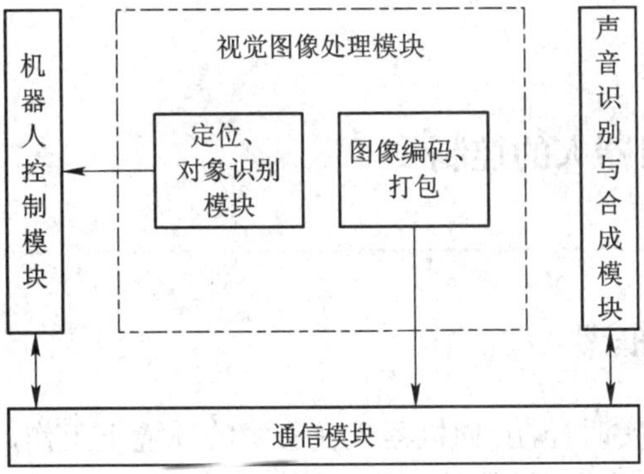

图 7-26 自主机器人的软件结构

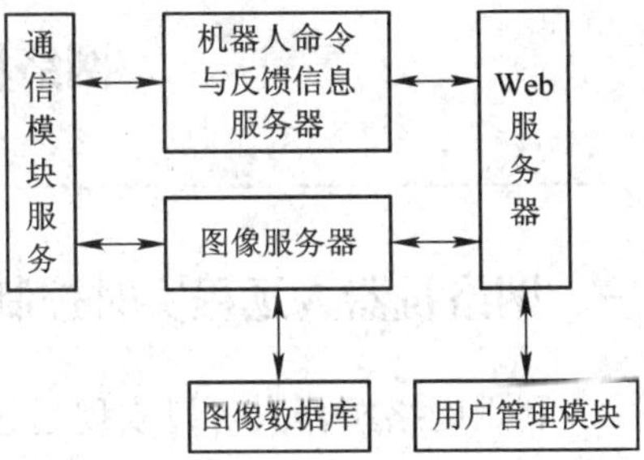

图 7-27 网络服务器的软件结构

查一查：上网查询网络服务器的种类。

笔记

3. 客户

客户的软件结构如图 7-28 所示。它主要提供友好的用户界面和丰富的人机接口，接收来自网络服务器的各种自主机器人的传感器信息并显示，对图像则需要先进行解码然后再显示。接收的用户指令，包括来自键盘鼠标的消息以及语音识别的指令，并发送给网络服务器。

三、网络机器人的特点

(1) 基于网络的机器人技术涵盖并有机结合了现代网络技术和机器人控制技术两方面的内容。

(2) 基于网络的机器人建立在 Internet 的基础上，相应地具有 Internet 特有的一些功能，拥有良好的人机界面，可以实现人机交互功能。

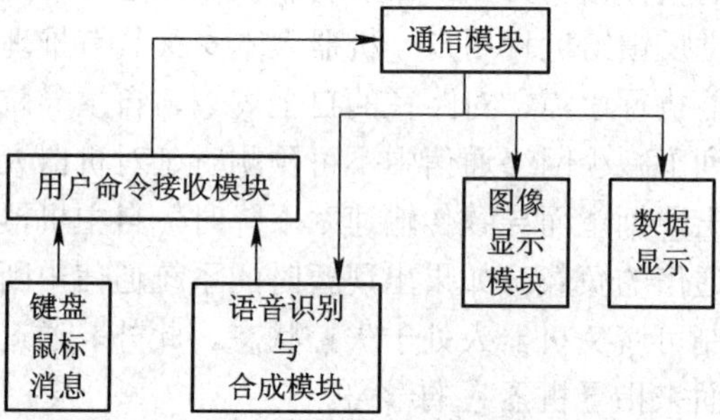

图 7-28　客户的软件结构

(3) 基于网络的机器人以 Internet 作为控制系统的标准通信协议，其系统控制软件具有良好的可移植性和互用性，可以使用一个服务器向不特定的多个用户在网络上任意使用。

(4) 由于网络的存在，网络机器人技术可将机器人系统中必需的多数控制软件分散配置，机器人的软件开发也可以分散进行，更容易实现。

任务实施

网络机器人的控制

多媒体教学

一、网络机器人远程实时控制框架

利用网络机器人可以实现远程实时控制，使机器人在恶劣的环境下工作，例如强辐射环境，而操作人员则可以处于较好的工作环境中，获得与现场相同的控制效果。这样，可以充分地发挥操作员和机器人的作用，实现恶劣环境中的精确作业。同时，网络机器人远程实时控制的实现，为多机器人的同步控制提供了基础，对于多机器人协调控制具有十分重要的意义。

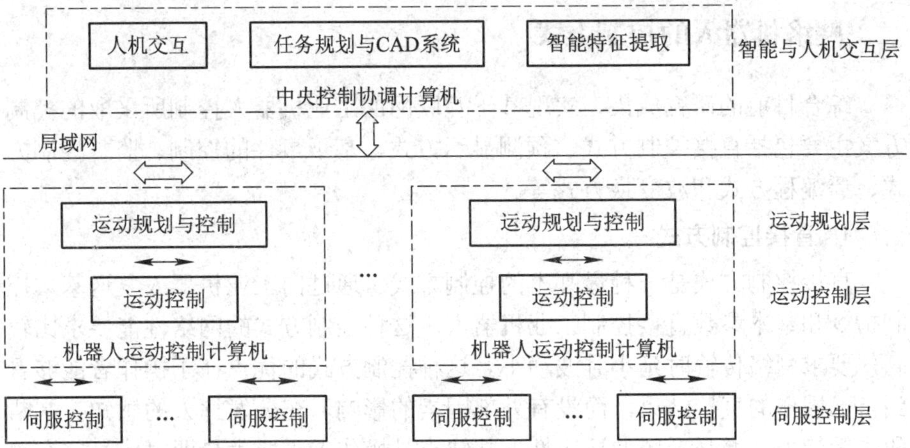

图 7-29　网络机器人远程实时控制框架

网络机器人远程实时控制框架如图 7-29 所示。其最上层为智能与人机交互层，用于进行人机交互、任务规划、与 CAD 系统的连接以及视觉、语音等信号的处理。该层形成了机器人运动所需的空间直线、圆弧的特征参数，其中空间直线只需要起点和终点的位姿参数，空间圆弧只需要起点、终点和一个中间点的位姿参数。其次是运动规划层，根据空间直线、圆弧的特征参数，进行在线运动规划、逆运动学求解、选出控制解等，形成各关节电动机的位置。下一层为运动控制层，给定从运动规划层接收到的关节电动机位置，反馈测量到的关节电动机的实际位置，通过插值和 D/A 转换形成模拟量的速度信号。该层可实现位置闭环控制。最下层为伺服控制层，给定运动控制层的速度信号，反馈已测量到的关节电动机的实际速度，由伺服控制与放大器实现速度伺服控制。

由于智能与人机交互层对实时性的要求相对较低，而对界面的要求较高，所以该层利用 Windows 操作系统，由一台中央控制协调计算机实现作业。运动规划层对实时性要求较高，该层利用 Linux 操作系统进行实时控制。运动控制层采用多轴运动控制器，作为一个功能卡集成到运动规划层的 PC 中。由运动规划层、运动控制层和伺服控制层构成开放式机器人的本地实时控制器。智能与人机交互层和运动规划层之间通过局域网进行数据交换，从而构成基于网络的跨平台远程实时控制系统。

中央控制协调计算可以控制多台本地实时控制器，而每台本地实时控制器控制一台工业机器人的运动，工业机器人的状态被实时地返回到中央控制协调计算机。中央控制协调计算机根据要实现的任务、各台工业机器人的当前状态、操作员输入的命令与参数等外部输入，进行任务规划，形成各台工业机器人运动所需的空间直线、圆弧的特征参数，从而实现多台工业机器人的运动协调控制。由于中央控制协调计算机与各台本地实时控制器的数据交换量很小，利用局域网进行通信的速度又较快，所以图 7-29 所示系统的远程控制的实时性能够满足实际应用的需要。

笔记

二、网络机器人的控制方式

综合目前的研究成果，实现基于互联网的工业机器人控制所采取的控制方案主要包括直接控制方式、预测显示方式、基于事件的控制、监督控制方式、遥编程方式和波变换方式等。

1. 直接控制方式

直接控制方式是一种最基本的控制方式，通过向工业机器人发送基本控制指令和基本参数直接控制工业机器人。这种控制方式的网络性能要求比较高，要求网络传输时延小且波动小。这种控制方式的优点在于操作者能够看到自己操作的直接结果，而没有外部因素的影响，充分发挥人的感知、判断和决策能力，增强系统的适应性。其缺点是操作者需要大量即时信息，在网络存在明显的通信时延情况下，直接控制将难以实现。

工匠精神

大国工匠擦亮中国制造、以劳动(匠心、卓越、智慧)赢得尊严、劳动之美(神圣、伟大、尊严等)、劳动(热爱、坚守、勤勉、执着)成就梦想、舍与得、坚守、专注、小草在歌唱、小人物成就大辉煌。

KhepOnTheWeb 遥操作机器人就是采用直接控制方式来实现网络远程控制的。该机器人完全不具有智能，例如自主避障等。整个网络控制系统装有两台摄像机，一台装在机器人上用于观察前方的环境，另一台装在天花板上用于监视整个迷宫的环境。机器人控制是通过两台摄像机连续地向用户反馈图像信息为依据，来判断机器人的位置。控制指令有 3 种，即第一种指令控制机器人运动，通过点击控制页上的位置图坐标，发送控制指令引导机器人移动目标点；第二种指令控制外部摄像机的方向和焦距；第三种指令负责开启和关闭摄像机。该机器人网络控制系统的缺点在于控制精度低，机器人完成的工作简单，在网络存在明显时延的情况下，机器人控制将存在困难。此外，一些用于科研和教学的移动机器人网络远程控制也采用了直接控制方式。

2. 预测显示方式

预测显示方式是用随机预测方式预测环境和机器人的状态，并显示在操作者的监视器上。操作者通过模拟仿真环境观察机器人的运动行为进行规划，这种方法能保证实际机器人动作的准确性。

Schulz 等人在移动机器人的导航中采用了预测显示方式。为了实现机器人动作的快速视觉化显示，建立了环境的三维模型，对机器人传感器的信息进行仿真。三维模型由对象的特征轮廓表示，每秒可以传送多幅图像。为了达到预测仿真的实时性，还采用了基于环境矩形分块的空间搜索方法。Baldwin 等人采用卡尔曼滤波作为机器人运动的预测算法和全方位视觉方法构建了移动机器人网络控制系统。Marin 等人建立了机器人的机械手及工作环境的三维预测控制模型。该模型可以离线操作，用以对机械手抓取物体的动作进行仿真；也可以在线操作，对要执行的动作指令进行预测显示，然后给机器人指令使其产生动作。从而保证机器人动作的准确性，避免网络时延的影响。

虚拟现实(Virtual Reality)技术是近年来在计算机图形学、仿真技术、人机接口技术、多媒体技术及传感技术基础上发展起来的一门交叉技术。由于

笔记

虚拟现实技术以计算机软件技术为核心，不仅可以生成逼真的二维和三维虚拟环境，还可以对听觉和触觉等进行生动的模拟，它是进行可视化操作及交互的一种全新的方式，因而在机器人领域得到了广泛应用。利用虚拟现实技术生动逼真的造型能力进行仿真建模，是实现预测控制的一个重要手段，也是近几年来得到重点关注的研究方向。

3. 基于事件的控制

机器人控制系统有特定的动作参考，其任务和动作是同步的，并且控制是根据给定的动作参考来完成的，如图 7-30 所示。传统的动作参考量是时间，任务和动作规划都用时间来描述。以时间作为动作参考的原因是时间量容易获得，并且可以作为系统不同部分的共同参考。然而，任意的通信时延会导致以时间为动作参考的机器人系统各部分之间失去同步性，从而造成系统不稳定。基于事件的控制方式不以时间作为控制器输入、输出信号的参考，而是以某一传感器的输出作为控制系统的参考，智能规划机器人的动作。其特点是可以避免时延因素对以时间为动作参考的控制系统产生的影响，提高控制系统的稳定性。

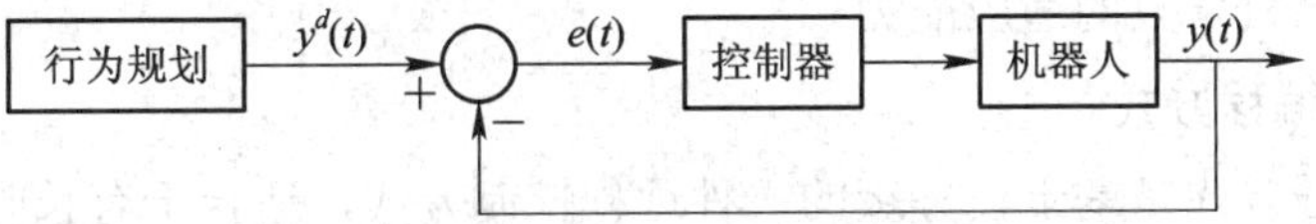

图 7-30　传统的控制系统

基于事件的控制方式可应用于 6 自由度 Motoman-K3S 机器人的网络远程控制中，如图 7-31 所示。远端机器人在执行控制指令的过程中，以机器人的机械手位置作为输入量和反馈量，与本地形成闭环控制。由于控制系统的输入量和反馈量是与时间无关的机器人的机械手位置，而不是与时间相关的速度和加速度，因此网络时延不会对控制系统的稳定性产生影响。在控制中可辅助以预测显示方式，通过仿真环境中机器人的位姿及视频图像发出控制指令，同时仿真环境会根据操作员的输入，预测真实机器人的位姿，而不必等待远端的反馈信息。实际应用中，可以综合运用这两种方法来保证机器人的运动精度和控制系统的稳定性。

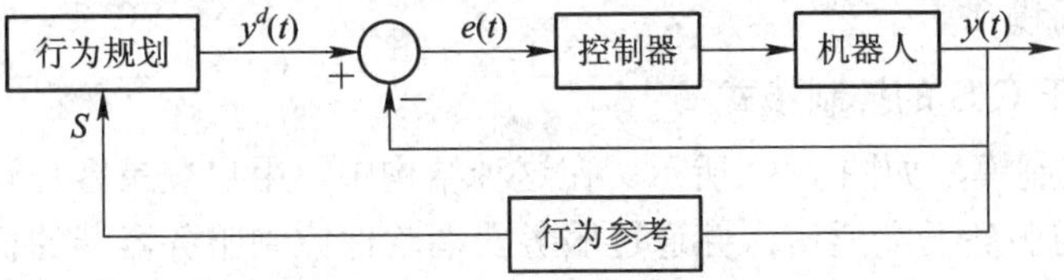

图 7-31　基于事件的控制系统

以机器人的运动速度作为控制输入量，把周围环境对机器人的虚拟作用力作为反馈量，可以构建基于事件的机器人远程控制系统。其中，虚拟力是机器人与通过传感器检测到的障碍物距离相关的量，当障碍物进入传感器的检测范围时开始产生虚拟力，虚拟力反馈回系统使机器人减速，控制手柄同

笔记

时感觉到虚拟力的作用。当机器人与障碍物的距离达到限定值时，机器人停止运行。在整个控制过程，时间不作为行为参考，避免了时延对系统的影响。

利用基于事件的控制方式，移动机器人按照操作者规划的独立于时间的路径运行，从而避免了由于时延和障碍物干扰造成的误差对控制的影响，保证遥操作控制系统的稳定性。例如，当移动机器人在运动路径上遇到障碍物时，机器人会自动停下来，操作者可以辅助远程机器人绕开障碍物，机器人可重新回到原先规划好的路径上。

4. 监督控制方式

监督控制方式是把操作者置于控制系统闭环之外，远程操作者只发送目标任务和相关指令，而具体任务由远程机器人控制回路自主完成，只有当机器人遇到自己无法处理的情况时才进行人工干预。远程机器人系统自身是具有一定自主能力的独立闭环控制系统，时延环节不存在于这个闭环控制系统之内，从而减小了时延对整个系统稳定性的影响。由于互联网存在不确定的传输时延，监督控制方式用于任务级的控制是非常必要的。一些现存的构建移动机器人自主智能的知识与经验，例如避碰、路径规划、目标识别等都可以用来提高机器人的适应能力。

5. 遥编程方式

遥编程方式是基于任务级的一种远程控制方式，适合于有长时延的传输媒介以及难以事先进行仿真和建立准确模型的未知环境。与其他远程控制方式的不同之处在于通过控制端操作者向远端机器人发送的并非位置或伺服控制指令，而是具有一定抽象程度的符号命令程序段，将通信延迟排除在底层的控制回路之外，从而可以有效地克服长时延的影响。遥编程通过分离操作者和机器人本地控制回路，可降低通信延迟的影响。操作者在通过控制器进行控制时，能够以类似直接控制的方式进行操作。遥编程控制方式实际上采用了共享控制的策略。

6. 波变换方式

波变换方式是把控制信号和传感器信息的传播作为波的传播和能量的扩散，而不是数据的交换。近年来这一方法被用于基于互联网的具有变化时延的机器人遥操作上。

7. 基于 C/S 的控制模式

C/S 控制模型如图 7-32 所示。在这种结构中，用户登录客户端软件，通过互联网与服务器端通信，并通过服务器端软件控制服务器端的机器人。它是一种两层结构的系统，第一层在客户机系统上结合了表示和业务逻辑；第二层通过网络结合了数据库服务器。它将多个复杂的网络应用用户交互界面 GUI、业务应用处理和数据库访问及处理相分离、服务器与客户机之间通过消息传递机制进行对话，由客户机端向服务器发出请求，服务器进行相应的处理后经传递机制送回客户机。这种结构充分地利用客户端软件强大的处理能力，将大部分业务逻辑都集中在客户端实现，减轻了服务器端的工作负荷。

笔记

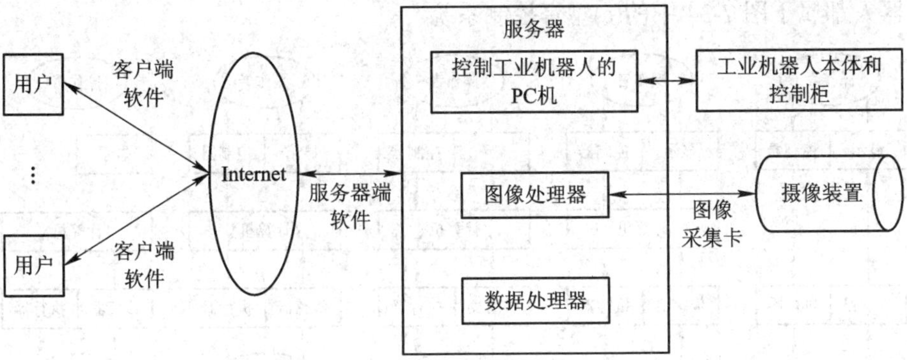

图 7-32 C/S 控制模型

8. 基于 B/S 的控制模式

B/S 控制模型即浏览器和服务器结构模型，如图 7-33 所示。在这种结构下，用户工作界面是通过 WWW 浏览器来实现的，极少部分事务逻辑在前端(Browser)实现，但主要事务逻辑在服务器端(Server)实现，形成三层结构。

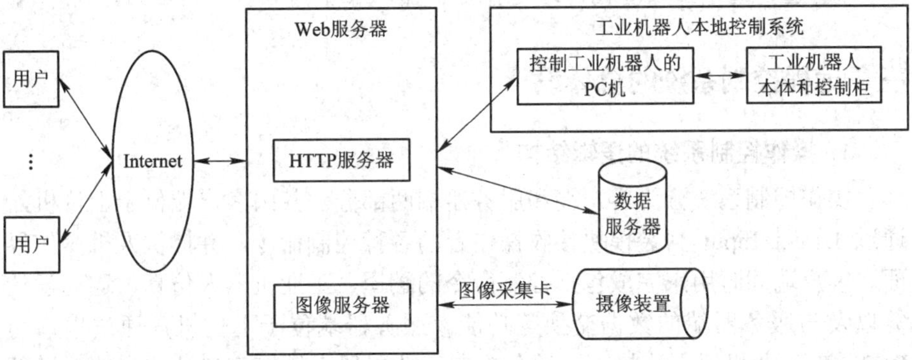

图 7-33 B/S 控制模型

第一层是浏览器。客户通过浏览器访问系统而无须安装任何软件。用户注册、登录、留言等界面可由 HTML 和 Script 语言结合完成，主控界面可采用 VB、VC 和 JAVA 等语言编写。

第二层是 Web 服务器。由 HTTP 服务器和图像服务器组成，作为用户服务和数据服务之间的桥梁。HTTP 服务器主要完成 3 大任务：一是通过与数据服务器的连接完成对用户的管理，包括注册、登录及身份认证等；二是维持用户队列，负责控制权的分配；三是与工业机器人服务器通信，发送客户指令并返回指令的执行结果。

第三层是数据源，包括数据服务器、工业机器人本地控制系统和由图像采集卡进行处理后获取的图像数据。数据服务器主要储存用户的注册信息、登录及访问情况等数据信息。工业机器人本地控制系统可由作为上位机的工业机器人服务器、DSP 控制器、功率驱动板及机械本体等组成。

网络遥操作机器人是监督控制遥操作机器人的一种特例。在监督控制中，一个本地计算机在闭环反馈回路中起着重要的作用。大多数的遥操作网络机

笔记

器人都属于图 7-34 中的(c)型督控制系统。

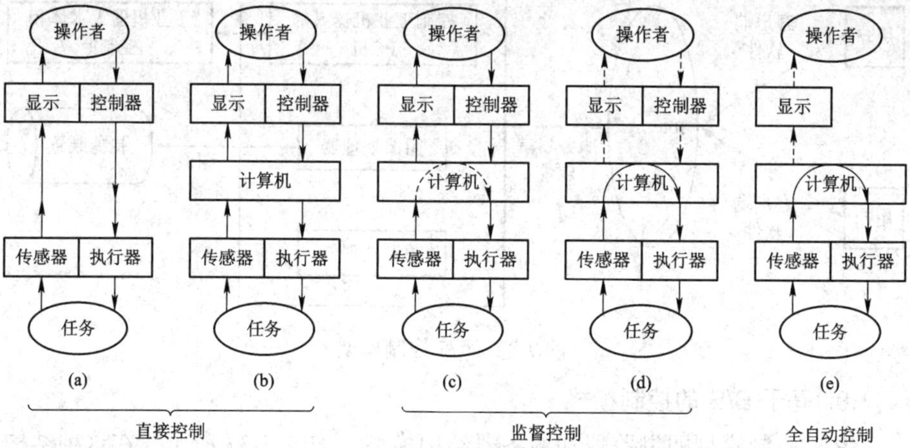

图 7-34　网络遥操作机器人

查一查：上网查询网络遥操作机器人在不同领域中的应用。

三、远程控制系统的总体设计

1. 操作控制系统的逻辑结构

操作控制系统分为客户端和服务器端两部分。其中客户端位于上位机，通过 Direct Input 封装模块接收操作者的各种控制命令，并提供人机操作界面。客户端同时用来完成包括控制命令的翻译、工业机器人仿真、运动学计算以及与服务器端的数据交换等功能。服务器端位于下位机，通过串口与 RBT-6T 工业机器人连接，主要负责向工业机器人转发客户端传来的经过翻译的操作指令，并将工业机器人的状态和视频数据通过网络传回客户端。

整个操作控制系统采用模块化和分层设计，操作控制系统中的各个主要功能都用单独的模块封装。各个模块又自上而下形成 3 个层次，分别为终端接口层、核心功能层和网络接口层。工业机器人的控制指令和各个关节状态数据通过 WinSock 在客户端和服务器之间传送，视频数据则利用 DirectShow 编程接口直接在客户端和服务器端之间通过网络传递。

2. 操作控制系统的层次

整个操作控制系统结构如图 7-35 所示，自上而下分为 3 个层次。

1) 终端接口层

终端接口层用来向客户端的操作者和服务端的 RBT-6T 工业机器人提供人机界面和调用接口。客户端的终端接口层主要包括界面显示、3D 仿真、手柄输入处理等功能；服务器端的终端接口层主要负责服务器端的界面显示以及对工业机器人控制指令进行封装，以提供友好的调用接口。

笔记

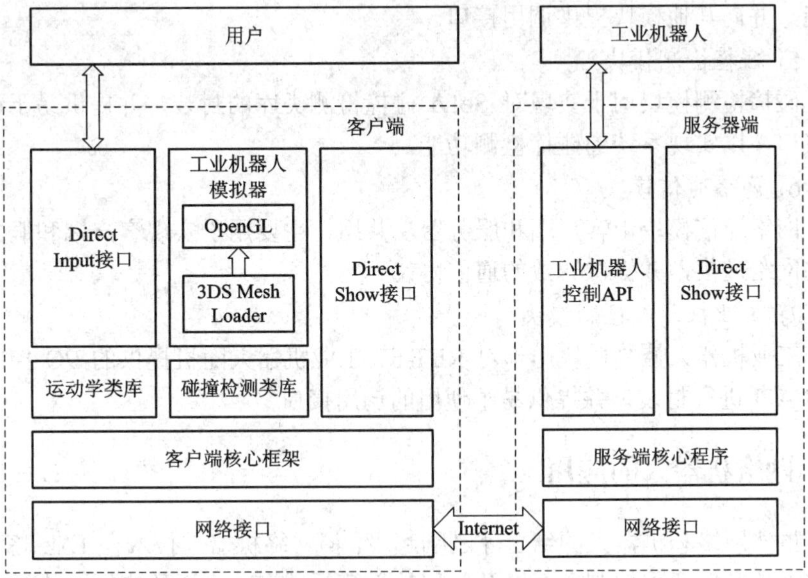

图 7-35　工业机器人操作控制系统总体架构图

2) 核心功能层

核心功能层用来完成与 RBT-6T 工业机器人有关的各种计算和系统核心功能，例如运动学计算、碰撞检测、各模块之间的协调等功能，是系统的核心部分。

3) 网络接口层

网络接口层用来向客户机和服务器提供网络数据交换调用接口以及协调客户机和服务器之间的网络通信，包括提供一致的通信协议以及对 UDP 和 TCP 协议进行轻量级封装。

3. 操作控制系统中的各个模块

操作控制系统中各个独立的功能采用模块化封装，以便于维护和将来的扩展。各个模块分别介绍如下：

1) 仿真模块

仿真模块用来对实体工业机器人进行精确仿真，并能接收和处理与工业机器人控制模块相似的参数。通过对实体工业机器人进行精确的建模，仿真模块能够处理从服务器端工业机器人控制板中读取的实时状态信息，并同步地在客户端显示出来。

2) 输入模块

输入模块对 DirectInput 类库进行封装，并提供简单易用的调用接口，用来接收用户通过手柄发送过来的控制指令。

3) 视频模块

视频模块用来实现客户机和服务器之间的视频信息传输功能，主要是将连接于服务器端的摄像头采集到的视频信息通过网络实时地传送至客户端。

4) 运动学模块

运动学模块实现了 RBT-6T 工业机器人的正向运动学和逆向运动学计算

笔记

功能，并向其他模块提供调用接口。

5) 碰撞检测模块

碰撞检测模块用于实现对 Solid 碰撞检测类库的封装，并提供易于调用的接口，以实现系统的碰撞检测功能。

6) 网络通信模块

网络通信模块由客户端和服务器端共用，主要用于实现客户端和服务器端的网络通信，并提供一致的通信协议。

7) 工业机器人控制模块

工业机器人控制模块用于对 RBT-6T 工业机器人随机提供的 I/O 控制板调用 API 进行封装，并提供易于使用的调用接口。

四、网络机器人的应用

虽然网络和机器人的结合才刚刚起步，但网络机器人技术在工业、空间、海洋、战场等远程控制方面以及远程教学等领域有着广泛的应用前景。

1. 远程制造

应用网络机器人技术，通过网络遥控处于工作现场的工业机器人，实现加工制造过程的自动化、精密化、无人化，对于提高劳动效率及产品质量、减轻工人负担有着显著意义。

2. 遥操作

遥操作的应用较多，大到空间飞船、水下探险机器人、远程手术，小到远程的家庭护理、简单的看护等，还可通过遥控操作处于矿井中的地下采矿设备，操作者可以在任何地方操纵这些设备。

3. 娱乐领域

网络机器人连接在 Internet 上，远端的各种声音、图像信号经传感器收集后通过网络传输，可以为网络远端的用户接收，满足用户娱乐的要求。此外，人们还可以通过操纵遥控机器人和其他互联网设备获得乐趣。

4. 远程健康监控

利用网络机器人进行远程健康监控，可以对人们日常生活中的饮、食、起、居等生理活动进行长时间测定，测定的数据通过网络送到远程管理中心进行分析，若发现异常可立即进行诊断和治疗。

看一看：上网查询网络机器人在当地的应用。

任务扩展

多机器人协同装配

基于多智能体概念实现的多机器人协同装配系统 (Multi-Robot

Cooperative Assmbly System，MRCAS)由组织级计算机、3 台工业机器人和一台全方位移动小车(ODV)组成，采用分层递阶体系结构。MRCAS 可进行多机器人协作装配的实验，在 ODV 装配平台上，4 台机器人合作装配一个大型桁架式工件，该工件具有多种装配构型，任何一台机器人都不能独立完成装配。

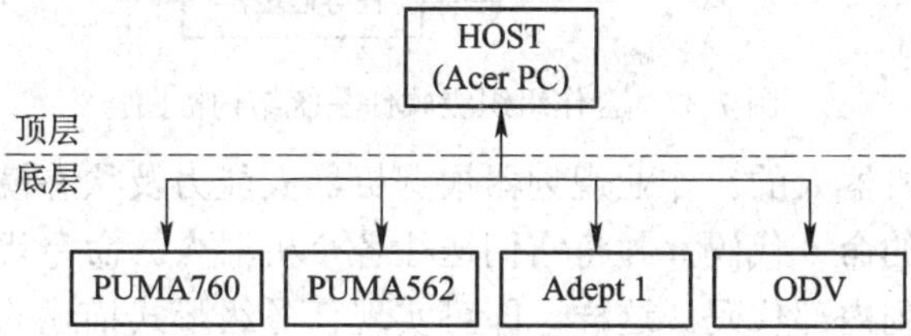

图 7-36　MRCAS 体系结构

在建立 MRCAS 时，两种结构可进行结合，以分层递阶体系结构进行组织。图 7-36 是 MRCAS 的结构图，具有两层结构，顶层是合作组织级，下层是协调运动级。

一、硬件结构

MRCAS 的合作组织级由一个组织智能体——HOST 构成，其硬件是一台 AcerPower PT100PC。该机 CPU 采用 100 MHz 奔腾芯片。协调作业级由 4 台机器人组成，分别包括一台 PUMA 562 机器人、一台 PUMA 760 机器人、一台 Adept Ⅰ机器人和一台全方位移动车(ODV)。底层的体系结构是一个分散式结构，每个机器人由自己的控制器控制。Adept Ⅰ由 V+系统控制，PUMA 562 由 SVAL 系统控制，PUMA760 和 ODV 分别由 SVAL 系统控制。SVAL 系统是中国科学院机器人学实验室研发的机器人控制系统。5 个智能体之间的相互通信采用串行通信方式，其中 ODV 控制器与 HOST、Adept Ⅰ通信是通过无线串口进行的。

二、软件系统

对于具有两层的 MRCAS 来说，HOST 是一个中心智能体。它负责整个系统的任务组织、确定机器人间的合作关系以及进行任务的规划与调度等。基于 Windows 平台和 C++语言，MRCAS 合作组织级的软件系统应运而生。该系统包括图形用户接口(GUI)、系统模型、装配序列规划器、作业规划器和任务监控器等模块。合作组织级软件系统结构框图如图 7-37 所示。

在合作组织级软件系统中，图形用户接口 GUI 在 Windows 环境下运行，提供了以图形方式代替文字方式对装配任务进行建模的手段。在屏幕上，操作者通过图形的拖放操作可指定工件的最终装配构型。系统模型包括机器人能力及状态模型、环境模型和装配规则等。装配序列规划器用于自动产生装配顺序。值得指出的是，装配序列规划面向被装配工件，而非机器人。因此，

笔记

企业文化

建立核心竞争力、不断巩固市场优势，形成具有长久生命力的商业模式，最终要建立良好的内部运行机制和外部生态环境，支持可持续发展的长远目标的实现。

笔记

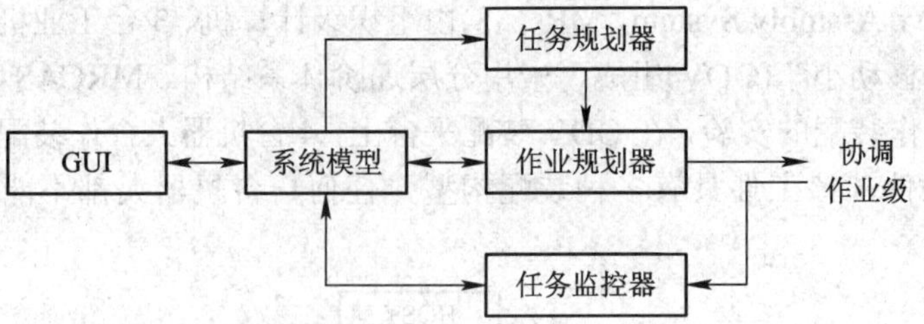

图 7-37 合作组织级软件系统结构框图

规划是独立于机器人的。作业规划器根据机器人能力及状态模型将装配序列分解为一系列的命令代码，并将它们送往各个机器人。命令代码不是文本程序，而是一系列内部代码。这样，即可实现任务级形式描述的装配作业。通过任务监控器，HOST 可对装配过程进行实时监控，并以图形和文本两种方式显示每个装配步骤的状态。如果发生异常，HOST 能迅速停止装配，并检查装配能否继续进行。如果能继续进行，HOST 将重新规划后续的装配序列，并再次启动装配过程。反之，HOST 将在屏幕上显示故障原因。

协调运动级采用分散型的体系结构，每个机器人受自身控制器的控制。协调级的作业编程是面向内部命令代码的。系统工作时，各机器人接收来自顶层 HOST 的装配操作命令代码，然后将命令代码变换为自身语言形式的运动程序。装配操作是并行进行的。当某个机器人不能独立完成一个操作时，将与其他机器人进行通信联系，请求帮助。如果有机器人响应请求，它们将协调运动。由于底层采用分散式体系结构，当系统中机器人数量发生变化时，系统的结构不受影响。此外，由于控制算法是并行运行的，当系统机器人数量增加时，整个计算时间不会显著增加。因此，MRCAS 具有较大的灵活性。

看一看： 观察多机器人协作在当地的应用。

任务巩固

1. 简述网络机器人的硬件结构。
2. 简述络机器人的软件结构。
3. 简述网络机器人的特点。
4. 简述网络机器人的控制方式。
5. 简述网络机器人的应用。

模块七资源

笔记

操作与应用

工　作　单

<table>
<tr><td>姓名</td><td></td><td>工作名称</td><td colspan="2">机器人人工智能</td></tr>
<tr><td>班级</td><td></td><td>小组成员</td><td colspan="2"></td></tr>
<tr><td>指导教师</td><td></td><td>分工内容</td><td colspan="2"></td></tr>
<tr><td>计划用时</td><td></td><td>实施地点</td><td colspan="2"></td></tr>
<tr><td>完成日期</td><td colspan="2"></td><td>备注</td><td></td></tr>
<tr><td colspan="5">工作准备</td></tr>
<tr><td colspan="3">资　料</td><td>工具</td><td>设　备</td></tr>
<tr><td colspan="3"></td><td></td><td rowspan="2"></td></tr>
<tr><td colspan="3"></td><td></td></tr>
<tr><td colspan="5">工作内容与实施</td></tr>
<tr><td colspan="2">工作内容</td><td colspan="3">实　　施</td></tr>
<tr><td colspan="2">1. 简述智能控制机器人的种类</td><td colspan="3"></td></tr>
<tr><td colspan="2">2. 简述机器人智能控制方式</td><td colspan="3"></td></tr>
<tr><td colspan="2">3. 简述网络机器人的组成与特点</td><td colspan="3"></td></tr>
<tr><td colspan="2">4. 根据图 1 分析工业机器人网络控制的组成</td><td colspan="3" rowspan="2">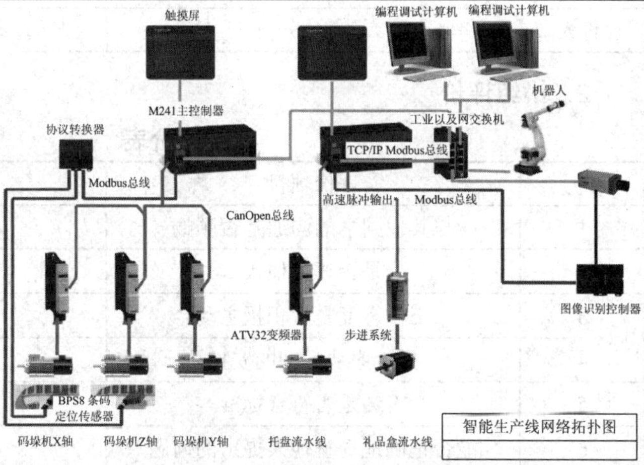

图 1　工业机器人网络控制</td></tr>
<tr><td colspan="2">5. 简述图 1 所示工业机器人网络控制的工作原理</td></tr>
</table>

笔记

工 作 评 价

	评 价 内 容				
	完成的质量 (60 分)	技能提升能力 (20 分)	知识掌握能力 (10 分)	团队合作 (10 分)	备注
自我评价					
小组评价					
教师评价					

1. 自我评价

班级　　　　　　　　　　姓名　　　　　　工作名称　机器人人工智能

自我评价表

序号	评价项目			是	否
1	是否明确人员的职责				
2	能否按时完成工作任务的准备部分				
3	工作着装是否规范				
4	是否主动参与工作现场的清洁和整理工作				
5	是否主动帮助同学				
6	是否能分析工业机器人网络控制的组成				
7	是否能分析工业机器人网络控制的工作原理				
8	是否完成了清洁工具和维护工具的摆放				
9	是否执行 6S 规定				
评价人		分数		时间	年　　月　　日

2. 小组评价

小组评价表

序号	评价项目	评价情况
1	与其他同学的沟通是否顺畅	
2	是否尊重他人	
3	工作态度是否积极主动	
4	是否服从教师的安排	
5	着装是否符合标准	
6	能否正确地理解他人提出的问题	
7	能否按照安全和规范的规程操作	
8	能否保持工作环境的干净整洁	

笔记

续表

序号	评价项目	评价情况
9	是否遵守工作场所的规章制度	
10	是否有工作岗位的责任心	
11	是否全勤	
12	是否能正确对待肯定和否定的意见	
13	团队工作中的表现如何	
14	是否达到任务目标	
15	存在的问题和建议	

3. 教师评价

课程	工业机器人操作与应用	工作名称	机器人的人工智能	完成地点	
姓名		小组成员			
序号	项目		分值	得分	
1	简答题		40		
2	分析工业机器人网络控制的组成		30		
3	分析工业机器人网络控制的原理		30		

自 学 报 告

<table>
<tr><td>自学任务</td><td>根据图 2 上网查询数字工厂的组成与工作原理</td></tr>
<tr><td></td><td>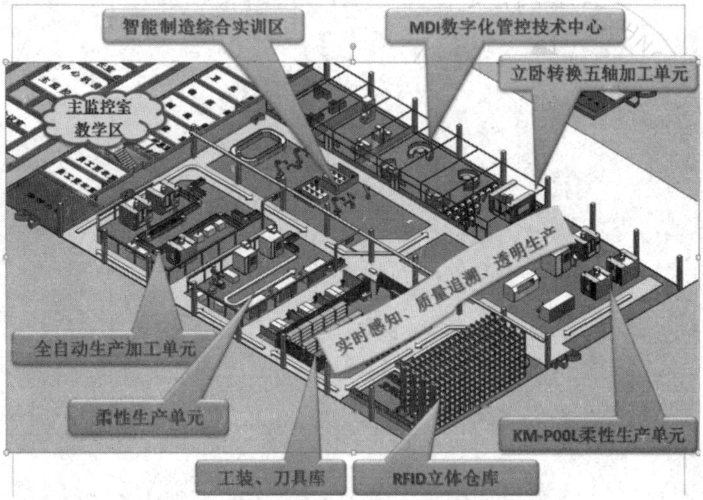

图 2 数字工厂</td></tr>
<tr><td>自学内容</td><td></td></tr>
</table>

笔记

收　获	
存在问题	
改进措施	
总　　结	

笔记

参 考 文 献

[1] 张培艳. 工业机器人操作与应用实践教程. 上海：上海交通大学出版社，2009.
[2] 邵慧，吴凤丽. 焊接机器人案例教程. 北京：化学工业出版社，2015.
[3] 韩建海. 工业机器人. 武汉：华中科技大学出版社，2009.
[4] 董春利. 机器人应用技术. 北京：机械工业出版社，2015.
[5] 于玲，王建明. 机器人概论及实训. 北京：化学工业出版社，2013.
[6] 余任冲. 工业机器人应用案例入门. 北京：电子工业出版社，2015.
[7] 杜志忠，刘伟. 点焊机器人系统及编程应用. 北京：机械工业出版社，2015.
[8] 叶晖，管小清. 工业机器人实操与应用技巧. 北京：机械工业出版社，2011.
[9] 肖南峰，等. 工业机器人. 北京：机械工业出版社，2011.
[10] 郭洪江. 工业机器人运用技术. 北京：科学出版社，2008.
[11] 马履中，周建忠. 机器人柔性制造系统. 北京：化学工业出版社，2007.
[12] 闻邦椿. 机械设计手册(单行本)：工业机器人与数控技术. 北京：机械工业出版社，2015.
[13] 魏巍. 机器人技术入门. 北京：化学工业出版社，2014.
[14] 张玫，等. 机器人技术. 北京：机械工业出版社，2015.
[15] 王保军，滕少峰. 工业机器人基础. 武汉：华中科技大学出版社，2015.
[16] 孙汉卿，吴海波. 多关节机器人原理与维修. 北京：国防工业出版社，2013.
[17] 张宪民，等. 工业机器人应用基础. 北京：机械工业出版社，2015.
[18] 李荣雪. 焊接机器人编程与操作. 北京：机械工业出版社，2013.
[19] 郭彤颖，安冬. 机器人系统设计及应用. 北京：化学工业出版社，2016.
[20] 谢存禧，张铁. 机器人技术及其应用. 北京：机械工业出版社，2015.
[21] 芮延年. 机械人技术及其应用. 北京：化学工业出版社，2008.
[22] 张涛. 机器人引论. 北京：机械工业出版社，2012.
[23] 李云江. 机器人概论. 北京：机械工业出版社，2011.
[24] 《机器人手册》翻译委员会. 机器人手册. 北京：机械工业出版社，2013.
[25] 兰虎. 工业机器人技术及应用. 北京：机械工业出版社，2014.
[26] 蔡自兴. 机械人学基础. 北京：机械工业出版社，2009.
[27] 王景川，陈卫东，[日]古平晃洋. PSOC3 控制器与机器人设计. 北京：化学工业出版社，2013.
[28] 兰虎. 焊接机器人编程及应用. 北京：机械工业出版社，2013.
[29] 胡伟. 工业机器人行业应用实训教程. 北京：机械工业出版社，2015.
[30] 杨晓钧，李兵. 工业机器人技术. 哈尔滨：哈尔滨工业大学出版社，2015.
[31] 叶晖. 工业机器人典型应用案例精析. 北京：机械工业出版社，2015.
[32] 叶晖，等. 工业机器人工程应用虚拟仿真教程. 北京：机械工业出版社，2016.
[33] 汪励，陈小艳. 工业机器人工作站系统集成. 北京：机械工业出版社，2014.
[34] 蒋庆斌，陈小艳. 工业机器人现场编程. 北京：机械工业出版社，2014.

笔记

[35] (美)CRAIG J J. 机器人学导论. 北京：机械工业出版社，2006.
[36] 刘伟，等. 焊接机器人离线编程及传真系统应用. 北京：机械出版社，2014.
[37] 肖明耀，程莉. 工业机器人程序控制技能实训. 北京：中国电力出版社，2010.
[38] 陈以农. 计算机科学导论基于机器人的实践方法. 北京：机械出版社，2013.
[39] 李荣雪. 弧焊机器人操作与编程. 北京：机械出版社，2015.
[40] 郝巧梅，刘杯兰. 工业机器人技术. 北京：电子工业出版社，2016.
[41] 李团结. 机器人技术. 北京：电子工业出版社，2009.
[42] 杨威，孙海亮，宋艳丽. 工业机器人技术及应用. 武汉：华中科技大学出版社，2019.
[43] 双元教育. 工业机器人技术基础. 北京：高等教育出版社，2018.
[44] 柳洪义，宋伟刚. 机器人技术基础. 北京：冶金工业出版社，2002.
[45] 张丽杰，冯仁余. 机械创新设计及图例. 北京：化学工业出版社，2018.